알기 쉬운 추상 대수학

알기 쉬운 추상 대수학

1판 1쇄 인쇄 2019년 10월 04일
1판 1쇄 발행 2019년 10월 15일

지은이 찰스 핀터
옮긴이 정경훈
펴낸이 황승기
마케팅 송선경
편집 이의섭, 박지혜
디자인 박지혜
펴낸곳 도서출판 승산
등록날짜 1998년 4월 2일
주소 서울시 강남구 테헤란로34길 17 혜성빌딩 402호
대표전화 02-568-6111
팩시밀리 02-568-6118
전자우편 books@seungsan.com
블로그 blog.naver.com/seungsan_b | **페이스북** www.facebook.com/seungsanbooks | **트위터** twitter.com/BooksSeungsan

값 36,000원

ISBN 978-89-6139-074-3 93410

이 도서의 국립중앙도서관 출판예정도서목록(CIP)은
서지정보유통지원시스템 홈페이지(http://seoji.nl.go.kr)와
국가자료종합목록 구축시스템(http://kolis-net.nl.go.kr)에서 이용하실 수 있습니다.
(CIP제어번호: CIP2019037062)

알기 쉬운

추상 대수학

A Book of Abstract Algebra

찰스 핀터 지음 | 정경훈 옮김

승산

아내 도나

아들 니콜라스, 마르카, 앙드레, 아드리안에게

목차

서문

현대 대수학을 이해하려고 안간힘을 쓰던 학생 시절, 대수학을 보통의 행마와 정해진 규칙을 따르는 지적인 체스 게임처럼 여기라는 얘기를 들었다. 다소 즉흥적이었던 이런 충고를 따르다 곤란을 겪었으므로, 나는 수학이 순전히 —또는 대개는— 형식주의적이라는 거짓말은 절대로 되뇌지 않겠다고 다짐했다. 그때의 다짐이 이 책의 모습과 서술 방식에 강력한 영향을 끼쳤다.

현대 대수학의 연역적인 면을 정당하게 강조하면서도, 현대 대수학이 견고하고 명쾌하며 친숙한 직관에 기초하고 있으며, 상당히 창의적인 매력을 지닌 활발한 수학 분야임을 제시하려고 애썼다. 고전적 대수에 이르기까지 개념의 기원을 밟아나갔고, 다른 수학 분야, 특히 기하학 및 정수론과의 관련성, 계산 및 방정식의 풀이라는 측면을 탐구함으로써 대수적 개념의 '의미심장함'을 끌어내려 상당한 이목을 집중했다.

「왜 추상 대수학인가」라는 제목의 도입 장에서는 여러 가지 역사적 여담과 더불어, 추상 대수의 개념이 발생했던 역사적 맥락을 추적하였다. 개념들이 난데없이 발생한 것이 아니라, 자연스러운 발전 과정에서 특정한 필요에 대한 자연스러운 응답으로 발생한 것임을 보여주려 애썼다. 더욱이 이 책에서 사용한 대수적 개념의 '직관적 속뜻'을 구체적으로 밝히려고 노력했다. 학생들이 이 개념들을 머릿속에서 명쾌하고 친숙한 심상으로 나타낼 수 있어야 이런 개념이 더 의미가 있는 것이다. 이에 따라 이 책 전반에 걸쳐 구체적인 개념 형성 과정을 조심스레 발전시켰다.

정의, 정리, 증명, 따름정리, 예제들을 줄지어 내세우는 굳건한 전통 형식을 일부러 회피하였다. 내 경험에 따르면 그런 종류의 형식 때문에 수학적 개념은 단지 관습적인 성격의 것이라 믿고 무턱대고 암기하는 학생들이 있기 때문이다. 그 대신 각 장은 설명과 동기부여에 주안점을 두고 학생들과의 대화 형태를 취했다.

엉성하게 연관된 정의와 결과들로 주제가 파편화되는 걸 피하기 위해, 각 장은 중심 주제를 둘러싸고 구축하였으며 초점을 벗어나지 않도록 하였다. 특히 뒷부분의 장에서는 구체적인 응용이나 활용에 이러한 초점을 두었다. 그러면 모든 주제의 세부사항을 일반적인 논의 속으로 엮어 넣을 수 있고, 각 장에서는 자연스러운 아이디어가 관통하여 흐를 수 있다.

지루한 증명과 장황한 설명을 피하게끔 주제를 배치하였다. 통상적인 논증이 자연스럽고 적절할 때에는 논의 속에 편입하였으며, 정리에 대한 증명의 길이가 몇 줄을 넘는 것은 드물 것이다. (물론 몇 가지 예외는 있다.) 기초 배경지식은 '필요할 때마다' 채워 넣었다. 예를 들어 치환군에 대한 논의에 앞서 함수에 대한 간단한 장을 넣었으며, 라그랑주 정리로 가는 길을 닦기 위해 동치관계와 분할에 대한 장을 먼저 넣었다.

방대한 양의 연습문제를 포함했는데 아마 이 수준의 다른 책보다 연습문제가 많을 것이다. 연습문제는 능력치가 다른 학생들에게 광범위한 경험을 제공하도록 설계하였다. 연습문제를 조직한 방식이 조금 새로울 텐데 각 장의 끝에 '연습문제 묶음'으로 구별하였으며, 각 묶음에는 대략 여섯에서 여덟 개의 연습문제를 포함시키고 이들을 설명하는 소제목을 내세웠다. 각 문제 묶음은 그 장에서 취급한 아이디어나 기법을 간단히 다루고 있다.

각 장에서 처음 몇 개의 문제 묶음은 기본적으로 계산이나 조작을 필요로 하는 문제들을 포함한다. 그 뒤로 두세 개 정도의 문제 묶음은 간단한 증명 형식의 문제들인데 기본적으로 정의와 결과들의 의미를 이해하여 아우르는 능력이 필요하다. 그 뒤로는 각 문제 묶음에서 새로운 결과를 증명하거나 그 장의 주제에 대한 새로운 관점을 제시해 주는 연습문제들을 배치하여 더욱 흥미를 줄 수 있도록 노력하였다.

모든 연습문제의 가치는 대체로 동등하다. 대단히 쉬운 연습문제는 한데로 묶어 하나의 문제로 구성하였고, 반대로 복잡한 논증을 요구하는 문제는 여러 개의 부분 문제로 쪼개 학생들이 차례로 공략하게끔 하였다. 단순한 훈련으로서가 아니라 주로 내재적인 관련성에 따라 연습문제를 선택하였는데, 이러는 편이 학생들에게 더 만족스러울 거라는 전제 때문이다.

2판에서 개정한 것

이 책의 1판을 출간한 지 7년이 흐르는 동안 많은 독자로부터 제안 및 비평을 받았다. 더욱이 여러 검토 위원들이 교수 도구로서의 매력과 효과를 높일 방법을 찾기 위해 본문을 살펴보았다. 2판을 준비하면서, 이 책으로 수업하며 경험한 것들과 제안받은 의견을 많이 반영하였다.

또한 더 쉽게 읽힐 수 있도록 자잘한 변화를 많이 주었는데, 다음의 주요 변화에 주목해 주었으면 한다.

연습문제 더 명확하게 하고 몇몇 경우에는 수학적으로 더욱 흥미롭도록 많은 연습문제를 다듬거나 어구를 바꿨고, 일부 연습문제는 재편성했다. 이에 덧붙여 대수학의 응용과 잇닿아 있으며 나중에 논의할 새로운 연습문제 묶음을 몇 개 추가하였다.

응용 학부 과정에서 (특히 단학기 과정에서) 추상 대수학의 '응용'을 포함하느냐는 문제는 민감하다. 추상 대수의 개념의 응용성에 대해 눈에 띄게 약한 논거임에도 위험을 무릅쓰고 제시하거나, 반대로 상당량의 응용을 포함함으로써 중요한 대수를 많이 누락해야 할 수도 있다. 필자가 판단하기에는, 몇 가지 응용 분야에 대한 (주로 부호 및 오토마타 이론의 관점에서) 초보적인 논의를 구체적인 연습문제와 연관 지어 덧붙이는 선에서 합리적으로 타협했다고 믿는다. 이 연습문제들은 풀 수도 있고, 대수롭지 않게 여길 수도 있고, 아예 들어낼 수도 있을 것이다.

사전 지식 추상 대수학 과정의 매끄러운 흐름과 연속성을 보장하기 위해, 집합론이나 귀납법 및 정수의 성질과 같은 몇 가지 사전 지식을 다시 짚어주며 시작해야 한다는 주장이 있을 수 있다. 이런 식으로 수업을 시작하는 것을 좋아하는 교수자들에게 필요한 내용을 제공하기 위해 부록에서 '집합', '정수', '귀납법'에 대한 장을 간략하게 연습문제와 함께 제공했다.

선택된 연습문제에 대한 해답 각 장에는 # 기호로 표기한 연습문제가 몇 개 있다. 이 기호는 해의 일부 또는 결정적인 힌트만을 이 책의 끝부분에서 '선택된 연습문제에 대한 해답'이라는 절에 실었음을 뜻한다.

감사의 말

이번 개정 과정에서 이 책을 검토한 동료들의 유용한 제안과 비평에 대해 감사를 표하고 싶다. 특히 포틀랜드 대학의 리처드 바이런, 클렘슨 대학의 라토레, 포츠담 주립 대학의 카젬 마흐다비, 사우스다코타 주립대의 토머스 로에, 뉴욕 포츠담 주립 대학의 아몬드 스펜서에게 감사드린다. 특히 이 책의 두 번째 판을 준비하는 동안 맥그로-힐의 수학 편집인인 로버트 와인슈타인에게 감사하고 싶다. 그의 지침과 식견과 꾸준한 격려가 큰 힘이 됐다.

찰스 C. 핀터

1장

왜 추상 대수학인가?

추상 대수학 교재를 처음 펼치고 목차를 따라가다 보면, 나열된 주제의 거의 대부분이 낯설기 때문에 충격을 받는다. 대수학은 우리가 잘 아는 주제인데, 교재를 보면 놀랍게도 딴판으로 보인다. 무슨 차이가 있으며, 얼마나 근본적으로 다른 걸까?

우선 강조하는 부분에 중대한 차이가 있다. 초등 대수학에서는 대수학의 기본 기호와 방법론을 익힌다. 세상의 문제들이 어떻게 몇 개의 방정식으로 귀결되는지, 이들 방정식을 어떻게 풀어서 수치적인 해를 산출하는지에 이르게 된다. 복잡한 문제를 기호로 번역하는 이런 기법이 수학이나 다른 정밀과학 연구의 근간이며, 인류 정신의 쾌거이다. 하지만 대수학은 기법만은 아니며 배움의 한 분야로, 미적분학이나 물리학이나 화학처럼 '학과목'이다. 기본원칙들로부터 출발하여 쌓아나가며 체계적으로 연구할 수 있는 지식의 일관되고 통합된 집합체가 대수학이다. 따라서 초등 대수학에서는 기법에 집중했던 반면, 더 고급의 대수학 과정에서는 대수학이라 부르는 수학 분야를 체계적으로 전개한다는 점이 첫 번째 차이점이다. 문제 풀이보다 아이디어와 일반적인 원리를 우선하는 것이다. (그렇다고 해서 현대 대수학이 아무런 응용이 없다는 뜻은 아니며, 오히려 정반대라는 것을 곧 알게 될 것이다.)

더 고급 수준의 대수학을 보통은 '현대 대수학' 또는 '추상 대수학'이라 부른다. 사실 이 두 가지 표현은 부분적으로 오해의 소지가 있다. 오늘날 대수학의 초창기에 위대한 발견 중 몇 가지는 (예를 들어 갈루아 이론) 미국의 남북전쟁 이전부터 알려져 있었으며, 오늘날 대수학의 광대한 목적은 이미 17세기에 라이프니츠가 명백히 진술한 바 있기 때문이다. 따라서 '현대' 대수학은 그다지 현대적이지 않다! 그렇다면 어느 정도로 '추상적'일까? 사실 추상성이라는 것은 상대적이어서, 어떤 사람에게는 추상적인 것도 다른 사람에게는 일상적인 식량일 수 있다. 수학에서의 추상화 경향은 어떻게 보면 도덕률이나 음악적 취향의 변화와 다소 비슷하다. 한 세대에게는 충격이었던 것이 다음 세대에는 일상적인 것으로 바뀌는 일은 수학 역사 내내 있어 왔다.

예를 들어 1,000년 전 음수는 말도 안 되는 개념으로 여겨졌다. 말이야 바른말이지 수라는 것은 세기 위한 것인데, 오렌지가 한 개나 두 개가 있다거나 아니면 없다고는 할 수 있어도 어떻게 오렌지가 마이너스 한 개일 수 있느냐고 얘기하곤 했다. 그 시대의 '논리학자'들이나 전문 계산가들은 계산을 보조할 때 음수를 사용했다. 그들은 만약 음수를 믿는다면 모든 일차방정식 $ax + b = 0$이 해를 하나 갖기 ($a \neq 0$인 경우 $x = -b/a$) 때문에 음수를 유용한 허구로 간주했다. 심지어는 위대한 디오판토스(Diophantus)조차도 $4x + 6 = 2$의 해를 '황당한' 수라고 묘사했다. 음수를 포함한 계수 체계라는 개념은 10세기 최고의 식자층에게조차도 지나치게 추상적이었다!

$\sqrt{-1}$을 포함하는 수인 복소수의 역사도 거의 비슷했다. 수백 년 동안 수학자들은 복소수를 거부했는데, 구체적인 예나 응용을 찾을 수 없었기 때문이다. (지금은 물리학에서 기본 도구가 됐다.)

몇 년 전까지도 집합론은 대단히 추상적인 것으로 여겨졌으며, 오늘날에는 당연한 것들 역시 마찬가지였다. 현대 대수학이 추상화한 많은 것들을 이미 과학자, 공학자, 컴퓨터 전문가들이 날마다 업무에 이용하고 있다. 이들은 머지않아 일상적인 것, 상대적으로 '구체적인 것'이 될 것이며, 그때쯤에는 새로운 것이 '추상화'될 것이다.

이 장의 뒷부분에서는 대수학에서 이용하는 특별한 추상화 유형을 면밀하게 살펴볼 것이다. 이런 추상화가 왜 나왔으며 왜 유용한지 다루려고 한다.

대수학은 특히 최근 100년 동안 상당히 발달했다. 이런 성장은 수학의 다른 분야의 발달과 밀접히 연관되어 있으며, 수학의 본질과 논리학의 역할에 대한 철학적 아이디어로부터 깊은 영향을 받았다. 현대 대수학의 본성과 정신을 이해하는 데 도움을 주기 위해, 간단히 기원부터 살펴보기로 하자.

기원

수학 교육에서 과목들 사이의 순서는 수학 발달의 역사를 반복하는 경향이 있다. 이렇게 생각해 볼 때, 16세기부터 18세기에 이르는 300년간의 위대한 고전 대수학 시대에 해당하는 것이 초등 대수학이다. 이 세월 동안 방정식을 푸는 기술이 고도로 발달했으며 현대적인 기호가 발명됐다.

아랍어로 알제브르(al jebr)에서 유래한 단어 앨지브라(대수, algebra)는 9세기 바그다드에서 수학을 가르쳤던 무하마드 알 콰리즈미가 맨 처음 사용했다. 이 단어는 대강 '재조합' 정도로 번역할 수 있는데, 방정식을 풀기 위해 항을 모았던 그의 기법을 묘사하고 있다. 유럽에서 '앨지브라'라는 단어를 상당히 다른 맥락에서 사용했다는 점은 흥미로운 대목이다. 스페인의 이발사들을 '앨지브리스타스'(algebristas), 즉 접골사로 (부러진 뼈를 '재조합'했으므로) 불렀는데, 중세 이발사들이 통상적인 일 이외에 부업으로 접골과 채혈을 했기 때문이다.

이 단어의 어원이 당시 대수학의 실제 맥락을 명쾌하게 반영하고 있는데, 당시 대수학은 주로 방정식을 푸는 법과 관련돼 있었기 때문이다. 사행시집 『루바이야트』(Rubaiyat)에 담긴 술, 노래, 사랑, 우정에 대한 뛰어난 시구절로 널리 기억되고 있지만 뛰어난 수학자이기도 했던 오마르 하이얌(Omar Khayyam)은 대수학을 '방정식을 푸는 과학'으로 명확히 정의하였다.

따라서 고전적 대수학 시대의 문턱에 접어들던 당시, 방정식의 풀이가 대수학의 중심 주제였다고 확언할 수 있다. 일차방정식 $ax + b = 0$과 이차방정식 $ax^2 + bx + c = 0$을 푸는 방법은 그리스 시대 이전에도 잘 알려져 있었다. 하지만 그때는 누구도 '삼차'방정식

$$x^3 + ax^2 + bx + c = 0$$

이나 '사차'방정식

$$x^4 + ax^3 + bx^2 + cx + d = 0$$

의 일반해를 찾아내지 못했다. 이 해법의 뛰어난 성취야말로 16세기 대수학의 승리였다.

배경은 이탈리아, 시대는 대모험과 뛰어난 성취의 시대로 기나긴 금욕적 중세 시대 이후 자각의 시대였던 르네상스 시대이다. 아메리카 대륙이 막 발견되었고, 고전적 지식들이 빛을 보았으며, 유럽 대도시가 다시 번창해졌다. 불가능해 보이는 것은 아무것도 없으며, 출신과 계급이라는 낡은 장벽조차도 극복할 수 있을 것 같았던 의기양양한 시대였다. 용감한 사람들이 지구의 머나먼 구석으로 대모험을 떠났으며, 인간 정신의 힘에 대해 자신감을 가졌던 이들은 과학과 예술에서 지식의 한계를 대담하게 탐험하였다. '모든 것의 일부를 알고, 적어도 한 가지 것의 전부를 알자'는 이상은 담대했으며 다면적이었다. 거대 무역상들이 예술의 후원자였으며, 과학에서 최고의 지성들은 정치적 음모와 거액의 거래에 능숙했다. 이처럼 활기찬 환경에서 대수학 연구가 다시 태어났다.

이탈리아 르네상스 시기의 전형적인 산물들이 그렇듯이, 고전적 시대의 초창기 대수학을 높은 수준으로 완성했던 사람들은, 역사의 장에서 나타났던 이들에 비춰 대단히 다채로웠으며 이채로웠다. 이들은 거만했으며, 제멋대로였고, 빛났고, 대담했으며, 거들먹거렸으며, 비범했으며, 영감에 찬 상상력의 도약과 뛰어난 대담함으로 당당하게 스타일 있게 연구했다.

학문의 정신은 오늘날 학문의 정신과 똑같지는 않았다. 이들은 자신의 발견을 출판하는 대신 꽁꽁 감춰두고 비밀로 지켰으며 문제 풀이 경쟁에서 상대방과 맞서 싸우는 데 사용했다. 이런 경쟁은 인기 있는 구경거리였다. 경쟁자들에게 많은 내깃돈이 걸렸으며 경쟁 결과에 따라 이들의 (두둑한 지갑은 물론이고) 명성이 좌우됐다.

이 중 뛰어났던 사람이 지롤라모 카르다노(Girolamo Cardan)였다. 카르다노는 1501년 파비아 시의 유명한 법학자의 사생아로 태어났다. 카르다노는 심하게 대비되는 인물이었는데, 물리학자, 점성가, 수학자로 유명하기도 하지만, 충동적인 도박사, 악당, 이단으로도 악명 높을 운명이었다. 의학을 배워 졸업한 뒤 의술을 쌓아가려던 노력은 전혀 성공적이지 못하였기 때문에, 카르다노는 아내와 함께 빈민소에 빌붙어 살아야 했다. 친구들의 도움으로 수학 강사가 되었는데, 밀라노의 한 의원(senator)의 자식을 치료해 준 이후 의술 경력도 쌓아갔다. 마침내 카르다노는 의학 대학에서도 인정받고 머지않아 학장이 되었다. 뛰어난 의사로서 카르다노는 최초로 발진티푸스의 임상 처방을 내렸으며, 명성이 퍼져나가면서 당대의 고위 명사 여러 명의 개인 주치의가 되었다.

카르다노의 수학에 대한 초창기의 관심은 실질적인 면도 있었다. 고질적인 내기꾼이었던 카르다노는 '우연의 법칙'이라고 여긴 도박에 매혹되었다. 카르다노는 『우연의 게임에 대한 서책』이라는 제목의 도박사들을 위한 안내 책자를 썼는데, 여기에서 처음으로 체계적인 확률 계산을 선보였다. 또한 그는 점치는 도구로써 수학을 필요로 했는데, 점성가로서의 명성이 대단했기 때문에 그의 예언은 높게 평가되었고 인기도 높았다. 카르다노가 이룬 가장 중요한 성취는 『위대한 술법』(Ars Magna)이란 책을 출판한 것인데, 이 책에서 그는 당대의 대수학 지식을 망라하여 체계적으로 제시하였다. 하지만 이미 서술한 대로 상당수의 이러한 지식은 전문가들의 개인적 비밀이었기 때문에, 교활한 속임수를 써서 꾀어야만 얻어낼 수 있었다. 그런 방식으로 얻어낸 당대의 가장 중요한 성취 중 하나가 바로 타르탈리아(Tartaglia)가 발견한 삼차방정식의 일반 해법이었다.

타르탈리아의 일생은 그 시대 사람들만큼이나 파란만장했다. 1500년경 니콜로 폰타나(Niccolo Fontana)라는 이름으로 태어난 그는 1512년 프랑스인들이 브레시아■를 점령할 때 그곳에 있었다. 그와 그의 아버지는 피난처를 찾아 대성당으로 몸을 피했지만, 군인들은 열띤 전쟁의 와중에 그 성스러운 곳에서마저도 기구한 시민들을 학살하였다. 아버지는 살해됐고, 소년은 두개골이 갈라지고, 턱과 입천장을 가로질러 깊게 칼에 베인 채 사망자들 틈에 버려졌다. 저녁이 되어 그의 어머니가 대성당으로 몰래 들어와 간신히 아들을 데리고 나갈 수 있었고, 그는 기적적으로 살아났다. 자신이 목격했던 공포로 인해 남은 생애 동안 말을 더듬었으므로 '말더듬이'라는 뜻의 타르탈리아라는 별명을 얻게 됐고, 결국에는 자신도 이 별명을 받아들였다.

타르탈리아는 정규 수업을 받지 못했는데 그것은 계급과 부가 있어야만 누리는 특권이었기 때문이다. 하지만 그는 독학으로 수학을 익혔으며 당대 가장 재능 있는 수학자 중

■ 이탈리아 북부의 도시—옮긴이

한 명이 되었다. 그는 유클리드와 아르키메데스의 작품을 번역했으며, 포탄학에 대한 논문을 써서 낙하하는 물체의 법칙에 대한 선구적인 연구를 했으므로 탄도 과학의 고안자라고 볼 수도 있다.

1535년 타르탈리아는 x 항이 없는 $x^3 + ax^2 = b$ 꼴의 삼차방정식을 푸는 방법을 발견했다. 자신의 성취를 공표하자 (물론 자세한 방법은 빠트렸다) 스키피오 델 페로(Scipio del Ferro)라는 유명한 수학 교수의 제자였던 안토니오 피오르(Antonio Fior)로부터 대수학 시합을 하자는 도전을 받는다. 스키피오는 이미 x^2 항이 없는 $x^3 + ax = b$ 꼴의 삼차방정식을 푸는 방법을 발견했으며 자신의 제자 피오르에게 비밀을 알려준 터였다. 두 경쟁자는 각각 30문제씩 뽑아 상대방에게 목록을 넘겨주기로 합의하였다. 더 많은 수의 문제를 푼 사람이 변호인에게 기탁됐던 금액을 독차지하기로 하였다. 시합 며칠 전 타르탈리아는 자신의 방법을 확장하여 '임의의' 삼차방정식을 푸는 방법을 발견했다. 두 시간도 안 되어 그는 상대방의 문제를 모두 풀 수 있었지만, 그의 적수는 타르탈리아가 제시한 문제를 단 하나도 풀 수 없었다.

한동안 타르탈리아는 삼차방정식을 푸는 자신의 방법을 혼자만의 비밀로 간직했지만, 결국 카르다노의 뛰어난 설득력에 굴복하고 말았다. 스페인군의 포병 고문이 될 수 있도록 도와주겠다는 카르다노의 약속에 솔깃한 나머지, 비밀엄수 약속을 받고 카르다노에게 자신의 방법을 자세히 알려주었다. 몇 년 후 타르탈리아의 당혹감과 분노를 자아내게 하였지만, 카르다노는 저서『위대한 술법』을 통해 타르탈리아의 방법을 출판했다. 전적으로 이 방법의 창안자는 타르탈리아라며 공을 돌리긴 했지만, 엄숙한 맹세를 깨트렸다는 것은 부인할 수 없었다. 두 수학자 사이에 쓰디쓴 다툼이 일었지만, 타르탈리아는 목숨을 부지한 것만으로도 다행스럽게 여겨야 했다. 타르탈리아는 브레시아에서의 교양 강사직을 잃었으며 여생을 무명으로 살아야 했기 때문이다.

대수학에서 그다음의 위대한 진보는 같은 집단에서 이뤄냈다. 사차방정식

$$x^4 + ax^3 + bx^2 + cx = d$$

을 푸는 일반적인 방법을 발견한 루도비코 페라리(Ludovico Ferrari)가 카르다노의 개인 조수였기 때문이다. 소년 시절부터 페라리는 카르다노의 밑에서 라틴어, 그리스어, 수학을 익

혔다. 1548년의 시합에서 타르탈리아를 물리치면서 명성을 얻고, 만투아의 세금 징수관으로 임명되었다. 이 직책으로 페라리는 부와 영향력을 얻었지만, 불같은 기질을 억제하지는 못했다. 만투아의 섭정관과 다투는 바람에 직위를 잃고 43세의 나이로 사망했다. 전설에 따르면 누이가 독살했다고 한다.

뛰어났지만 부도덕한 성취의 인생을 오랫동안 누린 카르다노도 마침내 운이 다했다. 카르다노의 아들은 자신의 부정한 아내를 독살하였다가 1560년에 처형되었다. 10년 후 카르다노는 그리스도의 일생에 대한 점성술 책을 출판했다가 이단이라는 이유로 체포된다. 몇 달간 감옥에서 지내다가 조용히 자신의 이단성을 부정하고 석방되었지만, 대학에서의 자리와 서적 출판권을 잃었다. 이후 카르다노는 교황이 알 수 없는 이유로 허락해준 연금 몇 푼에 의지하며 살았다.

대수학은 이처럼 다채로운 시대의 끝 무렵에 수학의 주요 분야로 떠올랐다. 다양한 종류의 방정식의 해법을 찾아낼 수 있다는 점이 분명해졌다. 특히 모든 삼차 및 사차방정식의 근을 구할 수 있는 공식(4차 방정식의 근의 공식)을 발견할 수 있었다. 이제 나아갈 다음 단계는 당연히 차수가 5 또는 그 이상인 방정식, 즉 x^5, x^6 등과 같은 항을 포함하는 방정식의 근의 공식을 찾아내는 것이었다. 이후 200년 동안 탁월한 수학자치고 이 문제를 시도해보지 않은 수학자가 없었지만, 누구도 성공하지 못했다. 다른 수학 분야에서 진보가 이루어졌고, 해석기하학의 발명으로 대수학과 기하학이 연결되었다. 하지만 4보다 높은 차수의 방정식을 푸는 문제는 여전히 해결되지 않았다. 라그랑주(Lagrange)의 표현에 따르면 이 문제는 '인류 지성에의 도전'이었다.

그러므로 1824년 닐스 아벨(Niels Abel)이라는 젊은 노르웨이인 천재의 연구가 빛을 보면서 수학자들이 대단히 놀란 것은 당연했다. 아벨은 자신의 연구에서 차수가 5 이상인 대수방정식의 근을 찾는 (우리가 보통 생각하는 의미로) '공식은 존재하지 않는다'는 것을 보였다. 경천동지할 이 발견과 함께 고전적 대수학 시대는 끝이 났다. 이 시기 동안 대수학은 방정식을 푸는 과학으로 여겨졌지만, 이제는 이러한 탐구가 한계에 도달했음이 명백해졌기 때문이다. 이후 대수학은 새로운 방향으로 독립하였다.

근대

닐스 아벨이 놀라운 발견을 했었을 때, 유럽 각지에서 독자적으로 연구하던 여러 수학자들은 대수학에 대해 이전까지는 생각하지도 못했던 질문을 던졌다. 다양한 수학 분야를 연구하던 이들은 매우 색다른 종류의 '대수'를 탐구하게 되었으며, 이 대수들과 관련하여 방정식의 풀이와는 무관한 질문에 답해야만 했던 것이다. 이들의 연구는 중요하게 응용되었으며, 머지않아 수학자들이 대수학의 개념을 대단히 확장하게 하는 촉진제가 되었다.

실용적인 문제에 수학을 응용하는 것과 관련되어 매우 자연스럽게 새로운 종류의 대수가 발생하였다. 맨 먼저 살펴볼 다음 예를 보면 이 사실을 분명히 알 수 있을 것이다.

행렬 대수학

행렬(matrix)이란 다음과 같이 직사각형 모양으로 수를 배열한 것이다.

$$\begin{pmatrix} 2 & 11 & -3 \\ 9 & 0.5 & 4 \end{pmatrix}$$

이런 배열은 많은 상황에서 자연스럽게 발생하는데, 예를 들어 선형 연립방정식의 해를 구할 때 나온다. 예를 들어 위의 행렬은 다음 연립방정식

$$2x + 11y - 3z = 0$$
$$9x + 0.5y + 4z = 0$$

에서 나오는 '계수 행렬'이다. 이 연립방정식의 해는 계수에만 의존하기 때문에, 그 외의 모든 것은 무시하고 계수 행렬만으로 작업하여 풀 수 있다.

행렬의 항들을 '행'별로 또는 '열'별로 배열하여 생각해도 좋다. 위의 행렬에는 다음처럼 행이 두 개 있다.

$(2 \quad 11 \quad -3)$과 $(9 \quad 0.5 \quad 4)$

또한 열은 세 개인데 다음과 같다.

$$\begin{pmatrix} 2 \\ 9 \end{pmatrix} \text{와} \begin{pmatrix} 11 \\ 0.5 \end{pmatrix} \text{와} \begin{pmatrix} -3 \\ 4 \end{pmatrix}$$

이런 이유로 2×3 행렬이라 부른다.

논의를 간단히 하기 위해, 이 절의 후반부에서는 2×2 행렬만을 고려하겠다.

행렬을 더할 때는 대응하는 항을 더한다.

$$\begin{pmatrix} a & b \\ c & d \end{pmatrix} + \begin{pmatrix} a' & b' \\ c' & d' \end{pmatrix} = \begin{pmatrix} a+a' & b+b' \\ c+c' & d+d' \end{pmatrix}$$

다음 행렬

$$\mathbf{O} = \begin{pmatrix} 0 & 0 \\ 0 & 0 \end{pmatrix}$$

을 '영행렬'(zero matrix)이라 부르는데, 행렬의 덧셈에 대해 수 0처럼 행동한다.

행렬의 곱셈은 조금 복잡하다. 먼저 두 벡터 (a, b)와 (a', b')의 '내적'(dot product)은

$$(a, b) \cdot (a', b') = aa' + bb'$$

즉 대응하는 성분끼리 곱한 뒤 더한다. 이제 두 행렬 **A**와 **B**를 곱하여, 곱 **AB**를 다음처럼 계산한다.

곱 **AB**의 첫 번째 행 및 첫 번째 열, 즉 다음 위치는

$$\begin{pmatrix} x & \\ & \end{pmatrix}$$

A의 첫 번째 행과 **B**의 첫 번째 열의 내적과 같다. **AB**의 첫 번째 행 및 '두 번째' 열, 즉 다음 위치는

$$\begin{pmatrix} & x \\ & \end{pmatrix}$$

A의 첫 번째 행과 **B**의 '두 번째' 열의 내적과 같다. 이하 마찬가지로 한다. 예를 들어 다음과 같다.

$$\begin{pmatrix} 1 & 2 \\ 3 & 0 \end{pmatrix}\begin{pmatrix} 1 & 1 \\ 2 & 0 \end{pmatrix} = \begin{pmatrix} 5 & \\ & \end{pmatrix} \qquad \begin{pmatrix} 1 & 2 \\ 3 & 0 \end{pmatrix}\begin{pmatrix} 1 & 1 \\ 2 & 0 \end{pmatrix} = \begin{pmatrix} & 1 \\ & \end{pmatrix}$$

$$\begin{pmatrix} 1 & 2 \\ 3 & 0 \end{pmatrix}\begin{pmatrix} 1 & 1 \\ 2 & 0 \end{pmatrix} = \begin{pmatrix} & \\ 3 & \end{pmatrix} \qquad \begin{pmatrix} 1 & 2 \\ 3 & 0 \end{pmatrix}\begin{pmatrix} 1 & 1 \\ 2 & 0 \end{pmatrix} = \begin{pmatrix} & \\ & 3 \end{pmatrix}$$

결국 다음을 얻는다.

$$\begin{pmatrix} 1 & 2 \\ 3 & 0 \end{pmatrix}\begin{pmatrix} 1 & 1 \\ 2 & 0 \end{pmatrix} = \begin{pmatrix} 5 & 1 \\ 3 & 3 \end{pmatrix}$$

행렬에 대한 대수 법칙은 '보통의' 대수 법칙과는 매우 다르다. 예를 들어 곱에 대한 교환법칙 **AB** = **BA**는 성립하지 않는다. 간단한 예가 있다.

$$\underbrace{\begin{pmatrix} 1 & 1 \\ 1 & 1 \end{pmatrix}}_{\mathbf{A}}\underbrace{\begin{pmatrix} 1 & 1 \\ 1 & 0 \end{pmatrix}}_{\mathbf{B}} = \underbrace{\begin{pmatrix} 2 & 1 \\ 2 & 1 \end{pmatrix}}_{\mathbf{AB}} \neq \underbrace{\begin{pmatrix} 2 & 2 \\ 1 & 1 \end{pmatrix}}_{\mathbf{BA}} = \underbrace{\begin{pmatrix} 1 & 1 \\ 1 & 0 \end{pmatrix}}_{\mathbf{B}}\underbrace{\begin{pmatrix} 1 & 1 \\ 1 & 1 \end{pmatrix}}_{\mathbf{A}}$$

만약 A가 실수이고 $A^2 = 0$이면 반드시 $A = 0$이어야 한다. 하지만 행렬에서는 그렇지 않다. 예를 들어 다음이 성립한다.

$$\underbrace{\begin{pmatrix} 1 & -1 \\ 1 & -1 \end{pmatrix}}_{\mathbf{A}}\underbrace{\begin{pmatrix} 1 & -1 \\ 1 & -1 \end{pmatrix}}_{\mathbf{A}} = \begin{pmatrix} 0 & 0 \\ 0 & 0 \end{pmatrix}$$

즉, $\mathbf{A}^2 = \mathbf{0}$이지만 $\mathbf{A} \neq \mathbf{0}$이다.

수의 대수에서는 $A \neq 0$일 때 $AB = AC$이면 A를 소거하여 $B = C$라고 결론지을 수 있다. 행렬 대수에서는 그럴 수 없다. 예를 들어

$$\underbrace{\begin{pmatrix} 0 & 0 \\ 0 & 1 \end{pmatrix}}_{\mathbf{A}}\underbrace{\begin{pmatrix} 1 & 1 \\ 1 & 1 \end{pmatrix}}_{\mathbf{B}} = \begin{pmatrix} 0 & 0 \\ 1 & 1 \end{pmatrix} = \underbrace{\begin{pmatrix} 0 & 0 \\ 0 & 1 \end{pmatrix}}_{\mathbf{A}}\underbrace{\begin{pmatrix} 0 & 0 \\ 1 & 1 \end{pmatrix}}_{\mathbf{C}}$$

즉, **AB** = **AC**, $\mathbf{A} \neq \mathbf{0}$이지만 $\mathbf{B} \neq \mathbf{C}$이다.

'항등'(identity)행렬

$$\mathbf{I} = \begin{pmatrix} 1 & 0 \\ 0 & 1 \end{pmatrix}$$

과 모든 2×2 행렬 $\mathbf{A}$에 대해 $\mathbf{AI} = \mathbf{IA} = \mathbf{A}$이므로, $\mathbf{I}$는 행렬의 곱에서 수 1에 대응하는 역할을 한다. 만약 A가 수이고 $A^2 = 1$이면, $A = \pm 1$이라고 결론지을 수 있다. 행렬은 이 규칙을 따르지 않는다. 예를 들어

$$\underbrace{\begin{pmatrix} 1 & 0 \\ 1 & -1 \end{pmatrix}}_{\mathbf{A}}\underbrace{\begin{pmatrix} 1 & 0 \\ 1 & -1 \end{pmatrix}}_{\mathbf{A}} = \underbrace{\begin{pmatrix} 1 & 0 \\ 0 & 1 \end{pmatrix}}_{\mathbf{I}}$$

즉, $\mathbf{A}^2 = \mathbf{I}$이지만 $\mathbf{A}$는 $\mathbf{I}$도 $-\mathbf{I}$도 아니다.

이 시점에서는 행렬 대수에 대해 더 얘기하지 않겠지만, 행렬 대수라는 새로운 게임의 규칙은 보통의 대수에 적용하는 규칙과는 사뭇 다르다는 점을 다시 한번 얘기하고 싶다.

불 대수

19세기에 조지 불(George Boole)이라는 수학자가 훨씬 괴이한 종류의 대수를 개발했다. 발명자의 이름을 따 불 대수(Boolean algebra)라 명명한 이 대수는 오늘날 무수하게 응용된다. 이 대수는 형식적으로는 집합의 대수와 동일하다.

S가 집합일 때, S의 부분집합들 위에서 '합집합'(union)과 '교집합'(intersection)을 생각할 수 있다. 임시로

$$A \cup B \qquad \text{대신} \qquad A + B$$

로 쓰고

$$A \cap B \qquad \text{대신} \qquad A \cdot B$$

로 쓰기로 하자. (유별난 표기법은 아니다.) 그러면

$$A + B = B + A, \qquad A \cdot B = B \cdot A$$
$$A \cdot (B + C) = A \cdot B + A \cdot C$$
$$A + \varnothing = A, \qquad A \cdot \varnothing = \varnothing$$

등등이 성립한다.

이들 등식은 초등 대수에서 사용하는 것들과 유사하다. 하지만 다음 등식들도 성립하는데, 보통의 대수에는 이에 대응하는 것이 없다.

$$A + (B \cdot C) = (A + B) \cdot (A + C)$$
$$A + A = A, \qquad A \cdot A = A$$
$$(A + B) \cdot A = A, \qquad (A \cdot B) + A = A$$

등등이 그러하다.

이런 색다른 대수는 전력망, 컴퓨터 시스템, 부호 등을 연구하는 사람들에게는 익숙한 도구다. 이 대수는 수의 대수와는 다르며 행렬 대수와도 다르다.

다른 이색적인 대수가 다양한 맥락에서 발생하는데, 과학적 문제와 연관돼 있는 경우가 많다. '복소' 및 '초복소' 대수가 있으며, 벡터와 텐서의 대수 등 다른 대수도 많다. 오늘날 200종류가 넘는 대수 체계가 연구되는 것으로 추산하는데, 이 모두가 응용과 관련 있거나 구체적인 필요 때문에 발생한다.

대수적 구조

새로운 대수들의 군단이 수학자들의 이목을 차지하기 시작하면서, 대수학을 더는 '방정식을 푸는 과학'으로 인식할 수만은 없다는 자각이 자라났다. 점차 대수학을 '알려져 있거나 가능한 대수' 모두에 동등하게 적용할 수 있는 일반적 원리를 밝혀내는 수학 분야로 보아야만 하였다.

모든 대수가 공통으로 갖는 것은 무엇일까? 어떤 공통점을 갖기 때문에 이들을 '대수'라고 부를 수 있는 걸까? 가장 일반적인 의미로 대수는 (수 집합, 행렬 집합, 성분을 자리바꿈

하는 집합, 어떠한 종류의 집합이든) '집합'(set)과, 그 집합 위에서의 '연산'(operation)으로 구성돼 있다. 연산이란 집합의 두 원소를 조합하여 같은 집합 내의 유일한 세 번째 원소를 만들어내는 수단에 불과하다.

이로부터 대수적 구조에 대한 현대적 개념에 이르게 된다. 한 개 이상의 연산이 정의된 집합을 '대수적 구조'라고 이해한다. 그럴 경우 '대수적 구조를 연구하는 것'을 대수학이라고 정의할 수 있다.

대수적 구조라는 개념이 매우 일반적임을 깨닫는 게 중요하다. 대수에 대해 기존에 가졌던 개념은 모두 버려야 하며, 이러한 대수적 구조의 개념을 한 꺼풀 벗겨 새로이 단순하게 보아야 한다. 어떠한 집합이든 원소들을 조합하는 규칙을 갖고 있으면 이미 대수적 구조가 있다. 기존의 수학과 하등 관련이 없어도 좋다. 예를 들어 (단색이든 혼합색이든) 모든 색깔의 집합을 생각하고, 두 색깔을 혼합하여 새로운 색깔을 만들어 내는 연산을 생각하자. 이것도 대수적 구조로 여길 수 있다. 이런 혼합은 예컨대 (빨강과 파랑을 혼합하는 것과, 파랑과 빨강을 혼합하는 것은 같다는 식의) 교환법칙 같은 규칙을 따른다. 비슷한 맥락에서 모든 음(音)의 집합을 생각하고, 두 음을 조합하여 새로운 (협화음이든 불협화음이든) 음을 만들어 내는 연산을 생각해 보라.

또 다른 예로, 친족 모임 내의 임의의 두 명과 '가장 가까운 공통 친족'을 고르는 규칙을 만들었다고 (물론 친족 내의 임의의 두 사람과 가장 가까운 친족이 모임에 참석했다고) 상상해 보자. 이 또한 대수적 구조다. 우리에겐 친족 모임에 참석한 사람들의 집합이 있으며, 그 집합 위에 '가장 가까운 공통 친족'이라는 연산이 있다.

일반적인 개념의 대수적 구조에 점차 익숙해질수록 (20세기 초반까지만 해도 완전히 받아들여지지 않았다) 수학자들이 대수라고 인식했던 것들에 심오한 영향을 끼칠 수밖에 없었다. 결국 대수학의 목적은 대수적 구조를 연구하는 것이며, 더도 덜도 아님이 분명해졌다. 특정한 경우에 응용할 수 있는 대수적 구조에 대한 일반적인 과학을 지향하여야 하므로, 옛날의 대수와도 소통하는 것이 이상적일 것이다. 이러한 계획을 자세히 살펴보기 전에, 현대 수학의 다른 면, 즉 나날이 많이 사용하는 공리적 방법에 대해 먼저 간단하게 살펴볼 것이다.

공리

공리적 방법이 고대의 가장 획기적 발명이면서 어떤 면으로는 가장 당혹스러운 것이었다는 점에는 의문의 여지가 없다. 그리스 기하학에서 매우 발달된 형태로 공리적 방법이 출현했는데, 당시에도 세련되고 우아하며 철저히 현대적인 방법이었다. 이 방법의 전조로 보이는 것은 없으며, 그리스 이전의 고대 수학자들에게는 알려져 있지 않았던 것 같다. 이 방법은 초기 기하학의 위대한 교재인 유클리드의 『원론』(Elements)에서 처음으로 역사에 등장했다. 형식적인 연역 추론과 같은 형태의 잠정적인 시도들이 이보다 앞서 있었겠지만, 그 기원은 수수께끼에 묻혀 있다.

유클리드의 『원론』은 가장 순수한 형태의 공리적 방법론을 품고 있다. 이 놀라운 책에는 465개의 기하학 명제가 들어 있는데, 어떤 것은 매우 간단하지만 어떤 것은 상당히 복잡하다. 하지만 진정으로 놀라운 사실은 상식적인 자명한 관찰로 치부할 만한 고작 10개의 전제로부터, 고대 세계 최대 규모의 과학 지식을 이루는 이 465개의 명제를 논리적으로 유도한다는 점이다. 다음은 이런 전제 중 전형적인 것들이다.

> 같은 것과 같은 것들은 서로 같다.
>
> 전체는 부분보다 크다.
>
> 임의의 두 점을 지나는 직선을 그을 수 있다.
>
> 모든 직각은 같다.

유클리드의 『원론』이 후속 세대에 너무나도 대단한 영향을 끼쳤기 때문에 올바른 수학적 형태의 모범이 되었으며 오늘날까지도 모범으로 남아 있다.

유클리드 시대 이전에는 증명이라는 개념이 없었다고 믿는 것은 옳지 않을 듯하다. 고대 중동의 초창기 기하학자들이 기하학 원리를 발견하기 위해 추론을 사용했다는 증거가 있다. 이 학자들은 증명을 발견했으며, 유클리드에게서 발견할 수 있는 것과 동일한 증명도 많았을 것이다. 차이점이 있다면, 이집트나 바빌로니아 수학자들은 논리적 설명을 부차적인 과정, 예컨대 미술가들의 사전 스케치처럼 결과로 안내하는 사적인 정신 과정으로 여겼기 때문에 기록해 둘 가치를 못 느꼈다는 점이다. 그러한 태도는 기하학의 진정한 본성을 거의 이해하지 못했음을 보여주며, 따라서 공리적 방법론의 씨앗을 품고 있지는 않았다.

오늘날에는 유클리드의『원론』에 실린 기하학 정리의 다수, 어쩌면 대부분이 이전 세대로부터 전해왔으며, 어쩌면 유클리드가 이집트나 바빌로니아로부터 빌려왔을 수도 있다고 알려져 있다. 하지만 그렇다고 해서 유클리드가 이룬 업적의 위대함이 깎이는 건 아니다. 유클리드가『원론』의 내용을 제시한 방식이『원론』의 내용만큼이나 중요하면서도 뒷세대에게는 훨씬 더 중요한 것으로 입증되었다. 기하학적 사실들을 '체계화'하여, 앞선 정리를 바탕으로 구축하며 다른 정리의 논리적 근거로 삼을 수 있도록 논리적 정리들을 배치하는 방식이 핵심이다.

(공리적 방법론이란 사실들을 발견하는 수단이 아니라 체계화하는 방식임에 조심스럽게 주목해야 한다. 수학에서 새로운 사실은 종종 탁월한 추측이나 실험적 직관으로 발견한다. 하지만 공리적 체계 내에서 증명으로 뒷받침해야 이 사실들이 받아들여진다.)

유클리드의『원론』은 시대를 통틀어 궁극적인 완벽의 경지까지 체계적이고 합리적인 사고의 모범으로 자리를 지켜 왔다. 모든 세대의 수학자들과 철학자들은 명료한 완벽함과 흠 없는 단순성을 모방하려고 애써 왔다. 데카르트와 라이프니츠는 인간의 모든 지식을 하나의 공리 체계로 조직화하려고 꿈꾸었으며, 스피노자는 유클리드의 기하학을 따르는 방식으로 윤리학의 연역 체계를 만들어냈다. 이런 꿈의 상당수가 실용적이지 않은 것으로 입증되긴 했지만, 유클리드가 보급한 방법론은 현대의 수학적 형태의 전형이 되었다. 19세기 중반 이후 공리적 방법만이 수학적 지식을 체계화하는 유일한 올바른 방식으로 받아들여졌다.

공리적 방법론이 수학에서 진정한 핵심인 이유를 이해하기 위해 염두에 둘 것이 하나 있다. 수학은 특성상 본질적으로 '추상적'이라는 점이다. 예를 들어 기하학에서 직선이란 길게 늘어뜨린 실이 아니며, 실이 한 방향으로 뻗어있다는 성질 이외의 모든 성질은 버림으로써 얻어지는 개념이다. 마찬가지로 기하학적 도형의 개념은 실제 대상의 모든 성질을 이상화하고 이들 사이의 공간적 관계만을 남겨둔 결과이다. 수학이 '추상화한 대상'을 다루므로, 이에 대한 지식은 관찰이나 실험이 아니라 (추상적인 사고로 실험이 가능하기는 할까?) 논리를 통해 얻어야 한다는 것이 합리적이다.

방금의 언급은 현대 대수학에도 꼭 들어맞는다. 대수적 구조의 개념은 구체적인 특정 대수 체계를 이상화하여 얻는다. 대수 체계 내의 실제 대상의 성질은 (그게 수든 행렬이든 대상이 무엇인지는 묵살한다) 모두 무시하며, 주어진 연산하에서 이 대상들을 조합하는 방식에만 주목할 뿐이다. 실은 체계 내의 대상이 무엇인지 묵살했던 것처럼, 연산이 이 대상들을 어떻게 하는지 역시 묵살한다. 그 체계 내에서 성립하는 방정식이나 부등식만 남기는데, 이것만이 대수에서 중요하기 때문이다. 그 외의 모든 것은 버린다. 마지막으로 기하학에서 다른 관계로부터 공간상의 관계를 연역할 수 있듯, 이 방정식이나 부등식은 다른 식들로부터 논리적으로 연역할 수도 있다.

대수의 공리

수학 연구에서 매번 이색적인 새로운 대수가 나타나고, $ab = ba$나 $a(bc) = (ab)c$와 같은 식들이 성립하지 않았기 때문에 이 식들이 신성불가침의 법칙이 아님을 마침내 이해하게 됐던 19세기 중반을 기억하자. 이런 식들의 일부를 변경하거나 제거한다든지 새로운 식으로 대체함으로써 엄청나게 다양한 새로운 체계를 만들 수 있었다.

더욱 중요한 것은 수학자들이 많은 체계에서 성립하는 대수적 법칙들을 몇 개의 간단한 기본 법칙들로부터 유도할 수 있다는 것을 점차 깨닫게 되었다는 점이다. 매우 간단한 기하학적 공준들만으로 기하학의 모든 정리를 증명하기에 충분하다는 유클리드의 발견과 비견되기 때문에 이는 진정 놀라운 사실이었다. 대수에서도 같은 현상이 있는 것으로 드러났다. 몇 가지 간단한 대수적 식이 자연스러운 공리 역할을 하며, 이들로부터 나머지 사실들을 증명할 수 있었던 것이다.

이러한 기본 대수 법칙들은 오늘날 대부분의 고등학생들에게는 친숙하다. 참고를 위해 몇 개 나열해 보자. A가 임의의 집합이고 A 위에 $*$라는 기호로 나타내는 연산이 있다고 가정하자.

$$a * b = b * a \qquad (1)$$

만약 A의 임의의 두 원소 a, b에 대해 식 (1)이 참이면, 연산 $*$가 '가환'이라고 말한다. 물론 이는 $a*b$와 $b*a$의 값이 a, b를 택하는 순서에 상관없다는 뜻이다.

$$a*(b*c)=(a*b)*c \tag{2}$$

만약 A의 임의의 세 원소 a, b, c에 대해 식 (2)가 참이면, 연산 $*$가 '결합적'이라고 말한다. 연산이란 '두' 원소를 조합하는 규칙임을 기억해 볼 때, '세' 원소를 조합하려고 하면 조합하는 방식이 다를 수 있다. 만약 a, b, c의 '순서를 바꾸지 않고' 조합하고 싶다면 b와 c를 조합한 결과에 a를 조합하여 $a*(b*c)$를 만들 수도 있고, a와 b를 조합한 뒤 결과를 c에 조합하여 $(a*b)*c$를 만들 수도 있다. 이들 셋을 (순서를 바꾸지 않고) 조합하는 방법은 두 가지가 가능한데 같은 결과를 산출한다는 것이 결합법칙이다.

$$\text{A의 모든 원소 } a\text{에 대해 } e*a=a\text{이고 } a*e=a\text{인} \\ \text{A의 원소 } e\text{가 존재한다.} \tag{3}$$

이런 A의 원소 e가 존재하면 이를 연산 $*$에 대한 '항등원'이라 부른다. 항등원을 때로는 '중립' 원소라 부르기도 하는데, 임의의 원소 a와 조합해도 a를 변경하지 않기 때문이다. 예를 들어 0은 덧셈에 대해 항등원이며 1은 곱셈에 대해 항등원이다.

$$\text{A의 모든 원소 } a\text{에 대해} \\ a*a^{-1}=e\text{이고 } a^{-1}*a=e\text{인} \\ \text{A의 원소 } a^{-1}\text{가 ('}a\text{의 역원')이) 존재한다.} \tag{4}$$

만약 대수 체계 내에서 명제 (4)가 참이면, 모든 원소가 연산 $*$에 대해 역원을 가진다고 말한다. 역원의 의미는 분명하다. 어떠한 원소든 그의 역원과 조합하면 중립 원소가 나온다. (대충 a의 역원이 a를 '중립화'한다고 말할 수 있다.) 예를 들어 A가 덧셈을 연산으로 갖는 수의 집합이면, 임의의 수 a의 역원은 $-a$이고, 만약 연산이 곱셈이면 임의의 $a \neq 0$에 대해 역원은 $1/a$이다.

같은 집합 A가 연산 $*$ 뿐만 아니라 $\perp$로 나타내는 또 하나의 연산을 가진다고 가정하자.

$$a*(b \perp c)=(a*b)\perp(a*c) \tag{5}$$

만약 A의 임의의 세 원소 a, b, c에 대해 식 (5)가 성립하면, $*$가 $\perp$에 대해 '분배적'(distributive)이라고 말한다. 한 체계 내에 연산이 두 개 있으면 어떤 식으로든 상호작용해야 한다. 그렇지 않으면 이 둘을 한꺼번에 생각할 필요가 없을 것이다. 두 연산이 서로 관련되는 가장 흔한 (하지만 유일하지는 않은) 방식이 분배법칙이다.

우리가 방금 살펴본 다섯 가지 이외에도 '기본' 법칙은 더 있지만, 이것들이 가장 흔한 법칙들이다. 대부분의 중요한 대수 체계는 이 공리들 중에서 선택한 것들을 갖고 있다. 예를 들어 수학자들이 오늘날 '환'(ring)이라 지칭할 때는 보통 +와 ·로 나타내며 다음 공리를 만족하는 두 연산을 가진 집합 A를 가리킨다.

> 덧셈(+)은 가환이고 결합적이며, 보통은 0이라고 표기하는 중립 원소(덧셈에 대한 항등원)를 가지며, 모든 원소 a는 덧셈에 대해 역원 $-a$를 가진다. 곱셈(·)은 결합적이며 중립 원소(곱셈에 대한 항등원) 1을 갖고, 덧셈에 대해 분배적이다.

환의 특별한 예가 행렬 대수인데, 행렬 대수의 모든 법칙은 앞의 공리로부터 증명할 수 있다. 하지만 환의 예는 이외에도 더 있다. 수의 환, 함수의 환, '부호어'의 환, 성분을 교환하는 환 이외에도 매우 많다. 어떤 환에서 앞의 공리들로부터 증명할 수 있는 모든 대수 법칙은 환의 모든 '예'에서 참이다. 다른 말로 하면, 수에 대해 한 번, 행렬에 대해 한 번, 성분의 교환에 대해 한 번, 등등 똑같은 식을 반복하여 증명하지 않아도 환에서 그 식이 성립한다는 것만 증명하면 충분하며, 그러면 반드시 수백 가지의 구체적인 환에 대해 그 식은 참이 된다.

공리를 바꿔 선택하면 새로운 대수적 공리 체계를 끝도 없이 만들어낼 수 있다. 유용성이나, 관련성이나, 응용성에 무관하게 '임의의' 공리를 택한 '임의의' 공리 체계를 연구하는 것이 합당한지 물을 수 있다. 원하면 어떠한 체계든 연구하는 것은 자유이며, 정당화할 필요가 없다고 주장하는 '근본주의자'들이 있다. 하지만 잘 정립된 수학에서는 이 문제에 조금 더 보수적이어서, 새롭거나 전통적인 문제 및 다른 수학 분야와 관련되어 있거나, 특정한 응용에 대응하는 특정한 공리 체계들을 연구한다.

실제로 선택하는 공리 체계는 어떤 것들일까? 아주 간단하다. 수학자들이 서로 다른 대수를 보다가 동일한 증명 패턴이 계속 반복되며 매번 본질적으로 동일한 가정이 필요하다는 것을 관찰하면, 이런 가정들을 뽑아내어 새로운 체계의 공리로 삼는 것이 자연스럽다고 여기는 것이다.

다시 추상화

공리적 수학의 한 가지 중요한 점이 더 있다. 공리 체계 내에서 수학적 사실들을 포착하려 할 경우, 이 사실들 전체가 아니라 특정 맥락하에서 중요하거나 관련된 측면만을 만들어내려고 노력한다. '어떤 것이 관련된 것인지 선택'하고 그 밖의 것은 모두 무시하는 절차야말로 추상화의 핵심이다.

인류에게 이런 종류의 추상화는 매우 자연스럽기 때문에 우리는 늘 그렇게 한다는 것을 깨닫지 못하면서도 추상화하고 있다. 몰리에르의 희곡에서 부르주아 신사(서민귀족)가 자신이 산문체로 말한다는 것을 알고 놀라듯이, 우리도 얼마나 추상적으로 생각하는지 알면 놀랄지도 모르겠다. 자연은 우리에게 수없이 얽힌 사실과 감각들을 내놓으며, 우리는 매 순간 재빨리 중요한 것을 가려내고 나머지는 버려야 한다는 난관에 처한다. 우리를 둘러싼 환경을 이해하기 위해서는 끊임없이 다른 것들로부터 어떤 데이터를 추려내야만 한다.

자연과학자들에게 이런 과정은 과학의 핵심이며 고갱이다. 자연은 힘, 속도, 관성 운동량으로 만들어져 있지 않다. 자연은 전체이며, 그냥 '존재'한다! 물리학자들은 자연으로부터 특정한 면을 나머지 면과 구분하고, 이렇게 '추상화한 것'들을 지배하는 법칙을 찾아낸다.

수학자들도 마찬가지다. 예를 들어 정수 체계는 우리가 직관으로 아는 것인데, 여러 가지 모습을 띤 복잡한 실체다. 수학자는 이런 모습 하나하나를 서로 구별하고 개별적으로 연구한다. 정수의 집합은 덧셈과 곱셈을 연산으로 가지며 '환'을 이룬다는 것이 (다시 말해 앞서 진술한 공리들을 만족한다는 것이) 한 가지 관점일 수 있다. 이 집합이 특정한 순서 공리를 만족하는 순서 집합이라는 조금 다른 관점도 있다. 조금 다른 수준에서는 양의 정수들이 '귀납 이론'의 근간을 이루는데, 1부터 시작하여 매번 1을 더하는 방식을 써서 '구성'

할 수도 있다.

따라서 주제에 따라 수학을 세분하는 전통은 근본적으로 바뀌었다. 이제는 정수가, 복소수가, 행렬이, 혹은 또 다른 것이 하나의 주제가 아니며, 그 대신 이들 체계의 특정한 '면면'을 골라내 공리적 형태로 꾸려 넣어서 특정한 대상을 지칭하지 않고도 추상적으로 연구할 수 있다. 그 이면에는 여러 가지 전통적 체계가 이들 면면 각각을 공유한다는 점이 있다. 예를 들어 대수적으로 정수는 환을 이루는데, 복소수나 행렬 및 많은 대상 역시 그렇다.

어떤 성질을 '갖는' 실제 대상과 성질을 구분하는 이런 과정은 사실 전혀 새로운 것이 아니다. 2,000년도 넘는 이전에 기하학에서 똑같이 그렇게 했던 것을 이미 보았다. 다만 대수학에서는 이런 과정을 밟는 데 조금 오래 걸렸던 것이다.

현대 대수학에서 공리화 및 추상화로의 이동은 대략 1830년경에 시작하여 이후 100년쯤 후 완성되었다. 처음에는 이런 움직임이 임시방편이었으며 딱히 목표를 의식한 것은 아니었지만, 다른 수학 분야도 비슷한 경향을 띠며 수렴해감에 따라 탄력을 얻었다. 많은 위대한 수학자들의 생각이 결정적 역할을 하였지만, 누구도 에바리스트 갈루아(Evariste Galois)라는 앳된 젊은 수학자만큼 깊고 오래도록 영향력을 끼치지는 못하였다.

에바리스트 갈루아에 얽힌 이야기는 아마도 수학 역사상 가장 짜릿하면서도 비극적일 것이다. 감수성이 있고 엄청난 재능을 지닌 청년이 20세의 나이로 권총 결투 후 사망한다. 그의 짧은 생애는 갈루아에게 비극과 좌절만을 안겨주었다. 어렸을 때 아버지가 자살하였으므로, 프랑스 대학이라는 엉클어진 세계에서의 삶과, 학생 정치 속에서 혼자 싸워야 했다. 당시 최고의 일류 과학기관이었던 에콜 폴리테크니크 입학을 두 번 거절당했는데, 아마 입학시험에서의 답변이 지나치게 독창적이고 특이했기 때문일 것이다. 중요한 대수학적 발견을 담은 원고를 위대한 학술원 회원이었던 코시에게 보냈는데, 이 신사는 젊은 학생의 논문을 읽지도 않았고 잃어버렸다. 훗날 갈루아는 과학 아카데미의 수학 분야 상을 받겠다는 희망을 품고 자신의 결과를 푸리에에게 제출했다. 하지만 푸리에는 사망했고, 그 논문도 분실됐다. 또 하나의 논문을 푸아송에게 제출했으나, 푸아송은 끝까지 읽을 만한 관심이 없었기 때문에 결국 되돌려 보냈다.

마침내 갈루아는 수학계의 또 하나의 중심이었던 에콜 노르말에 입학 허가를 받았지만, 왕을 공격하는 글을 썼다는 이유로 퇴학당하고 만다. 파리의 학생 세계에서 정치적 선동을 한 혐의로 두 차례 투옥됐다. 이렇게 격변하는 삶의 와중에서 갈루아가 대수학에서 매우 독창적인 이론을 구축할 시간을 냈다는 것은 믿기 어려울 정도다.

갈루아가 한 일은 방정식의 근을 찾는 문제와 치환군에 대한 새로운 발견을 관련지은 것이었다. 갈루아는 차수가 5 이상의 방정식 중 어느 것이 전통적인 형태의 해를 가지며 어느 것이 그렇지 않은지 정확히 설명했다. 그 와중에서 갈루아는 놀랄 만큼 독창적이고 강력한 개념들을 도입했으며, 이 개념들이 오늘날까지 많은 대수적 사고의 틀을 이루고 있다. 갈루아가 비록 당시까지는 알려지지 않았던 공리적 대수 체계 내에서 연구를 한 것은 아니었으나, 대수적 구조에 대한 추상적인 개념은 그의 연구에 분명히 드러나 있다.

1832년 5월 30일 겨우 20세였던 때 갈루아는 새벽에 권총 결투를 하게 된다. 어떤 다툼이 있어 결투를 하였는지는 명백하지 않다. 누군가는 정치적 이유 때문이라고 말하고, 어떤 이들은 바람둥이 여성의 갈팡질팡하는 사랑을 두고 다툰 결투였다고 주장한다. 진실은 결코 알려지지 않을 수도 있겠지만, 파란만장하고 뛰어났고 이상적이었던 갈루아는 권총 결투로 상처를 입고 사망한다. 결투 전날 갈루아가 자신의 주요 수학적 결과를 적어 친구에게 맡겼다는 것이 수학을 위해서는 다행스러웠다. 이번에는 원고들이 분실되지는 않았지만, 그가 사망한 지 15년 후에야 출간되었다.■ 그전까지 수학계는 아직 받아들일 준비가 돼 있지 않았던 것이다!

오늘날의 대수학은 공리적으로 조직되었으며, 그만큼 추상적이다. 수학자들은 일반적인 관점에서 대수적 구조를 연구하고, 서로 다른 구조들을 비교하고, 이들 사이의 관계를 찾는다. 이런 추상화와 일반화는 구제불능으로 비실용적이게 보이지만, 그렇지 않다! 대수학에서의 이런 일반적인 접근은 수학과 과학의 여러 부분에서 이전에는 전혀 형식화되지 않았던 문제들을 형식화하고, 전혀 새로운 종류의 해를 찾아내는 '대수화'라는 강력하고 새로운 방법을 만들어냈다.

순수 수학적 욕망으로의 이와 같은 외도는, 물리학의 사실들이 완전히 발견되기도 전에 이 사실들을 앞서 설명하는 이론적 틀을 제공하는 이상한 방식으로 나타났다. 이런 패턴이 너무나 특징적이었기 때문에, 많은 수학자들은 자신을 사실보다는 '가능성'의 세계의

■ 1846년 리우빌이 《Journal de Mathematiques Pures et Appliquees》에 그의 논문을 게재하였다.— 옮긴이

개척자로 여기게 되었다. 수학자들은 내용에 독립적인 '구조'를 연구하며, 수학자들의 과학은 인류의 정신이 음미할 수 있는 모든 종류의 구조와 질서를 탐구해 나가는 여행이다.

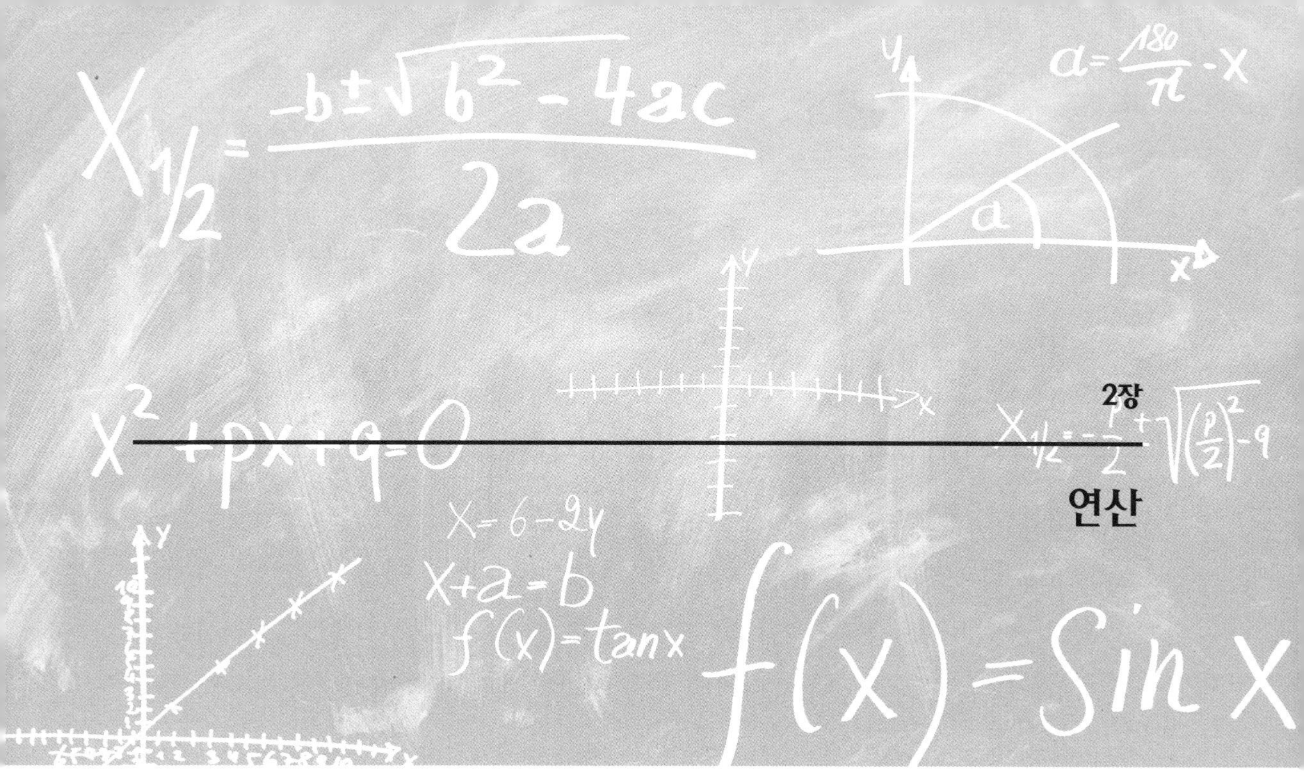

2장 연산

적당한 수 집합 위에서의 덧셈, 뺄셈, 곱셈, 나눗셈과 몇 가지 연산들은 친숙하다.

직관적으로 말하자면, 집합 A 위의 연산이란 A의 두 원소를 조합하여 같은 집합 A에 속하는 원소를 만들어내는 수단이다.

연산은 $+$, $\times$, $\div$ 등과 같이 기호를 써서 나타낸다. 이 책에서는 연산을 고상한 관점에서 바라보려고 하는데, 구체적인 집합 위에서의 구체적인 연산이 아니라 '일반적인' 연산에 적용되는 사실들을 찾아낼 것이다. 이에 따라 임의의 집합 위에서의 임의의 연산을 가리키기 위해 $*$라든지 $\odot$와 같은 연산 기호를 만들어낼 때도 있을 것이다.

이제 집합 A 위에서의 '연산'(operation)■ 이 뜻하는 바를 형식적으로 정의하자. A를 '임의의 집합'이라 하자.

A 위에서의 연산 $*$는 A의 원소들의 순서쌍 (a, b)마다 단 하나의 A의 원소 $a * b$를 대

■ 여기서의 연산은 '이항연산'(binary operation)을 말한다.—옮긴이

응하는 규칙을 말한다.

이 정의에서 강조할 점은 세 가지이다:

1. A의 원소들로 이루어진 '모든' 순서쌍 (a, b)에 대해 $a * b$가 정의된다.

연산인 것처럼 현혹시키지만, 이 조건에 맞지 않아서 실은 연산이 아닌 규칙도 있다. 일반적인 경우에는 a, b에 대하여 $a * b$가 정의되지만, 몇 가지 예외적인 경우에는 정의할 수 없는 경우가 왕왕 있다. 예를 들어 실수의 집합 $\mathbb{R}$ 위에서의 나눗셈은 연산으로서의 자격을 갖추지 못한다. (3, 0)과 같은 순서쌍에 대해서는 나눗셈 3/0을 정의할 수 없기 때문이다. 나눗셈이 $\mathbb{R}$ 위에서의 연산이기 위해서는 $\mathbb{R}$의 원소로 이루어진 순서쌍 (a, b) '전체'에 대해 실수 a/b가 대응되어야 하기 때문이다!

2. $a * b$는 '유일하게' 결정되어야 한다.

다른 말로 하면 $a * b$의 값은 애매모호하게 주어져서는 안 된다. 예를 들어 실수의 집합 $\mathbb{R}$ 위에서 제곱하면 ab인 수를 $a \diamond b$라고 두어 연산 $\diamond$를 정의하고 싶다고 하자. 이 정의가 애매모호한 것은 물론인데, 예를 들어 $2 \diamond 8$은 4일 수도 있고 −4일 수도 있기 때문이다. 따라서 $\diamond$는 $\mathbb{R}$ 위에서의 연산이 될 자격이 없다!

3. a, b가 A에 속하면 $a * b$도 A에 속해야 한다.

이 조건은 보통 A가 연산 $*$에 대해 '닫혀있다'(closed)고 표현한다. 집합 A 위에서 어떤 연산 $*$를 정의하려고 할 때는 $*$를 A의 원소들에 적용했을 때 'A의 바깥으로 나가지 않도록' 주의해야 한다. 예를 들어, 정수의 집합 위에서 나눗셈은 연산으로 간주할 수 없다. 정수의 쌍 (3, 4)의 몫 3/4처럼 정수가 아닌 것이 있기 때문이다.

반면 '양의 실수'의 집합 위에서는 나눗셈이 연산의 자격을 갖추고 있다. 양의 실수들의 몫은 유일하게 결정되는 양의 실수이기 때문이다.

A의 원소로 이루어진 순서쌍 각각에 A의 유일한 원소를 대응하는 '어떠한' 규칙이든 연산이다. 그러므로 주어진 집합 A 위에서 연산이 될 수 있는 규칙이 많다는 것은 명백하다. 예를 들어 A가 단 두 개의 원소 a, b만으로 구성된 집합이었다면, A 위에서의 연산을 다음

과 같은 표로 나타낼 수 있다.

(x, y)	$x * y$
(a, a)	
(a, b)	
(b, a)	
(b, b)	

왼쪽 열에는 A의 원소로 이루어진 가능한 순서쌍 네 개를 모두 나열하고, 각 쌍 (x, y)의 오른쪽에 $x * y$의 값을 쓰면 된다. 여기 가능한 연산을 몇 개 제시하였다.

(a, a)	a
(a, b)	a
(b, a)	a
(b, b)	a

(a, a)	a
(a, b)	b
(b, a)	a
(b, b)	b

(a, a)	b
(a, b)	a
(b, a)	b
(b, b)	a

(a, a)	b
(a, b)	b
(b, a)	b
(b, b)	a

이 표 각각은 A 위에서의 '서로 다른' 연산을 나타내고 있다. 각 표에는 네 개의 행이 있는데, 각 행을 a나 b로 채울 수 있다. 따라서 표를 채우는 방법은 16가지이며, 이는 집합 A 위에서의 '가능한 연산' 16가지에 대응한다.

집합 A 위에서의 연산에 어떤 '제한'이 따르는 경우를 이미 본 적이 있을 것이다. 연산 $*$가 '가환'(commutative), 즉 A의 임의의 두 원소 a, b에 대해 다음 식을 만족할 수 있다.

$$a * b = b * a \tag{1}$$

연산 $*$가 '결합적'(associative), 즉 A의 임의의 세 원소 a, b, c에 대해 다음 식을 만족할 수도 있다.

$$(a * b) * c = a * (b * c) \tag{2}$$

연산이라는 것이 원소 '두 개'를 조합하는 방식임을 기억해야 결합법칙의 중요성을 이해할 수 있다. '세 개'의 원소를 조합하고 싶을 때 다른 방법으로 조합할 수 있기 때문이다. a, b, c의 '순서를 바꾸지 않고' 조합하고 싶은 경우, b와 c를 조합한 결과를 a와 조합하여 $a * (b * c)$를 만들어 낼 수 있고, 먼저 a와 b를 조합한 뒤 그 결과를 c와 조합하여 $(a * b) * c$를 만들어 낼 수도 있다. 순서를 바꾸지 않고 세 원소를 조합하는 이 두 가지 방법이 같은 결과를 낸다는 주장이 '결합법칙'이다.

예를 들어 $a + (b + c) = (a + b) + c$이므로 실수의 덧셈은 결합적이다. 하지만 실수의 나눗셈은 결합적이지 '않다.' 예컨대 3/(4/5)는 15/4이지만, (3/4)/5는 3/20인 것이다.

만약 다음 성질을 갖는 A의 원소 e가 있으면,

$$A\text{의 모든 원소 } a\text{에 대해 } e * a = a \text{ 및 } a * e = a \tag{3}$$

e를 연산 $*$에 대한 '항등원'(identity) 또는 '중립' 원소(neutral element)라 부른다. e를 어떤 원소 a와 조합하든 a가 변하지 않는다는 것을 식 (3)이 말해 준다. 예를 들어 실수의 집합 $\mathbb{R}$에서 0은 덧셈에 대해 항등원이고, 1은 곱셈에 대해 항등원이다.

a가 A의 원소일 때 다음 식을 만족하는 A의 원소 x가 있으면,

$$a * x = e \text{ 및 } x * a = e \tag{4}$$

x를 a의 '역원'(inverse)이라고 말한다.■ 대략적으로 어떤 원소를 역원과 조합하면 항등원이 나온다는 것을 식 (4)가 말해 준다. 예를 들어 실수의 집합 $\mathbb{R}$에서 덧셈에 대해 a의 역원은 $-a$이고, $a \neq 0$이라면 곱셈에 대해 a의 역원은 $1/a$이다.

a의 역원은 보통 기호 a^{-1}로 나타낸다.■■ (기호 a^{-1}는 보통 'a의 역원'이라고 읽는다.)

■ 정확히 말하면, e가 유일하다는 사실부터 먼저 말해야 한다.—옮긴이

■■ (4) 식을 만족하는 x, 즉 a의 역원이 하나뿐임을 보일 수 있다.—옮긴이

연습문제

이 책의 연습문제는 **A**, **B**, **C**, ⋯ 등의 묶음으로 나누었으며 묶음을 설명하는 부제를 붙였다. 각 묶음에는 6개에서 10개까지의 연습문제가 들어 있는데, 번호는 연속적으로 매겼다. 각 묶음의 연습문제는 대개 서로 독립적이고, 개별적으로 풀 수 있다. 하지만 묶음 내의 연습문제가 서로 관련되어 있어서 앞쪽의 연습문제를 바탕으로 하기 때문에 순차적으로 풀어야만 할 때는 앞쪽 빈 곳에 단검 기호 †로 표시하였다.

연습문제 번호 옆의 # 기호는 이 책 뒷부분의 '선택된 연습문제에 대한 해답'에 연습문제의 풀이 일부를 실었다는 것을 나타낸다.

A. 연산의 예

다음 규칙 중에서 주어진 집합 위에서 연산인 것은 어떤 것인가? ($\mathbb{Z}$는 정수의 집합을 가리키고, $\mathbb{Q}$는 유리수의 집합, $\mathbb{R}$는 실수의 집합이다.) 그 규칙이 연산이 아닐 경우, 이유가 무엇인지 설명하여라.

예제 집합 $\mathbb{Z}$ 위에서 규칙 $a * b = \dfrac{a+b}{ab}$

풀이 이 규칙은 $\mathbb{Z}$ 위에서 연산이 아니다. $(a+b)/ab$가 정수가 아닌 정수 a, b가 있기 때문이다. 예를 들어 다음은 정수가 아니다.

$$\frac{2+3}{2\cdot 3} = \frac{5}{6}$$

따라서 $\mathbb{Z}$는 $*$에 대해 닫혀있지 않다.

1. 집합 $\mathbb{Q}$ 위에서 $a * b = \sqrt{|ab|}$

2. 집합 $\{x \in \mathbb{R}: x > 0\}$ 위에서 $a * b = a \ln b$

 # 3. 집합 $\mathbb{R}$ 위에서 $a * b$는 '방정식 $x^2 - a^2b^2 = 0$의 근'

4. 집합 $\mathbb{Z}$ 위에서 빼셈

5. 집합 $\{n \in \mathbb{Z}: n \geqslant 0\}$ 위에서 빼셈

6. 집합 $\{n \in \mathbb{Z}: n \geqslant 0\}$ 위에서 $a * b = |a - b|$

B. 연산의 성질

다음은 각각 $\mathbb{R}$ 위에서의 연산이다. 다음이 맞는지 틀린지 지적하여라.

(i) 가환이다.

(ii) 결합적이다.

(iii) $\mathbb{R}$는 $*$에 대해 항등원을 가진다.

(iv) 모든 원소 $x \in \mathbb{R}$는 $*$에 대해 역원을 가진다.

조언 (i)을 위해서는 $x * y$와 $y * x$를 계산하고, 둘이 같은지 다른지 확인하여라. (ii)를 위해서는 $x * (y * z)$와 $(x * y) * z$를 계산하고, 둘이 동일한지 검증하라. (iii)을 위해서는 우선 방정

식 $x * e = x$를 풀어서 e를 찾아라. 만약 이 방정식을 풀 수 없으면, 항등원은 없다. 방정식을 풀 수 있더라도, 모든 $x \in \mathbb{R}$에 대해 $e * x = x * e = x$가 성립하는지 검증할 필요가 있다. 만약 이 사실이 검증된다면 e가 항등원이다. (iv)의 경우, 먼저 항등원이 없으면 역원도 있을 수 없다는 사실에 주목하라. 만약 항등원 e가 있으면, 먼저 x'에 대한 방정식 $x * x' = e$를 풀어라. 만약 이 방정식이 해를 갖지 않으면 x는 역원을 갖지 않는다. 만약 해를 가지면, $x * x' = x' * x = e$인지 확인해야 한다. 확인을 통과하면, x'이 x의 역원이다.

예제 $x * y = x + y + 1$

가환	결합적	항등원	역원
예 ☑ 아니오 □	예 ☑ 아니오 □	예 ☑ 아니오 □	예 ☑ 아니오 □

(i) $x * y = x + y + 1$, $y * x = y + x + 1 = x + y + 1$이다. (따라서 $*$는 '가환'이다.)

(ii) $x * (y + z) = x * (y + z + 1) = x + (y + z + 1) + 1 = x + y + z + 2$이고, $(x * y) * z = (x + y + 1) * z = (x + y + 1) + z + 1 = x + y + z + 2$이다. ($*$는 '결합적'이다.)

(iii) e에 대한 방정식 $x * e = x$를 풀자. $x * e = x + e + 1 = x$이므로 $e = -1$이다. $x * (-1) = x + (-1) + 1 = x$이고 $(-1) * x = (-1) + x + 1 = x$임을 확인한다. 따라서 -1이 항등원이다. ($*$는 '항등원을 가진다.')

(iv) x'에 대한 방정식 $x * x' = -1$을 풀자. $x * x' = x + x' + 1 = -1$이므로 $x' = -x - 2$여야 한다. $x * (-x - 2) = x + (-x - 2) + 1 = -1$이고, $(-x - 2) * x = (-x - 2) + x + 1 = -1$임을 확인한다. 따라서 $-x - 2$가 x의 역원이다. ('모든 원소가 역원을 가진다.')

1. $x * y = x + 2y + 4$

가환	결합적	항등원	역원
예 □ 아니오 □	예 □ 아니오 □	예 □ 아니오 □	예 □ 아니오 □

(i) $x * y = x + 2y + 4$이고, $y * x =$

(ii) $x * (y * z) = x * (\quad) =$

$(x * y) * z = (\quad) * z =$

(iii) e에 대한 방정식 $x * e = x$를 풀어라. 항등원인지 확인하라.

(iv) x'에 대한 방정식 $x * x' = e$를 풀어라. 역원인지 확인하라.

2. $x * y = x + 2y - xy$

가환	결합적	항등원	역원
예 □ 아니오 □	예 □ 아니오 □	예 □ 아니오 □	예 □ 아니오 □

3. $x * y = |x + y|$

가환	결합적	항등원	역원
예 □ 아니오 □	예 □ 아니오 □	예 □ 아니오 □	예 □ 아니오 □

4. $x * y = |x - y|$

가환	결합적	항등원	역원
예 □ 아니오 □	예 □ 아니오 □	예 □ 아니오 □	예 □ 아니오 □

5. $x * y = xy + 1$

가환	결합적	항등원	역원
예 □ 아니오 □	예 □ 아니오 □	예 □ 아니오 □	예 □ 아니오 □

6. $x * y = \max\{x, y\}$ = '두 수 x, y 중에서 더 큰 쪽'

가환	결합적	항등원	역원
예 □ 아니오 □	예 □ 아니오 □	예 □ 아니오 □	예 □ 아니오 □

#7. (양의 실수 집합 위에서) $x * y = \dfrac{xy}{x+y+1}$

가환	결합적	항등원	역원
예 □ 아니오 □	예 □ 아니오 □	예 □ 아니오 □	예 □ 아니오 □

C. 원소가 두 개인 집합 위의 연산

A를 원소가 두 개인 집합 $A = \{a, b\}$라 하자.

1. A 위에서의 연산 16개를 모두 써라. (39 쪽에서 설명한 포맷을 이용하라.)

이 연산에 0_1부터 0_{16}까지 이름을 붙여라. 그런 뒤

2. 0_1부터 0_{16}까지의 연산 중에서 가환인 것을 가려내어라.

#3. 0_1부터 0_{16}까지의 연산 중에서 결합적인 것을 가려내어라.

4. 0_1부터 0_{16}까지의 연산 중에서 어떤 것이 항등원을 갖는가?

5. 0_1부터 0_{16}까지의 연산 중에서 어떤 것이 역원을 갖는가?

D. 오토마타: 입력 열/출력 열의 대수

디지털 컴퓨터 및 연관 기계장치는 입력 열의 형태로 정보를 처리한다. '입력 열'(input sequence)이란 몇 개의 기호 집합 A로부터 만들어지는 유한한 문자열을 말한다. 예를 들어 $A = \{0, 1\}$이면 [즉, 두 개의 기호 0과 1만으로 이루어진 문자(철자) 집합이면], 011010이나 10101111 같은

것이 입력 열의 예다. 만약 $A = \{a, b, c\}$이면, *babbcac*나 *cccabaa* 같은 것들이 입력 열의 예다. '출력 열'(output sequence)도 입력 열과 같은 방식으로 정의된다. 문자 집합 A 위의 문자열 전체의 집합을 A^*라고 나타낸다.

A^*에는 '이어쓰기'(concatenation)라는 연산이 있다. **a**와 **b**가 A^*에 속할 경우, 예를 들어 $\mathbf{a} = a_1a_2 \cdots a_n$ 및 $\mathbf{b} = b_1b_2 \cdots b_m$일 때

$$\mathbf{ab} = a_1a_2 \cdots a_nb_1b_2 \cdots b_m$$

이다. 다른 말로 하면, 문자열 **ab**는 두 문자열 **a**와 **b**를 나란히 이어 쓴 문자열이다. 예를 들어 문자 집합 $A = \{0, 1\}$에서 $\mathbf{a} = 1001$ 및 $\mathbf{b} = 010$이면 $\mathbf{ab} = 1001010$이다.

기호 λ(람다, lambda)는 빈 문자열을 가리킨다고 하자.

1. 위에서 정의한 연산이 결합적 연산임을 증명하라.

2. 이 연산이 가환이 아닌 이유를 설명하라.

3. 이 연산에 대한 항등원이 있음을 증명하라.

3장 군의 정의

대수적 구조 중에서 가장 간단하고 기본적인 것이 '군'(群, group)이다. 군이란 결합적인 연산을 갖고, 이 연산에 대해 항등원을 가지며, 모든 원소가 역원을 갖는 집합으로 정의한다. 더 형식적으로 말하면 다음과 같다.

> '군'이라는 것은 다음 공리들을 만족하는 연산 $*$를 가진 집합 G를 말한다.
>
> (G1) $*$는 결합적이다.
>
> (G2) G의 모든 원소 a에 대해 $a*e=a$이고 $e*a=a$인 원소 e가 G에 존재한다.
>
> (G3) G의 모든 원소 a에 대해, $a*a^{-1}=e$ 및 $a^{-1}*a=e$를 만족시키는 원소 a^{-1}가 G 안에 존재한다.

방금 정의한 군을 기호 $\langle G, *\rangle$로 표현할 수 있다. 이 기호는 군이 '집합' G와 '연산' $*$로 구성되어 있음을 명시적으로 보여 준다. (일반적으로는 G 위에 가능한 연산이 더 있음을 기억하라. 따라서 연산을 적시하지 않으면 군의 연산이 무엇인지 명백하지 않을 수도 있다.) 혼란의 여지가 없는 경우 군을 그냥 G라는 문자로 나타낼 것이다.

머리에 떠오르는 군은 친숙한 수체계 내에서 발견할 수 있는 것들이 대부분이다. 몇 가지 예를 들어보자.

$\mathbb{Z}$는 대개 정수의 집합

$$\{\cdots, -3, -2, -1, 0, 1, 2, 3, \cdots\}$$

를 나타내는 기호다. '덧셈'을 연산으로 갖는 집합 $\mathbb{Z}$가 군인 것은 명백하다. 이를 '정수의 덧셈군'이라 부르는데 기호 $\langle \mathbb{Z}, + \rangle$로 나타낸다. 대개는 간단하게 기호 $\mathbb{Z}$만으로 나타낸다.

$\mathbb{Q}$는 유리수의 집합을 가리킨다. 즉, $n \neq 0$인 정수 m, n에 대해 분수 m/n들로 구성돼 있다. 덧셈을 연산으로 갖는 이 집합을 '유리수의 덧셈군' $\langle \mathbb{Q}, + \rangle$라 부른다. 거의 대부분 이 군을 그냥 $\mathbb{Q}$로 나타내곤 한다.

기호 $\mathbb{R}$는 실수의 집합을 가리킨다. 덧셈을 연산으로 갖는 집합 $\mathbb{R}$는 '실수의 덧셈군'이라 부르며 $\langle \mathbb{R}, + \rangle$ 또는 그냥 $\mathbb{R}$로 나타낸다.

'0이 아닌 유리수'의 집합은 $\mathbb{Q}^*$로 나타낸다. 이 집합에 '곱셈'을 연산으로 주면, 군 $\langle \mathbb{Q}^*, \cdot \rangle$ 또는 간단하게 $\mathbb{Q}^*$라고 쓰는 군이다. 마찬가지로, '0이 아닌 실수'들의 집합은 $\mathbb{R}^*$로 나타낸다. 곱셈을 연산으로 갖는 집합 $\mathbb{R}^*$는 군 $\langle \mathbb{R}^*, \cdot \rangle$인데 그냥 $\mathbb{R}^*$라 쓰기도 한다.

마지막으로 $\mathbb{Q}^{pos}$는 곱셈을 연산으로 하는 양의 유리수 전체가 이루는 군이다. $\mathbb{R}^{pos}$는 곱셈을 연산으로 하며 모든 양의 실수로 이루어진 군을 나타낸다.

자연에서도 군은 풍부하다. 이는 자연 현상을 포착하는 대수적 구조의 상당수가 군으로 밝혀진다는 것을 의미한다. 나중에 살펴보겠지만 결정(crystal)의 구조, 대칭 패턴 및 다양한 종류의 기하학적 변환과 관련되어 전형적인 예들이 등장한다. 또한 군은 더 복잡한 대수적 구조를 만들어내는 기본 구성요소의 하나이므로 중요하다.

응용과학에서는 '유한군', 즉 유한개의 원소만을 갖는 군이 특히 중요하다. 대부분 실제 세계에서는 유한개의 대상만을 다루기 때문에, 응용에서 이러한 군들이 자주 나오는 것은 놀랍지 않다.

가장 쉽게 익힐 수 있는 유한군은 'n을 법(modulo)으로 하는 정수군'이라는 것이다. 여기에서 n은 1보다 큰 자연수다. 여기에서는 이 군을 가볍게 설명하려고 하는데, 엄밀하게 다루는 것은 나중으로 미루겠다.

구체적인 예인 6을 법으로 하는 군으로부터 시작해보자. 이 군은 다음 여섯 개의 원소와

$$\{0, 1, 2, 3, 4, 5\}$$

이제 곧 설명할 '6을 법으로 하는 덧셈'이라 부르는 연산으로 구성되어 있다.

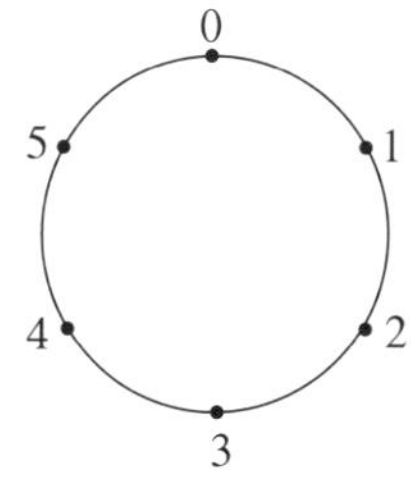

0부터 5까지의 수가 원주 위에 고르게 분포해 있다고 하자. 두 수 h와 k를 더하기 위해 먼저 h에서 시작하여 시계 방향을 따라 k 단위만큼 이동할 때 도착하는 점이 $h+k$이다. 예를 들어 $3+3=0$이고 $3+5=2$ 등등이 성립한다. 이런 연산을 갖는 집합 $\{0, 1, 2, 3, 4, 5\}$를 '6을 법으로 하는 정수군'이라 부르고 기호 $\mathbb{Z}_6$으로 나타낸다.

일반적으로 n을 법으로 하는 정수군은 다음 집합과

$$\{0, 1, 2, \cdots, n-1\}$$

'n을 법으로 하는 덧셈' 연산으로 이루어져 있는데, 이 연산은 방금과 똑같은 방법으로 설명할 수 있다. 0부터 $n-1$까지의 수는 단위원 위의 점인데, 각 점이 다음 점과 길이가 $2\pi/n$만큼 떨어져 있다고 상상하자.

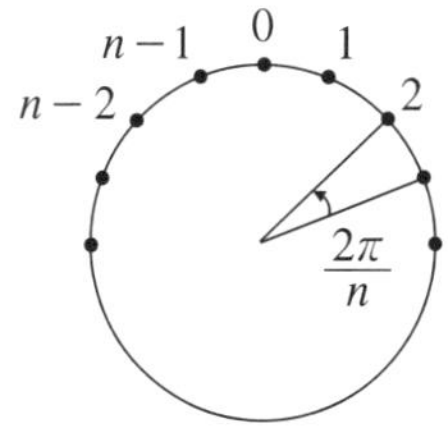

h와 k를 더하기 위해 먼저 h에서 시작하여 시계 방향으로 호를 따라 $2\pi/n$의 k배만큼 간다. 당연히 이 합 $h+k$는 0부터 $n-1$까지의 수 중 하나다. 기하학적으로 생각해 보면, 단위원 위에서의 연속 회전으로부터 이런 종류의 덧셈은 '결합적'임이 분명하다. 0이 이 군의 항등

원이고, h의 역원은 물론 $n-h$이다. 왜냐하면 $h+(n-h)=n$이 0과 일치하기 때문이다. n을 법으로 하는 덧셈군을 기호 $\mathbb{Z}_n$으로 나타낸다.

유한군으로 작업할 경우 '연산표'를 작성하는 게 유용할 때가 있다. 예를 들어 $\mathbb{Z}_6$의 연산표는 다음과 같다.

+	0	1	2	3	4	5
0	0	1	2	3	4	5
1	1	2	3	4	5	0
2	2	3	4	5	0	1
3	3	4	5	0	1	2
4	4	5	0	1	2	3
5	5	0	1	2	3	4

이 연산표의 기본 포맷은 다음과 같다.

+	0	1	2	3	4	5
0						
1						
2						
3						
4						
5						

이 표에서 군의 원소마다 '행'과 '열'이 하나씩 있다. 이때 예를 들어 $3+4$는 3을 행으로 갖고 4를 열로 갖는 자리에 놓인다. 일반적으로 유한군 $\langle G, *\rangle$에 대해 다음과 같은 표가 만들어진다.

$*$	$\cdots\cdots$	y	$\cdots\cdots$
$\vdots$			
x		$x*y$	
$\vdots$			

x를 행으로 갖고 y를 열로 갖는 칸에 $x*y$가 들어 있다.

교환법칙은 군론의 공리가 '아님'을 기억하자. 따라서 모든 군에서 항등식 $a*b=b*a$가 성립하는 것은 아니다. 만약 군 G에서 교환법칙이 성립하면, 그런 군을 '가환군'(commutative group) 혹은 '아벨군'(abelian group)이라 부른다. 아벨군이라는 이름은 수학자 닐스 아벨(Niels Abel)의 이름을 딴 것인데, 1장에서 언급했듯 군론 연구의 개척자였다. 지금까지 언급했던 군은 모두 가환군이었지만, 그렇지 않은 군의 예가 있다.

G를 다음 여섯 개의 행렬로 이루어진 군이라 하자.

$$\mathbf{I} = \begin{pmatrix} 1 & 0 \\ 0 & 1 \end{pmatrix} \qquad \mathbf{A} = \begin{pmatrix} 0 & 1 \\ 1 & 0 \end{pmatrix} \qquad \mathbf{B} = \begin{pmatrix} 0 & 1 \\ -1 & -1 \end{pmatrix}$$

$$\mathbf{C} = \begin{pmatrix} -1 & -1 \\ 0 & 1 \end{pmatrix} \quad \mathbf{D} = \begin{pmatrix} -1 & -1 \\ 1 & 0 \end{pmatrix} \quad \mathbf{K} = \begin{pmatrix} 1 & 0 \\ -1 & -1 \end{pmatrix}$$

여기에서 연산은 23쪽에서 설명했던 '행렬의 곱셈 연산'이다. 이 군의 연산표는 다음과 같음을 확인할 수 있다.

	I	A	B	C	D	K
I	I	A	B	C	D	K
A	A	I	C	B	K	D
B	B	K	D	A	I	C
C	C	D	K	I	A	B
D	D	C	I	K	B	A
K	K	B	A	D	C	I

선형대수학에서 행렬의 곱셈이 결합적임을 보일 수 있다. (세세한 확인은 간단하다.) **I**가 이 군의 항등원이라는 것과 {**I**, **A**, **B**, **C**, **D**, **K**}의 여섯 행렬 각각에 대해 역원이 {**I**, **A**, **B**, **C**, **D**, **K**} 내에 있다는 것도 관찰로부터 명백하다. (예를 들어 **B**는 **D**의 역원이고, **A**는 **A**의 역원이다.) 따라서 G는 군이다! 이때 **AB** = **C**이지만 **BA** = **K**임을 관찰할 수 있으므로, G는 가환군이 아니다.

연습문제

A. 가환군의 예

다음 집합이 주어진 연산에 대해 가환군임을 증명하여라.

조언 2장의 연습문제 묶음 **B**처럼 진행하여라.

1. 실수 집합 $\mathbb{R}$ 위에서 $x * y = x + y + k$ (k는 고정된 상수)

2. 집합 $\{x \in \mathbb{R}: x \neq 0\}$ 위에서 $x * y = \frac{xy}{2}$

3. 집합 $\{x \in \mathbb{R}: x \neq -1\}$ 위에서 $x * y = x + y + xy$

 # 4. 집합 $\{x \in \mathbb{R}: -1 < x < 1\}$ 위에서 $x * y = \frac{x + y}{xy + 1}$

B. 집합 $\mathbb{R} \times \mathbb{R}$ 위의 군

$\mathbb{R} \times \mathbb{R}$는 실수의 순서쌍 (x, y)들의 집합을 나타낸다. 따라서 $\mathbb{R} \times \mathbb{R}$는 평면 위의 모든 점들의 집합과 동일시할 수 있다. 다음에 주어진 $\mathbb{R} \times \mathbb{R}$의 부분집합 중에서 주어진 연산에 대해 군인 것은 어떤 것인가? 어떤 것이 가환군인가?

조언 앞의 연습문제처럼 진행하여라. 이 문제에서 항등원은 실수의 순서쌍 (e_1, e_2) 꼴인데 이를 찾기 위해서는 e_1과 e_2에 대한 방정식 $(a, b) * (e_1, e_2) = (a, b)$를 풀어라. (a, b)에 대한 역원 (a', b')을 찾기 위해서는 a'과 b'에 대한 방정식 $(a, b) * (a', b') = (e_1, e_2)$를 풀어라. [$(x, y) = (x', y')$인 것과, $x = x'$이고 $y = y'$인 것이 동치조건임을 기억하여라.]

1. 집합 $\{(x, y) \in \mathbb{R} \times \mathbb{R}: y \neq 0\}$ 위에서 $(a, b) * (c, d) = (ad + bc, bd)$

 # 2. 집합 $\{(x, y) \in \mathbb{R} \times \mathbb{R}: x \neq 0\}$ 위에서 $(a, b) * (c, d) = (ac, bc + d)$

3. 2번과 연산은 같지만, 집합이 $\mathbb{R} \times \mathbb{R}$일 때

4. $\mathbb{R} \times \mathbb{R}$에서 원점을 뺀 집합 위에서 $(a, b) * (c, d) = (ac - bd, ad + bc)$

5. 집합 $\mathbb{R} \times \mathbb{R}$ 위에서 4번의 연산을 생각하라. 군인가? 설명하여라.

C. 부분집합들의 군

A와 B가 집합일 때, '대칭 차집합'(symmetric difference)은 다음처럼 정의되는 집합 $A + B$를 말한다.

$$A + B = (A - B) \cup (B - A)$$

주의 A에서 B에 속하는 원소를 모두 제거하여 얻어지는 집합을 $A - B$로 나타낸다.

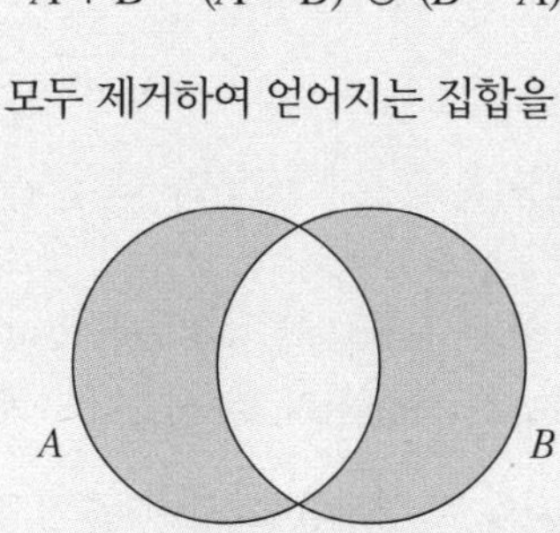

색칠한 집합이 $A + B$이다

$A+B=B+A$임은 분명할 것이다. 따라서 이 연산은 가환이다. 또한 다음의 그림 표현에서 알 수 있듯 이 연산은 결합적이다. A, B, C의 합집합을 그림에서처럼 일곱 개의 영역으로 나누자.

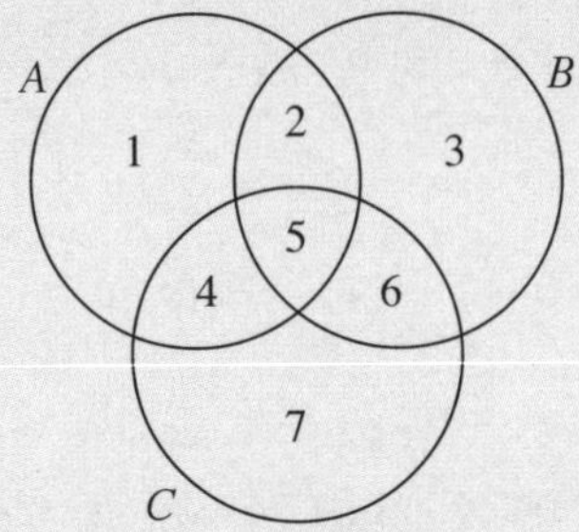

$A+B$는 1, 4, 3, 6 영역으로 이루어져 있다.

$B+C$는 2, 3, 4, 7 영역으로 이루어져 있다.

$A+(B+C)$는 1, 3, 5, 7 영역으로 이루어져 있다.

$(A+B)+C$는 1, 3, 5, 7 영역으로 이루어져 있다.

따라서 $A+(B+C)=(A+B)+C$이다.

D가 집합일 때 D의 '멱집합'(power set)은 D의 모든 부분집합으로 구성된 집합 P_D를 말한다. 즉, 다음과 같다.

$$P_D = \{A : A \subseteq D\}$$

이제 연산 $+$를 P_D 위에서의 연산으로 간주하자.

1. 연산 $+$에 대해 항등원 ______이 있음을 보여라.

2. D의 부분집합 A는 $+$에 대해 역원 ______을 가짐을, 즉 $\langle P_D, +\rangle$가 군임을 보여라.

3. 원소가 세 개인 집합을 $D=\{a, b, c\}$라 하자. P_D의 원소를 나열하여라. [예를 들어 $\{a\}$가 원소이며, $\{a, b\}$도 원소이다. 공집합 및 전체집합 D를 빠트리지 말아야 한다.] 그런 다음 군 $\langle P_D, +\rangle$의 연산표를 작성하여라.

D. 체커판 게임

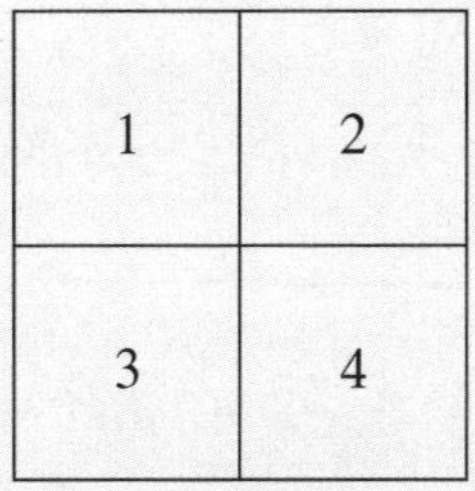

이 체커판에는 1, 2, 3, 4로 번호를 매긴 정사각형 네 개만 있다. 판 위에는 체커 말이 한 개만 있는데, 다음과 같은 이동만 허용한다고 하자.

V 상하로 이동하기. 즉 1에서 3으로 또는 3에서 1로 이동하거나, 2에서 4로 또는 4에서 2로 이동하기.

H 좌우로 이동하기. 즉 1에서 2로 혹은 반대로 이동하거나, 3에서 4로 혹은 반대로 이동하기.

D 대각으로 이동하기. 즉 2에서 3으로 혹은 반대로 이동하거나, 1에서 4로 혹은 반대로 이동하기.

I 가만히 있기.

이 네 가지 이동의 집합 위에, 이런 이동을 연속적으로 수행하는 것으로 이루어지는 연산을 하나 생각할 수 있다. 예를 들어 좌우로 이동한 후 상하로 이동하면, 대각으로 이동한 것과 같은 결과가 나오기 때문에 다음과 같다.■

$$H * V = D$$

이다. 좌우 이동을 두 번 연속하면, 처음 시작한 곳으로 돌아오므로 $H * H = I$이다. 이런 식으로 계속하자. 만일 $G = \{V, H, D, I\}$라 하고 방금 서술한 연산을 $*$라 할 때, G의 연산표를 작성하여라.

■ $A * B$는 A라는 이동부터 수행한 후 B라는 이동을 수행하는 것으로 정의했다. 이하 주의할 것.—옮긴이

*	I	V	H	D
I				
V				
H				
D				

결합법칙이 성립한다고 인정할 때, $\langle G, * \rangle$가 군인 이유를 설명하여라.

E. 동전 게임

탁자 위에 A와 B라는 자리에 동전 두 개가 놓여 있다. 이 게임에서는 여덟 가지 이동이 가능하다.

M_1 : A에 놓인 동전을 뒤집기

M_2 : B에 놓인 동전을 뒤집기

M_3 : 두 동전을 모두 뒤집기

M_4 : 두 동전의 자리를 바꾸기

M_5 : A에 놓인 동전을 뒤집은 후 자리를 바꾸기

M_6 : B에 놓인 동전을 뒤집은 후 자리를 바꾸기

M_7 : 두 동전을 모두 뒤집은 후 자리를 바꾸기

I : 그냥 가만히 두기

집합 $\{I, M_1, \cdots, M_7\}$ 위에서, 이들 이동을 연속적으로 수행하는 것으로 이루어지는 연산을 생각하자. 예를 들어, 동전의 자리를 바꾼 후 A에 놓인 동전을 뒤집는 것은, B에 놓인 동전을 뒤집은 후 자리를 바꾸는 것과 같으므로

$$M_4 * M_1 = M_2 * M_4 = M_6$$

이다. $G = \{I, M_1, \cdots, M_7\}$이라 하고 방금 서술한 연산을 $*$라 할 때, $\langle G, *\rangle$의 연산표를 작성하라.

$*$	I	M_1	M_2	M_3	M_4	M_5	M_6	M_7
I								
M_1								
M_2								
M_3								
M_4								
M_5								
M_6								
M_7								

결합법칙은 성립한다고 인정할 때 $\langle G, *\rangle$가 군인 이유를 설명하여라. 가환군인가? 그렇지 않다면 그렇지 않다는 것을 입증하라.

F. 이진 부호의 군

정보를 0010111이나 1010011처럼 0과 1의 열로 부호화하여 전달하는 것이 가장 기본적인 방법이다. 이런 열을 '이진 단어'(binary word)라 부르고, 이진 단어 내의 0과 1의 개수를 '길이'(length)라 부른다. 어떤 정보든 이런 방식으로 부호화할 수 있다.

정보가 전달될 때 때로는 부정확하게 수신될 때가 있다. 전송 시 '오류를 탐지'하고 '수정'하는 방법을 찾아내는 것이 부호 이론의 가장 중요한 목적 중의 하나다.

만약 단어 $\mathbf{a} = a_1a_2 \cdots a_n$을 보냈는데 $\mathbf{b} = b_1b_2 \cdots b_n$이 수신되었다면, (여기에서 a_i와 b_j는 0이나 1이다), '오류 패턴'(error pattern)이란 다음 규칙으로 정의되는 단어 $\mathbf{e} = e_1e_2 \cdots e_n$을 말한다.

$$e_i = \begin{cases} 0 & a_i = b_j \text{일 때} \\ 1 & a_i \neq b_j \text{일 때} \end{cases}$$

이런 동기 하에 단어의 '합'을 다음처럼 정의한다. $\mathbf{a}$와 $\mathbf{b}$가 길이가 1인 단어일 때 다음 규칙에 따라 더한다.

$$0+0=0, \quad 1+1=0, \quad 0+1=1, \quad 1+0=1$$

a와 **b**가 길이가 n인 단어일 때는 '대응하는 자리'를 더한다. 즉 (편의상 쉼표를 사용하기로 하자.)

$$(a_1, a_2, \cdots, a_n)+(b_1, b_2, \cdots, b_n)=(a_1+b_1, a_2+b_2, \cdots, a_n+b_n)$$

따라서 **a**와 **b**의 합이 오류 패턴 **e**이다.

예를 들어 다음과 같다.

$$\begin{array}{r} 0010110 \\ +\,0011010 \\ \hline =0001100 \end{array} \qquad\qquad \begin{array}{r} 10100111 \\ +\,11110111 \\ \hline =01010000 \end{array}$$

길이가 n인 이진 단어의 전체집합을 기호 $\mathbb{B}^n$으로 나타내자. $\mathbb{B}^n$ 위에서 단어의 합 연산이 다음 성질을 가진다는 것을 증명하자.

1. 연산이 가환이다.

2. 연산이 결합적이다.

3. 단어의 합에 대한 항등원이 있다.

4. 모든 단어는 단어의 합 연산에 대해 역원을 가진다.

먼저 길이가 1인 단어들에 대한 교환법칙은 다음으로 확인할 수 있다.

$$0+1=1+0=1$$

1. $(a_1, a_2, \cdots, a_n)+(b_1, b_2, \cdots, b_n)=(b_1, b_2, \cdots, b_n)+(a_1, a_2, \cdots, a_n)$임을 보여라.

2. 결합법칙을 검증하기 위해, 먼저 길이가 1인 단어들에 대해 검증한다.

$$1+(1+1)=1+0=1=0+1=(1+1)+1$$

$$1+(1+0)=1+1=0=0+0=(1+1)+0$$

나머지 여섯 가지 경우도 확인해 보라.

3. $(a_1, \cdots, a_n)+[(b_1, \cdots, b_n)+(c_1, \cdots, c_n)]=[(a_1, \cdots, a_n)+(b_1, \cdots, b_n)]+(c_1, \cdots, c_n)$임을 보여라.

4. $\mathbb{B}^n$, 즉 길이가 n인 단어들의 집합에서 합에 대한 항등원은 ______이다.

5. 단어의 합에 대해 $(a_1, \cdots, a_n)$의 역원은 ______이다.

6. $\mathbf{a}+\mathbf{b}=\mathbf{a}-\mathbf{b}$임을 보여라. [여기에서 $\mathbf{a}-\mathbf{b}=\mathbf{a}+(-\mathbf{b})$이다.]■

7. $\mathbf{a}+\mathbf{b}=\mathbf{c}$이면 $\mathbf{a}=\mathbf{b}+\mathbf{c}$임을 보여라.

G. 부호 이론: 최대 유사 해독

연습문제 **F**에서의 논의를 계속하자. 길이가 n인 이진 단어의 집합을 $\mathbb{B}^n$으로 표기했음을 기억하라. '부호'(code)란 $\mathbb{B}^n$의 부분집합을 뜻한다. 예를 들어 다음은 $\mathbb{B}^5$의 부호이다. 이 부호를 C_1이라 부르려고 하는데, 다음처럼 길이가 5인 이진 단어로 구성돼 있다.

00000

00111

01001

■ 여기에서 $-\mathbf{b}$는 $\mathbf{b}$에 대한 역원을 가리킨다.—옮긴이

01110

10011

10100

11010

11101

길이가 5인 단어는 모두 32개이지만, 부호 C_1에는 여덟 개만 있음에 주목하라. 이 여덟 개의 단어를 '부호어'(codeword)라 부르는데, 나머지 $\mathbb{B}^5$의 단어는 부호어가 아니다. 전송에는 부호어만 사용한다. 만약 수신된 단어가 부호어가 아니면, '전송 중 오류'가 있었음이 분명하다. 부호를 잘 설계했다면, 부호어를 전송할 때 오류로 인해 다른 부호어가 나올 (이럴 경우 오류를 검출할 수 없을 것이다) 가능성은 낮다. 더욱이 좋은 부호라면 오류를 찾아내어 교정하기 쉬워야 한다. 아래의 논의에서 이런 아이디어를 명확히 하려고 한다.

이진 단어의 '가중치'(weight)는 단어 내에서 1의 개수다. 예를 들어 11011의 가중치는 4다. 두 이진 단어 사이의 '거리'(distance)는 두 단어에서 서로 다른 자리의 개수이다. 따라서 11011과 01001 사이의 거리는 2다. (두 단어가 어긋나는 자리는 첫 번째와 네 번째 자리뿐이기 때문이다.) 부호의 '최소 거리'는 부호어 사이의 거리 중에서 가장 작은 거리를 말한다. 위의 부호 C_1에서는 단어 쌍 사이의 거리를 비교하면 최소 거리가 2임이 드러난다. 이는 어떤 부호어가 다른 부호어로 잘못 전송되기 위해서는 전송 시 '적어도 두 자리'에서 오류가 발생해야 한다는 뜻이다. 좀 더 바람직한 부호에서는 [예를 들어 해밍(Hamming) 부호] 최소 거리가 3이므로, 한 개나 두 개의 오류는 '항상' 검출할 수 있으며, 한 개의 단어 내에서 세 개의 오류가 발생해야 (이런 일은 거의 일어나기 힘들다.) 검출되지 않을 수 있다.

실제로 부호는 다음과 같은 방식으로 만든다. 모든 부호어 내에서 어떤 자리들은 '정보 자리'이며 나머지 자리는 '여분의 자리'이다. 예를 들어 부호 C_1에서 각 부호어의 처음 세 자리가 정보 자리다. 이 여덟 개의 부호어를 살펴보면 (각 단어에서 처음 세 자리에만 이목을 제한하라) 0과 1로 이루어진 세 자리 열, 즉

000, 001, 010, 011, 100, 101, 110, 111

이 모두 있다는 걸 볼 수 있다. 각 부호어에서 네 번째와 다섯 번째 자리는 '짝홀 검사식'(parity check equation)을 만족한다.

 # 1. C_1 내의 부호어 $a_1a_2a_3a_4a_5$가 짝홀 검사식 $a_4 = a_1 + a_3$, $a_5 = a_1 + a_2 + a_3$을 만족함을 검증하여라.

2. $\mathbb{B}^6$에서 다음과 같은 부호를 C_2라 하자. 처음 세 자리는 정보 자리이며, 부호어 $a_1a_2a_3a_4a_5a_6$은 짝홀 검사식 $a_4 = a_2$, $a_5 = a_1 + a_2$, $a_6 = a_1 + a_2 + a_3$을 만족하도록 한다.

(a) C_2의 부호어를 모두 나열하라.

(b) 부호 C_2의 최소 거리를 구하여라.

(c) C_2의 부호어에서 몇 개의 오류까지 확실하게 검출할 수 있는가?
설명하여라.

3. $\mathbb{B}^4$에서 처음 두 자리가 정보 자리가 되도록 부호를 설계하라. 짝홀 검사식을 주고, 부호어를 나열한 뒤 최소 거리를 구하여라.

a와 **b**가 단어일 때 **a**와 **b** 사이의 거리를 $d(\mathbf{a}, \mathbf{b})$라고 하자. (전송 오류를 포함할 수 있는) 수신 단어 **x**를 '해독'한다는 것은 **x**에 가장 가까운 부호어를 찾는다는 것을 뜻한다. 즉, $d(\mathbf{a}, \mathbf{x})$가 최솟값인 부호어 **a**를 찾는데, 이를 '최대 유사 해독'(maximum likelyhood decoding)이라 부른다.

4. C_1에서 다음 단어들을 해독하라. 11111, 00101, 11000, 10011, 10001, 10111

4번의 마지막 두 단어의 해독이 모호하다는 것을 눈치챘을지도 모르겠다. 예를 들어 10111은 10011이나 00111로 해독될 수 있다. 이런 상황이 만족스럽지 못하다는 것은 분명하다. 모든 단어를 '유일하게' 부호어로 해독할 수 있도록 보장해 주는 조건이 무엇인지는 다음에서 보기로 하겠다.

남은 연습문제에서 C는 $\mathbb{B}^n$의 부호라 하고, m을 C에서의 최소 거리라 하며, $\mathbf{a}$와 $\mathbf{b}$는 C의 부호어를 가리키기로 한다.

5. $m-1$개의 오류를 검출할 수 있다는 것을 증명하여라. 즉, 부호어에서 $m-1$개 이하의 전송 오류가 있을 경우, 수신된 단어가 부정확하다는 것을 항상 판단할 수 있음을 증명하라.

 # 6. 부호어 $\mathbf{a}$를 중심으로 하고 '반지름이 k인 구'라는 것은 $\mathbf{a}$로부터의 거리가 k보다 크지 않은 $\mathbb{B}^n$의 단어 전체의 집합을 뜻한다. 이 집합을 $S_k(\mathbf{a})$로 나타내면,

$$S_k(\mathbf{a}) = \{\mathbf{x} : d(\mathbf{a}, \mathbf{x}) \leqslant k\}$$

이다. 이때 $t = \frac{1}{2}(m-1)$이라 할 때, 반지름이 t인 임의의 두 구, 예컨대 $S_t(\mathbf{a})$와 $S_t(\mathbf{b})$는 공통원소가 없음을 증명하여라. [힌트: $\mathbf{x} \in S_t(\mathbf{a})$ 및 $\mathbf{x} \in S_t(\mathbf{b})$인 단어 $\mathbf{x}$가 있다고 가정하라. t와 m의 정의를 이용하여, 이 가정이 불가능함을 보여라.]

7. 부호어를 전송할 때 t개 이하의 오류가 발생할 경우 수신된 단어를 올바르게 해독할 수 있음을 6번을 이용하여 연역하라.

8. 2번의 부호를 C_2라 하자. (C_2에서의 최소 거리를 아직 구하지 못했다면 지금이라도 구하라.) 5번과 7번의 결과들을 이용하여, 부호어에서의 오류 두 개는 항상 검출할 수 있으며, 어떤 부호어에서든 한 개의 오류는 교정할 수 있음을 설명하라.

4장

군의 기본 성질

군이 '두 개의 서로 다른' 항등원을 가질 수도 있을까? e_1, e_2가 어떤 군 G의 항등원이라고 하자. 그러면

$$e_1\text{이 항등원이므로 } e_1 * e_2 = e_2\text{여야 하며}$$
$$e_2\text{가 항등원이므로 } e_1 * e_2 = e_1\text{이어야 한다.}$$

따라서 다음이 성립한다.

$$e_1 = e_2$$

이는 모든 군에는 항등원이 '딱 하나'밖에 없다는 것을 보여 준다.

군의 원소 a가 '두 개의 역원'을 가질 수도 있을까? 만약 a_1, a_2가 모두 a의 역원이라면,

$$a_1 * (a * a_2) = a_1 * e = a_1$$

및

$$(a_1 * a) * a_2 = e * a_2 = a_2$$

가 성립해야 한다. 결합법칙에 의해 $a_1 * (a * a_2) = (a_1 * a) * a_2$이므로 $a_1 = a_2$이다. 이는 모든 군에서 각 원소의 역원이 '딱 하나'뿐임을 보여 준다.

지금까지는 군의 연산을 나타낼 때 $*$를 기호로 써왔다. 더 흔히 이용되는 기호로는 +('더하기')와 •('곱하기')이 있다. 군의 연산으로 +를 기호로 이용할 때는, '덧셈 표기'를 이용한다고 말하며 $a + b$를 a와 b의 '합'이라고 말한다. (a와 b가 수일 필요는 없으며, '합' 역시 일반적으로는 수의 합을 가리킬 이유가 없음을 기억하라.) 군의 연산으로 •를 기호로 이용할 때는, '곱셈 표기'를 사용한다고 말하는데 $a \cdot b$ 대신 보통은 ab라고 쓰며, ab를 a와 b의 '곱'이라고 부른다. (역시 '곱'은 두 수의 곱셈을 가리키지 않을 수도 있음을 기억하라.) 간단하면서도 공간을 절약해 주기 때문에 곱셈 표기가 가장 인기가 많다. 이 책 뒷부분에서는 특별한 말이 없으면 곱셈 표기를 이용할 것이다. 특히 G나 H처럼 문자만으로 군을 나타낼 경우, 연산을 곱셈 표기로 쓴다고 이해하기로 한다.

덧셈 표기에서는 항등원을 0으로 나타내고, a의 역원을 $-a$로 [a의 '반원'(negative) 또는 '반대원'이라 부른다] 나타내기로 합의하고 있다. 곱셈 표기에서 항등원은 e이며 a의 역원은 a^{-1}이라 ('a의 역원') 쓴다. 또한 +는 가환인 연산에만 사용하는 것이 전통이다.

군에서의 계산에서 가장 기본적인 규칙은 '소거법칙'(cancellation law)인데, 방정식 $ab = ac$와 $ba = ca$에서 인수 a를 소거할 수 있게 해주는 법칙이다. 군에 대한 첫 번째 정리가 바로 이 법칙이다.

정리 1. G가 군이고 a, b, c가 G의 원소라 하자. 이때

(i) $ab = ac$이면 $b = c$이고,

(ii) $ba = ca$이면 $b = c$이다.

이 정리가 왜 참인지 보이는 건 쉽다. 방정식 $ab = ac$의 양변에서 왼쪽에 a^{-1}을 곱하면 $b = c$를 얻는다. $ba = ca$의 경우에는 오른쪽에서 a^{-1}을 곱한다. 여기까지는 증명의 '아이디어'이고, 증명은 다음과 같다.

$ab = ac$라 하자.

그러면 $a^{-1}(ab) = a^{-1}(ac)$이다.

결합법칙에 의해, $(a^{-1}a)b = (a^{-1}a)c$이다.

즉, $eb = ec$이다.

결국 $b = c$이다.

(ii)도 유사하게 증명한다.

일반적으로 방정식 $ab = ca$에서 a를 소거할 수는 '없다.' (왜 못할까?)

정리 2. G가 군이고 a, b가 G의 원소라 하자. 이때 $ab = e$이면 $a = b^{-1}$이고 $b = a^{-1}$이다.

증명은 매우 간단하다. $ab = e$라면 $ab = aa^{-1}$이다. 따라서 소거법칙에 의해 $b = a^{-1}$이다. 비슷하게 $a = b^{-1}$이다.

만약 두 원소의 곱이 e와 같으면, 각 원소는 상대 원소의 역원임을 이 정리가 말해 준다. 특히 a가 b의 역원이면, b는 a의 역원이다.

다음 정리는 역원을 계산할 때 중요한 정보를 알려준다.

정리 3. G가 군이고 a, b가 G의 원소라 하자. 이때

(i) $(ab)^{-1} = b^{-1}a^{-1}$이고,

(ii) $(a^{-1})^{-1} = a$이다.

첫 번째 식은 곱의 역원과, 순서를 바꾸어 역원들을 곱한 것이 같다는 것을 말해 준다. 두 번째 식은 a가 a의 역원의 역원임을 알려준다. (i)은 다음처럼 증명한다.

$$
\begin{aligned}
(ab)(b^{-1}a^{-1}) &= a[(bb^{-1})a^{-1}] && \text{결합법칙} \\
&= a[ea^{-1}] && bb^{-1} = e\text{이기 때문} \\
&= aa^{-1} \\
&= e
\end{aligned}
$$

ab와 $b^{-1}a^{-1}$의 곱이 e와 같으므로, 정리 2로부터 둘은 서로의 역원이라는 사실이 나온다. 따라서 $(ab)^{-1} = b^{-1}a^{-1}$이다. (ii)의 증명도 비슷하지만 더 쉽다. $aa^{-1} = e$이므로 정리 2로부

터 a는 a^{-1}의 역원이다. 즉, $a=(a^{-1})^{-1}$이다.

결합법칙은 두 곱 $a(bc)$와 $(ab)c$가 같다는 진술이다. 이 때문에 괄호 없이 이 곱을 abc로 써도 아무 혼란이 생기지 않는다. 이때 abc는 '세' 원소를 순서대로 곱한 것이라고 말한다.

이제 G의 '네' 원소 a, b, c, d의 곱을 다음처럼 정의하고 싶을 수 있다.

$$abcd=a(bcd)$$

결합법칙을 계속 적용하면 다음을 알 수 있다.

$$a(bc)d=ab(cd)=(ab)(cd)=(ab)cd$$

따라서 인자의 순서만 바꾸지 않으면 괄호가 없는 곱 $abcd$를 모호하지 않게 정의할 수 있다.

일반적으로 같은 인자를 같은 순서로 곱한 임의의 두 곱은 같다. 결합법칙이 '괄호는 불필요하다'는 효과를 낸다.

이 관찰을 바탕으로 여러 개의 인자의 곱, 예를 들어 $a_1a_2\cdots a_n$을 편리한 대로 괄호 없이 마음대로 이용할 수 있다. 그건 그렇고 등식 $(ab)^{-1}=b^{-1}a^{-1}$을 반복해서 이용하면 다음을 안다.

$$(a_1a_2\cdots a_n)^{-1}=a_n^{-1}\cdots a_2^{-1}a_1^{-1}$$

만약 G가 유한군이면, G의 원소의 개수를 G의 '위수'(order)라 부른다. G의 위수를 다음 기호로 나타내는 것이 관례이다.

$$|G|$$

연습문제

기호에 대해 한 마디: 아래의 연습문제에서 지수 표기 a^n은 다음 의미로 사용한다. a가 G의 임의의 원소일 때, a^2은 aa를 뜻하고, a^3은 aaa를 뜻하며, 일반적으로 양의 정수 n에 대해 a^n은 a를 n개 곱한 것이다.

A. 군에서 방정식 풀기

a, b, c, x가 군 G의 원소라 하자. 다음에서 x를 a, b, c에 관해 풀어라.

예제 $x^2 = b$ 및 $x^5 = e$를 연립하여 풀어라.

첫 번째 식에서 $b = x^2$이므로 제곱하면 $b^2 = x^4$이다. 양변에 x를 왼쪽에서 곱하면, $xb^2 = xx^4 = x^5 = e$이다. ($x^5 = e$가 주어져 있음에 주목하여라.) $(b^2)^{-1}$을 곱하면, $xb^2(b^2)^{-1} = e(b^2)^{-1}$이다. 따라서 $x = (b^2)^{-1}$이다.■

다음을 풀어라.

1. $axb = c$

2. $x^2b = xa^{-1}c$

■ $b^5 = e$여야만 실제로 해가 된다. 따라서 $x = b^3$이 답일 수도 있다.—옮긴이

다음 연립방정식을 풀어라.

#3. $x^2a = bxc^{-1}$, $acx = xac$

4. $ax^2 = b$, $x^3 = e$

5. $x^2 = a^2$, $x^5 = e$

6. $(xax)^3 = bx$, $x^2a = (xa)^{-1}$

B. 군에서의 대수 규칙

아래의 규칙 각각이 모든 군 G에 대해 성립하는지 증명하거나, 어떤 군에서는 거짓이라면 반례를 들어라. [반례가 있다면 51쪽에 서술했던 행렬군 {**I**, **A**, **B**, **C**, **D**, **K**}에서 찾을 수 있을 것이다.]

1. $x^2 = e$이면 $x = e$이다.

2. $x^2 = a^2$이면 $x = a$이다.

3. $(ab)^2 = a^2b^2$이다.

4. $x^2 = x$이면 $x = e$이다.

5. 모든 $x \in G$에 대해 $x = y^2$인 $y \in G$가 존재한다. (이는 G의 모든 원소가 '제곱근'을 가진다는 것과 같은 말이다.)

6. G의 임의의 원소 x, y에 대해 $y = xz$인 G의 원소 z가 존재한다.

C. 가환 원소들

a와 b가 G의 원소이고 $ab = ba$이면, a와 b가 '가환'(commute)이라고 말한다. a와 b가 가환일 때, 다음을 증명하라.

 # 1. a^{-1}과 b^{-1}은 가환이다.

2. a와 b^{-1}은 가환이다. (힌트: 먼저 $a = b^{-1}ab$임을 보여라.)

3. a는 ab와 가환이다.

4. a^2은 b^2과 가환이다.

5. 임의의 $x \in G$에 대해 xax^{-1}은 xbx^{-1}과 가환이다.

6. $ab = ba$인 것과, $aba^{-1} = b$인 것은 동치조건이다.

(동치조건이라는 것을 보이기 위해 먼저 $ab = ba$이면 $aba^{-1} = b$를 보인다. 그런 다음 $aba^{-1} = b$이면 $ab = ba$임을 보인다. 대체로 연습문제 **A**와 같이 진행한다. 즉, $ab = ba$라 가정하고 b에 대해 푼다. 그런 다음 $aba^{-1} = b$를 가정하고 ab를 구한다.)

7. $ab = ba$인 것과, $aba^{-1}b^{-1} = e$인 것은 동치조건이다.

†D. 군의 원소와 역원 ■

G를 군이라 하자. a, b, c가 G의 원소를 나타내고, e가 G의 항등원이라 하자.

1. $ab = e$이면 $ba = e$임을 증명하라. (힌트: 정리 2를 보라.)

#2. $abc = e$이면 $cab = e$이고 $bca = e$임을 증명하라.

3. 1번과 2번을 일반화하여라.

다음을 증명하여라.

4. $xay = a^{-1}$이면 $yax = a^{-1}$이다.

5. a, b, c가 각각 자신의 역원이라 하자. $ab = c$이면 $bc = a$이고 $ca = b$이다.

6. abc가 자신의 역원이라면, bca도 자신의 역원이며 cab도 자신의 역원이다.

7. a, b가 각각 자신의 역원이라 하자. 이때 ba는 ab의 역원이다.

8. $a = a^{-1}$인 것과, $aa = e$인 것은 동치조건이다. (즉, a가 자신의 역원인 것과, $a^2 = e$인 것은 동치조건이다.)

9. $c = c^{-1}$이라 하자. $ab = c$인 것과, $abc = e$인 것은 동치조건이다.

■ 묶음 내의 연습문제가 서로 관련되어 있어서, 기존의 연습문제에 의존하여 순서대로 풀어야 할 경우, 제목의 왼쪽 여백에 단검 부호 †로 나타내었다.

†E. 원소 및 역원의 개수 세기

G가 유한군이라 하고, G의 원소 중에서 역원이 자신과 같지 않은 '모든' 원소의 집합을 S라 하자. 즉 $S = \{x \in G : x \neq x^{-1}\}$이다. S의 각 원소를 역원과 짝을 이뤄 분할할 수 있다. (다음 그림을 보라.) 다음을 증명하라.

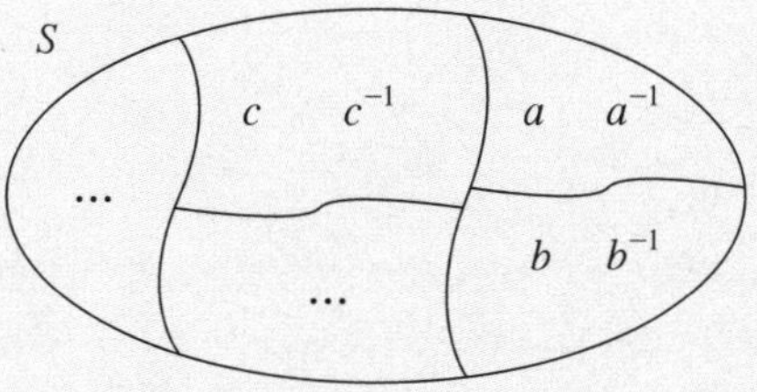

1. 임의의 유한군 G에서 자신의 역원과 같지 않은 원소는 짝수개 있다.

2. G의 원소의 개수가 짝수냐 홀수냐에 따라, G의 원소 중에서 자신이 역원인 원소의 개수가 짝수냐 홀수냐가 정해진다.

3. G의 원소의 개수가 짝수이면, $x \neq e$이고 $x = x^{-1}$인 G의 원소 x가 적어도 하나 존재한다.

4번부터 6번까지, G를 유한 '가환군'이라 하고 $G = \{e, a_1, a_2, \cdots, a_n\}$이라 하자. 다음을 증명하여라.

4. $(a_1 a_2 \cdots a_n)^2 = e$

5. $x \neq e$이고 $x = x^{-1}$인 G의 원소 x가 존재하지 않으면, $a_1 a_2 \cdots a_n = e$이다.

6. $x \neq e$이고 $x = x^{-1}$인 G의 원소 x가 유일하게 존재하면, $a_1 a_2 \cdots a_n = x$이다.

†F. 작은 군 만들기

다음에서 G는 임의의 군이다. e를 G의 중립 원소라 하자.

1. a, b가 G의 임의의 원소일 때, 다음을 모두 증명하여라.

(a) $a^2 = a$이면 $a = e$이다.

(b) $ab = a$이면 $b = e$이다.

(c) $ab = b$이면 $a = e$이다.

2. 군의 연산표에서 각 행에는 군의 원소가 딱 한 번씩만 들어 있음을 설명하여라.■ (힌트: a 행에 x가 두 번 들어 있다고 가정하자.

	$\cdots$	y_1	$\cdots$	y_2	$\cdots$
$\vdots$		$\vdots$		$\vdots$	
a	$\cdots$	x	$\cdots$	x	$\cdots$

이제 군에 대한 소거법칙을 이용하여라.)

3. 서로 다른 원소 세 개로 이루어진 집합, 예컨대 $\{e, a, b\}$ 위에는 '정확히 한 개의 군'만이 있다. 사실 위의 1번과 2번을 염두에 두면, 다음 연산표를 완성하는 방법이 오직 하나뿐이다. 직접 해 보라! 결합법칙은 증명하지 말라.

	e	a	b
e	e	a	b
a	a		
b	b		

■ 각 열에도 군의 원소는 딱 한 번씩만 들어 있다.—옮긴이

4. 서로 다른 원소 세 개로 이루어진 집합, 예컨대 $G = \{e, a, b, c\}$ 위에서 모든 $x \in G$에 대해 $xx = e$라는 성질을 추가로 만족하는 군은 '정확히 한 개' 있다. 위의 문제 1번만을 이용하여, G에 대한 다음 연산표를 완성하여라.

	e	a	b	c
e	e	a	b	c
a	a			
b	b			
c	c			

5. 서로 다른 원소 세 개로 이루어진 집합, 예컨대 $G = \{e, a, b, c\}$에서 어떤 G의 원소 $x \neq e$에 대해 $xx = e$이며, 어떤 $y \in G$에 대해서는 $yy \neq e$인 군은 정확히 한 개 있다. ($aa = e$이고, $bb \neq e$라고 하자.) 앞의 연습문제에서와 같이 G에 대한 연산표를 완성하여라.

6. 연습문제 **E3**을 이용하여, 원소의 개수가 네 개인 군으로 가능한 것은 (원소의 이름을 다른 것으로 바꾸는 것은 제외하고) 4번과 5번의 군밖에 없음을 설명하여라.

G. 군의 직적

G, H가 임의의 군일 때, 이들의 '직적'(direct product) 또는 '직접곱'은 $G \times H$라 쓰는 새로운 군인데, 다음처럼 정의한다. $G \times H$는 G의 원소 x와, H의 원소 y로 이루어진 순서쌍 (x, y)으로 구성된다. 즉, 다음과 같다.

$$G \times H = \{(x, y) : x \in G,\ y \in H\}$$

$G \times H$의 연산은 대응하는 성분을 곱하는 것이다. 즉, 다음처럼 정의한다.

$$(x,\ y)\cdot(x',\ y')=(xx',\ yy')$$

만약 G, H의 연산을 덧셈 표기로 사용하면, $G\times H$도 덧셈 표기를 쓰는 것이 관례이다.

$$(x,\ y)+(x',\ y')=(x+x',\ y+y')$$

1. 군의 공리 (G1)부터 (G3)까지 확인하여 $G\times H$가 군임을 증명하여라.

(G1) $(x_1,\ y_1)[(x_2,\ y_2)(x_3,\ y_3)]=(\quad,\quad)$

$[(x_1,\ y_1)(x_2,\ y_2)](x_3,\ y_3)=(\quad,\quad)$

(G2) G의 항등원을 e_G라 하고, H의 항등원을 e_H로 나타내자.

$G\times H$의 항등원은 $(\quad,\quad)$이다. 확인하여라.

(G3) $(a,\ b)\in G\times H$에 대해 $(a,\ b)$의 역원은 $(\quad,\quad)$이다.

확인하여라.

2. $\mathbb{Z}_2\times\mathbb{Z}_3$의 원소를 나열하고, 연산표를 작성하라. (주의: 원소는 여섯 개인데, 각각 순서쌍이다. 덧셈 표기를 쓴다.)

#3. G, H가 가환군이면, $G\times H$도 가환군임을 증명하라.

4. G, H가 모두 다음 성질을 가진다고 하자.

군의 모든 원소가 자신의 역원이다.

$G\times H$ 역시 이 성질을 가짐을 증명하라.

H. 거듭제곱과 거듭제곱근

G를 군이라 하고, $a, b \in G$라 하자. 자연수 n에 대해 a^n을 다음처럼 정의한다.

$$a^n = \underbrace{aaa \cdots a}_{n\text{개}}$$

$a = x^2$인 원소 $x \in G$가 존재하면, a가 G에서 제곱근을 가진다고 말한다. 마찬가지로 어떤 $y \in G$에 대해 $a = y^3$이면, a가 G에서 세제곱근을 가진다고 말한다. 일반적으로 어떤 $z \in G$에 대해 $a = z^n$이면 a가 G에서 n제곱근을 가진다고 말한다. 다음을 증명하여라.

1. 수학적 귀납법을 써서 모든 자연수 n에 대해 $(bab^{-1})^n = ba^nb^{-1}$임을 보여라. (이런 식을 귀납법을 써서 보이기 위해서는 먼저 $n = 1$일 때 증명해야 하며, 다음으로는 이 식이 $n = k$일 때 성립한다고 가정하면 $n = k + 1$일 때도 참이어야 함을 증명해야 한다는 것을 기억하라. 그러면 모든 자연수 n에 대해 성립한다고 결론지을 수 있다. 수학적 귀납법은 부록 C에서 더 상세하게 설명한다.)

2. $ab = ba$이면, 모든 자연수 n에 대해 $(ab)^n = a^nb^n$이다. 수학적 귀납법으로 증명하라.

3. $xax = e$이면, $(xa)^{2n} = a^n$이다.

4. $a^3 = e$이면, a는 제곱근을 가진다.

5. $a^2 = e$이면, a는 세제곱근을 가진다.

6. a^{-1}가 세제곱근을 가지면, a도 세제곱근을 가진다.

7. $x^2ax = a^{-1}$이면, a는 세제곱근을 가진다. (힌트: xax가 a^{-1}의 세제곱근임을 보여라.)

8. $xax = b$이면 ab는 제곱근을 가진다.

5장

부분군

G를 군이라 하고, S를 공집합이 아니면서 G의 부분집합이라 하자. S에 속한 원소의 쌍을 곱한 결과가 (꼭 그럴 필요는 없지만) 항상 S에 들어 있는 경우가 있다. 이런 경우 S가 '곱에 대해 닫혀있다'고 말한다. 한편 S의 모든 원소의 역원 역시 S에 들어 있을 때가 있다. 이런 경우 S가 '역원에 대해 닫혀있다'고 말한다. 이 둘이 동시에 일어나는 경우 S를 G의 '부분군'(subgroup)이라 부른다.

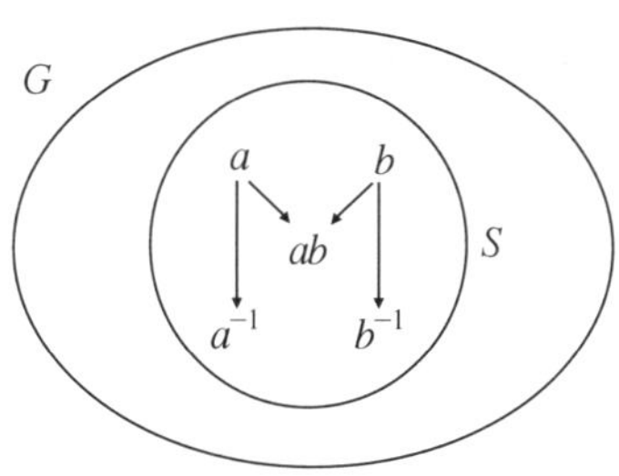

G의 연산을 덧셈 기호 +로 나타낼 경우, 이 표현을 바꿔서 정의해야 한다. S의 모든 원소의 쌍의 '합'이 다시 S에 들어 있으면 '덧셈에 대해 닫혀있다'고 말한다. S의 모든 원소의 반원(negative element)이 다시 S에 들어 있으면 S가 '반원에 대해 닫혀있다'고 말한다. 둘이

동시에 일어나면 S를 G의 '부분군'이라 부른다.

예를 들어 '모든 짝수의 집합'은 정수의 덧셈군 $\mathbb{Z}$의 부분군이다. 임의의 두 짝수를 더하면 짝수이며, 모든 짝수의 부호를 바꾼 반수 역시 짝수다.

또 다른 예가 있다. 영이 아닌 유리수들의 곱셈군 $\mathbb{Q}^*$는 영이 아닌 실수들의 곱셈군 $\mathbb{R}^*$의 부분군이다. 실제로 모든 유리수는 실수이므로 $\mathbb{Q}^* \subseteq \mathbb{R}^*$이다. 더욱이 임의의 두 유리수의 곱은 유리수이며, 임의의 유리수의 역원, 즉 역수 또한 유리수이다.

이때 주목해야 할 점이 하나 있다. S가 G의 부분군이면, 'S의 연산은 G의 연산과 같다'는 점이다. 다른 말로 하면, a와 b가 S의 원소일 때 S에서 계산하는 곱 ab는 G에서 계산한 곱 ab와 똑같아야 한다.

예를 들어 $\langle \mathbb{Q}^*, \cdot \rangle$이 $\langle \mathbb{R}, + \rangle$의 부분군이라고 말하는 것은 부질없다. $\mathbb{Q}^*$가 $\mathbb{R}$의 부분집합이기는 하지만 이 두 군의 연산이 다르기 때문이다.

부분군 개념의 중요성은 다음 사실로부터 나온다. 'G가 군이고 S가 G의 부분군이면, S 자체도 군이다.'

왜 그런지는 쉽게 이해할 수 있다. 먼저 G의 연산을 S의 원소들에 대해 제한하면, S 위의 연산임은 분명하다.

'이 연산은 결합적이다.' a, b, c가 S의 원소라면 ($S \subseteq G$이므로) 이들은 G의 원소인데 G가 군이므로 $a(bc) = (ab)c$여야 한다.

또한 'G의 항등원 e는 S의 원소'여야 하며, S 안에서도 여전히 항등원이다. S가 공집합이 아니므로 어떤 원소 a를 포함해야 하는데, S가 역원에 대해 닫혀있으므로 S는 a^{-1}도 포함해야 한다. S가 곱에 대해 닫혀있으므로 $aa^{-1} = e$도 포함해야 하기 때문이다.

마지막으로 S가 역원에 대해 닫혀있으므로 'S의 모든 원소는 S 안에서 역원을 가진다.' 따라서 S는 군이다!

부분군의 개념이 유용한 한 가지 이유는 어떤 대상이 군이라는 것을 보이는 손쉬운 방법을 제공해 주기 때문이다. G가 이미 군이라는 것이 알려져 있고 S가 G의 부분군이라면, '군'의 정의에 나오는 모든 항목을 조사하지 않고도 S가 군임을 결론지을 수 있다. 다음 예로 이런 결론을 설명해 보자.

우리가 수학에서 사용하는 상당수의 군은 함수를 원소로 가진다. 사실 역사적으로 최초로 연구됐던 군이 함수의 군이었다.

'$\mathbb{R}$에서 $\mathbb{R}$로의 함수 전체의 집합'을 $\mathcal{F}(\mathbb{R})$로 나타내자. 즉 실수를 변수로 하고 실수를 값으로 갖는 함수들의 집합이다. 미적분학에서 두 함수를 더하는 방법을 배웠다. f와 g가 $\mathbb{R}$에서 $\mathbb{R}$로의 함수일 때 '합'은 다음으로 주어지는 함수 $f+g$를 말한다.

$$\text{모든 실수 } x\text{에 대해 } [f+g](x) = f(x) + g(x)$$

$f+g$가 $\mathbb{R}$에서 $\mathbb{R}$로의 함수라는 것과, f와 g에 의해 유일하게 결정된다는 것은 분명하다.

함수의 덧셈 연산 +를 갖춘 집합 $\mathcal{F}(\mathbb{R})$는 군 $\langle \mathcal{F}(\mathbb{R}), + \rangle$ 또는 그냥 간단히 $\mathcal{F}(\mathbb{R})$라 쓴다. 세부사항은 간단히 확인할 수 있는데, 우선 두 함수가 같다는 것이 무슨 뜻인지 상기해 보자. f와 g가 $\mathbb{R}$에서 $\mathbb{R}$로의 함수일 때 f와 g가 '같다'는 것, 즉 $f=g$라는 것은 모든 실수 x에 대해 $f(x)=g(x)$일 때를 말한다. 다른 말로 하면 f와 g가 같기 위해서는, 모든 실수 x에 적용했을 때 같은 값을 산출해야만 한다.

+가 결합적이라는 것을 확인하기 위해 $\mathcal{F}(\mathbb{R})$에 속하는 모든 함수 f, g, h에 대해 $f+[g+h]=[f+g]+h$임을 보여야 한다. 이는 모든 실수 x에 대해 $\{f+[g+h]\}(x) = \{[f+g]+h\}(x)$임을 뜻한다. 사실

$$\{f+[g+h]\}(x) = f(x) + [g+h](x) = f(x) + g(x) + h(x)$$

이고 $\{[f+g]+h\}(x)$도 같은 값을 가진다.

$\mathcal{F}(\mathbb{R})$의 항등원은 다음으로 주어지는 함수 $\mathcal{O}$이다.

$$\text{모든 실수 } x\text{에 대해 } \mathcal{O}(x) = 0$$

$\mathcal{O}+f=f$임을 보이기 위해서는 모든 실수 x에 대해 $[\mathcal{O}+f](x)=f(x)$를 보여야 한다. $[\mathcal{O}+f](x) = \mathcal{O}(x) + f(x) = 0 + f(x) = f(x)$이므로 이 사실이 성립한다.

마지막으로 임의의 함수 f의 역원은 다음으로 주어지는 함수 $-f$이다.

$$\text{모든 실수 } x\text{에 대해 } [-f](x) = -f(x)$$

모든 함수 f에 대해 $f+[-f]=\mathcal{O}$임을 즉각 알아챘을 것이다.

$C(\mathbb{R})$는 $\mathbb{R}$에서 $\mathbb{R}$로의 '연속'함수 전체의 집합을 가리킨다. $C(\mathbb{R})$는 덧셈 +에 대해 $\mathcal{F}(\mathbb{R})$의 부분군인데, 미적분학에서 두 연속함수의 합이 연속함수이며, 임의의 연속함수 f에 대해 $-f$도 연속함수라는 것을 알기 때문이다. 군의 부분군 자체도 군이므로 $C(\mathbb{R})$가 덧셈 연산 +에 대해 군이라는 결론을 지을 수 있다. 이를 $\langle C(\mathbb{R}), +\rangle$ 혹은 그냥 $C(\mathbb{R})$로 나타낸다.

$\mathcal{D}(\mathbb{R})$는 $\mathbb{R}$에서 $\mathbb{R}$로의 '미분가능' 함수 전체의 집합을 가리킨다. $\mathcal{D}(\mathbb{R})$는 덧셈 +에 대해 $\mathcal{F}(\mathbb{R})$의 부분군인데, 두 미분가능 함수의 합이 미분가능하며, 임의의 미분가능 함수 f에 대해 $-f$도 미분가능함을 알기 때문이다. 따라서 $\mathcal{D}(\mathbb{R})$는 덧셈 연산 +에 대해 군이며, 이를 $\langle \mathcal{D}(\mathbb{R}), +\rangle$ 혹은 그냥 $\mathcal{D}(\mathbb{R})$로 나타낸다.

그건 그렇고 임의의 군 G에서 중립 원소 하나만을 포함하는 부분집합 $\{e\}$는 부분군이다. $ee=e$이므로 이 집합은 곱셈에 대해 닫혀있으며, $e^{-1}=e$이므로 역원에 대해 닫혀있기 때문이다. 다른 극단으로 전체 군 G가 자신의 부분군임은 명백하다. 이 두 예는 각각 G의 가능한 부분군 중 가장 작은 것과 가장 큰 것이다. 이들을 G의 '자명한'(trivial) 부분군이라 부른다. G의 부분군 중 그 외의 것을 '비자명'(nontrivial) 부분군이라 부른다.■

G가 군이고 a, b, c가 G의 원소라 하자. 'a, b, c 및 이의 역원들을 써서 순서에 상관없이 중복을 허용하여 만들 수 있는 모든 곱'으로 이루어진 G의 부분집합을 S라 정의하자. 예컨대

$$abac^{-1}\text{이나 } c^{-1}a^{-1}bbc$$

와 같은 것들이 전형적인 S의 원소들이다. S가 G의 부분군임을 보이는 것은 쉽다. S의 두 원소를 곱하면 S의 원소가 나오며, S에 속하는 임의의 원소의 역원은 S의 원소다. 예를 들어 aba와 $cb^{-1}ac$의 곱은

$$abacb^{-1}ac$$

이고, $ab^{-1}c^{-1}a$의 역원은

■ 원서에는 proper subgroup이라고 하고 있으나, 이 용어는 G를 제외한 부분군만을 가리킬 때가 있으므로 유의해야 한다.— 옮긴이

$$a^{-1}cba^{-1}$$

이다. S를 'a, b, c가 생성하는 G의 부분군'이라 부른다.

만약 a_1, $\cdots$, a_n이 G의 유한개의 원소이면, 'a_1, $\cdots$, a_n이 생성하는 부분군'을 같은 방식으로 정의할 수 있다. 특히 a가 G의 원소이면, a가 생성하는 부분군을 생각할 수 있다. 이 부분군을 $\langle a\rangle$로 나타내며 'G의 순환부분군'(cyclic subgroup)이라 부르며 a를 이 부분군의 '생성원'(generator)이라 부른다. $\langle a\rangle$는 a와 a^{-1}로 만들 수 있는 모든 곱, 예를 들어 $a^{-1}aaa^{-1}$이나 $aaa^{-1}aa^{-1}$을 포함해야 한다. 그런데 a^{-1}과 a를 서로 소거할 수 있으므로, a와 a^{-1}을 둘 다 포함하는 곱은 생각할 필요가 없다. 따라서 $\langle a\rangle$는 $aa^{-1}=e$와

$$a,\ aa,\ aaa,\ \cdots,$$
$$a^{-1},\ a^{-1}a^{-1},\ a^{-1}a^{-1}a^{-1},\ \cdots$$

등을 포함한다.

만약 G의 연산을 +로 나타냈다면, '곱' 대신에 '합'으로 하여 똑같이 정의할 수 있다.

51쪽에 나타난 곱셈표를 갖는 행렬군이라면 **D**가 생성하는 부분군은 $\langle \mathbf{D}\rangle=\{\mathbf{I},\ \mathbf{B},\ \mathbf{D}\}$이고 **A**가 생성하는 부분군은 $\langle \mathbf{A}\rangle=\{\mathbf{I},\ \mathbf{A}\}$이다. (여러분이 곱셈표를 살펴보고 확인해 보길 바란다.) 사실 이 행렬군 G 전체는 두 원소 **A**, **B**로 생성할 수 있다.

만약 G를 한 개의 원소 a로 생성할 수 있으면 G를 '순환군'(cyclic group)이라 부르고, $G=\langle a\rangle$라 쓴다. 예를 들어 덧셈군 $\mathbb{Z}_6$은 순환군이다. (생성원은 무엇인가?)

모든 유한군은 한 개 또는 그 이상의 원소로 생성할 수 있다. (명백하다.) 생성원 및 생성원의 역원만을 포함하는 방정식의 집합이 G의 '정의식'(defining equation)이라는 것은 이 식으로 G의 곱셈표를 완전히 결정할 수 있을 때를 말한다.

예를 들어 생성원 a, b가 방정식

$$a^2=e,\quad b^3=e,\quad ba=ab^2 \tag{1}$$

를 만족할 때 군 $\{e,\ a,\ b,\ b^2,\ ab,\ ab^2\}$를 G라 하자. 이 세 방정식은 G의 곱셈표를 결정한다. 이를 보기 위해 먼저 $ba=ab^2$ 때문에 a의 거듭제곱과 b의 거듭제곱의 순서를 바꾸어 a의 거듭제곱을 왼쪽, b의 거듭제곱을 오른쪽으로 옮길 수 있다는 것에 주목하자. 예를 들

어 ab와 ab^2의 곱을 구하는 경우 다음처럼 계산한다.

$$(ab)(ab^2) = a\underbrace{ba}_{=ab^2}b^2 = aab^2b^2 = a^2b^4$$

그런데 식 (1)에서 $a^2 = e$이고 $b^4 = b^3b = b$이므로 최종적으로 $(ab)(ab^2) = b$이다. G의 곱셈표 전체를 같은 방식으로 계산할 수 있다.

어떤 군을 생성원의 집합 및 정의식으로 결정할 수 있으면, 이 군의 구조는 '케일리 도표'(Cayley diagram)라 부르는 도표를 써서 효율적으로 나타낼 수 있다. 이 도표는 연습문제 G에서 설명한다.

연습문제

A. 부분군 식별하기

아래의 1번부터 6번까지 H가 G의 부분군인지 판별하라. (H의 연산은 G의 연산과 같은 것으로 가정한다.)

조언 H가 G의 부분군이면, '부분군'의 정의에서의 두 조건을 모두 만족함을 보여라. H가 G의 부분군이 '아니면', 어느 조건을 만족하지 않는지 설명하여라.

예제 실수의 곱셈군 $G = \mathbb{R}^*$

$H = \{2^n : n \in \mathbb{Z}\}$ H는 G의 부분군이 ☑ 맞다. □ 아니다.

(i) $2^n, 2^m \in H$이면, $2^n 2^m = 2^{n+m}$이다. 그런데 $n + m \in \mathbb{Z}$이므로 $2^{n+m} \in H$이다.

(ii) $2^n \in H$이면, $1/2^n = 2^{-n}$이다. 그런데 $-n \in \mathbb{Z}$이므로 $2^{-n} \in H$이다.
(이 예에서 G와 H의 연산이 곱셈임에 주목하라. 다음 문제에서는 연산이 덧셈이다.)

1. $G = \langle \mathbb{R}, + \rangle$, $H = \{\log a : a \in \mathbb{Q}, a > 0\}$. H는 G의 부분군이 □ 맞다. □ 아니다.

2. $G = \langle \mathbb{R}, + \rangle$, $H = \{\log n : n \in \mathbb{Z}, n > 0\}$. H는 G의 부분군이 □ 맞다. □ 아니다.

3. $G = \langle \mathbb{R}, + \rangle$, $H = \{x \in \mathbb{R} : \tan x \in \mathbb{Q}\}$. H는 G의 부분군이 □ 맞다. □ 아니다.

(힌트: 삼각함수에 대한 다음 공식을 이용하여라.)■

$$\tan(x+y) = \frac{\tan x + \tan y}{1 - \tan x \ \tan y}$$

4. $G = \langle \mathbb{R}^*, + \rangle$, $H = \{2^n 3^m : m, n \in \mathbb{Z}\}$. H는 G의 부분군이 □ 맞다. □ 아니다.

5. $G = \langle \mathbb{R} \times \mathbb{R}, + \rangle$, $H = \{(x, y) : y = 2x\}$. H는 G의 부분군이 □ 맞다. □ 아니다.

6. $G = \langle \mathbb{R} \times \mathbb{R}, + \rangle$, $H = \{(x, y) : x^2 + y^2 > 0\}$. H는 G의 부분군이 □ 맞다. □ 아니다.

7. C와 D가 집합이고 $C \subseteq D$라 하자. P_C가 P_D의 부분군임을 증명하여라. (3장 연습문제 C를 보라.)

B. 함수의 부분군

다음에서 H가 G의 부분군임을 보여라.

예제 $G = \langle \mathcal{F}(\mathbb{R}), + \rangle$, $H = \{f \in \mathcal{F}(\mathbb{R}) : f(0) = 0\}$

(i) $f, g \in H$라 가정하자. 그러면 $f(0) = 0$이고 $g(0) = 0$이다. 따라서 $[f+g](0) = f(0) + g(0) = 0 + 0 = 0$이다. 그러므로 $f + g \in H$이다.

(ii) $f \in H$라면 $f(0) = 0$이다. 따라서 $[-f](0) = -f(0) = -0 = 0$이므로 $-f \in H$이다.

1. $G = \langle \mathcal{F}(\mathbb{R}), + \rangle$, $H = \{f \in \mathcal{F}(\mathbb{R}) :$ 모든 $x \in [0, 1]$에 대해 $f(x) = 0\}$

■ 문제에서 $\tan x \in \mathbb{Q}$ 또는 $\tan x = \pm\infty$를 의도한 것 같다.—옮긴이

2. $G = \langle \mathcal{F}(\mathbb{R}), +\rangle$, $H = \{f \in \mathcal{F}(\mathbb{R})$: 모든 $x \in \mathbb{R}$에 대해 $f(-x) = -f(x)\}$

3. $G = \langle \mathcal{F}(\mathbb{R}), +\rangle$, $H = \{f \in \mathcal{F}(\mathbb{R})$: f는 주기가 π인 주기함수$\}$

(참고: 함수 f가 주기가 a인 '주기함수'라는 것은 주기, 즉 모든 $x \in \mathbb{R}$와 $n \in \mathbb{Z}$에 대해 $f(x) = f(x + na)$를 만족하는 수 a가 존재할 때를 말한다.)

4. $G = \langle C(\mathbb{R}), +\rangle$, $H = \{f \in C(\mathbb{R}) : \int_0^1 f(x)\,dx = 0\}$

 # 5. $G = \langle \mathcal{D}(\mathbb{R}), +\rangle$, $H = \{f \in \mathcal{D}(\mathbb{R})$: df/dx는 상수함수$\}$

6. $G = \langle \mathcal{F}(\mathbb{R}), +\rangle$, $H = \{f \in \mathcal{F}(\mathbb{R})$: 모든 x에 대해 $f(x) \in \mathbb{Z}\}$

C. 가환군의 부분군

이 연습문제 묶음에서 G는 가환군이다.

1. $H = \{x \in G: x = x^{-1}\}$, 즉 H가 자신이 역원인 G의 원소로 이루어져 있으면, H가 G의 부분군임을 증명하여라.

2. n이 고정된 정수라 하고, $H = \{x \in G: x^n = e\}$라 하자. H가 G의 부분군임을 증명하여라.

3. $H = \{x \in G$: 어떤 y에 대해 $x = y^2\}$, 즉 H가 제곱근을 갖는 G의 원소로 이루어져 있으면, H가 G의 부분군임을 증명하여라.

4. H가 G의 부분군이고, $K = \{x \in G: x^2 \in H\}$라 하자. K가 G의 부분군임을 증명하여라.

 # 5. H가 G의 부분군이고, G의 원소 중에서 거듭제곱을 하면 H에 속하는 모든 원소로 이루어진 집합을 K라 하자. 즉, $K=\{x \in G$: 어떤 n에 대해 $x^n \in H\}$라 하면, K가 G의 부분군임을 증명하여라.

6. H와 K가 G의 부분군일 때, HK를 다음처럼 정의하자.

$$HK=\{xy: x \in H, y \in K\}$$

HK가 G의 부분군임을 증명하여라.

7. G가 가환군이 아니면, 4번부터 6번까지 사실이 아닌 이유를 설명하여라.

D. 임의의 군의 부분군

G를 군이라 하자.

1. H와 K가 G의 부분군일 때 $H \cap K$가 G의 부분군임을 증명하여라. ($x \in H \cap K$인 것과, $x \in H$ 및 $x \in K$인 것이 동치조건임을 기억하여라.)

2. H와 K가 G의 부분군이라 하자. $H \subseteq K$이면 H가 K의 부분군임을 증명하여라.

3. G의 '중심'(center)은 G의 모든 원소와 가환인 원소 전체의 집합, 즉 다음을 말한다.

$$C=\{a \in G: \text{모든 } x \in G\text{에 대해 } ax=xa\}$$

C가 G의 부분군임을 증명하여라.

4. $C'=\{a \in G$: 모든 $x \in G$에 대하여 $(ax)^2=(xa)^2\}$이라 하자. C'이 G의 부분군임을 증명

하여라.

#5. G가 '유한군'이라 하고, S를 G의 공집합이 아닌 부분집합이라 하자. S가 곱셈에 대해 닫혀있다고 하자. S가 G의 부분군임을 증명하여라. (힌트: S가 e를 포함하고 있으며 역원에 대해 닫혀있음을 증명하는 것이 남아 있다. $S=\{a_1, \cdots, a_n\}$이라 하자. $a_i \in S$일 때 '서로 다른' 원소인 $a_ia_1, a_ia_2, \cdots, a_ia_n$을 생각해 보라.)

6. G가 군이고 $f: G \to G$가 함수라 하자. G의 모든 원소 $x \in G$에 대해 $f(x) = f(ax)$인 G의 원소 a를 f의 '주기'(period)라 한다. f의 주기 전체의 집합은 G의 부분군이다.

#7. H를 G의 부분군이라 하고, $K=\{x \in G: xax^{-1} \in H \Leftrightarrow a \in H\}$라 하자. 다음을 증명하여라.

(a) K는 G의 부분군이다.

(b) H는 K의 부분군이다.

8. G와 H가 군이고, $G \times H$를 직적이라 하자.

(a) $\{(x, e): x \in G\}$는 $G \times H$의 부분군임을 증명하여라.

(b) $\{(x, x): x \in G\}$는 $G \times G$의 부분군임을 증명하여라.

E. 군의 생성원

1. $\langle \mathbb{Z}_{10}, +\rangle$의 모든 순환부분군을 나열하여라.

2. 2와 5가 $\mathbb{Z}_{10}$을 생성함을 보여라.

3. 6과 9가 생성하는 $\mathbb{Z}_{12}$의 부분군을 묘사하여라.

4. 10과 15가 생성하는 $\mathbb{Z}$의 부분군을 묘사하여라.

5. 5와 7이 $\mathbb{Z}$를 생성함을 보여라.

6. $\mathbb{Z}_2 \times \mathbb{Z}_3$이 순환군임을 보여라. $\mathbb{Z}_3 \times \mathbb{Z}_4$가 순환군임을 보여라.

 # 7. $\mathbb{Z}_2 \times \mathbb{Z}_4$는 순환군이 '아님'을 증명하고, (1, 1)과 (1, 2)가 생성함을 보여라.

8. 두 원소 a와 b가 군 G를 생성한다고 하자. $ab = ba$이면, G가 가환군임을 보여라.

F. 생성원 및 정의식으로 결정하는 군

 # 1. $a^2 = e, b^3 = e, ba = ab^2$을 만족하는 생성원을 갖는 군 $\{e, a, b, b^2, ab, ab^2\}$을 G라 하자. G의 곱셈표를 작성하여라.

2. $a^2 = e, b^4 = e, ba = ab^3$을 만족하는 생성원을 갖는 군 $\{e, a, b, b^2, b^3, ab, ab^2, ab^3\}$을 G라 하자. G의 곱셈표를 작성하여라. [G를 '이면체군'(dihedral group) D_4라고 부른다.]

3. $a^4 = e, a^2 = b^2, ba = ab^3$을 만족하는 생성원을 갖는 군 $\{e, a, b, b^2, b^3, ab, ab^2, ab^3\}$을 G라 하자. G의 곱셈표를 작성하여라. [G를 '팔원수군'(quaternion group)이라 부른다.]

4. $a^2 = b^2 = c^2 = e$를 만족하는 생성원을 갖는 '가환군' $\{e, a, b, c, ab, bc, ac, abc\}$를 G라 하자. G의 곱셈표를 작성하여라.

G. 케일리 도표

모든 유한군은 케일리 도표라고 알려진 도표를 써서 나타낼 수 있다. 케일리 도표는 화살표로 이은 점들로 이루어져 있다.

군의 각 원소마다 점이 하나씩 있다.

화살표는 생성원을 곱한 결과를 나타낸다.

예를 들어 G가 한 개의 생성원 a만을 가진다면, 즉 G가 순환군 $\langle a \rangle$라면 $\rightarrow$라는 화살표는 'a를 곱하는 연산'을 나타낸다.

$$e \rightarrow a \rightarrow a^2 \rightarrow a^3 \rightarrow \cdots$$

만약 군이 생성원을 두 개, 예를 들어 a, b를 가진다면, '두 종류의 화살표'가 필요하다. 예를 들어 ⇢는 'a를 곱하는 연산'을 뜻하고, $\rightarrow$는 'b를 곱하는 연산'을 뜻한다.

예를 들어 $a^2 = e, b^3 = e, ba = ab^2$을 만족하는 생성원을 갖는 군 $G = \{e, a, b, b^2, ab, ab^2\}$는 다음과 같은 케일리 도표를 가진다. (81쪽을 보아라.)

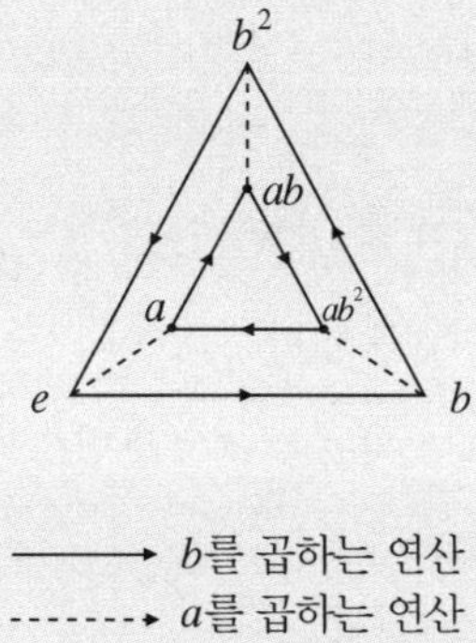

화살표 $\rightarrow$ '방향'으로 이동하는 것은 다음처럼 b를 곱하는 것을 뜻하며

$$x \rightarrow xb$$

화살표 '반대 방향'으로 이동하는 것은 b^{-1}를 곱하는 것을 뜻한다.

$$x \leftarrow xb^{-1}$$

('x에 b를 곱한다'는 것은 b를 '오른쪽'에서 곱하는 것, 즉 bx가 아니라 xb로 이해한다.) $a^2 = e$, 즉 $a = a^{-1}$이면 다음처럼 화살촉은 사용하지 않는 규약이 있다.

$$x \text{ ------ } xa$$

$a = a^{-1}$이면 a를 곱하는 것은 a^{-1}을 곱하는 것과 같기 때문이다.

군의 케일리 도표는 군의 곱셈표와 똑같은 정보를 담는다. 예를 들어 89쪽 그림에서 곱 $(ab)(ab^2)$을 계산하기 위해서는 ab에서 시작한 뒤 ab^2에 대응하는 경로, 즉 a를 곱한 뒤 b를 곱하고 한 번 더 b를 곱하는 경로를 따라가는데, 다음과 같다.

이 경로를 따르면 b에 도달하므로, $(ab)(ab^2) = b$이다.

다른 예를 들면, ab^2의 역원은 ab^2으로부터 e까지 거꾸로 가는 경로다. 이 경로가 ba임을 즉각 알 수 있다.

점과 화살표로 이루어진 도표가 어떤 군의 케일리 도표인 것과, 다음 두 조건을 만족하는 것과 동치조건이다.

(a) 각 점 x와 생성원 a에 대해, x에서 출발하는 a 화살표는 딱 하나여야 하고, x에서 끝나는 a 화살표도 딱 하나여야 한다. 더욱이 x에서 다른 점 y로 가는 화살표는 기껏해야 하나여야 한다.

(b) x에서 출발하여 같은 목적지에 도착하는 두 경로가 있으면, 임의의 점 y에 대해 이 두 경로를 따르면 같은 목적지에 도착한다.

케일리 도표는 새로운 군을 찾아내는 유용한 방법이다.

다음 케일리 도표를 갖는 군의 곱셈표를 작성하라. (참고: 케일리 도표 내에는 완벽한 대칭성이 있기 때문에 아무 점을 e라 두어도 좋다. e를 고른 뒤 꼭짓점에 이름표를 붙이고 진행하라.)

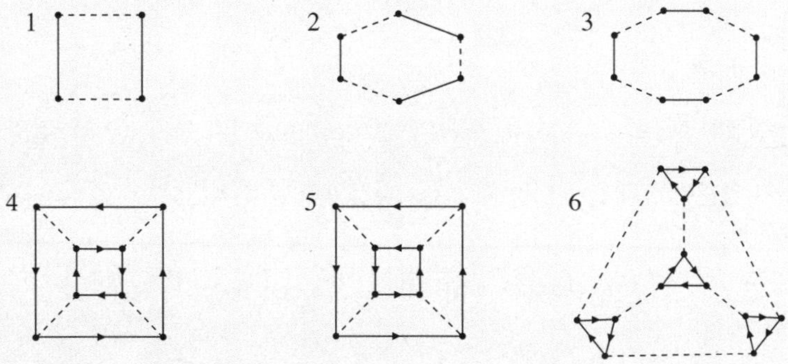

H. 부호 이론: 생성 행렬과 부호의 짝홀 검사 행렬

이 주제를 모르는 독자들을 위해, 28장에 선형대수학을 실어 두었다. 하지만 이 연습문제에서 벡터와 행렬의 곱에 대한 약간의 기초가 필요하므로 여기 제시하였다.

성분이 n개인 '벡터'(vector)란 n개의 수로 이루어진 열 $(a_1, a_2, \cdots, a_n)$이다. 성분이 n개인 두 벡터 $\mathbf{a} = (a_1, a_2, \cdots, a_n)$, $\mathbf{b} = (b_1, b_2, \cdots, b_n)$의 '내적'(dot product)은 다음처럼 정의한다.

$$\begin{aligned}\mathbf{a} \cdot \mathbf{b} &= (a_1, a_2, \cdots, a_n) \cdot (b_1, b_2, \cdots, b_n) \\ &= a_1b_1 + a_2b_2 + \cdots + a_nb_n\end{aligned}$$

즉, 대응하는 성분끼리 곱한 뒤 더한다. 예를 들어

$$(1, 4, -2, 3) \cdot (6, 2, 4, -2) = 1(6) + 4(2) + (-2)4 + 3(-2) = 0$$

이다. 앞의 예에서처럼 $\mathbf{a} \cdot \mathbf{b} = 0$일 때 $\mathbf{a}$와 $\mathbf{b}$가 '직교한다'(orthogonal) 또는 '수직'(perpendicular)이라고 말한다.

'행렬'이란 수를 직사각형 모양으로 배열한 것이다. 'm 곱하기 n 행렬' 또는 $m \times n$ 행렬이란 m개의 행과 n개의 열을 가진다. 예를 들어

$$\mathbf{B} = \begin{pmatrix} 1 & 2 & -2 & 3 \\ 4 & 1 & 1 & -3 \\ 7 & 2 & 5 & -1 \end{pmatrix}$$

은 행이 셋이고 열이 넷이므로 3×4 행렬이다. **B**의 각 행은 성분이 네 개인 벡터이며, 각 열은 성분이 세 개인 벡터임에 주목하라.

A가 $m \times n$ 행렬일 때, $\mathbf{a}_1, \mathbf{a}_2, \cdots, \mathbf{a}_n$을 **A**의 '열'(column)이라 하자. (**A**의 각 열은 성분이 m개인 벡터이다.) **x**가 성분이 m개인 벡터일 때 **xA**는 다음 벡터를 가리킨다.

$$\mathbf{xA} = (\mathbf{x} \cdot \mathbf{a}_1, \mathbf{x} \cdot \mathbf{a}_2, \cdots, \mathbf{x} \cdot \mathbf{a}_n)$$

즉, **xA**의 성분은 **x**에 **A**의 각 열들을 차례로 내적하여 얻는다. 예를 들어 **B**가 앞 문단의 행렬이고 $\mathbf{x} = (3, 1, -2)$라면

$$(3, 1, -2) \cdot (1, 4, 7) = -7$$
$$(3, 1, -2) \cdot (2, 1, 2) = 3$$
$$(3, 1, -2) \cdot (-2, 1, 5) = -15$$
$$(3, 1, -2) \cdot (3, -3, -1) = 8$$

이기 때문에 $\mathbf{xB} = (-7, 3, -15, 8)$이다.

A가 $m \times n$ 행렬일 때, $\mathbf{a}^{(1)}, \mathbf{a}^{(2)}, \cdots, \mathbf{a}^{(m)}$을 **A**의 '행'(row)이라 하자. **y**가 성분이 n개인 임의의 벡터일 때, **Ay**는 다음 벡터를 가리킨다.

$$\mathbf{Ay} = (\mathbf{y} \cdot \mathbf{a}^{(1)}, \mathbf{y} \cdot \mathbf{a}^{(2)}, \cdots, \mathbf{y} \cdot \mathbf{a}^{(m)})$$

즉, **Ay**의 성분은 **y**를 **A**의 각 열들과 내적한 것을 늘어놓아 얻는다. (**Ay**가 **yA**와 다르다는 것은 명백하다.) 선형대수로부터 $\mathbf{A}(\mathbf{x} + \mathbf{y}) = \mathbf{Ax} + \mathbf{Ay}$ 및 $(\mathbf{A} + \mathbf{B})\mathbf{x} = \mathbf{Ax} + \mathbf{Bx}$가 성립한다.

이제 3장의 연습문제 **F**, **G**에서 시작했던 부호에 대한 논의를 계속하자. 성분이 0과 1로 이루어지고 길이가 n인 모든 벡터의 집합을 $\mathbb{B}^n$이라 했음을 기억하자. 57쪽의 연습문제 F에서 $\mathbb{B}^n$이 군임을 보였다. $\mathbb{B}^n$의 부분집합 C를 '부호'라고 정의했다. 부호 C가 $\mathbb{B}^n$의 '부분군'이면 C를 '군 부호'(group code)라 부른다.■ 3장에서 서술한 부호들과 이 연습문제에서 언급할 부호들은 모두 군 부호다.

부호 C에 대해 $m \times n$ 행렬 **G**가 '생성 행렬'(generator matrix)이라는 것은 **G**의 행이 생성하는

■ 선형 부호라 부르기도 한다.—옮긴이

군이 C일 때를 말한다. 예를 들어 59쪽의 부호 C_1의 생성 행렬은 다음과 같다.

$$\mathbf{G}_1 = \begin{pmatrix} 1 & 0 & 0 & 1 & 1 \\ 0 & 1 & 0 & 0 & 1 \\ 0 & 0 & 1 & 1 & 1 \end{pmatrix}$$

C_1의 부호어 여덟 개가 $\mathbf{G}_1$의 행들을 더한 것들임을 확인할 수 있을 것이다.

각 부호어는 정보 자리와 짝홀 검사 자리로 이루어져 있음을 기억하자. C_1 부호에서는 모든 부호어의 처음 세 자리가 정보 자리로 '메시지'(message)를 이루며, 마지막 두 자리는 짝홀 검사 자리다. 메시지를 '암호화'(encoding) 또는 부호화하는 것은 짝홀 검사 자리를 메시지의 끝에 더하는 절차다. 메시지가 $\mathbf{x}$일 때, 암호화한 단어를 $E(\mathbf{x})$로 나타내자. 예를 들어 C_1에서 짝홀 검사식은 $a_4 = a_1 + a_3$, $a_5 = a_1 + a_2 + a_3$이었음을 상기하자. 따라서 세 자리 메시지 $a_1a_2a_3$은 다음처럼 부호화한다.

$$E(a_1, a_2, a_3) = (a_1, a_2, a_3, a_1 + a_3, a_1 + a_2 + a_3)$$

단어 끝에 추가한 두 자리는 짝홀 검사식이 좌우한다. 이때

$$\begin{aligned} E(a_1, a_2, a_3) &= (a_1, a_2, a_3)\begin{pmatrix} 1 & 0 & 0 & 1 & 1 \\ 0 & 1 & 0 & 0 & 1 \\ 0 & 0 & 1 & 1 & 1 \end{pmatrix} \\ &= (a_1, a_2, a_3, a_1 + a_3, a_1 + a_2 + a_3) \end{aligned}$$

임을, 즉 (a_1, a_2, a_3)에 $\mathbf{G}_1$의 각 열을 내적하여 얻을 수 있음을 확인할 수 있을 것이다. 이는 모든 경우에 성립한다. 만약 $\mathbf{G}$가 어떤 부호의 생성 행렬이고 $\mathbf{x}$가 메시지라면, $E(\mathbf{x})$는 곱 $\mathbf{xG}$와 같다. 따라서 생성 행렬을 이용하여 암호화하는 것은 매우 쉽다. 그냥 메시지 $\mathbf{x}$에 생성 행렬 $\mathbf{G}$를 곱하면 된다.

이때 C_1의 짝홀 검사식, 즉 $a_4 = a_1 + a_3$, $a_5 = a_1 + a_2 + a_3$은 다음 꼴로 쓸 수 있다.

$$a_1 + a_3 + a_4 = 0 \text{ 및 } a_1 + a_2 + a_3 + a_5 = 0$$

이 식은 다음 두 식과 동치이다.

$$(a_1, a_2, a_3, a_4, a_5) \cdot (1, 0, 1, 1, 0) = 0$$
$$(a_1, a_2, a_3, a_4, a_5) \cdot (1, 1, 1, 0, 1) = 0$$

이 두 식은 단어 $a_1a_2a_3a_4a_5$가 부호어라는 것, 즉 짝홀 검사식을 만족한다는 것과, $(a_1, a_2, a_3, a_4, a_5)$가 다음 행렬의 두 행과 모두 수직이라는 것이 동치조건임을 보여 준다.

$$\mathbf{H} = \begin{pmatrix} 1 & 0 & 1 & 1 & 0 \\ 1 & 1 & 1 & 0 & 1 \end{pmatrix}$$

H를 부호 C_1의 '짝홀 검사 행렬'(parity-check matrix)이라 부른다. 이런 결론을 다음처럼 정리로 쓸 수 있다.

정리 1. **H**를 $\mathbb{B}^n$의 부호 C의 짝홀 검사 행렬이라고 하자. $\mathbb{B}^n$의 단어 **x**가 부호어일 동치조건은 $\mathbf{Hx} = 0$인 것이다.

(**Hx**는 **x**에 **H**의 행들을 곱하여 얻는다는 것을 기억하여라.)

1. 3장의 연습문제 G2에서 묘사한 부호 C_2에 대해 생성 행렬 $\mathbf{G}_2$와 짝홀 검사 행렬 $\mathbf{H}_2$를 찾아라.

2. $\mathbb{B}^7$에서 다음과 같은 부호를 C_3이라 하자. 처음 네 자리는 정보 자리이며, 짝홀 검사식은 $a_5 = a_2 + a_3 + a_4, a_6 = a_1 + a_3 + a_4, a_7 = a_1 + a_2 + a_4$이다. [$C_3$을 '해밍 부호'(Hamming code)라 부른다.] 부호 C_3에 대해 생성 행렬 $\mathbf{G}_3$과 짝홀 검사 행렬 $\mathbf{H}_3$을 찾아라.

단어 **x**의 '무게'(weight)는 단어 내의 1의 개수를 말하며 $w(\mathbf{x})$라 쓴다. 예를 들어 $w(11011) = 4$이다. 부호 C의 '최소 무게'는 부호 내에서 부호어의 무게 중 0이 아닌 최소의 무게를 말한다. (60쪽에서 '거리'와 '최소 거리'의 정의를 보라.) 다음을 증명하여라.

 # 3. $d(\mathbf{x}, \mathbf{y}) = w(\mathbf{x} + \mathbf{y})$

4. $w(\mathbf{x}) = d(\mathbf{x}, \mathbf{0})$. 여기에서 **0**은 모든 자리가 0인 단어이다.

5. 군 부호 C의 최소 거리는 C의 최소 무게와 같다.

6. (a) $\mathbf{x}$와 $\mathbf{y}$의 무게가 짝수이면, $\mathbf{x}+\mathbf{y}$의 무게도 짝수이다.

(b) $\mathbf{x}$와 $\mathbf{y}$의 무게가 홀수이면, $\mathbf{x}+\mathbf{y}$의 무게는 짝수이다.

(c) $\mathbf{x}$의 무게가 홀수이고 $\mathbf{y}$의 무게가 짝수이면, $\mathbf{x}+\mathbf{y}$의 무게는 홀수이다.

7. 임의의 군 부호에 대해, 모든 단어의 무게가 모두 짝수이거나, 단어 중 절반은 무게가 짝수이고 다른 절반의 무게는 홀수이다. (증명할 때 6번을 이용하라.)

8. $\mathbb{B}^n$의 부호의 짝홀 검사 행렬이 $\mathbf{H}$이고 $\mathbf{x}$와 $\mathbf{y}$가 $\mathbb{B}^n$의 단어일 때 $\mathbf{H}(\mathbf{x}+\mathbf{y})=0$인 것과, $\mathbf{Hx}=\mathbf{Hy}$인 것이 동치조건임을 보여라.

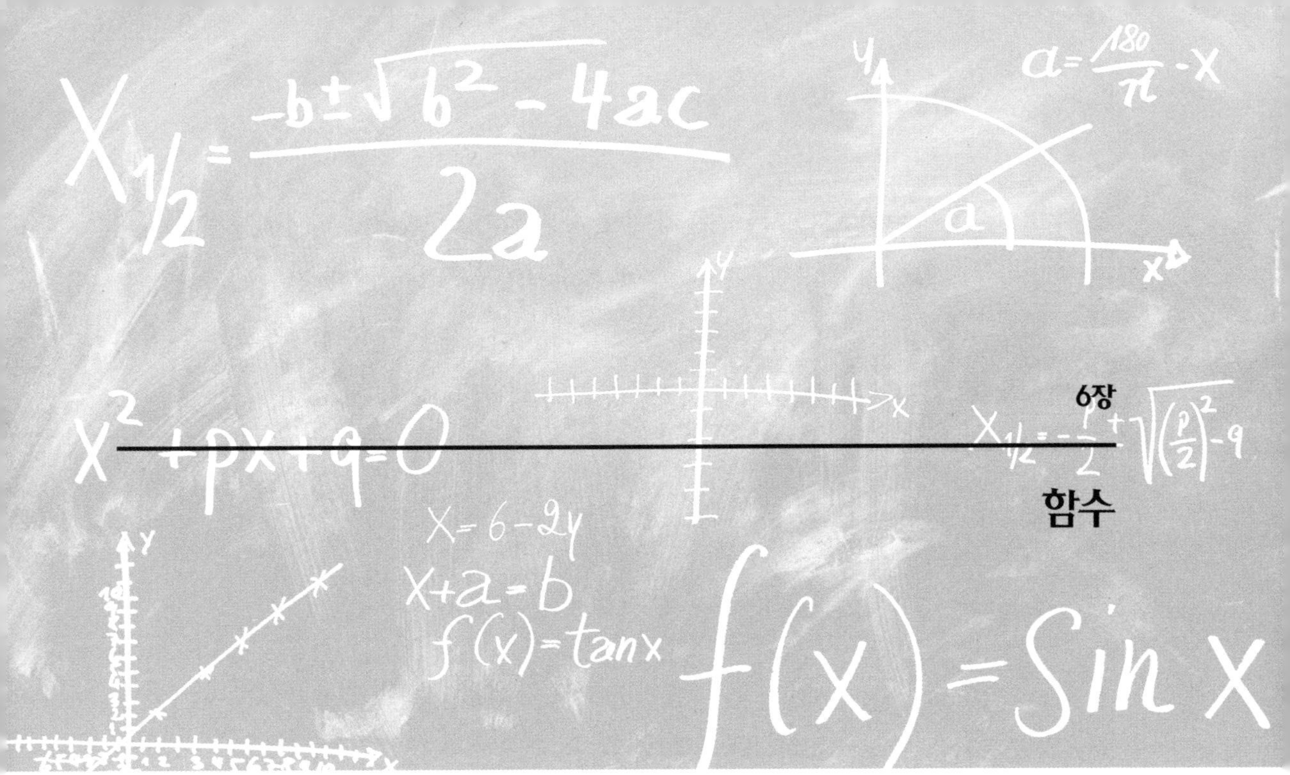

6장

함수

‘함수’ 개념은 가장 기본적인 수학 개념이며, 거의 모든 수학적 논의에 등장한다. 일반적으로 함수는 다음처럼 정의한다. A와 B가 집합일 때, A의 각 원소 x에 대해 B의 유일한 원소 y를 대응하는 규칙을 A로부터 B로의 함수라고 말한다. x와 y 사이의 이런 관련을 나타내기 위해 보통 $y = f(x)$라 쓰며, y를 함수 f에 의한 x의 ‘상’(image)이라 부른다.

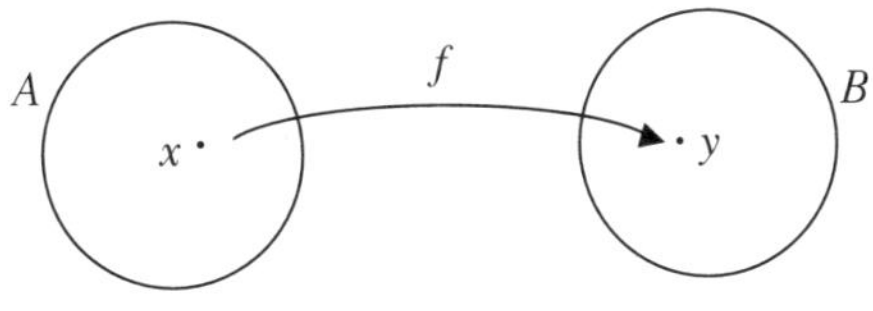

이런 함수 개념이 내재적으로 수학적이어야 할 이유는 없다. 예를 들어 A를 결혼한 남자의 집합이라 하고, B를 이들의 아내들의 집합이라고 하자. 각 남자에게 그의 아내를 대응하는 규칙을 f라 하자. 그러면 f는 A로부터 B로의 완벽하게 멀쩡한 함수이다. 이 함수 하에서 각 아내는 남편의 상이다. (농담할 의도는 없었다.)

하지만 주의해야 한다. 만약 A에 총각이 있으면 f는 A로부터 B로의 함수 자격이 없다.

A로부터 B로의 함수는 A의 '모든' 원소에 대해, 예외 없이 B의 원소를 할당해야 하기 때문이다. 만약 A와 B의 구성원들이 중혼이 흔한 아샨티(Ashanti)족 사람이라 하자. 아샨티 지역에서 f는 반드시 함수인 것은 아닌데, A의 주어진 원소에 여러 명의 아내를 대응할 수 있기 때문이다. f가 A로부터 B로의 함수라면, A의 각 원소에 대해 정확히 '한 개'의 원소만을 할당해야 한다.

만약 f가 A로부터 B로의 함수라면, 이를 다음처럼 나타내는 것이 관습이다.

$$f : A \to B$$

집합 A를 f의 '정의역'(domain)이라 부른다. f의 '치역'(range)은 'A의 원소의 상'들로 이루어진 B의 부분집합이다. 아래 나타낸 함수의 경우,

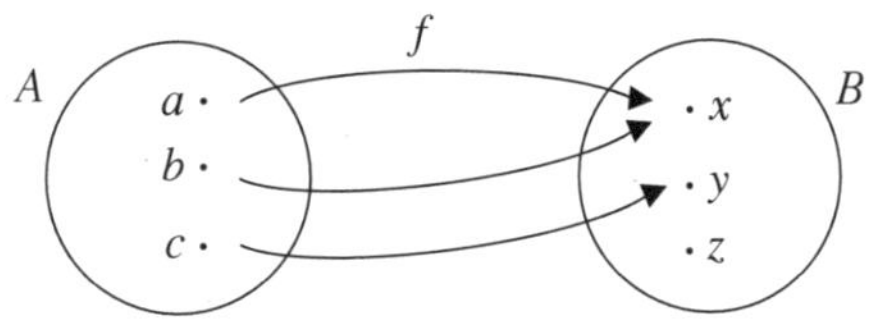

$\{a, b, c\}$가 f의 정의역이며 $\{x, y\}$가 f의 치역이다. (z는 f의 치역에 속하지 않는다.) 이 함수 f를 다음처럼 간편한 표기를 써서 나타낼 수도 있다.

$$f = \begin{pmatrix} a & b & c \\ x & x & y \end{pmatrix}$$

A가 유한집합일 때는 이렇게 A의 원소를 윗줄에 나열하고, A의 각 원소 바로 아래에 그 원소의 상을 적는 표기법이 유용하다.

f가 A로부터 B로의 함수일 때, A의 둘 이상의 원소가 '동일한 상'을 갖는 경우도 흔히 발생할 수 있다. 예를 들어 바로 위의 함수를 보면, a와 b가 모두 동일한 상 x를 가짐을 관찰할 수 있다. 만약 이런 상황이 '일어나지 않는' 상황이면 함수 f를 '단사'(injective) 함수라 부른다.■ 즉

■ 현재 교육과정에서는 '일대일 함수'라 부르지만, '일대일 대응'과 혼란을 주기 때문에 가능하면 '단사'(單射)라 쓰기로 한다.—옮긴이

정의 1. 함수 $f: A \to B$에 대해 B의 각 원소가 A의 둘 이상의 원소의 상이 아니면, f를 '단사' 함수라 부른다.

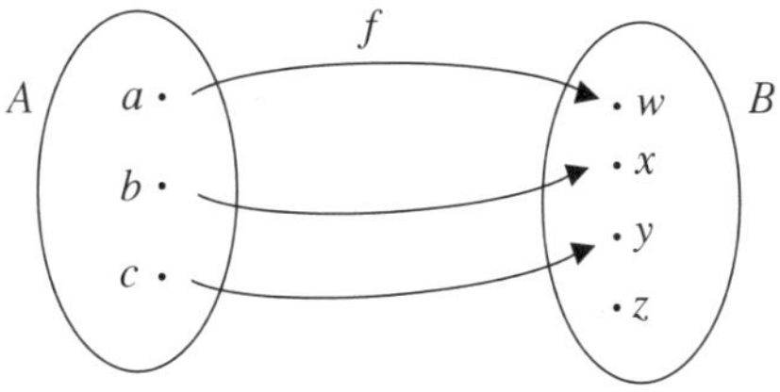

물론, B의 각 원소 y는 '서로 다른' A의 두 원소의 상이 아니라는 의미이다. 따라서 다음이 성립하면,

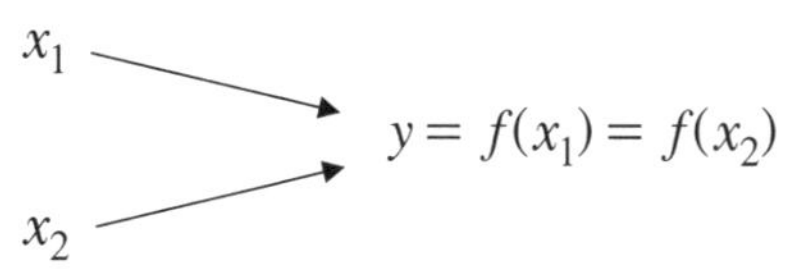

즉 x_1과 x_2가 동일한 상 y를 가지면, x_1과 x_2는 반드시 '같아야' 한다. 따라서 '단사' 함수를 다음처럼 편리하게 정의할 수 있다. 함수 $f: A \to B$가 '단사'라는 것은 다음을 만족할 때이다.

$$f(x_1) = f(x_2)\text{이면 항상 } x_1 = x_2\text{이다.}$$

만약 f가 A로부터 B로의 함수라면, B의 원소이지만 A의 상이 아닌 것이 있을 수 있다. 이런 일이 '일어나지 않으면', 즉 B의 모든 원소가 A의 어떤 원소의 상이라면 f를 '전사'(surjective) 함수라 부른다.

정의 2. 함수 $f: A \to B$에 대해, B의 각 원소가 적어도 한 개의 A의 원소의 상이면, f를 '전사 함수'라 부른다.

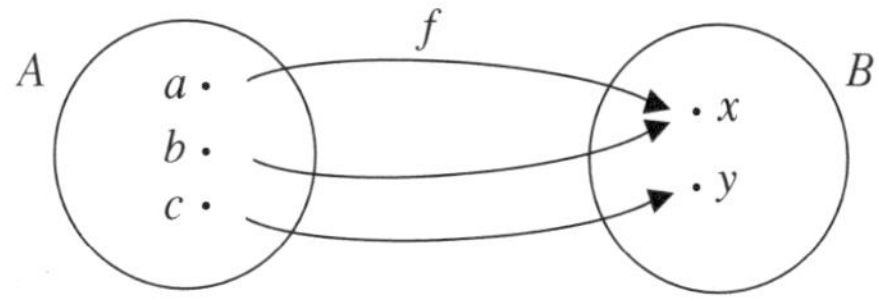

이는 B가 f의 치역이라는 말과 같다.

f가 단사이면서 전사라고 가정하자. 정의 1과 정의 2에 의해 B의 각 원소는 '적어도 하나의' A의 원소의 상이면서 '두 개 이상의 원소'의 상은 아니어야 한다. 따라서 B의 각 원소는 A의 '정확히 한 개'의 원소의 상이다. 이런 경우 f를 '전단사'(bijective) 함수 또는 '일대일 대응'(one-to-one correspondence)이라 부른다.

정의 3. 함수 $f: A \to B$가 단사이면서 전사이면 '전단사'라 부른다.

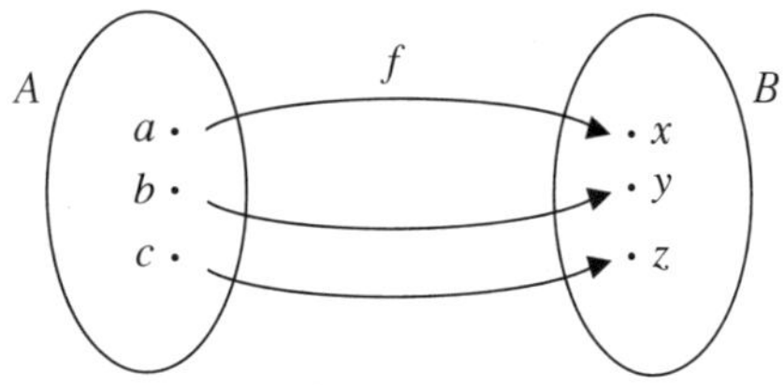

전단사 함수하에서는 A의 각 원소가 B에서 정확히 한 개의 '짝'을 가지며 B의 각 원소가 A에서 정확히 한 개의 짝을 가진다.

두 함수를 '조합'하는 가장 자연스러운 방법은 '합성'하는 것이다. 아이디어는 다음과 같다. f가 A에서 B로의 함수이고, g가 B에서 C로의 함수라 하자. A의 원소 x에 f를 적용하면 B의 원소 y를 얻는다. y에 g를 적용하면 C의 원소 z를 얻는다. 따라서 z는 x로부터 f와 g를 연속 적용하여 얻는다.

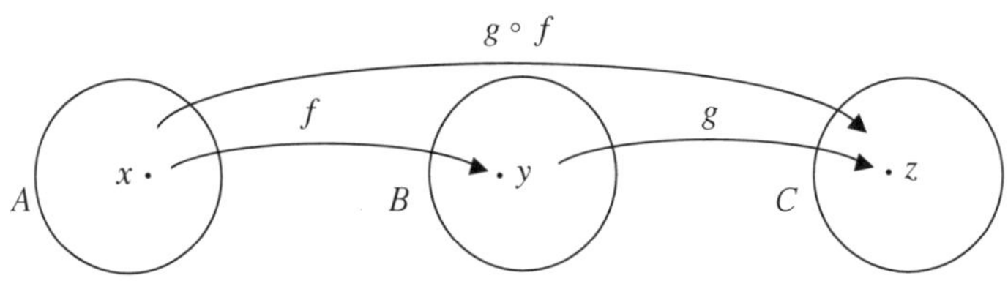

'f와 g를 연속으로 적용'하는 함수는 A로부터 C로의 함수인데, 이를 f와 g의 '합성'(composite)함수($g \circ f$)라 부른다. 더 정확히는 다음과 같다.

> $f: A \to B$와 $g: B \to C$가 함수라 하자. $g \circ f$로 나타내는 '합성함수'는 A로부터 C로의 함수로, 다음처럼 정의한다.
>
> 모든 $x \in A$에 대해 $[g \circ f](x) = g(f(x))$

예를 들어 A를 결혼한 남자의 집합이라고 하고, B를 이들의 아내들의 집합이라 하자. C를 B에 속한 여성의 어머니들의 집합이라 하자. A의 각 원소에 그의 아내를 대응하는 규칙을 $f: A \to B$라 하고, B의 각 여성에 각자의 어머니를 대응하는 규칙을 $g: B \to C$라 하자. 그러면 $g \circ f$는 A의 각 원소에 그의 아내의 어머니를 대응하는 '장모 함수'이다.

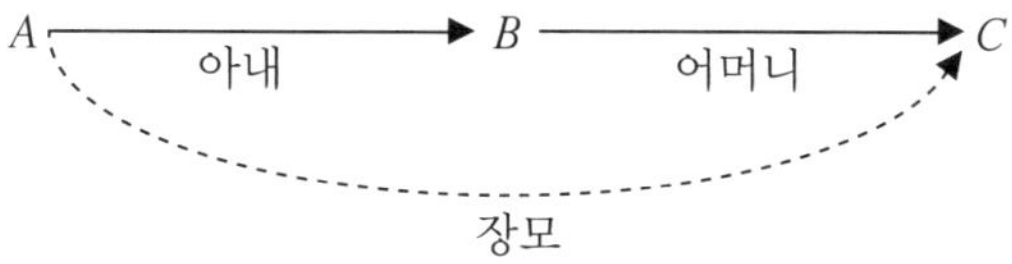

더 전통적인 예를 들기 위해 f와 g를 $f(x) = 2x$ 및 $g(x) = x + 1$로 정의한 $\mathbb{R}$에서 $\mathbb{R}$로의 함수라 하자. (다시 말해 f는 '2를 곱하기'가 규칙이며 g는 '1을 더하기'가 규칙이다.) 이들의 합성 $g \circ f$와 $f \circ g$는 다음처럼 주어진다.

$$[f \circ g](x) = f(g(x)) = 2(x + 1)$$

및

$$[g \circ f](x) = g(f(x)) = 2x + 1$$

$f \circ g$와 $g \circ f$는 다르다. $f \circ g$는 '1을 더한 뒤 2를 곱하는 것'이 규칙이지만, $g \circ f$는 '2를 곱한 뒤 1을 더하기'가 규칙이다.

두 단사 함수의 합성함수는 단사 함수이며, 두 전사 함수의 합성함수는 전사 함수이고, 두 전단사 함수의 합성은 전단사 함수라는 것은 중요한 사실이다. 다른 말로 하면, $f: A \to B$와 $g: B \to C$가 함수일 때, 다음이 성립한다.

> f와 g가 단사 함수이면, $g \circ f$는 단사 함수이다.
>
> f와 g가 전사 함수이면, $g \circ f$는 전사 함수이다.
>
> f와 g가 전단사 함수이면, $g \circ f$는 전단사 함수이다.

이 주장을 차례로 공략해 보자. f와 g가 단사 함수라고 가정하고, $g \circ f$가 단사 함수임을 증명하겠다. (즉, $[g \circ f](x) = [g \circ f](y)$라면 $x = y$임을 증명할 것이다.)

$[g \circ f](x) = [g \circ f](y)$라 하자. 즉, 다음이 성립한다고 하자.

$$g(f(x)) = g(f(y))$$

g가 단사 함수이므로, 다음을 얻는다.

$$f(x) = f(y)$$

f도 단사 함수이므로, 다음을 얻는다.

$$x = y$$

이번에는 f와 g가 전사 함수일 때 $g \circ f$가 전사 함수임을 증명하자. C의 '모든' 원소가 A의 어떤 원소에 대해 $g \circ f$의 상임을 보여야 한다. $z \in C$라면, g가 전사 함수이므로 어떤 $y \in B$에 대해 $z = g(y)$이다. 그런데 f도 전사 함수이므로 어떤 $x \in A$에 대해 $y = f(x)$이다. 그러므로 다음이 성립한다.

$$z = g(y) = g(f(x)) = [g \circ f](x)$$

마지막으로, f와 g가 전단사 함수라면, 둘 다 단사 함수이면서 전사 함수이다. 방금 증명한 사실로부터 $g \circ f$는 단사 함수이면서 전사 함수이고, 따라서 전단사 함수이다.

A로부터 B로의 함수가 역원을 가질 수도 있지만, 꼭 그래야 하는 것은 아니다. f의 역원이란, (존재하는 경우) 다음과 같은 성질을 갖는 B에서 A로의 함수 f^{-1}를 ['f의 역함수'(inverse function)] 말한다.

$x = f^{-1}(y)$인 것과, $y = f(x)$인 것은 동치조건이다.

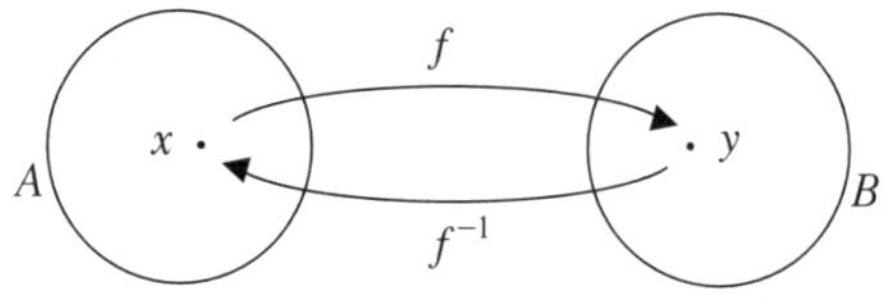

대략적으로 말해 f가 x를 y로 보내면, f^{-1}는 y를 x로 보낸다. A가 남편의 집합이고 B가 이들의 아내들의 집합인 예로 (마지막으로) 돌아가서 $f : A \to B$가 각 남편에게 아내를 대

응하는 규칙일 때 $f^{-1}: B \to A$는 각 아내에게 남편을 대응하는 규칙이다.

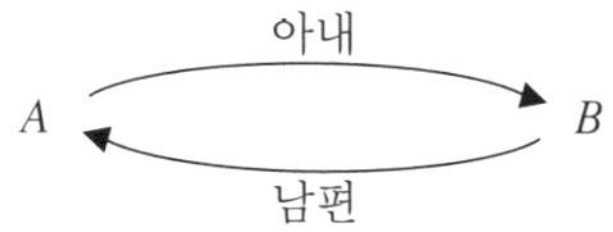

함수를 규칙으로 생각하면, f^{-1}는 f가 한 일을 '되돌리는' 규칙이다. 예를 들어 f가 실숫값 함수 $f(x)=2x$라 하면, f^{-1}는 함수 $f^{-1}(x)=x/2$이다. [원한다면 $f^{-1}(y)=y/2$라고 표기한다.] 실제로 '2로 나눈다'는 규칙은 '2를 곱한다'는 규칙이 한 일을 되돌린다.

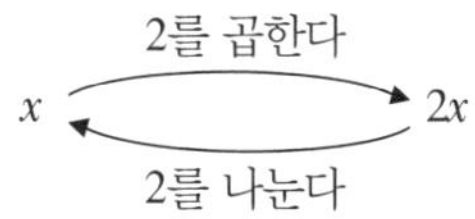

어떤 함수가 역함수를 가지며, 어떤 것은 갖지 않을까? 만약 f가 A에서 B로의 함수인데 단사 함수가 '아니'라면, 역함수를 가질 수 '없다.' '단사가 아니다'라는 것은 적어도 서로 다른 두 개의 원소 x_1과 x_2가 같은 상 y를 가질 수 있다는 뜻이다.

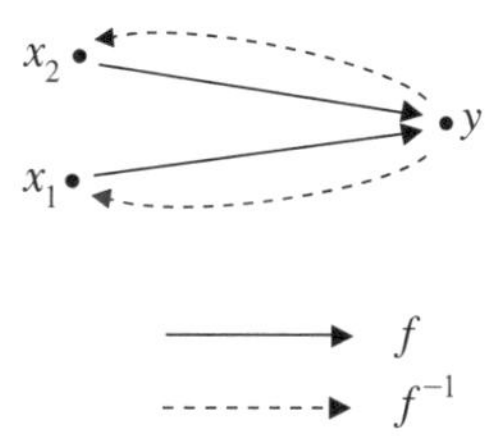

당연히 $x_1=f^{-1}(y)$ 및 $x_2=f^{-1}(y)$이므로 $f^{-1}(y)$의 값이 두 개 이상인데, 함수에게는 이런 '모호함'이 허용되지 않는다.

만약 A에서 B로의 함수 f가 전사 함수가 '아니'라면 A의 어떤 원소에 대해서도 상이 아닌 B의 원소 y가 존재한다. 따라서 $f^{-1}(y)$는 존재하지 않는다. 그러므로 $f^{-1}(y)$는 B에서 A로의 함수, 즉 B가 정의역일 수가 없다.

따라서 f^{-1}가 존재한다면, f는 '반드시' 단사 함수이면서 전사 함수, 즉 전단사 함수여야 한다. 반대로 f가 A에서 B로의 전단사 함수이면 역함수가 존재하는 것이 분명하며, $y=f(x)$일 때 $f^{-1}(y)=x$라는 규칙으로 결정한다.

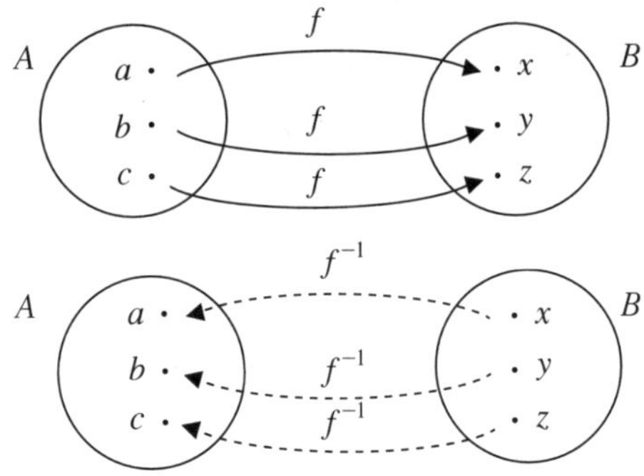

더욱이 f의 역함수도 전단사 함수라는 것을 보이는 것은 쉽다. 요약하면 다음과 같다.

> 함수 $f: A \to B$가 역함수를 가진다는 것과, 전단사 함수인 것은 동치조건이다.
> 이 경우 역함수 f^{-1}는 B에서 A로의 전단사 함수이다.

연습문제

A. 단사 함수 및 전사 함수의 예

다음 각각에서 함수는 $f : \mathbb{R} \to \mathbb{R}$이다. 두 질문에 답하여라.

(a) f는 단사 함수인가, 아닌가

(b) f는 전사 함수인가, 아닌가

어느 경우든 자신의 답을 증명하여라.

예제 1 $f(x) = 2x$

f는 '단사 함수'이다.

증명 $f(a) = f(b)$라 하자. 즉,

$$2a = 2b$$

이다. 그러므로

$$a = b$$

이다. 따라서 f는 단사 함수이다. ■

f는 '전사 함수'이다.

증명 $y \in \mathbb{R}$를 임의로 고르자. 그러면 $y = 2(y/2) = f(y/2)$이다.

따라서 모든 $y \in \mathbb{R}$는 $x = y/2$에 대해 $f(x)$와 같다.

따라서 f는 전사 함수이다. ■

예제 2 $f(x) = x^2$

f는 '단사 함수가 아니다.'

증명 반례를 든다. $2 \neq -2$이지만, $f(2) = 4 = f(-2)$이다. ■

f는 '전사 함수가 아니다.'

증명 반례를 든다. -1은 어떠한 $x \in \mathbb{R}$에 대해서도 $f(x)$와 같지 않다. ■

1. $f(x) = 3x + 4$

2. $f(x) = x^3 + 1$

3. $f(x) = |x|$

 # 4. $f(x) = x^3 - 3x$

5. $f(x) = \begin{cases} x, & x\text{가 유리수일 때} \\ 2x, & x\text{가 무리수일 때} \end{cases}$

 # 6. $f(x) = \begin{cases} 2x, & x\text{가 정수일 때} \\ x, & \text{그 외} \end{cases}$

7. 1번부터 6번까지 각 함수의 치역을 구하여라.

B. $\mathbb{R}$ 및 $\mathbb{Z}$ 위에서의 함수

1번부터 4번까지 나열한 함수 각각이

(a) 단사 함수인지, 아닌지

(b) 전사 함수인지, 아닌지

판별하여라. 연습문제 A에서처럼 진행하여라.

1. $f(x) = e^x$로 정의한 함수 $f : \mathbb{R} \to (0, \infty)$

2. $f(x) = \tan x$로 정의한 함수 $f : (0, 1) \to \mathbb{R}$

3. $f(x) =$ 'x보다 크거나 같은 최소 정수'로 정의한 $f : \mathbb{R} \to \mathbb{Z}$

4. $f(n) = \begin{cases} n+1, & n\text{이 짝수일 때} \\ n-1, & n\text{이 홀수일 때} \end{cases}$ 로 정의한 $f : \mathbb{Z} \to \mathbb{Z}$

5. 정수의 집합 $\mathbb{Z}$에서 '짝수'의 집합 E로 가는 전단사 함수 f를 찾아라.

C. 임의의 집합과 군에서의 함수

다음 각 함수가

(a) 단사 함수인지, 아닌지

(b) 전사 함수인지, 아닌지

판별하여라. 연습문제 A에서처럼 진행하여라.

1번부터 3번까지에서 A, B가 집합일 때 $A \times B$는 x가 A에서 값을 갖고, y가 B에서 값을 갖는 순서쌍 (x, y) 전체의 집합을 가리킨다.

1. $f(x, y) = x$로 정의하는 함수 $f : A \times B \to A$

2. $f(x, y) = (y, x)$로 정의하는 함수 $f : A \times B \to B \times A$

3. b가 고정된 B의 원소일 때 $f(x)=(x, b)$로 정의하는 함수 $f: A \to A \times B$

4. G가 군이고 $a \in G$일 때, $f(x)=ax$로 정의한 함수 $f: G \to G$

5. G가 군일 때, $f(x)=x^{-1}$로 정의한 함수 $f: G \to G$

6. G가 군일 때, $f(x)=x^2$으로 정의한 함수 $f: G \to G$

D. 합성함수

1번부터 3번까지 지시한 대로 합성함수를 찾아라.

1. $f(x)=\sin x$로 정의한 함수 $f: \mathbb{R} \to \mathbb{R}$.
   $g(x)=e^x$로 정의한 함수 $g: \mathbb{R} \to \mathbb{R}$.
   $f \circ g$와 $g \circ f$를 찾아라.

2. A와 B가 집합이다.
   $f(x, y)=(y, x)$로 정의한 함수 $f: A \times B \to B \times A$.
   $g(y, x)=y$로 정의하는 함수 $g: B \times A \to B$.
   $g \circ f$를 찾아라.

3. $f(x)=1/x$로 정의하는 함수 $f: (0, 1) \to \mathbb{R}^{\text{pos}}$.
   $g(x)=\ln x$로 정의한 $g: \mathbb{R}^{\text{pos}} \to \mathbb{R}$.
   $g \circ f$를 찾아라. $f \circ g$가 정의되지 않는 이유를 설명하여라.

4. 학교에서 잭과 샘은 모든 단어의 철자를 거꾸로 쓰고 s와 t를 모두 바꾸는 것으로 이루어진 암

호 f로 쓴 쪽지를 주고받았다. 때로는 글자에서 a를 o와, i를 u와, e를 y와, s를 t와 바꾸는 암호 g를 이용할 때도 있다. 암호 $f \circ g$와 $g \circ f$를 묘사하여라. 둘은 같은가?

5. $A = \{a, b, c, d\}$이다. f, g가 A에서 A로의 함수인데, 98쪽의 표기로는 다음과 같다고 한다.

$$f = \begin{pmatrix} a & b & c & d \\ a & c & a & c \end{pmatrix} \qquad g = \begin{pmatrix} a & b & c & d \\ b & a & b & a \end{pmatrix}$$

동일한 형식을 써서 $f \circ g$와 $g \circ f$를 나타내어라.

6. G가 군일 때, a와 b가 G의 원소라 하자.

$f(x) = ax$로 정의하는 $f: G \to G$.

$g(x) = bx$로 정의하는 $g: G \to G$.

$f \circ g$와 $g \circ f$를 구하여라.

7. 1번부터 6번까지 찾아낸 합성함수 각각에 대해 정의역과 치역을 명시하여라.

E. 역함수

다음 함수 f는 전단사 함수들이다. 역함수를 서술하여라.

1. $f(x) = 1/x$로 정의한 함수 $f: (0, \infty) \to (0, \infty)$

2. $f(x) = e^x$로 정의한 함수 $f: \mathbb{R} \to (0, \infty)$

3. $f(x) = x^3 + 1$로 정의한 함수 $f: \mathbb{R} \to \mathbb{R}$

4. $f(x) = \begin{cases} 2x, & x\text{가 유리수일 때} \\ 3x, & x\text{가 무리수일 때} \end{cases}$ 로 정의한 $f: \mathbb{R} \to \mathbb{R}$

5. $A = \{a, b, c, d\}$이고 $B = \{1, 2, 3, 4\}$일 때 다음처럼 정의한 함수 $f : A \to B$

$$f = \begin{pmatrix} a & b & c & d \\ 3 & 1 & 2 & 4 \end{pmatrix}$$

6. G가 군이고 a가 G의 원소일 때, $f(x) = ax$로 정의하는 $f : G \to G$

F. 유한집합에서의 함수

1. UN 평화위원회 위원들은 자신들 중에서 위원장을 뽑아야 한다. 각 위원 x에 대해 그 위원이 뽑은 위원을 $f(x)$로 나타내자. 어떤 두 위원도 동일한 사람에게 투표하지 않았다면, f의 치역은 무엇인가?

2. A가 유한집합이라 하자. 단사 함수 $f : A \to A$는 반드시 전사 함수여야 함을 설명하라. (1번 문제를 보라.)

3. A가 유한집합일 때, 전사 함수 $f : A \to A$는 반드시 단사 함수여야 함을 설명하라.

4. 2번과 3번의 명제 중에서 A가 무한집합일 때도 참인 것이 있는가? 그렇지 않다면 반례를 들어라.

 # 5. A가 n개의 원소를 가질 때, A에서 A로의 함수는 몇 개인가? A에서 A로의 전단사 함수는 몇 개인가?

G. 함수의 일반적 성질

1번에서 3번까지 A, B, C는 집합이고 $f : A \to B$, $g : B \to C$는 함수이다.

1. $g \circ f$가 단사 함수이면, f가 단사 함수임을 증명하여라.

2. $g \circ f$가 전사 함수이면, g가 전사 함수임을 증명하여라.

3. 1번과 2번은 $g \circ f$가 전단사 함수이면, f가 단사 함수이고 g가 전사 함수임을 말해 준다. 역 명제도 참인가? 즉, f가 단사 함수이고 g가 전사 함수이면 $g \circ f$는 전단사 함수인가? ('그렇다'면 증명하고, '아니다'라면 반례를 들어라.)

4. $f: A \to B$, $g: B \to A$가 함수라 하자. $y = f(x)$인 것과, $x = g(y)$인 것이 동치조건이라고 하자. f가 전단사 함수이고, $g = f^{-1}$임을 증명하여라.

H. 오토마타 이론

디지털 컴퓨터나 기타 전자 시스템은 몇 가지 기본 제어 회로를 써서 만든다. 이런 회로에는 '유한 오토마타'라는 중요한 수학 개념이 바탕에 깔려 있는데, '유한 상태 기계'로도 알려져 있다.

유한 오토마타는 '문자집합'(alphabet) A에 속하는 기호의 열로 이루어진 정보를 수신한다. 전형적인 입력 문자열 $\mathbf{x} = x_1x_2 \cdots x_n$에서 $x_1, x_2, \cdots$는 문자집합 A의 기호이다. 기계장치는 내부 요소의 집합을 갖고 있는데, 이 요소들을 조합한 상태를 이 기계의 '내부 상태'(internal state)라 부른다. 각 시간 간격마다 기계는 수신 문자열에서 기호 하나씩을 '읽어 들여서' 새로운 내부 상태로 바뀌는 반응을 보인다. 이때 읽어 들인 기호와 기계의 현재 내부 상태에 따라 반응은 달라진다. S를 내부 상태들의 집합이라 하면, 함수 $\alpha: S \times A \to S$를 구체적으로 지정함으로써 해당 기계를 묘사할 수 있다. s_i가 내부 상태이고 현재 읽어 들인 기호가 a_j이면, $\alpha(s_i, a_j) = s_k$가 기계의 다음 상태이다. (즉, 상태 s_i에 있던 기계가 기호 a_j에 반응하여 새로운 상태 s_k로 들어간다.) 이 함수 α를 기계의 '다음 상태 함수'(next-state function)라 부른다.

예제 문자집합이 $A = \{0, 1\}$이고 내부 상태가 $S = \{s_0, s_1\}$인 기계를 M_1이라 하고, 다음 상태 함수가 다음 표로 주어진다고 하자.

현재 상태	0	1	←입력
s_0	s_0	s_1	
s_1	s_1	s_0	

(이 표는 다음을 말해 준다. 상태가 s_0일 때 0을 읽으면 s_0 상태로 남아있다. s_0 상태일 때 1을 읽으면 s_1 상태로 바뀐다. s_1 상태에 있을 때 0을 읽으면 s_1 상태로 남아있다. s_1 상태일 때 1을 읽으면, s_0 상태로 바뀐다.)

M_1을 '짝홀 검사 기계'로 이용하여, 통신 채널에 도착하는 정보를 해독할 수 있을 것이다. 입력 정보가 0과 1로 이루어진 다섯 개의 기호열, 예를 들어 10111처럼 구성돼 있다고 하자. 이 기계는 상태 s_0에서 출발한다. 첫 번째 기호 1을 읽으면, 위의 표가 지시한 대로 상태 s_1로 변한다. 그런 다음 두 번째 기호 0을 읽으면 그 상태 s_1로 남아 있다. 세 번째 기호 1을 읽으면 s_0으로 변하고, 네 번째 기호 1을 읽으면 s_1로 바뀐다. 마지막으로 짝홀 검사 자리인 마지막 자리에 도달한다. 만약 처음 네 자리의 합이 짝수였다면 이 짝홀 검사 자리는 0일 것이고, 그렇지 않으면 1일 것이다. 짝홀 검사 자리에서 1을 읽으면 이 기계는 상태 s_0으로 변한다. 상태 s_0으로 끝난 것은 짝홀 검사 자리가 옳다는 것을 알려준다. 만약 이 기계가 s_1로 끝나면, 짝홀 검사 자리가 부정확하며 전송 도중에 오류가 있었다는 것을 알려준다.

화살표로 연결한 동그라미들로 이루어진 도표인 '상태 도표'의 도움을 받아 기계를 기술할 수도 있다. 다음과 같은 표기는

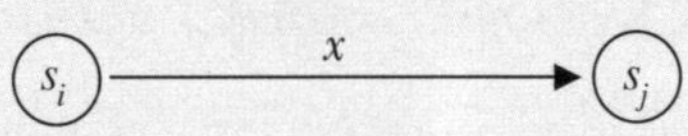

이 기계가 상태 s_i에 있을 때 x를 읽어 들이면 상태 s_i로 바뀐다는 뜻이다. 앞에서 예로 든 기계 M_1의 상태 도표는 다음과 같다.

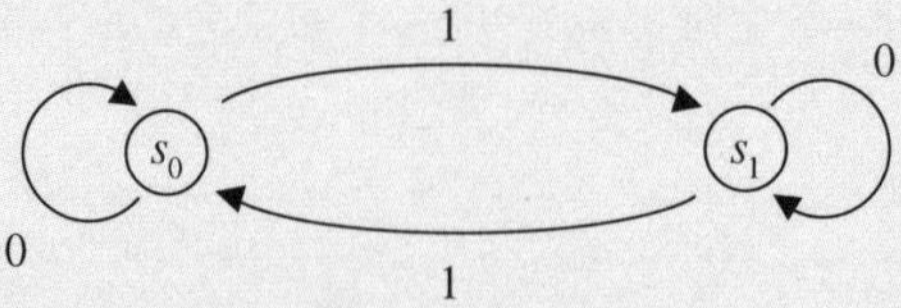

1번부터 4번까지 지정된 함수를 수행할 수 있는 기계를 서술하였다. 각 기계에서 문자집합 A와 상태 집합 S와 다음 상태 함수표를 제시하라. 그런 뒤 이 기계의 상태 도표를 그려라.

#1. 입력 문자는 네 글자 a, b, c, d로 구성돼 있다. 각 입력 열에 대해 이 기계는 정확히 세 개의 a가 들어 있는지의 여부를 판단한다.

2. 1번과 조건이 동일하다. 다만 이 기계는 입력 열에 '적어도' 세 개의 a가 들어 있는지의 여부를 판단한다.

3. 입력 문자집합은 숫자 0, 1, 2, 3, 4로 구성돼 있다. 이 기계는 입력 열의 각 자리의 수를 5를 법(modulo)으로 하여 더한다. (49쪽을 보라.) 이 합이 마지막 자리를 읽은 이후 기계의 상태이다.

4. 이 기계는 0과 1의 입력 열이 111로 끝나는지 그렇지 않은지를 알려준다.

5. 다음 상태 함수가 α인 기계를 M이라 할 때, $\bar{\alpha}$를 다음처럼 정의한다. 입력 열이 $\mathbf{x}$이고 상태 s_i인 기계가, $\mathbf{x}$를 읽어 들이기 시작하여 마지막 기호를 읽은 뒤의 상태를 $\bar{\alpha}(s_i, \mathbf{x})$라 하자. 예를 들어 위에서 예로 든 기계 M_1에 대해서 $\bar{\alpha}(s_0, 11010) = s_1$이다. (첫 번째 기호를 읽기 전에 이 기계의 상태는 s_0이었으며, 1은 상태를 바꾸지만 0은 상태를 바꾸지 않는다. 따라서 마지막 0을 읽은 후 기계의 상태는 s_1이다.)

(a) 모든 세 자리 열 $\mathbf{x}$와 기계 M_1에 대한 $\bar{\alpha}(s_0, \mathbf{x})$를 구하여라.

(b) 모든 상태 s_i 및 모든 두 자리 열 $\mathbf{x}$와, 1번의 기계에 대해 $\bar{\alpha}(s_i, \mathbf{x})$를 구하여라.

6. 각 입력 열 $\mathbf{x}$에 대해 '상태 전이 함수'(state transition function)라 부르는 함수 $T_{\mathbf{x}} : S \to S$를 다음처럼 정의한다.

$$T_{\mathbf{x}}(s_i) = \bar{\alpha}(s_i, \mathbf{x})$$

예제의 기계 M_1에 대해 $\mathbf{x} = 11010$이면 $T_{\mathbf{x}}$는 다음처럼 주어진다.

$$T_{\mathbf{x}}(s_0) = s_1,\ T_{\mathbf{x}}(s_1) = s_0$$

(a) 기계 M_1과 다음 열 $\mathbf{x} = 01001$, $\mathbf{x} = 10011$, $\mathbf{x} = 01010$ 각각에 대해 전이 함수 $T_{\mathbf{x}}$를 서술하여라.

(b) M_1의 '서로 다른' 전이 함수가 왜 두 개뿐인지 설명하여라. [주의: 두 함수 f, g가 같다는 것은 모든 x에 대해 $f(x) = g(x)$일 때이며, 그렇지 않으면 두 함수는 다르다.]

(c) 1번의 기계와 열 $\mathbf{x} = abbca$, $\mathbf{x} = babac$, $\mathbf{x} = ccbaa$에 대해 전이 함수 $T_{\mathbf{x}}$를 서술하여라.

(d) 3번의 기계에 대해 '서로 다른' 전이 함수는 몇 개나 있는가?

I. 오토마타, 반군, 군

반군(semigroup)이란 결합적 연산을 갖는 집합 A를 말한다. (항등원이 있을 필요가 없으며, 원소들이 역원을 가질 필요도 없다.) 모든 군은 반군이지만, 당연히 역은 옳지 않다. 모든 반군 A마다 '반군 A의 오토마타'라 부르는 오토마타 $M = M(A)$를 대응할 수 있다. M의 문자집합은 A이고, 상태 집합도 A이며, 다음 상태 함수는 $\alpha(s, a) = sa$이다. [만약 반군의 연산을 덧셈으로 표기하면 $\alpha(s, a) = s + a$이다.]

1. $M(\mathbb{Z}_4)$를 기술하여라. 즉, 상태 도표 및 다음 상태 함수표를 계산하여라.

2. $M(S_3)$을 기술하여라.

M이 기계이고 S가 M의 상태 집합이면, 이 장의 연습문제 H6에서 정의한 M의 '상태 전이 함수'는

S에서 S로의 함수들이다. 다음 연습문제에서 $T_{\mathbf{y}} \circ T_{\mathbf{x}} = T_{\mathbf{xy}}$를 보이라는, 즉 두 전이 함수의 합성이 전이 함수임을 보이라는 질문을 할 것이다. 함수의 합성이 결합적이므로, 모든 전이 함수의 집합도 연산 $\circ$에 대해 '반군'이다. 이를 $\mathcal{S}(M)$으로 나타내고 '기계 M의 반군'이라 부른다.

3. $T_{\mathbf{xy}} = T_{\mathbf{y}} \circ T_{\mathbf{x}}$를 증명하여라.

4. 위의 연습문제 H의 예제에 나온 기계를 M_1이라 하자. $\mathcal{S}(M_1)$의 연산표를 작성하라. $\mathcal{S}(M_1)$이 항등원을 갖는가? $\mathcal{S}(M_1)$은 군인가?

5. 연습문제 H3의 기계를 M_3이라 하자. $\mathcal{S}(M_3)$에는 '서로 다른' 함수가 몇 개인가? $\mathcal{S}(M_3)$의 연산표를 작성하라. $\mathcal{S}(M_3)$은 군인가? (이유는 무엇인가?)

6. 다음 상태 도표를 갖는 기계를 M이라 할 때 $\mathcal{S}(M)$의 연산표를 작성하여라.

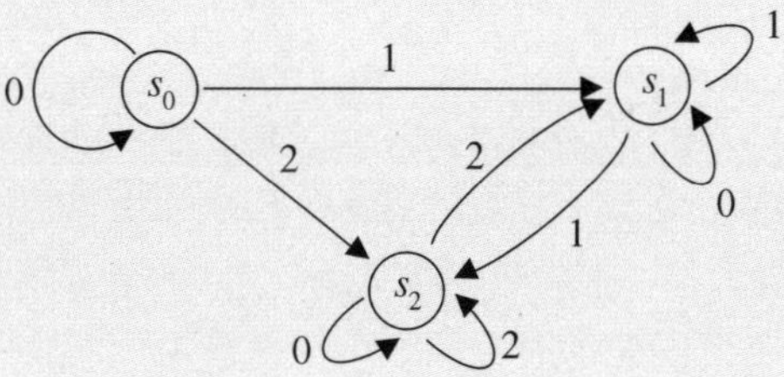

7장

치환군

이 장에서도 함수에 대한 논의를 이어가는데, '어떤 집합에서 같은 집합으로 가는' 함수로 논의를 제한한다. 다른 말로 하면, 정의역이 집합 A이고 공역도 A인 함수 $f : A \to A$만을 다룬다.

우선 A에서 A로 가는 임의의 두 함수 f, g가 '같다'는 것은 A의 모든 원소 x에 대해 $f(x) = g(x)$일 때임에 주목한다.

f와 g가 A에서 A로의 함수라면, 합성함수 $f \circ g$도 A에서 A로의 함수이다. 합성은

$$A\text{의 모든 원소 } x\text{에 대해 } [f \circ g](x) = f(g(x)) \qquad (1)$$

로 정의했음을 기억하자. '함수의 합성은 결합적'이라는 것은 매우 중요한 사실이다. 즉 f, g, h가 A에서 A로의 함수라면 다음이 성립한다.

$$f \circ (g \circ h) = (f \circ g) \circ h$$

두 함수 $f \circ (g \circ h)$와 $(f \circ g) \circ h$가 같다는 것을 증명하기 위해서는 A의 모든 원소 x에 대

해 다음을 보여야 한다.

$$[f \circ (g \circ h)](x) = [(f \circ g) \circ h](x)$$

식 (1)을 반복해서 사용하면 이를 얻을 수 있다.

$$\begin{aligned}[f \circ (g \circ h)](x) &= f([g \circ h](x)) = f(g(h(x))) \\ &= [f \circ g](h(x)) = [(f \circ g) \circ h](x)\end{aligned}$$

집합 A의 '치환'(permutation) 또는 순열이란 'A에서 A로의 전단사 함수'를 뜻한다. 즉, A와 자신 사이의 일대일 대응을 말한다. 초등 대수학에서 집합의 원소를 '재배열'(rearrangement)하는 것을 치환이라고 생각하라고 배웠을 것이다. 따라서 집합 $\{1, 2, 3, 4, 5\}$에 대해 $(1, 2, 3, 4, 5)$를 $(3, 2, 1, 5, 4)$로 바꾸는 재배열을 생각하면, 이 재배열을 다음과 같은 함수와 동일시할 수 있다.

$$\begin{array}{lll} 1 \longrightarrow 3 & \qquad & 4 \longrightarrow 5 \\ 2 \longrightarrow 2 & & 5 \longrightarrow 4 \\ 3 \longrightarrow 1 & & \end{array}$$

이 함수가 집합 $\{1, 2, 3, 4, 5\}$와 자신 사이의 일대일 대응임은 명백하다. 따라서 치환의 예전 정의와 새 정의 사이에는 사실 차이가 없다. 하지만 새 정의는 집합 A가 무한히 많은 원소를 가질 때에도 A 위의 치환을 얘기할 수 있다는 점에서 더 일반적이며 매우 유용하다.

6장에서 두 전단사 함수의 합성이 전단사 함수라는 것을 보았다. 따라서 'A의 두 치환의 합성은 치환'이다. 따라서 합성 연산 $\circ$를 'A의 치환 전체의 집합 위에서의 연산'으로 간주할 수 있다. 방금 합성이 결합적인 연산이라는 것을 보았다. 합성에 대해 중립 원소가 있을까?

임의의 집합 A에 대해 'A 위에서의 항등함수'는 ε_A 또는 더 간단히 ε으로 쓰는데, A의 모든 원소를 자신으로 보내는 함수 $x \to x$를 말한다. 즉, 다음처럼 정의한 함수이다.

$$\text{모든 원소 } x \in A\text{에 대해 } \varepsilon(x) = x$$

ε이 A의 치환이라는 것, 즉 A와 자신 사이의 일대일 대응임을 보이는 것은 쉽다. 또한 f가

A의 임의의 치환이면 다음이 성립한다.

$$f \circ \varepsilon = f \text{ 및 } \varepsilon \circ f = f$$

이 식 중 첫 번째 것은 A의 모든 원소 x에 대해 $[f \circ \varepsilon](x) = f(x)$라는 주장인데, $[f \circ \varepsilon](x) = f(\varepsilon(x)) = f(x)$이므로 매우 당연하다. 두 번째 식도 유사하게 증명한다.

6장에서 임의의 전단사 함수의 역함수가 존재하며, 역함수도 전단사 함수라는 것을 보았다. 따라서 'A의 임의의 치환의 역함수도 A의 치환'이다. 더욱이 f가 A의 임의의 치환이고, f^{-1}가 역함수일 때 다음이 성립한다.

$$f^{-1} \circ f = \varepsilon \text{ 및 } f \circ f^{-1} = \varepsilon$$

이 식 중 첫 번째 것은 A의 모든 원소 x에 대해

$$[f^{-1} \circ f](x) = \varepsilon(x)$$

즉 $f^{-1}(f(x)) = x$라는 주장과 같다. 이는 역함수의 정의 때문에 명백히 성립한다. 두 번째 식도 유사하게 증명한다.

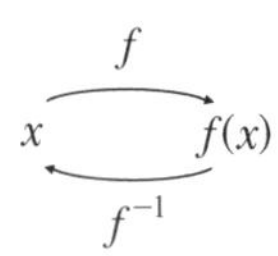

요약해 보자: 함수의 합성 연산 $\circ$는 A의 모든 치환의 집합 위에서 연산 자격을 갖췄다. 이 연산은 결합적이다. A의 모든 치환 f에 대해 $f \circ \varepsilon = f$ 및 $\varepsilon \circ f = f$인 치환 ε이 존재한다. 마지막으로 A의 모든 치환 f에 대해, $f^{-1} \circ f = \varepsilon$ 및 $f \circ f^{-1} = \varepsilon$인 치환 f^{-1}이 존재한다. 따라서 'A의 치환 전체의 집합은 합성 연산 $\circ$에 대해 군이다.'

임의의 집합 A에 대해 A의 치환 전체가 이루는 군을 A의 '대칭군'(symmetric group)이라 부르고, 기호 S_A로 나타낸다. 임의의 양의 정수 n에 대해 집합 $\{1, 2, 3, \cdots, n\}$ 위에서의 대칭군을 'n 원소 대칭군'이라 부르고 S_n으로 나타낸다.

S_3을 살펴보자. 먼저 집합 $\{1, 2, 3\}$ 위에서의 치환 전체를 나열하자.

$$\varepsilon = \begin{pmatrix} 1 & 2 & 3 \\ 1 & 2 & 3 \end{pmatrix} \quad \alpha = \begin{pmatrix} 1 & 2 & 3 \\ 1 & 3 & 2 \end{pmatrix} \quad \beta = \begin{pmatrix} 1 & 2 & 3 \\ 3 & 1 & 2 \end{pmatrix}$$

$$\gamma = \begin{pmatrix} 1 & 2 & 3 \\ 2 & 1 & 3 \end{pmatrix} \quad \delta = \begin{pmatrix} 1 & 2 & 3 \\ 2 & 3 & 1 \end{pmatrix} \quad \kappa = \begin{pmatrix} 1 & 2 & 3 \\ 3 & 2 & 1 \end{pmatrix}$$

함수에 대한 이런 표기법은 98쪽에서 설명했다. 예를 들어

$$\beta = \begin{pmatrix} 1 & 2 & 3 \\ 3 & 1 & 2 \end{pmatrix}$$

는 $\beta(1)=3$, $\beta(2)=1$, $\beta(3)=2$인 함수이다. 다음과 같이 함수를 그림처럼 나타낼 수도 있다.

$$\beta = \begin{pmatrix} 1 & 2 & 3 \\ \downarrow & \downarrow & \downarrow \\ 3 & 1 & 2 \end{pmatrix}$$

S_3의 원소들에 대한 연산은 합성이다. $\alpha \circ \beta$를 찾기 위해서는 다음에 주목한다.

$$[\alpha \circ \beta](1) = \alpha(\beta(1)) = \alpha(3) = 2$$
$$[\alpha \circ \beta](2) = \alpha(\beta(2)) = \alpha(1) = 1$$
$$[\alpha \circ \beta](3) = \alpha(\beta(3)) = \alpha(2) = 3$$

따라서 다음과 같다.

$$\alpha \circ \beta = \begin{pmatrix} 1 & 2 & 3 \\ 2 & 1 & 3 \end{pmatrix} = \gamma$$

$\alpha \circ \beta$에서 β를 먼저 적용하고 α를 나중에 적용한다는 것에 주목한다. 이를 그래프처럼 나타낸다면 다음과 같다.

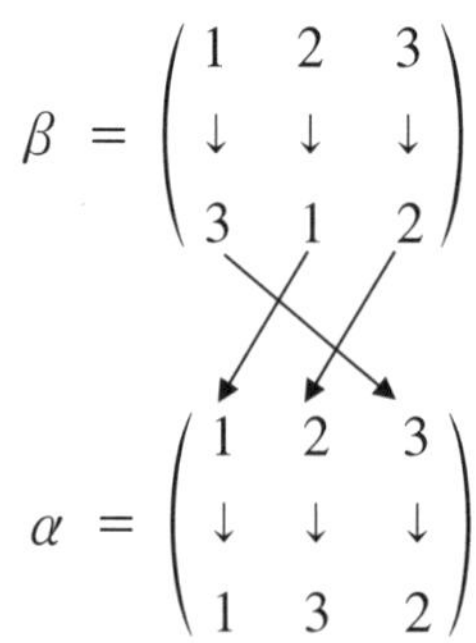

S_3의 다른 원소들의 조합도 같은 방식으로 계산할 수 있다. 학생들은 군 S_3의 곱셈표가 아래와 같음을 확인하길 바란다.

$\circ$	ε	α	β	γ	δ	κ
ε	ε	α	β	γ	δ	κ
α	α	ε	γ	β	κ	δ
β	β	κ	δ	α	ε	γ
γ	γ	δ	κ	ε	α	β
δ	δ	γ	ε	κ	β	α
κ	κ	β	α	δ	γ	ε

'치환군'(group of permutation)이란 S_A나 S_n 또는 이 군들의 부분군을 뜻한다. 치환군 중에서 가장 흥미로운 군 중의 하나가 기하학적 도형의 대칭성을 나타내는 군이다. '정사각형의 대칭들의 군'을 생각하여 이런 군들이 어떻게 발생하는지 보기로 하자.

정사각형을 움직여서 처음 위치와 일치하도록 두는 방법을 정사각형의 대칭으로 생각한다. 이때 꼭짓점은 꼭짓점과 일치하기 때문에, 이런 대칭은 꼭짓점에 대한 영향을 써서 완벽히 기술할 수 있다.

다음 그림에서처럼 꼭짓점에 번호를 매기자.

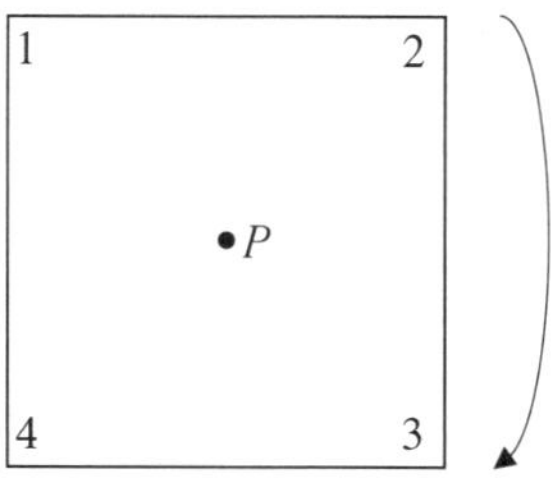

중심 P 주위로 시계방향으로 각각 90°, 180°, 270° 회전하여 얻은 대칭이 가장 명백한 대칭일 것이다. 이런 대칭을 꼭짓점의 치환으로 나타낼 때 예를 들어 시계방향으로 90° 회전한 것은 다음 대칭을 준다.

$$R_1 = \begin{pmatrix} 1 & 2 & 3 & 4 \\ 2 & 3 & 4 & 1 \end{pmatrix}$$

이 회전이 꼭짓점 1을 2로, 2를 3으로, 3을 4로, 4를 1로 옮기기 때문이다. 180° 및 270°

회전한 것은 각각 다음과 같은 대칭을 준다.

$$R_2 = \begin{pmatrix} 1 & 2 & 3 & 4 \\ 3 & 4 & 1 & 2 \end{pmatrix}, \quad R_3 = \begin{pmatrix} 1 & 2 & 3 & 4 \\ 4 & 1 & 2 & 3 \end{pmatrix}$$

정사각형을 축 A, B, C, D에 대해 뒤집는 대칭이 남아 있다.

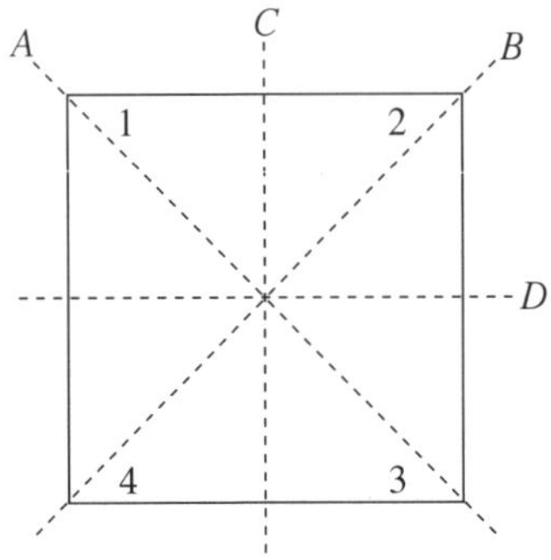

예를 들어 정사각형을 축 A에 대해 뒤집으면, 꼭짓점 1과 3은 그대로 있지만, 2와 4는 자리를 바꾼다. 따라서 다음 대칭을 얻는다.

$$R_4 = \begin{pmatrix} 1 & 2 & 3 & 4 \\ 1 & 4 & 3 & 2 \end{pmatrix}$$

같은 방식으로 뒤집는 대칭들을 다음처럼 쓸 수 있다.

$$R_5 = \begin{pmatrix} 1 & 2 & 3 & 4 \\ 3 & 2 & 1 & 4 \end{pmatrix}, \quad R_6 = \begin{pmatrix} 1 & 2 & 3 & 4 \\ 2 & 1 & 4 & 3 \end{pmatrix}$$

$$R_7 = \begin{pmatrix} 1 & 2 & 3 & 4 \\ 4 & 3 & 2 & 1 \end{pmatrix}$$

마지막으로 남은 대칭은 '항등대칭'으로

$$R_0 = \begin{pmatrix} 1 & 2 & 3 & 4 \\ 1 & 2 & 3 & 4 \end{pmatrix}$$

정사각형을 그대로 두는 대칭이다.

이들 대칭에 대한 연산은 합성이다. $R_i \circ R_j$는 먼저 R_j를 수행한 뒤 R_i를 수행한 결과이다. 예를 들어 $R_1 \circ R_4$는 정사각형을 먼저 축 A에 대해 뒤집은 뒤, 시계방향으로 90° 회전한 결과이다.

$$R_1 \circ R_4 = \begin{pmatrix} 1 & 2 & 3 & 4 \\ 2 & 3 & 4 & 1 \end{pmatrix} \circ \begin{pmatrix} 1 & 2 & 3 & 4 \\ 1 & 4 & 3 & 2 \end{pmatrix}$$

$$= \begin{pmatrix} 1 & 2 & 3 & 4 \\ 2 & 1 & 4 & 3 \end{pmatrix} = R_6$$

따라서 이로 인한 알짜 효과는 정사각형을 축 C에 대해 뒤집은 것과 같다.

정사각형의 대칭 여덟 개는 합성 연산 $\circ$에 대해 군을 이루는데, 이를 '정사각형의 대칭군'[■] 이라 부른다.

임의의 양의 정수 $n \geqslant 3$에 대해 변이 n개인 정다각형은 D_n으로 표기하는 대칭군을 갖는데, 조금 전에 논의했던 방법으로 찾을 수 있다. 이 군을 '이면체군'(dihedral group)이라 부른다. 예를 들어 정사각형의 대칭군은 D_4이고, 정오각형의 대칭군은 D_5이다.

정칙성을 띠는 모든 평면 도형은 대칭군을 가진다. 예를 들어 다음 도형은 180°와 360° 만큼의 회전 두 개와, 점선으로 표기한 축에 대한 뒤집기 두 개로 이루어진 대칭군을 가진다. 자연스러운 대상뿐만 아니라 인공적인 것도 종종 놀랄 만큼 많은 수의 대칭을 갖는 경우가 있다.

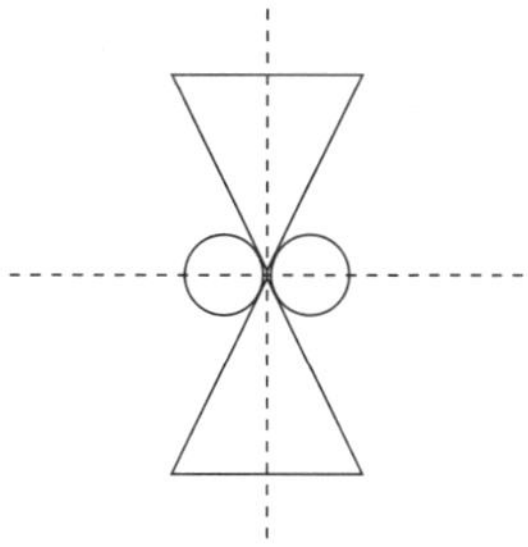

평면의 대칭보다 훨씬 복잡한 것이 입체의 대칭이다. 예를 들어 현대의 결정학(crystallography)이나 결정 물리학은 3차원 도형의 대칭군에 대한 지식에 상당히 의존하고 있다.

대칭군은 전자의 구조나 분자의 진동에 대한 이론에서도 널리 채택되고 있다. 기본 입자 물리학에서 이런 군은, 특정한 기본 입자들을 실험적으로 발견하기도 전에 존재성을 예측하는 데 이용되고 있다!

■ group of symmetries와 symmetric group 모두 '대칭군'으로 번역했음에 유의한다.—옮긴이

대칭성과 대칭군은 양자 물리학, 꽃잎, 세포 분할, 벌집 내에서 벌의 작업 습성, 눈송이, 음악, 로마네스크 양식 대성당 등 자연계의 모든 곳에서 나타난다.

연습문제

A. S_6의 원소 계산하기

1. S_6에서 다음 치환 f, g, h를 생각하자.

$$f = \begin{pmatrix} 1 & 2 & 3 & 4 & 5 & 6 \\ 6 & 1 & 3 & 5 & 4 & 2 \end{pmatrix}, \quad g = \begin{pmatrix} 1 & 2 & 3 & 4 & 5 & 6 \\ 2 & 3 & 1 & 6 & 5 & 4 \end{pmatrix}$$

$$h = \begin{pmatrix} 1 & 2 & 3 & 4 & 5 & 6 \\ 3 & 1 & 6 & 4 & 5 & 2 \end{pmatrix}$$

다음을 계산하여라.

$$f^{-1} = \begin{pmatrix} 1 & 2 & 3 & 4 & 5 & 6 \\ & & & & & \end{pmatrix}, \quad g^{-1} = \begin{pmatrix} 1 & 2 & 3 & 4 & 5 & 6 \\ & & & & & \end{pmatrix}$$

$$h^{-1} = \begin{pmatrix} 1 & 2 & 3 & 4 & 5 & 6 \\ & & & & & \end{pmatrix}$$

$$f \circ g = \begin{pmatrix} 1 & 2 & 3 & 4 & 5 & 6 \\ & & & & & \end{pmatrix}, \quad g \circ f = \begin{pmatrix} 1 & 2 & 3 & 4 & 5 & 6 \\ & & & & & \end{pmatrix}$$

2. $f \circ (g \circ h) =$

3. $g \circ h^{-1} =$

4. $h \circ g^{-1} \circ f^{-1} =$

5. $g \circ g \circ g =$

B. 치환군의 예

1. S_4에서 다음 치환들로 이루어진 부분집합을 G라 하자.

$$\varepsilon = \begin{pmatrix} 1 & 2 & 3 & 4 \\ 1 & 2 & 3 & 4 \end{pmatrix} \qquad f = \begin{pmatrix} 1 & 2 & 3 & 4 \\ 2 & 1 & 4 & 3 \end{pmatrix}$$

$$g = \begin{pmatrix} 1 & 2 & 3 & 4 \\ 3 & 4 & 1 & 2 \end{pmatrix} \qquad h = \begin{pmatrix} 1 & 2 & 3 & 4 \\ 4 & 3 & 2 & 1 \end{pmatrix}$$

G가 치환군임을 보이고, 다음 연산표를 작성하여라.

$\circ$	ε	f	g	h
ε				
f				
g				
h				

2. S_6에서 다음 원소가 생성하는 순환 부분군의 원소를 나열하여라.

$$f = \begin{pmatrix} 1 & 2 & 3 & 4 & 5 & 6 \\ 2 & 3 & 4 & 1 & 6 & 5 \end{pmatrix}$$

3. S_5에서 원소가 4개인 가환 부분군을 하나 찾아라. 이 부분군의 연산표를 작성하여라.

4. S_5에서 다음 원소들이 생성하는 부분군은 원소가 여섯 개다.

$$f = \begin{pmatrix} 1 & 2 & 3 & 4 & 5 \\ 2 & 1 & 3 & 4 & 5 \end{pmatrix} \qquad g = \begin{pmatrix} 1 & 2 & 3 & 4 & 5 \\ 1 & 2 & 4 & 5 & 3 \end{pmatrix}$$

원소를 아래에 나열하고, 이 부분군의 연산표를 채워라.

$$\varepsilon = \begin{pmatrix} 1 & 2 & 3 & 4 & 5 \\ 1 & 2 & 3 & 4 & 5 \end{pmatrix}$$

$$f = \begin{pmatrix} 1 & 2 & 3 & 4 & 5 \\ 2 & 1 & 3 & 4 & 5 \end{pmatrix}$$

$$g = \begin{pmatrix} 1 & 2 & 3 & 4 & 5 \\ 1 & 2 & 4 & 5 & 3 \end{pmatrix}$$

$$h = \begin{pmatrix} 1 & 2 & 3 & 4 & 5 \\ & & & & \end{pmatrix}$$

$$k = \begin{pmatrix} 1 & 2 & 3 & 4 & 5 \\ & & & & \end{pmatrix}$$

$$l = \begin{pmatrix} 1 & 2 & 3 & 4 & 5 \\ & & & & \end{pmatrix}$$

$\circ$	ε	f	g	h	k	l
ε						
f						
g						
h						
k						
l						

C. $\mathbb{R}$의 치환군

다음 각 연습문제에서 A는 $\mathbb{R}$의 부분집합이고, G는 A의 치환으로 이루어진 어떤 집합이다. G가 S_A의 부분군임을 보이고, G의 곱셈표를 작성하여라.

1. A는 $x \neq 0, 1$인 모든 $x \in \mathbb{R}$의 집합이다. $f(x) = 1/(1-x)$ 및 $g(x) = (x-1)/x$일 때 $G = \{\varepsilon, f, g\}$.

2. A는 0이 아닌 모든 실수의 집합이다. $f(x) = 1/x$, $g(x) = -x$, $h(x) = -1/x$일 때 $G = \{\varepsilon, f, g, h\}$.

3. A는 $x \neq 0, 1$인 모든 실수들의 집합이다. $f(x) = 1 - x$, $g(x) = 1/x$, $h(x) = 1/(1-x)$, $j(x) = (x-1)/x$, $k(x) = x/(x-1)$일 때 $G = \{\varepsilon, f, g, h, j, k\}$.

4. A는 $x \neq 0, 1, 2$인 모든 실수들의 집합이다. $f(x) = 2 - x$와 $g(x) = 2/x$가 생성하는 S_A의 부분군이 G이다. G는 여덟 개의 원소를 가진다. 원소들을 나열하고, G의 곱셈표를 작성하여라.

†D. 치환의 순환군

각 정수 n에 대해 f_n을 $f_n(x) = x + n$으로 정의하자.

1. 각 정수 n에 대해 f_n이 $\mathbb{R}$의 치환임을, 즉 $f_n \in S_{\mathbb{R}}$임을 증명하여라.

 # 2. $f_n \circ f_m = f_{n+m}$과 $f_n^{-1} = f_{-n}$을 증명하여라.

3. $G = \{f_n : n \in \mathbb{Z}\}$라 하자. G가 $S_{\mathbb{R}}$의 부분군임을 증명하여라.

4. G가 순환군임을 증명하여라. (G의 생성원을 밝혀라.)

†E. $S_{\mathbb{R}}$의 부분군

$a \neq 0$인 임의의 실수 쌍 a, b에 대해 함수 $f_{a,b}$를 다음처럼 정의하자.

$$f_{a,b}(x) = ax + b$$

1. $f_{a,b}$가 $\mathbb{R}$에서 치환임을, 즉 $f_{a,b} \in S_{\mathbb{R}}$임을 증명하여라.

2. $f_{a,b} \circ f_{c,d} = f_{ac,ad+b}$임을 증명하여라.

 # 3. $f_{a,b}^{-1} = f_{1/a,-b/a}$임을 증명하여라.

4. $G = \{f_{a,b} : a \in \mathbb{R}, b \in \mathbb{R}, a \neq 0\}$라 하자. G가 $S_{\mathbb{R}}$의 부분군임을 보여라.

F. 기하학적 도형의 대칭

1. G를 정육각형의 대칭군이라 하자. G의 원소 12개를 나열하고, G의 곱셈표를 작성하여라.

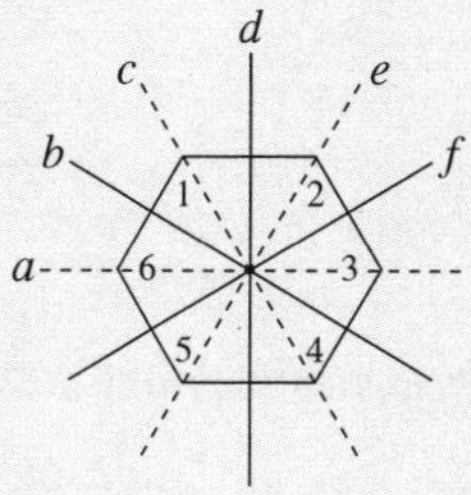

$$R_0 = \begin{pmatrix} 1 & 2 & 3 & 4 & 5 & 6 \\ 1 & 2 & 3 & 4 & 5 & 6 \end{pmatrix} \quad R_1 = \begin{pmatrix} 1 & 2 & 3 & 4 & 5 & 6 \\ 2 & 3 & 4 & 5 & 6 & 1 \end{pmatrix}$$

$$R_2 = \begin{pmatrix} 1 & 2 & 3 & 4 & 5 & 6 \\ 3 & 4 & 5 & 6 & 1 & 2 \end{pmatrix} \quad R_3 = \begin{pmatrix} 1 & 2 & 3 & 4 & 5 & 6 \\ & & & & & \end{pmatrix}$$

등등

2. G를 직사각형의 대칭군이라 하자. G의 원소 네 개를 나열하고, G의 곱셈표를 작성하여라.

3. 글자 **Z**의 대칭을 나열하고, 대칭군의 곱셈표를 작성하라. 글자 **V**와 **H**에 대해서도 똑같이 하여라.

4. 다음 도형의 대칭을 나열하고, 대칭군의 곱셈표를 작성하여라.

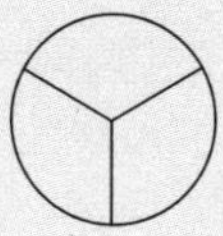

(세 선분의 길이가 모두 같고, 세 중심각도 같다고 가정하여라.)

G. 다항식의 대칭성

다항식 $p=(x_1-x_2)^2+(x_3-x_4)^2$을 생각하자. 아래첨자에 다음 치환을 수행하면 변하지 않는다.

$$\begin{pmatrix}1&2&3&4\\2&1&3&4\end{pmatrix}\quad\begin{pmatrix}1&2&3&4\\1&2&4&3\end{pmatrix}\quad\begin{pmatrix}1&2&3&4\\2&1&4&3\end{pmatrix}\quad\begin{pmatrix}1&2&3&4\\3&4&1&2\end{pmatrix}$$

$$\begin{pmatrix}1&2&3&4\\4&3&1&2\end{pmatrix}\quad\begin{pmatrix}1&2&3&4\\3&4&2&1\end{pmatrix}\quad\begin{pmatrix}1&2&3&4\\4&3&2&1\end{pmatrix}\quad\begin{pmatrix}1&2&3&4\\1&2&3&4\end{pmatrix}$$

예를 들어 위의 치환 중에서 첫 번째 치환은 p를 다음처럼 바꾸고

$$(x_2-x_1)^2+(x_3-x_4)^2$$

두 번째 치환은 p를 $(x_1-x_2)^2+(x_4-x_3)^2$으로 바꾸는 식이다. '다항식 p의 대칭'이라는 것은 p의 아래첨자를 바꾸어도 불변이게 하는 치환을 말한다. 이런 치환들이 치환군을 이룬다.

다음 다항식 각각의 대칭을 나열하고, 이들이 이루는 군의 곱셈표를 작성하여라.

1. $p=x_1x_2+x_2x_3$

2. $p=(x_1-x_2)(x_2-x_3)(x_1-x_3)$

3. $p=x_1x_2+x_2x_3+x_1x_3$

4. $p=(x_1-x_2)(x_3-x_4)$

H. 집합 A 위의 치환의 성질

1. A가 집합이고 $a \in A$라 하자. $f(a) = a$인 A의 치환 전체로 구성되는 S_A의 부분집합을 G라 하자. G가 S_A의 부분군임을 증명하여라.

 # 2. f가 A의 치환이고 $a \in A$라 할 때, $f(a) \neq a$이면 'f가 a를 움직인다'고 말한다. A가 무한집합일 때, A의 '유한개의 원소만을' 움직이는 A의 치환 전체로 구성되는 S_A의 부분집합을 G라 하자. G가 S_A의 부분군임을 증명하여라.

3. A를 '유한'집합이라 하고, B를 A의 부분집합이라 하자. 모든 $x \in B$에 대해 $f(x) \in B$인 A의 치환 f 전체로 구성되는 S_A의 부분집합을 G라 하자. G가 S_A의 부분군임을 증명하여라.

4. A가 무한집합이면 3번의 결론이 반드시 사실은 아니라는 예를 들어라.

I. 근연성 구조 대수 (인류학)

인류학자들은 치환군을 이용하여 원시 사회의 근연성 체계를 묘사해 왔다. 여기에 묘사한 근연성 구조에 대한 대수적 모형은 화이트(H. C. White)가 쓴 '근연성의 구조'(An Anatomy of Kinship)로부터 고쳐 쓴 것이다. 이 모형은 인류학 연구에서 널리 받아들여지고 있는 다음과 같은 가정에 근거하고 있다.

(i) 전체 사회 집단은 '씨족'(clan)으로 나뉜다. 모든 사람은 단 하나의 씨족에 소속돼 있다. 씨족을 $k_1, k_2, \cdots, k_n$이라 부르기로 하자.

(ii) 각 씨족 k_i 내의 모든 남성은 특정한 씨족 k_j 내의 여성을 선택해야만 한다. 이를 $w(k_i) = k_j$라고 써서 기호화하기로 하자.

(iii) 서로 다른 씨족의 남성은 한 씨족의 여성과 결혼할 수 없다. 즉, $k_i \neq k_j$ 이면 $w(k_i) \neq w(k_j)$ 이다.

(iv) 부부의 자손은 모두 어떤 고정된 씨족에 속한다. 만약 남자가 k_i라는 씨족에 속했다면, 모든 자손은 $c(k_i)$라 부르는 씨족에 속한다.

(v) 아버지의 씨족이 다르면, 자손들은 다른 씨족에 속한다. 즉 $k_i \neq k_j$ 이면 $c(k_i) \neq c(k_j)$이다.

(vi) 남성은 자신의 씨족의 여성과는 결혼하지 못한다. 즉, $w(k_i) \neq k_i$이다.

이제 $K = \{k_1, k_2, \cdots, k_n\}$을 서로 다른 씨족 전체의 집합이라 하자. (ii)에 의해 w는 K에서 K로의 함수이며, (iv)에 의해 c는 K에서 K로의 함수다. (iii)에 의해 w는 단사 함수이므로, 6장의 연습문제 F2로부터 w는 K의 치환이다. 마찬가지로 (v)에 의해 c는 K의 치환이다.

c와 w가 생성하는 치환군을 G라 하자. 즉, G는 c, w, c^{-1}, w^{-1} 및 이들로부터 형성할 수 있는 모든 합성, 예를 들어 $c \circ w \circ w \circ c^{-1} \circ w^{-1}$과 같은 것으로 구성돼 있다. 항등함수 ε은 당연히 G의 원소인데, $\varepsilon = c \circ c^{-1}$이기 때문이다. 마지막으로 두 가지를 더 가정하자.

(vii) 임의의 씨족에서 모든 사람은 다른 모든 씨족 내에 친인척이 있다. 이는 K의 임의의 원소 k_i와 k_j에 대해 $\alpha(k_i) = k_j$인 치환 $\alpha \in G$가 존재한다는 것을 뜻한다.

(viii) 근연성 규칙은 모든 씨족에 동등하다. 따라서 G의 원소 α, β와 특정한 씨족 k_j에 대해 $\alpha(k_j) = \beta(k_j)$라면, 모든 씨족 k_i에 대해 $\alpha(k_i) = \beta(k_i)$여야만 한다.

1번부터 3번까지 증명하라.

1. $\alpha \in G$라 하자. 임의의 k_i에 대해 $\alpha(k_i) = k_i$라면, $\alpha = \varepsilon$이다.

2. $\alpha \in G$라 하자. $\alpha^m = \varepsilon$인 양의 정수 $m \leqslant n$이 존재한다.

[여기에서 $\alpha^m = \alpha \circ \alpha \circ \cdots \circ \alpha$이다($\alpha$가 m번). 힌트: $\alpha(k_1)$, $\alpha^2(k_1)$ 등을 생각하라.]

3. 군 G는 정확히 n개의 치환으로 구성돼 있다.

4번부터 9번까지 설명하라.

4. 어떤 사람이 k_i라는 씨족에 속해 있으면, 그 사람의 아버지는 $c^{-1}(k_i)$ 씨족에 속해 있다. 만약 어떤 여성이 씨족 k_i에 속해 있으면, 남편은 $w^{-1}(k_i)$에 속해 있다.

5. 모든 남성이 자신의 아들과 동일한 씨족에 속해 있으면, $c = \varepsilon$이다. 모든 여성이 자신의 아들과 같은 씨족에 속하면, $c = w$이다.

6. 어떤 사람이 k_i라는 씨족에 속하면, 그의 이모의 아들은 $c \circ w^{-1} \circ w \circ c^{-1}(k_i)$에 속한다. 동대모계사촌 사이의 결혼은 (여성이 이모의 아들과 결혼하는 것) 금지돼 있다는 결론을 내려라.

7. 남성이 고모의 딸과의 결혼하는 것은 금지돼 있다.

8. 여성이 외삼촌의 아들과 결혼할 수 있다면, $c \circ w = w^{-1} \circ c$이다.

9. 여성이 고모의 아들과 결혼할 수 있다면, c와 w^{-1}은 가환이다.

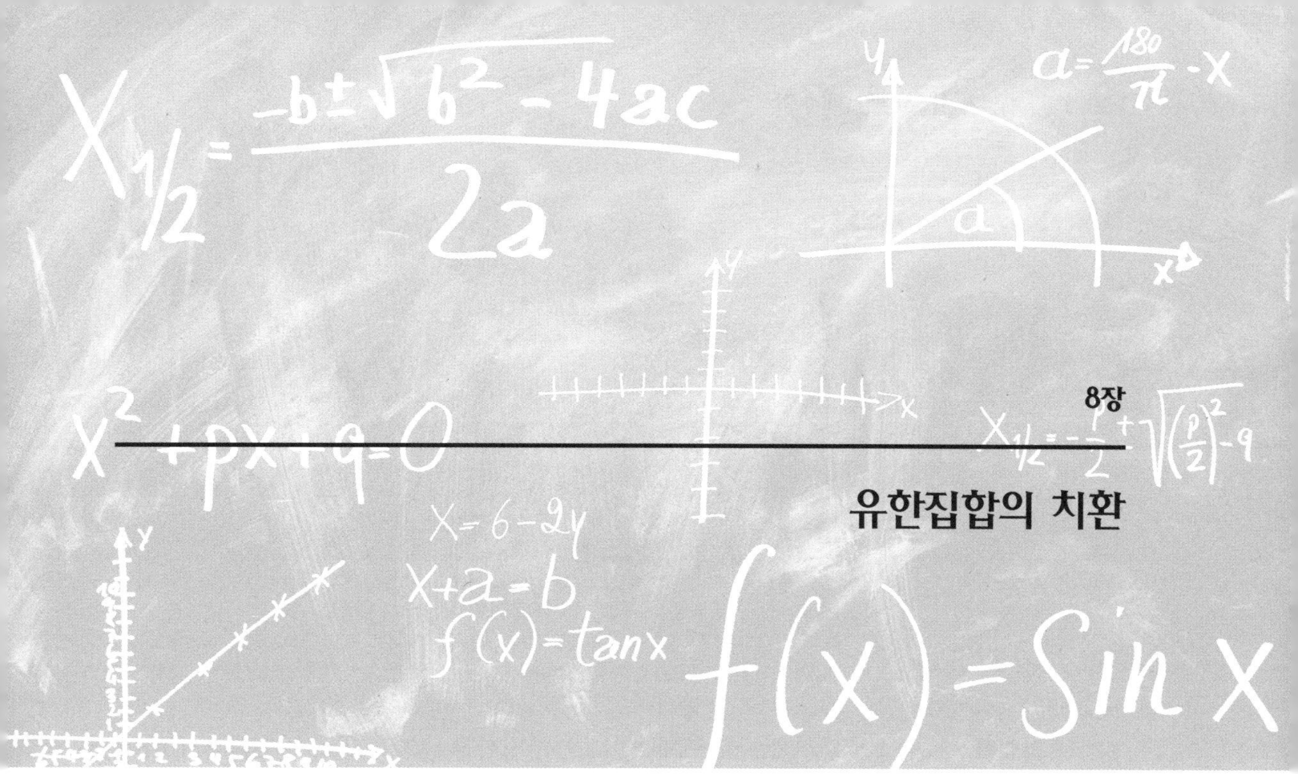

8장

유한집합의 치환

유한집합의 치환은 수학의 모든 분야에서 이용된다. 예를 들어 기하학, 통계학, 초등 대수에서 사용되며, 과학이나 기술에서 무수하게 응용된다. 실용적으로 중요하기 때문에 이 장에서는 유한집합의 치환이 갖는 특별한 성질을 몇 가지 공부하는 데 투자하기로 한다.

n이 자연수일 때, n 원소 집합을 하나 생각하자. 어떤 집합을 선택하든 원소의 개수가 n개인 한 아무 차이가 없으므로, 그냥 $\{1, 2, \cdots, n\}$을 택하자. 이 집합의 치환 전체의 군을 'n 원소 대칭군'이라 부르며 S_n이라 표기한다는 것을 본 바 있다. 이 장에서 '치환'이라 부를 때는 언제나 자연수 n에 대해 집합 $\{1, 2, \cdots, n\}$의 치환을 뜻한다.

'어떤' 과학에서든 복잡한 것을 간단한 구성 성분으로 가르려고 노력하는 것은 가장 특징적인 활동 중 하나이다. 이런 지적인 '분할 정복'이 복잡한 과정을 이해하고 어려운 문제를 풀 수 있도록 도와준다. 요령이 있는 수학자라면 기회만 보이면 이런 과정을 절대 놓치지 않을 것이다. 이제 모든 치환을 '순환'(cycle)이라 부르는 간단한 부분으로 분해할 수 있다는 것을 보일 텐데, 이런 순환이 어떤 면에서는 가장 기본적인 종류의 치환이다.

먼저 예를 하나 들자. 다음 치환이

$$f = \begin{pmatrix} 1 & 2 & 3 & 4 & 5 & 6 & 7 & 8 & 9 \\ 3 & 1 & 6 & 9 & 8 & 2 & 4 & 5 & 7 \end{pmatrix}$$

정의역의 원소를 어떻게 옮겨주는지 보자.

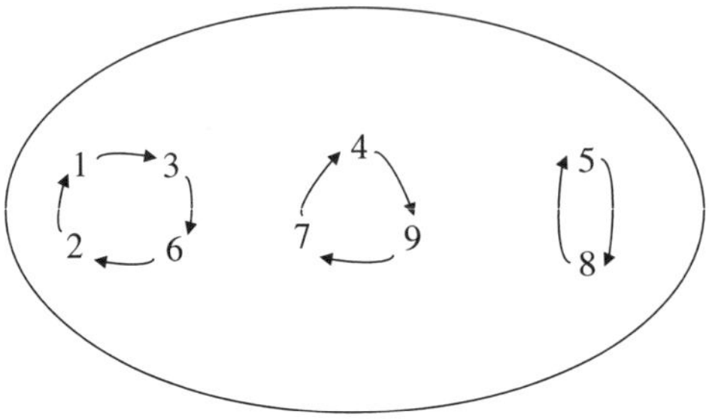

f가 정의역을 세 개의 부분집합으로 쪼개며, 각 부분집합은 순환적으로 원소를 치환하여 닫힌 고리를 형성하는 것에 주목하자. 이런 닫힌 고리를 이 치환의 구성 성분으로 간주할 수 있는데 이를 '순환'이라 (머지않아 이 단어를 주의 깊게 정의할 것이다.) 부른다. 방금 우리가 했던 방식으로 모든 치환을 순환으로 분리하여 쪼갤 수 있다.

$a_1, a_2, \cdots, a_s$를 집합 $\{1, 2, \cdots, n\}$의 서로 다른 원소들이라 하자. '순환' $(a_1, a_2, \cdots, a_s)$는 $\{1, 2, \cdots, n\}$ 위에서 a_1을 a_2로, a_2를 a_3으로, $\cdots$, a_{s-1}을 a_s로, a_s는 a_1로 옮기며, 남은 $\{1, 2, \cdots, n\}$의 원소는 고정하는 치환을 말한다.

$$a_1 \to a_2 \to a_3 \to \cdots \to a_{s-1} \to a_s$$

예를 들어 S_6에서 순환 (1426)은 다음 치환을 말한다.

$$\begin{pmatrix} 1 & 2 & 3 & 4 & 5 & 6 \\ 4 & 6 & 3 & 2 & 5 & 1 \end{pmatrix}$$

S_5에서 순환 (254)는 다음 치환이다.

$$\begin{pmatrix} 1 & 2 & 3 & 4 & 5 \\ 1 & 5 & 3 & 2 & 4 \end{pmatrix}$$

순환은 치환이므로 두 순환을 평범한 방식으로 '합성'할 수 있다. 순환의 합성을 보통은 순환의 '곱'이라 부르며 합성 기호 $\circ$를 생략하는 것이 관습이다. 예를 들어 S_5에서 다음이 성립한다.

$$(245)(124) = \begin{pmatrix} 1 & 2 & 3 & 4 & 5 \\ 1 & 4 & 3 & 5 & 2 \end{pmatrix} \circ \begin{pmatrix} 1 & 2 & 3 & 4 & 5 \\ 2 & 4 & 3 & 1 & 5 \end{pmatrix}$$

$$= \begin{pmatrix} 1 & 2 & 3 & 4 & 5 \\ 4 & 5 & 3 & 1 & 2 \end{pmatrix}$$

다음과 같은 방식의 추론을 쓰면 순환 두 개의 곱을 매우 쉽게 계산할 수 있다. 방금의 예로 계속 얘기해 보자.

$$\underbrace{(2\ \ 4\ \ 5)}_{\alpha}\underbrace{(1\ \ 2\ \ 4)}_{\beta}$$

오른쪽의 치환을 먼저 적용하고, 왼쪽의 치환을 나중에 적용한다는 것을 기억하자. 이때 다음을 알 수 있다.

> β는 1을 2로 보내고, α는 2를 4로 보내므로 $\alpha\beta$는 1을 4로 보낸다.
>
> β는 2를 4로 보내고, α는 4를 5로 보내므로 $\alpha\beta$는 2를 5로 보낸다.
>
> β는 3을 고정하고, α도 마찬가지이므로, $\alpha\beta$도 3을 고정한다.
>
> β는 4를 1로 보내고, α는 1을 고정하므로 $\alpha\beta$는 4를 1로 보낸다.
>
> β는 5를 고정하고, α는 5를 2로 보내므로 $\alpha\beta$는 5를 2로 보낸다.

$(a_1a_2 \cdots a_s)$가 순환일 때 정수 s를 이 순환의 '길이'(length)라 부른다. 즉 $(a_1a_2 \cdots a_s)$는 '길이가 s인 순환'이다. 예를 들어 (1532)는 길이가 4인 순환이다.

만약 두 순환이 공통 원소를 갖지 않으면, 두 순환을 '서로소'(disjoint)인 순환이라 부른다. 예를 들어 (132)와 (465)는 서로소인 순환이지만, (132)와 (453)은 서로소가 아니다. '서로소인 순환은 가환이다', 즉 $(a_1 \cdots a_r)$와 $(b_1 \cdots b_s)$가 서로소인 순환이면 다음이 성립한다.

$$\underbrace{(a_1 \cdots a_r)}_{\alpha}\underbrace{(b_1 \cdots b_s)}_{\beta} = \underbrace{(b_1 \cdots b_s)}_{\beta}\underbrace{(a_1 \cdots a_r)}_{\alpha}$$

왜 그런지 쉽게 볼 수 있다. α가 a들을 움직이고 b들은 움직이지 않지만 β는 b들을 움직이고 a들은 움직이지 않는다. 따라서 만약 β가 b_i를 b_j로 움직이면 $\alpha\beta$도 마찬가지로 움직이며, $\beta\alpha$도 마찬가지다. 비슷하게 α가 a_h를 a_k로 보내면 $\beta\alpha$도 그렇게 하며 $\alpha\beta$ 역시 마찬가지이기 때문이다.

이제 이 장의 서두에서 주장했던 사실을 증명할 준비가 됐다. 모든 치환은 순환의 곱으로, 실은 '서로소'인 순환의 곱으로 분해할 수 있다. 더 정확히 말하면 다음처럼 진술할 수 있다.

정리 1. 모든 치환은, 항등치환이거나, 하나의 순환이거나, 서로소인 순환들의 곱이다.

예부터 들어보려고 하는데, 증명도 이 예에서와 똑같은 기교를 이용하기 때문이다. 다음 치환을 생각하자.

$$f = \begin{pmatrix} 1 & 2 & 3 & 4 & 5 & 6 \\ 3 & 4 & 5 & 2 & 1 & 6 \end{pmatrix}$$

f를 서로소인 순환의 곱으로 쓰려고 한다. 먼저 1부터 시작하는데 다음에 주목한다.

$$1 \xrightarrow{f} 3 \xrightarrow{f} 5 \xrightarrow{f} 1$$

완전한 원을 이루었고 첫 번째 순환 (135)를 찾아냈다. 이제 아직 사용하지 않은 첫 번째 수, 즉 2를 가져오자. 이때 다음을 볼 수 있다.

$$2 \xrightarrow{f} 4 \xrightarrow{f} 2$$

역시 완전한 원을 이루었고 순환 (24)를 찾아냈다. 남은 수는 6뿐인데, f는 이 수를 고정한다. 이것으로 끝이므로 다음과 같다.

$$f = (135)(24)$$

'임의의' 치환 f에 대한 증명도 이 예와 똑같은 패턴을 따른다. a_1을 $\{1, 2, \cdots, n\}$에서 $f(a_1) \neq a_1$인 첫 번째 수라고 하자. $a_2 = f(a_1)$, $a_3 = f(a_2)$ 등으로 이어지다가 처음으로 반복되는 곳, 즉 $f(a_k)$가 $a_1, a_2, \cdots, a_{k-1}$ 중 어느 하나와 같아지게 된다. 예를 들어 $f(a_k) = a_i$라 하자. a_i가 a_1이 아니면, 다음을 얻는다.

$$a_1 \to a_2 \to \cdots \to a_{i-1} \to a_i \to \cdots \to a_k$$

따라서 a_i는 두 원소 a_k 및 a_{i-1}의 상인데 f가 전단사 함수이므로 이는 불가능하다. 따라서 $a_i = a_1$이어야 하고 $f(a_k) = a_1$이다. 따라서 완전한 원을 이루었고, 첫 번째 순환, 즉 $(a_1 a_2 \cdots a_k)$를 찾아냈다.

다음으로 아직 살피지 않았으며 $f(b_1) \neq b_1$인 첫 번째 수를 b_1이라 하자. $b_2 = f(b_1)$, $b_3 = f(b_2)$ 등으로 두고 전과 마찬가지로 하여 다음 순환, 예컨대 $(b_1 \cdots b_t)$를 얻는다. $(b_1 \cdots b_t)$가 $(a_1 \cdots a_k)$와 서로소인 것은 명백하다. $\{1, \cdots, n\}$ 내의 모든 수가 소진될 때까지 이런 과정을 계속한다. 이로써 증명이 끝난다.

그건 그렇고 이러한 순환의 곱이, 곱의 순서만 제외하면 유일하다는 것을 보이는 것은 쉽다.

이런 질문을 하라고 호기심이 우리를 쿡쿡 찌를지도 모르겠다. 일단 치환을 서로소인 순환의 곱으로 썼으면, '최대한 단순화한 것일까?' 아니면 더 단순화할 방법이 있을까?

길이가 2인 순환을 '호환'(transposition)이라 부른다. 다른 말로 하면, 호환이란 두 수 a_i와 a_j의 자리를 바꾸는 순환 $(a_i a_j)$를 말한다. 모든 순환을 여러 개의 호환의 곱으로 쓸 수 있다는 것은 놀라우면서도 자명한 사실이다. 실제로 다음이 성립하는데

$$(a_1 a_2 \cdots a_r) = (a_r a_{r-1})(a_r a_{r-2}) \cdots (a_r a_3)(a_r a_2)(a_r a_1)$$

직접 계산하면 검증할 수 있다. 예를 들어 다음과 같다.

$$(12345) = (54)(53)(52)(51)$$

하지만 주어진 치환을 호환의 곱으로 쓰는 방법은 한 가지만은 아니다. 예를 들어 (12345)는 다음처럼 호환의 곱으로 표현할 수도 있으며

$$(12345) = (15)(14)(13)(12)$$

$$(12345) = (54)(52)(51)(14)(32)(41)$$

이외에도 다른 방법이 많다.

따라서 모든 치환을 서로소인 순환으로 분해한 후 더 쪼개 호환의 곱으로 표현할 수 있다. 하지만 호환의 곱으로 표현하는 방법은 유일하지 않으며, '호환의 개수'조차 유일하지 않다.

그럼에도 불구하고 어떤 치환 π를 호환의 곱으로 썼을 때 이 표현 중에서 '한 가지' 성질은 유일하다. 바로 호환의 개수는 '항상 짝수거나 항상 홀수'라는 사실이다. (이 사실은 곧 증명할 것이다.) 예를 들어 (12345)를 네 개의 호환의 곱으로 쓸 수 있었으며 여섯 개의 호환의 곱으로도 쓸 수 있다는 것은 방금 보였다. 다른 방식으로도 쓰는 방법은 많지만, 항상 '짝수' 개의 호환의 곱으로만 쓸 수 있다. 마찬가지로 (1234)도 많은 방식으로 분해할 수 있지만, 항상 '홀수' 개의 호환의 곱으로만 분해할 수 있다.

어떤 치환이 짝수 개의 호환의 곱일 때 '짝치환'(even permutation)이라고 부르고, 홀수 개의 호환의 곱이면 '홀치환'(odd permutation)이라 부른다. 따라서 우리의 주장은 모든 치환이 짝치환인지 홀치환인지 모호하지 않다는 주장인 셈이다.

별로 쓸모없는 사실처럼 보일지 모르지만, 실은 정반대다. 위대한 수학 정리의 증명 상당수가 (논리라는 면도날이 명확하게 가르는 중요한 단계이다) 바로 짝치환과 홀치환의 이런 차이에 의존하기 때문이다.

먼저 항등치환 ε이 짝치환이라는 것을 보이면서 시작하자.

정리 2. ε을 호환의 곱으로 쓰는 방법이 무엇이든 호환의 곱은 짝수이다.

증명: m개의 호환 $t_1, t_2, \cdots, t_m$에 대해 다음을 가정하자.

$$\varepsilon = t_1 t_2 \cdots t_m \tag{1}$$

'ε을 $m-2$개의 호환의 곱으로 다시 쓸 수 있다'는 것을 증명하는 것이 목표다. 그럴 경우 증명이 끝나게 되는데, 왜냐하면 만약 ε을 홀수 개의 호환의 곱으로 쓸 수 있다면, 이 곱을 두 개 더 적은 호환의 곱으로 다시 쓰는 일을 반복하여 결국 ε은 한 개의 호환 (ab)와 같아져야 하는데 이는 불가능하기 때문이다.

$t_2, \cdots, t_m$ 중의 하나에 나타나는 아무 수를 x라고 하자. 식 (1)에서 왼쪽부터 오른쪽으

로 읽어나갔을 때 x가 들어 있는 마지막 호환을 $t_k = (xa)$라고 하자.

$$\varepsilon = t_1 t_2 \cdots t_{k-1} \quad \underbrace{t_k}_{(xa)} \quad \underbrace{t_{k+1} \cdots t_m}_{x\text{는 여기에 없다}}$$

이때 t_{k-1}은 (xa)와 같거나 아니면 성분 중 적어도 하나는 x 및 a와 달라야 한다. 이로부터 네 가지 가능성이 나오므로 서로 다른 네 가지 경우로 나누어 다룬다.

경우 I. $t_{k-1} = (xa)$인 경우

그러면 $t_{k-1}t_k = (xa)(xa)$는 항등치환과 같다. 따라서 식 (1)을 변화시키지 않으면서도 $t_{k-1}t_k$를 제거할 수 있다. 그 결과 ε은 $m-2$개의 호환의 곱으로 바뀐다.

경우 II. $t_{k-1} = (xb)$이고 $b \neq x, a$인 경우

이때 $t_{k-1}t_k = (xb)(xa)$인데 $(xb)(xa) = (xa)(ab)$이다. 따라서 식 (1)에서 $t_{k-1}t_k$를 $(xa)(ab)$로 바꾼다. 그러면 x가 마지막으로 나타나는 곳은 전에 마지막이었던 자리보다 한 자리 앞이다.

경우 III. $t_{k-1} = (ca)$이고 $c \neq x, a$인 경우

이때 $t_{k-1}t_k = (ca)(xa)$인데 $(ca)(xa) = (xc)(ca)$이다. 따라서 경우 II에서처럼 식 (1)에서 $t_{k-1}t_k$를 $(xc)(ca)$로 바꾼다.

경우 IV. $t_{k-1} = (bc)$이고 $b \neq x, a$ 및 $c \neq x, a$인 경우

이때 $t_{k-1}t_k = (bc)(xa)$인데 $(bc)(xa) = (xa)(bc)$이다. 따라서 경우 II, III에서처럼 식 (1)에서 $t_{k-1}t_k$를 $(xa)(bc)$로 바꾼다.

경우 I이면 증명이 끝난다. 경우 II, III, IV일 때는 이 논증을 여러 차례 반복한다. 매번 x가 마지막으로 나타나는 자리는 전에 마지막이었던 자리보다 더 왼쪽이다. 따라서 결국 경우 I로 귀결되어야 한다. 그렇지 않다면 마지막으로 (따라서 유일하게) x가 나타나는

자리가 t_1이어야 한다. 그런데 만약 $t_1 = (xa)$이고 x가 $t_2, \cdots, t_m$에서 나타나지 않는다면 $\varepsilon(x) = a$여야 하는데, 이는 불가능하다! ■

(상자표시 ■는 증명이 끝났다는 표시로 이용한다.)

다음 정리에 우리의 결론이 담겨 있다.

정리 3. $\pi \in S_n$이면 π는 홀치환인 동시에 짝치환일 수는 없다.

π를 짝수 개의 호환의 곱으로 쓸 수 있으며, 홀수 개의 호환의 곱으로도 쓸 수 있다고 하자. 그러면 π^{-1} 역시 마찬가지여야 한다. 그런데 $\varepsilon = \pi \circ \pi^{-1}$이므로 π^{-1}을 짝수 개의 호환의 곱으로 쓰고 π를 홀수 개의 호환의 곱으로 쓰면, ε을 홀수 개의 호환의 곱으로 쓴 표현을 얻는다. 이는 정리 2에 의해 불가능하다.

S_n의 짝치환의 집합은 S_n의 부분군이다. 이를 A_n으로 나타내며 집합 $\{1, 2, \cdots, n\}$ 위에서의 '교대군'(alternating group)이라 부른다.

연습문제

A. 치환의 곱 및 분해 연습

1. S_9에서 다음 곱을 계산하여라. (답을 하나의 치환으로 써라.)

(a) (145)(37)(682)

(b) (17)(628)(9354)

(c) (71825)(36)(49)

(d) (12)(347)

#(e) (147)(1678)(74132)

(f) (6148)(2345)(12493)

2. S_9에서 다음 치환을 서로소인 순환의 곱으로 써라.

(a) $\begin{pmatrix} 1 & 2 & 3 & 4 & 5 & 6 & 7 & 8 & 9 \\ 4 & 9 & 2 & 5 & 1 & 7 & 6 & 8 & 3 \end{pmatrix}$

(b) $\begin{pmatrix} 1 & 2 & 3 & 4 & 5 & 6 & 7 & 8 & 9 \\ 7 & 4 & 9 & 2 & 3 & 8 & 1 & 6 & 5 \end{pmatrix}$

(c) $\begin{pmatrix} 1 & 2 & 3 & 4 & 5 & 6 & 7 & 8 & 9 \\ 7 & 9 & 5 & 3 & 1 & 2 & 4 & 8 & 6 \end{pmatrix}$

(d) $\begin{pmatrix} 1 & 2 & 3 & 4 & 5 & 6 & 7 & 8 & 9 \\ 9 & 8 & 7 & 4 & 3 & 6 & 5 & 1 & 2 \end{pmatrix}$

3. S_8에서 다음을 호환의 곱으로 표현하여라.

(a) (137428)

(b) (416)(8235)

(c) (123)(456)(1574)

(d) $\pi = \begin{pmatrix} 1 & 2 & 3 & 4 & 5 & 6 & 7 & 8 \\ 3 & 1 & 4 & 2 & 8 & 7 & 6 & 5 \end{pmatrix}$

4. S_7에서 $\alpha = (3714)$, $\beta = (123)$, $\gamma = (24135)$일 때, 다음을 서로소인 순환의 곱으로 표현하여라.

(a) $\alpha^{-1}\beta$

(b) $\gamma^{-1}\alpha$

(c) $\alpha^2\beta$

(d) $\beta^2\alpha\gamma$

(e) γ^4

#(f) $\gamma^3\alpha^{-1}$

(g) $\beta^{-1}\gamma$

(h) $\alpha^{-1}\gamma^2\alpha$

($\alpha^2 = \alpha \circ \alpha$, $\gamma^3 = \gamma \circ \gamma \circ \gamma$ 등으로 정의한다.)

5. S_5에서 (12345)를 다섯 가지 방법으로 순환의 곱으로 쓰고, 다섯 가지 방법으로 호환의 곱으로 써라.

6. S_5에서 다음을 순환의 제곱으로, 즉 순환 α에 대해 α^2으로 표현하여라.

(a) (132)

(b) (12345)

(c) (13)(24)

B. 치환의 거듭제곱

π가 임의의 치환일 때, $\pi \circ \pi = \pi^2$, $\pi \circ \pi \circ \pi = \pi^3$ 등으로 쓴다. 이런 표기가 편리하다는 것은 분명하다.

1. 다음에서 α^{-1}, α^2, α^3, α^4, α^5를 계산하여라.

(a) $\alpha = (123)$

(b) $\alpha = (1234)$

(c) $\alpha = (123456)$

다음 문제들에서 α는 길이가 s인 순환, 예를 들어 $\alpha = (a_1 a_2 \cdots a_s)$라 하자.

\# 2. α의 거듭제곱 중 '서로 다른' 것을 모두 묘사하여라. 몇 개나 있는가? 49쪽에서의 s를 법으로 하는 정수의 덧셈과의 관련성에 주의를 기울여라.

3. α의 역원을 구하고, $\alpha^{-1} = \alpha^{s-1}$임을 보여라.

다음을 각각 증명하여라.

\# 4. s가 홀수인 것과, α^2이 순환인 것은 동치조건이다.

5. s가 홀수이면, α는 길이 s인 어떤 순환의 제곱이다. (그런 순환을 찾아라. 힌트: $\alpha = \alpha^{s+1}$임을 보여라.)

6. s가 짝수, 예를 들어 $s = 2t$이면, α^2은 길이가 t인 순환 두 개의 곱이다. (이 두 순환을 찾아라.)

7. s가 k의 배수, 예를 들어 $s = kt$이면, α^k는 길이가 t인 순환 k개의 곱이다.

8. s가 소수이면, α를 홀수 번 거듭제곱한 것은 순환이다.

C. 짝치환과 홀치환

1. 다음 치환 중에서 어떤 것이 짝치환이고 어떤 것이 홀치환인지 판별하여라.

(a) $\pi = \begin{pmatrix} 1 & 2 & 3 & 4 & 5 & 6 & 7 & 8 \\ 7 & 4 & 1 & 5 & 6 & 2 & 3 & 8 \end{pmatrix}$

(b) (71864)

(c) (12)(76)(345)

(d) (1276)(3241)(7812)

(e) (123)(2345)(1357)

다음을 각각 증명하여라.

2. (a) 짝치환 두 개의 곱은 짝치환이다.

(b) 홀치환 두 개의 곱은 짝치환이다.

(c) 짝치환과 홀치환의 곱은 홀치환이다.

3. (a) l이 홀수인 경우 길이가 l인 순환은 짝치환이다.

(b) l이 짝수인 경우 길이가 l인 순환은 홀치환이다.

4. (a) α와 β가 각각 길이가 l 및 m인 순환일 때, $l + m - 2$가 짝수냐 홀수냐에 따라 $\alpha\beta$가 짝치환이냐 홀치환이냐가 판가름 난다.

(b) $\pi = \beta_1 \cdots \beta_r$이고 β_i가 길이가 l_i인 순환이면, $l_1 + l_2 + \cdots + l_r - r$가 짝수냐 홀수냐에 따라 π가 짝치환이냐 홀치환이냐가 판가름 난다.

D. 서로소인 순환

다음에서 α와 β는 서로소인 순환이라 하자. 예를 들어 다음과 같이 두자.

$$\alpha=(a_1a_2 \cdots a_s),\ \beta=(b_1b_2 \cdots b_r)$$

1번부터 3번까지 증명하여라.

1. 임의의 자연수 n에 대해 $(\alpha\beta)^n=\alpha^n\beta^n$이다.

2. $\alpha\beta=\varepsilon$이면 $\alpha=\varepsilon$ 및 $\beta=\varepsilon$이다.

3. t가 양의 정수일 때 $(\alpha\beta)^t=\varepsilon$이면 $\alpha^t=\varepsilon$ 및 $\beta^t=\varepsilon$이다. (증명할 때 2번을 이용하여라.)

4. $\alpha\beta\gamma$가 순환이 되는 호환 γ를 하나 찾아라.

5. 호환 γ가 앞의 연습문제와 같다고 하자. $\alpha\gamma\beta$와 $\gamma\alpha\beta$도 순환임을 보여라.

6. α와 β가 길이가 홀수인 순환이라 (서로소가 아닐 수도 있다) 하자. $\alpha^2=\beta^2$이면 $\alpha=\beta$임을 증명하여라.

†E. 켤레 순환

다음 각각을 S_n에서 증명하여라.

1. $\alpha=(a_1, \cdots, a_s)$를 순환이라 하고 π를 S_n의 치환이라 하자. $\pi\alpha\pi^{-1}$은 순환 $(\pi(a_1), \cdots, \pi(a_s))$이다.

α가 임의의 순환이고 π가 임의의 치환일 때, $\pi\alpha\pi^{-1}$를 α의 '켤레'(conjugate)라 부른다. 다음 문제들에서 π는 S_n의 치환이다.

 # 2. 1번으로부터 다음 결론을 내려라. 길이가 같은 순환은 서로 켤레이다.

3. α와 β가 서로소인 순환이면, $\pi\alpha\pi^{-1}$과 $\pi\beta\pi^{-1}$도 서로소인 순환이다.

4. σ가 각각 길이가 $l_1, \cdots, l_t$인 서로소인 순환 t개의 곱 $\alpha_1 \cdots \alpha_t$라 하자. $\pi\sigma\pi^{-1}$ 역시 각각 길이가 $l_1, \cdots, l_t$인 서로소인 순환 t개의 곱이다.

5. α_1과 α_2가 길이가 같은 순환이라 하자. β_1과 β_2도 길이가 같은 순환이라 하자. α_1과 β_1이 서로소이며, α_2와 β_2가 서로소라 하자. 이때 $\alpha_1\beta_1 = \pi\alpha_2\beta_2\pi^{-1}$인 치환 $\pi \in S_n$이 존재한다.

† F. 순환의 위수

1. S_n에서 $\alpha = (a_1 \cdots a_s)$가 길이 s인 순환일 때, $\alpha^s = \varepsilon$, $\alpha^{2s} = \varepsilon$, $\alpha^{3s} = \varepsilon$임을 증명하여라. $k < s$인 양의 정수 k에 대해 $\alpha^k = \varepsilon$인지 설명하여라.

α가 임의의 치환일 때, $\alpha^n = \varepsilon$인 최소의 자연수 n을 α의 '위수'(位數, order)라고 부른다.

2. S_n에서 $\alpha = (a_1 \cdots a_s)$가 길이 s인 순환일 때, α의 위수가 s임을 증명하여라.

3. 다음 각각의 치환의 위수를 구하여라.

(a) (12)(345)

(b) (12)(3456)

(c) (1234)(56789)

4. α와 β가 각각 길이가 4와 6인 서로소인 순환일 때, $\alpha\beta$의 위수는 얼마인가? (이유를 설명하여라. 서로소인 순환은 가환이라는 사실을 이용하여라.)

5. α와 β가 각각 길이가 r 및 s인 서로소인 순환일 때, $\alpha\beta$의 위수는 얼마인가? (대담하게 추측하고 설명하여라. 하지만 엄밀한 증명을 시도할 필요는 없다.)

†G. S_n의 부분군에서의 짝치환과 홀치환

S_n에서 다음을 증명하여라.

1. $\alpha_1, \cdots, \alpha_r$가 서로 다른 짝치환이고 β가 홀치환이라 하자. 그러면 $\alpha_1\beta, \cdots, \alpha_r\beta$는 '서로 다른' 홀치환이다. (연습문제 C2를 보라.)

2. $\beta_1, \cdots, \beta_r$가 서로 다른 홀치환이라 하면, $\beta_1\beta_1, \beta_1\beta_2, \cdots, \beta_1\beta_r$가 '서로 다른' 짝치환이다.

3. $n \geqslant 2$일 때 S_n에서 짝치환과 홀치환의 개수는 같다. (힌트: 1번을 이용하여 짝치환의 개수 $\leqslant$ 홀치환의 개수임을 증명하여라. 2번을 이용하여 반대 방향 부등식을 증명하여라.)

4. 짝치환 전체의 집합은 S_n의 부분군이다. (이를 A_n으로 나타내며, 기호가 n인 '교대군'이라 부른다.)

5. H를 S_n의 부분군이라 하자. H가 짝치환을 하나만 포함하거나, 아니면 H에 들어 있는 짝치환의 개수와 홀치환의 개수가 같다. (1번과 2번을 이용하여라.)

†H. A_n과 S_n의 생성원

임의의 군 G에서, G의 원소들의 집합 S가 G를 '생성한다'는 것은 G의 모든 원소를 S의 원소 및 S의 원소의 역원들의 곱으로 쓸 수 있을 때였음을 상기하여라. (81쪽을 보라.)

1. S_n의 호환 전체의 집합 T가 S_n을 생성함을 증명하여라.

 # 2. $T_1 = \{(12), (13), \cdots, (1n)\}$이 S_n을 생성함을 증명하여라.

3. 모든 짝치환은 길이가 3인 순환들의 곱임을 증명하여라. [힌트: $(13)(12) = (123)$, $(12)(34) = (321)(134)$] 길이가 3인 순환 전체의 집합 U가 A_n을 생성함을 증명하여라.

4. $U_1 = \{(123), (124), \cdots, (12n)\}$이 A_n을 생성함을 증명하여라. [힌트: $(abc) = (1ca)(1ab)$, $(1ab) = (1b2)(12a)(12b)$, $(1b2) = (12b)^2$]

5. 호환 (12)와 $(12 \cdots n)$이 S_n을 생성함을 증명하여라. [힌트: $(1 \cdots n)(12)(1 \cdots n)^{-1} = (23)$, $(12)(23)(12) = (13)$]

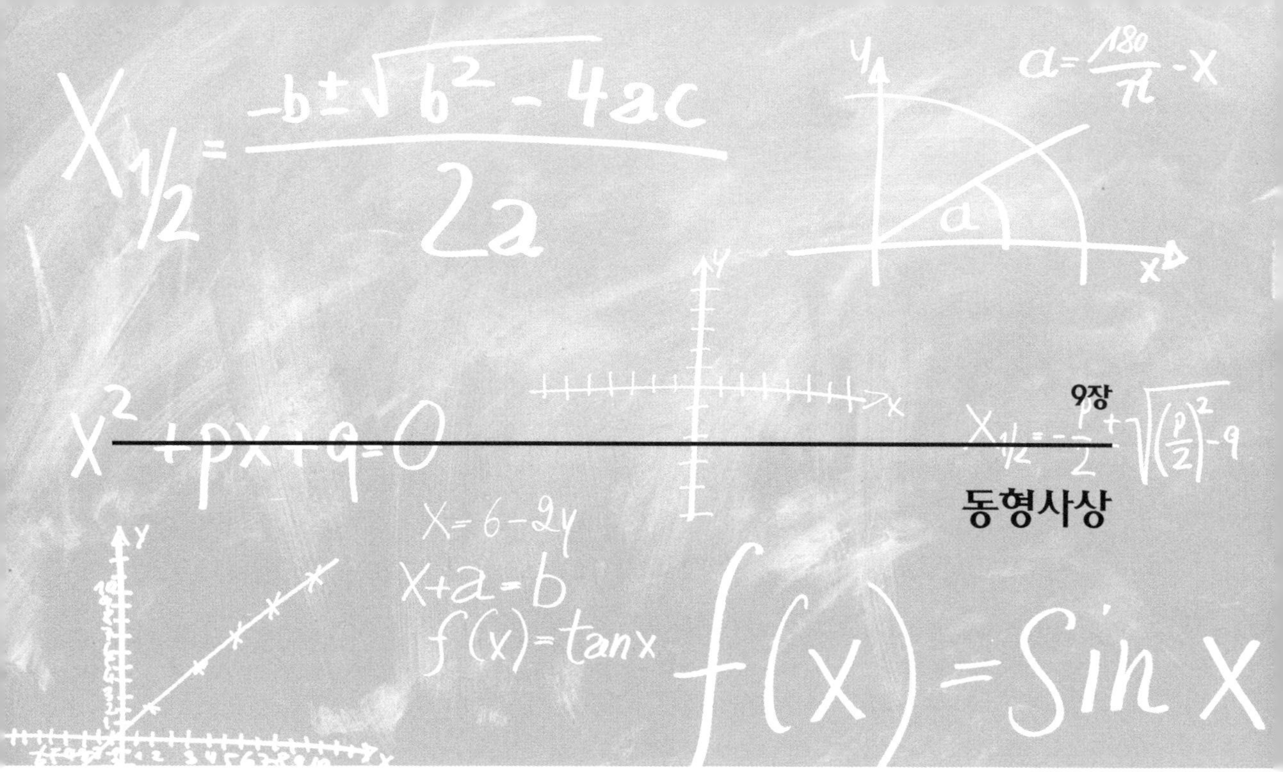

9장

동형사상

소위 지적인 기계의 '인지'(perception)와 마찬가지로 인간의 인지는 다른 모습으로 위장했지만 구조가 동일한 것을 인식하는 능력에 근거하고 있다. 이는 '다른' 물체 중에서 부분들 사이의 동일한 관계를 파악하는 능력을 말한다.

두 대상이 '동형'(isomorphic)이라는 것은 '동일한 구조를 가질 때'라고 사전에 나와 있다. 동일한 구조를 가진다는 동형사상(isomorphism)의 개념은 모든 수학 분야에서 중심을 이루며 모든 추상적 추론 속에 스며 있다. 실체로는 다르지만 형태에서는 동일할 수 있다는 간단한 사실을 표현하는 말이다.

기하학에는 여러 종류의 동형사상이 있는데, 가장 간단한 것이 합동과 닮음이다. 한 도형을 다른 것과 일치시켜 주는 평면 이동이 있다면 두 기하학적 도형은 합동이다. 평면 변환 중에 하나를 고정된 비율로 길이를 확대하거나 축소하여 다른 것과 일치시킬 수 있으면 두 기하학적 도형은 닮았다.

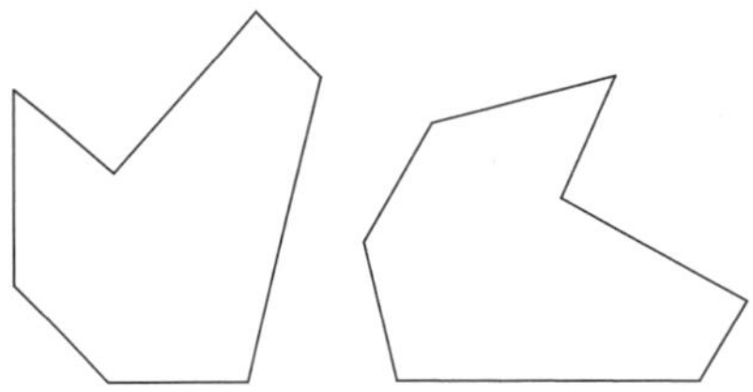

두 도형은 합동이다

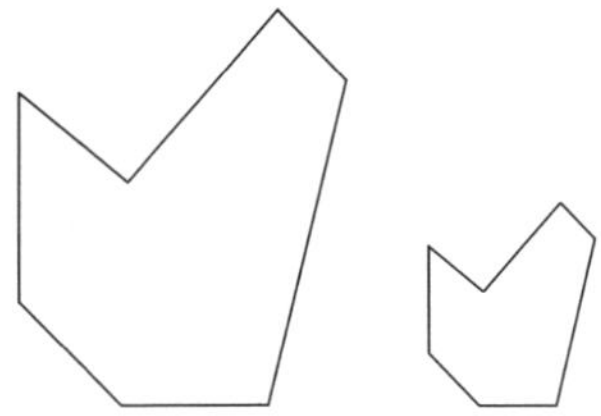

두 도형은 닮았다

수학까지 거론하지 않아도 간단한 동형사상의 예와 만날 수 있다. 예를 들어 다음 회문(回文, palindrome) 두 개는 서로 다르지만,

MADAM	ROTOR
A	O
MAD	ROT

동형임이 분명하다. 실제로 첫 번째 것에서 M을 R로, A를 O로, D를 T로 바꾸면 두 번째 것과 일치하기 때문이다.

응용수학에서 나오는 예가 있다. 점들의 집합과 이 점들을 일부 이어주는 화살표가 있으면 유동망(flow network)이라고 한다. 금전이나 상품의 흐름, 통신 채널, 전기 회로 등을 나타낼 때 이러한 망을 이용한다. 다음 그림의 유동망 (A)와 (B)는 다르지만,

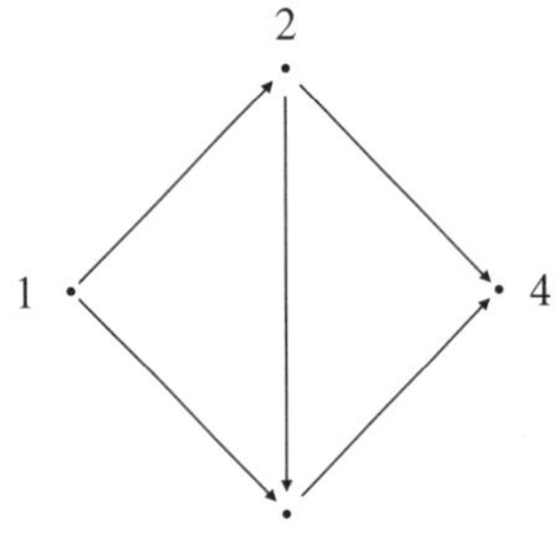

유동망 (A)

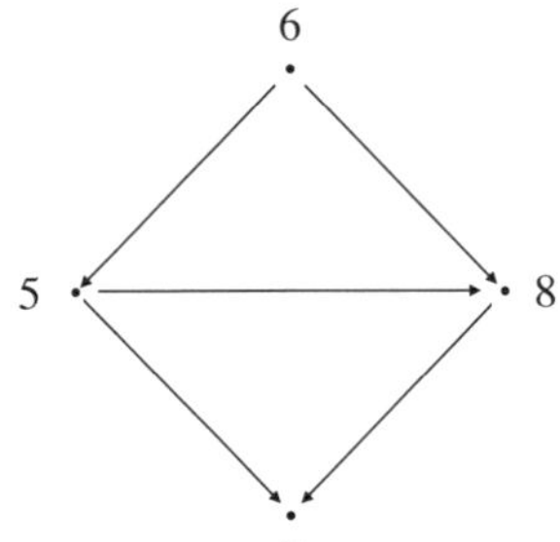

유동망 (B)

동형임을 보일 수 있다. 실제로 (A)에서 1을 6 위에, 2를 5 위에, 3을 8 위에, 4를 7 위에 겹쳐 놓으면 (B)와 일치하게 만들 수 있다. 그러면 (A)와 (B)는 동일한 점들을 같은 방향의 화살표로 이어준다는 점에서 일치한다. 따라서 1을 6으로, 2를 5로, 3을 8로, 4를 7로

바꾸면 '유동망 (A)는 유동망 (B)로 변환'된다. 이런 변환을 수행하는 일대일 대응, 즉 (A)를 (B)로 변환하는 다음 대응을

$$\begin{pmatrix} 1 & 2 & 3 & 4 \\ \downarrow & \downarrow & \downarrow & \downarrow \\ 6 & 5 & 8 & 7 \end{pmatrix}$$

유동망 (A)로부터 유동망 (B)로의 '동형사상'이라 부른다.

마찬가지로 다음 일대일 대응은

$$\begin{pmatrix} \mathrm{M} & \mathrm{A} & \mathrm{D} \\ \downarrow & \downarrow & \downarrow \\ \mathrm{R} & \mathrm{O} & \mathrm{T} \end{pmatrix}$$

앞의 예에서 첫 번째 회문을 두 번째 회문으로 변환하기 때문에, 두 회문 사이의 '동형사상'이다.

다음의 마지막 예제는 대수에서 나온 것이다. 아래에 서술하는 두 군 G_1, G_2를 생각하자.

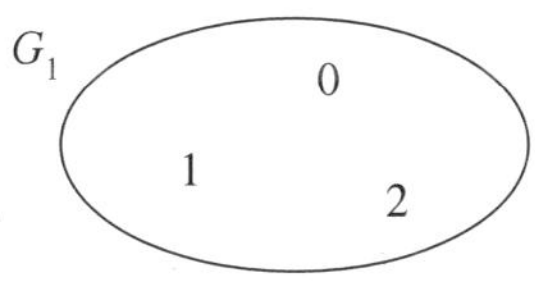

G_1의 연산은 +로 나타낸다

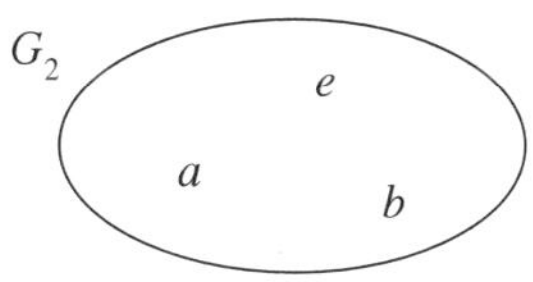

G_2의 연산은 ·로 나타낸다

G_1의 연산표

+	0	1	2
0	0	1	2
1	1	2	0
2	2	0	1

G_2의 연산표

·	e	a	b
e	e	a	b
a	a	b	e
b	b	e	a

G_1과 G_2는 다르지만 동형이다. 실제로 G_1에서 0을 e로, 1을 a로, 2를 b로 바꾸면 G_1은 G_2와 일치하며, G_1의 연산표는 G_2의 연산표로 변환된다. 다른 말로 하면, 다음 일대일 대응이 G_1을 G_2로 변환한다.

$$\begin{pmatrix} 0 & 1 & 2 \\ \downarrow & \downarrow & \downarrow \\ e & a & b \end{pmatrix}$$

이를 G_1로부터 G_2로의 '동형사상'이라 부른다. 결국 G_1로부터 G_2로의 동형사상이 존재하기 때문에, G_1과 G_2는 서로 동형이다.

일반적으로 두 군 사이의 동형사상이란, 하나의 군을 다른 군으로 변환하는 일대일 대응을 뜻한다. 만약 한 군을 다른 군으로 보내는 동형사상이 '존재'하면, 두 군이 동형이라고 말한다. 더 구체적으로 얘기하자.

G_1과 G_2가 임의의 군일 때, G_1로부터 G_2로의 '동형사상'(isomorphism)은 G_1에서 G_2로의 일대일 대응 중에 다음 성질을 갖는 것이다. G_1의 임의의 원소 쌍 a, b에 대해

$$f(a)=a' \text{이고 } f(b)=b' \text{이면 } f(ab)=a'b' \text{이다.} \tag{1}$$

다른 말로 하면, f가 a를 a'과 맺으며 b를 b'과 맺는 함수라면, ab는 '반드시' $a'b'$과 맺어야만 한다.

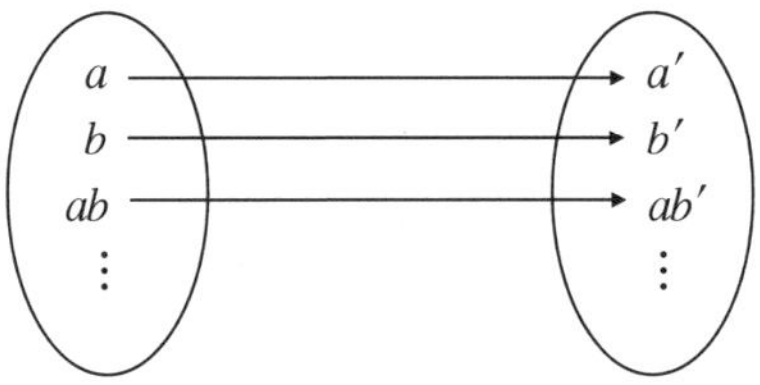

f가 이런 성질을 가지면 G_1의 연산표를 G_2의 연산표로 변환한다는 것을 쉽게 보일 수 있다.

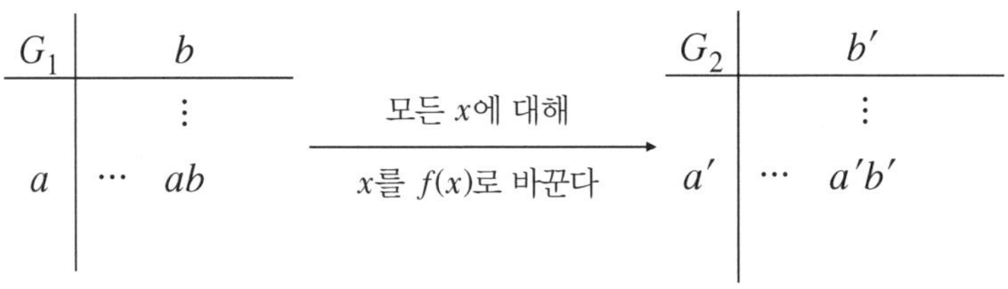

이와 동등하게 이 상황을 바라보는 방법이 있다. 두 군 G_1과 G_2가 동형이면, G_1의 원소가 G_2의 원소와는 '이름만 다르다'는 것만 빼면, 두 군이 사실 똑같다고 말할 수 있다. G_1

의 원소들의 '이름만 바꾸면' 정확히 G_2이다. 이런 이름 바꾸기 함수가 G_1에서 G_2로의 동형사상이다. 따라서 마지막 예에서는 0을 e로, 1을 a로, 2를 b로 이름을 바꾸면, G_1은 정확히 똑같은 연산표를 갖는 G_2가 된다. (이미 연산의 이름도 바꿨음에 주목하자. G_1에서는 +라 불렀고, G_2에서는 $\cdot$라 불렀다.)

그건 그렇고, 성질 (1)은 다음처럼 더 간결하게 쓸 수 있다.

$$f(ab) = f(a)f(b) \tag{2}$$

따라서 동형사상의 정의를 다음처럼 요약할 수 있다.

정의 G_1과 G_2가 군이라 하자. G_1의 임의의 두 원소 a, b에 대해

$$f(ab) = f(a)f(b) \tag{2}$$

라는 성질을 만족하는 전단사 함수 $f: G_1 \to G_2$를 G_1에서 G_2로의 '동형사상'이라 부른다.

G_1로부터 G_2로의 동형사상이 있으면, G_1이 G_2와 '동형'이라고 말한다.

G_1로부터 G_2로의 동형사상 f가 있으면, 다시 말해 G_1이 G_2와 동형이면, 이를 다음과 같이 기호화하는데

$$G_1 \cong G_2$$

'G_1이 G_2와 동형'이라고 읽는다.

두 군이 동형이라는 것을 어떻게 알 수 있는가? 이는 중요한 문제이며, 보기보다 꽤 어려울 수 있다. 두 군 G_1과 G_2가 동형인지 순식간에 식별할 수 있는 방법은 없다. 오히려 위의 정의를 따라 차근차근 검증해야 한다.

G_1과 G_2가 동형이라는 것은 G_1로부터 G_2로의 동형사상이 '적어도 하나' 있을 때이다. 따라서 증명하기 위해서는 G_1로부터 G_2로의 동형사상을 '찾아서' 실제로 '동형사상이다'

는 것을 보여야 한다는 부담을 지게 된다. 다른 말로 하면, 다음 단계들을 거쳐야 한다.

1. 경험적으로 추측하여 동형사상일 것 같은 함수 $f: G_1 \to G_2$를 제시한다.
2. f가 '단사 함수'이면서 '전사 함수'인지, 즉 전단사 함수인지 조사한다.
3. f가 다음 등식을 만족하는지 조사한다.

$$f(ab) = f(a)f(b)$$

예를 들겠다. $\mathbb{R}$는 실수들의 군으로 '덧셈'을 연산으로 가진다. $\mathbb{R}^{\text{pos}}$는 '양수'들의 군으로 '곱셈'을 연산으로 가진다. 흥미롭게도 $\mathbb{R}$와 $\mathbb{R}^{\text{pos}}$는 동형이다. 이를 보이기 위해 위에 제시한 단계들을 밟아 보자.

1. 경험적 추측: 지수함수 $f(x) = e^x$는 $\mathbb{R}$에서 $\mathbb{R}^{\text{pos}}$로의 함수인데, 이 함수의 성질을 기억해 보면 알 수 있다.
2. f는 단사 함수이다: 만약 $f(a) = f(b)$, 즉 $e^a = e^b$라면 양변에 자연로그를 취하여 $a = b$를 얻는다.

   f는 전사 함수이다: 실제로 만약 $y \in \mathbb{R}^{\text{pos}}$, 즉 y가 양수라면 $y = e^{\ln y} = f(\ln y)$이므로 $x = \ln y$에 대해 $y = f(x)$이다.
3. $e^{a+b} = e^a \cdot e^b$, 즉 다음 사실은 잘 알려져 있다.

$$f(a+b) = f(a) \cdot f(b)$$

   $\mathbb{R}$에서의 연산은 +인 반면 $\mathbb{R}^{\text{pos}}$에서의 연산은 $\cdot$임에 주의를 기울여야 한다. 그런 이유 때문에 바로 전의 식에서 왼쪽은 +를 썼으며 오른쪽에는 $\cdot$를 쓴 것이다.

두 군이 동형이 아니라는 것은 어떻게 식별하는가? 실제로는 두 군이 '동형'이라는 것보다는 '동형이 아니'라는 것을 보이는 것이 대체로 더 쉽다. 두 군이 동형이면 각각이 상대방의 복사본이며 각 원소들이 (또한 연산도) 이름은 다를지 모르지만 다른 면은 모두 똑같으며 똑같은 성질을 공유해야 함을 기억하라. 따라서 G_2는 만족하지 않는 어떤 성질을 G_1이 가진다면 (혹은 반대라면) 둘은 동형이 아니다! 찾아볼 만한 몇 가지 예가 있다.

1. G_1은 가환이지만 G_2는 아닐 수도 있다.
2. G_1에는 자신이 역원인 원소가 있지만 G_2에는 없다.
3. G_1은 두 개의 원소가 생성하는 반면, G_2는 어떤 두 원소로도 생성할 수 없다.
4. G_1의 모든 원소는 G_1의 어떤 원소의 제곱이지만, G_2는 이런 성질을 갖지 않는다.

이 목록은 결코 전부 나열한 것이 아니며, 다만 여러분이 찾아보아야 할 종류의 성질이 무엇인지 설명할 뿐이다. 사실 각 원소에 부여된 '이름'에만 의존하는 성질이 아닌 것을 찾아보아야 한다. 예를 들어 마지막 예에서 $0 \in \mathbb{R}$이고 $0 \notin \mathbb{R}^{pos}$이지만, 그럼에도 불구하고 $\mathbb{R}$와 $\mathbb{R}^{pos}$는 동형이다.

마지막으로 명백한 예를 서술하자. 만약 G_1과 G_2 사이에 일대일 대응을 줄 수 없으면, 예를 들어 G_1이 G_2보다 원소의 개수가 많으면, 둘은 동형일 수 없다.

현대 대수학의 초창기에 '군'이라는 단어는 오늘날과는 의미가 달랐다. 당시 군이란 항상 '치환군'이었다. 어떤 주어진 집합의 치환을 원소로 가지며 연산은 합성인 것만이 수학자들이 사용했던 군이었다.

집합의 치환군처럼 구체적인 실체가 있는 것으로 작업하면 뭔가 편하다. 언제나 우리가 다루는 것에 대한 확실한 그림이 있기 때문이다. 나중에 공리적 방법이 대수학을 다시 빛으면서, 군은 '임의의' 결합적인 연산을 가지며, 중립 원소(항등원)를 갖고, 각 원소가 역원을 갖는 '임의의' 집합을 뜻하게 됐다. 더 단순할 뿐만 아니라 예전의 치환군의 개념보다 더욱 탄탄하고 절제돼 있었으며 또한 치환군이 아닌 많은 새로운 것들은 군으로 허용함으로써 더 일반적이었기 때문에 새로운 군의 개념은 수학자들을 흡족하게 했다. 하지만 너무 많은 것들이 군이 될 수 있었다는 바로 그 이유 때문에 시각화는 더 어려워졌다.

따라서 약 100년 전 아서 케일리(Arthur Cayley)가 '모든 군은 어떤 치환군과 동형이다'는 것을 발견한 건 전혀 뜻밖이었다. 대충 말하자면, 사실상 치환군이 군의 전부라는 뜻이었다! 모든 군은 치환군 또는 이런 군의 복사본이다. 이 뛰어난 결과는 현대 대수학에서의 고전적인 정리이다. 신명나게도 증명도 별로 어렵지 않다.

케일리 정리. 모든 군은 어떤 치환군과 동형이다.

증명: G를 군이라 할 때, G가 어떤 치환군과 동형이라는 것을 보이고 싶다. 첫 번째 질문은 "어떤 치환군을 말하지? '어떤' 집합의 치환군이라는 거야?"일 것이다. 치환이라면 응당 어떤 고정된 집합의 치환이어야 할 테니까 말이다. 우리가 현재 손에 쥐고 있는 집합은 G이므로, G의 '치환'에 이목을 고정하는 편이 나을 것이다. G의 원소를 G의 치환과 맺어주는 방식은 꽤 흥미롭다.

G의 각 원소 a에 다음처럼 정의한 함수 $\pi_a : G \to G$를 대응한다.

$$\pi_a(x) = ax$$

다시 말해, 함수 π_a는 '왼쪽에서 a를 곱한다'는 말로 서술할 수 있는 규칙이다. 이제 π_a가 G의 치환이라는 것을 보이겠다.

1. π_a는 단사 함수이다: 만약 $\pi_a(x_1) = \pi_a(x_2)$라면 $ax_1 = ax_2$이므로, 소거법칙에 의해 $x_1 = x_2$이다.
2. π_a는 전사 함수이다: 만약 $y \in G$라면, $y = a(a^{-1}y) = \pi_a(a^{-1}y)$이다. 따라서 G의 각 원소 y는 $x = a^{-1}y$에 대해 $\pi_a(x)$와 같다.
3. π_a가 G에서 G로의 단사 함수이면서 전사 함수이므로, π_a는 G의 '치환'이다.

G의 각 원소 a에 대해 치환 π_a를 얻었음을 기억하자. 예를 들어 b, c가 G의 또 다른 원소라면 π_b는 'b를 왼쪽에서 곱하는' 치환이고, π_c는 'c를 왼쪽에서 곱하는' 치환일 것이다. 일반적으로 a가 G의 모든 원소를 누빌 때 치환 π_a '전체'의 집합을 G^*로 나타내자.

$$G^* = \{\pi_a : a \in G\}$$

G^*가 G의 치환으로 이루어진 집합이지만, G의 치환 '전체'는 아닐 수도 있음을 관찰하라. 7장에서 우리는 G의 치환 '전체'로 이루어진 군을 나타내는 데 S_G라는 기호를 썼다. 이제 G^*가 S_G의 '부분군'이라는 것을 보이면, G^*가 '치환군'이라는 것을 증명할 수 있다.

G^*가 S_G의 부분군이라는 것을 증명하기 위해서는 G^*가 합성 및 역원에 대해 닫혀있다는 것을 보여야 한다. 즉, 만약 π_a와 π_b가 G^*의 임의의 원소라면, 이들의 합성 $\pi_a \circ \pi_b$도 G^*에 포함되며, π_a가 G^*의 임의의 원소일 때 이의 역원도 G^*에 포함된다는 것을 보여야 한다.

먼저 a와 b가 G의 임의의 두 원소일 때 다음이 성립함을 주장할 것이다.

$$\pi_a \circ \pi_b = \pi_{ab} \tag{3}$$

$\pi_a \circ \pi_b$와 π_{ab}가 같다는 것을 보이기 위해서는, 모든 원소 x에 대해 똑같은 효과를 보인다는 것을 입증해야 한다. 즉, 항등식 $[\pi_a \circ \pi_b](x) = \pi_{ab}(x)$를 증명해야 한다. 그런데 $[\pi_a \circ \pi_b](x) = \pi_a(\pi_b(x)) = \pi_a(bx) = a(bx) = (ab)x = \pi_{ab}(x)$이다. 따라서 $\pi_a \circ \pi_b = \pi_{ab}$이다. 이는 G^*의 임의의 두 원소 π_a와 π_b의 합성이 G^*의 원소인 π_{ab}임을 입증한 것이다. 따라서 G^*는 '합성에 대해 닫혀있다.'

π_e가 항등함수임을 보이는 것은 쉽다. 사실 다음과 같기 때문이다.

$$\pi_e(x) = ex = x$$

다른 말로 하자면, G^*의 원소 π_e가 S_G의 항등원이다.

마지막으로 식 (3)에 의해 다음이 성립한다.

$$\pi_a \circ \pi_{a^{-1}} = \pi_{aa^{-1}} = \pi_e$$

따라서 4장의 정리 2에 의해, π_a의 역원은 $\pi_{a^{-1}}$이다. 이는 G^*의 임의의 원소 π_a의 역원이 G^*의 원소인 $\pi_{a^{-1}}$임을 뜻한다. 따라서 G^*는 '역원에 대해 닫혀있다.'

G^*가 합성 및 역원에 대해 닫혀있으므로, G^*는 S_G의 '부분군'이다.

이제 증명의 마지막 바퀴에 와 있다. G가 바로 이 치환군 G^*와 동형임을 보이는 일만 남았다. 이를 위해서는 먼저 동형사상 $f: G \to G^*$를 찾아야 한다. f를 다음으로 주어진 함수라 하자.

$$f(a) = \pi_a$$

다른 말로 하자면, f는 G의 각 원소 a를 G^*의 치환 π_a와 맺어준다. f가 동형사상이라는 것은 쓱싹 보일 수 있다.

1. f는 단사 함수이다: 만약 $f(a) = f(b)$라면 $\pi_a = \pi_b$이다. 특히 $\pi_a(e) = \pi_b(e)$, 즉 $ae = be$여야 하므로, 결국 $a = b$이다.
2. f는 전사 함수이다: G^*의 임의의 원소는 π_a 꼴인데 $\pi_a = f(a)$이기 때문이다.
3. 최종적으로 $f(ab) = \pi_{ab} = \pi_a \circ \pi_b = f(a) \circ f(b)$이다.

따라서 f는 동형사상이므로, $G \cong G^*$이다. ■

연습문제

A. 동형사상은 군 사이에서 동치관계이다.[■]

모든 군에 대해 다음 세 가지 사실이 성립한다.

(i) 모든 군은 자신과 동형이다.

(ii) $G_1 \cong G_2$이면 $G_2 \cong G_1$이다.

(iii) $G_1 \cong G_2$이고 $G_2 \cong G_3$이면, $G_1 \cong G_3$이다.

(i)은 임의의 군 G에 대해, G로부터 G로의 동형사상이 존재한다는 주장이다.

(ii)는 만약 f가 G_1로부터 G_2로의 동형사상이면, G_2로부터 G_1로의 동형사상이 있어야만 한다는 뜻이다. f의 역함수가 그런 동형사상일 것이다.

(iii)은 동형사상 $f: G_1 \to G_2$, $g: G_2 \to G_3$이 존재하면, G_1로부터 G_3으로의 동형사상이 존재해야만 한다는 주장이다. $g \circ f$가 그런 동형사상일 거라고 쉽게 추측할 수 있다. (i), (ii), (iii)의 세부 증명을 연습문제로 남긴다.

1. G가 임의의 군이라 하자. $\varepsilon: G \to G$가 항등함수, 즉 $\varepsilon(x) = x$라면, ε이 동형사상임을 보여라.

2. G_1과 G_2가 군이라 하고, $f: G_1 \to G_2$가 동형사상이라 하자. $f^{-1}: G_2 \to G_1$이 동형사상임을 보여라. [힌트: 6장 끝부분의 역함수에 대한 논의를 다시 보라. 그러면 임의의 원소 c,

■ 엄밀히 말하면 '군 전체의 모임'은 '집합'이 아니므로, 동치관계라는 말에는 어폐가 있다.—옮긴이

$d \in G_2$에 대해 $c = f(a)$, $d = f(b)$인 $a, b \in G_1$이 존재한다. $a = f^{-1}(c)$ 및 $b = f^{-1}(d)$임에 주목하여 $f^{-1}(cd) = f^{-1}(c)f^{-1}(d)$임을 보여라.]

3. G_1, G_2, G_3이 군이라 하고, $f: G_1 \to G_2$, $g: G_2 \to G_3$이 동형사상이라 하자. $g \circ f: G_1 \to G_3$이 동형사상임을 증명하여라.

B. 동형사상에 의해 대응하는 원소들

G_1로부터 G_2로의 동형사상 f는 $f(ab) = f(a)f(b)$를 만족하는 일대일 대응임을 상기하자. f는 G_1의 모든 원소를 대응하는 G_2의 원소와 맺어준다. 다음 사실에 주목할 필요가 있다.

(i) f는 G_1의 중립 원소를 G_2의 중립 원소와 맺어준다.

(ii) f가 G_1의 원소 x를 G_2의 원소 y에 맺어주면, f는 반드시 x^{-1}을 y^{-1}과 맺어준다. 즉, $x \to y$이면 $x^{-1} \to y^{-1}$이다.

(iii) f는 G_1의 생성원을 G_2의 생성원과 맺어준다.

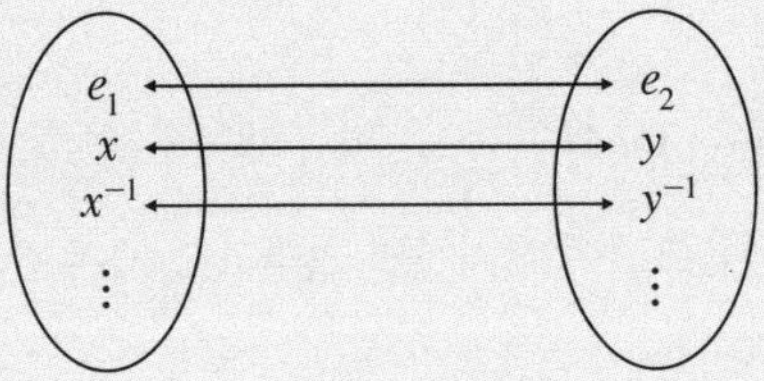

이 명제들에 대해 자세한 것을 연습문제로 남긴다. G_1과 G_2를 군이라 하고, $f: G_1 \to G_2$를 동형사상이라 하자.

1. e_1이 G_1의 중립 원소를 나타내고, e_2가 G_2의 중립 원소를 나타낸다고 할 때, $f(e_1) = e_2$임을 증명하라. [힌트: 임의의 군에는 중립 원소가 딱 하나뿐이다. $f(e_1)$이 G_2의 중립 원소임을 보여라.]

2. G_1의 각 원소 a에 대해, $f(a^{-1}) = [f(a)]^{-1}$임을 증명하여라. (힌트: 4장의 정리 2를 이용해도 좋다.)

3. G_1이 생성원 a를 갖는 순환군이면, G_2도 $f(a)$를 생성원으로 갖는 순환군임을 증명하여라.

C. 유한군 사이의 동형사상 몇 가지

다음에서 G, H는 유한군이다. $G \cong H$인지 아닌지 판단하여라. 어느 쪽이든 자신의 답을 입증하여라.

G에서 H로의 동형사상을 찾으려면 약간의 재주가 필요할 것이다. 예를 들어 G와 H가 순환군이면, G의 생성원 a와 H의 생성원 b를 맺어야 한다는 것, 즉 $f(a) = b$여야 함은 분명할 것이다. 그러면 $f(aa) = bb$, $f(aaa) = bbb$ 등이 성립할 것이다. G, H가 순환군이 아니면, 다른 방법이 있다. 예를 들어 G에서 역원이 자신과 같은 원소가 있을 경우, 같은 성질을 갖는 H의 원소와 맺어져야 한다. 눈을 부릅뜨고 있으면, 보통은 문제의 특수성으로부터 동형사상을 짐작할 수 있을 것이다.

구체적인 일대일 대응 $f : g \to H$가 동형사상임을 증명하기 위해서는, G의 연산표가 H의 연산표로 변환된다는 것도 확인해야 한다.

#1. G는 3장 연습문제 D의 체커판 게임 군이다. H가 곱셈에 대해 복소수 $\{i, -i, 1, -1\}$가 이루는 군이다.

2. G는 1번과 같다. $H = \mathbb{Z}_4$

3. G는 두 원소 집합의 부분집합들이 이루는 군 (3장 연습문제 C를 보라) P_2이다. H는 1번과 같다.

#4. G는 S_3이다. H는 50쪽에 서술한 행렬의 군이다.

5. G는 3장 연습문제 E의 동전 게임 군이다. H는 정사각형의 대칭군 D_4이다.

6. G는 직사각형의 대칭군이다. H는 1번과 같다.

D. 군을 동형인 것끼리 분류하기

다음 각각은 네 개의 군을 모았다. 각각에서 어떤 군이 어떤 군과 동형인지 판별하라. 자신의 답을 증명하는 데, 필요하면 연습문제 A3을 이용하여라.

1. $\mathbb{Z}_4 \quad \mathbb{Z}_2 \times \mathbb{Z}_2 \quad P_2 \quad V$

[P_2는 두 원소 집합의 부분집합이 이루는 군이다. (3장 연습문제 C를 보라.) V는 곱셈에 대해 네 복소수 $\{i, -i, 1, -1\}$가 이루는 군을 가리킨다.]

2. $S_3 \quad \mathbb{Z}_6 \quad \mathbb{Z}_3 \times \mathbb{Z}_2 \quad \mathbb{Z}_7^*$

[$\mathbb{Z}_7^*$은 7을 법으로 하는 곱셈에 대한 군 $\{1, 2, 3, 4, 5, 6\}$을 가리킨다. a와 b의 7을 법으로 하는 곱이란, ab를 7로 나눈 나머지를 말한다.]

3. $\mathbb{Z}_8 \quad P_3 \quad \mathbb{Z}_2 \times \mathbb{Z}_2 \times \mathbb{Z}_2 \quad D_4$

(D_4는 정사각형의 대칭군이다.)

4. 다음과 같은 케일리 도표를 갖는 군들

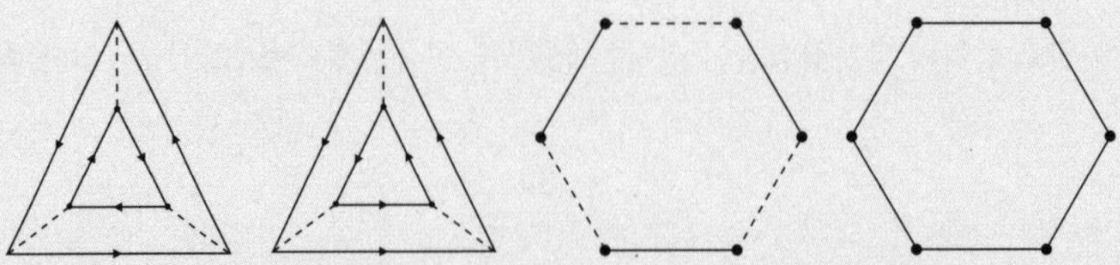

E. 무한군의 동형사상

 # 1. 짝수 전체가 이루는 덧셈군을 E라고 나타내자. $\mathbb{Z} \cong E$임을 증명하여라.

2. G가 곱셈에 대한 군 $\{10^n : n \in \mathbb{Z}\}$이라고 하자. $G \cong \mathbb{Z}$임을 증명하여라. ($\mathbb{Z}$의 연산은 덧셈임을 기억하여라.)

3. $\mathbb{C} \cong \mathbb{R} \times \mathbb{R}$임을 증명하여라.

4. 본문에서 $\mathbb{R}$가 $\mathbb{R}^{pos}$와 동형임을 보였다. $\mathbb{R}$가 (영이 아닌 실수의 곱셈군) $\mathbb{R}^*$와는 동형이 '아님'을 증명하여라. (힌트: $\mathbb{R}^*$에서 수 -1의 성질을 생각하여라. $\mathbb{R}$에 그런 성질을 갖는 원소가 '하나라도' 있는가?)

5. $\mathbb{Z}$는 $\mathbb{Q}$와 동형이 아님을 증명하여라.

6. $\mathbb{R} \cong \mathbb{R}^{pos}$를 보였다. 하지만 $\mathbb{Q}$는 양의 유리수의 곱셈군 $\mathbb{Q}^{pos}$와 동형이 '아님'을 증명하여라.

F. 생성원과 정의식에 의해 주어진 군 사이의 동형사상

예를 들어 a, b, c가 G를 생성한다고 할 때, a, b, c를 포함하는 식의 모임이 G의 연산표를 완전히 결정하는 경우, G의 '정의식'(defining equation)이라 부른다. (5장의 마지막을 보라.) a', b', c'이 생성하는 다른 군이 G'이고, 이 생성원들이 a, b, c와 동일한 정의식을 만족한다면, (G와 G'의 연산표를 정의식이 완전히 결정하는데, G의 정의식과 G'의 정의식이 같기 때문에) G'도 G와 똑같은 연산표를 가질 것이다.

결론적으로 두 군 G, G'의 생성원과 정의식을 알고, G의 생성원에 G'의 생성원을 맺어주어 정의식이 똑같도록 할 수 있다면 $G \cong G'$이라고 결론지을 수 있을 것이다.

다음 군의 쌍 G, G'이 동형인지 증명하여라.

 # 1. (24)와 (1234)가 생성하는 S_4의 부분군 G. $a^2 = e$, $b^4 = e$, $ba = ab^3$일 때 $G' = \{e, a, b, b^2, b^3, ab, ab^2, ab^3\}$.

2. $G = S_3$. $a^2 = e$, $b^2 = e$, $bab = aba$일 때 $G' = \{e, a, b, ab, aba, abab\}$.

3. $G = D_4$. $a^2 = b^2 = e$ 및 $(ab)^4 = e$일 때 $G' = \{e, a, b, ab, aba, (ab)^2, ba, bab\}$.

4. $G = \mathbb{Z}_2 \times \mathbb{Z}_2 \times \mathbb{Z}_2$. $a^2 = b^2 = c^2 = e$이고 $(ab)^2 = (bc)^2 = (ac)^2 = e$일 때, $G' = \{e, a, b, c, ab, ac, bc, abc\}$.

G. 집합 $\mathbb{R}$ 위에서 동형인 군

1. G는 연산 $x * y = x + y + xy$를 갖는 집합 $\{x \in \mathbb{R} : x \neq -1\}$이다. $f(x) = x - 1$이 $\mathbb{R}^*$로부터 G로의 동형사상임을 보여라. 즉, $\mathbb{R}^* \cong G$이다.

2. G가 $x * y = x + y + 1$을 연산으로 갖는 실수의 집합이다. 동형사상 $f : \mathbb{R} \to G$를 찾고, 찾은 함수가 동형사상임을 보여라.

3. G가 0이 아닌 실수의 집합에서 연산 $x * y = xy/2$를 가진다고 하자. $\mathbb{R}^*$로부터 G로의 동형사상을 찾아라.

4. $f(x, y) = (-1)^y x$가 $\mathbb{R}^{pos} \times \mathbb{Z}_2$로부터 $\mathbb{R}^*$로의 동형사상임을 보여라. (주의: $\mathbb{R}^{pos} \times \mathbb{Z}_2$의 원소들을 조합할 때 첫 번째 성분들은 곱하고, 두 번째 성분들은 더한다.) $\mathbb{R}^* \cong \mathbb{R}^{pos} \times \mathbb{Z}_2$라는 결론을 내려라.

H. 동형사상에 대한 몇 가지 일반적 성질

1. G, H가 군이라고 하자. $G \times H \cong H \times G$임을 증명하여라.

 # 2. $G_1 \cong G_2$ 및 $H_1 \cong H_2$라면, $G_1 \times H_1 \cong G_2 \times H_2$이다.

3. G를 임의의 군이라 하자. G가 가환군인 것과, 함수 $f(x) = x^{-1}$이 G에서 G로의 동형사상이라는 것이 동치조건임을 증명하여라.

4. G가 임의의 군인데, 연산을 곱셈으로 나타낸다고 한다. H가 G와 같은 집합인데 연산을 $x * y = y \cdot x$로 정의한다고 하자. (여기에서 $\cdot$는 G의 연산이다.) $G \cong H$임을 증명하여라.

5. c가 G의 고정된 원소라 하자. H가 G와 집합으로서 같고, 연산은 $x * y = xcy$라고 하자. 함수 $f(x) = c^{-1}x$가 G로부터 H로의 동형사상임을 증명하여라.

I. 군의 자기동형사상

G가 군일 때, G로부터 G로의 동형사상을 G의 '자기동형사상'(automorphism)이라고 한다. 연습문제 A1에서 본 것처럼 항등함수 $\varepsilon(x) = x$는 G의 자기동형사상이다. 하지만 이 명백한 사상 '이외'에도 자기동형사상을 더 갖는 군이 많다.

1. 다음이 $\mathbb{Z}_6$의 자기동형사상임을 검증하여라.

$$f = \begin{pmatrix} 0 & 1 & 2 & 3 & 4 & 5 \\ 0 & 5 & 4 & 3 & 2 & 1 \end{pmatrix}$$

2. 다음이 모두 $\mathbb{Z}_5$의 자기동형사상임을 검증하여라.

$$f_1 = \begin{pmatrix} 0 & 1 & 2 & 3 & 4 \\ 0 & 2 & 4 & 1 & 3 \end{pmatrix}, \quad f_2 = \begin{pmatrix} 0 & 1 & 2 & 3 & 4 \\ 0 & 3 & 1 & 4 & 2 \end{pmatrix}, \quad f_3 = \begin{pmatrix} 0 & 1 & 2 & 3 & 4 \\ 0 & 4 & 3 & 2 & 1 \end{pmatrix}$$

3. G가 임의의 군이고, a가 G의 임의의 원소라 하자. $f(x) = axa^{-1}$은 G의 자기동형사상임을 증명하여라.

4. G의 자기동형사상 각각은 G에서 G로의 전단사 함수들이므로, G의 '치환'이다. G의 자기동형사상 전체의 집합

$$\text{Aut}(G)$$

가 S_G의 부분군임을 증명하여라. (연산은 합성임을 기억하여라.)

J. 군의 정규 표현

케일리 정리에 의해 모든 군 G는, G의 어떤 치환군 G^*와 동형이다. G의 각 원소 a에 대해 $\pi_a(x) = ax$, 즉 'a를 왼쪽에서 곱하기'라는 규칙으로 정의한 치환 π_a를 맺어주었음을 기억하자. $G^* = \{\pi_a : a \in G\}$에 합성 연산 $\circ$를 주면 치환군이 되는데, 이를 G의 '왼쪽 정규 표현'(left regular representation)이라 부른다. (G의 '표현'이라고 부르는 것은 G와 동형이기 때문이다.)

치환 π_a를 이용하는 대신 $\rho_a(x) = xa$, 즉 'a를 오른쪽에서 곱하기'로 정의하는 치환 ρ_a를 이용할 수도 있다. 군 $G^\rho = \{\rho_a : a \in G\}$를 G의 '오른쪽 정규 표현'이라고 부른다.

G가 가환이면, 왼쪽에서 곱하는 것과 오른쪽에서 곱하는 것은 다르지 않으므로, G^*와 G^ρ는 똑같으며, 간단하게 G의 '정규 표현'이라고 부른다. 또한 G의 연산을 $+$로 나타낼 경우, a에 대응하는 치환은 'a를 곱하기' 대신 'a를 더하기'가 된다.

예제 $\mathbb{Z}_3$의 정규 표현은 다음 치환들로 구성된다.

$$\pi_0 = \begin{pmatrix} 0 & 1 & 2 \\ 0 & 1 & 2 \end{pmatrix}, \text{ 즉 항등 치환}$$

$$\pi_1 = \begin{pmatrix} 0 & 1 & 2 \\ 1 & 2 & 0 \end{pmatrix}, \text{ 즉 '1을 더하기' 규칙}$$

$$\pi_2 = \begin{pmatrix} 0 & 1 & 2 \\ 2 & 0 & 1 \end{pmatrix}, \text{ 즉 '2를 더하기' 규칙}$$

$\mathbb{Z}_3$의 정규 표현은 다음 연산표를 가진다.

$\circ$	π_0	π_1	π_2
π_0	π_0	π_1	π_2
π_1	π_1	π_2	π_0
π_2	π_2	π_0	π_1

다음 함수

$$f = \begin{pmatrix} 0 & 1 & 2 \\ \pi_0 & \pi_1 & \pi_2 \end{pmatrix}$$

가 $\mathbb{Z}_3$으로부터 정규 표현으로 가는 동형사상이라는 것을 쉽게 보일 수 있다.

다음 군의 오른쪽 정규 표현 및 왼쪽 정규 표현을 찾고, 연산표를 계산하여라. (군이 가환군이면, 정규 표현을 찾아라.)

1. 두 원소 집합의 부분집합으로 이루어진 군 P_2. (3장 연습문제 C를 보아라.)

2. $\mathbb{Z}_4$

3. 50쪽에 서술한 행렬군 G

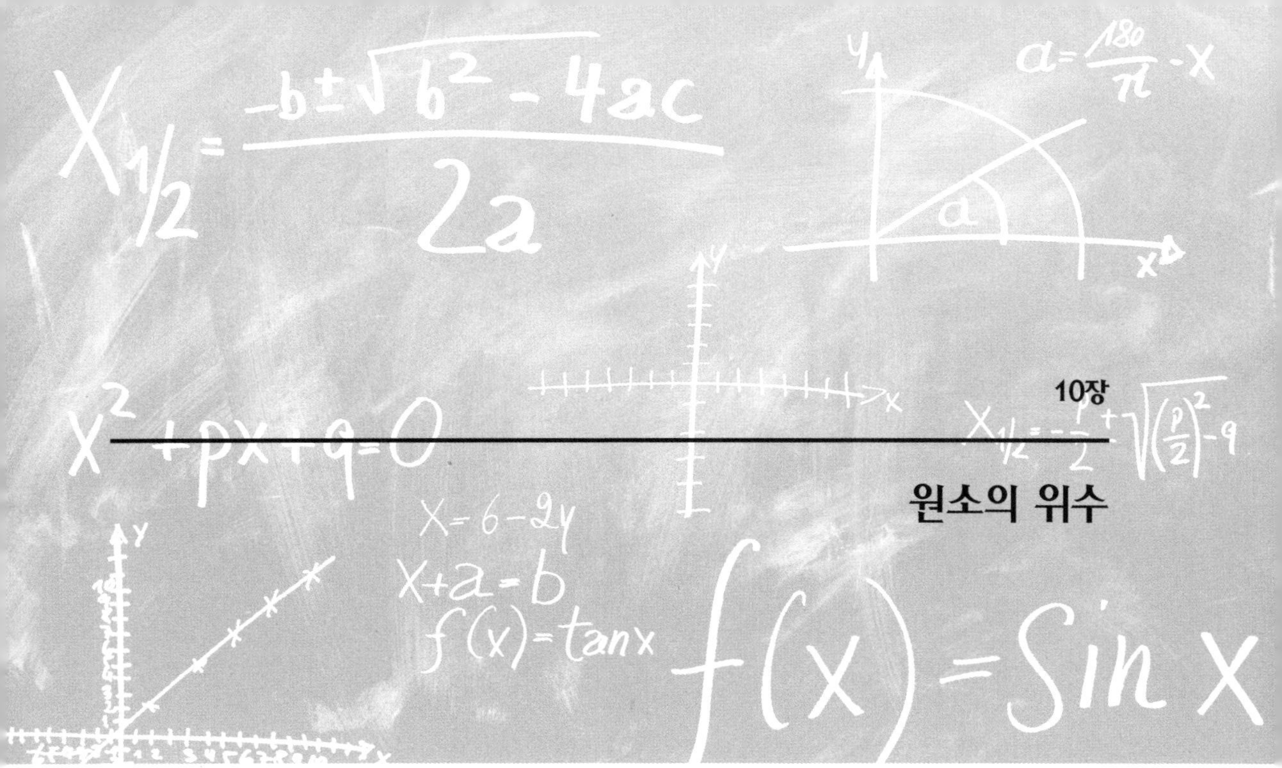

10장

원소의 위수

G가 임의의 군이며, 연산은 곱셈으로 표기한다고 하자. '지수 표기법'은 편리한 속기법인데, 임의의 자연수 n에 대해 다음처럼 약속한다.

$$a^n = \underbrace{a \cdot a \cdot \cdots \cdot a}_{n\text{번}}$$

$$a^{-n} = \underbrace{a^{-1} \cdot a^{-1} \cdot \cdots \cdot a^{-1}}_{n\text{번}}$$

또한 다음처럼 약속한다.

$$a^0 = e$$

정수 지수만 고려하며, 유리수 지수나 실수 지수는 고려하지 않는다는 것에 주의해야 한다. a를 자연수 번 거듭제곱하는 것은 a를 그 횟수만큼 곱하는 것을 뜻한다. a를 음의 정수 $-n$번 거듭제곱하는 것은 a^{-1}을 n번만큼 곱하는 것을 뜻한다. a를 0번 거듭제곱하는 것은 군의 항등원이다.

초등 대수학에서 사용했던 것과 같은 약속이며, 이런 약속으로부터 익숙한 '지수법칙'(law of exponents)에 이르게 된다.

정리 1. [지수법칙] G가 군이고 $a \in G$이면, 모든 정수 m, n에 대해 다음이 성립한다.

(i) $a^m a^n = a^{m+n}$

(ii) $(a^m)^n = a^{mn}$

(iii) $a^{-n} = (a^{-1})^n = (a^n)^{-1}$

m, n이 양의 정수일 때 이 법칙들을 증명하는 것은 대단히 쉽다. 실제로 다음과 같기 때문이다.

$$\text{(i) } a^m a^n = \underbrace{aa \cdots a}_{m\text{번}} \cdot \underbrace{aa \cdots a}_{n\text{번}} = a^{m+n}$$

$$\text{(ii) } (a^m)^n = \underbrace{a^m a^m \cdots a^m}_{n\text{번}} = \underbrace{aa \cdots a}_{mn\text{번}} = a^{mn}$$

이제 정의에 의해 $a^{-n} = a^{-1} \cdots a^{-1} = (a^{-1})^n$이다. 마지막으로 곱의 역원은 각각의 역원을 곱하는 순서의 역순으로 곱한 것이기 때문에 다음을 얻는다.

$$(a^n)^{-1} = (aa \cdots a)^{-1} = a^{-1}a^{-1} \cdots a^{-1} = a^{-n}$$

정리 1을 완전히 증명하기 위해서는 정수 m, n이 0이나 음수인 경우도 확인해야 한다. 이처럼 경우별로 나누어 틀에 박힌 방식으로 확인하는 것은 이 장의 끝부분에 연습문제 A로 남겨 두었다.

지수의 행동 속으로 더 깊이 들어가기 위해서는 초등적이지만 매우 중요한 정수의 성질을 이용해야 한다. 초등 산수로부터 모든 정수를 임의의 자연수로 나누면 정수를 몫으로 가지며 정수 나머지를 가진다는 것을 안다. 이때 나머지는 음이 아니며 나누는 수보다는 작다. 예를 들어 25를 8로 나누면 몫이 3이고 나머지가 1이다.

$$25 = 8 \times \underbrace{3}_{q} + \underbrace{1}_{r}$$

비슷하게 −25를 8로 나누면 몫이 −4이고 나머지가 7이다.

$$-25 = 8 \times \underbrace{(-4)}_{q} + \underbrace{7}_{r}$$

이 중요한 원리를 나눗셈 알고리즘(division algorithm)이라 부른다. 정확하게는 다음과 같은 모양으로 진술할 수 있다.

정리 2. [나눗셈 알고리즘] m, n이 정수이고 n이 양수이면, 다음을 만족하는 정수 q, r가 유일하게 존재한다.

$$m = nq + r, \ 0 \leqslant r < n$$

m을 n으로 나눌 때 q를 '몫'(quotient)이라 부르고, r를 '나머지'(remainder)라 부른다.

이 단계에서는 나눗셈 알고리즘을 정수 체계의 '공준'(postulate)으로 받아들이려고 한다. 나중에 19장에 가서는 더 간단한 전제로부터 나눗셈 알고리즘을 증명할 것이다.

G를 군이라 하고, a를 G의 원소라 하자. 다음을 관찰할 수 있다.

$a^m = e$인 0이 아닌 정수 m이 있으면, $a^n = e$인 양의 정수 n이 존재한다.

실제로 음수 m에 대해 $a^m = e$라면 $a^{-m} = (a^m)^{-1} = e^{-1} = e$이다. 따라서 양수 $-m$에 대해 $a^{-m} = e$가 성립한다. 이 간단한 관찰은 다음 정의에서 긴요하다. G를 임의의 군이라 하고, a를 G의 원소라 하자.

정의 $a^m = e$인 0이 아닌 정수 m이 존재할 때, 원소 a의 '위수'(order)는 $a^n = e$인 '최소의 양의 정수'로 정의한다.

만약 $a^m = e$인 0이 아닌 정수 m이 존재하지 않으면, a의 위수가 '무한대'(infinity)라고 말한다.

따라서 임의의 군 G에서 모든 원소는 양의 정수 혹은 무한대를 위수로 가진다. 만약 a

의 위수가 양의 정수이면 a의 '위수가 유한'하다고 말하며, 그렇지 않으면 '위수가 무한'하다고 말한다. 예를 들어 121쪽의 연산표로 주어진 군 S_3을 살펴보자. (합성에 대해 지수 표기법을 이용하는 것이 관례다. 예를 들어 $\beta \circ \beta = \beta^2$, $\beta \circ \beta \circ \beta = \beta^3$ 등등이다.) $\alpha^2 = \varepsilon$이며 이 식을 만족하는 가장 작은 양의 정수가 2이기 때문에 α의 위수는 2이다. $\beta^3 = \varepsilon$이며 β의 거듭제곱 중에서 ε인 가장 작은 양의 거듭제곱은 3제곱이므로 β의 위수는 3이다. 비슷한 방식으로 γ의 위수는 2, δ의 위수는 3, κ의 위수는 2이다. ε의 위수는 무엇일까?

군의 연산을 '곱셈'이라고 부를 때만 a의 '거듭제곱'이라고 얘기한다는 점은 중요하다. 덧셈 표기를 쓸 때는 a의 거듭제곱 대신 a의 '정수배'라고 얘기한다. a의 '양의 정수배'는 a, $a+a$, $a+a+a$ 등이며, a의 '음의 정수배'는 $-a$, $(-a)+(-a)$, $(-a)+(-a)+(-a)$ 등이다. $\mathbb{Z}_6$에서 2의 위수는 3이다. $2+2+2=0$이며, 2의 더 작은 양의 정수배는 0이 아니기 때문이다. 마찬가지로 3의 위수는 2이며, 4의 위수는 3이며, 5의 위수는 6이다.

$\mathbb{Z}$에서 2의 0이 아닌 정수배는 0이 아니므로, 2의 위수는 무한대이다. 사실 $\mathbb{Z}$에서는 0이 아닌 수는 모두 위수가 무한하다.

원소의 위수에 대한 주요 사실은 다음 두 개의 정리로 주어진다. 다음 정리들에서 G는 임의의 군이며 a는 G의 임의의 원소다.

정리 3. [a의 위수가 유한할 때 a의 거듭제곱] a의 위수가 n이면, a의 거듭제곱 중 서로 다른 것은 정확히 n개이며 다음과 같다.

$$a^0, a, a^2, a^3, \cdots, a^{n-1}$$

이 정리는 a의 모든 양의 거듭제곱 및 음의 거듭제곱은 위의 것 중 하나와 같으며, 이들은 모두 서로 다르다는 것을 주장하고 있다.

더 진행하기 전에, a의 위수가 n이므로 다음이 성립하며

$$a^n = e$$

n은 이 식을 만족하는 '가장 작은' 양의 정수임을 기억하자.

증명: a의 모든 거듭제곱이 $a^0, a, a^2, a^3, \cdots, a^{n-1}$ 중 하나와 같다는 것의 증명부터 시작하자. a^m을 a의 거듭제곱이라 하자. m을 n으로 나누는 나눗셈 알고리즘을 이용하면

$$m = nq + r, 0 \leqslant r < n$$

로 쓸 수 있는데, 이때 다음이 성립한다.

$$a^m = a^{nq+r} = a^{nq}a^r = (a^n)^q a^r = e^q a^r = a^r$$

따라서 $a^m = a^r$이며 r는 $0, 1, 2, \cdots, n-1$ 중 하나이다.

다음으로 $a^0, a, a^2, \cdots, a^{n-1}$이 모두 다르다는 것을 증명하자. 그렇지 않다면, 0과 $n-1$ 사이의 서로 다른 정수 r, s에 대해 $a^r = a^s$라고 할 수 있다. $r < s$이거나 $s < r$이므로, $s < r$이라고 가정해 보자. 따라서 $0 \leqslant r < n$이므로

$$0 < r - s < n \tag{1}$$

이다. 그런데 $a^r = a^s$이므로

$$a^r(a^s)^{-1} = a^s(a^s)^{-1}$$

이다. 따라서

$$a^r a^{-s} = e$$

이므로 다음이 성립한다.

$$a^{r-s} = e$$

하지만 식 (1)에 의해 $r - s$는 n보다 작아야 하는데, a의 위수 n이 $a^n = e$인 '가장 작은' 양의 정수였으므로 이는 불가능하다.

이는 $r \neq s$일 때 $a^r = a^s$일 수 없음을 입증해 준다. 따라서 $a^0, a^1, a^2, \cdots, a^{n-1}$은 모두 다르다! ■

정리 4. [a의 위수가 무한할 때 a의 거듭제곱] a의 위수가 무한하면, a의 거듭제곱은 모두 다르다. 즉, r과 s가 서로 다른 정수이면 $a^r \neq a^s$이다.

증명: r과 s가 정수이며, $a^r = a^s$라 하자. 이때

$$a^r(a^s)^{-1} = a^s(a^s)^{-1}$$

이므로 다음이 성립한다.

$$a^{r-s} = e$$

그런데 a의 위수가 무한하므로 0을 제외한 임의의 정수 m에 대해 a^m은 e와 같을 수 없다. 따라서 $r - s = 0$, 즉 $r = s$이다. ■

응용에서 대단히 중요한 지수의 기교적 성질을 소개하며 이 장을 맺으려고 한다.

a가 군의 원소일 때 a의 위수는 $a^n = e$인 '최소의 양의 정수'이다. 그런데 $a^t = e$인 '다른' 정수 t가 있을 수 있다. 이런 정수는 n과 어떻게 관련돼 있을까? 답은 매우 간단하다.

정리 5. 군에서 원소 a의 위수가 n이라고 하자. 그러면 $a^t = e$인 것과, t가 n의 배수인 것은 동치조건이다. ('t가 n의 배수'라는 것은 어떤 정수 q에 대해 $t = nq$라는 뜻이다.)

증명: $t = nq$라면 $a^t = a^{nq} = (a^n)^q = e^q = e$이다. 역으로 $a^t = e$라고 하자. 나눗셈 알고리즘을 이용하여 t를 n으로 나누자.

$$t = nq + r,\ 0 \leqslant r < n$$

그러면 다음이 성립한다.

$$e = a^t = a^{nq+r} = (a^n)^q a^r = e^q a^r = a^r$$

따라서 $0 \leqslant r < n$이면서 $a^r = e$이다. $r \neq 0$이면 r은 n보다 작은 양의 정수인데, $a^n = e$인

'가장 작은' 양의 정수가 n이었으므로 모순이다. 따라서 $r = 0$이고, $t = nq$이어야 한다. ■

a가 군의 원소일 때 a의 위수를 다음처럼 나타낸다.

$$\mathrm{ord}(a)$$

연습문제

A. 지수법칙

G가 군이고 $a \in G$라 하자.

#1. 다음 경우에 $a^m a^n = a^{m+n}$을 증명하여라.

(a) $m = 0$

(b) $m < 0$이고 $n > 0$

(c) $m < 0$이고 $n < 0$

2. 다음 경우에 $(a^m)^n = a^{mn}$을 증명하여라.

(a) $m = 0$

(b) $n = 0$

(c) $m < 0$이고 $n > 0$

(d) $m > 0$이고 $n < 0$

(e) $m < 0$이고 $n < 0$

3. 다음 경우에 $(a^n)^{-1} = a^{-n}$을 증명하여라.

(a) $n = 0$

(b) $n < 0$

B. 원소의 위수

1. $\mathbb{Z}_{25}$에서 10의 위수는 얼마인가?

2. $\mathbb{Z}_{16}$에서 6의 위수는 얼마인가?

 # 3. S_6에서 다음 원소의 위수는 얼마인가?

$$f = \begin{pmatrix} 1 & 2 & 3 & 4 & 5 & 6 \\ 6 & 1 & 3 & 2 & 5 & 4 \end{pmatrix}$$

4. $\mathbb{R}^*$에서 1의 위수는 얼마인가? $\mathbb{R}$에서 1의 위수는 얼마인가?

5. A가 $x \neq 0, 1, 2$인 모든 실수의 집합일 때, S_A에서 다음 원소의 위수는 얼마인가?

$$f(x) = \frac{2}{2 - x}$$

6. '무한'군의 원소가 '유한' 위수를 가질 수 있는가? 설명하여라.

7. $\mathbb{Z}_{24}$에서 다음 원소들을 모두 나열하여라.

(a) 위수가 2인 것

(b) 위수가 3인 것

(c) 위수가 4인 것

(d) 위수가 6인 것

C. 위수의 초등적 성질

a, b, c가 군 G의 원소라 하자. 다음을 증명하여라.

1. $\text{ord}(a)=1$인 것과, $a=e$인 것은 동치조건이다.

2. $\text{ord}(a)=n$이면 $a^{n-r}=(a^r)^{-1}$

3. k가 홀수이고 $a^k=e$이면, a의 위수는 홀수이다.

 # 4. $\text{ord}(a)=\text{ord}(bab^{-1})$

5. a^{-1}의 위수는 a의 위수와 같다.

6. ab의 위수는 ba의 위수와 같다. [힌트: 다음이 성립하면,

$$(ba)^n = \underbrace{baba \cdots ba}_{x} = e$$

a는 x의 역원이다. 따라서 $ax=e$이다.]

7. $\text{ord}(abc)=\text{ord}(cab)=\text{ord}(bca)$이다.

8. $x = a_1 a_2 \cdots a_n$이고, 동일한 원소의 곱이지만 순환적으로 치환하여 곱한 것을 y라고 하자. (즉, $y = a_k a_{k+1} \cdots a_n a_1 \cdots a_{k-1}$) 그러면 $\text{ord}(x) = \text{ord}(y)$이다.

D. 위수의 성질 몇 가지 더

a가 군 G에서 유한 위수를 갖는 원소라 하자. 다음을 증명하여라.

1. p가 소수일 때 $a^p = e$라면, a의 위수는 p이다. $(a \neq e)$

\# 2. a^k의 위수는 a의 위수의 약수이다.

3. $\text{ord}(a) = km$이면 $\text{ord}(a^k) = m$이다.

4. n이 홀수일 때 $\text{ord}(a) = n$이면, $\text{ord}(a^2) = n$이다.

5. a의 위수가 n이고 $a^r = a^s$이면, n은 $r - s$의 약수이다.

6. G에서 위수가 k인 원소가 a '하나뿐'이면, a는 G의 중심에 들어 있다. (힌트: 연습문제 C4를 이용하여라. 또한 4장 연습문제 C6을 보아라.)

7. a의 위수가 m의 배수가 아니면, a^k의 위수도 m의 배수가 아니다. (힌트: 2번을 이용하여라.)

8. $\text{ord}(a) = mk$이고 $a^{rk} = e$이면 r는 m의 배수이다.

†E. ord(ab), ord(a), ord(b) 사이의 관계

a, b가 군 G의 원소라 하자. $\operatorname{ord}(a)=m$이고 $\operatorname{ord}(b)=n$이라 하고, $\operatorname{lcm}(m, n)$을 m과 n의 최소공배수라 하자. 1번부터 5번까지 증명하여라.

1. a, b가 가환이면, $\operatorname{ord}(ab)$는 $\operatorname{lcm}(m, n)$의 약수이다.

2. m, n이 서로소이면, a의 모든 거듭제곱은 b의 어떤 거듭제곱과도 (e인 경우를 제외하면) 같을 수 없다. (두 정수가 ± 1을 제외하면 어떤 공통인수도 갖지 않을 때 서로소라고 말한다.) (힌트: 연습문제 D2를 이용하여라.)

3. m, n이 서로소이면, $0 \leqslant i < m$, $0 \leqslant j < n$에 대해 곱 $a^i b^j$는 모두 다르다.

4. a, b가 가환이라고 하자. m, n이 서로소이면, $\operatorname{ord}(ab)=mn$이다. (힌트: 2번을 이용하여라.)

5. a, b가 가환이라고 하자. 위수가 $\operatorname{lcm}(m, n)$인 G의 원소 c가 있다. (힌트: 연습문제 D3과 위의 4번을 이용하여라. a^i가 a의 어떤 거듭제곱일 때 $c=a^i b$라 두어라.)

6. a, b가 가환이 아닌 경우, 문제 1이 옳지 않은 예를 들어라.

따라서 a, b가 가환이 아니면, ord(ab), ord(a), ord(b) 사이에는 간단한 관계가 없다.

†F. 거듭제곱의 위수

1번부터 4번까지 a가 군 G에서 위수 12인 원소라 하자.

1. $a^{8k}=e$인 가장 작은 양의 정수 k는 무엇인가? (힌트: 정리 5를 이용하고 조심스럽게 설명하여라!)

 # 2. a^8의 위수는 얼마인가?

3. a^9, a^{10}, a^5의 위수는 각각 얼마인가?

4. a의 거듭제곱 중에서 a와 위수가 같은 것은 어떤 것들인가? [즉, 어떤 값 k에 대해 $\text{ord}(a^k)=12$일까?]

5. a가 군 G에서 위수가 m인 원소라 한다. a^k의 위수는 얼마인가? (앞의 예들을 살펴보고 일반화하여라. 증명은 하지 말아라.)

6. a가 군 G에서 위수가 m인 원소라 한다. 어떤 k에 대해 $\text{ord}(a^k)=m$인가? (앞의 예들을 살펴보고 일반화하여라. 증명은 하지 말아라.)

† G. ord(a)와 ord(a^k) 사이의 관계

초등 산수에서 임의의 정수를 소수의 곱으로 유일하게 쓸 수 있다는 것을 안다. 두 정수 m, n이 공통 소인수를 갖지 않으면 '서로소'라고 말한다. (예를 들어 15와 8은 서로소이다.) 유용한 사실이 하나 있다. m, n이 서로소이고 m이 nk의 인수이면, m은 k의 인수이다. (사실 m의 모든 소인수는 nk의 인수이지만 n의 인수는 아니므로, k의 인수들이다.)

a를 군 G에서 위수가 n인 원소라 하자.

1. m, n이 서로소이면, a^m의 위수가 n임을 증명하여라. (힌트: $a^{mk}=e$라면 정리 5를 이용하여 왜 n이 k의 인수여야 하는지 설명하여라.)

2. a^m의 위수가 n이면, m, n이 서로소라는 것을 증명하여라. [힌트: m, n이 공통인수 $q>1$을 가진다고, 즉 $m=m'q$ 및 $n=n'q$라고 쓸 수 있다고 가정하자. 왜 $(a^m)^{n'}=e$인지 설명하고, 거기서부터 진행하여라.]

3. l을 m, n의 최소공배수라고 하고, $l/m=k$라 두자. 왜 $(a^m)^k=e$인지 설명하여라.

4. $(a^m)^t=e$라면 n이 mt의 인수임을 증명하여라. (따라서 mt는 m과 n의 공배수이다.) 다음과 같은 결론을 내려라.

$$\underbrace{l}_{=mk} \leqslant mt$$

5. 3번과 4번을 이용하여 a^m의 위수가 $[\mathrm{lcm}(m,\ n)]/m$임을 증명하여라.

†H. a의 위수와 a의 k제곱근의 위수 사이의 관계

a를 군 G의 원소라 하자.

1. a의 위수를 12라 하자. a가 세제곱근을 가질 때, 즉 어떤 $b \in G$에 대해 $a=b^3$일 때, b의 위수가 36임을 증명하여라. [힌트: $b^{36}=e$임을 보이고, 36의 모든 인수 k에 대해 $b^k=e$가 불가능함을 보여라. (예: $b^{12}=e$이면 $b^{12}=(b^3)^4=a^4=e$여야 한다.) 이런 사실로부터 결론을 이끌어내어라.]

#2. a의 위수가 6이라 하자. a가 네제곱근을 가질 때, 즉 어떤 $b \in G$에 대해 $a=b^4$일 때, b의 위수는 얼마인가?

3. a의 위수가 10이라 하자. a가 여섯제곱근을 가질 때, 즉 어떤 $b \in G$에 대해 $a=b^6$일 때, b의

위수는 얼마인가?

4. a의 위수가 n이고, G에서 k제곱근을 가진다고, 예를 들어 $a = b^k$라고 하자. b의 위수가 nk의 인수여야 함을 설명하여라.
$\operatorname{ord}(b) = \dfrac{nk}{l}$ 이라 하자.

5. n과 l이 서로소임을 증명하여라. [힌트: n과 l이 공통인수 $q > 1$을 가진다고 가정하자. 그러면 $n = qn'$ 및 $l = ql'$이므로 다음이 성립한다.

$$\operatorname{ord}(b) = \frac{qn'k}{ql'} = \frac{n'k}{l'}$$

따라서 $b^{n'k} = e$이다. (왜일까?) 이 사실로부터 결론을 이끌어내어라.]

따라서 a의 위수가 n이고, a가 k제곱근 b를 가진다면, n과 서로소인 l에 대해 b의 위수는 nk/l 꼴이다.

6. a의 위수가 n이라 하자. 정수 k의 모든 소인수가 n의 인수라고 하자. a가 k제곱근 b를 가지면, $\operatorname{ord}(b) = nk$임을 증명하여라.

11장

순환군

G가 군이고 $a \in G$일 때, G의 '모든' 원소가 a의 거듭제곱 꼴일 때가 있다. 다른 말로 하면, G가 a의 거듭제곱만으로 이루어져 있고 다른 원소는 없을 수도 있다. 즉, 다음과 같을 수 있다.

$$G = \{a^n : n \in \mathbb{Z}\}$$

이럴 경우 G를 '순환군'(cyclic group)이라 부르고 a를 G의 '생성원'(generator)이라 부른다. 이때 다음처럼 쓰고,

$$G = \langle a \rangle$$

G를 a가 생성하는 순환군이라고 말한다.

$G = \langle a \rangle$가 a가 생성하는 순환군이고 a의 위수가 n이면, G를 '위수가 n인 순환군'이라고 말한다. 이때 G는 정확히 n개의 원소를 가짐을 잠시 후에 보게 될 것이다. 만약 G의 생성원의 위수가 무한하면, G를 '위수가 무한인 순환군'이라고 말한다. 이때 G는 무한히 많

은 원소를 가진다는 것을 보게 될 것이다.

모두가 1의 배수로 이루어진 $\mathbb{Z}$가 가장 간단한 순환군의 예이다. (덧셈 표기에서는 '거듭제곱' 대신 '배수'라고 말하기로 했음을 기억하여라.) $\mathbb{Z}$는 위수가 무한인 순환군이며 1이 생성원이다. 또 다른 순환군의 예가 $\mathbb{Z}_6$인데, 6을 법으로 하는 덧셈에서 1의 배수로만 이루어져 있다. $\mathbb{Z}_6$은 위수가 6인 순환군이다. 1이 $\mathbb{Z}_6$의 생성원이지만, $\mathbb{Z}_6$에는 다른 생성원도 있다. 어떤 것일까?

$\langle a \rangle$가 순환군이고 생성원 a의 위수가 n이라 하자. $\langle a \rangle$가 a의 거듭제곱 전체의 집합이므로 10장의 정리 3으로부터 다음이 나온다.

$$\langle a \rangle = \{e, a, a^2, \cdots, a^{n-1}\}$$

이 군을 $\mathbb{Z}_n$과 비교하면, 놀랄 만한 유사성을 알아챌 수 있다! 먼저 일대일 대응이 있다는 건 명백하다.

$$\begin{array}{rccccc} \langle a \rangle = \{ & a^0, & a^1, & a^2, & \cdots, & a^{n-1}\} \\ & \updownarrow & \updownarrow & \updownarrow & & \updownarrow \\ \mathbb{Z}_n = \{ & 0, & 1, & 2, & \cdots, & n-1\} \end{array}$$

다른 말로 하면 다음 함수

$$f(i) = a^i$$

는 $\mathbb{Z}_n$으로부터 $\langle a \rangle$로의 일대일 대응이다. 그런데 이 함수는 다른 성질을 하나 더 가진다. 다시 말해 다음이 성립한다.

$$f(i+j) = a^{i+j} = a^i a^j = f(i)f(j)$$

따라서 f는 $\mathbb{Z}_n$에서 $\langle a \rangle$로의 '동형사상'이다. 결론적으로 다음이 성립한다.

$$\mathbb{Z}_n \cong \langle a \rangle$$

a가 '무한 위수'를 가질 때의 상황을 재고해 보자. 이 경우 10장의 정리 4에 의해 다음을 얻는다.

$$\langle a \rangle = \{\cdots, a^{-2}, a^{-1}, e, a, a^2, \cdots\}$$

이 군과 $\mathbb{Z}$ 사이에 다음과 같은 명백한 일대일 대응이 있다.

$$\begin{array}{cccccccc} \langle a \rangle = \{\cdots, & a^{-2}, & a^{-1}, & a^0, & a^1, & a^2, & \cdots\} \\ & \updownarrow & \updownarrow & \updownarrow & \updownarrow & \updownarrow & \\ \mathbb{Z} = \{\cdots, & -2, & -1, & 0, & 1, & 2, & \cdots\} \end{array}$$

다른 말로 하면 다음 함수는

$$f(i) = a^i$$

$\mathbb{Z}$로부터 $\langle a \rangle$로의 일대일 대응이다. 앞에서와 마찬가지로 f는 동형사상이다. 따라서 다음이 성립한다.

$$\mathbb{Z} \cong \langle a \rangle$$

방금 우리는 순환군에 대해 매우 중요한 사실을 증명했는데, 이를 정리로 진술하기로 하자.

정리 1. [순환군의 동형사상]

(i) 모든 양의 정수 n에 대해 위수가 n인 순환군은 모두 $\mathbb{Z}_n$과 동형이다. 따라서 위수가 n인 두 순환군은 동형이다.

(ii) 위수가 무한인 순환군은 모두 $\mathbb{Z}$와 동형이다. 따라서 위수가 무한인 두 순환군은 동형이다.

G가 임의의 군이고 $a \in G$라면 다음은 쉽게 알 수 있다.

1. $a^m a^n = a^{m+n}$이므로 a의 거듭제곱의 곱은 a의 거듭제곱이다.
2. 더욱이 $(a^n)^{-1} = a^{-n}$이므로 a의 거듭제곱의 역원은 a의 거듭제곱이다.
3. 따라서 a의 거듭제곱 전체의 집합은 G의 부분군이다.

이 부분군을 'a가 생성하는 G의 순환부분군'이라 부른다. 이 군은 당연히 순환군인데 이 군을 $\langle a \rangle$로 나타낸다. 만약 a가 위수 n인 원소이면, 이미 본 대로 $\langle a \rangle$는 n개의 원소 $\{e, a, a^2, \cdots, a^{n-1}\}$을 포함한다. a의 위수가 무한이면, $\langle a \rangle = \{\cdots, a^{-2}, a^{-1}, e, a, a^2, \cdots\}$이며 따라서 무한히 많은 원소를 가진다.

예를 들어 $\mathbb{Z}$에서 $\langle 2 \rangle$는 2의 배수 전체로 구성된 $\mathbb{Z}$의 순환부분군이다. $\mathbb{Z}_{15}$에서 $\langle 3 \rangle$은 3의 배수 전체로 구성된 순환부분군 $\{0, 3, 6, 9, 12\}$이다. S_3에서 $\langle \beta \rangle = \{\varepsilon, \beta, \delta\}$이고 β의 거듭제곱을 모두 포함한다.

$\mathbb{Z}$와 같은 순환군의 부분군이 '순환군이 아닌' 경우가 있을까? 이 질문은 순환군을 이해하는 데 있어 대단히 중요하다. 답은 자명하지 않은데, 따로 증명이 필요하다는 것은 분명하다.

정리 2. 순환군의 부분군은 모두 순환군이다.

$G = \langle a \rangle$를 순환군이라 하고, H를 G의 임의의 부분군이라 하자. H가 순환군임을 증명하고 싶다.

a가 G의 생성원이라 하자. H가 순환군이라고 말하려면, H 역시 어떤 생성원, 예를 들어 b를 가지며, H가 b의 거듭제곱만으로 구성되어 있음을 뜻한다. 따라서 이 증명에서는 H의 생성원을 '발견'하여, H의 모든 원소가 이 생성원의 거듭제곱임을 조사하는 것이 핵심이다.

아이디어는 이렇다. G는 a가 생성하는 순환군이고, H가 G의 부분군이라 하자. H의 모든 원소는 G의 원소이므로, H의 모든 원소는 a의 거듭제곱 꼴이라는 뜻이다. 따라서 우리가 찾으려고 하는 H의 생성원은 a의 어떤 거듭제곱이어야 하고 이 거듭제곱은 물론 H의 원소여야 할 것인데, 대체 어떤 것일까? 당연히 지수가 가장 작은 것이어야 한다! 더 정확히 말하면 H에서 a의 거듭제곱 중 가장 작은 '양의' 거듭제곱이다.

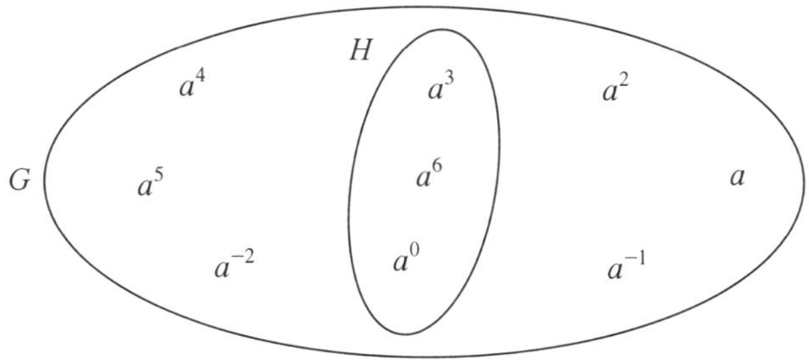

자세한 증명이 여기 있다.

증명: $a^m \in H$인 가장 작은 양의 정수를 m이라 하자.■ H의 모든 원소는 a^m의 거듭제곱임을, 따라서 a^m이 H의 생성원임을 보이려고 한다.

a^t을 H의 '임의의' 원소라 하자. 나눗셈 알고리즘을 써서 t를 m으로 나누자.

$$t = mq + r,\ 0 \leqslant r < m$$

그러면 $a^t = a^{mq+r} = a^{mq}a^r$이다. a^r에 대해 풀면, 다음과 같다.

$$a^r = (a^{mq})^{-1}a^t = (a^m)^{-q}a^t$$

그런데 $a^m \in H$이고 $a^t \in H$이므로 $(a^m)^{-q}a^t \in H$이다.

따라서 $a^r \in H$이다. 하지만 $r < m$이고 m은 $a^m \in H$인 가장 작은 양의 정수이다. 그러므로 $r = 0$이며 따라서 $t = mq$이다.

모든 원소 $a^t \in H$가 $a^t = (a^m)^q$ 꼴임을, 즉 a^m의 거듭제곱 꼴이라는 결론이 나왔다. 따라서 H는 a^m이 생성하는 순환군이다. ■

이 장을 맺으면서 대수학에서 '위수'(order)라는 용어의 다른 용법들에 관해 언급하려고 한다.

G가 군이라 하자. 앞서 본 대로 G에서 '원소 a의 위수'는

■ $a = e$일 때는 증명할 것이 없다. $a \neq e$일 때 $a^{-m} \in H$이면 이 조건을 만족하는 '양의' 정수가 존재한다.—옮긴이

$$\underbrace{aaa\cdots a}_{n\text{개}} = e$$

인 가장 작은 양의 정수 n이다. (그런 n이 없으면 a의 위수는 '무한'하다.)

앞서 'G의 위수'는 G의 원소의 개수로 정의했다. G의 위수를 $|G|$로 나타냈음을 기억하라.

이 두 개의 정의는 혼동해서는 안 되며 서로 구별되는 정의이다. 그렇지만 이들 사이에는 관련이 있다. a가 군에서 위수 n인 원소라 하자. 10장의 정리 3에서, a의 거듭제곱 중 서로 다른 것은 정확히 n개이므로 $\langle a\rangle$는 n개의 원소를 가진다. 그러므로

$$\text{ord}(a) = n\text{이면 } |\langle a\rangle| = n\text{이다.}$$

즉, 순환군의 위수는 생성원의 위수와 동일하다.

연습문제

A. 순환군의 예

1. $\mathbb{Z}_{16}$에서 $\langle 6 \rangle$의 원소를 나열하여라.

2. S_6에서 f가 다음과 같을 때 $\langle f \rangle$의 원소를 나열하여라.

$$f = \begin{pmatrix} 1 & 2 & 3 & 4 & 5 & 6 \\ 6 & 1 & 3 & 2 & 5 & 4 \end{pmatrix}$$

3. $\mathbb{R}^*$에서 순환부분군 $\left\langle \frac{1}{2} \right\rangle$을 서술하여라. $\mathbb{R}$에서 순환부분군 $\left\langle \frac{1}{2} \right\rangle$을 서술하여라.

4. $f(x) = x + 1$일 때, $S_{\mathbb{R}}$의 순환부분군 $\langle f \rangle$를 서술하여라.

5. $f(x) = x + 1$일 때, $\mathcal{F}(\mathbb{R})$의 순환부분군 $\langle f \rangle$를 서술하여라.

6. 1뿐만 아니라 -1도 $\mathbb{Z}$의 생성원임을 보여라. $\mathbb{Z}$에 다른 생성원이 또 있는가? 설명하여라! 임의의 무한순환군 $\langle a \rangle$의 생성원은 무엇인가?

7. $\mathbb{R}^*$는 순환군인가? 자신의 답을 증명해 보아라. 힌트: k가 $\mathbb{R}^*$의 생성원이라 하자.■

$k < 1$이면 $k > k^2 > k^3 > \cdots$

$k > 1$이면 $k < k^2 < k^3 < \cdots$

B. 순환군의 기본 성질

다음을 증명하여라.

#1. G가 위수 n인 군이라 하자. G가 순환군인 것과, G가 위수 n인 원소를 갖는 것은 동치조건이다.

2. 모든 순환군은 가환군이다.

3. $G = \langle a \rangle$가 유한군이고 $b \in G$이면, b의 위수는 a의 위수의 약수이다.

4. 위수가 n인 순환군에서 n을 나누는 모든 자연수 k에 대해 위수가 k인 원소가 존재한다.

5. 서로소인 자연수 m, n에 대해 G가 위수 mn인 가환군이라 하자. G가 위수 m인 원소와 위수 n인 원소를 가진다면, G는 순환군이다. (10장 연습문제 E4를 보아라.)

6. $\langle a \rangle$를 위수 n인 순환군이라 하자. n, m이 서로소라면 함수 $f(x) = x^m$은 $\langle a \rangle$의 자기동형사상이다. (힌트: 연습문제 B3과 10장의 정리 5를 이용하여라.)

■ k가 음수일 가능성도 고려해야 한다.—옮긴이

C. 순환군의 생성원

임의의 양의 정수 n에 대해 $\phi(n)$은 n 이하이면서 n과 서로소인 양의 정수의 개수를 가리키기로 한다. 예를 들어 1, 2, 4, 5, 7, 8은 9와 서로소이므로 $\phi(9)=6$이다. a의 위수가 n이라고 할 때 다음을 증명하여라.

1. a^r가 $\langle a\rangle$의 생성원이라는 것과, r와 n이 서로소라는 것은 동치조건이다. (힌트: 10장 연습문제 G2를 보라.)

2. $\langle a\rangle$의 서로 다른 생성원은 $\phi(n)$개이다. (증명에서 1번을 이용하여라.)

3. n의 인수 m에 대해 $C_m=\{x\in\langle a\rangle : x^m=e\}$라 하자. C_m은 $\langle a\rangle$의 부분군이다.

 # 4. C_m은 정확히 m개의 원소를 가진다. (힌트: 연습문제 B4를 이용하여라.)

5. n의 인수 m에 대해 $\langle a\rangle$의 원소 x의 위수가 m인 것과, x가 C_m의 생성원인 것은 동치조건이다.

6. n의 인수 m에 대해 $\langle a\rangle$에는 위수가 m인 원소가 $\phi(m)$개이다. (1번과 5번을 이용하여라.)

 # 7. $n=mk$라 하자. a^r의 위수가 m인 것과, $r=kl$인 것은 (l, m은 서로소) 동치조건이다. (힌트: 10장 연습문제 G1, 2를 보라.)

8. c가 $\langle a\rangle$의 생성원이면, $\{c^r : r$는 n과 서로소$\}$이 $\langle a\rangle$의 생성원 전체의 집합이다.

D. 순환부분군의 기본 성질

G가 군이고 $a, b \in G$라 하자. 다음을 증명하여라.

1. a가 b의 거듭제곱, 예를 들어 $a = b^k$이면 $\langle a \rangle \subseteq \langle b \rangle$

2. a가 b의 거듭제곱, 예를 들어 $a = b^k$이라 하자. 그러면 b가 a의 거듭제곱인 것과, $\langle a \rangle = \langle b \rangle$인 것은 동치조건이다.

3. $a \in \langle b \rangle$라 하자. $\langle a \rangle = \langle b \rangle$인 것과, a와 b의 위수가 같은 것이 동치조건이다.■

4. $\text{ord}(a) = n$이라 하고, $b = a^k$라 하자. $\langle a \rangle = \langle b \rangle$인 것과, n, k가 서로소인 것이 동치조건이다.

5. $\text{ord}(a) = n$이라 하고, a가 k제곱근을 가진다고, 예를 들어 $a = b^k$라고 하자. 그러면 $\langle a \rangle = \langle b \rangle$인 것과, k, n이 서로소인 것이 동치조건이다.

6. 위수가 mn인 순환군은 위수가 n인 부분군을 딱 하나 가진다.

E. 순환군의 직적

G, H가 군이라 하고 $a \in G$ 및 $b \in H$라 하자. 1번부터 4번까지 증명하여라.

1. (a, b)가 $G \times H$의 생성원이면, a는 G의 생성원이고 b도 H의 생성원이다.

■ $\langle b \rangle$가 유한군이어야 한다.—옮긴이

2. $G \times H$가 순환군이면 G와 H 모두 순환군이다.

3. 2번의 역은 거짓이다. (이를 설명하는 예를 들어라.)

4. $\text{ord}(a) = m$이고 $\text{ord}(b) = n$이라 하자. $G \times H$에서 (a, b)의 위수는 m과 n의 최소공배수이다. (힌트: 10장의 정리 5를 이용하여라. 다른 것은 전혀 필요 없다!)

5. 4번으로부터 m과 n이 서로소일 때 (a, b)의 위수가 mn임을 결론지어라.

6. c의 위수가 m이고 d의 위수가 n일 때 $(c, d) \in G \times H$라 하자. m과 n이 서로소가 '아니면' (따라서 $q > 1$인 공통인수가 있으면) (c, d)의 위수는 mn보다 작음을 증명하여라.

7. 5번과 6번으로부터 $\langle a \rangle \times \langle b \rangle$가 순환군인 것과, $\text{ord}(a)$, $\text{ord}(b)$가 서로소라는 것이 동치조건임을 보여라.

8. m, n이 서로소일 때 G가 위수 mn인 가환군이라 하자. G가 위수 m인 원소 a 및 위수 n인 원소 b를 가진다면, $G \cong \langle a \rangle \times \langle b \rangle$임을 증명하여라. (힌트: 10장 연습문제 E1, 2를 보아라.)

9. m, n이 서로소일 때 $\langle a \rangle$가 위수 mn인 순환군이라 한다. $\langle a \rangle \cong \langle a^m \rangle \times \langle a^n \rangle$임을 증명하여라.

†F. 순환군에서 원소의 k제곱근

$\langle a \rangle$를 위수 n인 순환군이라 하자. 정수 k에 대해 이런 질문을 할 수 있다. $\langle a \rangle$의 원소 중에서 k제곱근을 갖는 원소는 무엇인가? 아래의 연습문제는 이 질문에 대답을 줄 것이다.

1. a의 위수가 10이라 하자. 어떤 정수 k에 대해 $(0 \leqslant k \leqslant 12)$, a가 k제곱근을 갖는가? 어떤 정수 k에 대해 $(0 \leqslant k \leqslant 12)$, a^6이 k제곱근을 갖는가?

k, n이 임의의 정수일 때 $\gcd(k, n)$은 k, n의 최대공약수를 가리킨다고 하자. k와 n의 정수결합은 정수 c, d에 대해 $ck + dn$ 꼴의 식을 말한다. 정수론에서의 간단한 사실에 따르면 (367쪽에서 증명할 것이다) 정수 m이 k와 n의 정수결합인 것과, m이 $\gcd(k, n)$의 배수인 것이 동치조건이다. 군 G에서 a가 위수 n인 원소일 때, 이 사실을 이용하여 다음을 증명하여라.

2. m이 $\gcd(k, n)$의 배수이면, a^m은 $\langle a \rangle$에서 k제곱근을 가진다. [힌트: a^m을 계산하고, 어떤 $a^c \in \langle a \rangle$에 대해 $a^m = (a^c)^k$임을 보여라.]

#3. a^m이 $\langle a \rangle$에서 k제곱근을 가지면, m은 $\gcd(k, n)$의 배수이다. 따라서 a^m이 $\langle a \rangle$에서 k제곱근을 갖는 것과, $\gcd(k, n)$이 m의 인수인 것은 동치조건이다.

4. a가 $\langle a \rangle$에서 k제곱근을 가진다는 것과, k와 n이 서로소인 것은 동치조건이다.

5. p가 소수라 하자.

(a) n이 p의 배수가 아니면, $\langle a \rangle$의 모든 원소는 p제곱근을 가진다.

(b) n이 p의 배수이고 a^m이 p제곱근을 가지면, m은 p의 배수이다.
(따라서 $\langle a \rangle$의 원소 중에서 p제곱근을 갖는 것은 e, a^p, a^{2p} 등의 원소뿐이다.)

6. $\langle a \rangle$에서 k제곱근을 갖는 원소 전체의 집합은 $\langle a \rangle$의 부분군이다. 이 부분군이 순환군, 즉 $\langle a^m \rangle$ 꼴임을 설명하여라. m의 값은 얼마인가? (3번을 이용하여라.)

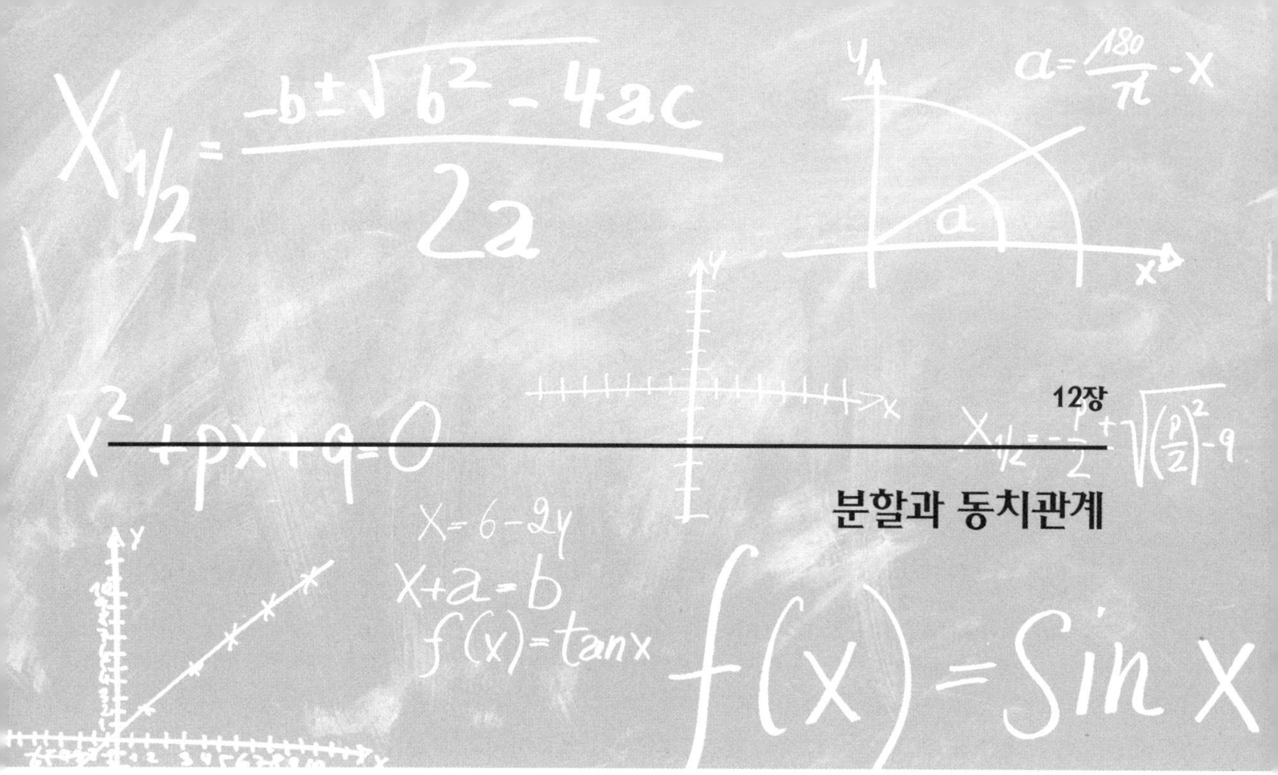

12장

분할과 동치관계

동전이 든 단지를 비워 탁자 위에 쏟고, 1센트짜리, 5센트짜리, 10센트짜리, 25센트짜리, 50센트짜리 동전을 액면가에 따라 분류하려고 한다고 상상해 보자. 이런 것이 집합의 '분할'(partition)이라 부르는 간단한 예다. 각각의 분할된 뭉치를 이 분할의 부류(class)라 부르는데, 동전 단지를 다섯 개의 부류로 나눈 셈이다.

또 다른 분할의 예가 있다. 신선한 농장 달걀의 배급처에서는 매일 공급 물량을 크기별로 분류하고, '대란', '중란', '소란'의 세 개의 부류로 나눈다.

미국 정당 전당 대회의 선거인단은 소속 주에 따라 분류할 수 있으므로, 각자 한 개의 주씩 50개의 다른 부류로 나눌 수 있다.

학생 수업 노트를 주제별로 분류할 수 있으며, 노트의 페이지를 (예를 들어) '수학', '국어', '영어', '국사'처럼 몇 개의 범주로 나눌 수 있다.

분류하거나 순서를 맞추거나 보관할 때마다 집합에 분할이라는 단순한 행위를 하는 것이다. 어떤 집합 A를 분할한다는 것은, 공집합이 아닌 부분집합, 예를 들어 A_1, A_2, A_3 등으로 나누는 것을 말하는데 이들 부분집합을 이 분할의 '분할류'(class)라 부른다. 서로 다른 분할류, 예를 들어 A_i와 A_j는 '서로소'(disjoint)여야 하는데 이는 공통 원소가 없다는 뜻이다. 또한 분할류의 합집합은 A 전체이다.

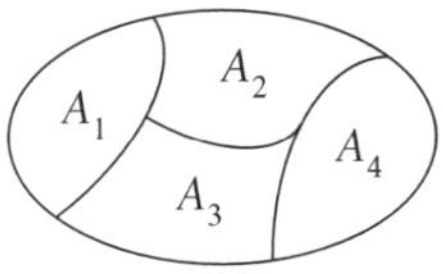

수학적으로 지긋지긋하기 마련인 집합의 분할 '과정'을 다루는 대신, 분할 '결과'를 다루는 것이 더 편리하다. 예를 들어 위의 삽화에서 $\{A_1, A_2, A_3, A_4\}$를 A의 '분할'(partition)이라 부른다. 따라서 다음과 같이 정의할 수 있다.

집합 A의 '분할'이란 A의 공집합이 아닌 부분집합의 모임 $\{A_i : i \in I\}$이 서로소이면서 합집합이 A 전체일 때를 말한다.

$\{A_i : i \in I\}$는 I 내의 각 첨자 i에 대해 한 개의 집합 A_i가 구성하는 집합의 모임 $\{A_i, A_j, A_k, \cdots\}$를 통상적으로 나타내는 표기이다. [$I$의 원소를 '첨자'(index)라 부르는데, $\{A_i : i \in I\}$는 'i가 I 위에서 움직일 때 집합 A_i들의 모임'이라고 읽을 수 있다.]

$\{A_i : i \in I\}$를 A의 분할이라 하자. 첨자 i, j, k, $\cdots$를 분할류 A_i, A_j, A_k에 '이름을 주는' 식별자로 생각할 수 있다. 실질적인 문제에서는 각 분할류에 하나씩, 그것도 오직 하나씩만 이름을 붙이는 것은 매우 불편하다. 편의상 첨자의 반복을 허락하는 쪽이 더 간단하다. 예를 들어 위의 삽화에서의 분할은 다음처럼 나타낼 수도 있다. 여기에서 A_1은 A_5와, A_2는 A_6과, A_3은 A_7과 같은 분할류이다.

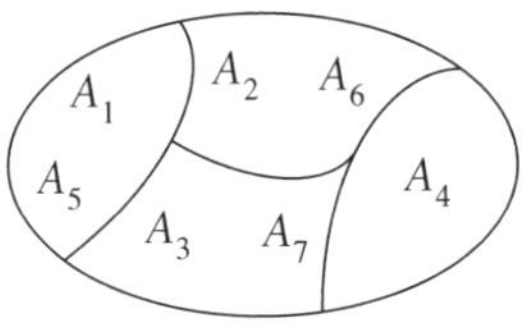

방금 본 대로 '서로 다른' 분할류는 서로소인데, 이는 '서로소가 아닌 두 분할류는 같아야만 한다'는 것과 같은 말이다. A의 분할이 만족해야 하는 다른 조건으로 분할류의 합집합이 A여야 한다는 것이 있었다. 이는 'A의 모든 원소는 어느 분할류에 속한다'고 말하는 것과 같다. 따라서 더 구체적인 분할의 정의를 갖게 됐다.

> 집합 A의 분할이라는 것은 A의 공집합이 아닌 부분집합의 모임 $\{A_i : i \in I\}$가 다음을 만족할 때이다.
>
> (i) 두 분할류, 예를 들어 A_i와 A_j가 공통 원소 x를 가지면, 다시 말해 서로소가 아니면, $A_i = A_j$이다.
>
> (ii) A의 모든 원소 x는 적어도 하나의 분할류에는 속해야 한다.

이제 수학에서의 다른 기초적 개념으로 이목을 돌리자. 집합 A 위의 '관계'(relation)라는 것은 A의 원소로 이루어진 순서쌍 (x, y)에 대해 참이나 거짓을 주는 임의의 명제를 말한다. 적절한 집합 위에서 관계의 예로는 '$x = y$', '$x < y$', 'x는 y에 평행하다', 'x는 y의 자손이다'와 같은 것이 있다. 집합 위에서 특히 중요한 관계가 '동치관계'(equivalence relation)이다. 동치관계는 보통 기호 $\sim$로 나타내는데, $x \sim y$는 'x가 y와 동치이다'라고 읽을 수 있다.■ 동치관계를 어떻게 정의할 것인지 보자.

집합 A 위의 동치관계란 다음을 만족하는 관계 $\sim$를 말한다.

반사율(Reflexive law)	A의 모든 원소 x에 대해 $x \sim x$이다.
대칭률(Symmetric law)	$x \sim y$이면 $y \sim x$이다.
추이율(Transitive law)	$x \sim y$이고 $y \sim z$이면 $x \sim z$이다.

가장 명백한 동치관계의 예는 상등인 경우지만, 다른 예도 많다는 걸 곧 보게 될 것이다. 매일의 경험으로부터 나오는 예로는 'x가 y만큼 무게가 나간다', 'x는 y와 색이 같다', 'x는 y와 동의어다' 등등이 있다.

동치관계는 분할로부터 자연스럽게 발생하기도 한다. 실제로 $\{A_i : i \in I\}$가 A의 분할일 때, A 위에서 x, y가 같은 분할류에 속할 때 $x \sim y$라 두어 동치관계 $\sim$를 정의할 수

■ 동등관계라 부르기도 하며, 이때에는 'x와 y가 동등하다'라고 읽을 수 있다.—옮긴이

있다.

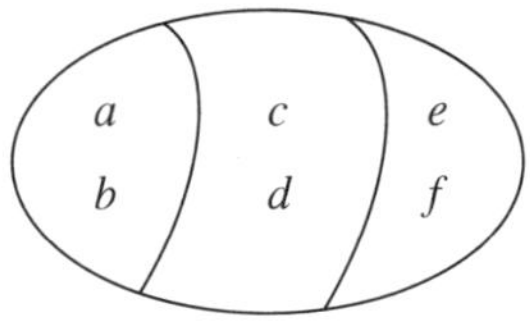

$$a \sim b$$
$$c \sim d$$
$$e \sim f$$

다른 말로 하면, 두 원소가 같은 분할류에 속할 때 '동등하다' 또는 '동치이다'라고 말한다. 이 관계 $\sim$가 A 위의 동치관계라는 것을 보이는 것은 쉽다. 실제로 x는 x와 같은 분할류에 속하므로 $x \sim x$이다. 다음으로 x와 y가 같은 분할류에 들어가면, y는 x와 같은 분할류에 들어간다. 마지막으로 x와 y가 같은 분할류에 속하고 y와 z가 같은 분할류에 속하면, x와 z는 같은 분할류에 속한다. 따라서 $\sim$는 A 위의 동치관계인데, 이를 '분할 $\{A_i : i \in I\}$가 결정하는 동치관계'라 부른다.

$\sim$를 A 위의 동치관계라 하고 x를 A의 원소라 하자. x와 동치인 원소들 전체의 집합을 x의 '동치류'(equivalent class)라 부르며 $[x]$로 나타낸다. 기호로는 다음과 같다.

$$[x] = \{y \in A : y \sim x\}$$

다음은 동치류의 유용한 성질이다.

보조정리 $x \sim y$이면, $[x] = [y]$이다.

다른 말로 표현하자면, 두 원소가 동치이면 동치류가 같다. 이 보조정리의 증명은 아주 명백하다. $x \sim y$이므로 x와 동치인 원소는 y와 동치인 원소와 같기 때문이다.

예를 들어, 앞서 논의했던 동전 단지로 돌아가 보자. A를 단지 속의 동전의 집합이라 할 때, 두 동전이 '동등하다'는 것은 액면가가 같을 때, 다시 말해서 1센트짜리는 1센트짜리와 동등하고, 5센트짜리는 5센트짜리와 동등하다는 식이라 하자. x가 A에 속하는 5센트짜리 동전이라 하자. 그러면 x의 동치류 $[x]$는 A에 속하는 모든 5센트짜리의 집합이다.

y가 10센트짜리라면, $[y]$는 10센트 전체의 무더기이며, 비슷한 것이 다른 동전에도 성립한다. 서로 다른 동치류는 정확히 다섯 개이다. 이 예에 보조정리를 적용한다면, 두 동전이 동등하다는 것은 (즉, 액면가가 같다는 것은) 두 동전이 같은 무더기 속에 있다는 진술에 불과하다. 그건 그렇고 다섯 개의 동치류가 A의 분할을 형성한다는 것은 분명하다. 이 관찰을 다음 정리에 나타내었다.

정리 $\sim$가 A 위의 동치류라면, 동치류 전체의 모임, 즉 $\{[x] : x \in A\}$는 A의 분할이다.

이 정리에 따르면, $\sim$가 A 위의 동치류일 때 A의 원소들을 동치인 것들과 같이 묶어 서로 다른 분할류로 분류하면, A의 분할을 얻는다는 것이다.

정리를 증명하기 위해, 먼저 각 동치류는 A의 부분집합으로 공집합이 아님을 관찰해야 한다. ($x \sim x$이므로 $x \in [x]$이기 때문에 공집합이 아니다.) 다음으로는, 두 개의 서로 다른 분할류는 서로소라는 것, 혹은 이와 동등하게 두 동치류 $[x]$와 $[y]$가 공통 원소를 가지면 서로 같다는 것을 보여야 할 필요가 있다. 만약 $[x]$와 $[y]$가 공통 원소 u를 가지면 $u \sim x$이고 $u \sim y$이다. 대칭률과 추이율에 의해 $x \sim y$다. 따라서 보조정리에 의해 $[x] = [y]$이다.

마지막으로 A의 모든 원소가 어떤 동치류에는 속한다는 것을 보여야 한다. 이는 $x \in [x]$이기 때문에 성립한다. 따라서 동치류 전체의 모임은 A의 분할이다.

$\sim$가 A 위의 동치관계이고 A를 동치류로 분할하였을 때, 이 분할을 '동치관계 $\sim$가 결정하는 분할'이라 부른다.

학생들은 지금쯤 '분할'과 '동치관계'의 두 개념이 겉으로는 달라 보이지만, 사실은 집합 위에서 동일한 구조의 양면이라는 것을 눈치챘을 것이다. A 위의 동치관계에서 출발하면 A를 동치류로 분할할 수 있으므로 A의 분할을 얻는다. 반대로 이 분할로부터 동치관계를 복원할 수 있다. 임의의 두 원소 x와 y가 동치라는 것과, 분할에서 동일한 분할류(동치류)에 놓인다는 것이 동치조건이기 때문이다.

반대 방향으로 가서, A의 분할로 시작하여 임의의 두 원소가 동일한 분할류에 놓이면 동치라고 두어 동치관계를 '정의'할 수 있다. 그러면 A를 동치관계로 분할하여 원래 분할을 복원할 수 있다.

마지막 예로, 빨강, 파랑, 초록, 하양과 같은 다양한 색의 포커 칩의 집합을 A라 하자. 두 칩이 같은 색깔일 때 '동치'라고 부르자. 이 동치관계에는 네 개의 동치류, 즉 빨강 칩의 집합, 파랑 칩의 집합, 초록 칩의 집합, 하양 칩의 집합이 있다. 이 네 개의 동치류가 A의 분할이다.

역으로 포커 칩의 집합 A를 색깔에 따라 네 부류로 분할했다면 이 분할이 동치관계를 결정하는데, 여기에서는 칩이 동치인 것과 똑같은 부류에 속한다는 것은 같은 말이다. 이 관계가 정확히 앞서 보았던 동치관계이다.

마지막으로 한마디 보태자. 일반적으로 주어진 집합 A를 분할하는 방법은 많다. 각 분할은 A 위의 '정확히 한 개의 구체적인 동치관계'를 결정하며, 또한 이 관계가 분할을 결정한다. 따라서 만약 A가 세 개의 원소 a, b, c로 이루어진 집합이면, 다음 삽화에 나타낸 대로 다섯 가지 분할 방법이 있다. 각 분할 밑에는 그 분할이 결정하는 동치관계를 써 넣었다.

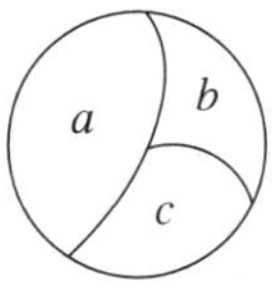

$a \sim a$
$b \sim b$
$c \sim c$

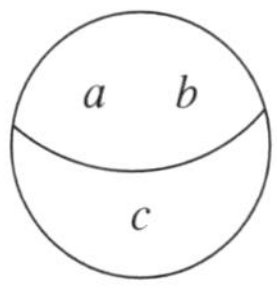

$a \sim a$
$b \sim b$
$c \sim c$

$a \sim b$

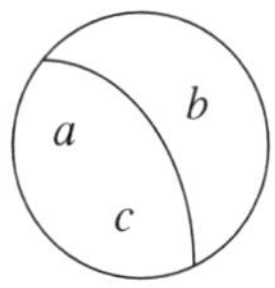

$a \sim a$
$b \sim b$
$c \sim c$

$a \sim c$

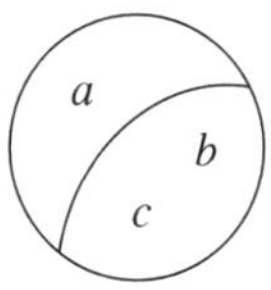

$a \sim a$
$b \sim b$
$c \sim c$

$b \sim c$

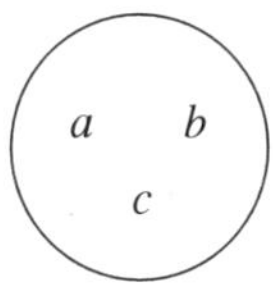

$a \sim a$
$b \sim b$
$c \sim c$

$a \sim b$
$a \sim c$
$b \sim c$

이번에도 A의 각 분할은 A의 각 동치관계를 결정하며, 또한 이 동치관계가 분할을 결정한다.

연습문제

A. 분할의 예

다음 각각이 주어진 집합의 분할임을 증명하여라. 그 분할과 관계된 동치관계를 묘사하여라.

1. 각 정수 $r \in \{0, 1, 2, 3, 4\}$에 대해 5로 나눈 나머지가 r인 모든 정수의 집합을 A_r라 하자. (즉, $x \in A_r$인 것과 어떤 정수 q에 대해 $x = 5q + r$이라는 것은 같은 말이다.) $\{A_0, A_1, A_2, A_3, A_4\}$는 $\mathbb{Z}$의 분할임을 증명하여라.

\# 2. 각 정수 n에 대해, $A_n = \{x \in \mathbb{Q} : n \leqslant x < n+1\}$이라 하자. $\{A_n : n \in \mathbb{Z}\}$이 $\mathbb{Q}$의 분할임을 증명하여라.

3. $\mathbb{Z}^*$가 0이 아닌 정수의 집합일 때, 각 유리수 r에 대해 $A_r = \{(m, n) \in \mathbb{Z} \times \mathbb{Z}^* : m/n = r\}$이라 하자. $\{A_r : r \in \mathbb{Q}\}$가 $\mathbb{Z} \times \mathbb{Z}^*$의 분할임을 증명하여라.

4. 각 정수 $r \in \{0, 1, 2, \cdots, 9\}$에 대해 십진법으로 썼을 때 일의 자리가 r인 모든 정수의 집합을 A_r라 하자. $\{A_0, A_1, A_2, \cdots, A_9\}$가 $\mathbb{Z}$의 분할임을 증명하여라.

5. 임의의 유리수 x는 어떤 정수 q와 $0 \leqslant n/m < 1$에 대해 $x = q + n/m$으로 쓸 수 있다. n/m을 x의 '소수 부분'이라 부르자. 각 유리수 $r \in \{x : 0 \leqslant x < 1\}$에 대해, $A_r = \{x \in \mathbb{Q} : x$의 소수부분이 $r\}$라 두자. $\{A_r : 0 \leqslant r < 1\}$이 $\mathbb{Q}$의 분할임을 증명하여라.

6. 각 $r \in \mathbb{R}$에 대해, $A_r = \{(x, y) \in \mathbb{R} \times \mathbb{R} : x - y = r\}$라 하자. $\{A_r : r \in \mathbb{R}\}$가 $\mathbb{R} \times \mathbb{R}$의 분할임을 증명하여라.

B. 동치관계의 예

다음 각각이 주어진 집합 위에서 동치관계임을 증명하여라. 그런 다음 동치관계와 관련된 분할이 무엇인지 묘사하여라.

1. $\mathbb{Z}$ 위에서 $m \sim n$을 $|m| = |n|$일 때로 정의한다.

2. $\mathbb{Q}$ 위에서 $r \sim s$를 $r - s \in \mathbb{Z}$일 때로 정의한다.

3. x보다 작거나 같은 가장 큰 정수를 $\lceil x \rceil$로 나타내자. $\mathbb{R}$ 위에서 $a \sim b$를 $\lceil a \rceil = \lceil b \rceil$로 정의한다.

4. $\mathbb{Z}$ 위에서 $m \sim n$을 $m - n$이 10의 배수일 때로 정의한다.

5. $\mathbb{R}$ 위에서 $a \sim b$를 $a - b \in \mathbb{Q}$로 정의한다.

6. $\mathcal{F}(\mathbb{R})$ 위에서 $f \sim g$를 $f(0) = g(0)$일 때로 정의한다.

7. c가 고정된 실수일 때, $\mathcal{F}(\mathbb{R})$ 위에서 $f \sim g$를 $x > c$인 모든 x에 대해 $f(x) = g(x)$일 때로 정의한다.

8. C가 임의의 집합일 때 P_C를 C의 부분집합 전체의 집합이라 하자. $D \subseteq C$라 하자. P_C 위에서 $A \sim B$를 $A \cap D = B \cap D$일 때로 정의한다.

9. $\mathbb{R} \times \mathbb{R}$ 위에서 $(a, b) \sim (c, d)$를 $a^2 + b^2 = c^2 + d^2$일 때로 정의한다.

10. $\mathbb{R}^*$를 0이 아닌 실수의 집합이라 할 때, $\mathbb{R}^*$ 위에서 $a \sim b$를 $a/b \in \mathbb{Q}$일 때로 정의한다.

C. $\mathbb{R} \times \mathbb{R}$의 동치관계와 분할

1번부터 3번까지, $\{A_r : r \in \mathbb{R}\}$는 $\mathbb{R} \times \mathbb{R}$의 어떤 부분집합들의 모임이다. 이 모임이 분할임을 증명하고, 기하학적으로 분할을 묘사하고, 대응하는 동치관계를 묘사하여라.

 # 1. $r \in \mathbb{R}$에 대해 $A_r = \{(x, y) : y = 2x + r\}$.

2. $r \in \mathbb{R}$에 대해 $A_r = \{(x, y) : x^2 + y^2 = r^2\}$.

3. $r \in \mathbb{R}$에 대해 $A_r = \{(x, y) : y = |x| + r\}$.

4번부터 6번까지 $\mathbb{R} \times \mathbb{R}$ 위의 동치관계가 주어져 있다. 이 관계가 동치관계임을 증명하고, 기하학적으로 묘사하고, 대응하는 분할을 그려라.

4. $(x, y) \sim (u, v)$를 $ax^2 + by^2 = au^2 + bv^2$으로 정의한다. (단, $a, b > 0$)

5. $(x, y) \sim (u, v)$를 $x + y = u + v$일 때로 정의한다.

6. $(x, y) \sim (u, v)$를 $x^2 - y = u^2 - v$일 때로 정의한다.

D. 군 위의 동치관계

G를 군이라 하자. 다음에서 G 위의 관계를 정의했다. 이 관계가 동치관계임을 증명하여라. 그런 다음 e의 동치류를 묘사하여라.

1. H가 G의 부분군일 때, $a \sim b$를 $ab^{-1} \in H$일 때로 정의한다.

2. H가 G의 부분군일 때, $a \sim b$를 $a^{-1}b \in H$일 때로 정의한다. 1번과 같은 동치관계인가? 증명하거나 반례를 하나 찾아라.

3. $a \sim b$를 $a = xbx^{-1}$인 $x \in G$가 존재할 때로 정의한다.

4. $a \sim b$를 $a^k = b^k$인 정수 k가 존재할 때로 정의한다.■

#5. $a \sim b$를 ab^{-1}가 모든 $x \in G$와 가환일 때로 정의한다.

6. $a \sim b$를 ab^{-1}가 어떤 고정된 원소 $c \in G$의 거듭제곱일 때로 정의한다.

E. 동치관계 및 분할의 일반적인 성질

1. $\{A_i : i \in I\}$가 A의 분할이라 하자. $\{B_j : j \in J\}$를 B의 분할이라 하자. $\{A_i \times B_j : (i, j) \in I \times J\}$가 $A \times B$의 분할임을 증명하여라.

2. 1번에서 A의 분할에 대응하는 동치관계를 $\sim_I$라 하고, B의 분할에 대응하는 동치관계를 $\sim_J$

■ $k = 0$을 허용하면 문제가 지나치게 쉬워진다.—옮긴이

라 하자. 이때 $A \times B$의 분할에 대응하는 동치관계를 묘사하여라.

3. $f : A \to B$를 함수라 하자. $a \sim b$를 $f(a) = f(b)$일 때로 정의하자. $\sim$가 A 위의 동치관계임을 증명하여라. 동치관계가 무엇인지 묘사하여라.

4. $f : A \to B$를 함수라 하고, $\{B_i : i \in I\}$를 B의 분할이라 하자. $\{f^{-1}(B_i) : i \in I\}$가 A의 분할임을 증명하여라.■ $\sim_I$를 B의 분할에 대응하는 동치관계라 할 때, A의 분할에 대응하는 동치관계가 무엇인지 묘사하여라. [조언: $C \subseteq B$에 대해 $f^{-1}(C) = \{x \in A : f(x) \in C\}$이다.]

5. $\sim_1$과 $\sim_2$가 A 위의 서로 다른 동치관계라 하자. $a \sim_3 b$를 $a \sim_1 b$ 및 $a \sim_2 b$일 때로 정의하자. $\sim_3$이 A 위에서 동치관계임을 증명하여라. $i = 1, 2, 3$에 대해 $\sim_i$에 대한 x의 동치류를 $[x]_i$라 할 때, $[x]_3 = [x]_1 \cap [x]_2$임을 증명하여라.

■ 정확히 말하면 $f^{-1}(B_i)$ 중에서 공집합이 아닌 것만을 모아야 한다.—옮긴이

13장

나머지류 세기

미술이나 음악에서 위대한 작품들이 있듯이 수학에도 위대한 창작품이 있다. 예술과 마찬가지로 수학에서 '위대함'을 정의하는 것은 어렵지만, 기본적인 요소는 분명하다. '위대한' 정리라면 상당히 새로운 정보, 그것도 '예상 밖'의 정보의 근원이어야 한다! 즉, 위대한 정리라면 상식적으로는 자연스럽게 예상하지 못할 뭔가를 드러내야 한다. 돌이켜 보면 평면 기하에서 유명한 정리들은 완전한 놀라움으로 다가왔다. 간결하고 확실한 단계를 통해 증명이 펼쳐지면서 미심쩍어 보였던 것이 점차 의심을 넘어 결론으로 확립되어 갈 때, 위대한 이야기에서의 아이러니하거나 비극적인 반전에 대한 반응과 별다르지 않은 일종의 경외감을 느끼기 마련이다.

이 장에서는 현대 대수학의 결과 하나를 생각하려고 하는데, 어떠한 기준으로 보더라도 위대한 정리이다. 예견하지 못했을 정리이며, 군과 부분군들 사이에 새로운 질서와 단순성을 부여한다.

먼저 우리의 대수적 도구상자에 새로운 개념을 도입하면서 시작하자. 대단히 융통성 있는 개념적 도구인데, 이후의 장에서 우리에게 큰 도움을 줄 것이다. 바로 '나머지류'(coset)

라 부르는 개념이다.

> G를 군이라 하고, H를 G의 부분군이라 하자. G의 임의의 원소 a에 대해, 기호
>
> $$aH$$
>
> 는 a는 고정하고 h가 H 위에서 변할 때 모든 곱 ah의 집합을 가리킨다. aH를 G에서 H의 '왼쪽 나머지류'(left coset)라 부른다.
> 마찬가지로
>
> $$Ha$$
>
> 는 a는 고정하고 h가 H 위에서 변할 때 모든 곱 ha의 집합을 가리킨다. Ha를 G에서 H의 '오른쪽 나머지류'(right coset)라 부른다.

실제에 있어서는 '일관성'을 유지하는 한, 왼쪽 나머지류냐 오른쪽 나머지류냐 하는 것에 큰 차이는 없다. 이에 앞으로 우리는 '오른쪽' 나머지류를 사용할 것이다. 말을 간단히 하기 위해 '오른쪽 나머지류' 대신 그냥 '나머지류'라고 말할 것이다.

군 G에서 나머지류를 다룰 경우, G의 모든 나머지류가 G의 '부분집합'이라는 사실을 염두에 두어야 한다. 따라서 두 나머지류 Ha와 Hb가 같다는 것을 증명할 경우, '같은 집합'이라는 것을 보여야 한다. 물론 이 말은 모든 원소 $x \in Ha$가 Hb에도 속하며, 반대로 모든 원소 $y \in Hb$가 Ha에 속한다는 것을 뜻한다. 예를 들어 다음 기본적인 사실을 증명해 보자.

$$a \in Hb\text{이면, } Ha = Hb \tag{1}$$

$a \in Hb$가 주어졌으므로 어떤 $h_1 \in H$에 대해 $a = h_1 b$이다. 이제 $Ha = Hb$임을 증명해야 한다.

$x \in Ha$라 하자. 이는 어떤 $h_2 \in H$에 대해 $x = h_2 a$라는 뜻이다. 그런데 $a = h_1 b$이므로 $x = h_2 a = (h_2 h_1) b$이며, 마지막 항이 Hb에 속하는 것은 분명하다. 이는 모든 원소 $x \in$

Ha가 Hb에 속한다는 것을 입증해 준다. 비슷한 방법으로 모든 원소 $y \in Hb$가 Ha에 속한다는 것을 보일 수 있으므로, $Ha = Hb$이다.

이제 나머지류에 대한 가장 중요한 사실이 나온다. G를 군이라 하고 H를 G의 고정된 부분군이라 하자.

정리 1. a가 G에서 움직일 때 나머지류 Ha 전체의 모임은 G의 분할을 이룬다.

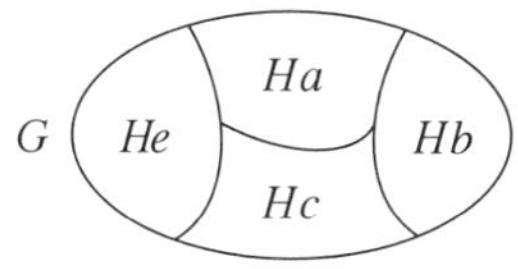

증명: 먼저 임의의 두 나머지류, 예를 들어 Ha와 Hb가 서로소이든지 같다는 것을 보여야 한다. 만약 이 둘이 서로소라면 더 증명할 것이 없다. 그렇지 않다면, $x \in Ha \cap Hb$라 할 수 있다. $x \in Ha$이므로 어떤 $h_1 \in H$에 대해 $x = h_1 a$이다. $x \in Hb$이므로 어떤 $h_2 \in H$에 대해 $x = h_2 b$이다. 따라서 $h_1 a = h_2 b$인데, a에 대해 풀면 다음을 얻는다.

$$a = (h_1^{-1} h_2)b$$

따라서 다음이 성립한다.

$$a \in Hb$$

위의 성질 (1)로부터 $Ha = Hb$라는 사실이 나온다.

다음으로 '모든' 원소 $c \in G$가 H의 어떤 나머지류에 속한다는 것을 보여야 한다. 그런데 이는 자명하다. $c = ec$인데 $e \in H$이기 때문이다. 따라서 다음이 성립한다.

$$c = ec \in Hc$$

그러므로 H의 나머지류 전체의 모임은 G의 분할이다. ■

더 나아가기 전에 소소한 언급을 할 필요가 있어 보인다. 주어진 나머지류, 예를 들어

Hb는 한 가지 이상의 방법으로 나타낼 수 있다. 성질 (1)에 의해 'a가 Hb의 어떤 원소이든, Hb는 Ha와 똑같다.' 따라서, 예를 들어 H의 나머지류가 n개의 원소 $a_1, a_2, \cdots, a_n$을 포함하고 있으면, n개의 다른 방법, 즉 $Ha_1, Ha_2, \cdots, Ha_n$으로 쓸 수 있다.

나머지류에 대해 다음으로 중요한 사실은 유한군에 대한 것이다. G가 유한군이고, H가 G의 부분군이라 하자. 'H의 모든 나머지류가 동일한 개수의 원소를 가진다'는 것을 보일 것이다. 이 사실은 다음 정리의 결과이다.

정리 2. Ha가 H의 임의의 나머지류일 때, H로부터 Ha로의 일대일 대응이 존재한다.

증명: H로부터 Ha로의 가장 명백한 함수는, 각 $h \in H$에 대해 h를 ha와 맺는 함수이다. 즉, $f : H \to Ha$를 다음처럼 정의하자.

$$f(h) = ha$$

h는 변하지만 a는 고정되어 있다는 것을 기억하고, f가 단사 및 전사임을 조사하자.

f는 단사: 만약 $f(h_1) = f(h_2)$라면 $h_1a = h_2a$이므로 $h_1 = h_2$이다.

f는 전사: Ha의 모든 원소는 어떤 $h \in H$에 대해 ha 꼴인데, $ha = f(h)$이기 때문이다. 따라서 주장한 대로 f는 H로부터 Ha로의 일대일 대응이다. ■

정리 2에 의해 모든 나머지류 Ha는 H와 원소의 개수가 같다. 따라서 모든 나머지류의 원소의 개수는 모두 같다!

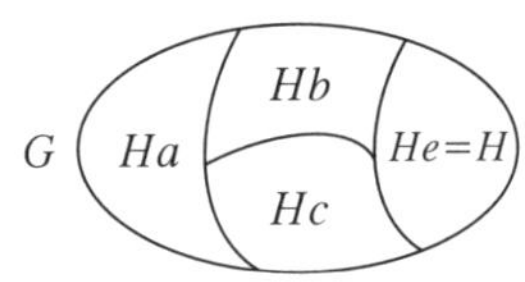

정리 1과 정리 2에서 증명한 것을 조심스레 살펴보자. G가 유한군이고 H가 G의 부분군이라 하자. G를 H의 나머지류로 분할하였는데, H의 모든 나머지류의 원소의 개수는 H의 원소의 개수와 같다. 따라서 'H의 원소의 개수에, 서로 다른 H의 나머지류의 개수를 곱하면, G의 원소의 개수와 같다.' 이 명제는 라그랑주(Lagrange) 정리로 알려져 있다. (군에서 원소의 개수를 군의 '위수'라고 불렀음을 기억하여라.)

정리 3. [라그랑주 정리] G를 유한군이라 하고, H를 G의 부분군이라 하자. G의 위수는 H의 위수의 배수이다.

다른 말로 하면, 유한군 G의 부분군의 위수는 G의 위수의 약수이다.

예를 들어 G가 15개의 원소를 갖고 있다면, 비자명 부분군은 3개 또는 5개의 원소를 가질 수 있다. 만약 G가 7개의 원소를 갖고 있다면, 7이 1이나 7 이외의 인수를 갖지 않기 때문에 이 군은 비자명 부분군을 갖지 '않는다.' 마지막 예는 일반화할 수 있다.

군 G의 원소의 개수 p가 '소수'(prime number)라 하자. 원소 $a \in G$가 $a \neq e$일 때, 이 원소의 위수를 정수 $m \neq 1$이라 하자. 이때 순환부분군 $\langle a \rangle$는 m개의 원소를 갖는다. 라그랑주 정리에 의해, m은 p의 약수여야 한다. 그런데 p는 소수이므로, $m = p$이다. 이로부터 $\langle a \rangle$가 p개의 원소를 가진다는 사실이 나오고, 따라서 G 전체여야 한다! 결론은 다음과 같다.

정리 4. G가 소수 개의 원소를 가진 군이면, G는 순환군이다. 더욱이 $a \neq e$인 임의의 원소는 G의 생성원이다.

정리 4는 라그랑주 정리의 따름정리에 불과하지만, 자체로도 매우 놀랍다. 이는 '동형인 것은 같다고 하면, 주어진 소수 p에 대해 위수가 p인 군은 오직 하나'라는 얘기이다. 예를 들어 위수가 7인 군은 (동형인 것은 같다고 하면) 단 하나 $\mathbb{Z}_7$이며, 위수가 11인 유일한 군은 $\mathbb{Z}_{11}$ 등등이 성립한다! 따라서 위수가 소수인 군에 대한 완전한 정보를 갖게 되었다.

정리 5. 유한군의 임의의 원소의 위수는 그 군의 위수를 나눈다.

마지막으로 G가 군이고 H가 G의 부분군이라 할 때, G에서 H의 나머지류의 개수를 'G에서 H의 지수(index)'라고 한다. 이를 $(G : H)$로 나타낸다. 유한군 G의 원소의 개수는,

H의 원소의 개수에 서로 다른 H의 나머지류의 개수를 곱한 것이므로 다음을 얻는다.

$$(G:H) = \frac{G\text{의 위수}}{H\text{의 위수}}$$

연습문제

A. 유한군에서 나머지류의 예

다음에서 H는 G의 부분군이다. 1번부터 5번까지 H의 나머지류를 나열하여라. 각 나머지류에 대해 소속 원소를 나열하여라.

예제 $G = \mathbb{Z}_4$, $H = \{0, 2\}$

(참고: G의 연산을 $+$로 나타낼 경우, 나머지류를 Hx 대신 $H + x$로 쓰는 것이 관례이다.) 이 예에서 H의 나머지류는 다음과 같다.

$$H = H + 0 = H + 2 = \{0, 2\} \text{와 } H + 1 = H + 3 = \{1, 3\}$$

1. $G = S_3$, $H = \{\varepsilon, \beta, \delta\}$

2. $G = S_3$, $H = \{\varepsilon, \alpha\}$

3. $G = \mathbb{Z}_{15}$, $H = \langle 5 \rangle$

4. $G = D_4$, $H = \{R_0, R_4\}$. (D_4에 대해서는 126쪽을 보아라.)

5. $G = S_4$, $H = A_4$. (A_4에 대해서는 142쪽을 보아라.)

6. 1번부터 5번까지 각 부분군의 위수 및 지수를 구하여라.

B. 무한군에서 나머지류의 예

1번부터 5번까지 서술한 부분군의 나머지류를 묘사하여라.

 # 1. $\mathbb{Z}$의 부분군 $\langle 3 \rangle$.

2. $\mathbb{R}$의 부분군 $\mathbb{Z}$.

3. $\mathbb{R}^*$의 부분군 $H = \{2^n : n \in \mathbb{Z}\}$.

4. $\mathbb{R}^*$의 부분군 $\langle \frac{1}{2} \rangle$과 $\mathbb{R}$의 부분군 $\langle \frac{1}{2} \rangle$.

5. $\mathbb{R} \times \mathbb{R}$의 부분군 $H = \{(x, y) : x = y\}$.

6. 임의의 정수 m에 대해, $\mathbb{Z}$에서 $\langle m \rangle$의 지수는 얼마인가?

7. $\mathbb{R}^*$의 부분군 중에서 지수가 2인 부분군을 찾아라.

C. 라그랑주 정리의 기본 결과들

G가 유한군이라 하자. 다음을 증명하여라.

1. G의 위수가 n이라 하면, G의 모든 원소 x에 대해 $x^n = e$이다.

2. p, q가 소수일 때 G의 위수가 pq라 하자. G가 순환군이거나, G에서 $x \neq e$인 원소의 위수는 p 또는 q이다.

3. G의 위수가 4라고 하자. G가 순환군이거나, G의 모든 원소는 자신의 역원이다. 위수가 4인 군은 가환군임을 결론지어라.

4. p, q가 서로 다른 소수일 때 G가 위수 p인 원소와 위수 q인 원소를 가진다면, G의 위수는 pq의 배수이다.

5. G가 위수 k인 원소와 위수 m인 원소를 가진다고 하자. k와 m의 최소공배수를 $\text{lcm}(k, m)$이라 할 때 $|G|$는 $\text{lcm}(k, m)$의 배수이다.

 # 6. p를 소수라 하자. 임의의 유한군에서 위수가 p인 원소의 개수는 $p-1$의 배수이다.

D. 라그랑주 정리의 기본 결과 몇 개 더

G를 유한군이라 하고, H와 K가 G의 부분군이라 하자. 다음을 증명하여라.

1. $H \subseteq K$라고, 즉 H가 K의 부분군이라고 가정하자. 그러면 $(G : H) = (G : K)(K : H)$이다.

2. $H \cap K$의 위수는 H의 위수와 K의 위수의 공약수이다.

3. m, n이 서로소일 때, H의 위수가 m이고 K의 위수가 n이라 하자. 그러면 $H \cap K = \{e\}$이다.

4. H와 K가 같지 않으며, 둘 다 소수 p를 위수로 가진다고 하자. 그러면 $H \cap K = \{e\}$이다.

5. p, q가 서로 다른 소수일 때, H의 지수가 p이고 K의 지수가 q라 하자. 이때 $H \cap K$의 지수는 pq의 배수이다.

#6. G가 위수 n인 가환군이고, m이 n과 서로소인 정수일 때 함수 $f(x)=x^m$은 G 위의 자기동형사상이다.

E. 나머지류의 기본 성질

G가 군이고, H가 G의 부분군이라 하자. a, b를 G의 원소라 하자. 다음을 증명하여라.

1. $Ha=Hb$인 것과 $ab^{-1}\in H$인 것은 동치조건이다.

2. $Ha=H$인 것과 $a\in H$인 것은 동치조건이다.

3. $aH=Ha$이고 $bH=Hb$이면, $(ab)H=H(ab)$이다.

#4. $aH=Ha$이면 $a^{-1}H=Ha^{-1}$이다.

5. $(ab)H=(ac)H$이면 $bH=cH$이다.

6. H의 오른쪽 나머지류의 개수는 H의 왼쪽 나머지류의 개수와 같다.

7. J가 $J=H\cap K$인 G의 부분군이라면, 모든 $a\in G$에 대해 $Ja=Ha\cap Ka$이다. H와 K가 G에서 유한 지수를 가지면, 교집합 $H\cap K$ 역시 G에서 유한 지수를 가진다는 결론을 지어라.

이 장의 정리 5는 부분적으로 역에 해당하는 유용한 사실이 있는데, 다음과 같다.

코시(Cauchy) 정리. G가 유한군이고 p가 $|G|$의 소인수이면, G는 위수가 p인 원소를 가진다.

예를 들어 위수가 30인 군은 위수가 2, 3, 5인 원소를 가져야만 한다. 코시 정리는 초등적으로 증명할 수 있는데, 571쪽에서 찾을 수 있다.

다음 몇 개의 연습문제 묶음에서, 위수가 10 이하인 모든 군을 조사하려고 한다. 이 장의 정리 4에 의해 G의 원소의 개수가 소수 p이면, $G \cong \mathbb{Z}_p$였다. 이 때문에 위수가 2, 3, 5, 7인 군은 모두 다룬 셈이다. 15장의 연습문제 G6에서 G가 위수 p^2인 군이면 (p는 소수) $G \cong \mathbb{Z}_{p^2}$이거나 $G \cong \mathbb{Z}_p \times \mathbb{Z}_p$임을 보일 것이다. 이 때문에 위수가 4, 9인 군은 처리할 수 있다. 남은 경우를 다음 세 개의 연습문제 묶음에서 조사할 것이다.

†F. 원소가 여섯 개인 군의 전수 조사

G가 위수 6인 임의의 군이라 하자. 코시 정리에 의해 G는 위수가 2인 원소 a와, 위수 3인 원소 b를 가진다. 10장 연습문제 E3에 의해 다음 원소는 모두 다르다.

$$e, a, b, b^2, ab, ab^2$$

또한 G가 원소를 여섯 개만 갖고 있으므로, 이들이 G의 모든 원소다. 따라서 ba는 e, a, b, b^2, ab, ab^2 중 하나이다.

1. ba는 e, a, b, b^2 중 어느 하나와는 같을 수 없음을 증명하여라. 따라서 $ba = ab$ 또는 $ba = ab^2$이다.

이 두 식 각각이 G의 연산표를 완전히 결정한다. (5장 끝의 논의를 보아라.)

2. $ba = ab$이면 $G \cong \mathbb{Z}_6$임을 증명하여라.

3. $ba = ab^2$이면 $G \cong S_3$임을 증명하여라.

따라서 가능한 위수 6짜리 군은 (동형인 것은 같다고 할 때) $\mathbb{Z}_6$과 S_3이다.

†G. 원소가 열 개인 군의 전수 조사

G가 위수 10인 임의의 군이라 하자.

1. 연습문제 F와 같은 논증으로 $G = \{e, a, b, b^2, b^3, b^4, ab, ab^2, ab^3, ab^4\}$임을 보여라. 여기에서 a는 위수가 2인 원소이고, b는 위수가 5인 원소이다.

2. ba는 e, a, b, b^2, b^3, b^4과 같을 수 없음을 증명하여라.

3. $ba = ab$이면, $G \cong \mathbb{Z}_{10}$임을 증명하여라.

4. $ba = ab^2$이면 $ba^2 = a^2b^4$임을 증명하여, $b = b^4$이라는 결론을 끌어내어라. b의 위수가 5이므로 이는 불가능하다. 따라서 $ba \neq ab^2$이다. (힌트: $ba = ab^2$은 b의 오른쪽에 있는 a를 왼쪽으로 옮길 수 있는데, 다만 그 과정에서 b를 제곱으로 바꾸어야 함을 말해 준다. 위와 같은 식을 증명하기 위해서는 모든 인자 a를 모든 b의 왼쪽으로 옮겨야 한다.)

5. $ba = ab^3$이면 $ba^2 = a^2b^9 = a^2b^4$을 증명하여, $b = b^4$이라는 결론을 끌어내어라. 이는 불가능하다. (왜 그럴까?) 따라서 $ba \neq ab^3$이다.

6. $ba = ab^4$이면 $G \cong D_5$임을 증명하여라. 여기에서 D_5는 정오각형의 대칭군이다.

따라서 가능한 위수 10짜리 군은 (동형인 것은 같다고 할 때) $\mathbb{Z}_{10}$과 D_5이다.

†H. 원소가 여덟 개인 군의 전수 조사

G가 위수 8인 임의의 군이라 하자. G가 위수 8인 원소를 가지면 $G \cong \mathbb{Z}_8$이다. 이제 G가 위수 8인 원소를 갖지 않는다고 하자. 따라서 e가 아닌 G의 원소는 위수가 2이거나 4이다.

1. 모든 $x \neq e$의 위수가 2인 경우, 서로 다른 a, b, c를 그런 원소라 하자. $G = \{e, a, b, c, ab, bc, ac, abc\}$임을 증명하여라. $G \cong \mathbb{Z}_2 \times \mathbb{Z}_2 \times \mathbb{Z}_2$이라는 결론을 끌어내어라.

이 연습문제 묶음의 나머지에서는 G가 위수 4인 원소 a를 가진다고 가정하자. $H = \langle a \rangle = \{e, a, a^2, a^3\}$이라 하자. $b \in G$가 H에는 속하지 않는다면, 나머지류 $Hb = \{b, ab, a^2b, a^3b\}$이다. 라그랑주 정리에 의해 G는 $He = H$와 Hb의 합집합이다. 따라서 다음이 성립한다.

$$G = \{e, a, a^2, a^3, b, ab, a^2b, a^3b\}$$

2. Hb 내에 위수 2인 원소가 있다고 하고, b를 그런 원소라 하자. $ba = a^2b$이면 $b^2a = a^4b^2$임을 증명하여라. 따라서 $a = a^4$인데 이는 불가능하다. (왜일까?) $ba = ab$이거나 $ba = a^3b$이라는 결론을 끌어내어라.

3. b가 2번에서와 같다고 하자. $ba = ab$이면 $G \cong \mathbb{Z}_4 \times \mathbb{Z}_2$임을 증명하여라.

4. b가 2번에서와 같다고 하자. $ba = a^3b$이면 $G \cong D_4$임을 증명하여라.

5. 이제 2번에서의 가정이 틀렸다고 가정하자. 그러면 b, ab, a^2b, a^3b의 위수는 모두 4이다. $b^2 = a^2$임을 증명하여라. (힌트: b^2의 위수는 얼마일까? G에서 어떤 원소가 같은 위수를 가질까?)

6. 다음을 증명하여라. $ba = ab$이면, $(a^3b)^2 = e$이므로 $\text{ord}(a^3b) = 4$라는 가정에 어긋난다.

$ba = a^2b$이면 $a = b^4a = e$인데 이는 불가능하다. 따라서 $ba = a^3b$이다.

7. 식 $a^4 = b^4 = e, a^2 = b^2, ba = a^3b$가 G의 연산표를 완전히 결정한다. 이 연산표를 작성하여라. [이런 G는 '사원수군'(quaternion group) Q로 알려져 있다.]

따라서 위수 8짜리 군은 (동형인 것은 같다고 할 때) $\mathbb{Z}_8, \mathbb{Z}_2 \times \mathbb{Z}_2 \times \mathbb{Z}_2, \mathbb{Z}_4 \times \mathbb{Z}_2, D_4, Q$이다.

†I. 켤레 원소

$a \in G$일 때 a의 '켤레'(conjugate) 원소라는 것은 $x \in G$에 대해 xax^{-1} 꼴의 원소를 말한다. (대충 말하자면 a를 어떤 원소 및 그의 역원으로 좌우에서 둘러싸고 있는 곱을 a의 켤레 원소라고 말한다.) 다음을 증명하여라.

1. 'a가 b의 켤레 원소와 같다'는 관계는 G의 동치관계이다. ('a가 b의 켤레 원소와 같다'는 것을 $a \sim b$라고 쓰자.)

이 관계 $\sim$는 임의의 군 G를 '켤레류'(conjugacy class)라고 부르는 분할류로 분할한다. (a의 켤레류는 $[a] = \{xax^{-1} : x \in G\}$이다.)

임의의 원소 $a \in G$에 대해 a의 '중심화 부분군'(centralizer)은 a와 가환인 G의 원소 전체의 집합인데 C_a로 나타낸다. 즉, 다음과 같다.

$$C_a = \{x \in G : xa = ax\} = \{x \in G : xax^{-1} = a\}$$

다음을 증명하여라.

2. 임의의 $a \in G$에 대해 C_a는 G의 부분군이다.

3. $x^{-1}ax = y^{-1}ay$인 것과, xy^{-1}이 a와 가환인 것과, $xy^{-1} \in C_a$인 것은 동치조건이다.

4. $x^{-1}ax = y^{-1}ay$인 것과, $C_a x = C_a y$인 것은 동치조건이다. (힌트: 연습문제 E1을 이용하여라.)

5. a의 모든 켤레 원소의 집합과, C_a의 모든 나머지류의 집합 사이에 일대일 대응이 있다. (힌트: 4번을 이용하여라.)

6. a의 서로 다른 켤레 원소의 개수는 $(G : C_a)$, 즉 G에서 C_a의 지수와 같다. 그러므로 '모든 켤레류의 크기는 $|G|$의 인수'이다.

†J. 집합 위에 작용하는 군

A를 집합이라 하고, G를 S_A의 부분군이라 하자. G는 A의 치환군인데, '군이 집합 A 위에 작용한다.'고 말한다. G가 유한군이라고 가정하자. $u \in A$일 때 (G에 대한) u의 '궤도'(orbit)는 다음 집합을 말한다.

$$O(u) = \{g(u) : g \in G\}$$

1. A 위에서 관계 $u \sim v$를 어떤 $g \in G$에 대해 $g(u) = v$인 경우로 정의한다. $\sim$가 A 위의 동치관계라는 것과, 궤도가 동치류라는 것을 증명하여라.

$u \in A$라면 u의 '안정화 부분군'(stabilizer)을 집합 $G_u = \{g \in G : g(u) = u\}$, 즉 u를 고정하는 G의 모든 치환의 집합이라 두자.

2. G_u가 G의 부분군임을 증명하여라.

#3. S_6에서 $\alpha = (1\,2)(3\,4)(5\,6)$ 및 $\beta = (2\,3)$이라 하자. S_6에서 다음 부분군을 G라 두자. $G = \{\varepsilon, \alpha, \beta, \alpha\beta, \beta\alpha, \alpha\beta\alpha, \beta\alpha\beta, (\alpha\beta)^2\}$. $O(1), O(2), O(5), G_1, G_2, G_4, G_5$를 구하여라.

4. $f, g \in G$라 하자. f와 g가 G_u의 같은 나머지류에 포함된다는 것과, $f(u) = g(u)$라는 것은 동치조건이다. (힌트: 연습문제 E1을 왼쪽 나머지류에 대한 것으로 변형하여 이용하여라.)

5. 4번을 이용하여 $O(u)$의 원소의 개수가 G에서 G_u의 지수와 같다는 것을 보여라. [힌트: $f(u) = v$이면 f의 나머지류를 v와 맺자.]

6. 5번으로부터 G에 대한 모든 궤도의 크기는 G의 인수라는 결론을 끌어내라. 특히 $f \in S_A$이면 f의 각 순환의 길이가 S_A에서 f의 위수의 약수이다.

K. 코딩 이론: 나머지류 해독

이 연습문제 묶음에 착수하려는 독자는 3장의 연습문제 F와 G의 연습문제 앞에 나오는 소개 문단과 5장의 연습문제 H에 익숙해 있어야 한다.

$\mathbb{B}^n$이 길이 n인 모든 이진 단어의 군이었음을 기억하자. C가 '군 부호'(group code)라는 것은 $\mathbb{B}^n$의 부분군일 때를 말한다. 수신한 단어 $\mathbf{x}$를 '해독'(decode)한다는 것은 $\mathbf{x}$에 가장 가까운 부호어 $\mathbf{a}$를 찾는다, 즉 거리 $d(\mathbf{a}, \mathbf{x})$가 최소인 부호어 $\mathbf{a}$를 찾는다는 뜻이다.

그런데 $d(\mathbf{a}, \mathbf{x}) = w(\mathbf{a} + \mathbf{x})$, 즉 $\mathbf{a} + \mathbf{x}$의 무게, 다시 말해 1의 개수이다. 따라서 수신한 단어 $\mathbf{x}$를 해독한다는 것은 무게 $w(\mathbf{a} + \mathbf{x})$가 최소인 부호어 $\mathbf{a}$를 찾는 것이다. 이때 나머지류 $C + \mathbf{x}$는 $\mathbf{c}$가 모든 부호어에서 변할 때 합 $\mathbf{c} + \mathbf{x}$ 전체로 이루어져 있다. 따라서 앞 문장으로부터, $\mathbf{a} + \mathbf{x}$가 나머지류 $C + \mathbf{x}$에서 최소 무게를 가진 단어일 때 $\mathbf{x}$를 해독한 단어는 $\mathbf{a}$여야 한다.

이때 $\mathbf{a} = (\mathbf{a} + \mathbf{x}) + \mathbf{x}$이므로, 나머지류 $C + \mathbf{x}$에서 최소 무게를 가진 단어 $\mathbf{a} + \mathbf{x}$를 $\mathbf{x}$에 더하면 $\mathbf{a}$를 찾을 수 있다. 요약하자면, 수신한 단어 $\mathbf{x}$를 해독하기 위해서는 나머지류 $C + \mathbf{x}$를 조사하여, 이 나머지류 안에서 무게가 최소인 단어 $\mathbf{e}$를 찾고 ['나머지류의 대장'(coset leader)이라 부른다]

$\mathbf{e}$를 $\mathbf{x}$에 더해야 한다. 그러면 $\mathbf{e}+\mathbf{x}$가 $\mathbf{x}$에 가장 가까운 부호어이며, 이 단어가 $\mathbf{x}$를 해독한 단어일 수밖에 없다.

1. C_1을 3장 연습문제 G에 서술한 부호라 하자.

(a) C_1의 각 나머지류에 속한 원소들을 나열하여라.

(b) 각 나머지류에서 대장 원소를 찾아라. (나머지류 내에 무게가 최소인 단어가 하나 이상일 수도 있다. 그중 하나를 대장 원소로 고른다.)

(c) 위에 서술한 절차를 이용하여 다음 단어들을 해독하여라. $\mathbf{x}$: 11100, 01101, 11011, 00011

2. 5장 연습문제 H2에 서술한 해밍 부호를 C_3이라 하자. C_3의 각 나머지류에 속한 원소들을 나열하고, 각 나머지류에서 대장 원소를 찾아라. 그런 다음 위에 서술한 절차를 이용하여 다음 단어들을 해독하여라. $\mathbf{x}$: 1100001, 0111011, 1001011

3. C를 부호라 하고 $\mathbf{H}$를 C의 짝홀 검사 행렬이라 하자. C에 대해 $\mathbf{x}$와 $\mathbf{y}$가 같은 나머지류에 속한다는 것과, $\mathbf{Hx}=\mathbf{Hy}$인 것이 동치조건임을 증명하여라. (힌트: 5장 연습문제 H8을 이용하여라.)

$\mathbf{x}$가 임의의 단어일 때 $\mathbf{Hx}$를 $\mathbf{x}$의 '징후'(syndrome)라 부른다. 3번으로부터 같은 나머지류에 속하는 모든 단어는 징후가 모두 같으며, 서로 다른 나머지류에 속하는 단어는 징후가 다르다는 것이 나온다. 단어 $\mathbf{x}$의 징후를 $\mathrm{syn}(\mathbf{x})$로 나타낸다.

4. 부호 C가 q개의 나머지류를 가지며, 나머지류의 대장이 $\mathbf{e}_1, \mathbf{e}_2, \cdots, \mathbf{e}_q$라 하자. 다음이 왜 참인지 설명하여라. 수신한 단어 $\mathbf{x}$를 해독하기 위해, $\mathrm{syn}(\mathbf{x})$를 $\mathrm{syn}(\mathbf{e}_1), \cdots, \mathrm{syn}(\mathbf{e}_q)$와 비교한 뒤 $\mathrm{syn}(\mathbf{x})=\mathrm{syn}(\mathbf{e}_i)$인 나머지류 대장을 찾는다. 그러면 $\mathbf{x}$를 해독하면 $\mathbf{x}+\mathbf{e}_i$일 것이다.

5. 2번에서 나머지류 대장의 징후들을 찾아라. 그런 다음 4번의 방법을 이용하여 단어 x = 1100001 및 x = 1001011를 해독하여라.

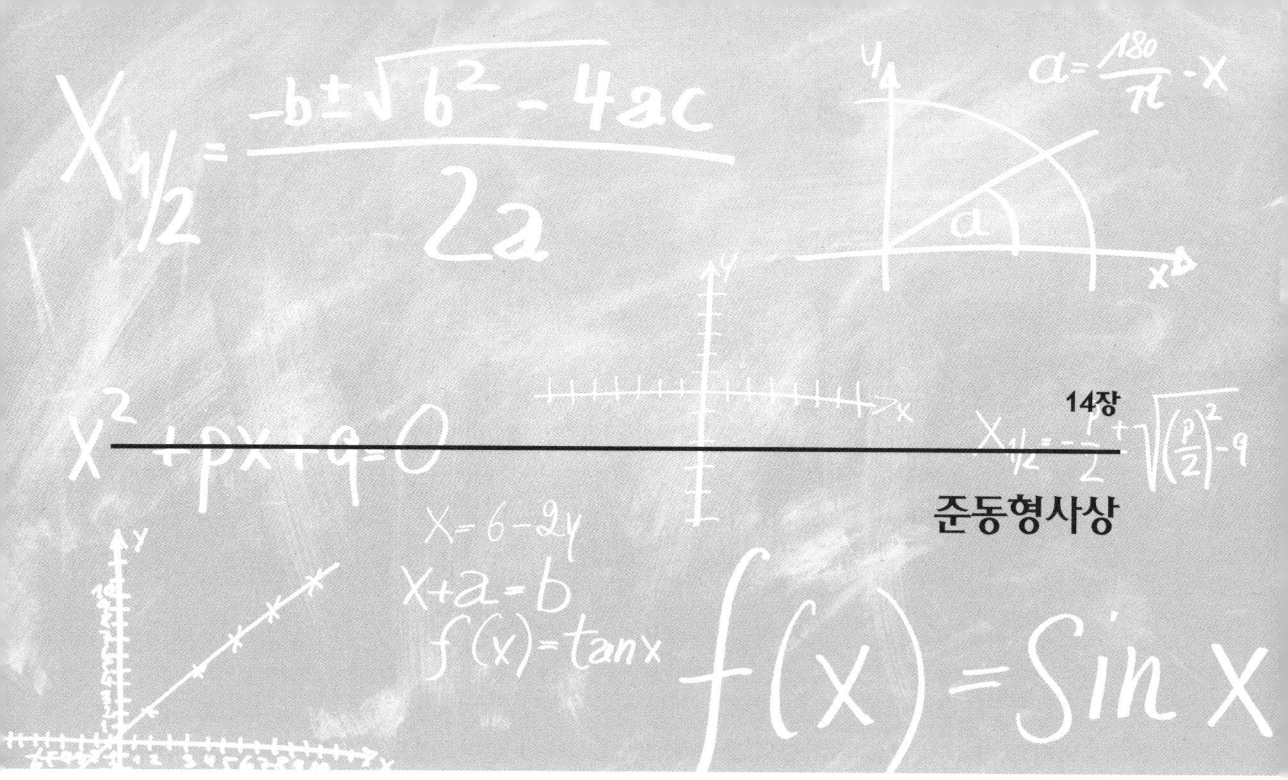

14장

준동형사상

두 군이 동형이라는 것은, 한 군을 다른 군으로 변환하는 일대일 대응이 존재한다는 뜻이다. G와 H가 임의의 군일 때, G를 H로 변환하기는 하지만, 이 함수가 일대일 대응은 '아닐' 수도 있다. 예를 들어 다음 함수

$$f = \begin{pmatrix} 0 & 1 & 2 & 3 & 4 & 5 \\ 0 & 1 & 2 & 0 & 1 & 2 \end{pmatrix}$$

는 $\mathbb{Z}_6$을 $\mathbb{Z}_3$으로 변환한다는 것을 연산표를 비교하면 확인할 수 있다.

+	0	1	2	3	4	5
0	0	1	2	3	4	5
1	1	2	3	4	5	0
2	2	3	4	5	0	1
3	3	4	5	0	1	2
4	4	5	0	1	2	3
5	5	0	1	2	3	4

$\xrightarrow{x\text{를 } f(x)\text{로 대체}}$

+	0	1	2	0	1	2
0	0	1	2	0	1	2
1	1	2	0	1	2	0
2	2	0	1	2	0	1
0	0	1	2	0	1	2
1	1	2	0	1	2	0
2	2	0	1	2	0	1

중복 정보를 제거 $\longrightarrow$ (예를 들어 $2+2=1$은 위의 표에서 네 번 나온다.)

+	0	1	2
0	0	1	2
1	1	2	0
2	2	0	1

G, H가 임의의 군일 때 G를 H로 변환하는 함수 f가 있으면, H를 G의 '준동형상'이라고 말한다. 이때 함수 f를 G에서 H로의 '준동형사상'이라고 부른다. 준동형사상의 개념은 대수학의 골격을 이루는 핵심 개념인데, 이 장에서는 이를 정확히 설명하는 데 투자하기로 한다.

먼저 'f가 G를 H로 변환한다'고 말할 때 조심해야 한다. 먼저 f는 G에서 H로의 전사 함수여야 하고, 뿐만 아니라 f는 G의 연산표를 H의 연산표로 변환해야 한다. 이를 위해서는 G의 임의의 두 원소 a, b에 대해 다음이 성립해야 한다.

$$f(a)=a',\ f(b)=b' \text{이면 } f(ab)=a'b' \tag{1}$$

그림으로 표현하면

$$a \xrightarrow{f} a' \text{이고}$$
$$b \xrightarrow{f} b' \text{이면}$$
$$ab \xrightarrow{f} a'b' \text{이다.}$$

조건 (1)은 다음처럼 간결하게 쓸 수 있다.

$$f(ab)=f(a)f(b) \tag{2}$$

따라서 다음처럼 정의한다.

정의 G, H가 군일 때 G에서 H로의 '준동형사상'(homomorphism)은 G의 임의의 원소 a, b에 대해 다음을 만족하는 함수 $f: G \to H$를 말한다.

$$f(ab)=f(a)f(b)$$

> G에서 H로의 '전사'(onto)인 준동형사상일 때는 H를 G의 '준동형상'(homomorphic image)이라 말한다.

다음 몇 개의 예에서 보겠지만, 군과 자신들의 준동형상 사이에는 매우 중요하고 특별한 관계가 있다.

P가 두 원소 e와 o로 이루어진 군으로 다음과 같은 연산표를 가진다고 하자.

$+$	e	o
e	e	o
o	o	e

이 군을 짝수와 홀수의 '짝홀군'(parity group)이라 부른다. e를 '짝수', o를 '홀수'로 생각하고, 이 연산표를 짝수나 홀수를 더하는 규칙을 묘사하는 것으로 본다. 예를 들어 짝수 + 홀수 = 홀수, 홀수 + 홀수 = 짝수 등등이 성립한다.

모든 짝수를 e, 모든 홀수를 o로 보내는 함수 $f: \mathbb{Z} \to P$는 $\mathbb{Z}$에서 P로의 준동형사상임이 분명하다. 네 가지 경우밖에 없으므로 이는 쉽게 확인할 수 있다. 임의의 r, s에 대해 r와 s는 둘 다 짝수거나, 둘 다 홀수거나, 섞여 있어야 한다. 예를 들어 r와 s가 둘 다 홀수라면 합은 짝수이다. 따라서 $f(r) = o$, $f(s) = o$, $f(r+s) = e$이다. $e = o + o$이므로 다음을 확인할 수 있다.

$$f(r+s) = f(r) + f(s)$$

남은 세 가지 경우도 비슷하게 하면 이 식이 성립하는 것을 알 수 있으므로 f는 준동형사상이다. (위의 식의 양변에서 기호 +를 사용한 것은, $\mathbb{Z}$뿐만 아니라 P에서도 연산을 +로 나타냈기 때문이다.)

따라서 P는 $\mathbb{Z}$의 준동형상이다!

이제 P와 $\mathbb{Z}$의 공통점은 무엇일까? P는 $\mathbb{Z}$보다 훨씬 작은 군이므로, 정수의 성질 중에서 P에서도 찾을 수 있는 성질이 매우 적다는 것은 놀랍지 않을 것이다. 그렇지만 $\mathbb{Z}$의 구조 중 '한' 가지 면, 즉 홀수와 짝수 구조는 P에서 완벽하게 보존된다. [짝수냐 홀수냐 하는 것을 그 정수의 '짝홀성'(parity)이라 부른다.] 다른 말로 하면 '$\mathbb{Z}$에서 P로 거쳐갈 때 짝홀성을 제외한 모든 면은 일부러 잃어 버리고', 짝홀성만이 (그의 연산과 함께) 완전하게 보존된다.

다른 예를 들면 이 점이 더 명백해질 것이다. 정사각형의 대칭군을 D_4라 했음을 상기하자.

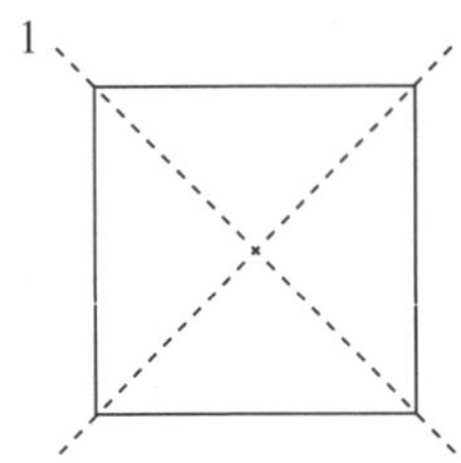

정사각형의 모든 대칭은 위에서 1 또는 2로 숫자를 매긴 두 대각선을 바꿔치거나, 그대로 남겨둔다. 다른 말로 하면, 정사각형의 모든 대칭은 다음과 같은 대각선의 치환 중 어느 하나에 대응한다.

$$\begin{pmatrix} 1 & 2 \\ 2 & 1 \end{pmatrix} \text{ 또는 } \begin{pmatrix} 1 & 2 \\ 1 & 2 \end{pmatrix}$$

$R_i \in D_4$에 대해, R_i로 만들어지는 대각선의 치환을 $f(R_i)$라 하자. 그러면 f가 D_4에서 S_2로의 준동형사상임은 분명하다. 실제로 정사각형 위에서 운동 R_i를 수행한 뒤 운동 R_j를 수행할 경우, 대각선에 대해서도 동시에 운동 $f(R_i)$를 수행한 후 운동 $f(R_j)$를 수행한다는 것은 기하학적으로 분명하다. 따라서 다음이 성립한다.

$$f(R_j \circ R_i) = f(R_j) \circ f(R_i)$$

따라서 S_2는 D_4의 준동형상이라는 것이 나온다. S_2는 군 D_4보다 작기 때문에 D_4의 성질 중에서 S_2에서 찾을 수 있는 것은 드물다. 그렇지만 D_4의 구조 중 '한' 가지 면, 즉 대각선 운동은 S_2가 완벽하게 보존한다. 다른 말로 하면 D_4에서 S_2로 거쳐갈 때 대각선의 운동을 제외한 모든 면은 일부러 잃어 버리고, 대각선 운동만을 완전하게 보존한다.

마지막 예가 도움이 될 것 같다. 이 예는 3장 연습문제 F에 묘사한 군 $\mathbb{B}^n$과 관련돼 있다. 이 군이 발생하는 맥락을 간단히 제시해보자. 정보를 0010111, 1010011과 같은 0과 1의 열로 부호화하는 것이 정보를 전송하는 가장 간단한 방법이다. 이런 열들을 '이진 단어'(binary word)라 부르고 이진 단어에서 0과 1의 개수를 '길이'라 부른다. 기호 $\mathbb{B}^n$은 길이가 n인 모든 이진 단어로 이루어진 군을 가리키는데, 이때 연산은 3장 연습문제 E에서 서술한 덧셈이다.

일곱 자리 단어의 '마지막 두 자리를 삭제'하는 함수 $f: \mathbb{B}^7 \to \mathbb{B}^5$를 생각하자. 이런 종류의 함수는 실질적인 상황에서 많이 발생한다. 예를 들어 단어에서 처음 다섯 자리는 정보를 담고 있으며 마지막 두 자리는 오류 점검 부호인 경우가 흔하다. 따라서 f는 오류 점검 부호와 메시지를 분리한다.

f가 군준동형사상임을 확인하는 것은 쉬우므로, $\mathbb{B}^5$는 $\mathbb{B}^7$의 준동형상이다. $\mathbb{B}^7$에서 $\mathbb{B}^5$로 거쳐 갈 때 $\mathbb{B}^7$의 단어의 메시지 부분은 정확히 보존하지만 오류 점검 부호는 일부러 탈락시킨다.

이런 예들이 준동형상의 개념이 내포하는 기본 아이디어를 설명해 준다. 실제 상황에서 벌어지는 일은 항상 이렇게 딱 떨어지지는 않지만, 그래도 바탕 아이디어는 같다. G의 준동형상에서는 G의 어떤 면을 분리하여 온전히 보존하는 반면, 그 외의 것들은 일부러 잃는다.

다음 정리는 준동형사상의 두 가지 기본 성질을 말해 준다.

정리 1. G와 H가 군이라 하고, $f: G \to H$가 준동형사상이라 하자. 이때

(i) $f(e) = e$이고

(ii) 모든 $a \in G$에 대해 $f(a^{-1}) = [f(a)]^{-1}$이다.

식 $f(e) = e$에서 왼쪽의 e는 G의 중립 원소를 가리키는 반면, 오른쪽의 e는 H의 중립 원소를 가리킨다.

(i)을 증명하기 위해서는 임의의 군에서 다음이 성립하는 것에 주목하자.

$$yy = y\text{이면 } y = e\text{이다}$$

(식 $yy = ye$에 소거법칙을 이용하여라.) 이때 $f(e)f(e) = f(ee) = f(e)$이므로 $f(e) = e$이다.

(ii)를 증명하기 위해서는 $f(a)f(a^{-1}) = f(aa^{-1}) = f(e)$임에 주목한다. 그런데 $f(e) = e$이므로 $f(a)f(a^{-1}) = e$이다. 4장의 정리 2로부터 $f(a^{-1})$가 $f(a)$의 역원임을, 즉

$f(a^{-1}) = [f(a)]^{-1}$임이 나온다.

준동형사상에 대한 공부를 계속하기 전에 새로운 중요 개념을 소개해야겠다. a가 군 G의 원소일 때, a의 '켤레'(conjugate) 원소라는 것은 $x \in G$에 대해 xax^{-1} 꼴의 원소를 가리킨다. 예를 들어 S_3에서 α의 켤레 원소는 $\varepsilon \circ \alpha \circ \varepsilon^{-1}$ 및 $\alpha \circ \alpha \circ \alpha^{-1}$로 쓸 수 있는 α 자신 및 다음 원소들이다.

$$\beta \circ \alpha \circ \beta^{-1} = \gamma$$

$$\gamma \circ \alpha \circ \gamma^{-1} = \kappa$$

$$\delta \circ \alpha \circ \delta^{-1} = \kappa$$

$$\kappa \circ \alpha \circ \kappa^{-1} = \gamma$$

H가 G의 부분집합일 때 H가 '켤레에 대해 닫혀있다.'는 것은 H의 모든 켤레 원소가 H 내에 있을 때를 말한다. 이제 다음처럼 정의하자.

정의 H가 G의 부분군이라 하자. H가 G의 '정규부분군'(normal subgroup)이라는 것은 H가 켤레에 대해 닫혀있을 때, 즉 다음이 성립할 때를 말한다.

임의의 $a \in H$와 $x \in G$에 대해 $xax^{-1} \in H$이다.

(이 정의에 따르면, G의 정규부분군은 공집합이 아닌 G의 부분집합으로 곱, 역원, 켤레에 대해 닫혀있다.)

이제 준동형사상에 대한 논의로 돌아가자.

정의 $f : G \to H$를 준동형사상이라 하자. f의 '핵'(kernel)은 f가 H의 중립 원소(항등원)로 보내는 G의 원소 전체의 집합 K를 가리킨다. 다시 말해 다음과 같다.

$$K = \{x \in G : f(x) = e\}$$

정리 2. $f : G \to H$를 준동형사상이라 하자.

(i) f의 핵은 G의 정규부분군이고,

(ii) f의 치역(상)은 H의 부분군이다.

증명: K를 f의 핵이라 하자. $a, b \in K$는 $f(a)=e$ 및 $f(b)=e$를 뜻한다. 따라서 $f(ab) = f(a)f(b) = ee = e$이므로 $ab \in K$이다.

$a \in K$이면 $f(a)=e$이다. 따라서 $f(a^{-1}) = [f(a)]^{-1} = e^{-1} = e$이므로 $a^{-1} \in K$이다.

마지막으로 $a \in K$ 및 $x \in K$라면 $f(xax^{-1}) = f(x)f(a)f(x^{-1}) = f(x)f(a)[f(x)]^{-1} = e$이므로 $xax^{-1} \in K$임을 보여 준다. 따라서 K는 G의 정규부분군이다.

이제 (ii)를 증명해야 한다. $f(a)$와 $f(b)$가 f의 치역에 속하면, 곱 $f(a)f(b) = f(ab)$ 역시 f의 치역에 속한다.

$f(a)$가 f의 치역에 속하면, 이의 역원은 $[f(a)]^{-1} = f(a^{-1})$이므로 이 또한 f의 치역에 속한다. 따라서 f의 치역은 H의 부분군이다. ■

f가 준동형사상일 때 f의 핵과 f의 치역을 각각 다음 기호로 나타낸다.

$$\ker(f) \text{ 및 } \operatorname{ran}(f)$$

연습문제

A. 유한군의 준동형사상의 예

1. 다음으로 주어지는 함수 $f: \mathbb{Z}_8 \to \mathbb{Z}_4$를 생각하자.

$$f = \begin{pmatrix} 0 & 1 & 2 & 3 & 4 & 5 & 6 & 7 \\ 0 & 1 & 2 & 3 & 0 & 1 & 2 & 3 \end{pmatrix}$$

f가 준동형사상임을 확인하고, 핵 K를 구하고, K의 나머지류를 모두 나열하여라. [참고: f가 준동형사상임을 확인하기 위해서는 $\mathbb{Z}_8$의 모든 원소의 쌍 a, b, 즉 64가지 경우에 대해 $f(a+b) = f(a) + f(b)$임을 보여야 한다. 231쪽에서처럼 $\mathbb{Z}_8$의 연산표가 $\mathbb{Z}_4$의 연산표로 변환되는지 조사하여 확인할 수 있다.]

2. 다음으로 주어지는 함수 $f: S_3 \to \mathbb{Z}_2$를 생각하자.

$$f = \begin{pmatrix} \varepsilon & \alpha & \beta & \gamma & \delta & \kappa \\ 0 & 1 & 0 & 1 & 0 & 1 \end{pmatrix}$$

f가 준동형사상임을 검증하고, 핵 K를 구하고, K의 나머지류를 모두 나열하여라.

3. 준동형사상 $f: \mathbb{Z}_{15} \to \mathbb{Z}_5$를 하나 찾아내고, 핵을 묘사하여라. ($f$가 실제로 준동형사상인지는 확인하지 말 것.)

4. 탁자 위에 놓인 정사각형 종이를 상상하자.

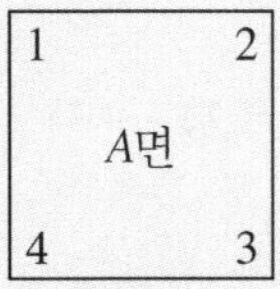

여러분을 향하고 있는 면이 A면이다. 보이지 않는 면을 B면이라 하자. 정사각형의 운동은 두 면을 바꾸거나 (즉, B면이 보이고 A면은 보이지 않는다) 각 면을 그대로 둔다. 다른 말로 하면 정사각형의 모든 운동 R_i는 면에 대한 다음 두 치환 중 하나를 야기하는데, 이를 $g(R_i)$라 하자.

$$\varepsilon = \begin{pmatrix} A & B \\ A & B \end{pmatrix}, \quad \alpha = \begin{pmatrix} A & B \\ B & A \end{pmatrix}$$

$g : D_4 \to S_2$는 준동형사상임을 검증하고, 핵을 구하여라.

5. 정육각형의 모든 운동은 1, 2, 3이라고 표기하는 대각선의 치환을 야기한다.

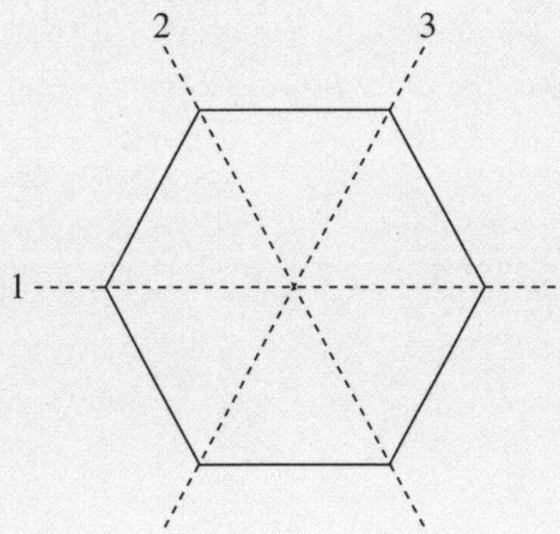

각각의 $R_i \in D_6$에 대해 R_i가 만들어내는 대각선의 치환을 $f(R_i)$라 하자. 기하학적 직관에 호소하는 비형식적 논증을 써서 $f : D_6 \to S_3$이 준동형사상임을 설명하여라. 그런 뒤에 다음을 완성하여라.

$$f\begin{pmatrix} 1 & 2 & 3 & 4 & 5 & 6 \\ 1 & 2 & 3 & 4 & 5 & 6 \end{pmatrix} = \varepsilon, \quad f\begin{pmatrix} 1 & 2 & 3 & 4 & 5 & 6 \\ 2 & 3 & 4 & 5 & 6 & 1 \end{pmatrix} = \delta \quad \cdots$$

(다시 말해 D_6의 모든 원소 12개에 대해 f의 값을 구하여라.)

#6. $B \subset A$라 하자. $h : P_A \to P_B$를 $h(C) = C \cap B$로 정의하자. $A = \{1, 2, 3\}$ 및 $B = \{1, 2\}$

에 대해 다음을 완성하여라.

$$h = \begin{pmatrix} \emptyset & \{1\} & \{2\} & \{3\} & \{1,2\} & \{1,3\} & \{2,3\} & A \\ & & & & & & & \end{pmatrix}$$

임의의 A와 $B \subset A$에 대해 h가 준동형사상임을 보여라.

B. 무한군의 준동형사상의 예

다음 함수들이 준동형사상임을 증명하고, 핵을 묘사하여라.

1. $\phi(f) = f(0)$으로 정의한 함수 $\phi : \mathcal{F}(\mathbb{R}) \to \mathbb{R}$.

2. $\phi(f) = f'$으로 정의한 함수 $\phi : \mathcal{D}(\mathbb{R}) \to \mathcal{F}(\mathbb{R})$. 여기에서 $\mathcal{D}(\mathbb{R})$은 $\mathbb{R}$에서 $\mathbb{R}$로의 미분가능한 함수가 이루는 군이며, f'은 f의 미분이다.

3. $f(x, y) = x + y$로 정의한 함수 $f : \mathbb{R} \times \mathbb{R} \to \mathbb{R}$.

4. $f(x) = |x|$로 정의한 함수 $f : \mathbb{R}^* \to \mathbb{R}^{\text{pos}}$.

5. $f(a + b\mathbf{i}) = \sqrt{a^2 + b^2}$ 으로 정의한 함수 $f : \mathbb{C}^* \to \mathbb{R}^{\text{pos}}$.

6. $ad - bc \neq 0$을 만족하는 모든 2×2 행렬

$$A = \begin{pmatrix} a & b \\ c & d \end{pmatrix}$$

들이 이루는 곱셈군을 G라 하자. $f(A) =$ 'A의 행렬식' $= ad - bc$로 준 함수 $f : G \to \mathbb{R}^*$.

C. 준동형사상의 기본 성질

G, H, K를 군이라 하자. 다음을 증명하여라.

1. $f: G \to H$, $g: H \to K$가 준동형사상이면, 합성함수 $g \circ f: G \to K$도 준동형사상이다.

 # 2. $f: G \to H$가 핵 K를 갖는 준동형사상일 때, f가 단사라는 것과 $K = \{e\}$라는 것은 동치조건이다.

3. $f: G \to H$가 준동형사상이고 K가 G의 임의의 부분군일 때, $f(K) = \{f(x): x \in K\}$는 H의 부분군이다.

4. $f: G \to H$가 준동형사상이고 J가 H의 임의의 부분군이면,

$$f^{-1}(J) = \{x \in G: f(x) \in J\}$$

는 G의 부분군이다. 더욱이 $\ker f \subseteq f^{-1}(J)$이다.

5. $f: G \to H$가 핵 K를 갖는 준동형사상이고 J가 G의 부분군일 때, f를 J로 제한한 함수를 f_J라고 하자. (다른 말로 하면 f_J는 f와 같은 함수지만, 정의역만 J로 제한한 함수이다.) 그러면 $\ker f_J = J \cap K$이다.

6. 임의의 군 G에 대해 $f(x) = e$로 정의한 함수 $f: G \to G$는 준동형사상이다.

7. 임의의 군 G에 대해, $\{e\}$와 G는 G의 준동형상이다.

8. $f(x) = x^2$으로 정의한 함수 $f: G \to G$가 준동형사상인 것과, G가 가환군인 것은 동치조건이다.

9. $G \times H$에서 각각 G와 H로 가는 두 함수 $f_1(x, y) = x$, $f_2(x, y) = y$는 준동형사상이다.

D. 정규부분군의 기본 성질

다음에서 G는 임의의 군을 가리킨다.

1. (a) S_3의 모든 정규부분군을 찾아라.

   (b) D_4의 모든 정규부분군을 찾아라.

다음을 증명하여라.

2. 가환군의 모든 부분군은 정규부분군이다.

3. 군 G의 중심은 G의 정규부분군이다.

4. H가 G의 부분군이라 하자. H가 정규부분군인 것과, 'G의 모든 원소 a, b에 대해 $ab \in H$인 것과 $ba \in H$가 같은 말'이라는 성질을 만족한다는 것은 동치조건이다.

5. H가 G의 부분군이라 하자. H가 정규부분군이라는 것과, 모든 $a \in G$에 대해 $aH = Ha$라는 것은 동치조건이다.

6. G의 정규부분군의 교집합은 G의 정규부분군이다.

E. 정규부분군의 추가 성질

G가 군이고, H가 G의 부분군이라 하자. 다음을 증명하여라.

 # 1. H가 G에서 지수(index)가 2이면, H는 정규부분군이다. (힌트: 연습문제 D5를 이용하여라.)

2. 원소 $a \in G$의 위수가 2라고 하자. 이때 $\langle a \rangle$가 G의 정규부분군인 것과, a가 G의 중심에 속한다는 것은 동치조건이다.

3. a를 G의 임의의 원소라 하자. $\langle a \rangle$가 G의 정규부분군인 것과, 임의의 $x \in G$에 대해 $xa = a^k x$인 양의 정수 k가 존재한다는 성질을 만족한다는 것은 동치조건이다.

4. 군 G에서 '교환자'(commutator)는 G의 임의의 원소 a, b에 대해 $aba^{-1}b^{-1}$ 꼴의 원소를 곱한 것을 말한다. G의 부분군 H가 G의 교환자를 '모두' 포함하면, H는 정규부분군이다.

5. H, K가 G의 부분군이고 K가 정규부분군이면, HK는 G의 부분군이다. (HK는 h가 H의 원소이고 k가 K의 원소일 때, hk 꼴의 곱 전체의 집합을 가리킨다.)

 # 6. $Ha = aH$인 나머지류 Ha 전체의 합집합을 S라 하자. 그러면 S는 G의 부분군이고, H는 S의 정규부분군이다.

F. 준동형사상과 원소의 위수

$f : G \to H$가 준동형사상일 때 다음을 증명하여라.

1. 각 원소 $a \in G$에 대해, $f(a)$의 위수는 a의 위수를 나눈다.

2. f의 치역에 속하는 임의의 원소 $b \neq e$의 위수는 $|G|$와 $|H|$의 공약수이다.

3. f의 치역의 원소가 n개이면, 모든 $x \in G$에 대해 $x^n \in \ker f$이다.

4. 정수 m에 대해 m과 $|H|$가 서로소라고 하자. 임의의 $x \in G$에 대해, $x^m \in \ker f$이면 $x \in \ker f$이다.

5. f의 치역이 원소를 m개 갖는다고 하자. m과 n이 서로소인 정수일 때, $a \in G$의 위수가 n이면 a는 f의 핵에 속한다. (1번을 이용하여라.)

6. p를 소수라 하자. ran f에 위수 p인 원소가 있으면, G에도 위수 p인 원소가 있음을 보여라.

G. 준동형사상이 보존하는 성질들

군 G가 어떤 성질을 가질 때 G의 준동형상 역시 그 성질을 가질 때 '준동형사상이 이 성질을 보존한다'고 말한다. 이 연습문제 묶음에서는 준동형사상이 보존하는 전형적인 성질 몇 가지를 탐구하려고 한다. $f : G \to H$가 '전사'인 준동형사상일 때 다음을 증명하여라.

1. G가 가환군이면, H는 가환군이다.

2. G가 순환군이면, H는 순환군이다.

3. G의 모든 원소의 위수가 유한이면, H의 모든 원소의 위수가 유한이다.

4. G의 모든 원소가 자신의 역원이면, H의 모든 원소의 역원은 자신이다.

5. G의 모든 원소가 제곱근을 가지면, H의 모든 원소가 제곱근을 가진다.

6. G가 유한생성되면, H는 유한생성된다. [유한개의 원소가 군을 생성할 때 '유한생성한다'(finitely generate)고 말한다.]

†H. 내직적

G가 임의의 군이고, H와 K가 $H \cap K = \{e\}$인 정규부분군이라 하자. 다음을 증명하여라.

1. h_1과 h_2가 H의 임의의 두 원소이고, k_1과 k_2가 K의 임의의 두 원소라 하자.

$$h_1k_1 = h_2k_2\text{이면 } h_1 = h_2\text{이고 } k_1 = k_2\text{이다.}$$

(힌트: $h_1k_1 = h_2k_2$이면, $h_2^{-1}h_1 \in H \cap K$이고 $k_2^{-1}k_1 \in H \cap K$이다. 이유를 설명하여라.)

2. 임의의 $h \in H$와 $k \in K$에 대해 $hk = kh$이다. (힌트: $hk = kh$인 것과 $hkh^{-1}k^{-1} = e$인 것은 동치조건이다. H, K가 정규부분군이라는 사실을 이용하여라.)

3. 이제 추가로 $G = HK$라고, 즉 모든 원소 $x \in G$를 어떤 $h \in H$ 및 $k \in K$에 대해 $x = hk$로 쓸 수 있다고 가정하자. 이때 함수 $\phi(h, k) = hk$는 $H \times K$에서 G로의 전사인 동형사상이다.

따라서 다음을 증명하였다. H, K가 $H \cap K = \{e\}$ 및 $G = HK$인 G의 정규부분군이면, $G \cong H \times K$이다. 때로는 G를 H와 K의 '내직적'(inner direct product)이라고 부른다.

†I. 켤레 부분군

H를 G의 부분군이라 하자. 임의의 $a \in G$에 대해 $aHa^{-1} = \{axa^{-1} : x \in H\}$라 하자. 이때 aHa^{-1}을 H의 켤레라 부른다. 다음을 증명하여라.

1. 각 $a \in G$에 대해 aHa^{-1}는 부분군이다. (aHa^{-1}를 H의 켤레 부분군이라 부른다.)

2. 각 $a \in G$에 대해 $H \cong aHa^{-1}$이다.

3. H가 G의 정규부분군인 것과, 모든 $a \in G$에 대해 $H = aHa^{-1}$인 것이 동치조건이다.

이 묶음의 남은 연습문제에서는 G가 유한군이다. H의 '정규화 부분군'(normalizer)은 집합 $N(H) = \{a \in G : \text{모든 } x \in H\text{에 대하여 } axa^{-1} \in H\}$를 뜻한다.

#4. $a \in N(H)$이면, $aHa^{-1} = H$이다. (지금은 G가 유한군임을 기억하여라.)

5. $N(H)$는 G의 부분군이다.

6. $H \subseteq N(H)$이다. 더욱이 H는 $N(H)$의 정규부분군이다.

7번부터 10번까지 $N = N(H)$라 하자.

7. 임의의 $a, b \in G$에 대해 $aHa^{-1} = bHb^{-1}$인 것과, $b^{-1}a \in N$인 것과, $aN = bN$인 것은 모두 동치조건이다.

#8. H의 모든 켤레 부분군의 집합과, N의 나머지류의 집합 사이에는 일대일 대응이 있다. (따라서 H의 켤레 부분군의 개수만큼의 N의 나머지류가 있다.)

9. H는 정확히 $(G:N)$개의 켤레 부분군을 가진다. 특히 H의 서로 다른 켤레 부분군의 개수는 $|G|$의 약수이다.

10. K를 G의 임의의 부분군이라 하고, $K^* = \{Na : a \in K\}$라 하고,

$$X_K = \{aHa^{-1} : a \in K\}$$

라 하자. 8번에서처럼 논증하여 X_K가 K^*와 일대일 대응함을 증명하여라. X_K의 원소의 개수가 $|K|$의 약수라는 결론을 내려라.

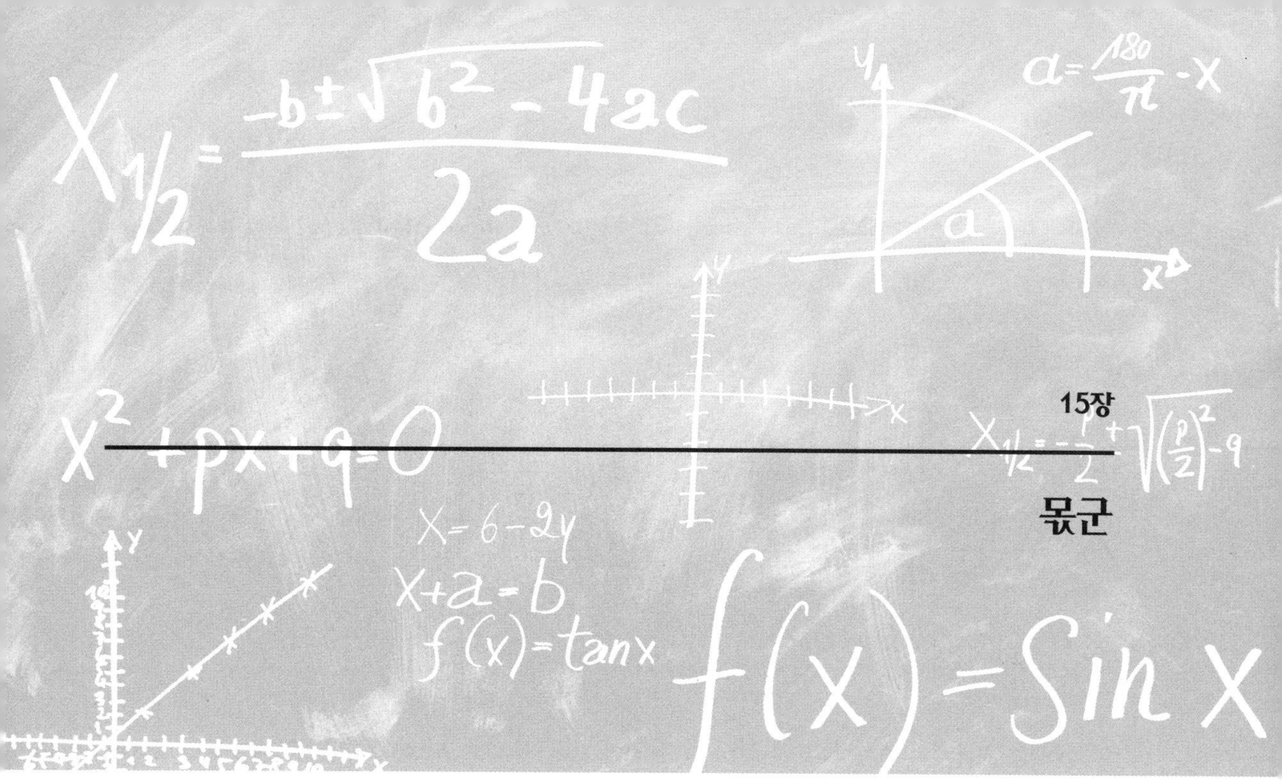

15장 몫군

14장에서 우리는 군 H가 언제 어떤 군 G의 준동형상인지 배웠다. 이제는 '임의의 군의 준동형상을 모두 구성'하는 실질적인 방법을 배움으로써 큰 도약을 하려고 한다. 이 놀라운 과정은 대수학에서 매우 중요하다. 많은 경우 이런 구성법을 쓰면, G에서 보존하고 싶은 성질과 버릴 성질을 신중히 고를 수 있다.

이런 구성법에 이용하는 가장 중요한 도구가 정규부분군의 개념이다. G의 '정규'부분군이란 G의 부분군 중에서 켤레에 대해 닫혀있는 것임을 기억하자. 먼저 정규부분군의 기본 성질을 제시하면서 시작하자.

정리 1. H가 G의 정규부분군이면, 모든 $a \in H$에 대해 $aH = Ha$이다.

(다른 말로 하면, 정규부분군에 대해 왼쪽 나머지류와 오른쪽 나머지류 사이에는 차이가 없다.)

증명: 실제로 x가 aH의 임의의 원소라면, 어떤 $h \in H$에 대해 $x = ah$이다. 그런데 H는

곁레에 대해 닫혀있으므로 $aha^{-1} \in H$이다. 따라서 $x = ah = (aha^{-1})a$는 Ha의 원소이다. 이는 aH의 모든 원소가 Ha에 속함을 보여 준다. 비슷하게 Ha의 모든 원소도 aH에 속한다. 따라서 $aH = Ha$이다. ■

G를 군이라 하고, H를 G의 부분군이라 하자. 나머지류들을 '나머지류 곱셈'이라 부르는 방식으로 조합하는 방법이 있는데 다음과 같다. 'a의 나머지류에 b의 나머지류를 곱한 것을 ab의 나머지류라고 정의한다.' 이를 기호로 쓰면 다음과 같다.

$$Ha \cdot Hb = H(ab)$$

미심쩍을 만큼 간단한 정의이지만, 이 정의에는 근본적인 난관이 숨어 있다. 사실 두 나머지류 Ha와 Hb를 이런 식으로 곱한 것이 '유일하게 정의된다'는 것이 전혀 명백하지 않다. Ha가 Hc와 같을 수도 있고, (이런 일은 c가 Ha에 속할 때만 일어난다) 마찬가지로 Hb가 Hd와 같을 수도 있다는 것을 기억하라. 따라서 $Ha \cdot Hb$는 $Hc \cdot Hd$와 같아야 한다. 하지만 $H(ab)$는 $H(cd)$와 같은 나머지류가 '아니기' 십상이다. 도식적으로는 다음처럼 나타낼 수 있다.

$$\begin{array}{ccccc} Ha & \cdot & Hb & = & H(ab) \\ \| & & \| & & \nparallel \\ Hc & \cdot & Hd & = & H(cd) \end{array}$$

예를 들어 $G = S_3$이고 $H = \{\varepsilon, \alpha\}$이면

$$H\beta = \{\beta, \gamma\} = H\gamma$$

$$H\delta = \{\delta, \kappa\} = H\kappa$$

이지만

$$H(\beta \circ \delta) = H\varepsilon \neq H\beta = H(\gamma \circ \kappa)$$

이다. 따라서 S_3에서 $H = \{\varepsilon, \alpha\}$의 나머지류에 대해 나머지류 곱셈은 연산처럼 '작동하지 않는다.' 비록 H가 S_3의 부분군이지만, '정규부분군은 아니'라는 것이 이유다. 만약 H가 정

규부분군이었다면, 나머지류 곱셈은 작동한다. 다음 정리가 정확히 이를 진술하고 있다.

정리 2. H를 G의 정규부분군이라 하자. $Ha = Hc$이고 $Hb = Hd$이면, $H(ab) = H(cd)$이다.

증명: $Ha = Hc$이면 $a \in Hc$이므로 어떤 $h_1 \in H$에 대해 $a = h_1 c$이다. $Hb = Hd$이면 어떤 $h_2 \in H$에 대해 $b = h_2 d$이다. 따라서 다음이 성립한다.

$$ab = h_1 c h_2 d = h_1(ch_2)d$$

그런데 $ch_2 \in cH = Hc$이다. (마지막 등호는 정리 1 때문에 성립한다.) 따라서 어떤 $h_3 \in H$에 대해 $ch_2 = h_3 c$이다. ab로 돌아가면

$$ab = h_1(ch_2)d = h_1(h_3 c)d = (h_1 h_3)(cd)$$

인데, 이 원소는 $H(cd)$의 원소임이 분명하다.

방금 $ab \in H(cd)$임을 보였다. 따라서 13장의 성질 (1)에서 $H(ab) = H(cd)$이다. ■

이제 이 장의 서두에서 약속했던 구성을 계속할 준비가 됐다. G를 군이라 하고 H를 G의 정규부분군이라 하자. 'H의 모든 나머지류'로 이루어진 집합을 생각하자. 이 집합은 전통적으로 기호 G/H로 나타낸다. 따라서 $Ha, Hb, Hc, \cdots$ 등등이 H의 나머지류라면 다음처럼 쓸 수 있다.

$$G/H = \{Ha, Hb, Hc, \cdots\}$$

방금 '나머지류 곱셈'이 이 집합 위에서 타당한 연산임을 보였다. 사실 다음이 성립한다.

정리 3. 나머지류 곱셈에 대해 G/H는 군이다.

증명: 나머지류 곱셈은 결합적인데, 다음이 성립하기 때문이다.

$$Ha \cdot (Hb \cdot Hc) = Ha \cdot H(bc) = Ha(bc) = H(ab)c$$
$$= H(ab) \cdot Hc = (Ha \cdot Hb) \cdot Hc$$

G/H의 항등원은 $H = He$인데, $Ha \cdot He = Ha$ 및 $He \cdot Ha = Ha$가 모든 나머지류 Ha에 대해 성립하기 때문이다.

마지막으로 임의의 나머지류 Ha의 역원은 Ha^{-1}이다. $Ha \cdot Ha^{-1} = Haa^{-1} = He$이고 $Ha^{-1} \cdot Ha = Ha^{-1}a = He$이기 때문이다. ■

이 군 G/H를 G를 H로 나눈 '몫군'(factor group) 또는 '나머지류군'(quotient group)이라 부른다.

이제 '주목할 만한 결과'를 보자.

정리 4. G/H는 G의 준동형상이다.

증명: G에서 G/H로의 가장 명백한 함수는 각 원소를 그 원소의 나머지류로 보내는 함수 f, 즉 다음처럼 정의한 함수이다.

$$f(x) = Hx$$

이 함수가 준동형사상인 것은 다음 때문이다.

$$f(xy) = Hxy = Hx \cdot Hy = f(x)f(y)$$

f를 G에서 G/H 위로의 '자연 준동형사상'(natural homomorphism)이라 부른다. G에서 G/H로의 전사인 준동형사상이 있으므로, G/H는 G의 준동형상이다. ■

따라서 G의 몫군을 구성하면, 사실은 G의 준동형상을 구성하는 셈이다. 몫군 구성이 유용한 것은, 실제로 임의의 군 G의 준동형상을 만들어 내는 방법이기 때문이다. 곧 보겠지만, 이 방법은 G의 준동형상을 '모두' 만들어 내는 방법이다.

몫군 구성법의 세세한 부분을 명확히 할 목적으로 첫 번째 예를 제시하겠다. $\mathbb{Z}$를 정수군이라 하고, 6의 배수로 이루어진 $\mathbb{Z}$의 순환부분군을 $\langle 6\rangle$이라 하자. $\mathbb{Z}$가 가환군이고 가환군의 모든 부분군은 정규부분군이므로, $\langle 6\rangle$은 $\mathbb{Z}$의 정규부분군이다. 따라서 몫군 $\mathbb{Z}/\langle 6\rangle$을 만들 수 있다. 이 몫군의 원소는 부분군 $\langle 6\rangle$의 나머지류 전체의 집합이다. 즉, 다음으로 구성된다.

$$
\begin{aligned}
\langle 6\rangle + 0 &= \{\cdots, -18, -12, -6, 0, 6, 12, 18, \cdots\}\\
\langle 6\rangle + 1 &= \{\cdots, -17, -11, -5, 1, 7, 13, 19, \cdots\}\\
\langle 6\rangle + 2 &= \{\cdots, -16, -10, -4, 2, 8, 14, 20, \cdots\}\\
\langle 6\rangle + 3 &= \{\cdots, -15, -9, -3, 3, 9, 15, 21, \cdots\}\\
\langle 6\rangle + 4 &= \{\cdots, -14, -8, -2, 4, 10, 16, 22, \cdots\}\\
\langle 6\rangle + 5 &= \{\cdots, -13, -7, -1, 5, 11, 17, 23, \cdots\}
\end{aligned}
$$

이것들이 $\langle 6\rangle$의 서로 다른 나머지류 '전체'인데, $\langle 6\rangle + 6 = \langle 6\rangle + 0$, $\langle 6\rangle + 7 = \langle 6\rangle + 1$, $\langle 6\rangle + 8 = \langle 6\rangle + 2$ 등등을 쉽게 보일 수 있기 때문이다.

$\mathbb{Z}$에서의 연산을 $+$로 나타내었으므로, 나머지류의 연산도 나머지류 곱셈 대신 '나머지류 덧셈'이라고 부를 것이다. 하지만 이름 외에는 아무것도 바뀌는 것은 없다. 예를 들어 나머지류 $\langle 6\rangle + 1$에 나머지류 $\langle 6\rangle + 2$를 더하면 $\langle 6\rangle + 3$이다. 나머지류 $\langle 6\rangle + 3$에 나머지류 $\langle 6\rangle + 4$를 더하면 나머지류 $\langle 6\rangle + 7$인데 이는 $\langle 6\rangle + 1$과 같다. 기호를 간단히 하기 위해, 나머지류를 다음처럼 간단한 꼴로 쓰기로 합의하자.

$$
\begin{array}{lll}
\bar{0} = \langle 6\rangle + 0 & \bar{1} = \langle 6\rangle + 1 & \bar{2} = \langle 6\rangle + 2\\
\bar{3} = \langle 6\rangle + 3 & \bar{4} = \langle 6\rangle + 4 & \bar{5} = \langle 6\rangle + 5
\end{array}
$$

그러면 $\mathbb{Z}/\langle 6\rangle$은 여섯 개의 원소 $\bar{0}$, $\bar{1}$, $\bar{2}$, $\bar{3}$, $\bar{4}$, $\bar{5}$로 구성돼 있으며, 연산 결과를 다음 표로 요약할 수 있다.

$+$	$\bar{0}$	$\bar{1}$	$\bar{2}$	$\bar{3}$	$\bar{4}$	$\bar{5}$
$\bar{0}$	$\bar{0}$	$\bar{1}$	$\bar{2}$	$\bar{3}$	$\bar{4}$	$\bar{5}$
$\bar{1}$	$\bar{1}$	$\bar{2}$	$\bar{3}$	$\bar{4}$	$\bar{5}$	$\bar{0}$
$\bar{2}$	$\bar{2}$	$\bar{3}$	$\bar{4}$	$\bar{5}$	$\bar{0}$	$\bar{1}$
$\bar{3}$	$\bar{3}$	$\bar{4}$	$\bar{5}$	$\bar{0}$	$\bar{1}$	$\bar{2}$
$\bar{4}$	$\bar{4}$	$\bar{5}$	$\bar{0}$	$\bar{1}$	$\bar{2}$	$\bar{3}$
$\bar{5}$	$\bar{5}$	$\bar{0}$	$\bar{1}$	$\bar{2}$	$\bar{3}$	$\bar{4}$

독자들은 아마도 이 군과 $\mathbb{Z}_6$ 사이의 유사성을 곧바로 간파할 수 있을 것이다. 사실 몫군 $\mathbb{Z}/\langle 6\rangle$의 구성법은 $\mathbb{Z}_6$을 엄밀하게 구성하는 방법으로 간주할 수 있다. 따라서 앞으로는 $\mathbb{Z}_6$을 $\mathbb{Z}/\langle 6\rangle$과 같은 것으로 간주할 것이며, 더 일반적으로 $\mathbb{Z}_n$을 $\mathbb{Z}/\langle n\rangle$과 같은 것으로 간주하겠다. 특히 임의의 n에 대해 $\mathbb{Z}_n$은 $\mathbb{Z}$의 준동형상이다.

반복하자. 임의의 군 G의 준동형상을 실제로 '만들어 내는' 수단을 준다는 것이 몫군을 구성하는 동기이다. 하지만 이 몫군 구성에서 훨씬 더 흥미로운 점은, 실용적인 예에서는 G에서 원치 않는 성질을 '제외하고', G/H에는 '바람직한' (구체적인 응용 맥락에서 '바람직하다'는 뜻이다) 특성만을 유지하도록 H를 선택할 수 있다는 것이다. 몇 가지 예를 살펴보기로 하자.

먼저 나머지류의 간단한 성질 두 가지 필요한데, 다음 정리에 넣어 두었다.

정리 5. G가 군이고 H가 G의 부분군이라 하자. 그러면 다음이 성립한다.

(i) $Ha = Hb$인 것과 $ab^{-1} \in H$인 것은 동치조건이고,

(ii) $Ha = H$인 것과 $a \in H$인 것이 동치조건이다.

증명: $Ha = Hb$이면 $a \in Hb$이므로, 어떤 $h \in H$에 대해 $a = hb$이다. 따라서 다음이 성립한다.

$$ab^{-1} = h \in H$$

$ab^{-1} \in H$이면 어떤 $h \in H$에 대해 $ab^{-1} = h$이므로 $a = hb \in Hb$이다. 13장의 성질 (1)로부터 $Ha = Hb$라는 것이 따라 나온다.

이로써 (i)이 증명된다. $Ha = He$인 것과 $ae^{-1} = a \in H$인 것이 동치조건이므로 (ii)가 증명된다. ■

첫 번째 예로, G를 가환군이라 하고 H를 '위수가 유한인 모든 원소'로 이루어진 집합이라 하자. H가 G의 부분군임을 보이는 것은 쉽다. (자세한 것은 독자들이 보충할 수 있다.) 가환군에서는 모든 부분군이 정규부분군임을 기억하라. 따라서 H는 G의 정규부분군이므로, 몫군 G/H를 만들 수 있다. 이제 G/H에서는 중립 원소를 제외한 모든 원소가 유한 위수를 가질 수 '없다'는 것을 보일 것이다.

예를 들어 G/H의 원소 Hx가 유한 위수를 가진다고 하자. G/H의 항등원이 H이므로, $(Hx)^m = H$, 즉 $Hx^m = H$인 자연수 $m \neq 0$이 존재한다는 뜻이다. 따라서 정리 5(ii)에 의하면 $x^m \in H$이므로, x^m의 위수는 유한이다. 이 위수를 t라 하면, 다음과 같다.

$$(x^m)^t = x^{mt} = e$$

그러므로 x는 위수가 유한이므로 $x \in H$이다. 따라서 정리 5(ii)에 의해 $Hx = H$이다. 따라서 G/H에서 위수가 유한인 원소 Hx는 중립 원소 H뿐임이 입증된다.

정리해 보자. G에서 위수가 유한인 원소로 이루어진 부분군을 H라 하면, G/H에서는 (항등원을 제외하면) 어떤 원소도 위수가 유한이 '아니다.' 따라서 어떤 의미에서는 '위수가 유한인 원소를 (이런 원소는 모두 H 안에 있다) "제거"하고, 몫군 G/H에서는 (위수가 1일 수밖에 없는 중립 원소는 제외하고) 위수가 무한인 원소들만을 만들어 낸다.'

다음 예에서 이 아이디어를 더 명확히 끌어낼 수 있을 것 같다. G를 임의의 군이라 할 때 G의 '교환자'(commutator)란 G의 원소 a, b에 대해 $aba^{-1}b^{-1}$ 꼴의 원소를 말한다. 이런 곱을 교환자라 부르는 이유는 다음 때문이다.

$aba^{-1}b^{-1} = e$인 것과 $ab = ba$는 동치조건이다.

다른 말로 하면 $aba^{-1}b^{-1}$는 a, b가 서로 가환일 때, 그리고 '그때에만' 중립 원소로 퇴화한다. 따라서 가환군에서는 모든 교환자가 e와 같다. 가환군이 아닌 군에서는 서로 다른 교환자의 개수를, G가 얼마나 가환군으로부터 떨어져 있느냐는 척도로 간주할 수 있다. (교환자가 적을수록, 이 군은 가환군에 더 가깝다.)

H가 'G의 모든 교환자를 포함하는' 부분군이면, G/H가 가환이라는 것을 머지않아 보일 것이다! 'G의 교환자를 제거하면, (자명한 항등원을 제외할 때) 교환자가 없는 몫군을 얻으므로 이 군은 가환군이다'는 의미로 꽤 정확하다.

G/H가 가환군이라고 말하기 위해서는 G/H의 임의의 두 원소 Hx와 Hy에 대해 $HxHy = HyHx$, 즉 $Hxy = Hyx$임을 말해야 한다. 그런데 정리 5(ii)에 의해

$$Hxy = Hyx \text{인 것과 } xy(yx)^{-1} \in H \text{인 것은 동치조건이다.}$$

여기에서 $xy(yx)^{-1}$는 교환자 $xyx^{-1}y^{-1}$이므로, 모든 교환자를 포함하는 H에 대해 G/H는 가환군이다.■

■ 교환자를 모두 포함하는 부분군 H는 항상 정규부분군이 된다는 사실부터 먼저 보여야 한다.—옮긴이

연습문제

A. 유한 몫군의 예

다음 각 연습문제에서 G는 군이고 H는 G의 정규부분군이다. G/H의 원소를 나열하고, G/H의 연산표를 작성하여라.

예제 $G=\mathbb{Z}_6, H=\{0, 3\}$

G/H의 원소는 나머지류 $H=H+0=\{0, 3\}$, $H+1=\{1, 4\}$, $H+2=\{2, 5\}$의 세 개다. ($H+3$은 $H+0$과 같으며, $H+4$는 $H+1$과 같고, $H+5$는 $H+2$와 같음에 주목하여라.) G/H의 연산표는 다음과 같다.

$+$	H	$H+1$	$H+2$
H	H	$H+1$	$H+2$
$H+1$	$H+1$	$H+2$	H
$H+2$	$H+2$	H	$H+1$

1. $G=\mathbb{Z}_{10}, H=\{0, 5\}$. ($G/H \cong \mathbb{Z}_5$인 이유를 설명하여라.)

2. $G=S_3, H=\{\varepsilon, \beta, \delta\}$.

3. $G=D_4, H=\{R_0, R_2\}$. (122쪽을 보시오.)

4. $G = D_4$, $H = \{R_0, R_2, R_4, R_5\}$.

5. $G = \mathbb{Z}_4 \times \mathbb{Z}_2$, $H = \langle(0, 1)\rangle =$ '$(0, 1)$이 생성하는 $\mathbb{Z}_4 \times \mathbb{Z}_2$의 부분군'.

6. $G = P_3$, $H = \{\varnothing, \{1\}\}$. ($P_3$은 $\{1, 2, 3\}$의 부분집합들이 이루는 군이다.)

B. $\mathbb{R} \times \mathbb{R}$의 몫군의 예

다음 각각에서 H는 $\mathbb{R} \times \mathbb{R}$의 부분집합이다.

(a) H가 $\mathbb{R} \times \mathbb{R}$의 정규부분군임을 증명하여라. (가환군의 모든 부분군은 정규부분군임을 기억하라.)

(b) 기하학적인 용어를 써서 몫군 G/H의 원소를 묘사하여라.

(c) 기하학적인 용어든 다른 용어를 써서 G/H의 연산을 묘사하여라.

1. $H = \{(x, 0) : x \in \mathbb{R}\}$

2. $H = \{(x, y) : y = -x\}$

3. $H = \{(x, y) : y = 2x\}$

C. H의 성질을 G/H의 성질과 관련짓기

아래의 1번부터 5번까지, G는 군이고 H는 G의 정규부분군이다. 다음을 증명하여라. (정리 5가 핵심 역할을 할 것이다.)

1. 모든 $x \in G$에 대해 $x^2 \in H$라면, G/H의 모든 원소의 역원은 자기 자신이다. 역으로, G/H의 모든 원소의 역원이 자신이면, 모든 $x \in G$에 대해 $x^2 \in H$이다.

2. m을 고정된 자연수라 하자. 모든 $x \in G$에 대해 $x^m \in H$라면, G/H의 모든 원소의 위수는 m의 약수이다. 역으로 G/H의 모든 원소의 위수가 m의 약수이면, 모든 $x \in G$에 대해 $x^m \in H$이다.

3. 각 $x \in G$에 대해 $x^n \in H$인 자연수 n이 존재하면, G/H의 모든 원소의 위수는 유한하다. 역으로 G/H의 모든 원소의 위수가 유한하면, 각 $x \in G$에 대해 $x^n \in H$인 자연수 n이 존재한다.

 # 4. G/H의 모든 원소가 제곱근을 갖는 것과, 모든 $x \in G$에 대해 $xy^2 \in H$인 $y \in G$가 존재하는 것은 동치조건이다.

5. G/H가 순환군인 것과, 다음 성질을 만족하는 $a \in G$가 존재하는 것은 동치조건이다. 모든 $x \in G$에 대해 $xa^n \in H$인 자연수 n이 존재한다.

6. G가 가환군일 때, 위수가 p의 거듭제곱인 모든 $x \in G$의 집합을 H_p라 하자. H_p가 G의 부분군임을 증명하여라. G/H_p에는 p의 (0이 아닌) 거듭제곱을 위수로 가지는 원소가 없음을 증명하여라.

7. (a) G/H가 가환이면, H가 G의 모든 교환자를 포함함을 증명하여라.

(b) K가 G의 정규부분군이고, H가 K의 정규부분군이라 하자. G/H가 가환이면 G/K와 K/H가 모두 가환군임을 증명하여라.

D. G/H와 H의 성질이 결정하는 G의 성질

군의 성질 중에서는 G/H와 H에서 참인 것은 G에서도 반드시 참이어야만 하는 것들이 있다. 아래에 사례가 있다. G가 군이고 H가 G의 정규부분군이라 하자. 다음을 증명하여라.

1. G/H의 모든 원소의 위수가 유한이고 H의 모든 원소의 위수가 유한이면, G의 모든 원소의 위수는 유한이다.

2. G/H의 모든 원소가 제곱근을 갖고 H의 모든 원소가 제곱근을 가지면, G의 모든 원소도 제곱근을 가진다. (G가 가환이라고 가정하라.)

3. p가 소수라 하자. G/H와 H가 p-군이면, G도 p-군이다. 군 G가 'p-군'(p-group)이라는 것은 G의 모든 원소 x의 위수가 p의 거듭제곱일 때를 말한다.

 # 4. G/H와 H가 유한생성이면, G도 유한생성이다. (군이 유한생성이라는 것은 유한한 원소 집합이 생성한다는 뜻이다.)

E. 몫군의 원소의 위수

G를 군이라 하고, H를 정규부분군이라 하자. 다음을 증명하여라.

1. 각 원소 $a \in G$에 대해, G/H에서 원소 Ha의 위수는 G에서 a의 위수의 약수이다. (힌트: 14장 연습문제 F1을 이용하여라.)

2. $(G : H) = m$이면, G/H의 모든 원소의 위수는 m의 약수이다.

3. p가 소수일 때 $(G:H)=p$이면, G에서 $a \notin H$인 모든 원소의 위수는 p의 배수이다. (1번을 이용하여라.)

4. 소수 p에 대해 G가 지수 p인 정규부분군을 가지면, G는 위수가 p인 원소를 적어도 하나 갖는다.

5. $(G:H)=m$이면 모든 $a \in G$에 대해 $a^m \in H$이다.

 # 6. $\mathbb{Q}/\mathbb{Z}$에서 모든 원소의 위수는 유한하다.

†F. 군을 중심으로 나눈 몫군

G의 '중심'(center)은 G의 모든 원소와 가환인 원소 전체로 이루어진 G의 정규부분군 C를 말한다. G/C가 순환군이어서 G/C의 원소 Ca가 생성한다고 하자. 1번부터 3번까지 증명하여라.

1. 모든 $x \in G$에 대해 $Cx = Ca^m$인 정수 m이 존재한다.

2. 모든 $x \in G$에 대해 $x = ca^m$, $c \in C$인 정수 m이 존재한다.

3. G의 임의의 두 원소 x, y에 대해 $xy = yx$이다. (힌트: 2번을 이용하여 $x = ca^m$, $y = c'a^n$이라 쓰는데 $c, c' \in C$임을 기억하여라.)

4. G/C가 순환군이면, G가 가환이라는 결론을 지어라.

†G. 켤레식을 이용하여 중심의 규모 판단하기

사전 지식: 13장 연습문제 I

G를 유한군이라 하자. G의 원소 a, b가 서로 '켤레'(conjugate)라는 것은 어떤 $x \in G$에 대해 $a = xbx^{-1}$일 때를 (이는 $b = x^{-1}ax$인 것과 같다) 말하는데 $a \sim b$로 나타낸다. 관계 $\sim$는 G에서 동치관계인데, 원소 a의 동치류를 '켤레류'(conjugacy class)라 부른다. 따라서 G는 다음 그림에서 보듯 켤레류로 분할할 수 있는데, 각 켤레류의 크기는 G의 위수의 약수이다. (이 사실은 13장 연습문제 I을 보라.)

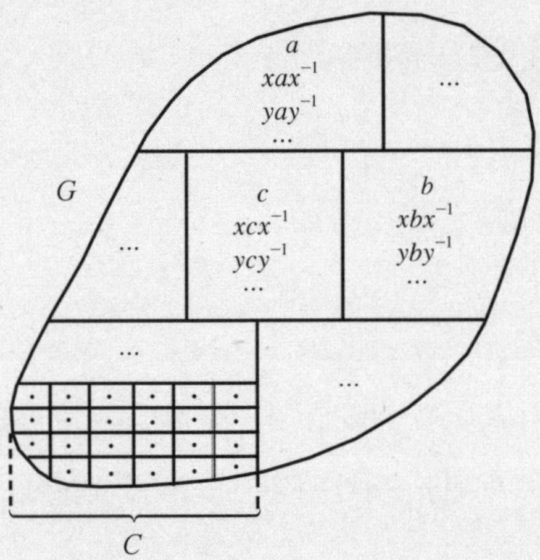

'중심 C의 각 원소의
켤레류는 자신만을 포함한다.'

서로 다른 G의 켤레류를 $S_1, S_2, \cdots, S_t$라 하고, $k_1, k_2, \cdots, k_t$를 각각 그 크기라 하자. 이때 $|G| = k_1 + k_2 + \cdots + k_t$이다. [이 식을 G의 '켤레식'(class equation)이라 부른다.]

G가 소수 p의 거듭제곱을 위수로 갖는 군, 즉 $|G| = p^k$라 하자. C를 G의 중심이라 하자.

1번부터 3번까지 증명하여라.

1. a의 켤레류가 a만을 포함하는 것과, $a \in C$인 것은 동치조건이다.

2. c를 C의 위수라 하자. 이때 $x \notin C$인 원소들의 서로 다른 켤레류의 크기들을 $k_s, \cdots, k_t$라 할 때 $|G| = c + k_s + k_{s+1} + \cdots + k_t$이다.

3. 각 $i \in \{s, s+1, \cdots, t\}$에 대해 k_i는 p의 거듭제곱이다. (13장 연습문제 16을 보라.)

4. 식 $|G| = c + k_s + k_{s+1} + \cdots + k_t$를 c에 대해 풀어서 c가 p의 배수인 이유를 설명하여라.

4번으로부터 C는 원소 e 이외의 원소도 포함한다는 결론을 지을 수 있다. 사실 $|C|$는 p의 거듭제곱이다.■

5. $|G| = p^2$이면 G가 가환군임을 증명하여라. (앞의 연습문제 F를 이용하여라.)

#6. $|G| = p^2$이면 $G \cong \mathbb{Z}_{p^2}$ 또는 $G \cong \mathbb{Z}_p \times \mathbb{Z}_p$임을 증명하여라.

†H. $|G|$에 대한 귀납법: 예제

수학에서 많은 정리가 '모든 양의 정수 n에 대해 $P(n)$이 성립한다'는 꼴이다. [여기에서 $P(n)$은 n을 포함하는 명제를 가리키는 기호로 썼다.] 이런 정리들은 다음처럼 (수학적) 귀납법으로 증명할 수 있다.

(a) $P(n)$이 $n = 1$에 대해 성립함을 보여라.

(b) 고정된 임의의 양수 k에 대해, 모든 $n < k$에 대해 $P(n)$이 성립하면 $n = k$일 때도 $P(n)$이 성립함을 보여라.

만약 (a)와 (b)를 보일 수 있다면, 우리는 마음 놓고 모든 양의 정수 n에 대해 $P(n)$이 성립한다고 결론지을 수 있다.

■ $|C|$는 $|G| = p^k$의 약수이기 때문이다.— 옮긴이

대수학의 어떤 정리들은 군의 위수 n에 대한 귀납법을 써서 증명할 수 있다. 여기 고전적인 예가 있다. G를 유한 가환군이라 하자. $|G|$의 모든 소인수 p에 대해, G는 위수가 p인 원소를 적어도 하나 포함해야 함을 보이려고 한다. $|G|=1$이면, 1의 인수인 소수 p는 없으므로 자동적으로 이 명제는 참이다. 다음으로 $|G|=k$라 하고, 위수가 k보다 작은 모든 가환군에 대해 우리의 주장이 참이라고 가정하자. p를 k의 어떤 소인수라고 하자.

G에서 $a \neq e$인 아무 원소나 잡자. 만약 ord(a)가 p이거나 p의 배수이면 증명이 끝난다!

1. 어떤 양의 정수 t에 대해 ord$(a) = tp$라면, G의 어떤 원소가 위수 p를 갖는가?

2. ord(a)가 'p의 배수가 아니다'고 가정하자. 그러면 $G/\langle a\rangle$는 k보다 원소의 개수가 작은 군이다. (왜 그런지 설명하여라.) $G/\langle a\rangle$의 위수는 p의 배수이다. (왜 그런지 설명하여라.)

3. $G/\langle a\rangle$가 위수 p인 원소를 가져야만 하는 이유는 무엇인가?

4. G가 위수 p인 원소를 가진다는 결론을 내려라. (힌트: 연습문제 E1을 이용하여라.)

16장

준동형사상의 기본 정리

G를 임의의 군이라 하자. 15장에서 G의 모든 몫군이 G의 준동형상임을 보았다. 이제는 역으로 G의 모든 준동형상이 G의 몫군임을 보일 것이다. 더 정확히 말해, ‘G의 모든 준동형상은 G의 어떤 몫군과 동형이다’.

이로부터 모든 군 G, H에 대해 H가 G의 준동형상이라는 것과, H가 G의 어떤 몫군과 동형이라는 것은 동치조건이다. 따라서 ‘준동형상’이라는 개념과 ‘몫군’이라는 개념은 상통하는 개념이다.

우리 논증의 실타래는 간단한 정리로부터 시작한다.

정리 1. $f: G \to H$가 핵 K를 갖는 준동형사상이라 하자. 이때 다음이 성립한다.

$$f(a) = f(b) \Leftrightarrow Ka = Kb$$

(다른 말로 하면, G의 두 원소 a, b가 f에 의해 ‘같은 상을 가진다’는 것과, 같은 K의 나머지류에 속한다는 것은 동치조건이다.)

다음 사실을 알 수 있다.

$$\begin{aligned} f(a) = f(b) &\Leftrightarrow f(a)[f(b)]^{-1} = e \\ &\Leftrightarrow f(ab^{-1}) = e \\ &\Leftrightarrow ab^{-1} \in K \\ &\Leftrightarrow Ka = Kb \quad \text{(15장 정리 5(i)에 의해)} \end{aligned}$$

이 정리가 정말로 말해 주는 것은 무엇일까? 이 정리는 f가 G에서 H로의 준동형사상으로 핵이 K라면, K의 어떤 나머지류의 원소는 같은 상을 가지며, 역으로 같은 상을 갖는 원소는 같은 K의 나머지류에 속한다는 것을 말해 준다.

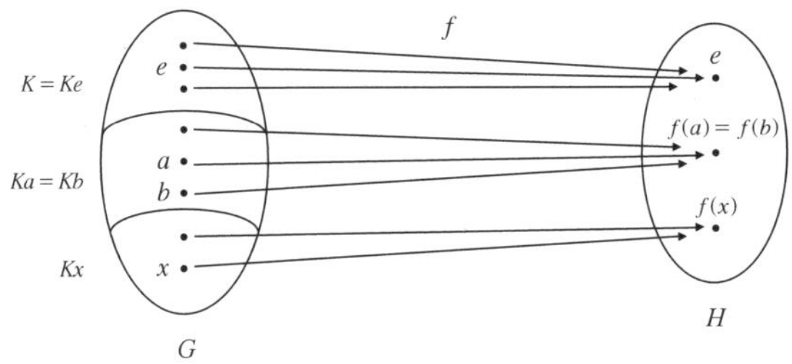

따라서 K의 나머지류와 H의 원소를 짝지어주는 일대일 대응이 있다는 것이 벌써 분명해졌다. 이제는 이 대응이 동형사상임을 보이는 일만 남았다. 그런데 이러한 대응이 특정한 K의 나머지류와 H의 특정한 원소를 어떻게 짝지어주는 것일까? 각 x에 대해 나머지류 Kx를 원소 $f(x)$와 짝지어야 한다는 것은 분명하다. 일단 이를 이해하고 나면 다음 정리는 쉽다.

정리 2. $f: G \to H$가 '전사'인 준동형사상이라 하자. K가 f의 핵일 때, 다음이 성립한다.

$$H \cong G/K$$

증명: G/K가 H와 동형임을 보이기 위해서는 G/K에서 H로의 동형사상을 찾아야 한다. G/K의 각 나머지류 Kx를 H의 원소 $f(x)$와 짝지어주는 함수가 있음을 방금 보았다. 이 함수를 ϕ라 하자. 즉, ϕ는 다음 식으로 정의한다.

$$\phi(Kx) = f(x)$$

이 정의에서 $\phi(Kx)$를 '유일하게 정의할 수 있다'는 것이 명백하지는 않다. (만약 그렇지 않다면, ϕ를 함수라 부르는 것은 부적절할 것이다.) Ka가 Kb와 동일한 나머지류일 때 $\phi(Ka)$가 $\phi(Kb)$와 같다는 것을 확인해야 한다. 즉, 다음이 성립해야 한다.

$$Ka = Kb\text{이면 } f(a) = f(b)$$

사실 이는 정리 1 때문에 성립한다.

이제 ϕ가 동형사상임을 보이기로 하자.

ϕ는 단사이다: $\phi(Ka) = \phi(Kb)$이면 $f(a) = f(b)$이다. 따라서 정리 1로부터 $Ka = Kb$이다.
ϕ는 전사이다: H의 모든 원소가 $f(x) = \phi(Kx)$ 꼴이기 때문이다.
마지막으로 $\phi(Ka \cdot Kb) = \phi(Kab) = f(ab) = f(a)f(b) = \phi(Ka)\phi(Kb)$가 성립한다.

따라서 ϕ는 G/K에서 H로의 전사인 동형사상이다. ■

정리 2를 흔히 '준동형사상의 기본 정리'(fundamental homomorphism theorem, 준기정)라 부른다. 이 정리는 G의 모든 준동형상이 G의 어떤 몫군과 동형임을 주장한다. 구체적으로 G의 어떤 몫군일까? f가 G에서 H로의 전사인 준동형사상이면, H는 G를 'f의 핵'으로 나눈 몫군과 동형이다.

f가 G에서 H로의 '전사'인 준동형사상이라는 것을 다음처럼 기호화할 수 있다.

$$f : G \twoheadrightarrow H$$

더욱이 K가 이 준동형사상의 핵이라는 것은 다음처럼 써서 나타낼 수 있다.

$$f : G \underset{K}{\twoheadrightarrow} H$$

따라서 준동형사상의 기본 정리가 말해 주는 것을 다음처럼 요약할 수 있다.

$$f : G \underset{K}{\twoheadrightarrow} H\text{이면 } H \cong G/K$$

몇 가지 예를 보기로 하자.

14장의 첫 번째 절에서 다음 함수

$$f = \begin{pmatrix} 0 & 1 & 2 & 3 & 4 & 5 \\ 0 & 1 & 2 & 0 & 1 & 2 \end{pmatrix}$$

가 $\mathbb{Z}_6$에서 $\mathbb{Z}_3$으로의 전사인 준동형사상임을 보았다. f의 핵이 $\{0, 3\}$임은 명백한데 이는 $\mathbb{Z}_6$에서 3으로 생성되는 부분군, 즉 부분군 $\langle 3 \rangle$임이 명백하다. 이 상황을 기호로 쓰면 다음과 같다.

$$f : \mathbb{Z}_6 \underset{\langle 3 \rangle}{\twoheadrightarrow} \mathbb{Z}_3$$

정리 2로부터 다음 결론을 내릴 수 있다.

$$\mathbb{Z}_3 \cong \mathbb{Z}_6 / \langle 3 \rangle$$

다른 종류의 예로, G와 H를 임의의 군이라 하고 직적 $G \times H$를 생각하자. $G \times H$는 x가 G에서 움직이고 y가 H에서 움직일 때 순서쌍 (x, y) 전체로 이루어져 있음을 기억하여라. 순서쌍을 곱할 때는 대응하는 성분을 곱한다, 즉 $G \times H$ 위의 연산은 다음처럼 주어진다.

$$(a, b) \cdot (c, d) = (ac, bd)$$

이제 $G \times H$에서 H로의 전사인 함수 f를 다음처럼 주자.

$$f(x, y) = y$$

f가 준동형사상임을 확인하는 것은 쉽다. 더욱이 (x, y)가 f의 핵에 속하는 것은 $f(x, y) = y = e$인 것과 동치조건이다. 이는 두 번째 성분이 e인 순서쌍 전체가 f의 핵을 이룬다는 뜻이다. 이 핵을 G^*라 부르면, 다음과 같다.

$$G^* = \{(x, e) : x \in G\}$$

이를 다음처럼 써서 기호화한다.

$$f : G \times H \xrightarrow[G^*]{} \!\!\twoheadrightarrow H$$

준동형사상의 기본 정리에 의해 $H \cong (G \times H)/G^*$임을 유도할 수 있다. [G^*가 G의 동형 복사본임을 보이는 것은 쉽다. 따라서 G^*를 G와 동일시하면, 대략적으로 $(G \times H)/G \cong H$를 보인 것이다.]

준동형사상의 기본 정리의 다른 쓰임새는 연습문제에 나온다.

연습문제

뒤따르는 연습문제에서 준기정(FHT)은 준동형사상의 기본 정리를 가리키는 말로 사용했다.

A. 유한군에 준기정을 적용한 예

다음 각 연습문제에서 준동형사상의 기본 정리를 이용하여 주어진 두 군이 동형임을 증명하여라. 그런 뒤에 연산표를 작성하여라.

예제 $\mathbb{Z}_2$와 $\mathbb{Z}_6/\langle 2\rangle$

$$f = \begin{pmatrix} 0 & 1 & 2 & 3 & 4 & 5 \\ 0 & 1 & 0 & 1 & 0 & 1 \end{pmatrix}$$

는 $\mathbb{Z}_6$에서 $\mathbb{Z}_2$로의 전사인 준동형사상이다. (f가 준동형사상임을 증명하지 말 것.) f의 핵은 $\{0, 2, 4\} = \langle 2\rangle$이다. 따라서 다음을 얻는다.

$$f : \mathbb{Z}_6 \underset{\langle 2\rangle}{\twoheadrightarrow} \mathbb{Z}_2$$

준기정으로부터 $\mathbb{Z}_2 \cong \mathbb{Z}_6/\langle 2\rangle$임을 얻는다.

1. $\mathbb{Z}_5$와 $\mathbb{Z}_{20}/\langle 5\rangle$.

2. $\mathbb{Z}_3$과 $\mathbb{Z}_6/\langle 3\rangle$.

3. $\mathbb{Z}_2$와 $S_3/\{\varepsilon, \beta, \delta\}$.

4. P_2와 P_3/K. 이때 $K=\{\varnothing, \{c\}\}$. [힌트: 함수 $f(C)=C \cap \{a, b\}$를 생각하라. P_3은 $\{a, b, c\}$의 부분집합이 이루는 군이고, P_2는 $\{a, b\}$의 부분집합이 이루는 군이다.]

5. $\mathbb{Z}_3$과 $(\mathbb{Z}_3 \times \mathbb{Z}_3)/K$. 이때 $K=\{(0, 0), (1, 1), (2, 2)\}$. [힌트: $\mathbb{Z}_3 \times \mathbb{Z}_3$에서 $\mathbb{Z}_3$으로의 함수 $f(a, b)=a-b$를 생각하라.]

B. $\mathscr{F}(\mathbb{R})$에 준기정을 적용한 예

$\alpha : \mathscr{F}(\mathbb{R}) \to \mathbb{R}$를 $\alpha(f)=f(1)$로 정의하고, $\beta : \mathscr{F}(\mathbb{R}) \to \mathbb{R}$를 $\beta(f)=f(2)$로 정의하자.

1. α와 β가 $\mathscr{F}(\mathbb{R})$에서 $\mathbb{R}$로의 '전사'인 준동형사상임을 증명하여라.

2. $\mathbb{R}$에서 $\mathbb{R}$로의 함수 중에서 그래프가 (1, 0)을 지나는 모든 함수의 집합을 J라 하고, 그래프가 (2, 0)을 지나는 모든 함수의 집합을 K라 하자. 준기정을 써서 $\mathbb{R} \cong \mathscr{F}(\mathbb{R})/J$ 및 $\mathbb{R} \cong \mathscr{F}(\mathbb{R})/K$를 증명하여라.

3. $\mathscr{F}(\mathbb{R})/J \cong \mathscr{F}(\mathbb{R})/K$임을 결론지어라.

C. 가환군에 준기정을 적용한 예

G를 가환군이라 하자. $H=\{x^2 : x \in G\}$ 및 $K=\{x \in G : x^2=e\}$라 하자.

1. $f(x)=x^2$이 G에서 H로의 '전사'인 준동형사상임을 증명하여라.

2. f의 핵을 구하여라.

3. 준기정을 이용하여 $H \cong G/K$임을 결론지어라.

†D. 군 G의 자기동형군

G를 군이라 하자. G의 '자기동형사상'(automorphism)이라는 것은 동형사상 $f : G \to G$를 뜻한다.

#1. 기호 Aut(G)는 G의 자기동형사상 전체의 집합을 나타내는 데 쓴다. 집합 Aut(G)에 합성 연산 $\circ$을 줄 때 'Aut(G)가 S_G의 부분군임을 증명하여' 군임을 증명하여라.

2. G의 '내부 자기동형사상'(inner automorphism)이란 다음 꼴의 함수 ϕ_a를 말한다.

$$\text{모든 } x \in G\text{에 대해 } \phi_a(x) = axa^{-1}$$

G의 내부 자기동형사상이 G의 자기동형사상임을 증명하여라.

3. 임의의 $a, b \in G$에 대해 다음을 증명하여라.

$$\phi_a \circ \phi_b = \phi_{ab} \text{ 및 } (\phi_a)^{-1} = \phi_{a^{-1}}$$

4. G의 내부 자기동형사상 전체의 집합을 $I(G)$로 나타내기로 하자. 즉, $I(G) = \{\phi_a : a \in G\}$이다. 3번을 이용하여 $I(G)$가 Aut(G)의 부분군임을 증명하여라. $I(G)$가 군인 이유를 설명하여라.

5. G의 '중심'(center)은 G의 모든 원소와 가환인 원소 전체의 집합을 말하는데, 다시 말해 다음으로 정의되는 집합 C를 말한다.

$$C = \{a \in G : \text{모든 } x \in G\text{에 대해 } ax = xa\}$$

$a \in C$인 것과, 모든 $x \in G$에 대해 $axa^{-1} = x$인 것이 동치조건임을 증명하여라.

6. $h: G \to I(G)$를 $h(a) = \phi_a$로 정의한 함수라 하자. h가 G에서 $I(G)$로의 '전사'인 준동형사상이라는 것과, C가 h의 핵이라는 것을 증명하여라.

7. 준기정을 이용하여 $I(G)$가 G/C와 동형이라는 결론을 지어라.

†E. 군의 직적에 적용한 준기정

G와 H가 군이라고 하자. J가 G의 정규부분군이고, K가 H의 정규부분군이라 하자.

1. 함수 $f(x, y) = (Jx, Ky)$는 $G \times H$에서 $(G/J) \times (H/K)$로의 '전사'인 준동형사상임을 보여라.

2. f의 핵을 찾아라.

3. 준기정을 이용하여 $(G \times H)/(J \times K) \cong (G/J) \times (H/K)$라는 결론을 지어라.

†F. 제1 동형사상 정리

G를 군이라 하고, H가 G의 정규부분군, K는 G의 부분군이라 하자. 다음을 증명하여라.

1. $H \cap K$는 K의 정규부분군이다.

#2. $HK = \{xy : x \in H,\ y \in K\}$라 하면, HK는 G의 부분군이다.

3. H는 HK의 정규부분군이다.

4. 몫군 HK/H의 모든 원소는 어떤 $k \in K$에 대해 Hk 꼴로 쓸 수 있다.

5. 함수 $f(k) = Hk$는 K에서 HK/H로의 전사인 준동형사상이며, 핵은 $H \cap K$이다.

6. 준기정에 의해 $K/(H \cap K) \cong HK/H$이다. [이를 '제1 동형사상 정리'(first isomorphism theorem)라■ 부른다.]

†G. 더 정교한 케일리 정리

H가 G의 부분군일 때, G에서 H의 왼쪽 나머지류 전체의 집합을 X로 나타내기로 하자. 각 원소 $a \in G$에 대해 $\rho_a : X \to X$를 다음처럼 정의하자.

$$\rho_a(xH) = (ax)H$$

1. ρ_a가 X의 치환임을 증명하여라.

2. $h(a) = \rho_a$로 정의한 함수 $h : G \to S_X$가 준동형사상임을 증명하여라.

#3. 집합 $\{a \in H :$ 모든 $x \in G$에 대해 $xax^{-1} \in H\}$, 즉 H의 원소 중 켤레 원소가 모두 H에 있는 것들의 집합이 h의 핵임을 증명하여라.

4. H가 $\{e\}$ 이외에는 G의 정규부분군을 포함하지 않는다면, G가 S_X의 어떤 부분군과 동형임을

■ 대개는 준동형사상의 기본 정리를 제1 동형사상 정리라 부르고, 이 정리를 제2 동형사상 정리라 부른다.—옮긴이

증명하여라.

†H. 단위원 군과 동형인 몫군들

모든 복소수 $a+b\mathbf{i}$는 복소평면의 점으로 나타낼 수 있다.

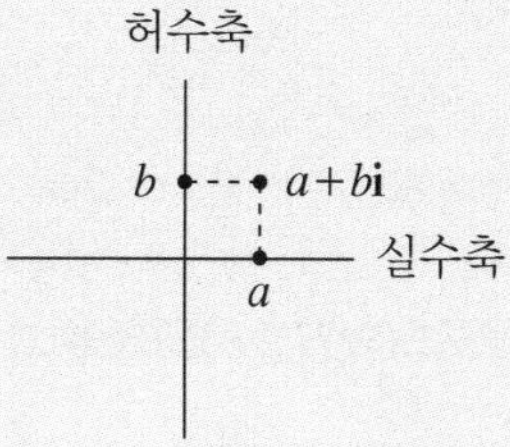

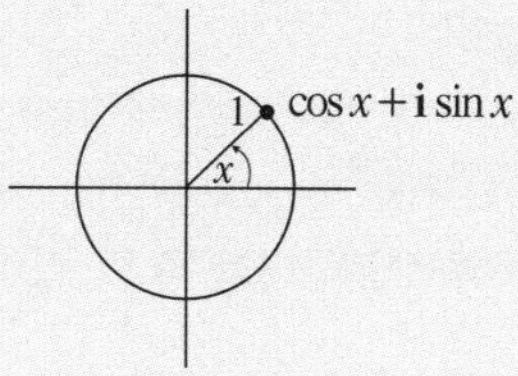

복소평면에서 '단위원'(unit circle)은 원점으로부터의 거리가 1인 모든 복소수로 이루어져 있다. 즉, 단위원은 어떤 실수 x에 대해

$$\cos x + \mathbf{i} \sin x$$

꼴로 쓸 수 있는 복소수 전체로 구성되어 있다.

#1. 각 $x \in \mathbb{R}$에 대해 $\operatorname{cis} x = \cos x + \mathbf{i} \sin x$라 쓰는 것이 관례이다. $\operatorname{cis}(x+y) = (\operatorname{cis} x)(\operatorname{cis} y)$를 증명하여라.

2. 집합 $\{\operatorname{cis} x : x \in \mathbb{R}\}$, 즉 단위원 위에 놓여 있는 모든 복소수의 집합을 T로 나타내기로 하자. 1번 문제를 이용하여 곱셈을 연산으로 가지는 집합 T가 군임을 증명하여라. [T를 '단위원 군'(circle group)이라 부른다.]

3. $f(x) = \operatorname{cis} x$가 $\mathbb{R}$로부터 T로의 전사인 준동형사상임을 증명하여라.

4. $\ker f = \{2n\pi : n \in \mathbb{Z}\} = \langle 2\pi \rangle$임을 증명하여라.

5. 준기정을 이용하여 $T \cong \mathbb{R}/\langle 2\pi \rangle$라는 결론을 지어라.

6. $g(x) = \operatorname{cis}(2\pi x)$가 $\mathbb{R}$로부터 T로의 전사인 준동형사상이며 핵이 $\mathbb{Z}$임을 증명하여라.

7. $T \cong \mathbb{R}/\mathbb{Z}$라는 결론을 지어라.

†I. 제2 동형사상 정리■

H, K가 G의 정규부분군이라 하고, $H \subseteq K$라 하자. $\phi: G/H \to G/K$를 $\phi(Ha) = Ka$로 정의하자.

1번부터 4번까지 증명하여라.

1. ϕ는 잘 정의된 함수이다. (즉, $Ha = Hb$이면, $Ka = Kb$이다.)

2. ϕ는 준동형사상이다.

3. ϕ는 전사이다.

4. $\ker \phi = K/H$이다.

5. (준기정을 이용하여) $(G/H)/(K/H) \cong G/K$라는 결론을 지어라.

■ 역시 보통은 제3 동형사상 정리라 부른다.—옮긴이

†J. 대응 정리

f가 G로부터 H로의 전사인 준동형사상이고 핵이 K라 하자.

$$f : G \underset{K}{\longrightarrow\!\!\!\!\rightarrow} H$$

S가 H의 임의의 부분군일 때 $S^* = \{x \in G : f(x) \in S\}$라 하자. 다음을 증명하여라.

1. S^*는 G의 부분군이다.

2. $K \subseteq S^*$

3. f를 S^*에 제한한 함수를 g라 하자. [즉, 모든 $x \in S^*$에 대해 $g(x) = f(x)$이고, g의 정의역이 S^*이다.] 이때 g는 S^*에서 S로의 '전사'인 준동형사상이며, $K = \ker g$이다.

4. $S \cong S^*/K$

†K. 코시 정리

사전 지식: 13장 연습문제 1, 15장 연습문제 G와 H

G가 군이고 p가 $|G|$의 임의의 소인수일 때, G가 위수 p인 원소를 적어도 하나 가짐을 보일 수 있다. 가환인 경우에는 15장 연습문제 H4에서 이미 보였다. 따라서 여기에서는 G가 가환이 아니라고 가정하자. 논증은 귀납법으로 진행할 것이다. $|G| = k$라 두고, 위수가 k 이하인 임의의 군에 대해 우리의 주장이 성립한다고 가정하자. C를 G의 중심이라 하고, 각 $a \in G$에 대해 C_a를 중심화 부분군■이라 하자. 또한 15장 연습문제 G2에서처럼 $k = c + k_s + \cdots + k_t$를 G의 켤레식이라 하자.

■ 13장 연습문제 I 참조—옮긴이

1. $a \notin C$인 어떤 $a \in G$에 대해 p가 $|C_a|$의 약수라면, 증명이 끝남을 보여라. (이유를 설명하여라.)

2. G에서 임의의 $a \notin C$에 대해 p가 $|C_a|$의 인수가 아니라면, p가 $(G : C_a)$의 인수임을 증명하여라.

3. 켤레식 $k = c + k_s + \cdots + k_t$를 c에 대해 풀어서, p가 c의 인수임을 설명하여라. 이제 증명이 끝난다. (이유를 설명하여라.)

†L. p-군의 부분군들 (쉴로브 정리를 위한 전주곡) 사전 지식: 연습문제 J, 15장의 연습문제 G와 H

p를 소수라 하자. 'p-군'(p-group)이란 위수가 p의 거듭제곱인 임의의 군을 말한다.■ $|G| = p^k$이면, G는 1 이상 k 이하의 모든 m에 대해 위수가 p^m인 정규부분군을 가진다는 것을 보이려고 한다. 증명은 $|G|$에 대한 귀납법을 쓰기 때문에, G보다 위수가 작은 모든 p-군에 대해서는 이 결과가 참이라고 가정할 것이다.

1번과 2번을 증명하여라.

1. $\text{ord}(a) = p$인 원소 a가 G의 중심 안에 존재한다. (15장 연습문제 G와 H를 보아라.)

2. $\langle a \rangle$는 G의 정규부분군이다.

3. $G/\langle a \rangle$가 위수 p^{m-1}인 정규부분군을 가진다고 가정할 수 있는 이유를 설명하여라.

■ 15장 연습문제 D에서는 모든 원소의 위수가 p의 거듭제곱인 군을 p-군이라 불렀다. G가 유한군인 경우, 두 정의는 같은 말임을 입증할 수 있다.—옮긴이

 # 4. 연습문제 J4를 이용하여 G가 위수 p^m인 정규부분군을 가짐을 증명하여라.

연습문제 묶음 M부터 Q까지는 야심찬 독자를 위한 도전문제로 포함한 것이다. 군론에서의 중요한 결과 두 가지가 이 연습문제에 포함돼 있다. 하나는 쉴로브(Sylow) 정리라 부르는 것이고, 하나는 유한 가환군의 기저 정리라 부르는 것이다.

†M. *p*-쉴로브 부분군 사전 지식: 이 장의 연습문제 J와 K, 14장의 연습문제 I1, 15장의 연습문제 D3

p를 소수라 하자. 유한군 G가 'p-군'(p-group)이라는 것은 모든 원소의 위수가 p의 거듭제곱인 군을 말한다. (서로 다른 원소의 위수는 p를 거듭제곱한 횟수가 다를 수 있다.) H가 임의의 유한군 G의 부분군이고 H가 p-군이면, H를 G의 'p-부분군'(p-subgrop)이라 부른다. 마지막으로 K가 G의 p-부분군이고, K가 (G의 p-부분군 중에 더 큰 것에는 포함되지 않는다는 의미에서) 극대이면, K를 G의 'p-쉴로브 부분군'(p-Sylow subgroup)이라 부른다.

1. 임의의 p-군의 위수는 p의 거듭제곱임을 증명하여라. (힌트: 연습문제 K를 이용하여라.)

2. G의 p-쉴로브 부분군의 모든 켤레 부분군은 G의 p-쉴로브 부분군임을 증명하여라.

K를 G의 p-쉴로브 부분군이라 하고, $N = N(K)$를 K의 정규화 부분군이라 하자.

3. $a \in N$에 대해 N/K에서 Ka의 위수가 p의 거듭제곱이라 하자. $S = \langle Ka \rangle$를 N/K에서 Ka가 생성하는 순환부분군이라 하자. S^*/K가 p-군인 N의 부분군 S^*가 존재함을 증명하여라. (힌트: 연습문제 J4를 보시오.)

4. S^*가 G의 p-부분군임을 증명하여라. (15장의 연습문제 D3을 이용하여라.) $S^* = K$인 이유를 설명하고, 이로부터 $Ka = K$인 이유를 설명하여라.

5. N/K의 어떠한 원소도 (물론 항등원을 제외하면) p의 거듭제곱을 위수로 갖지 않는다는 것을 3번과 4번을 이용하여 증명하여라.

6. $a \in N$이고 a의 위수가 p의 거듭제곱이면, N/K에서 Ka의 위수 역시 p의 거듭제곱이다. (왜일까?) 즉, $Ka = K$이다. (왜일까?)

7. $aKa^{-1} = K$이고 a의 위수가 p의 거듭제곱이면 $a \in K$임을 6번을 이용하여 증명하여라.

†N. 쉴로브 정리

사전 지식: 이 장의 연습문제 K와 M과, 14장의 연습문제 I

G를 유한군이라 하고, K를 G의 쉴로브 p-부분군이라 하자. X를 K의 켤레 부분군 전체의 집합이라 두자. 연습문제 M2를 보라. $C_1, C_2 \in X$에 대해, $C_1 = aC_2a^{-1}$인 $a \in K$가 존재할 때 $C_1 \sim C_2$라 두자.

1. $\sim$이 X 위에서 동치관계임을 증명하여라.

따라서 $\sim$은 X를 동치류로 분할한다. $C \in X$일 때, C의 동치류를 $[C]$라 하자.

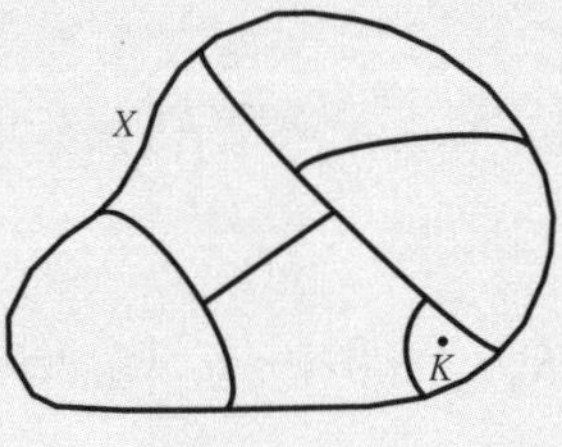

K의 동치류에는 자신만이 속한다.

2. 각 $C \in X$에 대해 $[C]$의 원소의 개수는 $|K|$의 약수임을 증명하여라. (힌트: 14장의 연습문제 I10을 이용하여라.) 각 $C \in X$에 대해, $[C]$의 원소의 개수는 1이거나 p의 거듭제곱이라는 결론을 내려라.

3. 연습문제 M7을 이용하여 원소가 하나뿐인 동치류는 $[K]$밖에 없음을 증명하여라.

4. X의 원소의 개수는 어떤 정수 k에 대해 $kp+1$ 꼴임을 2번과 3번을 이용하여 증명하여라.

5. 4번을 이용하여 $(G : N)$이 p의 배수가 '아님'을 증명하여라.

6. $(N : K)$가 p의 배수가 '아님'을 증명하여라. (연습문제 K와 M5를 이용하여라.)

7. $(G : K)$가 p의 배수가 '아님'을 5번과 6번을 이용하여 증명하여라.

8. 결론: G가 위수 $p^k m$인 유한군이고, p는 m의 인수가 아니라고 하자. G의 p-쉴로브 부분군 K의 위수는 p^k이다.

8번 문제와 연습문제 L을 조합하면 다음이 나온다.

'G가 유한군이고 p가 소수라 하자. p^n이 $|G|$를 나누면, G는 위수 p^n인 부분군을 갖는다.'

이 사실은 쉴로브 정리로 알려져 있다.

†O. 나머지류로부터 원소를 올리기

연습문제 Q에서 필요할 나머지류의 성질을 증명하는 것이 이 연습문제의 목적이다. G가 유한 가환군이고, G의 원소 a에 대해 $\text{ord}(a)$가 모든 $x \in G$에 대해 $\text{ord}(x)$의 배수라고 하자. $H = \langle a \rangle$라 하자. 다음을 증명하려고 한다.

모든 $x \in G$에 대해, $Hx = Hy$ 및 $\text{ord}(y) = \text{ord}(Hy)$인 원소 $y \in G$가 존재한다.

이는 H의 모든 나머지류마다 그 나머지류의 위수와 같은 위수의 원소 y가 존재한다는 뜻이다.

x를 G의 임의의 원소라 하고, $\text{ord}(a)=t$, $\text{ord}(x)=s$, $\text{ord}(Hx)=r$라 하자.

1. x^r이 a의 어떤 거듭제곱, 즉 $x^r=a^m$ 꼴인 가장 작은 양의 정수가 r인 이유를 설명하여라.

2. r가 s를 나눈다는 가정으로부터 s가 t를 나눈다는 것을 연역하여라.

따라서 $s=ru$ 및 $t=sv$라 쓸 수 있고, 특히 $t=ruv$이다.

3. $a^{mu}=e$인 이유를 설명하고, 이로부터 어떤 정수 z에 대해 $mu=tz$인 이유를 설명하여라. 그런 다음 $m=rvz$인 이유를 설명하여라.

4. $y=xa^{-vz}$라 두어 바라던 대로 $Hx=Hy$ 및 $\text{ord}(y)=r$임을 증명하여라.

†P. 유한 가환군을 p-군으로 분해하기

G가 위수 $p^k m$인 가환군이라 하자. 여기에서 p^k과 m은 서로소, 즉 p^k과 m이 ± 1을 제외한 공약수를 갖지 않는다고 하자. (참고: 두 정수 j와 k가 서로소라면, $sj+tk=1$인 정수 s, t가 존재한다. 이는 368쪽에서 증명한다.)

위수가 p^k을 나누는 G의 원소 전체로 이루어진 부분군을 G_{p^k}라 하자. 위수가 m을 나누는 G의 원소 전체로 이루어진 부분군을 G_m이라 하자. 다음을 증명하여라.

1. 임의의 $x \in G$와 정수 s, t에 대해 $x^{sp^k} \in G_m$ 및 $x^{tm} \in G_{p^k}$이다.

2. 모든 $x \in G$에 대해 $x=yz$인 $y \in G_{p^k}$ 및 $z \in G_m$이 존재한다.

3. $G_{p^k} \cap G_m = \{e\}$

4. $G \cong G_{p^k} \times G_m$. (14장 연습문제 H를 보시오.)

5. $|G|$를 $|G| = p_1^{k_1} p_2^{k_2} \cdots p_n^{k_n}$처럼 소인수분해 했다고 하자. 그러면 각 $i = 1, \cdots, n$마다 어떤 p_i-군 G_i가 있어 $G \cong G_1 \times G_2 \times \cdots \times G_n$이다.

Q. 유한 가환군의 기저 정리 사전 지식: 연습문제 P

다음 조건들을 만족하는 원소 $a_1, \cdots, a_n \in G$이 존재할 때 유한 가환군이 '분해가능'(decomposable)하다고 임시로 정의하자.

(D1) 모든 $x \in G$에 대해, $x = a_1^{k_1} a_2^{k_2} \cdots a_n^{k_n}$인 정수 $k_1, \cdots, k_n$이 존재한다.

(D2) $a_1^{l_1} a_2^{l_2} \cdots a_n^{l_n} = e$인 정수 $l_1, \cdots, l_n$이 존재하면, $a_1^{l_1} = a_2^{l_2} = \cdots = a_n^{l_n} = e$이다.

만약 (D1)과 (D2)가 성립하면, $G = [a_1, a_2, \cdots, a_n]$이라고 쓸 것이다. 1번과 2번에서는 이를 가정하여라.

1. $l_2, \cdots, l_n$이 $\mathbb{Z}$에서 변할 때 곱 $a_2^{l_2} \cdots a_n^{l_n}$의 전체 집합을 G'이라 하자. G'이 G의 부분군이며 $G' = [a_2, \cdots, a_n]$임을 증명하여라.

2. $G \cong \langle a_1 \rangle \times G'$을 증명하여라. $G \cong \langle a_1 \rangle \times \langle a_2 \rangle \times \cdots \times \langle a_n \rangle$임을 결론지어라.

이 묶음의 남은 연습문제에서는 p를 소수라 하고, G가 유한 가환군이며, G의 모든 원소의 위수가 p의 거듭제곱이라고 가정한다. $a \in G$의 위수가 G에서 가장 크다고 하자. 귀납법 논증으로 G가 '분해가능'함을 증명할 것이다. $H = \langle a \rangle$라 두자.

3. 어떤 $b_1, \cdots, b_n \in G$에 대해 $G/H = [Hb_1, \cdots, Hb_n]$이라고 가정할 수 있는 이유를 설명하여라.

연습문제 O에 의해, 각 $i = 1, \cdots, n$에 대해 $\mathrm{ord}(b_i) = \mathrm{ord}(Hb_i)$라고 가정할 수 있다. $G = [a, b_1, \cdots, b_n]$임을 보일 것이다.

4. 모든 $x \in G$에 대해, 다음과 같은 정수 $k_0, k_1, \cdots, k_n$이 존재함을 증명하여라.

$$x = a^{k_0} b_1^{k_1} \cdots b_n^{k_n}$$

5. $a^{l_0} b_1^{l_1} \cdots b_n^{l_n} = e$라면, $a^{l_0} = b_1^{l_1} = \cdots = b_n^{l_n} = e$임을 증명하여라. $G = [a, b_1, \cdots, b_n]$이라는 결론을 내려라.

6. 연습문제 P5와 위의 2번 및 5번을 이용하여 다음을 증명하여라. 모든 유한 가환군 G는 소수 거듭제곱을 위수로 갖는 순환군들의 직적이다. (이를 유한 가환군의 기저 정리라 부른다.)

위에서처럼 유한 가환군을 순환 p-군으로 분해하는 것이, 인자들의 순서만 제외하면 유일하다는 것을 증명할 수 있다. 이런 유일성의 증명을 채우는 것은 야심 찬 독자들에게 맡기기로 한다.

17장

환: 정의와 기본 성질

과학 지식을 간단한 것에서 시작하여 점차 복잡한 것까지 제시하는 것은 계몽적이면서도 우아하다. 가장 간단한 것에 대한 지식을 기반으로 하면, 복잡한 것을 더 쉽게 이해할 수 있다. 이 책의 전반부는 군에 대한 공부에 공을 들였는데, 모든 대수 체계 중에서 가장 간단하면서도 기본적인 체계가 군이기 때문이다. 이제는 군을 공부하면서 얻은 지식과 통찰을 이용하여 전진하려고 하는데, 먼저 연산이 한 개가 아니라 '두 개'인 대수 체계부터 시작할 것이다.

머지않아 정의하겠지만, 연산이 두 개인 체계 중에서 가장 간단한 것을 '환'(環, ring)이라 부른다. 환이 놀라운 것은, 비록 '두 개'의 연산을 갖고 있으며 군보다 복잡하긴 하지만, 기본 성질은 이미 군에서 제시했던 패턴을 그대로 따른다는 사실이다. 부분군과 몫군, 준동형사상과 동형사상 및 다른 대수적 개념의 두 연산짜리 대응물을 놀라울 정도로 강력하고 손쉬운 방식으로 찾아낼 수 있으며, 이들 개념에 대해 환이 군처럼 행동한다는 것을 발견할 것이다.

환의 두 연산은 전통적으로 '덧셈'(합, addition)과 '곱셈'(곱, multiplication)이라 부르는데,

각각 +와 ·로 나타내곤 한다. 그렇지만 환의 원소가 (예를 들어 함수의 환, 스위치 회로의 환 등등) 반드시 수일 필요는 없다는 것, 따라서 덧셈이나 곱셈이 반드시 전통적인 수의 덧셈이나 곱셈을 뜻할 필요도 없다는 것을 기억해야 한다. 사실 +와 ·는 환의 두 연산을 나타내는 기호에 지나지 않는다.

환이라는 것은 덧셈 및 곱셈이라 부르는 두 연산을 가진 집합 A가 다음 공리들을 만족할 때를 말한다.

(i) 덧셈 하나만을 연산으로 갖는 A는 가환군이다.

(ii) 곱셈은 결합법칙을 만족한다.

(iii) 곱셈은 덧셈에 대해 분배법칙을 만족한다. 즉, A의 모든 원소 a, b, c에 대해 $a(b+c)=ab+ac$와 $(b+c)a=ba+ca$가 성립한다.

A에 덧셈 하나만 있으면 가환군이므로 A에는 덧셈에 대한 항등원(중립 원소)이 있는데, 이를 '영'(zero) 원소라 부르며 0이라 쓴다. 또한 모든 원소는 '반원'(反元, negative)이라 부르는 덧셈의 역원을 갖는데, a의 반원을 $-a$라 나타낸다. 뺄셈은 다음처럼 정의한다.

$$a-b=a+(-b)$$

전통적인 수 체계들이 가장 간단한 환의 예이다. 전통적인 덧셈과 곱셈을 갖는 정수 집합 $\mathbb{Z}$는 환인데, 이를 '정수환'(ring of the integers)이라 부른다. 이 환은 간단히 기호 $\mathbb{Z}$를 써서 나타낸다. (정수'환'을 가리키는지, 정수의 덧셈'군'을 가리키는지 맥락을 보면 명백할 것이다.)

이와 비슷하게 $\mathbb{Q}$는 유리수의 환이고, $\mathbb{R}$는 실수의 환이며, $\mathbb{C}$는 복소수의 환이다. 각 경우 연산은 전통적인 덧셈과 곱셈이다.

$\mathcal{F}(\mathbb{R})$가 $\mathbb{R}$에서 $\mathbb{R}$로의 함수, 즉 변수가 실수이고 함숫값이 실수인 함수 전체의 집합을 나타낸다는 것을 기억하자. 미적분학에서 함수를 더하고 곱하는 방법을 배웠다. f와 g가 $\mathbb{R}$에서 $\mathbb{R}$로의 두 함수일 때, 합 $f+g$와 곱 fg는 다음처럼 정의한다.

$$\text{모든 실수 } x\text{에 대해 } [f+g](x)=f(x)+g(x)$$

및

$$\text{모든 실수 } x\text{에 대해 } [fg](x) = f(x)g(x)$$

이런 덧셈 및 곱셈 연산을 갖는 $\mathcal{F}(\mathbb{R})$는 '실함수 환'(ring of real functions)이라 부르는 환이다. 이 환을 간단하게 $\mathcal{F}(\mathbb{R})$라 쓴다. 함수의 덧셈만을 갖는 $\mathcal{F}(\mathbb{R})$가 가환군이라는 것을 75쪽에서 본 바 있다. 함수의 곱셈이 결합적이며, 함수의 덧셈에 대해 분배적이라는 것은 독자들이 검증할 연습문제로 남기겠다.

환 $\mathbb{Z}$, $\mathbb{Q}$, $\mathbb{R}$, $\mathbb{C}$, $\mathcal{F}(\mathbb{R})$는 모두 '무한환', 즉 원소의 개수가 무한인 환이다. 원소의 개수가 유한한 '유한환'도 있다. 중요한 예로 군 $\mathbb{Z}_n$을 생각하고, $\mathbb{Z}_n$ 위에서 보통의 정수 a와 b를 곱한 뒤 n으로 나눈 나머지로 곱 ab를 정의하자. (예를 들어 $\mathbb{Z}_5$에서는 $2 \cdot 4 = 3$이고, $3 \cdot 3 = 4$이며, $4 \cdot 3 = 2$이다.) 이 연산을 'n을 법으로 하는 곱셈'(multiplication modulo n)이라 부른다. n을 법으로 하는 덧셈과 곱셈을 갖는 $\mathbb{Z}_n$은 환인데, 자세한 것은 19장에 있다.

A를 임의의 환이라 하자. A에서 덧셈만을 생각하면 가환군이므로 가환군에 대해 우리가 아는 모든 것을 적용할 수 있다. 다만 덧셈을 갖는 A는 '덧셈 표기법'을 쓰는 가환군임을 기억하는 것이 중요하며, 따라서 군에 대한 정리들을 A에 적용하기 전에 덧셈 표기로 번역해야만 한다. 예를 들어 4장의 정리 1, 2, 3은 덧셈 표기를 쓰는 가환군일 때 다음처럼 읽어야 한다.

$$a + b = a + c\text{이면 } b = c\text{이다.} \tag{1}$$

$$a + b = 0\text{이면 } a = -b \text{ 및 } b = -a\text{이다.} \tag{2}$$

$$-(a + b) = (-a) + (-b) \text{ 및 } -(-a) = a\text{이다.} \tag{3}$$

따라서 모든 환에서 조건 (1), (2), (3)이 성립한다.

환에서 원소에 영을 곱하면 어떤 일이 벌어질까? 다른 원소의 '반원'을 곱하면 어떤 일이 벌어질까? 다음 정리가 이런 질문에 답을 준다.

정리 1. a와 b가 환 A의 임의의 원소라 하자.

(i) $a0 = 0$이고 $0a = 0$

(ii) $a(-b) = -(ab)$이고 $(-a)b = -(ab)$

(iii) $(-a)(-b) = ab$

(i)은 영을 곱하면 항상 영이 나온다는 주장이며, (ii)와 (iii)은 부호에 대한 익숙한 규칙을 서술하고 있다.

증명: (i)을 증명하기 위해 다음에 주목한다.

$$\begin{aligned} aa + 0 &= aa \\ &= a(a+0) && \text{왜냐하면 } a = a + 0\text{이므로} \\ &= aa + a0 && \text{분배법칙에 의해} \end{aligned}$$

따라서 $aa + 0 = aa + a0$이다. 위의 조건 (1)에 의해 이 식의 양변에서 aa를 제거할 수 있으므로, $0 = a0$이다.

(ii)를 증명하기 위해 다음을 보자.

$$\begin{aligned} a(-b) + ab &= a[(-b) + b] && \text{분배법칙에 의해} \\ &= a0 \\ &= 0 && \text{(i)에 의해} \end{aligned}$$

따라서 $a(-b) + ab = 0$이다. 위의 조건 (2)에 의해 $a(-b) = -(ab)$임을 연역할 수 있다. 쌍둥이 공식 $(-a)b = -(ab)$도 유사하게 연역할 수 있다.

(iii)은 (ii)를 두 번 이용하여 증명한다.

$$(-a)(-b) = -[a(-b)] = -[-(ab)] = ab \qquad \blacksquare$$

일반적인 환의 정의는 엉성하고 간단하다. 하지만 특정한 환들은 '추가 성질'을 가질 수도 있으며, 그럴 경우 더 용도가 다양하며 흥미롭다. 어떤 추가 성질을 가질 수 있는지 다음에 묘사했다.

환의 정의에 의해 덧셈은 가환이지만, 곱셈은 그렇지 않다. 환에서 곱셈 '역시' 가환일 때, 그 환을 '가환환'(commutative ring)이라 부른다.

환 A는 곱셈에 대해 중립 원소를 꼭 가질 필요는 없다. 만약 A에 곱셈에 대한 중립 원소가 '있으면' A의 '단위원'(unity)이라 부르고, 기호 1로 나타낸다. 따라서 $a \cdot 1 = a$ 및 $1 \cdot a = a$가 A의 모든 원소 a에 대해 성립한다. A가 단위원을 가지면, A를 '단위원을 갖는 환'(ring with unity)이라 부른다. 환 $\mathbb{Z}$, $\mathbb{Q}$, $\mathbb{R}$, $\mathbb{C}$, $\mathcal{F}(\mathbb{R})$는 모두 단위원을 갖는 가환환의 예이다.

그건 그렇고 유일한 원소 0만을 갖는 환을 '자명한 환'(trivial ring)이라 부르며, 두 개 이상의 원소를 가지면 '비자명 환'(nontrivial ring)이라 부른다. 단위원을 갖는 비자명 환에서는 $1 \neq 0$이어야 한다. 만약 $1 = 0$이라면, x가 이 환의 임의의 원소일 때 다음이 성립하기 때문이다.

$$x = x1 = x0 = 0$$

다른 말로 하면, $1 = 0$이면 이 환의 모든 원소는 0과 같아야 하므로 이 환에서는 0만이 유일한 원소이기 때문이다.

A가 단위원을 갖는 환이면, A의 원소 중에서 '곱셈에 대한 역원을 갖는' 것이 있을 수 있다. 이런 원소를 '가역원'(invertible element)이라 부른다. 즉, 환에서 원소 a가 가역원이라는 것은 다음을 만족하는 환의 원소 x가 존재할 때를 말한다.

$$ax = xa = 1$$

예를 들어 $\mathbb{R}$에서는 0이 아닌 모든 원소가 가역원이며, 원소의 역원은 그 수의 역수(reciprocal)이다. 반면 $\mathbb{Z}$에서 가역원은 1과 -1뿐이다.

비자명 환에서 0은 절대로 가역원이 아니다. 0이 곱셈에 대한 역원 x를 가질 경우 $0x = 1$, 즉 $0 = 1$이기 때문이다.

A가 '단위원을 갖는 가환환이며 0이 아닌 모든 원소가 가역'이면, A를 '체'(體, field)라 부른다. 체는 수학에서 가장 중요한 대상인데, 예를 들어 $\mathbb{Q}$, $\mathbb{R}$, $\mathbb{C}$ 같은 것이 체이다. $\mathbb{Z}_5$와 같은 '유한'체도 있다. ($\mathbb{Z}_5$에서 0이 아닌 모든 원소가 가역원임을 쉽게 보일 수 있다.) 유한체는 아름다운 성질을 만족하며 대단히 흥미롭게 응용되는데, 이 책의 후반부에서 탐구하

기로 한다.

초등 수학에서는 두 수의 곱이 0이면, 다시 말해 다음이 성립하면

$$ab = 0$$

두 인수 중 하나인 a 또는 b가 (또는 둘 다) 반드시 0이어야 한다는 계명을 배웠을 것이다. 수가 실수거나 복소수였다면 옳았겠지만, 이 규칙은 모든 환에서 어길 수 없는 것은 '아니다.' 예를 들어 $\mathbb{Z}_6$에서

$$2 \cdot 3 = 0$$

이지만, 인수 2와 3은 둘 다 0이 아니다. 이런 수가 만약 존재한다면, '영인자'(divisors of zero)라 부른다.

> 임의의 환에서 0이 아닌 원소 a가 '영인자'라는 것은 ab 또는 ba가 0이 되는 0이 아닌 원소 b가 존재할 때를 말한다.

('두' 인자 모두 0이 아니어야 함에 주의해야 한다.) 따라서 2와 3은 $\mathbb{Z}_6$에서 영인자이며, $4 \cdot 3 = 0$이기 때문에 4도 $\mathbb{Z}_6$에서 영인자이다. 다른 예를 들기 위해 실수를 성분으로 하는 모든 2×2 행렬의 집합에 20쪽에 묘사한 행렬의 합과 곱을 준 것을 $\mathcal{M}_2(\mathbb{R})$로 나타내기로 하자. $\mathcal{M}_2(\mathbb{R})$가 환의 공리들을 만족하는지 확인하는 간단한 작업은 이 장 끝부분의 연습문제 C1에 배당하였다. $\mathcal{M}_2(\mathbb{R})$에는 영인자가 넘쳐난다. 예를 들어

$$\begin{pmatrix} 0 & 1 \\ 0 & 1 \end{pmatrix}\begin{pmatrix} 1 & 1 \\ 0 & 0 \end{pmatrix} = \begin{pmatrix} 0 & 0 \\ 0 & 0 \end{pmatrix}$$

이므로

$$\begin{pmatrix} 0 & 1 \\ 0 & 1 \end{pmatrix}\text{과 } \begin{pmatrix} 1 & 1 \\ 0 & 0 \end{pmatrix}$$

은 둘 다 $\mathcal{M}_2(\mathbb{R})$에서 영인자이다.

물론 영인자를 전혀 갖지 않는 환도 있다! 예를 들어 $\mathbb{Z}$, $\mathbb{Q}$, $\mathbb{R}$, $\mathbb{C}$는 영인자를 하나도

갖지 않는다. 어떤 환이 '영인자를 갖지 않는다'는 것의 의미에 주의를 기울일 필요가 있다. 이는 '환의 두 원소의 곱이 0이면 인수 중 적어도 하나는 0이다'는 것을 (초등 수학의 계명!) 의미한다.

아마도 초등 대수학에서 방정식 $ax=ay$에서 0이 아닌 원소 a를 소거하여 $x=y$를 얻을 수 있다고 배웠을 것이다. 수학의 수 체계에서는 부인할 수 없는 사실이지만, 이 규칙이 모든 환에서 성립하는 것은 아니다. 예를 들어 $\mathbb{Z}_6$에서

$$2 \cdot 5 = 2 \cdot 2$$

이지만 공통인수 2를 소거할 수 없다. 21쪽에서도 볼 수 있듯 2×2 행렬과 관련된 유사 사례도 있다. 소거가 '가능'할 경우, 이 환이 '소거 성질'(cancellation property)을 가진다고 말한다.

> 어떤 환이 '소거 성질'을 가진다는 것은 $a \neq 0$인 모든 원소 a, b, c에 대해
>
> $$ab = ac \text{이거나 } ba = ca \text{이면, } b = c$$
>
> 가 성립할 때를 말한다.

소거 성질과 영인자 사이에는 놀랍게도 기대치 못한 관련이 있다.

정리 2. 환이 소거 성질을 가지는 것과 영인자를 갖지 않는 것은 동치조건이다.

증명: 단도직입적으로 증명한다. A를 환이라 하고, 먼저 A가 소거 성질을 가진다고 하자. A가 영인자를 갖지 않는다는 것을 증명하기 위해 먼저 $ab=0$이라 둔 뒤 a나 b가 0임을 보이자. $a=0$이면 증명이 끝난다. 그렇지 않으면 다음을 얻는다.

$$ab = 0 = a0$$

따라서 소거 성질에 의해 a를 소거하여, $b=0$을 얻는다.

역으로 A가 영인자를 갖지 않는다고 하자. A가 소거 성질을 가진다는 것을 증명하기 위해 $a \neq 0$이지만 $ab = ac$라고 하자. 이때 다음이 성립한다.

$$ab - ac = a(b - c) = 0$$

영인자가 없다고 가정했음을 기억하여라! $a \neq 0$이므로 $b - c = 0$, 즉 $b = c$여야 한다. ■

단위원을 갖는 가환환이 소거 성질을 가지면 '정역'(integral domain)이라고 정의한다. 정리 2에 의해 정역이란 단위원을 갖는 가환환이 영인자를 갖지 않을 때라고 정의할 수도 있다. 모든 체가 정역이라는 것은 쉽게 증명할 수 있다. 하지만 역은 참이 아니다. 예를 들어 $\mathbb{Z}$는 정역이지만 체는 아니다. 이어지는 장들에서 정역에 대해 많은 얘기를 할 것이다.

연습문제

A. 환의 예

다음에서 집합 A에 덧셈 및 곱셈 연산을 주었다. A가 단위원을 갖는 가환환의 공리를 만족한다는 것을 증명하여라. 영원소, 단위원, 임의의 원소 a의 반원을 적시하여라.

1. A를 정수의 집합 $\mathbb{Z}$라 하고 다음과 같은 '덧셈' $\oplus$과 '곱셈' $\odot$이 주어진 경우

$$a \oplus b = a + b - 1 \qquad a \odot b = ab - (a + b) + 2$$

2. A가 유리수의 집합 $\mathbb{Q}$이고, 다음과 같은 '덧셈' $\oplus$과 '곱셈' $\odot$이 주어진 경우

$$a \oplus b = a + b + 1 \qquad a \odot b = ab + a + b$$

#3. A가 유리수의 순서쌍의 집합 $\mathbb{Q} \times \mathbb{Q}$이고, 다음과 같은 '덧셈' $\oplus$과 '곱셈' $\odot$이 주어진 경우

$$(a, b) \oplus (c, d) = (a + c, b + d)$$

$$(a, b) \odot (c, d) = (ac - bd, ad + bc)$$

4. 보통의 덧셈과 곱셈을 연산으로 갖는 집합 $A = \{x + y\sqrt{2} : x, y \in \mathbb{Z}\}$.

5. 1번의 환이 정역임을 증명하여라.

6. 2번의 환이 체임을 증명하고, 0이 아닌 임의의 원소의 곱에 대한 역원을 적시하여라.

7. 3번의 환에 대해서도 똑같이 하여라.

B. 실함수의 환

1. $\mathcal{F}(\mathbb{R})$가 단위원을 갖는 환의 공리를 모두 만족함을 보여라. 영원소, 단위원, 임의의 원소 f의 반원을 묘사하여라.

\# 2. $\mathcal{F}(\mathbb{R})$에서 영인자를 서술하여라.

3. $\mathcal{F}(\mathbb{R})$에서 가역원을 서술하여라.

4. $\mathcal{F}(\mathbb{R})$가 체도 아니고, 정역도 아닌 이유를 설명하여라.

C. 2 × 2 행렬의 환

모든 성분 a, b, c, d가 실수인 2 × 2 행렬

$$\begin{pmatrix} a & b \\ c & d \end{pmatrix}$$

전체를 $\mathcal{M}_2(\mathbb{R})$로 나타낸다고 하자. 여기에 다음과 같은 덧셈 및 곱셈을 주자.

$$\begin{pmatrix} a & b \\ c & d \end{pmatrix} + \begin{pmatrix} r & s \\ t & u \end{pmatrix} = \begin{pmatrix} a+r & b+s \\ c+t & d+u \end{pmatrix}$$

$$\begin{pmatrix} a & b \\ c & d \end{pmatrix}\begin{pmatrix} r & s \\ t & u \end{pmatrix} = \begin{pmatrix} ar+bt & as+bu \\ cr+dt & cs+du \end{pmatrix}$$

1. $\mathcal{M}_2(\mathbb{R})$가 환의 공리를 만족함을 검증하여라.

2. $\mathcal{M}_2(\mathbb{R})$가 가환은 아니지만, 단위원을 가짐을 보여라.

3. $\mathcal{M}_2(\mathbb{R})$가 정역도, 체도 아닌 이유를 설명하여라.

D. 집합의 부분집합 환

D가 집합일 때, D의 멱집합(power set)은 D의 부분집합 전체로 이루어진 집합 P_D를 말한다. 덧셈과 곱셈은 다음과 같이 정의한다. A, B가 P_D의 원소일 때, 즉 D의 부분집합이면,

$$A + B = (A - B) \cup (B - A) \text{ 및 } AB = A \cap B$$

이다. P_D가 이 덧셈에 대해 가환군이라는 것은 이미 3장 연습문제 C에서 보였다.

\# 1. P_D가 단위원을 갖는 가환환임을 증명하여라. ($\cap$이 결합적이라는 것은 가정해도 좋다. 분배법칙을 보일 때는 3장 연습문제 C에서 덧셈이 결합적이라는 것을 보이기 위해 이용했던 방법과 같은 접근법 및 도표를 이용해도 좋다.)

2. P_D에서 영인자를 기술하여라.

3. P_D에서 가역원을 기술하여라.

4. P_D가 체도 아니고 정역도 아닌 이유를 설명하여라. (D의 원소가 두 개 이상이라고 가정하여라.)

5. P_3, 즉 $D = \{a, b, c\}$일 때의 P_D의 연산표를 작성하여라.

E. 사원수의 환

(행렬 꼴로) '사원수'(quaternion)란 다음 꼴의 2×2 복소 행렬을 말한다.

$$\alpha = \begin{pmatrix} a+bi & c+di \\ -c+di & a-bi \end{pmatrix}$$

1. 23쪽과 24쪽에서 설명한 행렬의 합과 곱에 대해 사원수 전체의 집합이 단위원을 갖는 환임을 증명하여라. 이 환을 기호 $\mathcal{Q}$로 나타내자. $\mathcal{Q}$가 가환이 아님을 보여주는 예를 찾아라. (행렬의 합과 곱이 결합적이라는 것과 분배법칙을 따른다는 것은 가정해도 좋다.)

2. 다음처럼 두자.

$$\mathbf{1} = \begin{pmatrix} 1 & 0 \\ 0 & 1 \end{pmatrix} \quad \mathbf{i} = \begin{pmatrix} i & 0 \\ 0 & -i \end{pmatrix} \quad \mathbf{j} = \begin{pmatrix} 0 & 1 \\ -1 & 0 \end{pmatrix} \quad \mathbf{k} = \begin{pmatrix} 0 & i \\ i & 0 \end{pmatrix}$$

앞서 정의한 사원수 α를 다음 꼴로 쓸 수 있음을 보여라.

$$\alpha = a\mathbf{1} + b\mathbf{i} + c\mathbf{j} + d\mathbf{k}$$

(이것이 사원수의 표준 표기법이다.)

 # 3. 다음 공식을 증명하여라.

$$\mathbf{i}^2 = \mathbf{j}^2 = \mathbf{k}^2 = -\mathbf{1}, \qquad \mathbf{ij} = -\mathbf{ji} = \mathbf{k}, \quad \mathbf{jk} = -\mathbf{kj} = \mathbf{i}, \quad \mathbf{ki} = -\mathbf{ik} = \mathbf{j}$$

4. α의 '켤레'(conjugate)는 다음처럼 정의한다.

$$\bar{\alpha} = \begin{pmatrix} a-bi & -c-di \\ c-di & a+bi \end{pmatrix}$$

α의 '놈'(norm)은 $a^2+b^2+c^2+d^2$인데 $\|\alpha\|$라 쓴다. 행렬의 곱을 직접 계산하여 다음을 보여라.

$$t = \|\alpha\| \text{일 때 } \bar{\alpha}\alpha = \alpha\bar{\alpha} = \begin{pmatrix} t & 0 \\ 0 & t \end{pmatrix}$$

α의 곱에 대한 역원이 $(1/t)\bar{\alpha}$임을 보여라.

5. '비가환체'(skew field)는 단위원을 갖는 환으로 꼭 가환일 필요는 없고, 0이 아닌 모든 원소가 곱셈에 대한 역원을 가질 때로 정의한다. 1번과 4번으로부터 $\mathbf{Q}$가 비가환체라는 결론을 지어라.

F. 자기준동형사상의 환

덧셈 표기로 쓴 가환군을 G라 하자. G에서 G로의 (군)준동형사상을 G의 '자기준동형사상'(endomorphism)이라고 말한다. G의 자기준동형사상 전체의 집합을 End(G)라 두고, 자기준동형사상의 합과 곱을 다음처럼 정의하자.

$$\text{모든 } x \in G\text{에 대해 } [f+g](x) = f(x) + g(x)$$

$$fg = f \circ g \qquad f\text{와 } g\text{의 합성함수}$$

1. 이들 연산에 대해 End(G)가 단위원을 갖는 환임을 증명하여라.

2. End$(\mathbb{Z}_4)$의 원소를 나열하고, End$(\mathbb{Z}_4)$의 덧셈표와 곱셈표를 제시하여라.

참고: $\mathbb{Z}_4$의 자기준동형사상은 찾기 쉽다. $\mathbb{Z}_4$의 자기준동형사상은 1을 0, 1, 2, 3 중 하나로 옮겨야 한다. 예를 들어 마지막 경우를 택하기로 하자. 만약

$$1 \overset{f}{\to} 3$$

이라면, 반드시 다음이 성립해야 한다.

$$1+1 \overset{f}{\to} 3+3=2, \qquad 1+1+1 \overset{f}{\to} 3+3+3=1, \qquad 0 \overset{f}{\to} 0$$

따라서 다음 사실이 f를 완전히 결정한다.

$$1 \xrightarrow{f} 3$$

G. 환의 직적

A와 B가 환일 때, 이들의 '직적'(direct product)은 새로운 환인데, $A \times B$라 쓰며 다음처럼 정의한다. $A \times B$는 x가 A의 원소이며 y가 B의 원소일 때 모든 순서쌍 (x, y)의 집합으로 이루어져 있다. $A \times B$의 덧셈은 대응하는 성분끼리 더하는 것이다.

$$(x_1, y_1) + (x_2, y_2) = (x_1 + x_2, y_1 + y_2)$$

$A \times B$의 곱셈은 대응하는 성분끼리 곱하는 것이다.

$$(x_1, y_1) \cdot (x_2, y_2) = (x_1 x_2, y_1 y_2)$$

1. A, B가 환이면, $A \times B$도 환임을 확인하여라.

2. A, B가 가환이면, $A \times B$도 가환임을 보여라. A, B가 모두 단위원을 가지면, $A \times B$도 단위원을 가진다는 것을 보여라.

3. $A \times B$의 영인자가 무엇인지 조심스럽게 기술하여라.

#4. $A \times B$의 가역원을 기술하여라.

5. $A \times B$는 결코 정역도 체도 아닌 이유를 설명하여라. (A와 B 모두 원소가 두 개 이상이라고 가정하여라.)

H. 환의 기본 성질

1번부터 4번까지 증명하여라.

1. 임의의 환에서 $a(b-c)=ab-ac$ 및 $(b-c)a=ba-ca$이다.

2. 임의의 환에서 $ab=-ba$이면, $(a+b)^2=(a-b)^2=a^2+b^2$이다.

3. 임의의 정역에서, $a^2=b^2$이면 $a=\pm b$이다.

4. 임의의 정역에서, 1과 -1만이 곱셈의 역원이 자신이다. ($x=x^{-1}$인 것과 $x^2=1$이 동치조건임에 주목하여라.)

5. 단위원을 갖는 환을 정의할 때 덧셈에 대한 교환법칙은 가정하지 않아도 좋음을, 즉 다른 공리로부터 증명할 수 있음을 보여라. [힌트: 분배법칙을 이용하여 $(a+b)(1+1)$을 두 가지 다른 방법으로 전개하여라.]

 # 6. A를 임의의 환이라 하자. 덧셈군 A가 순환군이면, A가 가환환임을 증명하여라.

7. 임의의 정역에서 어떤 정수 n에 대해 $a^n=0$이면 $a=0$임을 증명하여라.

I. 가역원의 성질

단위원을 갖는 비자명 환에서 1번부터 5번까지 성립함을 증명하여라.

1. a가 가역원이고 $ab=ac$이면 $b=c$이다.

2. 원소 a의 곱셈에 대한 역원이 '한 개'보다 많을 수는 없다.

3. $a^2 = 0$이면 $a+1$과 $a-1$은 가역원이다.

4. a와 b가 가역원이면, 곱 ab도 가역원이다.

5. 환에서 가역원 전체의 집합 S는 곱셈에 대해 군이다.

6. 5번에 의해, 체에서 0이 아닌 원소 전체의 집합은 곱셈에 대해 군이다. 라그랑주 정리를 이용하여, 원소의 개수가 m인 유한체에서 모든 $x \neq 0$에 대해 $x^{m-1} = 1$이 성립함을 보여라.

7. $ax = 1$이면 x를 a의 '오른쪽 역원', $ya = 1$이면 y를 a의 '왼쪽 역원'이라 한다. a가 오른쪽 역원 x와 왼쪽 역원 y를 가지면, a가 가역원이며 a의 역원은 x 및 y와 같음을 증명하여라. (먼저 $yax = 1$임을 보여라.)

8. 가환환에서 ab가 가역원이면, a와 b 모두 가역원임을 증명하여라.

J. 영인자의 성질

비자명 환에서 다음 각각이 성립함을 증명하여라.

1. $a \neq \pm 1$이고 $a^2 = 1$이면 $a+1$과 $a-1$은 영인자이다.

\# 2. ab가 영인자이면, a 또는 b가 영인자이다.

3. 단위원을 갖는 가환환에서, 영인자는 가역원일 수 없다.

4. 가환환에서 $ab \neq 0$이라 하자. a 또는 b가 영인자라면, ab도 영인자이다.

5. a가 0도 아니고 영인자도 아니라고 하자. $ab = ac$이면 $b = c$이다.

6. $A \times B$는 항상 영인자를 가진다.

K. 불 환

환 A가 불 환(Boolean ring)이라는 것은 모든 $a \in A$에 대해 $a^2 = a$가 성립할 때를 말한다. 모든 불 환에 대해 1번과 2번이 성립함을 증명하여라.

1. 모든 $a \in A$에 대해 $a = -a$이다. [힌트: $(a+a)^2$을 전개하여라.]

2. 1번을 이용하여 A가 가환임을 증명하여라. [힌트: $(a+b)^2$을 전개하여라.]

3번과 4번에서는 A에 단위원이 있다고 가정하고 증명하여라.

3. 0과 1을 제외한 모든 원소가 영인자이다. [힌트: $x(x-1)$을 생각하여라.]

4. A의 가역원은 1뿐이다.

5. $a \vee b = a + b + ab$라 하면 A에서 다음이 성립한다.

$$a \vee bc = (a \vee b)(a \vee c), \qquad a \vee (1+a) = 1,$$
$$a \vee a = a, \qquad a(a \vee b) = a$$

L. 이항공식

초등 대수학에서 중요한 공식으로 식 $(a+b)^n$의 이항 전개 공식이 있다. 이 공식은 다음과 같다.

$$(a+b)^n = \sum_{k=0}^{n} \binom{n}{k} a^{n-k} b^k$$

여기에서 이항 계수는 다음처럼 주어진다.

$$\binom{n}{k} = \frac{n(n-1)(n-2)\cdots(n-k+1)}{k!}$$

이 정리는 모든 가환환에서 성립한다. (k가 양의 정수이고 a가 환의 원소일 때, ka는 초등 대수 때처럼 k개의 합 $a+a+\cdots+a$를 가리킨다.) 가환환에서 이항 정리를 증명하는 것은 초등 대수에서 증명할 때와 다르지 않다. 여기서 다시 살펴보기로 하자.

지수 n에 대한 귀납법을 사용하여 이항 정리를 증명한다. $n=1$일 때는 이 정리가 당연히 성립한다. 귀납법 단계에서 $(a+b)^n$을 위에서처럼 전개할 수 있다고 '가정'하고, 다음을 증명해야 한다.

$$(a+b)^{n+1} = \sum_{k=0}^{n+1} \binom{n+1}{k} a^{n+1-k} b^k$$

실제로

$$\begin{aligned}(a+b)^{n+1} &= (a+b)(a+b)^n \\ &= (a+b)\sum_{k=0}^{n} \binom{n}{k} a^{n-k} b^k \\ &= \sum_{k=0}^{n} \binom{n}{k} a^{n+1-k} b^k + \sum_{k=0}^{n} \binom{n}{k} a^{n-k} b^{k+1}\end{aligned}$$

이다. 동류항끼리 모으면, $a^{n+1-k}b^k$의 계수는 다음과 같다.

$$\binom{n}{k} + \binom{n}{k-1}$$

직접 계산하여 다음을 보여라.

$$\binom{n}{k} + \binom{n}{k-1} = \binom{n+1}{k}$$

$(a+b)^{n+1}$이 주장한 것과 같다는 사실이 나오므로, 증명이 완성된다.

M. 멱영원과 멱일원

환의 원소 a가 '멱영원'(nilpotent)이라는 것은 어떤 양의 정수 n에 대해 $a^n = 0$일 때를 말한다.

1. 단위원을 갖는 환에서 a가 멱영원이면, $a+1$과 $a-1$ 모두 가역원임을 증명하여라. [힌트: $1-a$에 대해서는 다음 인수분해식을 이용하고,

$$1 - a^n = (1-a)(1 + a + a^2 + \cdots + a^{n-1})$$

$1+a$에 대해서도 비슷한 식을 이용하여라.]

2. 가환환에서 멱영원 a에 임의의 원소 x를 곱한 xa도 멱영원임을 증명하여라.

 # 3. 가환환에서 멱영원의 합은 멱영원임을 증명하여라. (힌트: 이항 공식을 이용해야 한다. 연습문제 L을 보라.)

환의 원소 a가 '멱일원'(unipotent)이라는 것은 $1-a$가 멱영원일 때를 말한다.

4. 가환환에서 두 멱일원 a와 b의 곱은 멱일원임을 보여라. [힌트: $1-ab=(1-a)+a(1-b)$를 $n+m$번 거듭제곱 전개할 때 이항 공식을 이용하여라.]

5. 단위원을 갖는 환에서 모든 멱일원은 가역원임을 증명하여라. (힌트: 1번을 이용하여라.)

18장

아이디얼과 준동형사상

여러 가지 예를 통해서 작은 환이 더 큰 환에 포함돼 있는 것을 본 바 있다. 예를 들어 $\mathbb{Z}$는 더 큰 환 $\mathbb{Q}$에 포함되며, $\mathbb{Q}$ 자신도 더 큰 환 $\mathbb{R}$에 포함된다. 어떤 환 B가 더 큰 환 A에 포함되면 B를 A의 '부분환'(subring)이라 부른다. 군에서 부분군의 개념에 정확히 대응하는 것이 부분환의 개념이다. 적절한 정의는 다음과 같다.

A를 환이라 하고, B를 공집합이 아닌 A의 부분집합이라 하자. B의 임의의 두 원소의 합이 다시 B에 있으면, B는 '덧셈에 대해 닫혀있다'(closed with respect to addition)고 말한다. B의 임의의 원소의 반원이 B에 있으면 B가 '반원에 대해 닫혀있다'(closed with respect to negatives)라고 말한다. 마지막으로 B의 임의의 두 원소의 곱이 다시 B에 있으면, B는 '곱셈에 대해 닫혀있다'(closed with respect to multiplication)고 말한다. B가 합, 곱, 반원에 대해 닫혀있을 때, A의 '부분환'이라고 부른다. 그럴 때 왜 B를 A의 부분환이라고 부를까? 아주 쉽다.

공집합이 아닌 부분집합 $B \subseteq A$가 합, 곱, 반원에 닫혀있을 때, B에 A의 연산을 주면 환이다.

이 사실은 쉽게 확인할 수 있다. 만약 a, b, c가 B의 세 원소라면, $B \subseteq A$이므로 a, b, c는 A의 원소이기도 하다. 그런데 A가 환이므로 다음이 성립한다.

$$a+(b+c)=(a+b)+c$$
$$a(bc)=(ab)c$$
$$a(b+c)=ab+ac$$
$$(b+c)a=ba+ca$$

따라서 B에서 덧셈과 곱셈이 결합적이며 분배법칙을 만족한다. 이제 B가 공집합이 아니라고 했으므로 $b \in B$가 존재한다. 그런데 B가 반원에 대해 닫혀있으므로 $-b$도 B에 속한다. 마지막으로 B가 덧셈에 대해 닫혀있으므로 $b+(-b) \in B$, 즉 0이 B에 들어 있다. 따라서 B는 환이 되기 위한 모든 요구조건을 다 만족한다.

예를 들어 $\mathbb{Q}$는 $\mathbb{R}$의 부분환인데, 두 유리수의 합이 유리수이며, 두 유리수의 곱도 유리수이고, 모든 유리수의 반원도 유리수이기 때문이다.

그건 그렇고 B가 A의 공집합이 아닌 부분집합일 때, B가 A의 부분환임을 더 간단하게 확인하는 방법이 있다.

B가 A의 부분환인 것과 B가 뺄셈 및 곱셈에 닫혀있다는 것은 동치조건이다.

B가 '뺄셈에 닫혀있다'는 것과 '덧셈 및 반원에 닫혀있다'는 것이 동치조건이기 때문인데, 이 사실은 확인하기 쉬우므로 연습문제에 넣어 두었다.

한참 전, 군을 공부할 때 '정규부분군'이라 부르는 특별한 부분군을 추려낸 적이 있었다. 이제 정규부분군에 대응하는 것으로 '아이디얼'(ideal)이라 부르는 특별한 부분환을 묘사하려고 한다. 다시 말해 환에서 아이디얼은 군에서 정규부분군에 해당한다.

A가 환이고 B가 A의 공집합이 아닌 부분집합이라 하자. B의 원소를 A의 원소에 곱할 때마다 (A의 원소는 B에 있든 B 밖에 있든 상관없이) 곱이 항상 B 안에 있는 경우, B가 A의

'곱을 흡수한다'(absorbs products)고 말한다. 다른 말로 하면 다음이 성립할 때를 말한다.

모든 $b \in B$와 $x \in A$에 대해 xb와 bx는 B에 속한다.

> 환 A의 공집합이 아닌 부분집합 B가 A의 아이디얼이라는 것은 B가 덧셈과 반원에 대해 닫혀있고, B가 A의 곱을 흡수할 때를 말한다.

아이디얼의 간단한 예가 짝수의 집합 $\mathbb{E}$이다. 두 짝수의 합이 짝수이며, 짝수의 반원이 짝수이며, 짝수에 '임의의' 정수를 곱하면 항상 짝수이기 때문에, $\mathbb{E}$는 $\mathbb{Z}$의 아이디얼이다.

단위원을 갖는 가환환에서 가장 간단한 아이디얼의 예가 바로, 고정된 원소 a에 그 환의 모든 원소를 곱한 배수들의 집합이다. 다시 말해 a는 고정하고, x가 환의 모든 원소 위에서 움직일 때, 다음 곱

$$xa$$

들의 집합이다. 이 집합이 아이디얼인 것은 명백한데 다음이 성립하기 때문이다.

$$xa + ya = (x + y)a$$

$$-(xa) = (-x)a$$

$$y(xa) = (yx)a$$

이 아이디얼을 'a가 생성하는 주아이디얼'(principal ideal generated by a)이라 부르고,

$$\langle a \rangle$$

라고 쓴다.

부분환일 때와 마찬가지로, A의 공집합이 아닌 부분집합 B가 A의 아이디얼인지 확인하는 간단한 방법이 있다.

B가 A의 아이디얼인 것은, B가 뺄셈에 대해 닫혀있으며 B가 A의 곱을 흡수한다는 것과 동치조건이다.

이 아이디얼들이 준동형사상과 관련하여 중요한 역할을 한다는 것을 보게 될 것이다.

환 A에서 환 B로의 준동형사상(ring homomorphism)이라는 것은[■] 다음 등식을 만족하는 함수 $f: A \to B$를 말한다.

$$f(x_1 + x_2) = f(x_1) + f(x_2)$$

및

$$f(x_1 x_2) = f(x_1) f(x_2)$$

조금 더 길지만, 이 두 항등식을 조금 더 정보를 담은 방식으로 쓸 수 있다.

1. $f(x_1) = y_1$ 및 $f(x_2) = y_2$이면, $f(x_1 + x_2) = y_1 + y_2$
2. $f(x_1) = y_1$ 및 $f(x_2) = y_2$이면, $f(x_1 x_2) = y_1 y_2$

다른 말로 하면, f가 x_1을 y_1로, x_2를 y_2로 보내면, 반드시 $x_1 + x_2$를 $y_1 + y_2$로 보내야 하고 $x_1 x_2$를 $y_1 y_2$로 보내야 한다는 뜻이다. 기호로는 다음처럼 쓸 수 있다.

$$x_1 \xrightarrow{f} y_1 \text{ 및 } x_2 \xrightarrow{f} y_2 \text{이면 반드시}$$
$$x_1 + x_2 \xrightarrow{f} y_1 + y_2 \text{ 및 } x_1 x_2 \xrightarrow{f} y_1 y_2 \text{이다}$$

이런 성질을 갖는 f는 정의역의 덧셈표와 곱셈표를 치역의 덧셈표 및 곱셈표로 변환한다는 것을 쉽게 확인할 수 있을 것이다. (무한환은 '끝이 없는' 표로 상상할 수 있다.) 따라서 환 A에서 환 B로의 '전사'인 준동형사상은 A를 B로 변환하는 함수이다.

예를 들어 다음 함수가 환 $\mathbb{Z}_6$을 환 $\mathbb{Z}_3$으로 변환한다는 것을

$$f = \begin{pmatrix} 0 & 1 & 2 & 3 & 4 & 5 \\ 0 & 1 & 2 & 0 & 1 & 2 \end{pmatrix}$$

연산표를 비교하여 확인할 수 있다. 227쪽에서 덧셈 연산표를 비교하였기 때문에 곱셈 연

■ 이 준동형사상은 환준동형사상이라 불러야 하고, 과거 군에서 다룬 준동형사상은 군준동형사상이라 불러 구별해야 하지만, 맥락이 분명하면 그냥 준동형사상이라 부르기로 한다.—옮긴이

산표도 마찬가지로 비교할 수 있다.

·	0	1	2	3	4	5
0	0	0	0	0	0	0
1	0	1	2	3	4	5
2	0	2	4	0	2	4
3	0	3	0	3	0	3
4	0	4	2	0	1	2
5	0	5	4	3	2	1

x를 $f(x)$로 바꿈 $\longrightarrow$

·	0	1	2	0	1	2
0	0	0	0	0	0	0
1	0	1	2	0	1	2
2	0	2	1	0	2	1
0	0	0	0	0	0	0
1	0	1	2	0	1	2
2	0	2	1	0	2	1

중복 정보를 제거 $\longrightarrow$

(예를 들어 $2 \cdot 2 = 1$은 위의 표에서 네 번 나온다.)

·	0	1	2
0	0	0	0
1	0	1	2
2	0	2	1

A에서 B로의 '전사'인 준동형사상이 있으면, B를 A의 '준동형상'(homomorphic image)이라 부른다. f가 환 A에서 환 B로의 준동형사상일 때 꼭 '전사'가 아니더라도, f의 치역은 B의 부분환이다. (이 사실은 상투적인 방식으로 확인할 수 있다.) 따라서 환준동형사상의 치역은 항상 환이다. 따라서 준동형사상의 치역은 항상 정의역의 준동형상이다.

직관적으로 볼 때 B가 A의 준동형상이라는 것은 A의 어떤 특징은 B에 고스란히 보존되는 반면 어떤 특징은 고의적으로 잃었다는 뜻이다. 14장에 기술했던 예를 더 발전시켜 이 아이디어를 설명할 수 있다. '짝홀환'(parity ring) P는 두 원소 e와 o로 이루어져 있는데, 덧셈과 곱셈이 다음 표로 주어져 있다고 하자.

+	e	o
e	e	o
o	o	e

·	e	o
e	e	e
o	e	o

e를 'even'(짝수)으로 생각하고, o를 'odd'(홀수)로 생각하고, 위에 서술한 덧셈과 곱셈을 짝

수와 홀수에 대한 규칙으로 생각한다. 예를 들어 짝수 + 홀수 = 홀수, 짝수 × 홀수 = 짝수이므로 $e+o=o$, $e\times o=e$이다.

각 짝수는 e로, 홀수는 o로 보내는 함수 $f:\mathbb{Z}\to P$가 $\mathbb{Z}$에서 P로의 준동형사상임은 쉽게 보일 수 있는데, 229쪽을 보면 분명할 것이다. 따라서 P는 $\mathbb{Z}$의 준동형상이다. 환 P가 환 $\mathbb{Z}$에 비해 매우 작으므로 $\mathbb{Z}$의 성질 극히 일부만이 P에서 재현될 것으로 예상할 수 있는데, 어쨌든 $\mathbb{Z}$의 구조 중 '한 가지' 면, 즉 짝수냐 홀수냐의 구조는 P에 고스란히 남는다. $\mathbb{Z}$에서 P로 갈 때, 정수의 '짝홀값'(parity), 즉 짝수냐 홀수냐의 여부 및 이들의 산수가 충실하게 보존되는 반면, 그 외의 것은 모두 없어진다. 다른 예는 연습문제에서 제공하기로 한다.

f가 환 A에서 환 B로의 준동형사상일 때, f의 '핵'(kernel)은 f가 B의 0 원소로 보내는 A의 원소 전체의 집합이다. 기호로 쓰면, f의 핵은 다음 집합을 말한다.

$$K=\{x\in A:\ f(x)=0\}$$

'f의 핵은 A의 아이디얼'이라는 것은 매우 중요한 사실이다. (이 사실의 간단한 확인은 연습문제로 남긴다.)

A와 B가 환일 때, A에서 B로의 '동형사상'(isomorphism)은 A에서 B로의 일대일 대응인 준동형사상을 말한다. 다른 말로 하면, 전사이면서 단사인 준동형사상이다. A에서 B로의 동형사상이 '존재'하면 A와 B는 '동형'(isomorphic)이라고 하며, 이 사실은 다음처럼 나타낸다.

$$A\cong B$$

연습문제

A. 부분환의 예

다음 각각에서 주어진 환의 부분환임을 증명하여라.

1. $\{x+\sqrt{3}\,y : x, y \in \mathbb{Z}\}$는 $\mathbb{R}$의 부분환이다.

2. $\{x+2^{1/3}y+2^{2/3}z : x, y, z \in \mathbb{Z}\}$는 $\mathbb{R}$의 부분환이다.

3. $\{x \cdot 2^{y} : x, y \in \mathbb{Z}\}$는 $\mathbb{R}$의 부분환이다.

 # 4. $\mathcal{C}(\mathbb{R})$를 $(-\infty, \infty)$에서 연속인 $\mathbb{R}$에서 $\mathbb{R}$로의 함수 전체의 집합이라 하고, $\mathcal{D}(\mathbb{R})$를 $(-\infty, \infty)$에서 미분가능한 $\mathbb{R}$에서 $\mathbb{R}$로의 함수 전체의 집합이라 하자. 이때 $\mathcal{C}(\mathbb{R})$와 $\mathcal{D}(\mathbb{R})$는 $\mathcal{F}(\mathbb{R})$의 부분환이다.

5. $\mathcal{U}(\mathbb{R})$는 구간 $[0, 1]$에서 연속인 $\mathbb{R}$에서 $\mathbb{R}$로의 함수 전체의 집합이다. 이때 $\mathcal{U}(\mathbb{R})$는 $\mathcal{F}(\mathbb{R})$의 부분환이며, $\mathcal{C}(\mathbb{R})$는 $\mathcal{U}(\mathbb{R})$의 부분환이다.

6. 다음 꼴의 행렬 전체로 구성되는 $\mathcal{M}_2(\mathbb{R})$의 부분집합은 $\mathcal{M}_2(\mathbb{R})$의 부분환이다.

$$\begin{pmatrix} 0 & 0 \\ 0 & x \end{pmatrix}$$

B. 아이디얼의 예

1. 다음 중에서 어떤 것이 $\mathbb{Z}\times\mathbb{Z}$에서 아이디얼인지 식별하고, 설명하여라.

$\{(n, n): n\in\mathbb{Z}\}$, $\{(5n, 0): n\in\mathbb{Z}\}$, $\{(n, m): n+m$은 짝수$\}$,

$\{(n, m): nm$은 짝수$\}$, $\{(2n, 3m): n, m\in\mathbb{Z}\}$

2. $\mathbb{Z}_{12}$의 아이디얼을 모두 나열하여라.

 # 3. $\mathbb{Z}_n$의 모든 부분환이 아이디얼인 이유를 설명하여라.

4. 연습문제 A6의 부분환이 아이디얼이 아닌 이유를 설명하여라.

5. $\mathcal{C}(\mathbb{R})$가 $\mathcal{F}(\mathbb{R})$의 아이디얼이 아닌 이유를 설명하여라.

6. 다음이 $\mathcal{F}(\mathbb{R})$의 아이디얼임을 증명하여라.

(a) 모든 유리수 x에 대해 $f(x)=0$인 함수 f 전체의 집합

(b) $f(0)=0$인 함수 f 전체의 집합

7. P_3의 아이디얼을 모두 나열하여라. (P_3은 17장 연습문제 D에 정의했다.)

8. P_3의 부분환 중에서 아이디얼이 아닌 예를 들어라.

9. $\mathbb{Z}_3\times\mathbb{Z}_3$의 부분환 중에서 아이디얼이 아닌 예를 들어라.

C. 부분환의 기본 성질

1번부터 6번까지 증명하여라.

1. 환 A의 공집합이 아닌 부분집합 B가 덧셈과 반원에 대해 닫혀있는 것과, B가 뺄셈에 대해 닫혀있는 것은 동치조건이다.

2. 1번으로부터 B가 A의 부분환인 것과, B가 뺄셈 및 곱셈에 대해 닫혀있는 것이 동치조건이라는 결론을 내려라.

3. A가 유한환이고 B가 A의 부분환이라 하자. 이때 B의 위수는 A의 위수의 약수이다.

#4. 정역 A의 부분환 B가 1을 포함하면, B도 정역이다. [이때 B를 A의 '부분정역'(subdomain)이라 부른다.]

#5. 체의 단위원을 포함하는 임의의 부분환은 정역이다.

6. 체 F의 부분환 B가 곱셈의 역원에 대해 닫혀있으면, B는 체이다. [이때 B를 F의 '부분체'(subfield)라 부른다.]

7. 다음 각각을 설명해 주는 $\mathbb{Z}_{18}$의 부분환을 찾아라.

(a) A가 단위원을 갖는 환이고 B가 A의 부분환이지만, B는 단위원을 갖지 않는 환이다.

(b) A, B가 단위원을 갖는 환이고 B는 A의 부분환이지만, B의 단위원이 A의 단위원과 다르다.

8. A가 환이고 $f: A \to A$가 준동형사상, $B = \{x \in A : f(x) = x\}$라 하자. B가 A의 부분환임을 증명하여라.

9. 환 A의 '중심'(center)은 모든 $x \in A$에 대해 $ax = xa$인 원소 $a \in A$ 전체의 집합이다. A의 중심은 A의 부분환임을 증명하여라.

D. 아이디얼의 기본 성질

A가 환이고 J가 A의 공집합이 아닌 부분집합이라 하자.

1. 연습문제 C1을 이용하여, J가 A의 아이디얼인 것과, J가 빼셈에 대해 닫혀있으며 A의 곱을 흡수한다는 것이 동치조건임을 설명하여라.

2. A가 단위원을 갖는 환이면, J가 A의 아이디얼인 것과, J가 덧셈에 대해 닫혀있으며 A의 곱을 흡수한다는 것이 동치조건임을 증명하여라.

3. A의 아이디얼 두 개의 교집합이 A의 아이디얼임을 증명하여라.

4. J가 A의 아이디얼이고 $1 \in J$이면, $J = A$이다.

5. J가 A의 아이디얼이고 J가 가역원 a를 포함하면, $J = A$이다.

6. 체 F가 자명한 아이디얼, 즉 $\{0\}$과 F를 제외하면 아이디얼을 갖지 않는 이유를 설명하여라.

E. 준동형사상의 예

1번부터 6번까지 각 함수가 준동형사상임을 증명하여라. 그런 다음 핵과 치역을 기술하여라.

1. $\phi(f) = f(0)$으로 준 함수 $\phi : \mathcal{F}(\mathbb{R}) \to \mathbb{R}$.

2. $h(x, y) = x$로 준 함수 $h : \mathbb{R} \times \mathbb{R} \to \mathbb{R}$.

3. 다음으로 준 함수 $h : \mathbb{R} \to \mathcal{M}_2(\mathbb{R})$.

$$h(x) = \begin{pmatrix} x & 0 \\ 0 & 0 \end{pmatrix}$$

4. 다음으로 준 함수 $h : \mathbb{R} \times \mathbb{R} \to \mathcal{M}_2(\mathbb{R})$.

$$h(x, y) = \begin{pmatrix} x & 0 \\ 0 & y \end{pmatrix}$$

 # 5. 집합 $\mathbb{R} \times \mathbb{R}$에 보통의 덧셈과 다음 '곱셈'을 준 환을 A라 하자.

$$(a, b) \odot (c, d) = (ac, bc)$$

A가 환인 것은 받아들이고, $f : A \to \mathcal{M}_2(\mathbb{R})$을 다음으로 주었다고 하자.

$$f(x, y) = \begin{pmatrix} x & 0 \\ y & 0 \end{pmatrix}$$

6. C의 부분집합을 고정하고 D라 할 때, $h(A) = A \cap D$로 준 함수 $h : P_C \to P_C$.

7. $\mathbb{Z}_2$에서 $\mathbb{Z}_4$로의 준동형사상 및 $\mathbb{Z}_3$에서 $\mathbb{Z}_6$으로의 준동형사상을 전부 나열하여라.

F. 준동형사상의 기본 성질

A, B가 환이고 $f : A \to B$를 준동형사상이라 하자. 다음을 증명하여라.

1. $f(A)=\{f(x): x \in A\}$는 B의 부분환이다.

2. f의 핵은 A의 아이디얼이다.

3. $f(0)=0$ 및 모든 $a \in A$에 대해 $f(-a)=-f(a)$이다.

4. f가 단사인 것과, 핵이 $\{0\}$인 것이 동치조건이다.

5. B가 정역이면, $f(1)=1$이거나 $f(1)=0$이다. $f(1)=0$이면 모든 $x \in A$에 대해 $f(x)=0$이다. $f(1)=1$이면 A의 모든 가역원의 상은 B의 가역원이다.

6. 가환환의 준동형상은 가환환이다. 체의 준동형상은 체이다.

7. 준동형사상 f의 정의역 A가 체이고, f의 치역이 한 개보다 많은 원소를 가지면, f는 단사 함수이다. (힌트: 연습문제 D6을 이용하여라.)

G. 동형사상의 예

1. 17장 연습문제 A2의 환을 A라 하자. 함수 $f(x)=x-1$이 $\mathbb{Q}$에서 A로의 동형사상임을, 즉 $\mathbb{Q} \cong A$임을 보여라.

2. $\mathcal{M}_2(\mathbb{R})$에서 다음으로 이루어진 부분집합을 $\mathcal{S}$라 하자.

$$\mathcal{S} = \left\{\begin{pmatrix} a & b \\ -b & a \end{pmatrix}: a, b \in \mathbb{R}\right\}$$

다음 함수가 $\mathbb{C}$에서 $\mathcal{S}$로의 동형사상임을 보여라.

$$f(a+b\mathbf{i})=\begin{pmatrix} a & b \\ -b & a \end{pmatrix}$$

[조언: f가 잘 정의된 함수라는 것, 다시 말해 $a+b\mathbf{i}=c+d\mathbf{i}$이면 $f(a+b\mathbf{i})=f(c+d\mathbf{i})$라는 것부터 보여야 한다. 이를 위해 $a+b\mathbf{i}=c+d\mathbf{i}$이면 $(a-c)=(d-b)\mathbf{i}$임에 주목하라. 마지막 식은 양변이 모두 0이 아니면 불가능한 식이다. 왜냐하면 주어진 실수가 어떤 허수와 같다는 주장이기 때문이다.]

3. $\{(x,x): x\in\mathbb{Z}\}$가 $\mathbb{Z}\times\mathbb{Z}$의 부분환임을 증명하고, $\{(x,x): x\in\mathbb{Z}\}\cong\mathbb{Z}$임을 보여라.

4. 다음 꼴의 2×2 행렬 전체의 집합이 $\mathcal{M}_2(\mathbb{R})$의 부분환임을 보여라.

$$\begin{pmatrix} 0 & 0 \\ 0 & x \end{pmatrix}$$

또한 이 부분환이 $\mathbb{R}$와 동형임을 보여라.

임의의 정수 k에 대해, k의 배수 전체로 구성된 $\mathbb{Z}$의 부분환을 $k\mathbb{Z}$라 나타내기로 하자.

5. $\mathbb{Z}\ncong 2\mathbb{Z}$를 증명하고, $2\mathbb{Z}\ncong 3\mathbb{Z}$를 증명하여라. 마지막으로 $k\neq l$이면 $k\mathbb{Z}\ncong l\mathbb{Z}$인 이유를 설명하여라. (기억할 것: 두 환이나 두 군이 동형이 '아니'라는 것을 어떻게 보일까?)

H. 아이디얼의 추가 성질

A가 환이고, J와 K가 A의 아이디얼이라 하자. 1번부터 4번까지 증명하여라. (2번부터 4번까지는 A가 가환환이라고 가정하여라.)

1. $J\cap K=\{0\}$이면, 모든 $j\in J$와 $k\in K$에 대해 $jk=0$이다.

2. 임의의 $a \in A$에 대해 $I_a = \{ax + j + k : x \in A, j \in J, k \in K\}$는 A의 아이디얼이다.

#3. J의 '근기'(radical)는 집합 rad $J = \{a \in A :$ 어떤 $n \in \mathbb{Z}$에 대해 $a^n \in J\}$를 말한다. 임의의 아이디얼 J에 대해 rad J는 A의 아이디얼이다.

4. 임의의 $a \in A$에 대해 $\{x \in A : ax = 0\}$은 아이디얼이다. [a의 '소멸자'(annihilator)라 부른다.] 더욱이 $\{x \in A :$ 모든 $a \in A$에 대해 $ax = 0\}$도 아이디얼이다. [A의 '영화 아이디얼'(annihilating ideal)이라 부른다.] A가 단위원을 갖는 환이면, 영화 아이디얼은 $\{0\}$이다.

5. $\{0\}$과 A는 A의 아이디얼임을 보여라. [이 아이디얼들은 '자명한' 아이디얼이다. A가 아닌 아이디얼을 '진부분'(proper) 아이디얼이라 부른다.] A의 진부분 아이디얼 J가 '극대아이디얼'(maximal ideal)이라는 것은 더 큰 진부분 아이디얼의 진부분집합이 아닐 때, 다시 말해 $J \subseteq K$이고 K가 J에 속하지 않는 원소를 포함하는 아이디얼이면, 반드시 $K = A$여야 할 때를 말한다. $\mathcal{F}(\mathbb{R})$에서 $J = \{f : f(0) = 0\}$이 극대아이디얼의 예임을 보여라. [힌트: 연습문제 D5를 이용하여라. $g \in K$이고 $g(0) \neq 0$, 즉 $g \notin J$이면, 함수 $h(x) = g(x) - g(0)$는 J에 속한다. 따라서 $h(x) - g(x) \in K$이다. 마지막의 함수가 $\mathcal{F}(\mathbb{R})$에서 가역 함수인 이유를 설명하여라.]

I. 준동형사상의 추가 성질

A, B가 환이라고 하자. 다음을 각각 증명하여라.

1. $f : A \to B$가 A에서 B로의 '전사'인 준동형사상이고 핵이 K라 하자. A의 아이디얼 J에 대해 $K \subseteq J$이면, $f(J)$는 B의 아이디얼이다.

2. $f : A \to B$가 A에서 B로의 '전사'인 준동형사상이고, B가 '체'(field)라면, f의 핵은 극대아

이디얼이다. (힌트: 연습문제 D6과, 1번을 이용하여라. 극대아이디얼은 연습문제 H5에서 정의했다.)

3. $\mathbb{Z}$에서 $\mathbb{Z}$로의 비자명 준동형사상은 없다. [자명한 준동형사상이란 $f(x)=0$과 $f(x)=x$를 말한다.]

4. n이 m의 배수이면, $\mathbb{Z}_m$은 $\mathbb{Z}_n$의 준동형상이다.

5. n이 홀수이면, $\mathbb{Z}_2$에서 $\mathbb{Z}_{2n}$으로의 단사인 준동형사상이 존재한다.

†J. 자기 준동형사상 환

A를 가환환이라 하자. 다음을 각각 증명하여라.

1. A의 각 원소 a에 대해, $\pi_a(x)=ax$로 정의한 함수 π_a는 항등식 $\pi_a(x+y)=\pi_a(x)+\pi_a(y)$를 만족한다. [다른 말로 하면, π_a는 덧셈군 A의 자기 (군)준동형사상이다.]

2. π_a가 단사인 것과, a가 영인자가 아닌 것은 동치조건이다. ($a \neq 0$이라고 가정하여라.)

3. π_a가 전사인 것과, a가 가역원인 것은 동치조건이다. (A가 단위원을 가진다고 가정하여라.)

4. 집합 $\{\pi_a : a \in A\}$를 $\mathcal{A}$로 나타내고, 두 연산을 다음처럼 주자.

$$[\pi_a+\pi_b](x)=\pi_a(x)+\pi_b(x), \qquad \pi_a\pi_b=\pi_a\circ\pi_b$$

$\mathcal{A}$가 환임을 확인하여라.

5. $\phi : A \to \mathcal{A}$를 $\phi(a) = \pi_a$로 줄 때 ϕ는 준동형사상이다.

6. A가 단위원을 가지면, ϕ는 동형사상이다. 이와 비슷하게 A가 영인자를 갖지 않으면, ϕ는 동형사상이다.

19장
몫환

익숙했던 군의 경치와 비슷하게 이어지는 길을 따라, 환에 대한 기초 이론에 대한 여행을 계속하자. 군을 공부할 때 임의의 군 G의 준동형상을 실제로 전부 '구성'하는 방법을 찾아냈었다. G의 몫군을 만들었으며, G의 몫군은 모두 G의 준동형상임을 보였다. 이런 과정을 본떠 '몫환'(quotient ring)을 구성하려고 한다.

먼저 환의 나머지류의 정의부터 시작하자.

A를 환이라 하고, J를 A의 아이디얼이라 하자. 임의의 원소 $a \in A$에 대해, a를 고정해 두고 j가 J 위에서 움직일 때 합 $j+a$ 전체의 집합을 기호 $J+a$로 나타내자. 즉, 다음처럼 정의하자.

$$J+a=\{j+a : j \in J\}$$

$J+a$를 A에서 J의 '나머지류'(coset)라 부른다.

잠시 곱셈을 무시할 때 덧셈군 A는 가환군이었고 J는 A의 부분군임에 주목할 필요가 있다. 따라서 방금 정의한 나머지류는 (곱셈을 무시할 경우) '군 A에서 덧셈 표기법을 썼을 때 부분군 J의 나머지류'와 완전히 같다. 그러므로 군의 나머지류에 대해 우리가 아는 것을 현재 상황에 모두 적용할 수 있는데, 다만 군의 나머지류에 대한 지식은 '덧셈 표기법'으로 조심스럽게 해석하여야 한다. 예를 들어 13장의 성질 (1)과 15장의 정리 5는 덧셈 표기법으로는 다음처럼 읽어야 한다.

$$a \in J+b \Longleftrightarrow J+a=J+b \tag{1}$$

$$J+a=J+b \Longleftrightarrow a-b \in J \tag{2}$$

$$J+a=J \Longleftrightarrow a \in J \tag{3}$$

라그랑주 정리를 낳게 한 추론을 쓰면, a가 A 위에서 움직일 때 나머지류 $J+a$ 전체의 모임이 A의 분할을 이룬다는 것도 알 수 있다.

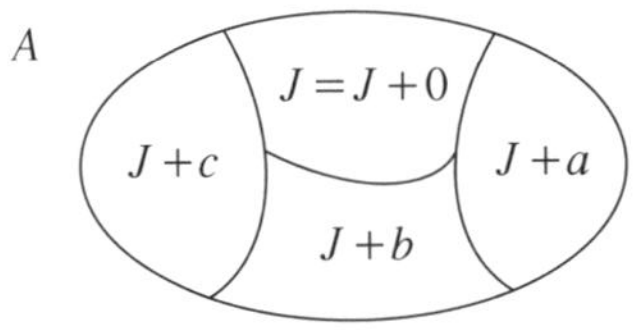

'나머지류의 합'과 '나머지류의 곱'을 다음처럼 정의할 수 있다.

$$(J+a)+(J+b)=J+(a+b)$$

$$(J+a)(J+b)=J+ab$$

다른 말로 하면, a의 나머지류와 b의 나머지류의 합은 $a+b$의 나머지류이고, a의 나머지류와 b의 나머지류의 곱은 ab의 나머지류이다.

이런 식으로 정의한 나머지류의 합과 곱을 모호하지 않게 결정할 수 있다는 것을 깨닫는 것은 중요하다. $J+a$가 $J+c$와 같은 나머지류일 수 있고, [조건 (1)에 의해 이는 c가 $J+a$의 원소일 때에만 발생한다] 마찬가지로 $J+b$가 $J+d$와 같은 나머지류일 수 있음을 기억하여라. 따라서 다음 식을 얻어야 한다.

$$
\begin{array}{ccc}
(J+a)+(J+b)=J+(a+b) & & (J+a)(J+b)=J+ab \\
\parallel \qquad\quad \parallel & \text{와} & \parallel \qquad \parallel \\
(J+c)+(J+d)=J+(c+d) & & (J+c)(J+d)=J+cd
\end{array}
$$

$J+(a+b)=J+(c+d)$ 및 $J+ab=J+cd$임이 절대적으로 확실해야 하는 것이다. 다음 정리가 이런 확실성을 보장해 준다.

정리 1. J가 A의 아이디얼이라 하자. $J+a=J+c$이고 $J+b=J+d$이면

(i) $J+(a+b)=J+(c+d)$이고

(ii) $J+ab=J+cd$이다.

증명: $J+a=J+c$와 $J+b=J+d$가 주어져 있으므로, 조건 (2)에 의해 다음을 얻는다.

$$a-c\in J \qquad \text{및} \qquad b-d\in J$$

J가 합에 대해 닫혀있으므로, $(a-c)+(b-d)=(a+b)-(c+d)$는 J에 속한다. 조건 (2)로부터 $J+(a+b)=J+(c+d)$임이 나오므로, (i)이 증명된다. 한편 J가 A의 곱을 흡수하므로 다음이 성립한다.

$$\underbrace{(a-c)b}_{ab-cb}\in J \qquad \text{및} \qquad \underbrace{c(b-d)}_{cb-cd}\in J$$

따라서 $(ab-cb)+(cb-cd)=ab-cd$는 J에 속한다. 조건 (2)로부터 $J+ab=J+cd$임이 나온다. 따라서 (ii)가 증명된다. ■

이제 A에서 J의 '나머지류 전체'로 구성된 집합을 생각하자. 이 집합은 전통적으로 A/J라고 표기한다. 예를 들어 $J+a$, $J+b$, $J+c$, …가 J의 나머지류라면, 다음처럼 쓴다.

$$A/J=\{J+a,\ J+b,\ J+c,\ \cdots\}$$

방금 이 집합 위에서 나머지류의 합과 곱이 타당한 연산임을 보였다. 사실 다음이 성립한다.

정리 2. A/J에 나머지류의 합과 곱을 주면 환이다.

증명: 나머지류의 합과 곱은 결합적이며, 곱은 합에 대해 분배법칙을 만족한다. (이 사실들은 상투적인 방식으로 점검할 수 있다.) A/J의 영 원소는 나머지류 $J = J + 0$인데, 임의의 나머지류 $J + a$에 대해 다음이 성립하기 때문이다.

$$(J + a) + (J + 0) = J + (a + 0) = J + a$$

마지막으로 $J + a$의 반원은 $J + (-a)$인데, 다음이 성립하기 때문이다.

$$(J + a) + (J + (-a)) = J + (a + (-a)) = J + 0 \qquad \blacksquare$$

환 A/J를 A를 J로 나눈 '몫환'(quotient ring)이라 부른다.

이제 몫환과 준동형사상 사이의 중요한 관계를 보자.

정리 3. A/J는 A의 준동형상이다.

군에서 전개했던 방식을 따르면, A에서 A/J로의 전사인 '자연 준동형사상'은 모든 원소를 자신의 나머지류로 보내는 함수 f, 즉 다음처럼 주어지는 함수 f일 것이다.

$$f(x) = J + x$$

이 함수가 준동형사상이라는 것을 보이는 것은 매우 쉽다.

따라서 A의 몫환을 구성하면, 사실은 A의 준동형상을 구성하는 셈이다. 임의의 환 A의 준동형상을 실제로 만들어 내는 방법이기 때문에 몫환을 구성하는 것은 유용하다.

이제 중요한 예를 통해 몫환의 구성법을 설명하려고 한다. $\mathbb{Z}$를 정수환이라 하고, 6의 배수 전체로 구성되는 $\mathbb{Z}$의 아이디얼을 $\langle 6 \rangle$이라 하자. 몫환 $\mathbb{Z}/\langle 6 \rangle$의 원소는 아이디얼 $\langle 6 \rangle$

의 나머지류 전체이므로, 다음과 같다.

$$\langle 6\rangle + 0 = \{\cdots, -18, -12, -6, 0, 6, 12, 18, \cdots\} = \bar{0}$$
$$\langle 6\rangle + 1 = \{\cdots, -17, -11, -5, 1, 7, 13, 19, \cdots\} = \bar{1}$$
$$\langle 6\rangle + 2 = \{\cdots, -16, -10, -4, 2, 8, 14, 20, \cdots\} = \bar{2}$$
$$\langle 6\rangle + 3 = \{\cdots, -15, -9, -3, 3, 9, 15, 21, \cdots\} = \bar{3}$$
$$\langle 6\rangle + 4 = \{\cdots, -14, -8, -2, 4, 10, 16, 22, \cdots\} = \bar{4}$$
$$\langle 6\rangle + 5 = \{\cdots, -13, -7, -1, 5, 11, 17, 23, \cdots\} = \bar{5}$$

이 나머지류들을 간단한 기호 $\bar{0}$, $\bar{1}$, $\bar{2}$, $\bar{3}$, $\bar{4}$, $\bar{5}$를 써서 나타내기로 하자. 나머지류를 더하고 곱하는 규칙으로부터 다음과 같은 표가 나온다.

$+$	$\bar{0}$	$\bar{1}$	$\bar{2}$	$\bar{3}$	$\bar{4}$	$\bar{5}$
$\bar{0}$	$\bar{0}$	$\bar{1}$	$\bar{2}$	$\bar{3}$	$\bar{4}$	$\bar{5}$
$\bar{1}$	$\bar{1}$	$\bar{2}$	$\bar{3}$	$\bar{4}$	$\bar{5}$	$\bar{0}$
$\bar{2}$	$\bar{2}$	$\bar{3}$	$\bar{4}$	$\bar{5}$	$\bar{0}$	$\bar{1}$
$\bar{3}$	$\bar{3}$	$\bar{4}$	$\bar{5}$	$\bar{0}$	$\bar{1}$	$\bar{2}$
$\bar{4}$	$\bar{4}$	$\bar{5}$	$\bar{0}$	$\bar{1}$	$\bar{2}$	$\bar{3}$
$\bar{5}$	$\bar{5}$	$\bar{0}$	$\bar{1}$	$\bar{2}$	$\bar{3}$	$\bar{4}$

$\cdot$	$\bar{0}$	$\bar{1}$	$\bar{2}$	$\bar{3}$	$\bar{4}$	$\bar{5}$
$\bar{0}$	$\bar{0}$	$\bar{0}$	$\bar{0}$	$\bar{0}$	$\bar{0}$	$\bar{0}$
$\bar{1}$	$\bar{0}$	$\bar{1}$	$\bar{2}$	$\bar{3}$	$\bar{4}$	$\bar{5}$
$\bar{2}$	$\bar{0}$	$\bar{2}$	$\bar{4}$	$\bar{0}$	$\bar{2}$	$\bar{4}$
$\bar{3}$	$\bar{0}$	$\bar{3}$	$\bar{0}$	$\bar{3}$	$\bar{0}$	$\bar{3}$
$\bar{4}$	$\bar{0}$	$\bar{4}$	$\bar{2}$	$\bar{0}$	$\bar{4}$	$\bar{2}$
$\bar{5}$	$\bar{0}$	$\bar{5}$	$\bar{4}$	$\bar{3}$	$\bar{2}$	$\bar{1}$

몫환 $\mathbb{Z}/\langle 6\rangle$과 환 $\mathbb{Z}_6$ 사이의 유사점은 쉽게 눈치챌 수 있다. 사실 이 두 환을 똑같은 것으로 간주할 것이다. 더 일반적으로 임의의 양의 정수 n에 대해 $\mathbb{Z}_n$을 $\mathbb{Z}/\langle n\rangle$과 동일한 것으로 간주한다. 특히 이로부터 $\mathbb{Z}_n$이 $\mathbb{Z}$의 준동형상임이 분명해진다.

정리 3에 의해 임의의 몫환 A/J는 A의 준동형상이다. 따라서 몫환을 구성하는 것은 임의의 환 A의 준동형상을 실제로 만들어내는 수단이다. 곧 보겠지만, 사실 이 구성법은 A의 준동형상을 '모두' 만들어내는 수단이다.

정리 4. $f : A \to B$가 환 A에서 환 B로의 '전사'인 준동형사상이라 하고, K를 f의 핵이라 하

자. 그러면 $B \cong A/K$이다.

증명: A/K가 B와 동형임을 보이기 위해서는, A/K에서 B로의 동형사상을 찾아야 한다. 군에 대해 성공적으로 통했던 절차를 흉내내어 각 나머지류 $K+x$를 원소 $f(x)$와 짝지어 주는 A/K에서 B로의 함수를 ϕ라 하자. 즉, 다음처럼 정의한다.

$$\phi(K+x) = f(x)$$

당분간 곱셈은 무시하여, A와 B가 군이며 f는 A에서 B로의 전사인 군준동형사상이며 핵이 K라는 것을 기억하자. 따라서 16장의 정리 2를 적용하면, ϕ는 '잘 정의되고 A/K에서 B로의 전단사 함수'이다. 마지막으로

$$\begin{aligned}\phi((K+a)+(K+b)) &= \phi(K+(a+b)) = f(a+b)\\ &= f(a)+f(b) = \phi(K+a)+\phi(K+b)\end{aligned}$$

및 다음이 성립한다.

$$\begin{aligned}\phi((K+a)(K+b)) &= \phi(K+ab) = f(ab)\\ &= f(a)f(b) = \phi(K+a)\phi(K+b)\end{aligned}$$

따라서 ϕ는 A/K에서 B로의 전사인 동형사상이다. ■

정리 4를 환에 대한 '준동형사상의 기본 정리'라 부른다. A의 모든 몫환이 A의 준동형상이며, 반대로 A의 모든 준동형상이 A의 어떤 몫환과 동형이라는 주장이 정리 3과 정리 4이다. 따라서 모든 실질적인 면에서 몫환과 환의 준동형상은 똑같은 것이다.

군에서와 마찬가지로 A에서 원치 않는 성질을 '제외하고', 몫환 A/J가 '바람직한' 성질만 갖게 할 수 있다.

간단한 예로 A가 환인데, 꼭 가환일 필요는 없다고 하자. a, b가 A에서 움직일 때 다음 꼴의 원소

$$ab - ba$$

들을 모두 포함하는 A의 아이디얼을 J라 하자. 이때 몫환 A/J가 가환이라는 것은 상당히 쉽게 보일 수 있다. 사실 A/J가 가환이라는 것은 임의의 두 나머지류 $J+a$와 $J+b$에 대해 다음을 보이라는 뜻이다.

$$(J+a)(J+b)=(J+b)(J+a), \text{ 즉 } J+ab=J+ba$$

조건 (2)로부터 마지막 식은 $ab-ba \in J$일 때만 참이다. 따라서 J가 모든 차 $ab-ba$를 포함한다면, 임의의 두 나머지류의 곱은 가환이다.

중요한 몫환의 상당수를 원리적으로는 이와 동일한 방식으로 구성할 수 있는데 연습문제에서 다룬다.

가환환의 아이디얼 J가 '소아이디얼'(prime ideal)이라는 것은■ 이 환의 임의의 두 원소 a, b에 대해 다음이 성립할 때를 말한다.

$$ab \in J\text{이면 } a \in J\text{이거나 } b \in J\text{이다.}$$

단위원을 갖는 가환환 A의 소아이디얼 J에 대해 몫환 A/J는 항상 정역이다. (자세한 것은 독자에게 남긴다.)

환의 아이디얼이 '진부분 아이디얼'(proper ideal)이라는 것은 전체 환이 아닐 때를 말한다. 환 A의 진부분 아이디얼 J가 '극대아이디얼'(maximal ideal)이라는 것은 $J \subseteq K$이면서 $J \neq K$인 진부분 아이디얼 K가 존재하지 않을 때를 말한다. (다른 말로 하면, J는 더 큰 진부분 아이디얼에 포함되지 않는다.) A가 단위원을 갖는 가환환이면, 'J가 A의 극대아이디얼인 것과 A/J가 체라는 것은 동치조건'이다.

J를 A의 극대아이디얼이라 하고, 이 주장을 증명하자. A가 단위원을 갖는 가환환이면, A/J 역시 그렇다는 것은 증명하기 쉽다. 사실 A/J의 단위원은 나머지류 $J+1$임에 주목해야 하는데, 임의의 나머지류 $J+a$에 대해 $(J+a)(J+1)=J+a1=J+a$이기 때문이다. 따라서 A/J가 체임을 증명하기 위해서는 임의의 0이 아닌 나머지류 $J+a$에 대해

■ 차츰 보겠지만, 소수(prime number)의 성질과 유사한 점이 있어서 이런 이름을 쓴다. 1을 소수라 부르지 않듯 A는 소아이디얼이라 부르지 않는 것이 보통이다.—옮긴이

$(J+a)(J+x)=J+1$인 나머지류 $J+x$가 존재함을 보이는 일만 남았다.

0 나머지류는 J이다. 따라서 조건 (3)에 의해, $J+a$가 0이 '아니다'는 말은 $a \notin J$라는 말과 같다. 이제 x가 A 위에서 움직이고 j가 J 위에서 움직일 때 다음과 같은 합

$$xa+j$$

전체의 집합을 K라 하자. K가 아이디얼임을 확인하는 것은 쉽다. 더욱이 $a=1a+0$이므로 K는 a를 포함하며, $j=0a+j$이므로 K는 모든 $j \in J$를 포함한다. 따라서 'K는 J를 포함하면서 J보다 실제로 더 큰 아이디얼이다' ($a \in K$이지만 $a \notin J$임을 기억하라.) 그렇지만 J는 '극대'아이디얼이다! 따라서 K는 전체 환 A여야 한다.

따라서 $1 \in K$여야 하므로, 어떤 $x \in A$와 $j \in J$에 대해 $1=xa+j$이다. 그러므로 $1-xa=j \in J$이고, 조건 (2)에 의해 $J+1=J+xa=(J+x)(J+a)$이다. 따라서 몫환 A/J에서 $J+x$가 $J+a$의 곱에 대한 역원이다.

방금의 논증을 '되짚어' 나가면 역 방향을 증명할 수 있는데 즐거운 연습문제로 남긴다.

연습문제

A. 몫환의 예

다음 각각에서 A는 환이고 J는 A의 아이디얼이다. A/J의 원소를 나열하고, A/J의 덧셈표 및 곱셈표를 작성하여라.

예제 $A = \mathbb{Z}_6$, $J = \{0, 3\}$

A/J의 원소는 세 개의 나머지류 $J = J + 0 = \{0, 3\}$, $J + 1 = \{1, 4\}$, $J + 2 = \{2, 5\}$로 구성돼 있다. A/J에 대한 연산표는 다음과 같다.

$+$	J	$J+1$	$J+2$
J	J	$J+1$	$J+2$
$J+1$	$J+1$	$J+2$	J
$J+2$	$J+2$	J	$J+1$

$\cdot$	J	$J+1$	$J+2$
J	J	J	J
$J+1$	J	$J+1$	$J+2$
$J+2$	J	$J+2$	$J+1$

1. $A = \mathbb{Z}_{10}$, $J = \{0, 5\}$

2. $A = P_3$, $J = \{\varnothing, \{a\}\}$. ($P_3$은 17장 연습문제 D에서 정의했다.)

3. $A = \mathbb{Z}_2 \times \mathbb{Z}_6$, $J = \{(0, 0), (0, 2), (0, 4)\}$

B. 준기정의 이용 사례

다음 각 연습문제에서 준기정(준동형사상의 기본 정리)을 이용하여 주어진 두 환이 동형임을 증명하여라. 그런 다음 각각의 연산표를 작성하여라.

예제 $\mathbb{Z}_2$와 $\mathbb{Z}_6/\langle 2\rangle$

다음 함수는 $\mathbb{Z}_6$에서 $\mathbb{Z}_2$로의 전사인 준동형사상이다.

$$f = \begin{pmatrix} 0 & 1 & 2 & 3 & 4 & 5 \\ 0 & 1 & 0 & 1 & 0 & 1 \end{pmatrix}$$

(f가 준동형사상이라는 것은 증명하지 말 것.)

f의 핵은 $\{0, 2, 4\} = \langle 2\rangle$이다. 따라서 다음을 얻는다.

$$f : \mathbb{Z}_6 \underset{\langle 2\rangle}{\twoheadrightarrow} \mathbb{Z}_2$$

준기정으로부터 $\mathbb{Z}_2 \cong \mathbb{Z}_6/\langle 2\rangle$를 얻는다.

1. $\mathbb{Z}_5$와 $\mathbb{Z}_{20}/\langle 5\rangle$

2. $\mathbb{Z}_3$과 $\mathbb{Z}_6/\langle 3\rangle$

3. P_2와 P_3/K. 여기에서 $K = \{\varnothing, \{c\}\}$. [힌트: 18장 연습문제 E6을 보시오. 함수 $f(X) = X \cap \{a, b\}$를 생각하여라.]

4. $\mathbb{Z}_2$와 $(\mathbb{Z}_2 \times \mathbb{Z}_2)/K$. 여기에서 $K = \{(0, 0), (0, 1)\}$

C. $\mathcal{F}(\mathbb{R})$에서의 몫환 및 준동형상

1. $\mathcal{F}(\mathbb{R})$에서 $\mathbb{R} \times \mathbb{R}$로 $\phi(f) = (f(0), f(1))$라고 정의한 함수를 ϕ라 하자. ϕ가 $\mathcal{F}(\mathbb{R})$에서 $\mathbb{R} \times \mathbb{R}$로의 '전사'인 준동형사상임을 증명하고, 핵이 무엇인지 설명하시오.

2. $\mathcal{F}(\mathbb{R})$에서 그래프가 점 $(0, 0)$과 $(1, 0)$을 지나는 함수 전체로 이루어진 부분집합을 J라 하자. 1번을 참고하여, J가 $\mathcal{F}(\mathbb{R})$의 아이디얼이며, $\mathcal{F}(\mathbb{R})/J \cong \mathbb{R} \times \mathbb{R}$인 이유를 설명하여라.

3. $\mathcal{F}(\mathbb{R})$에서 $\mathcal{F}(\mathbb{Q}, \mathbb{R})$로의 함수 ϕ를 다음처럼 정의하자.

$$\phi(f) = f_{\mathbb{Q}} = f\text{를 } \mathbb{Q}\text{로 제한한 것}$$

(참고: $f_{\mathbb{Q}}$의 정의역은 $\mathbb{Q}$이고, 이 정의역에서 $f_{\mathbb{Q}}$는 f와 같은 함수이다.) ϕ가 $\mathcal{F}(\mathbb{R})$에서 $\mathcal{F}(\mathbb{Q}, \mathbb{R})$로의 '전사'인 준동형사상임을 증명하고, ϕ의 핵이 무엇인지 기술하여라. [$\mathcal{F}(\mathbb{Q}, \mathbb{R})$는 $\mathbb{Q}$에서 $\mathbb{R}$로의 함수 전체가 이루는 환이다.]

4. $\mathcal{F}(\mathbb{R})$에서 모든 유리수 x에 대해 $f(x) = 0$인 함수 f 전체로 이루어진 부분집합을 J라 하자. 3번을 참고하여, J가 $\mathcal{F}(\mathbb{R})$의 아이디얼이고 $\mathcal{F}(\mathbb{R})/J \cong \mathcal{F}(\mathbb{Q})$인 이유를 설명하여라.

D. 준동형사상 기본 정리의 기본 응용

다음 각 문제에서 A는 가환환이다. $a \in A$이고 n이 양의 정수일 때 표기법 na는 다음을 나타낸다.

$$a + a + \cdots + a \quad (n\text{개의 항})$$

1. 모든 $x \in A$에 대해 $2x = 0$이라 하자. A의 모든 원소 x와 y에 대해 $(x + y)^2 = x^2 + y^2$을 증명하여라. 함수 $h(x) = x^2$이 A에서 A로의 준동형사상이라는 결론을 지어라. $J = \{x \in$

$A : x^2 = 0\}$ 및 $B = \{x^2 : x \in A\}$라 할 때, J가 A의 아이디얼이고 B는 A의 부분환이며 $A/J \cong B$임을 설명하여라.

2. 모든 $x \in A$에 대해 $6x = 0$이라 하자. $h(x) = 3x$가 A에서 A로의 준동형사상임을 증명하여라. $J = \{x : 3x = 0\}$ 및 $B = \{3x : x \in A\}$라 할 때, J가 A의 아이디얼이고 B는 A의 부분환이며 $A/J \cong B$임을 설명하여라.

3. a가 A의 멱등원, 즉 $a^2 = a$인 원소일 때 함수 $\pi_a(x) = ax$가 A에서 A로의 준동형사상임을 증명하여라. π_a의 핵이 a의 소멸자 I_a임을 (18장 연습문제 H4에서 정의했다) 보여라. π_a의 치역이 $\langle a \rangle$임을 보여라. 준기정에 의해 $A/I_a \cong \langle a \rangle$라는 결론을 지어라.

4. 각각의 $a \in A$에 대해 $\pi_a(x) = ax$라 정의한 함수를 π_a라 하자. $\bar{A} = \{\pi_a : a \in A\}$ 위에서 덧셈과 곱셈을 다음처럼 정의하자.

$$\pi_a + \pi_b = \pi_{a+b} \qquad \text{및} \qquad \pi_a \pi_b = \pi_{ab}$$

($\bar{A}$가 환이라는 사실은 증명하지 말 것.) 함수 $\pi(a) = \pi_a$가 A에서 $\bar{A}$로의 전사인 준동형사상임을 보여라. A의 영화 아이디얼을 (18장 연습문제 H4에서 정의했다) I로 나타내자. 준기정을 이용하여 $A/I \cong \bar{A}$임을 보여라.

E. J의 성질과 몫환 A/J의 성질의 관계

A를 환이라 하고 J를 A의 아이디얼이라 하자. 이 장의 조건 (1), (2), (3)을 이용하여 다음 각각의 문제를 증명하여라.

#1. A/J의 모든 원소가 제곱근을 갖는 것과, 모든 $x \in A$에 대해 $x - y^2 \in J$인 $y \in A$가 존재한다는 것이 동치조건이다.

2. A/J의 모든 원소가 자신의 반원인 것과, 모든 $x \in A$에 대해 $x+x \in J$인 것이 동치조건이다.

3. A/J가 불 환인 것과, 모든 $x \in A$에 대해 $x^2 - x \in J$인 것이 동치조건이다. [어떤 환 S가 불 환(Boolean ring)이라는 것은 모든 $s \in S$에 대해 $s^2 = s$일 때를 말한다.]

4. J가 가환환 A의 멱영원 전체로 이루어진 아이디얼일 때, A/J는 0을 제외한 멱영원을 갖지 않는다. (멱영원은 17장의 연습문제 M에서 정의하였는데, M2와 M3에서 이들의 모임은 아이디얼을 이룬다.)

5. A/J의 모든 원소가 멱영원이라는 것과, 모든 $x \in A$에 대해 $x^n \in J$인 양의 정수 n이 존재한다는 성질을 J가 만족한다는 것은 동치조건이다.

 # 6. A/J가 단위원을 갖는 것과, 모든 $x \in A$에 대해 $ax - x \in J$ 및 $xa - x \in J$인 원소 $a \in A$가 존재한다는 것은 동치조건이다.

F. 소아이디얼과 극대아이디얼

A를 단위원을 갖는 가환환이라 하고, J를 A의 아이디얼이라 하자. 다음 각각의 문제를 증명하여라.

1. A/J는 단위원을 갖는 가환환이다.

2. J가 소아이디얼인 것과 A/J가 정역인 것은 동치조건이다.

3. A의 극대아이디얼은 모두 소아이디얼이다. (힌트: 이 장에서 증명한 사실인, J가 극대아이디얼이면 A/J가 체라는 사실을 이용하여라.)

4. A/J가 체이면, J는 극대아이디얼이다. (힌트: 18장의 연습문제 I2를 보아라.)

G. 몫환과 관련 아이디얼과의 추가 성질

A를 환이라 하고 J를 A의 아이디얼이라 하자. (1번부터 3번까지, 그리고 5번에서는 A가 단위원을 갖는 가환환임을 가정하여라.)

#1. A/J가 체인 것과, $a \notin J$인 모든 원소 $a \in A$에 대해 $ab - 1 \in J$인 원소 $b \in A$가 존재한다는 것이 동치조건이다.

2. A/J의 0이 아닌 모든 원소가 가역원이거나 영인자인 것과, '모든 $a \notin J$에 대해 $ax \in J$이거나 $ax - 1 \in J$인 $x \notin J$가 존재한다.'는 성질이 성립하는 것이 (단, $a, x \in A$) 동치조건임을 증명하여라.

3. 환 A의 아이디얼 J가 '으뜸 아이디얼'(primary ideal)이라는 것은, 모든 $a, b \in A$에 대해 $ab \in J$이면 $a \in J$이거나 어떤 양의 정수 n에 대해 $b^n \in J$일 때를 말한다. A/J의 모든 영인자가 멱영원인 것과, J가 으뜸 아이디얼인 것이 동치조건임을 증명하여라.

4. 환 A의 아이디얼 J가 '반소아이디얼'(semiprime ideal)이라는 것은 다음 성질을 가질 때를 말한다. 모든 $a \in A$에 대해 $a^n \in J$인 양의 정수 n이 존재하면 반드시 $a \in J$이다. J가 반소아이디얼인 것과 A/J가 0이 아닌 멱영원을 갖지 않는 것이 동치조건임을 증명하여라.

5. 정역은 0이 아닌 멱영원을 가질 수 없음을 증명하여라. 연습문제 F2와 4번을 이용하여 가환환에서는 모든 소아이디얼이 반소아이디얼임을 증명하여라.

H. $\mathbb{Z}$의 준동형상으로서의 $\mathbb{Z}_n$

다음 함수가 $\mathbb{Z}$에서 $\mathbb{Z}_n$으로의 전사인 자연 준동형사상이었음을 기억하자.

$$f(a) = \overline{a}$$

$\mathbb{Z}$에서 다항방정식 $p = 0$이 만족되면, $\mathbb{Z}_n$에서 $f(p) = f(0)$이 반드시 성립한다. 구체적인 예를 택해 보자. $11x^2 - 8y^2 + 29 = 0$을 만족하는 정수 x, y가 있다. ($x = 3$ 및 $y = 4$를 택할 수 있다.) 그러면 $\mathbb{Z}_6$에서 $\overline{11}\,\overline{x}^2 - \overline{8}\,\overline{y}^2 + \overline{29} = \overline{0}$, 즉 $\overline{5}\,\overline{x}^2 - \overline{2}\,\overline{y}^2 + \overline{5} = \overline{0}$을 만족하는 원소 $\overline{x}$와 $\overline{y}$가 $\mathbb{Z}_6$에 존재해야 함이 나온다. ($\overline{x} = \overline{3}$과 $\overline{y} = \overline{4}$를 택한다.) 아래의 문제들은 이런 관찰에 근거하고 있다.

1. 방정식 $x^2 - 7y^2 - 24 = 0$이 정수해를 갖지 않음을 증명하여라. (힌트: 이 방정식을 만족하는 정수 x, y가 존재한다면 $\mathbb{Z}_7$에서 $\overline{x}$, $\overline{y}$는 어떤 방정식을 만족해야 할까?)

2. $x^2 + (x+1)^2 + (x+2)^2 = y^2$은 정수해를 갖지 않음을 증명하여라.

3. n이 마지막 자리가 2, 3, 7, 8인 정수일 때, $x^2 + 10y^2 = n$은 정수해를 갖지 않음을 증명하여라.

4. 3, 8, 13, 18, 23, $\cdots$은 어떠한 정수의 제곱도 포함하지 않음을 증명하여라. (힌트: 이 목록의 각 수에 대해 $\mathbb{Z}$로부터 $\mathbb{Z}_5$로의 자연 준동형사상의 상은 $\overline{3}$이다.)

5. 2, 10, 18, 26, $\cdots$은 어떠한 정수의 세제곱도 포함하지 않음을 증명하여라.

6. 3, 11, 19, 25, $\cdots$은 두 제곱수의 합을 포함하지 않음을 증명하여라.

7. n이 이웃한 두 정수의 곱이면, 마지막 자리는 0, 2, 6 중 하나임을 증명하여라.

8. n이 이웃한 세 정수의 곱이면, 마지막 자리는 0, 4, 6 중 하나임을 증명하여라.

20장 정역

단위원을 갖는 가환환이 다음 소거 성질을 가질 때 정역이라 불렀음을 기억하자.

$$a \neq 0 \text{이고 } ab = ac \text{이면 } b = c \tag{1}$$

17장의 끝에서 가환환 중에 영인자를 갖지 않는 환, 즉

$$ab = 0 \text{이면 } a = 0 \text{ 또는 } b = 0 \tag{2}$$

이라는 성질을 갖는 환이라고 정역을 정의할 수도 있음을 보였다. 임의의 가환환에서 성질 (1)과 (2)가 동치임을 보였기 때문이다.

정수환 $\mathbb{Z}$는 정역의 모범이며 전형적인 예이다. 사실 '정역'이라는 용어는 '정수와 비슷한'(integer-like) 성질을 가지는 대수 체계(영역)라는 뜻이다. 하지만 $\mathbb{Z}$만이 정역인 것은 아니다. $\mathbb{Z}$가 아닌 정역은 무수히 많다.

먼저 일반적인 환에 적용할 수 있는 언급을 몇 가지 하겠다. 우선 배수에 대한 편리한 기호를 도입하려고 하는데, 이는 거듭제곱에 대한 '지수 표기법'(exponent notation)과 비견할

수 있다. 덧셈 표기법으로 n개의 합

$$a + a + \cdots + a$$

를 $\mathrm{n} \cdot a$로 쓴다. $0 \cdot a$를 0으로 정의하고, 모든 양의 정수 n에 대해 $(-\mathrm{n}) \cdot a = -(\mathrm{n} \cdot a)$라고 둔다. 이때 환의 모든 원소 a와 모든 정수 m, n에 대해 다음이 성립한다.

$$\mathrm{m} \cdot a + \mathrm{n} \cdot a = (\mathrm{m} + \mathrm{n}) \cdot a \quad \text{및} \quad \mathrm{m} \cdot (\mathrm{n} \cdot a) = (\mathrm{mn}) \cdot a$$

이 식들은 10장의 '지수법칙'을 덧셈 표기법으로 해석한 것들이다.

A가 환일 때, 덧셈만을 생각한 A는 군이다. 덧셈 표기법에서 A의 원소 a의 '위수'는 $\mathrm{n} \cdot a = 0$인 최소의 양의 정수 n이었음을 기억하자. 그런 양의 정수 n이 없으면, a의 위수가 무한하다고 말한다. a의 위수를 '덧셈'으로 얘기하고 있다는 사실을 강조하기 위해 앞으로는 a의 '덧셈 위수'라 부르기로 하자.

단위원을 갖는 환에서 1의 덧셈 위수가 n일 때, 이 환의 '표수'(characteristic)가 n이라고 얘기한다. 다른 말로 하면, A가 단위원을 갖는 환일 때

> A의 '표수'는 다음을 만족하는 최소의 양의 정수 n을 말한다.
>
> $$\underbrace{1 + 1 + \cdots + 1}_{\text{n번}} = 0$$
>
> 이런 양의 정수 n이 없으면, A의 '표수가 0'이라고 말한다.

정역에서는 이 개념이 지극히 간단하다. 사실 다음 정리가 성립한다.

정리 1. 정역에서 0이 아닌 모든 원소의 덧셈 위수는 같다.

증명: 즉, 모든 $a \neq 0$의 덧셈 위수는 1의 덧셈 위수와 같다. 다음을 관찰하면 이 명제가 참이라는 것이 분명하다.

$$\mathrm{n} \cdot a = a + a + \cdots + a = 1a + \cdots + 1a = (1 + \cdots + 1)a = (\mathrm{n} \cdot 1)a$$

이므로 $n \cdot a = 0$인 것과 $n \cdot 1 = 0$인 것이 동치조건이기 때문이다. (정역에서는 두 인수의 곱이 0이면 적어도 하나의 인수가 0이어야 함을 기억하라.) ■

따라서 정역의 표수가 양의 정수 n이면, 이 정역의 모든 원소 x에 대해 다음이 성립한다.

$$n \cdot x = 0$$

더욱이 다음 정리가 성립한다.

정리 2. 정역의 표수가 0이 아니면 소수이다.

증명: 만약 표수가 합성수 mn이라면, 분배법칙에 의해 다음이 성립해야 한다.

$$(m \cdot 1)(n \cdot 1) = (\underbrace{1 + \cdots + 1}_{m\text{번}})(\underbrace{1 + \cdots + 1}_{n\text{번}}) = \underbrace{1 + 1 + \cdots + 1}_{mn\text{번}} = (mn) \cdot 1 = 0$$

따라서 $m \cdot 1 = 0$ 또는 $n \cdot 1 = 0$이어야 하는데, mn을 $(mn) \cdot 1 = 0$인 '최소'의 양의 정수로 선택했으므로 이는 불가능하다. ■

표수가 0이 아닌 정역에서는 다음의 매우 중요한 산술 규칙이 성립한다.

정리 3. 표수가 p인 정역에서 다음이 성립한다.

모든 원소 a, b에 대해 $(a+b)^p = a^p + b^p$이다.

증명: $(a+b)^p$의 이항전개를 살펴보면 명백하다. 이항정리로부터

$$(a+b)^p = a^p + \binom{p}{1} \cdot a^{p-1}b + \cdots + \binom{p}{p-1} \cdot ab^{p-1} + b^p$$

가 성립하는데, 여기서 이항계수는 다음과 같다.

$$\binom{p}{k} = \frac{p(p-1)(p-2)\cdots(p-k+1)}{k!}$$

17장의 연습문제 L에 설명한 대로 모든 가환환에서 이항정리가 성립한다.

만약 p가 소수이고 $0 < k < p$이면, 분모의 모든 인수는 p보다 작으므로 p는 소거되지 않기 때문에

$$\binom{p}{k}\text{는 p의 배수}$$

이다. 따라서 위의 이항전개에서 첫 번째 항과 마지막 항을 제외하면 px 꼴인데, 표수가 p인 정역에서는 이 항들이 0과 같다. 그러므로 $(a+b)^p = a^p + b^p$이다. ■

모든 체가 정역이라는 것은 명백하다. $a \neq 0$이고 $ax = ay$라면 이 식의 양변에 a의 곱에 대한 역원을 곱해 a를 소거할 수 있기 때문이다. 하지만 모든 정역이 체인 것은 아니다. 예를 들어 $\mathbb{Z}$는 체가 아니다. 그럼에도 불구하고 다음이 성립한다.

정리 4. 모든 '유한' 정역은 체이다.

증명: 정역의 모든 원소를 다음과 같은 방식으로 나열한다.

$$0, 1, a_1, a_2, \cdots, a_n$$

이렇게 나열하면 정역 내의 원소는 $n+2$개이다. 임의의 a_i를 택해서 가역임을 보이려고 한다. 우선 다음 곱이 모두 다름에 주목한다.

$$a_i 0, a_i 1, a_i a_1, a_i a_2, \cdots, a_i a_n$$

왜냐하면 $a_i x = a_i y$이면 $x = y$이기 때문이다. 따라서 곱 $a_i x$는 '서로 다른' 것이 $n+2$개이다. 그런데 정역의 원소가 정확히 $n+2$개이므로, 이 정역의 모든 원소는 이들 곱 중의 하나와 같다. 특히 어떤 x에 대해 $1 = a_i x$이다. 따라서 a_i는 가역원이다. ■

선택사항

정역 $\mathbb{Z}$는 정수의 몫 m/n을 포함하지 않으므로 체가 아니다. 하지만 $\mathbb{Z}$에 정수의 몫 전체를 추가해서 체로 '확장'할 수 있다. 물론 이렇게 얻는 체는 유리수체 $\mathbb{Q}$이다. $\mathbb{Q}$는 정수의 몫을 모두 포함하며, 정수 n을 몫 n/1과 동일시할 경우 $\mathbb{Z}$를 (혹은 $\mathbb{Z}$와 동형인 사본을) 포함한다. 이런 의미에서 $\mathbb{Q}$를 $\mathbb{Z}$의 '분수체'(field of quotients) 또는 몫체(quotient field)라고 한다.

놀랍게도 $\mathbb{Z}$로부터 $\mathbb{Q}$를 만드는 방법을 임의의 정역에 적용할 수 있다. 즉, 임의의 정역 A로부터 출발하여, A를 포함하는 체인 'A의 분수체'를 구성할 수 있다. 이는 단순한 수학적 흥밋거리만은 아니며, 가치 있는 지식을 더해 준다. 응용에 있어 우리가 다루는 대수 체계에는 필요한 성질이 부족하지만 이보다 더 큰 체계는 그 성질을 '갖고' 있으며 그 체계도 매우 좋을 때가 간혹 있다. 현재의 경우 A는 체가 아니지만, 체로 확장할 수 있다.

이제 A가 임의의 정역일 때 A의 모든 몫으로 이루어진 체 A^*를 구성할 텐데 A^*는 A를, 더 정확하게는 A의 원소 a를 몫 $a/1$과 동일시할 때 얻을 수 있는 동형인 사본을 포함한다. 차근차근 구성법을 요약하려고 하는데 잡다한 부분은 연습문제로 남긴다.

주어진 A에 대해 A의 원소로 이루어져 있고 $b \neq 0$인 순서쌍 (a, b) 전체의 집합을 S라 하자. 즉, 다음과 같다.

$$S = \{(a, b) : a, b \in A \text{ 및 } b \neq 0\}$$

(a, b)를 a/b처럼 이해해야 다음 단계를 이해할 수 있다. [순서쌍 (a, b)를 분수 a/b처럼 생각하겠지만, 아직 분수 표기법을 증명에 도입하는 것은 시기상조이다.] 이제 표현의 문제가 발생한다. 몫 xa/xb가 몫 a/b와 같다는 것, 달리 표현하자면 $ad = bc$일 때 몫 a/b와 c/d가 명백히 같기 때문이다. 즉, $ad = bc$일 때 a/b와 c/d는 '같은' 몫을 두 가지 다른 방식으로 쓴 것이다. 이 관찰을 바탕으로 $(a, b) \sim (c, d)$를 $ad = bc$인 경우를 뜻하는 것으로 '정의'하면, $\sim$가 집합 S 위에서 동치관계라는 것은 쉽게 검증할 수 있다. (동치관계는 12장에 설명하였다.) 그런 뒤 (a, b)의 '동치류'를 $[a, b]$라고 쓰자. 즉, 다음처럼 정의한다.

$$[a, b] = \{(c, d) \in S : (c, d) \sim (a, b)\}$$

직관적으로 말해 주어진 몫을 나타내는 모든 쌍을 하나의 동치류에 욱여넣어, '각각의 몫이 정확히 한 개의 동치류를 나타내도록' 한 것이다.

이 시점까지의 형식적 세부사항을 요약해 보자. A의 원소로 이루어진 순서쌍 S의 집합에■ $ad=bc$일 때 $(a,b)\sim(c,d)$라 둠으로써 S에 동치관계 $\sim$를 정의한다. (a,b)의 동치류를 $[a,b]$로 두고, '동치류 $[a,b]$ 전체의 집합'을 A^*로 나타낸다. A^*의 원소들을 '몫'(quotient)이라 부른다.

더 진행하기에 앞서 다음 관찰을 주의깊게 살펴 보자.

$$[a,b]=[r,s]\Leftrightarrow(a,b)\sim(r,s)\Leftrightarrow as=br \tag{3}$$

다음 단계로, A^*에 덧셈과 곱셈 연산을 다음처럼 정의한다.

$$[a,b]+[c,d]=[ad+bc,bd]$$
$$[a,b]\cdot[c,d]=[ac,bd]$$

이 정의를 이해하기 위해, 다음 식을 기억하면 간단하다.

$$\frac{a}{b}+\frac{c}{d}=\frac{ad+bc}{bd} \quad \text{및} \quad \frac{a}{b}\cdot\frac{c}{d}=\frac{ac}{bd}$$

이런 정의가 모호하지 않다는 것, 다시 말해 $[a,b]=[r,s]$ 및 $[c,d]=[t,u]$일 때 다음 식을 얻을 수 있는지 확인해야만 한다.

$$\begin{array}{ccc} [a,b]+[c,d]=[ad+bc,bd] & \text{및} & [a,b]\cdot[c,d]=[ac,bd] \\ \| \quad\quad \| & & \| \quad\quad \| \\ [r,s]+[t,u]=[ru+st,su] & \text{및} & [r,s]\cdot[t,u]=[rt,su] \end{array}$$

따라서 $[ad+bc,bd]=[ru+st,su]$ 및 $[ac,bd]=[rt,su]$를 확인해야 한다. 이는 연습문제로 남긴다. 또한 이런 덧셈과 곱셈이 결합적이며 교환법칙과 분배법칙을 만족하는지 확인하는 것도 학생에게 남긴다.

■ 물론 두 번째 성분은 0이 아니어야 한다.—옮긴이

$[a, b]+[0, 1]=[a, b]$이므로 $[0, 1]$이 영원소이다. $[a, b]+[-a, b]=[0, b^2]=[0, 1]$이므로 $[a, b]$의 반원은 $[-a, b]$이다. [마지막 등호는 식 (3) 때문에 성립한다.] 단위원은 $[1, 1]$이며, $[a, b]\cdot[b, a]=[ab, ab]=[1, 1]$이므로 $[a, b]$의 곱에 대한 역원은 $[b, a]$이다.■ 따라서 A^*는 체이다!

마지막으로 $[a, 1]$을 모두 포함하는 A^*의 부분집합을 A'이라 두고, A에서 A'으로의 함수 ϕ를 $\phi(a)=[a, 1]$로 두자. 식 (3) 때문에 이 함수는 단사 함수이다. $[a, 1]=[b, 1]$이면 $a=b$이기 때문이다. 전사인 것은 명백하며, 준동형사상이라는 것도 쉽게 보일 수 있다. 따라서 ϕ는 A에서 A'으로의 동형사상이므로, A^*는 A와 동형인 복사본 A'을 포함한다.

■ 더 정확히 말하자면 $[a, b]$는 $a \neq 0$이어야 영원소가 아니다. 이 경우일 때만 $[b, a]$가 S의 원소이다. 따라서 영원소가 아닐 때 역원을 가진다고 말할 수 있다.—옮긴이

연습문제

A. 정역의 표수

A를 정역이라 하자. 다음 문제들을 증명하여라.

1. a를 A의 영이 아닌 원소라 하자. $\mathrm{n} \neq 0$이고 $\mathrm{n} \cdot a = 0$이면, n은 A의 표수의 정수배이다.

2. A의 표수가 0일 때, $\mathrm{n} \neq 0$이고 $\mathrm{n} \cdot a = 0$이면 $a = 0$이다.

3. A의 표수가 3이고 $5 \cdot a = 0$이면 $a = 0$이다.

4. A에서 $256 \cdot a = 0$인 영이 아닌 원소 a가 존재하면, A의 표수는 2이다.

5. A에서 $125 \cdot a = 125 \cdot b$이며 영이 아닌 서로 다른 원소 a, b가 존재하면, A의 표수는 5이다.

6. A에서 $(a+b)^2 = a^2 + b^2$이며 영이 아닌 원소 a, b가 존재하면, A의 표수는 2이다.

7. A에서 $10 \cdot a = 0$과 $14 \cdot b = 0$이며 영이 아닌 원소 a, b가 존재하면, A의 표수는 2이다.

B. 유한정역의 표수

A를 유한 정역이라 하자. 다음을 증명하여라.

1. A의 표수가 q라면, q는 A의 위수의 약수이다.

2. A의 위수가 소수 p라면, A의 표수는 p여야만 한다.

3. 어떤 소수 p에 대해 A의 위수가 p^m 꼴이라면, A의 표수는 p여야 한다.

4. A가 81개의 원소를 가지면, 표수는 3이다.

5. 덧셈만을 생각할 때 A가 순환군이라면, A의 위수는 소수여야 한다.

C. 유한환

A를 단위원을 갖는 유한 가환환이라 하자.

1. A에서 영이 아닌 원소는 영인자이거나 가역원임을 증명하여라. (힌트: 정리 4의 증명과 유사한 논증을 이용하여라.)

2. $a \neq 0$이 영인자가 아니면, a의 어떤 거듭제곱이 1임을 증명하여라. (힌트: $a, a^2, a^3, \cdots$을 생각하자. A가 유한이므로, $a^n = a^m$인 양의 정수 $n < m$이 존재해야 한다.)

3. 2번을 이용하여 다음을 증명하여라. a가 가역원이면, a^{-1}은 어떤 양의 정수 n에 대해 a^n과 같아진다.

D. 정역의 분수체

다음 문제들은 341쪽부터 343쪽까지 개요를 설명한 A의 분수체의 구성에 관련된 것들이다.

1. $[a, b] = [r, s]$이고 $[c, d] = [t, u]$이면, $[a, b] + [c, d] = [r, s] + [t, u]$임을 증명하여라.

2. $[a, b] = [r, s]$이고 $[c, d] = [t, u]$이면, $[a, b][c, d] = [r, s][t, u]$임을 증명하여라.

3. $(a, b) \sim (c, d)$가 $ad = bc$를 뜻한다고 할 때, $\sim$가 S 위에서 동치관계임을 증명하여라.

4. A^*에서 덧셈이 결합적이면서 가환임을 증명하여라.

5. A^*에서 곱셈이 결합적이면서 가환임을 증명하여라.

6. A^*에서 분배법칙을 증명하여라.

7. $\phi : A \to A'$이 준동형사상임을 확인하여라.

E. 정역에서 표수에 관한 추가 성질

A를 정역이라 하자. 1번부터 4번까지 증명하여라.

1. $a \in A$라 하자. A가 표수 p를 갖고, n이 p의 배수가 '아니면서' $\mathrm{n} \cdot a = 0$이면 $a = 0$이다.

2. p가 소수일 때, $\mathrm{p} \cdot a = 0$인 영이 아닌 원소 $a \in A$가 존재하면, A의 표수는 p이다.

3. p가 소수일 때, 어떤 정수 m에 대해 $p^m \cdot a = 0$인 영이 아닌 원소 $a \in A$가 존재하면, A의 표수는 p이다.

4. A의 표수가 p이면, 함수 $f(a) = a^p$는 A에서 A로의 준동형사상이다.

#5. p가 소수일 때 A의 위수가 p라고 하자. 다음을 설명하여라.

$$A = \{0, 1, 2 \cdot 1, 3 \cdot 1, \cdots, (p-1) \cdot 1\}$$

$A \cong \mathbb{Z}_p$를 증명하여라.

#6. p가 소수일 때 A의 표수가 p라고 하자. 임의의 양의 정수 n에 대해 다음을 증명하여라.

(a) $(a+b)^{p^n} = a^{p^n} + b^{p^n}$

(b) $(a_1 + a_2 + \cdots + a_r)^{p^n} = a_1^{p^n} + \cdots + a_r^{p^n}$

7. A와 B가 정역이고 $A \subseteq B$라 하자. A의 표수가 p인 것과 B의 표수가 p인 것이 동치조건임을 증명하여라.

F. 유한체

정리 4에 의해 '유한 정역'과 '유한체'는 동일한 것이다.

1. 유한체의 표수는 0이 아님을 증명하여라.

2. A가 표수 p인 유한체라면, 함수 $f(a) = a^p$는 A의 자기동형사상, 즉 A에서 A로의 동형사상이다. (힌트: 위의 연습문제 E4와 18장의 연습문제 F7을 이용하여라. f가 전사임을 보이기

위해서는 정의역의 원소와 f의 치역의 원소의 개수를 비교하여라.)

함수 $f(a) = a^{p}$를 '프로베니우스(Frobenius) 자기동형사상'이라 부른다.

3. 2번을 이용하여, 표수가 p인 유한체에서 모든 원소가 p제곱근을 가짐을 증명하여라.

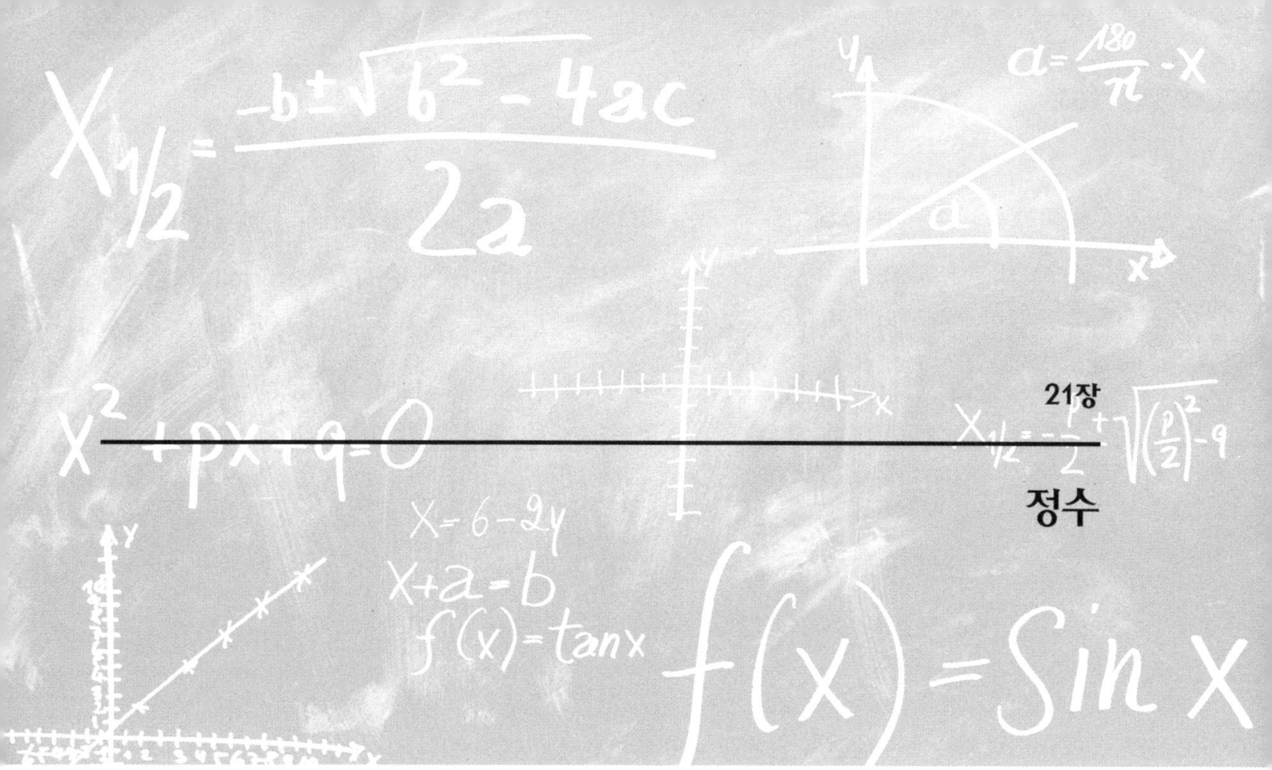

21장

정수

정수 체계를 묘사하는 방법이 두 가지 있을 수 있다.

한편으로는 정수를 구체적으로 묘사할 수 있다.

다른 한편으로는 정수의 모든 성질을 연역해낼 수 있는 공리들을 찾아내고, 이런 성질을 모두 만족하는 체계는 '오직' 정수뿐이도록 할 수 있다.

이 중에서 수학에서 쓰는 방법은 두 번째 것이다. 우아하며, 경제적이며, 간단하다. 정수의 특별한 성질 중에서, 정수의 다른 성질들을 증명하기 위해 절대적으로 필요한 것만을 공리로 선별한다. 그런 다음 충분히 '완전한' 공리 목록을 추린 뒤에 이들을 이용하여 수학에서 필요한 정수의 성질 모두를 증명할 수 있다.

우리는 이미 정수환이 정역임을 보였다. 하지만 정수의 집합과 별로 닮지도 않으면서 정역인 예가 많이 있다. 예를 들어 $\mathbb{Z}_5$와 같은 유한 정역이나, $\mathbb{Q}$나 $\mathbb{R}$와 같은 체 (모든 체는 정역임을 기억하여라) 등등이 있다. 따라서 정수를 콕 집어내려면, 다시 말해 '오직' 정수에만 적용되는 공리 목록을 찾기 위해서는 추가로 공리를 선택하여, 정역의 공리에 보태야 한다. 이제 바로 그 일을 하려고 한다.

전통적인 수 체계는 대부분 두 가지 면을 지닌다. 그중 하나가 정역이나 체와 같은 대수적 구조다. 아직 우리가 건드리지 않은 다른 면은 원소 사이에 '순서가 있다'(ordered)는 것이다. 다시 말해 a와 b가 서로 다른 원소일 때 a가 b보다 작다든지 b가 a보다 작다는 얘기를 할 수 있다. 원소의 순서라는 이 두 번째 면을 이제부터 형식화하려고 한다.

정역 A가 다음 성질들을 만족하며 기호 $<$로 표기하는 관계를 지닐 때 '순서 정역'(ordered integral domain)이라고 말한다.

1. A의 임의의 원소 a, b에 대해 다음 중 딱 하나만이 참이다.

$$a = b,\ \ a < b,\ \ b < a$$

더욱이 A의 임의의 원소 a, b, c에 대해

2. $a < b$이고 $b < c$이면, $a < c$이다.
3. $a < b$이면, $a + c < b + c$이다.
4. $0 < c$라는 조건 하에, $a < b$이면 $ac < bc$이다.

이 관계 $<$를 A 위의 '순서 관계'(order relation)라 부른다. 순서 관계가 만족해야 하는 네 가지 조건은 친숙할 것이다. 성질 1과 2는 언급할 필요가 없다. 성질 3은 부등식의 양변에 임의의 c를 더하는 것이 허용된다는 주장이다. 성질 4는 c가 0보다 크다는 조건 하에 임의의 c를 곱할 수 있다는 주장이다.

언제나 그렇듯이 $a > b$는 $b < a$와 뜻이 같다. 더욱이 $a \leqslant b$는 '$a < b$ 또는 $a = b$'를 뜻하며, $b \geqslant a$는 $a \leqslant b$와 같은 뜻이다.

순서 정역 A에서 어떤 원소 a에 대해 $a > 0$이면 '양수'라고 부른다. $a < 0$이면 '음수'라고 부른다. a가 양수이면 $-a$는 음수임에 주목하여라. (증명: 부등식 $a > 0$의 양변에 $-a$를 더하여라.) 마찬가지로 a가 음수이면, $-a$는 양수이다.

임의의 순서 정역에서 '영이 아닌 모든 원소의 제곱은 양수'이다. 실제로 c가 0이 아니면, $c > 0$이거나 $c < 0$이다. $c > 0$이면, 부등식 $c > 0$의 양변에 c를 곱하여

$$cc > c0 = 0$$

이므로, $c^2 > 0$이다. 반대로 $c < 0$이면,

$$(-c) > 0$$

이므로 다음이 성립한다.

$$(-c)(-c) > 0(-c) = 0$$

그런데 $(-c)(-c) = c^2$이므로, 이때에도 $c^2 > 0$이다.

특히 $1 = 1^2$이므로 '1은 항상 양수'이다.

$1 > 0$이라는 사실로부터, $1 + 1 > 1$, $1 + 1 + 1 > 1 + 1$ 등등을 곧장 연역할 수 있다. 일반적으로 임의의 양의 정수 n에 대해 다음이 성립한다.

$$(\mathrm{n} + 1) \cdot 1 > \mathrm{n} \cdot 1$$

여기에서 $\mathrm{n} \cdot 1$은 환 A의 단위원을 n번 더한 것을 가리킨다. 따라서 임의의 순서 정역에서, '1의 배수 전체의 집합은 $\mathbb{Z}$와 순서가 같다', 즉 다음이 성립한다.

$$\cdots < (-2) \cdot 1 < (-1) \cdot 1 < 0 < 1 < 2 \cdot 1 < 3 \cdot 1 < \cdots$$

A에서 양수 전체의 집합을 A^+로 나타낸다. 순서 정역 A가 '정수형 체계'(integral system)라는 것은 A^+의 공집합이 아닌 임의의 부분집합이 최소 원소를 가질 때를 말한다. 다른 말로 하면, '양수로 이루어지고 공집합이 아닌 A의 임의의 부분집합은 항상 최소 원소를 가질 때'를 말한다. 이 성질을 A^+에 대한 '정렬성'(well-ordering property)이라 부른다.

양의 정수 집합의 공집합이 아닌 임의의 부분집합은 최소 원소를 가지므로, $\mathbb{Z}$가 정수형 체계라는 것은 분명하다. 예를 들어 모든 양의 짝수 집합에서 가장 작은 원소는 2이다. $\mathbb{Q}$나 $\mathbb{R}$는 정수형 체계가 '아님'에 주목하라. 둘 다 순서 정역이며 양수 집합을 포함하고 있긴 하지만, $\{x : 0 < x < 1\}$과 같은 부분집합은 최소 원소를 갖지 않기 때문이다.

임의의 정수형 체계에서 '0과 1 사이에는 원소가 없다'. A가 정수형 체계이며 0과 1 사이에 원소 x가 존재한다고 가정해 보자. 그렇다면 집합 $\{x \in A : 0 < x < 1\}$는 A의 양의 원소로 이루어지고 공집합이 아니므로, 정렬성에 의해 최소 원소 c를 가져야 한다. 즉,

$$0 < c < 1$$

이어야 하고, c는 A의 원소 중에서 이런 성질을 갖는 최소의 원소여야 한다. 이럴 때 c를 곱하면, 다음이 성립한다.

$$0 < c^2 < c$$

따라서 c^2은 0과 1 사이에 있으며 c보다 작아지는데, 이는 불가능하다.

따라서 A에는 0과 1 사이에 원소가 존재하지 않는다.

마지막으로 임의의 정수형 체계에서 '모든 원소는 1의 배수'이다. 만약 그렇지 않다면, 정렬성을 이용하여 A에서 1의 배수가 '아닌' 양의 원소 중에서 최소인 원소를 고를 수 있다.■ 이 원소를 b라 하자. 이제 $b > 0$인데, 0과 1 사이에는 A의 원소가 없으므로 $b > 1$이다. (b가 1의 배수가 아니므로 b는 1일 수 없음을 기억하여라.) $b > 1$이므로 $b - 1 > 0$이라는 사실을 얻는다. 그런데 $b - 1 < b$이고, b가 1의 배수가 아닌 '최소'의 양의 원소였으므로, $b - 1$은 1의 배수여야 한다. 예를 들어 다음처럼 두자.

$$b - 1 = \mathrm{n} \cdot 1$$

하지만 그럴 경우 $b = \mathrm{n} \cdot 1 + 1 = (\mathrm{n} + 1) \cdot 1$인데, 이는 불가능하다.

따라서 임의의 정수형 체계에서 모든 원소는 1의 배수이며 $\mathbb{Z}$와 정확히 똑같은 순서를 가진다. '임의의 정수형 체계가 $\mathbb{Z}$와 동형이다'는 것을 증명하는 것은 이젠 형식적 문제에 불과하다. 증명은 이 장의 말미에 있는 연습문제 D로 남긴다.

모든 정수형 체계가 $\mathbb{Z}$와 동형이므로, 임의의 두 정수형 체계는 서로 동형이다. 따라서 동형인 것은 같다고 할 때, $\mathbb{Z}$가 '유일한' 정수형 체계이다. 따라서 $\mathbb{Z}$를 완전히 공리적으로 특성화하는 데 성공하였다.

따라서 앞으로는 $\mathbb{Z}$를 정수형 체계라는 사실을 써서 정의한 것으로 간주할 것이다.

■ 0은 1의 배수이므로, 1의 배수가 아닌 것이 있다면 양의 원소이거나 음의 원소이다. 만약 어떤 음의 원소 a가 1의 배수가 아니라면, $-a$는 1의 배수가 아니면서 양의 원소일 것이다. 다시 말해, 1의 배수가 아닌 양의 원소 집합은 공집합이 아니다.—옮긴이

다음 정리는 수학적 귀납법에 의한 증명의 근간이다. 직관적으로 자명하며 증명하기도 쉽다.

정리 1. 양의 정수의 부분집합을 K로 나타내자. 다음 두 조건을 생각하자.

(i) 1이 K에 속한다.

(ii) 임의의 양의 정수 k에 대해 $k \in K$이면 $k+1 \in K$이다.

만약 K가 이 두 조건을 만족하는 양의 정수의 부분집합이면, K는 양의 정수 전체로 이루어져 있다.

증명: 만약 K가 양의 정수를 모두 포함하지 않는다면, 정렬성에 의해 K에 속하지 '않는' 양의 정수 전체의 집합은 최소 원소를 포함한다. 이를 b라 하자. 즉, b는 K에 속하지 '않는' 최소의 양의 정수이다. 조건 (i)에 의해 $b \neq 1$이므로 $b > 1$이다.

따라서 $b-1 > 0$이므로 $b-1 \in K$이다. 하지만 그럴 경우 조건 (ii)에 의해 $b \in K$여야 하는데 이는 불가능하다. ■

양의 정수 n에 대한 임의의 명제를 기호 S_n으로 나타내자. 예를 들어 S_n은 'n이 홀수이다'라든지 'n이 소수이다'라든지, $(n-1)(n+1) = n^2 - 1$이나 $n \leqslant n^2$과 같은 식을 나타낼 수도 있다. 예를 들어 S_n이 $n \leqslant n^2$을 나타낸다면, S_1은 $1 \leqslant 1^2$이라는 주장이고, S_2는 $2 \leqslant 2^2$을 주장하는 것이고, S_3은 $3 \leqslant 3^2$이라는 주장일 것이다.

정리 2. [수학적 귀납법의 원리] 다음 조건들을 생각하자.

(i) S_1이 참이다.

(ii) 임의의 양의 정수 k에 대해 S_k가 참이면, S_{k+1}도 참이다.

만약 조건 (i)과 (ii)를 만족한다면, S_n은 모든 양의 정수 n에 대해 참이다.

증명: S_k가 참인 모든 양의 정수 k의 집합을 K라 하면, K는 정리 1의 조건들을 충족한다. 따라서 K는 모든 양의 정수를 포함한다. 이는 S_n이 모든 n에 대해 참임을 뜻한다. ■

수학적 귀납법의 원리가 어떻게 적용되는지 간단한 예로, S_n을 다음 명제라 하자.

$$1+2+\cdots+n=\frac{n(n+1)}{2}$$

다시 말해 처음 n개의 양의 정수의 합이 n(n + 1)/2라는 명제를 말한다. 이때 S_1은

$$1 = \frac{1\cdot 2}{2}$$

인데 당연히 참이다. 이제 k가 임의의 양의 정수이고 S_k가 참이라고 가정하자. 다른 말로 하면 다음이 성립한다는 뜻이다.

$$1+2+\cdots+k=\frac{k(k+1)}{2}$$

이때 이 식의 양변에 k + 1을 더하면, 다음을 얻는다.

$$1+2+\cdots+k+(k+1)=\frac{k(k+1)}{2}+(k+1)$$

즉, 다음을 얻는다.

$$1+2+\cdots+(k+1)=\frac{(k+1)(k+2)}{2}$$

그런데 이 마지막 식은 정확히 S_{k+1}이다. 따라서 S_k가 참일 때마다 S_{k+1}도 참이라는 것을 확인하였다. 이제 수학적 귀납법의 원리로부터 모든 양의 정수 n에 대해 다음이 성립한다는 결론을 내릴 수 있다.

$$1+2+\cdots+n=\frac{n(n+1)}{2}$$

수학적 귀납법의 원리의 변종으로 '강한 수학적 귀납법의 원리'라는 것이 있는데, 다음 조건들이 참이면 모든 양의 정수 n에 대해 S_n이 참이라는 주장을 말한다.

(i) S_1이 참이다.

(ii) 임의의 양의 정수 k에 대해, 모든 $i < k$에 대해 S_i가 참이면 S_k도 참이다.

자세한 것은 이 장의 끝에 있는 연습문제 H에서 살펴보기 바란다.

정수에 대해 가장 중요한 사실 중 하나는 임의의 정수 m을 임의의 양의 정수 n으로 나누어 몫 q와 0 이상의 나머지 r를 얻을 수 있다는 것이다. (나머지는 나누는 수 n보다는 작다.) 예를 들어 25를 8로 나누어, 몫 3과 나머지 1을 얻을 수 있다.

$$\underbrace{25}_{m} = \underbrace{8}_{n} \times \underbrace{3}_{q} + \underbrace{1}_{r}$$

이 절차는 '나눗셈 알고리즘'(division algorithm)이라 알려져 있다. 정확하게는 다음처럼 진술할 수 있다.

정리 3. [나눗셈 알고리즘] m과 n이 정수이고 n이 양수일 때, 다음을 만족하는 정수 q, r가 유일하게 존재한다.

$$m = nq + r\text{이고 } 0 \leqslant r < n$$

q를 'm을 n으로 나눈 몫'이라 부르고, r를 'm을 n으로 나눈 나머지'라 부른다.

증명: 처음에는 간단한 사실부터 보인다.

$$xn \leqslant m\text{인 정수 } x\text{가 존재한다.} \qquad (*)$$

n이 양의 정수이므로 $n \geqslant 1$임을 기억하여라. m에 대해 $m \geqslant 0$이거나 $m < 0$이다. 두 가지 경우를 따로 고려하려고 한다.

$m \geqslant 0$이라 하자. 그러면 다음이 성립한다.

$$0 \leqslant m, \text{ 즉 } \underbrace{(0)}_{x}n \leqslant m$$

$m < 0$이라 하자. $n \geqslant 1$의 양변에 양의 정수 $-m$을 곱하면 $(-m)n \geqslant -m$을 얻을 수 있다. 양변에 $mn + m$을 더하면 다음이 나온다.

$$\underbrace{m}_{x}n \leqslant m$$

따라서 m이 양수인지 음수인지에 무관하게, $xn \leqslant m$인 정수 x가 존재한다.

정수 x에 대해 $m - xn$ 꼴로 표시할 수 있는 음이 아닌 정수 전체로 이루어진 $\mathbb{Z}$의 부분집합을 W라 하자. (*)에 의해 W는 공집합이 아니다. 따라서 정렬성으로부터 W는 최소의 정수 r를 포함한다. $r \in W$이므로, r는 음이 아니며 어떤 정수 q에 대해 $m - nq$ 꼴로 표현할 수 있다. 즉, 다음을 얻는다.

$$r \geqslant 0 \quad \text{및} \quad r = m - nq$$

따라서 $m = nq + r$이며 $0 \leqslant r$라는 것은 보였다. 이제 $r < n$인 것을 확인하는 것만 남았다. 그렇지 않다고, 즉 $n \leqslant r$, 다시 말해 $r - n \geqslant 0$이라 해 보자. 이때

$$r - n = (m - nq) - n = m - n(q + 1)$$

이고 당연히 $r - n < r$이다. 이는 $m - n(q + 1)$이 W의 원소이며 r보다 '작다'는 것을 뜻하는데, r가 W의 최소 원소였으므로 이는 불가능하다. $n \leqslant r$가 불가능하다는 결론을 얻었으므로 $r < n$이다.

q와 r가 유일하다는 것의 확인은 연습문제로 남긴다. ■

연습문제

A. 정역에서 순서 관계의 성질

A를 순서 정역이라 하자. A의 모든 원소 a, b, c에 대해 다음을 증명하여라.

1. $a \leqslant b$이고 $b \leqslant c$이면, $a \leqslant c$이다.

2. $a \leqslant b$이면, $a + c \leqslant b + c$이다.

3. $a \leqslant b$이고 $c \geqslant 0$이면, $ac \leqslant bc$이다.

4. $a < b$이고 $c < 0$이면, $bc < ac$이다.

5. $a < b$인 것과 $-b < -a$인 것은 동치조건이다.

6. $a + c < b + c$이면, $a < b$이다.

7. $ac < bc$이고 $c > 0$이면, $a < b$이다.

8. $a < b$이고 $c < d$이면, $a + c < b + d$이다.

B. 순서 정역의 추가 성질

A를 순서 정역이라 하자. A의 모든 원소 a, b, c에 대해 다음을 증명하여라.

1. $a^2 + b^2 \geqslant 2ab$

2. $a^2 + b^2 \geqslant ab$ 및 $a^2 + b^2 \geqslant -ab$

3. $a^2 + b^2 + c^2 \geqslant ab + bc + ca$

4. $a^2 + b^2 \neq 0$이면 $a^2 + b^2 > ab$

5. $a, b > 1$이면 $a + b < ab + 1$

6. $a, b, c > 1$이면 $ab + ac + bc + 1 < a + b + c + abc$

C. 귀납법의 이용

수학적 귀납법의 원리를 이용하여 1번부터 7번까지 증명하여라. (n은 양의 정수라고 가정하여라.)

1. $1 + 3 + 5 + \cdots + (2n - 1) = n^2$ (처음 n개의 홀수의 합은 n^2이다.)

2. $1^3 + 2^3 + \cdots + n^3 = (1 + 2 + \cdots + n)^2$

3. $1^2 + 2^2 + \cdots + (n - 1)^2 < \frac{n^3}{3} < 1^2 + 2^2 + \cdots + n^2$

4. $1^3 + 2^3 + \cdots + (n-1)^3 < \frac{n^4}{4} < 1^3 + 2^3 + \cdots + n^3$

5. $1^2 + 2^2 + \cdots + n^2 = \frac{1}{6}n(n+1)(2n+1)$

6. $1^3 + 2^3 + \cdots + n^3 = \frac{1}{4}n^2(n+1)^2$

7. $\frac{1}{2!} + \frac{2}{3!} + \cdots + \frac{n}{(n+1)!} = \frac{(n+1)!-1}{(n+1)!}$

#8. '피보나치 수열'(Fibonacci sequence)이란 다음처럼 정의되는 정수 수열 $F_1, F_2, F_3, \cdots$을 말한다. $F_1 = 1$, $F_2 = 1$이고, 모든 양의 정수 n에 대해 $F_{n+2} = F_{n+1} + F_n$이다. (즉, 두 번째 항 이후 모든 항은 이전의 두 항의 합이다.) 수학적 귀납법을 이용하여 모든 $n > 0$에 대해 다음을 증명하여라.

$$F_{n+1}F_{n+2} - F_nF_{n+3} = (-1)^n$$

D. 모든 정수형 체계는 ℤ와 동형이다.

A를 정수형 체계라 하자. $h: \mathbb{Z} \to A$를 $h(n) = n \cdot 1$로 정의하자. 이 연습문제의 목적은 h가 동형사상임을 증명하는 것인데, 이로부터 $A \cong \mathbb{Z}$라는 것이 따라 나올 것이다.

1. 모든 양의 정수 n에 대해 $n \cdot 1 > 0$임을 증명하여라. A의 표수는 무엇인가?

2. h가 단사이며 전사임을 증명하여라.

3. h가 동형사상임을 증명하여라.

E. 절댓값

임의의 순서 정역에서, $|a|$를 다음처럼 정의하자.

$$|a| = \begin{cases} a, & a \geqslant 0\text{일 때} \\ -a, & a < 0\text{일 때} \end{cases}$$

이 정의를 이용하여 다음을 증명하여라.

1. $|-a| = |a|$

2. $a \leqslant |a|$

3. $a \geqslant -|a|$

4. $b > 0$이면, $|a| \leqslant b$인 것과 $-b \leqslant a \leqslant b$인 것은 동치조건이다.

 # 5. $|a+b| \leqslant |a| + |b|$

6. $|a-b| \leqslant |a| + |b|$

7. $|ab| = |a| \cdot |b|$

 # 8. $|a| - |b| \leqslant |a-b|$

9. $||a| - |b|| \leqslant |a-b|$

F. 나눗셈 알고리즘 문제

k, m, n, q, r가 정수일 때 1번부터 3번까지 증명하여라.

1. $n > 0$ 및 $k > 0$이라 하자. m을 n으로 나눌 때 q가 몫이고 r가 나머지라면, km을 kn으로 나눌 때 q가 몫이고 kr가 나머지이다.

 # 2. $n > 0$ 및 $k > 0$이라 하자. m을 n으로 나눌 때 q가 몫이고, q를 k로 나눌 때 q_1이 몫이라면, m을 nk로 나눌 때 몫은 q_1이다.

3. $n \neq 0$이면, $m = nq + r$이고 $0 \leqslant r < |n|$인 q와 r가 존재한다. (정리 3을 이용하되 $n < 0$일 때를 고려하여라.)

4. 정리 3에서 $0 \leqslant r_1, r_2 < n$에 대해 $m = nq_1 + r_1 = nq_2 + r_2$라 하자. $r_1 - r_2 = 0$임을 증명하여라. [힌트: 차 $(nq_1 + r_1) - (nq_2 + r_2)$를 생각하여라.]

5. 4번을 이용하여 $q_1 - q_2 = 0$을 증명하여라. 나눗셈 알고리즘에서 몫과 나머지가 유일하다는 결론을 내려라.

6. m을 n으로 나눌 때 r가 나머지라면, $\mathbb{Z}_n$에서 $m = r$임을 증명하여라.

G. 곱의 법칙

이 연습문제의 목적은 지수나 곱을 사용할 때 관련된 기본 등식을 (귀납법을 써서) 엄밀하게 증명하는 데 있다. A가 환이고 $a \in A$일 때 임의의 양의 정수 n에 대해 $n \cdot a$를 다음 두 조건을 써서 정의한다.

(i) $1 \cdot a = a$

(ii) $(n+1)\cdot a = n\cdot a + a$

위의 정의와 수학적 귀납법을 써서 모든 양의 정수 n, m과 모든 원소 $a, b \in A$에 대해 다음이 참임을 증명하여라.

1. $n\cdot(a+b) = n\cdot a + n\cdot b$

2. $(n+m)\cdot a = n\cdot a + m\cdot a$

3. $(n\cdot a)b = a(n\cdot b) = n\cdot(ab)$

4. $m\cdot(n\cdot a) = (mn)\cdot a$

 # 5. $n\cdot a = (n\cdot 1)a$, 여기에서 1은 A의 단위원

6. $(n\cdot a)(m\cdot b) = (nm)\cdot ab$ (3번과 4번을 이용하여라.)

H. 강한 귀납법의 원리

$\mathbb{Z}$에서 다음을 증명하여라.

1. K를 양의 정수의 부분집합이라 하자. 다음 두 조건을 생각하자.

(i) $1 \in K$

(ii) 임의의 양의 정수 k에 대해, k보다 작은 모든 양의 정수가 K에 속하면 $k \in K$이다.

K가 이 두 조건을 만족하면, K는 모든 양의 정수를 포함함을 증명하여라.

2. S_n이 양의 정수 n에 대한 임의의 명제를 나타낸다고 하자. 다음 조건들을 생각하자.

(i) S_1이 참이다.

(ii) 임의의 양의 정수 k에 대해, 모든 $i < k$에 대해 S_i가 참이면 S_k도 참이다.

두 조건 (i), (ii)를 만족하면, 모든 양의 정수 n에 대해 S_n이 참임을 증명하여라.

22장

소인수분해

바퀴의 발명과 수의 발명이 인류의 발달 과정을 빚어낸 가장 결정적인 두 가지 사건이라고 말하기도 한다. 수세대 전 인류가 처음으로 셈을 하기 위해 수를 이용한 이후, 수는 끝없는 매혹의 원천이었다. 연금술사들과 점성술사들은 '신비로운' 수의 미덕을 한껏 치켜세웠으며, 수에서 강력한 마법을 찾으려 했다. 조금 더 현실적인 이들은 수로부터 많은 규칙성 및 예상치 못한 성질을 관찰하면서 기쁨을 찾았다. 정수는 거대하든 작든 끊이지 않는 문제의 원천과 같았으며, 이 위에서 수학은 살을 찌우며 오늘날까지 계속 마음을 끌어왔다.

소수의 성질들 하나만으로도 유클리드 시대 이후 수학자들은 에너지를 쏟아 왔다. 소수와 관련된 새로운 질문이 끊임없이 나타났으며, 풀려는 최선의 노력에도 불구하고 많은 문제가 여태 버텨 왔다. 정수론의 많은 부분이 소수에 대한 몇 가지 기본적인 사실들로부터 출발했다는 것은 매우 중요하다. 이 장에서 그런 사실들을 요약하려고 한다.

현대 정수론은 수학에서 가장 오래됐으면서도 가장 새로운 이론이다. 정수론이 기대고 있는 기본 자료는 정수 정역 $\mathbb{Z}$의 구조에 관련된 것들이다. 어떤 수학 교육에서든 이 구조를 이해하는 것은 중요하다.

환의 중요한 특징 중 하나가 아이디얼들의 구조이다. 따라서 다음 질문부터 시작하자. $\mathbb{Z}$의 아이디얼은 무엇인가? 우리는 이미

$$\langle 6\rangle = \{\cdots, -18, -12, -6, 0, 6, 12, 18, \cdots\}$$

처럼 특정 정수의 배수 전체로 구성된 아이디얼인 $\mathbb{Z}$의 '주아이디얼'(principal ideal)을 활용했었다. $\mathbb{Z}$에 주아이디얼이 아닌 아이디얼이 있는지, 있다면 어떤 모양인지 묻는 것은 자연스럽다. 이 질문의 답은 전혀 자명하지 않다.

정리 1. $\mathbb{Z}$의 모든 아이디얼은 주아이디얼이다.

증명: J를 $\mathbb{Z}$의 아이디얼이라 하자. J에 오직 0만 있다면, J는 0이 생성하는 주아이디얼 $J=\langle 0\rangle$이다. 만약 J에 '0이 아닌' 정수가 있다면, J는 각 원소 x에 대해 $-x$ 역시 포함한다. 따라서 J에는 '양의 정수'가 들어 있다. 정렬성에 의해 J에 속하는 양의 정수 중 '가장 작은' 것을 고를 수 있는데, 이를 n이라 하자.

이제 $J=\langle n\rangle$임을, 즉 'J의 모든 원소가 n의 배수'라는 것을 증명할 것이다. J의 임의의 원소를 m이라 하자. 나눗셈 알고리즘에 의해 어떤 $0 \leqslant r < n$에 대해 $m = nq + r$라 쓸 수 있다. m을 J의 원소로 선택하였고, $n \in J$이므로 nq는 J에 속한다. 따라서

$$r = m - nq \in J$$

이다. r는 0이거나, 아니면 n보다 작은 양수임을 기억하자. J에 속하는 '가장 작은' 양수가 n이었으므로 두 번째는 불가능하다. 따라서 $r=0$이고, 그러므로 $m=nq$, 즉 m은 n의 배수이다.

J의 모든 원소가 n의 배수임을, 즉 $J=\langle n\rangle$이라는 것을 증명하였다. ■

이 증명에서 임의의 아이디얼 J에 대해 'J에 속하는 최소의 양의 정수가 J를 생성한다'는 것에 주목할 필요가 있다.

r와 s가 정수일 때,

$$s = rk$$

인 정수 k가 존재하면 's가 r의 배수'라고 말한다. 이 경우 'r가 s의 인수' 또는 'r가 s를 나눈다'고도 말하며 다음 기호로 나타낸다.

$$r \mid s$$

1과 -1은 모든 정수를 나눈다는 것에 주목하자. 한편 '정수 r가 1을 나누는 것과 r가 가역원인 것은 동치조건'이다. $\mathbb{Z}$에는 가역원이 매우 적다. 사실 다음이 성립한다.

정리 2. $\mathbb{Z}$에서 가역원은 1과 -1뿐이다.

증명: s가 가역원이면, 다음을 만족하는 정수 r가 존재한다.

$$rs = 1$$

$r \neq 0$ 및 $s \neq 0$임은 분명하다. (그렇지 않았다면 곱이 0일 것이므로.) 더욱이 r와 s는 모두 양수이거나 모두 음수이다. (그렇지 않았다면 곱이 음수일 것이므로.)

r와 s가 모두 양수라면 $r = 1$이거나 $r > 1$이다. $r > 1$인 경우, $1 < r$의 양변에 s를 곱하면 $s < rs = 1$을 얻는데, s가 양수이면서 1보다 작을 수는 없으므로 불가능하다. 따라서 $r = 1$이어야 한다. 따라서 $1 = rs = 1s = s$에서 $s = 1$도 성립한다.

r와 s가 모두 음수이면, $-r$와 $-s$는 양수이다. 따라서 다음이 성립한다.

$$1 = rs = (-r)(-s)$$

앞의 경우로부터 $-r = -s = 1$이어야 한다. 따라서 $r = s = -1$이다. ■

정수의 쌍 r와 s가 '동반'(associate)이라는 것은 각각이 상대방을 나눌 때, 즉 $r \mid s$이고 $s \mid r$일 때를 말한다. r와 s가 동반이라는 것은, $r = ks$이고 $s = lr$인 정수 k와 l이 존재한다는 뜻이다. 따라서 $r = ks = klr$이므로 $kl = 1$이다.■ 정리 2에서 k와 l은 ± 1이므로 $r = \pm s$이다. 따라서 다음을 보인 것이다.

$$r\text{와 } s\text{가 } \mathbb{Z}\text{에서 동반이면, } r = \pm s\text{이다.} \tag{1}$$

정수 t가 정수 r와 s의 '공약수'(common divisor)라는 것은 $t|r$와 $t|s$가 성립할 때를 말한다. r와 s의 '최대공약수'(greatest common divisor)는 다음을 만족하는 정수 t를 말한다.

(i) $t|r$ 및 $t|s$

(ii) 임의의 정수 u에 대해 $u|r$ 및 $u|s$이면, $u|t$이다.

다른 말로 하자면 t가 r와 s의 공약수면서 r와 s의 다른 공약수는 t를 나눌 때, t를 r와 s의 최대공약수라고 한다. 이 정의에서 '최대'라는 수식어는 기본적으로 t가 다른 어떤 공약수보다도 '크다'는 것을 의미하지는 않으며, 다른 어떤 공약수의 '배수'라는 것을 의미한다는 것에 주목해야 한다.

'최대공약수'(greatest common divisor)라는 단어는 보통 gcd라고 줄여 쓰기도 한다. 예를 들어 2는 8과 10의 gcd인데, -2 또한 8과 10의 gcd이다. 정의에 따르면 두 gcd는 서로를 나누어야 하므로, 위의 성질 (1)에 의해 부호만 다르다. r와 s의 gcd로 가능한 두 개의 $\pm t$ 중에서 양수를 골라서 r와 s의 '양의' gcd라 부르고 다음 기호로 나타낸다.

$$\gcd(r, s)$$

모든 정수의 쌍 r, s에 대해 항상 gcd가 있을까? 정수에 대한 경험은 '그렇다'는 것을 말해 준다. 이 사실은 쉽게 증명할 수 있는데, 실은 그 이상을 증명할 수 있다.

정리 3. 임의의 영이 아닌 정수 r, s에 대해 최대공약수 t가 있다. 더욱이 t는 r와 s의 '정수결합'(linear combination)이다. 다시 말해 어떤 정수 k와 l에 대해 다음 꼴로 쓸 수 있다.

■ 정의상 0은 어떠한 원소와도 동반일 수 없으므로 생각할 필요가 없다.—옮긴이

$$t = kr + ls$$

증명: r와 s의 정수결합 전체의 집합을 J라 하자. 다시 말해 u와 v가 $\mathbb{Z}$ 위에서 움직일 때 $ur+vs$ 전체의 집합을 말한다. 다음 사실들 때문에 J는 덧셈과 반원에 대해 닫혀있으며, 정수의 곱을 흡수한다.

$$(u_1r + v_1s) + (u_2r + v_2s) = (u_1 + u_2)r + (v_1 + v_2)s$$
$$-(ur + vs) = (-u)r + (-v)s$$
$$w(ur + vs) = (wu)r + (wv)s$$

따라서 J는 $\mathbb{Z}$의 아이디얼이다. 정리 1에 의해 J는 $\mathbb{Z}$의 '주'아이디얼이므로, 예를 들어 $J = \langle t \rangle$라 놓을 수 있다. (J는 t의 모든 배수로 이루어져 있다.)

이제 t가 J에 속하므로, t는 r와 s의 정수결합이어야 한다.

$$t = kr + ls$$

더욱이 $r = 1r + 0s$ 및 $s = 0r + 1s$이므로 r와 s의 정수결합이며, 따라서 r와 s는 J에 속한다. 그런데 J의 모든 원소는 t의 배수여야 하므로, r와 s 역시 t의 배수여야 한다. 다시 말해 다음이 성립한다.

$$t \mid r \qquad \text{및} \qquad t \mid s$$

이제 u가 r와 s의 공약수라면, 어떤 정수 x, y에 대해 $r = xu$와 $s = yu$를 만족한다. 따라서 다음을 얻는다.

$$t = kr + ls = kxu + lyu = u(kx + ly)$$

이로부터 $u \mid t$임이 나온다. 따라서 t가 r와 s의 gcd임을 확증해 준다. ■

주의점: 정수 m이 r와 s의 정수결합이라는 사실만으로 m이 r와 s의 gcd라는 것을 뜻하

지는 않는다. 예를 들어 $3=(1)15+(-2)6$이며, 3이 15와 6의 gcd인 것은 맞다. 그러나 $27=(1)15+(2)6$이지만, 27은 15와 6의 gcd가 '아니'다.

두 정수 r와 s가 '서로소'(relatively prime)라는 것은 둘이 ±1을 제외한 공약수를 갖지 않을 때를 말한다. 예를 들어 4와 15는 서로소이다. r와 s가 서로소이면, 둘의 gcd는 1이다. 따라서 정리 3에 의해 $kr+ls=1$인 정수 k와 l이 존재한다. 실은 역명제도 참이다. r와 s의 정수결합이 1이면, 즉 $kr+ls=1$인 정수 k와 l이 존재하면, r와 s는 서로소이다. 이 사실에 대한 간단한 증명은 연습문제로 남긴다.

m이 임의의 정수일 때, ±1과 $\pm m$이 m의 인수라는 것은 분명하다. 이들을 m의 '자명한 인수'(trivial factor)라 부른다. 만약 m이 '그 밖의' 인수를 가지면 이들을 m의 '비자명 인수'(proper factor)라 부른다. 예를 들어 ±1과 ±6은 6의 자명한 인수이고, ±2와 ±3은 6의 비자명 인수들이다.

어떤 정수 m이 비자명 인수를 가지면 m을 '합성수'(composite)라 부른다. 어떤 정수 $p\neq 0$, ±1이 비자명 인수를 갖지 '않으면', 다시 말해 모든 인수가 자명하면 p를 '소수'(prime)라 부른다. 예를 들어 6은 합성수이고, 7은 소수이다.

합성수 보조정리. 양의 정수 m이 합성수이면,

$$1<r<m \text{이고 } 1<s<m$$

인 어떤 r, s에 대해 $m=rs$ 꼴이다.

증명: m이 합성수라면 1도 m도 아닌 정수 r, s에 대해 $m=rs$ 꼴이어야 한다. r, s를 양수로 선택할 수 있으므로 $1<r$ 및 $1<s$이다. $1<r$의 양변에 s를 곱하면 $s<rs=m$이다. 마찬가지로 $r<m$을 얻는다. ■

합성수를 소수로 나누면 무슨 일이 벌어질까? 다음 보조정리가 이 질문에 대한 답을 준다.

유클리드 보조정리. m, n을 정수라 하고, p를 소수라 하자.

$$p \mid (mn)\text{이면 } p \mid m\text{이거나 } p \mid n\text{이다.}$$

증명: $p \mid m$이라면 증명이 끝난다. 따라서 p가 m을 나누지 않는다고 가정하자. 어떤 정수가 p와 m의 공약수일까?

p의 약수는 ± 1과 $\pm p$뿐이다. p가 m을 나누지 '않는다'고 했으므로, p와 m의 '공통' 약수에서 p와 $-p$를 제외해야 하므로, 공약수는 1과 -1뿐이다.

따라서 $\gcd(p, m) = 1$이라는 사실이 나오고, 정리 3에 의해 어떤 정수 k와 l에 대해 다음이 성립한다.

$$kp + lm = 1$$

따라서 다음을 얻는다.

$$kpn + lmn = n$$

그런데 $p \mid (mn)$이므로, $mn = ph$인 정수 h가 존재한다. 따라서 다음처럼 쓸 수 있다.

$$kpn + lph = n$$

즉, $p(kn + lh) = n$이다. 따라서 $p \mid n$이다. ■

따름정리 1. $m_1, \cdots, m_t$를 정수라 하고, p를 소수라 하자. $p \mid (m_1 \cdots m_t)$이면 $m_1, \cdots, m_t$ 중 어느 한 인수 m_i에 대해 $p \mid m_i$가 성립한다.

곱 $m_1 \cdots m_t$를 $m_1(m_2 \cdots m_t)$라고 쓸 수 있다. 따라서 유클리드 보조정리로부터 $p \mid m_1$이거나 $p \mid m_2 \cdots m_t$이다. 첫 번째 경우라면 증명이 끝나며, 두 번째 경우에는 유클리드 보조정리를 다시 한 번 적용할 수 있고, 이를 t차례 반복할 수 있다.

따름정리 2. $q_1, \cdots, q_t$와 p가 양의 소수라 하자. $p|(q_1 \cdots q_t)$라면, p는 인수 $q_1, \cdots, q_t$ 중 어느 하나와 같다.

증명: 따름정리 1에 의해 p는 인수 $q_1, \cdots, q_t$ 중 어느 하나를 '나눈다'. 예를 들어 $p|q_i$라 하자. 그런데 q_i는 소수이므로 약수는 ± 1과 $\pm q_i$뿐이다. p는 양수이면서 1이 아니므로 $p|q_i$라면 반드시 $p = q_i$여야 한다. ■

정리 4. [소인수분해] 모든 정수 $n > 1$은 양의 소수의 곱으로 쓸 수 있다. 다시 말해

$$n = p_1 p_2 \cdots p_r$$

를 만족하는 소수 $p_1, \cdots, p_r$가 존재한다.

증명: 1보다 큰 양의 정수 중에서 소수의 곱으로 쓸 수 '없는' 것 전체의 집합을 K라 하자. 그런 정수가 '있다'고 가정하여 모순을 이끌어낼 것이다.

정렬성에 의해 K는 최소 정수 m을 포함한다. m이 소수라면 K에 속할 수 없기 때문에, m은 소수일 수 없다. 따라서 m은 합성수다. 따라서 합성수 보조정리에 의해 1보다 크면서 m보다 '작은' 어떤 양의 정수 r, s에 대해 다음이 성립한다.

$$m = rs$$

m이 K에 속하는 가장 작은 정수였으므로 r와 s는 K에 속하지 않는다. 이는 r와 s를 소수의 곱으로 '쓸 수 있다'는 것을 뜻하며, 따라서 $m = rs$도 소수의 곱으로 쓸 수 있어야 한다. 이런 모순은 K가 공집합임을 입증해 준다. 따라서 모든 $n > 1$은 소수의 곱으로 표현할 수 있다. ■

정리 5. [유일인수분해] n을 두 가지 방식으로 양의 소수의 곱으로 썼다고 하자. 즉

$$n = p_1 \cdots p_r = q_1 \cdots q_t$$

그러면 $r=t$이고, p_i들은 q_j들과 같은 수들인데, 다만 이 수들이 나타나는 순서만 다를 수 있다.

증명: 식 $p_1 \cdots p_r = q_1 \cdots q_t$에서 더는 소거할 수 없을 때까지 공통인수를 하나씩 소거하자. 만약 양변에서 모든 인수를 소거했다면, 정리가 증명된다. 그렇지 않다면 양변에 인수들이 남을 것이므로, 예를 들어 다음처럼 남았다고 해 보자.

$$p_i \cdots p_k = q_j \cdots q_m$$

이때 p_i는 $p_i \cdots p_k$의 인수이므로, $p_i \mid q_j \cdots q_m$이다. 따라서 유클리드 보조정리의 따름정리 2로부터, p_i는 인수 $q_j \cdots q_m$ 중 어느 하나와 '동일'하다. 그렇지만 이는 더는 소거할 수 없다는 가정 때문에 불가능하다. ■

정리 4와 정리 5로부터 모든 정수 m을 소수의 곱으로 쓸 수 있으며, m의 소인수들은 (나열하는 순서만 제외하면) 유일하다는 사실이 나온다.

연습문제

A. 'a가 b를 나눈다'는 관계의 성질

정수 a, b, c에 대해 다음을 증명하여라.

1. $a \mid b$이고 $b \mid c$이면, $a \mid c$이다.

2. $a \mid b$인 것과, $a \mid (-b)$인 것과, $(-a) \mid b$인 것은 모두 동치조건이다.

3. $1 \mid a$ 및 $(-1) \mid a$

4. $a \mid 0$

5. $c \mid a$이고 $c \mid b$이면, 모든 $x, y \in \mathbb{Z}$에 대해 $c \mid (ax+by)$이다.

6. $a > 0$, $b > 0$에 대해 $a \mid b$이면, $a \leqslant b$이다.

7. $c \neq 0$일 때, $a \mid b$인 것과 $ac \mid bc$인 것은 동치조건이다.

8. $a \mid b$이고 $c \mid d$이면, $ac \mid bd$이다.

9. p가 소수라 하자. 어떤 $n > 0$에 대해 $p \mid a^n$이면, $p \mid a$이다.

B. gcd의 성질

정수 a, b, c에 대해 다음을 증명하여라. 각 문제에서는 gcd의 정의만을 사용해야 한다.

 # 1. $a > 0$이고 $a \mid b$이면, $\gcd(a, b) = a$이다.

2. $a > 0$이면, $\gcd(a, 0) = a$이다.

3. 임의의 $x \in \mathbb{Z}$에 대해 $\gcd(a, b) = \gcd(a, b + xa)$이다.

4. p가 소수라 하자. 그러면 $\gcd(a, p)$는 1이거나 p이다. (설명하여라.)

5. a와 b의 모든 공약수가 c와 d의 공약수이며, 역도 성립한다고 하자. 그러면 $\gcd(a, b) = \gcd(c, d)$이다.

6. $\gcd(ab, c) = 1$이면, $\gcd(a, c) = 1$이고 $\gcd(b, c) = 1$이다.

7. $\gcd(a, b) = c$라 하자. $a = ca'$ 및 $b = cb'$이라 쓰자. 그러면 $\gcd(a', b') = 1$이다.

C. 서로소인 정수의 성질

정수 a, b, c, d, r, s에 대해 다음을 증명하여라. (정리 3이 유용할 것이다.)

1. $ra + sb = 1$인 정수 r, s가 존재하면, a와 b는 서로소이다.

2. $\gcd(a, c) = 1$이고 $c \mid ab$이면, $c \mid b$이다. (유클리드 보조정리의 증명과 유사하게 논증하여라.)

3. $a \mid d$, $c \mid d$이고 $\gcd(a, c) = 1$이면, $ac \mid d$이다.

4. $\gcd(a, c) = 1$일 때 $d \mid ab$, $d \mid cb$이면, $d \mid b$이다.

5. $a = dr$이고 $b = ds$일 때 $d = \gcd(a, b)$이면, $\gcd(r, s) = 1$이다.

6. $\gcd(a, c) = 1$이고 $\gcd(b, c) = 1$이면, $\gcd(ab, c) = 1$이다.

D. gcd의 추가 성질 및 서로소인 정수

정수 a, b, c, d, r, s에 대해 다음을 증명하여라.

1. $a \mid b$이고 $c \mid b$이며 $\gcd(a, c) = d$라고 하자. 그러면 $ac \mid bd$이다.

2. $ac \mid b$이고 $ad \mid b$이며 $\gcd(c, d) = 1$이면, $acd \mid b$이다.

#3. $d = \gcd(a, b)$라 하자. 임의의 정수 x에 대해, $d \mid x$인 것과 x가 a와 b의 정수결합인 것은 동치조건이다.

4. 모든 정수 x에 대해, $x \mid a$이고 $x \mid b$인 것과, $x \mid c$인 것이 동치조건이라 하자. 그러면 $c = \gcd(a, b)$이다.

5. 모든 $n > 0$에 대해 $\gcd(a, b) = 1$이면, $\gcd(a, b^n) = 1$이다. (귀납법으로 증명하여라.)

6. $\gcd(a, b) = 1$이고 $c \mid ab$라 하자. 그러면 $c = rs$, $r \mid a$, $s \mid b$ 및 $\gcd(r, s) = 1$인 정수 r와 s가 존재한다.

E. gcd의 성질

a와 b가 정수라고 하자. 1번과 2번을 증명하여라.

#1. a가 홀수이고 b가 짝수이거나, 반대로 a가 짝수이고 b가 홀수라고 하자. 그러면 $\gcd(a, b) = \gcd(a+b, a-b)$이다.

2. a, b가 모두 홀수라고 하자. 그러면 $2\gcd(a, b) = \gcd(a+b, a-b)$이다.

3. a, b가 둘 다 짝수이면 위의 두 결론 모두가 가능한 이유를 설명하여라.

F. 최소공배수

두 정수 a, b의 '최소공배수'(least common multiple)는 다음 두 조건을 만족하는 양의 정수 c를 말한다.

(i) $a \mid c$ 및 $b \mid c$이다.

(ii) $a \mid x$이고 $b \mid x$이면, $c \mid x$이다.

1. a와 b의 공배수 전체의 집합은 $\mathbb{Z}$에서 아이디얼임을 증명하여라.

2. 모든 정수쌍 a, b에 대해 최소공배수가 존재함을 증명하여라. (힌트: 1번을 이용하여라.)

a와 b에 대해 양의 최소공배수를 $\operatorname{lcm}(a, b)$라고 나타낸다. 모든 양의 정수 a, b, c에 대해 다음을 증명하여라.

#3. $a \cdot \operatorname{lcm}(b, c) = \operatorname{lcm}(ab, ac)$

4. $c = \gcd(a, b)$일 때 $a = a_1 c$ 및 $b = b_1 c$라면, $\operatorname{lcm}(a, b) = a_1 b_1 c$이다.

5. $\operatorname{lcm}(a, ab) = ab$이다.

6. $\gcd(a, b) = 1$이면, $\operatorname{lcm}(a, b) = ab$이다.

7. $\operatorname{lcm}(a, b) = ab$이면, $\gcd(a, b) = 1$이다.

8. $\gcd(a, b) = c$라 하자. 그러면 $\operatorname{lcm}(a, b) = ab/c$이다.

9. $\gcd(a, b) = c$ 및 $\operatorname{lcm}(a, b) = d$라 하자. 그러면 $cd = ab$이다.

G. $\mathbb{Z}$의 아이디얼

다음을 증명하여라.

1. $\langle n \rangle$이 소아이디얼인 것과 n이 소수인 것은 동치조건이다.■

2. $\mathbb{Z}$의 모든 소아이디얼은 극대아이디얼이다. [힌트: $\langle p \rangle \subseteq \langle a \rangle$이지만 $\langle p \rangle \neq \langle a \rangle$일 때, $\gcd(p, a) = 1$인 이유를 설명하고 $1 \in \langle a \rangle$라는 결론을 내려라.] 단 아이디얼이 $\{0\}$은 아니라고 가정하여라.

■ 물론 n이 양의 정수일 때 그렇다.—옮긴이

3. 모든 소수 p에 대해, $\mathbb{Z}_p$는 체이다. (힌트: $\mathbb{Z}_p = \mathbb{Z}/\langle p \rangle$임을 기억하여라. 19장의 연습문제 4를 이용하여라.)

4. $c = \text{lcm}(a, b)$이면, $\langle a \rangle \cap \langle b \rangle = \langle c \rangle$이다.

5. $\mathbb{Z}$의 모든 준동형상은 어떤 n에 대해 $\mathbb{Z}_n$과 동형이다.■

6. G를 군이라 하고 $a, b \in G$라 하자. 그러면 $S = \{n \in \mathbb{Z} : ab^n = b^n a\}$는 $\mathbb{Z}$의 아이디얼이다.

7. G를 군이라 하고, H가 G의 부분군, $a \in G$라 하자. 그러면 다음은 $\mathbb{Z}$의 아이디얼이다.

$$S = \{n \in \mathbb{Z} : a^n \in H\}$$

8. $\gcd(a, b) = d$이면 $\langle a \rangle + \langle b \rangle = \langle d \rangle$이다. (참고: J와 K가 환 A의 아이디얼이면, $J + K = \{x + y : x \in J, y \in K\}$이다.)

H. $\mathbb{Z}$ 위의 연산으로서의 gcd와 lcm

임의의 두 정수 a, b에 대해 $a * b = \gcd(a, b)$ 및 $a \circ b = \text{lcm}(a, b)$라 하자. 이 연산들에 대해 다음 성질을 증명하여라.

1. $*$와 $\circ$는 결합적이다.

2. 양의 정수 집합 위에서 $\circ$에 대해 항등원이 있지만, $*$에 대해서는 없다.

■ 물론 $\mathbb{Z}_1 = \{0\}$ 및 $\mathbb{Z}_0 = \mathbb{Z}$로 해석해야 한다.— 옮긴이

3. $\circ$에 대해 역원을 갖는 정수는 어떤 것일까?

4. $a*(b\circ c)=(a*b)\circ(a*c)$를 증명하여라.

23장

정수론 원론 (선택사항)

어린이들은 헤아릴 줄 아는 순간부터 대부분 짝수와 홀수를 구분하는 법을 배운다. 수와 관련된 모든 개념 중에서 짝수와 홀수의 구분이 가장 기본이다. 또한 이 개념은 정수론에서 현대 과학의 출발점이기도 하다.

세련된 관점으로 보면, 어떤 수가 짝수라는 것은 2로 나눈 나머지가 0인 것이다. 만약 나머지가 1이면 홀수이다.

이 개념을 명백한 방식으로 일반화할 수 있다. n을 임의의 양의 정수라 하자. 어떤 수가 'n을 법으로 0과 합동'(congruent to 0 modulo n)이라는 것은 그 수를 n으로 나눈 나머지가 0일 때를 말한다. 그 수가 'n을 법으로 1과 합동'이라는 것은 그 수를 n으로 나눈 나머지가 1일 때를 말하고, 그 수가 'n을 법으로 2와 합동'이라는 것은 그 수를 n으로 나눈 나머지가 2일 때를 말하는 식이다. 이 방식이 홀수와 짝수의 구분을 가장 자연스럽게 일반화하는 방식이다.

'2를 법으로 0과 합동'이라는 것은 '짝수'라는 것과 같으며, '2를 법으로 1과 합동'이라는 것은 '홀수'라는 것과 같음에 주목하여라.

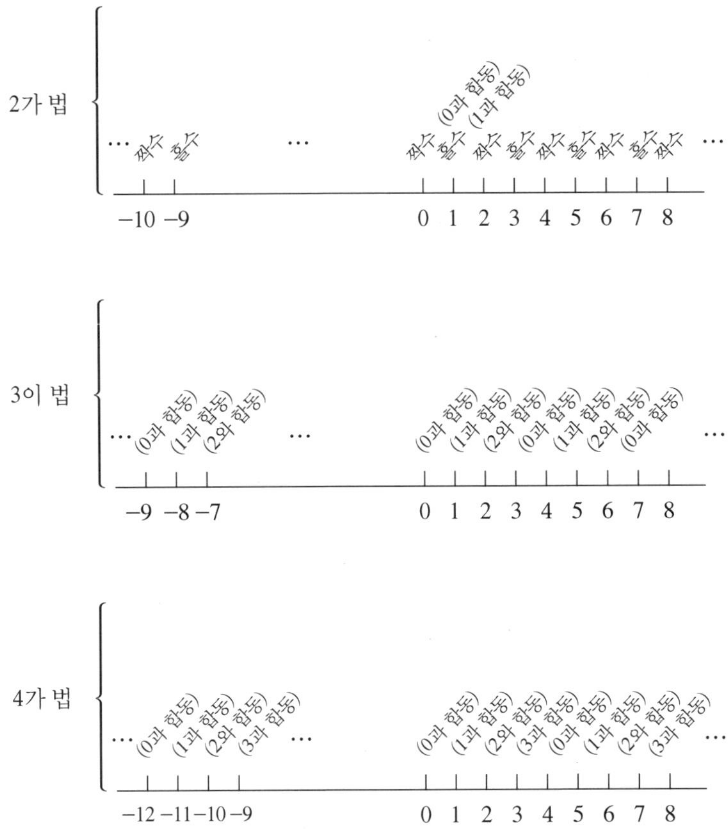

등등 …

간단히 말해, 홀수와 짝수의 구분은 더 일반적인 개념의 특수한 경우에 불과하다. 이제 이 개념을 공식적으로 정의하기로 하자.

n을 임의의 양의 정수라 하자. a와 b가 임의의 두 정수일 때, 이들을 n으로 나누었을 때 나머지가 r로 동일할 때, a와 b가 'n을 법으로 합동'이라고 말한다. 다시 말해, a와 b를 n으로 나누는 나눗셈 알고리즘을 적용할 때, 두 식

$$a = nq_1 + r \text{과 } b = nq_2 + r$$

에서 나머지 r가 똑같을 때이다.

두 식을 빼면 다음을 알 수 있다.

$$a - b = (nq_1 + r) - (nq_2 + r) = n(q_1 - q_2)$$

따라서 다음과 같은 중요한 사실을 얻는다.

$$a\text{와 } b\text{가 } n\text{을 법으로 합동이다} \Leftrightarrow n\text{이 } a-b\text{를 나눈다} \tag{1}$$

n을 법으로 a와 b가 합동이면, 이를 다음 기호로 표현하고,

$$a \equiv b \pmod{n}$$

'n을 법으로 a와 b가 합동'이라고 읽는다. 이 관계를 'n을 법으로 하는 합동 관계'라고 말한다.

조건 (1)을 이용하면, n을 법으로 하는 합동 관계는 $\mathbb{Z}$ 위에서 반사율, 대칭률, 추이율을 만족한다는 것을 쉽게 확인할 수 있다. 또한 임의의 $n > 0$과 정수 a, b, c에 대해 다음을 쉽게 확인할 수 있다.

$$a \equiv b \pmod{n}\text{이면 } a+c \equiv b+c \pmod{n}$$

이고

$$a \equiv b \pmod{n}\text{이면 } ac \equiv bc \pmod{n}$$

(증명은 지나칠 정도로 쉬운데, 이 장의 끝에 있는 연습문제 C에 할당하였다.)

다음이 n의 모든 배수로 이루어진 $\mathbb{Z}$의 아이디얼임을 기억하자.

$$\langle n \rangle = \{\cdots, -3n, -2n, -n, 0, n, 2n, 3n, \cdots\}$$

몫환 $\mathbb{Z}/\langle n \rangle$은 보통 $\mathbb{Z}_n$으로 나타내며, 이 환의 원소를 $\overline{0}$, $\overline{1}$, $\overline{2}$, $\cdots$, $\overline{n-1}$로 나타낸다. 이 원소들은 다음 나머지류를 가리킨다.

$$\overline{0} = \langle n \rangle + 0 = \{\cdots, -2n, -n, 0, n, 2n, \cdots\}$$
$$\overline{1} = \langle n \rangle + 1 = \{\cdots, -2n+1, -n+1, 1, n+1, 2n+1, \cdots\}$$
$$\overline{2} = \langle n \rangle + 2 = \{\cdots, -2n+2, -n+2, 2, n+2, 2n+2, \cdots\}$$
$$\cdots$$

살펴보기만 해도 서로 다른 정수가 같은 나머지류에 속한다는 것과, 두 정수의 차가 n의 배수라는 것이 동치조건임이 명백하다. 다시 말해 다음이 성립한다.

$$\begin{aligned} a\text{와 } b\text{가 같은 나머지류에 속한다} &\Leftrightarrow n\text{이 } a-b\text{를 나눈다} \\ &\Leftrightarrow a \equiv b \pmod{n} \end{aligned} \tag{2}$$

a가 정수라면 $\mathbb{Z}_n$에서 a를 포함하는 나머지류는 $\bar{a}$로 나타낸다. 예를 들어 $\mathbb{Z}_6$에서는

$$\bar{0} = \bar{6} = \overline{-6} = \overline{12} = \overline{18} = \cdots \qquad \bar{1} = \bar{7} = \overline{-5} = \overline{13} = \cdots$$
$$\bar{2} = \bar{8} = \overline{-4} = \overline{14} = \cdots \text{ 등등}$$

특히 $\bar{a} = \bar{b}$는 a와 b가 같은 나머지류에 속한다는 것을 의미한다. 조건 (2)로부터 다음을 알 수 있다.

$$\mathbb{Z}_n\text{에서 } \bar{a} = \bar{b} \Leftrightarrow a \equiv b \pmod{n} \tag{3}$$

n을 법으로 하는 합동 관계와 $\mathbb{Z}_n$에서의 상등 사이의 기본 관계 때문에, 합동에 대한 대부분의 사실은 환 $\mathbb{Z}_n$을 연구하여 발견할 수 있다. 이 환은 매우 간단한 성질들을 갖는데 머지않아 제시할 것이다. 합동에 대해 알고 싶어 하는 모든 것을 이 성질들을 써서 이끌어낼 수 있다.

n을 양의 정수라 하자. 임의의 정수 a에 대해 다음 중요한 사실이 성립한다.

$$\bar{a}\text{가 } \mathbb{Z}_n\text{에서 가역원이다} \Leftrightarrow a\text{와 } n\text{은 서로소이다} \tag{4}$$

실제로 a와 n이 서로소인 경우, 두 수의 gcd는 1이다. 따라서 22장의 정리 3으로부터, $sa + tn = 1$인 정수 s와 t가 존재한다. 이로부터 다음 사실이 나온다.

$$1 - sa = tn \in \langle n \rangle$$

19장의 조건 (2)로부터, 1과 sa는 $\mathbb{Z}/\langle n \rangle$에서 같은 나머지류에 속한다. 이 말은 $\bar{1} = \overline{sa} = \bar{s}\,\bar{a}$와 같은 말이므로, $\bar{s}$는 $\mathbb{Z}_n$에서 $\bar{a}$의 곱에 대한 역원이다. 이 논증의 단계를 거꾸로 밟으면 역을 증명할 수 있다.

위의 조건 (4)로부터, n이 소수이면 $\mathbb{Z}_n$에서 영이 아닌 원소는 가역원이라는 사실이 나온다! 다시 말해 다음을 얻는다.

$$\text{모든 소수 } p\text{에 대해 } \mathbb{Z}_p\text{는 체이다.} \tag{5}$$

임의의 체에서 0이 아닌 모든 원소의 집합에 (덧셈은 무시하고) 오직 곱셈만을 연산으로 생각하면 군이다. 실제로 영이 아닌 두 원소의 곱은 영이 아니며, 영이 아닌 임의의 원소의 곱셈에 대한 역원은 영이 아니다. 따라서 $\mathbb{Z}_p$에서 곱셈만을 유일한 연산으로 갖는 다음 집합

$$\mathbb{Z}_p^* = \{\bar{1}, \bar{2}, \cdots \overline{p-1}\}$$

은 '위수가 $p-1$인 군'이다.

G가 위수가 m인 군이라면, G의 모든 원소 x에 대해 $x^m = e$였음을 기억하자. (13장의 정리 5로부터 성립한다.) 이제 $\mathbb{Z}_p^*$의 위수는 $p-1$이며 항등원은 $\bar{1}$이므로, $\mathbb{Z}_p$에서 모든 $\bar{a} \neq \bar{0}$에 대해 $(\bar{a})^{p-1} = \bar{1}$이다. 이 등식을 합동식으로 번역하기 위해 조건 (3)을 이용하면, 정수론에서의 고전적인 결과를 얻는다.

페르마 작은 정리. p를 소수라 하자. 이때 다음이 성립한다.

$$\text{임의의 } a \not\equiv 0 \pmod{p}\text{에 대해 } a^{p-1} \equiv 1 \pmod{p}\text{이다.}$$

따름정리. 모든 정수 a에 대해 $a^p \equiv a \pmod{p}$이다.

사실 n이 소수가 아닐 때에도 $\mathbb{Z}_n$에 대해 성립하는 정리가 있다. 이 경우 V_n을 $\mathbb{Z}_n$에서 '가역인 원소 전체의 집합'이라 나타내자. V_n이 곱에 대해 군임은 분명하다. (이유: 가역원의 곱은 가역원이고, a가 가역원이면 역원도 가역원이다.) 임의의 양의 정수 n에 대해 $\phi(n)$을 'n보다 작으면서 n과는 서로소인 양의 정수의 개수'를 나타내기로 하자. 예를 들어 1, 3, 5, 7은 8과 서로소이므로 $\phi(8) = 4$이다. ϕ를 '오일러의 파이 함수'(Euler's phi-function)라 부른다.

조건 (4)로부터 V_n의 원소의 개수가 $\phi(n)$이라는 사실이 즉각 나온다.

따라서 V_n은 위수가 $\phi(n)$인 군이며, 항등원은 $\bar{1}$이다. 따라서 V_n의 임의의 원소 $\bar{a}$에 대해 $(\bar{a})^{\phi(n)} = \bar{1}$이다. 조건 (3)을 이용하여 이 식을 합동식으로 번역하면, 다음을 얻는다.

오일러 정리. a와 n이 서로소이면, $a^{\phi(n)} \not\equiv 1 \pmod{n}$이다.

정수론에서의 주제 몇 가지 더

정수론에서 합동식은 우리가 예상하는 것보다 훨씬 중요하다. 정수론에서 처음에는 합동식과는 아무 관련이 없어 보이는 문제까지도 합동식을 포함하는 문제로 바꿀 수 있고, 그 꼴로 바꿀 때 가장 쉽게 해결되는 것들이 매우 많기 때문이다. 다음에 예를 하나 들었다.

'디오판토스 방정식'(Diophantine equation)은 계수가 정수인 임의의 (미지수가 하나 이상인) 다항 방정식을 말한다. 디오판토스 방정식을 푼다는 것은 그 방정식을 만족하는 '정숫값'을 찾는 것이다. 정숫값으로 제한하면 방정식을 푸는 것이 더 쉬울 거라는 생각으로 기울지 모르겠으나, 사실은 정반대이다. 예를 들어 $4x + 2y = 5$처럼 간단한 방정식의 경우에도 $\mathbb{Z}$에서 정수해 x, y를 찾을 수 있는지조차 명백하지 않다. (사실 그런 정수해는 '없다'. 왜 없는지 설명해 보아라.)

디오판토스 방정식을 푸는 것은 정수론에서 가장 오래되고 가장 중요한 문제 중 하나이다. '1차' 디오판토스 방정식을 푸는 것조차 어려우며, 많이 응용된다. 따라서 '1차 디오판토스 방정식을 푸는 것이 1차 합동식을 푸는 것과 동등하다'는 사실은 매우 중요하다. 실제로 다음이 성립한다.

$$ax + by = c \Leftrightarrow by = c - ax \Leftrightarrow ax \equiv c \pmod{b}$$

따라서 $ax \equiv c \pmod{b}$의 임의의 해는 $ax + by = c$의 정수해를 준다.

이처럼 1차 합동식의 해를 찾는 문제는 중요한 문제이므로, 여기로 이목을 돌리려고 한다.

$ax \equiv b \pmod{n}$과 같은 합동식은 풀기 쉬울 것 같아 보이지만, 겉모습에 현혹되기 쉽다. 사실 이런 합동식의 상당수가 전혀 해를 갖지 않는다! 예를 들어 $4x \equiv 5 \pmod{2}$는 해를 가질 수 없는데, $4x$는 항상 짝수이므로 (mod 2)로 0과 합동인 반면, 5는 홀수이므로 (mod 2)로 1과 합동이기 때문이다. 따라서 이 문제에서 첫 번째 할 일은 1차 합동식이 해를 갖는지 갖지 않는지 식별하는 방법을 찾는 것이다.

정리 1. 합동식 $ax \equiv b \pmod{n}$이 해를 갖는 것과, $\gcd(a, n) \mid b$인 것은 동치조건이다.

실제로 다음이 성립한다.

$$ax \equiv b \pmod{n} \Leftrightarrow n \mid (ax - b) \Leftrightarrow ax - b = yn \Leftrightarrow ax - yn = b$$

22장의 정리 3의 증명에서, a와 n의 정수결합 전체로 이루어진 아이디얼을 J라 할 때 J에 속하는 최소의 양의 정수가 $\gcd(a, n)$이었다. 더욱이 J에 속하는 모든 정수는 $\gcd(a, n)$의 배수이다. 따라서 b가 a와 n의 정수결합인 것과, b가 $\gcd(a, n)$의 배수인 것은 동치조건이다. 이로부터 정리의 증명이 끝난다.

합동식이 해를 언제 갖는지 식별할 수 있게 됐으니, 이제는 해의 모양을 살펴 보기로 하자.

합동식 $ax \equiv b \pmod{n}$을 생각하자. 이 합동식에서 'n을 법으로 하는 해'라는 것은 어떤 정수 x가 $x \equiv c \pmod{n}$을 만족하는 것과 $ax \equiv b \pmod{n}$을 만족한다는 것이 동치조건이게 하는 다음 합동식을 말한다.

$$x \equiv c \pmod{n}$$

[다시 말해서 $ax \equiv b \pmod{n}$의 해는 모두 n을 법으로 하여 c와 합동인 정수 전체이다.] 합동식 $ax \equiv b \pmod{n}$이 해를 '가진다'고 가정하면, n을 법으로 하는 해를 갖는 걸까? 불행히도 그렇지 않다! 그렇지만 일단은 다음을 얻을 수 있다.

보조정리. $\gcd(a, n) = 1$이면, $ax \equiv b \pmod{n}$은 n을 법으로 하는 해를 갖는다.

증명: 사실 (3)에 의해 $ax \equiv b \pmod{n}$은 $\mathbb{Z}_n$에서 등식 $\bar{a}\bar{x} = \bar{b}$와 동등하다. 그런데 조건 (4)에서 $\bar{a}$는 $\mathbb{Z}_n$에서 곱에 대한 역원을 가진다. 따라서 $\bar{a}\bar{x} = \bar{b}$로부터 $\bar{x} = \bar{a}^{-1}\bar{b}$이다. $\bar{a}^{-1}\bar{b} = \bar{c}$라 놓으면 $\mathbb{Z}_n$에서 $\bar{x} = \bar{c}$를 얻으므로, $x \equiv c \pmod{n}$을 얻는다. ■

따라서 a와 n이 서로소이면, $ax \equiv b \pmod{n}$은 n을 법으로 하는 해를 갖는다. a와 n이 서로소가 '아니면' n을 법으로 하는 해를 갖지 않지만, 썩 괜찮은 결과가 성립한다.

정리 2. 합동식 $ax \equiv b \pmod{n}$이 해를 가지면, m을 법으로 하는 해를 가진다. 단, m은 다음과 같다.

$$m = \frac{n}{\gcd(a, n)}$$

이는 $ax \equiv b \pmod{n}$의 해가 $x \equiv c \pmod{m}$ 꼴임을 뜻한다. 따라서 모든 해는 m을 법으로 하여 c와 합동인 정수 전체로 이루어진다.

증명: 이를 증명하기 위해 $\gcd(a, n) = d$라 두고, 다음에 주목한다.

$$\begin{aligned} &ax \equiv b \pmod{n} \Leftrightarrow n \mid (ax - b) \Leftrightarrow ax - b = ny \\ &\Leftrightarrow \frac{a}{d}x - \frac{b}{d} = \frac{n}{d}y \Leftrightarrow \frac{a}{d}x \equiv \frac{b}{d} \left(\mathrm{mod}\,\frac{n}{d}\right) \end{aligned} \tag{6}$$

a와 n을 gcd인 d로 나눈 a/d와 n/d는 서로소이므로, 보조정리로부터

$$\frac{a}{d}x \equiv \frac{b}{d} \left(\mathrm{mod}\,\frac{n}{d}\right)$$

는 n/d를 법으로 하는 해를 가진다. 조건 (6)에 의해, 이는 $ax \equiv b \pmod{n}$의 해이기도 하다. ■

예제로 $6x \equiv 4 \pmod{10}$을 풀어보자. $\gcd(6, 10) = 2$이고 $2 \mid 4$이므로 정리 1에 의해 이 합동식은 해를 갖는다. 조건 (6)에 의해, 이 해는 다음 합동식의 해와 같다.

$$\frac{6}{2}x \equiv \frac{4}{2}\left(\bmod \frac{10}{2}\right),\ 즉\ 3x \equiv 2 \pmod 5$$

이는 $\mathbb{Z}_5$에서 방정식 $\bar{3}\bar{x} = \bar{2}$와 같으며, 해는 $\bar{x} = \bar{4}$이다. 따라서 $6x \equiv 4 \pmod{10}$의 최종 해는 $x \equiv 4 \pmod 5$이다.

여러 개의 1차 합동식을 연립하여 풀면 어떻게 될까? 예를 들어 k개의 합동식이 주어졌다고 하자.

$$a_1 x \equiv b_1 \pmod{n_1},\ a_2 x \equiv b_2 \pmod{n_2},\ \cdots,\ a_k x \equiv b_k \pmod{n_k}$$

이 합동식 각각이 해를 가질 경우, 정리 2를 이용하여 각각을 풀 수 있다. 그러면 다음 꼴의 합동식이 나온다.

$$x \equiv c_1 \pmod{m_1},\ x \equiv c_2 \pmod{m_2},\ \cdots,\ x \equiv c_k \pmod{m_k}$$

따라서 이 합동식을 연립하여 푸는 문제가 남는다.

모든 k에 대해 이 합동식들을 만족하는 정수 x가 있을까? 합동식이 두 개일 때의 답은 다음과 같다.

정리 3. $x \equiv a \pmod n$과 $x \equiv b \pmod m$을 생각하자. 둘을 동시에 만족하는 정수 x가 존재하는 것과, $d = \gcd(m, n)$에 대해 $a \equiv b \pmod d$인 것은 동치조건이다.

증명: x가 연립 합동식의 해라면, $n \mid (x-a)$이고 $m \mid (x-b)$여야 한다. 따라서 다음처럼 쓸 수 있다.

$$x - a = nq_1 \text{ 및 } x - b = mq_2$$

첫 번째 식을 두 번째 식으로부터 빼면 다음 식이 나온다.

$$a - b = mq_2 - nq_1$$

그런데 $d \mid m$이고 $d \mid n$이므로 $d \mid (a-b)$이다. 따라서 $a \equiv b \pmod d$이다.

역으로 $a \equiv b \pmod{d}$이면, $d \mid (a-b)$이므로 $a-b=dq$이다. 22장의 정리 3에 의해, $d=rn+tm$인 정수 r와 t가 존재한다. 따라서 $a-b=rqn+tqm$이다. 이 식으로부터 다음을 얻는다.

$$a-rqn=b+tqm$$

$x=a-rqn=b+tqm$이라 두자. 그러면 $x-a=-rqn$이고 $x-b=tqm$이다. 따라서 $n \mid (x-a)$이고 $m \mid (x-b)$이다. 그러므로

$$x \equiv a \pmod{n}\text{과 } x \equiv b \pmod{m}$$

이 성립한다. ■

이제 한 쌍의 합동식이 '공통해'를 갖느냐의 여부를 결정할 수 있으므로, 해가 어떤 모습일지 알아 보자.

정리 4. 합동식의 쌍 $x \equiv a \pmod{n}$과 $x \equiv b \pmod{m}$이 공통해를 가지면,

$$x \equiv c \pmod{t}$$

꼴의 공통해를 가진다. 여기에서 t는 m과 n의 최소공배수이다.

정리를 증명하기에 앞서, 두 정수 m, n의 최소공배수 lcm이 다음 성질을 가진다는 것을 관찰할 수 있다. t를 m과 n의 최소공배수라 하자. 'm과 n의 공배수는 t의 배수이며, 역도 성립한다.' 즉, 모든 정수 x에 대해 다음이 성립한다.

$$m \mid x\text{이고 } n \mid x \Leftrightarrow t \mid x$$

(22장 끝에 있는 연습문제 F를 보라.) 특히 다음이 성립한다.

$$m \mid (x-c)\text{이고 } n \mid (x-c) \Leftrightarrow t \mid (x-c)$$

다시 말해 다음이 성립한다.

$$x \equiv c \pmod{m}\text{이고 } x \equiv c \pmod{n} \Leftrightarrow x \equiv c \pmod{t} \tag{7}$$

정리로 되돌아가서, 주어진 합동식의 쌍의 해 중 하나를 c라고 하자. (공통해가 '있다'고 가정했음을 기억하여라.) 그러면 $c \equiv a \pmod{n}$ 및 $c \equiv b \pmod{m}$일 것이다. 다른 정수 x가 공통해인 것과, $x \equiv c \pmod{n}$이고 $x \equiv c \pmod{m}$인 것은 동치조건이다. 그런데 조건 (7)에 의해, 이는 $x \equiv c \pmod{t}$인 것과 동치조건이다. 따라서 증명이 끝난다.

정리 3과 4의 특수한 경우, 예컨대 m, n이 서로소인 경우가 실제에 있어 매우 중요하다. 이 경우 $\gcd(m, n) = 1$ 및 $\text{lcm}(m, n) = mn$임에 주목하여라. 따라서 정리 3과 4로부터 다음이 나온다.

> m과 n이 서로소이면, 합동식의 쌍 $x \equiv a \pmod{n}$과 $x \equiv b \pmod{m}$은 '항상' 해를 가진다. 또한 해는 $x \equiv c \pmod{mn}$ 꼴이다.

이 명제는 1차 합동식이 두 개보다 많은 경우로 쉽게 확장할 수 있다. 그 결과는 다음 정리로 알려져 있다.

중국 나머지 정리. $m_1, m_2, \cdots, m_k$가 쌍으로 서로소라고 하자. 그러면 다음 연립 1차 합동식은

$$x \equiv c_1 \pmod{m_1},\ x \equiv c_2 \pmod{m_2},\ \cdots,\ x \equiv c_k \pmod{m_k}$$

항상 해를 가지며, 그 해는 $x \equiv c \pmod{m_1 m_2 \cdots m_k}$ 꼴이다.

정리 4를 이용하여 $x \equiv c_1 \pmod{m_1}$과 $x \equiv c_2 \pmod{m_2}$를 연립하여 푼다. 이 해는 $x \equiv d \pmod{m_1 m_2}$ 꼴이다. 이 합동식을 $x \equiv c_3 \pmod{m_3}$과 연립하여 풀면 $m_1 m_2 m_3$을 법으로 하는 해를 얻는다. 이 과정을 $k-1$ 차례 반복한다.

연습문제

A. 합동식 풀기

1. 다음 합동식에서, m을 법으로 하는 해가 유일한 m을 찾아라. 그런 해가 없다면, '없음'이라고 써라.

(a) $60x \equiv 12 \pmod{24}$

(b) $42x \equiv 24 \pmod{30}$

(c) $49x \equiv 30 \pmod{25}$

(d) $39x \equiv 14 \pmod{52}$

(e) $147x \equiv 47 \pmod{98}$

(f) $39x \equiv 26 \pmod{52}$

2. 다음 1차 합동식을 풀어라.

(a) $12x \equiv 7 \pmod{25}$

(b) $35x \equiv 8 \pmod{12}$

(c) $15x \equiv 9 \pmod{6}$

(d) $42x \equiv 12 \pmod{30}$

(e) $147x \equiv 49 \pmod{98}$

(f) $39x \equiv 26 \pmod{52}$

3. (a) $2x^2 \equiv 8 \pmod{10}$이 $x^2 \equiv 4 \pmod{5}$와 같은 해를 갖는 이유를 설명하여라.

(b) $x \equiv 2 \pmod{5}$ 및 $x \equiv 3 \pmod{5}$가 $2x^2 \equiv 8 \pmod{10}$의 모든 해인 이유를 설명하여라.

4. 다음 2차 합동식을 풀어라. (해가 없으면, '없음'이라고 써라.)

(a) $6x^2 \equiv 9 \pmod{15}$

(b) $60x^2 \equiv 18 \pmod{24}$

(c) $30x^2 \equiv 18 \pmod{24}$

(d) $4(x+1)^2 \equiv 14 \pmod{10}$

(e) $4x^2 - 2x + 2 \equiv 0 \pmod{6}$

#(f) $3x^2 - 6x + 6 \equiv 0 \pmod{15}$

5. 다음 합동식을 풀어라.

(a) $x^4 \equiv 4 \pmod 6$

(b) $2(x-1)^4 \equiv 0 \pmod 8$

(c) $x^3+3x^2+3x+1 \equiv 0 \pmod 8$

(d) $x^4+2x^2+1 \equiv 4 \pmod 5$

6. 다음 디오판토스 방정식을 풀어라. (해가 없으면, '없음'이라고 써라.)

(a) $14x+15y=11$

(b) $4x+5y=1$

(c) $21x+10y=9$

#(d) $30x^2+24y=18$

B. 연립 합동식 풀기

예제 연립 합동식 $x \equiv 5 \pmod 6$, $x \equiv 7 \pmod{10}$을 풀어라.

정리 3, 4에 의해, 이 연립 합동식은 30을 법으로 하는 해를 가진다. $x \equiv 5 \pmod 6$으로부터 $x=6q+5$를 얻는다. 이를 $x \equiv 7 \pmod{10}$에 대입하면 $6q+5 \equiv 7 \pmod{10}$을 얻는다. 따라서 $6q \equiv 2 \pmod{10}$, 즉 $3q \equiv 1 \pmod 5$를 얻고, $q \equiv 2 \pmod 5$를 차례로 얻으므로 $q=5r+2$를 얻는다. 이를 $x=6q+5$에 대입하면 $x=6(5r+2)+5=30r+17$이다. 따라서 $x \equiv 17 \pmod{30}$이다. 이것이 구하는 해이다.

1. 다음 연립 합동식을 풀어라.

(a) $x \equiv 7 \pmod{8}$; $x \equiv 11 \pmod{12}$

(b) $x \equiv 12 \pmod{18}$; $x \equiv 30 \pmod{45}$

(c) $x \equiv 8 \pmod{15}$; $x \equiv 11 \pmod{14}$

2. 다음 연립 합동식을 풀어라.

(a) $10x \equiv 2 \pmod{12}$; $6x \equiv 14 \pmod{20}$

(b) $4x \equiv 2 \pmod{6}$; $9x \equiv 3 \pmod{12}$

(c) $6x \equiv 2 \pmod{8}$; $10x \equiv 2 \pmod{12}$

#3. 정리 3과 4를 이용하여 다음을 증명하여라. k개의 합동식이 다음처럼 주어졌다고 하자.

$$x \equiv c_1 \pmod{m_1},\ x \equiv c_2 \pmod{m_2},\ \cdots,\ x \equiv c_k \pmod{m_k}$$

모든 $i, j \in \{1, \cdots, k\}$에 대해 $d_{ij} = \gcd(m_i, m_j)$라 할 때 $c_i \equiv c_j \pmod{d_{ij}}$이면, k개의 합동식을 모두 만족하는 x가 존재한다. 더욱이 $t = \mathrm{lcm}(m_1, m_2, \cdots, m_k)$일 때 연립 방정식의 해는 $x \equiv c \pmod{t}$ 꼴이다.

4. 다음 연립 1차 합동식을 풀어라. 만약 해가 없으면 '없음'이라고 써라.

(a) $x \equiv 2 \pmod{3}$; $x \equiv 3 \pmod{4}$; $x \equiv 1 \pmod{5}$; $x \equiv 4 \pmod{7}$

(b) $6x \equiv 4 \pmod{8}$; $10x \equiv 4 \pmod{12}$; $3x \equiv 8 \pmod{10}$

(c) $5x \equiv 3 \pmod{6}$; $4x \equiv 2 \pmod{6}$; $6x \equiv 6 \pmod{8}$

5. 다음 연립 디오판토스 방정식을 풀어라.■

#(a) $4x + 6y = 2; 9x + 12y = 3$

(b) $3x + 4y = 2; 5x + 6y = 2; 3x + 10y = 8$

C. 합동식의 기본 성질

모든 정수 a, b, c, d와 모든 양의 정수 m, n에 대해 다음을 증명하여라.

1. $a \equiv b \pmod{n}$이고 $b \equiv c \pmod{n}$이면, $a \equiv c \pmod{n}$이다.

2. $a \equiv b \pmod{n}$이면 $a + c \equiv b + c \pmod{n}$이다.

3. $a \equiv b \pmod{n}$이면 $ac \equiv bc \pmod{n}$이다.

4. $a \equiv b \pmod{1}$이다.

5. p가 소수일 때 $ab \equiv 0 \pmod{p}$이면, $a \equiv 0 \pmod{p}$ 또는 $b \equiv 0 \pmod{p}$이다.

6. p가 소수일 때 $a^2 \equiv b^2 \pmod{p}$이면, $a \equiv \pm b \pmod{p}$이다.

7. $a \equiv b \pmod{m}$이면, 임의의 정수 k에 대해 $a + km \equiv b \pmod{m}$이다. 특히 $a + km \equiv a \pmod{m}$이다.

■ 사실 이 방정식은 그냥 연립하여 푸는 문제이며, 합동식 문제도 아니고 디오판토스 문제도 아니다. 저자의 실수인 듯하다. 예를 들어 (a)는 $4x + 6y = 2; 9x + 12z = 3$ 정도로 바꾸는 것이 옳을 것이다.— 옮긴이

8. $ac \equiv bc \pmod{n}$이고 $\gcd(c, n) = 1$이면, $a \equiv b \pmod{n}$이다.

9. $a \equiv b \pmod{n}$이면, n의 모든 인수 m에 대해 $a \equiv b \pmod{m}$이다.

D. 합동식의 추가 성질

모든 정수 a, b, c와 모든 양의 정수 m, n에 대해 다음을 증명하여라.

1. $ac \equiv bc \pmod{n}$이고 $\gcd(c, n) = d$이면, $a \equiv b \pmod{n/d}$이다.

2. $a \equiv b \pmod{n}$이면, $\gcd(a, n) = \gcd(b, n)$이다.

3. 모든 소수 p에 대해 $a \equiv b \pmod{p}$이면, $a = b$이다.

4. $a \equiv b \pmod{n}$이면, 모든 양의 정수 m에 대해 $a^m \equiv b^m \pmod{n}$이다.

5. $\gcd(m, n) = 1$일 때 $a \equiv b \pmod{m}$이고 $a \equiv b \pmod{n}$이면, $a \equiv b \pmod{mn}$이다.

 # 6. $ab \equiv 1 \pmod{c}$, $ac \equiv 1 \pmod{b}$, $bc \equiv 1 \pmod{a}$이면, $ab + bc + ac \equiv 1 \pmod{abc}$이다. ($a, b, c > 0$이라고 가정하여라.)

7. $a^2 \equiv 1 \pmod{2}$이면, $a^2 \equiv 1 \pmod{4}$이다.

8. $a \equiv b \pmod{n}$이면 $a^2 + b^2 \equiv 2ab \pmod{n^2}$이며, 역도 성립한다.

9. $a \equiv 1 \pmod{m}$이면, a와 m은 서로소이다.

E. 페르마 작은 정리의 결과

1. p가 소수일 때 $\phi(p)$를 구하여라. 이를 이용하여 오일러 정리로부터 페르마 작은 정리를 이끌어 내어라.

2번부터 6번까지 증명하여라.

2. $p > 2$가 소수이고 $a \not\equiv 0 \pmod{p}$이면, 다음이 성립한다.

$$a^{(p-1)/2} \equiv \pm 1 \pmod{p}$$

3. (a) p가 2보다 큰 소수라 하자. $p \equiv 3 \pmod{4}$이면, $(p-1)/2$는 홀수이다.

(b) p가 2보다 큰 소수이고 $p \equiv 3 \pmod{4}$이라 하자. 이때 합동식 $x^2 + 1 \equiv 0 \pmod{p}$은 해가 '없다'. [힌트: $x^2 \equiv -1 \pmod{p}$의 양변을 $(p-1)/2$번 거듭제곱한 후, 페르마 작은 정리를 이용하여라.]

 # 4. p, q가 서로 다른 소수라 하자. 이때 $p^{q-1} + q^{p-1} \equiv 1 \pmod{pq}$이다.

5. p가 소수라 하자.

(a) $(p-1) \mid m$이면, $p \nmid a$인 경우 $a^m \equiv 1 \pmod{p}$이다.

(b) $(p-1) \mid m$이면, 모든 정수 a에 대해 $a^{m+1} \equiv a \pmod{p}$이다.

 # 6. p, q가 서로 다른 소수라 하자.

(a) $(p-1) \mid m$이고 $(q-1) \mid m$이면, $p \nmid a$이고 $q \nmid a$인 임의의 a에 대해 $a^m \equiv 1 \pmod{pq}$이다.

(b) $(p-1)\,|\,m$이고 $(q-1)\,|\,m$이면, 모든 정수 a에 대해 $a^{m+1} \equiv a \pmod{pq}$이다.

7. 6번의 결과를 n개의 서로 다른 소수 $p_1, \cdots, p_n$으로 일반화하여라. (결과를 진술하되 증명은 하지 마시오.)

8. 6번을 이용하여 다음이 참인 이유를 설명하여라.

#(a) $a^{19} \equiv a \pmod{133}$

(b) a가 2나 3이나 11의 배수가 아니면 $a^{10} \equiv 1 \pmod{66}$.

(c) $a^{13} \equiv a \pmod{105}$

(d) $a^{49} \equiv a \pmod{1547}$. (힌트: $1547 = 7 \times 13 \times 17$)

9. 다음을 만족하는 정수 x를 찾아라.■

(a) $x \equiv 8^{38} \pmod{210}$

(b) $x \equiv 7^{57} \pmod{133}$

(c) $x \equiv 5^{73} \pmod{66}$

F. 오일러 정리의 결과

1번부터 6번까지 증명하여라.

■ 물론 0 이상의 정수해 중에서 가장 작은 것을 찾아야 한다.—옮긴이

1. $\gcd(a, n) = 1$이면 $ax \equiv b \pmod{n}$에서 n을 법으로 하는 해는 $x \equiv a^{\phi(n)-1}b \pmod{n}$이다.

2. $\gcd(a, n) = 1$이면 모든 m에 대해 $a^{m\phi(n)} \equiv 1 \pmod{n}$이다.

3. $\gcd(m, n) = \gcd(a, mn) = 1$이면 $a^{\phi(m)\phi(n)} \equiv 1 \pmod{mn}$이다.

4. p가 소수라면, $\phi(p^n) = p^n - p^{n-1} = p^{n-1}(p-1)$이다. (힌트: 임의의 정수 a에 대해, a와 p^n이 $\neq \pm 1$인 공약수를 갖는 것과, a가 p의 배수인 것이 동치조건이다. 1과 p^n 사이에 p의 배수는 정확히 p^{n-1}개이다.)

5. p가 소수일 때 모든 $a \not\equiv 0 \pmod{p}$에 대해 $a^{p^n(p-1)} \equiv 1 \pmod{p}$이다.

6. 3번의 조건과 더불어 t가 $\phi(m)$과 $\phi(n)$의 공배수이면 $a^t \equiv 1 \pmod{mn}$이다. 이를 세 정수 l, m, n으로 일반화하여라.

7. 4번과 6번을 이용하여 다음이 성립하는 이유를 설명하여라.

(a) $\gcd(a, 180) = 1$인 모든 a에 대해 $a^{12} \equiv 1 \pmod{180}$이다.

(b) $\gcd(a, 1764) = 1$이면 $a^{42} \equiv 1 \pmod{1764}$이다. (참고: $1764 = 4 \times 9 \times 49$)

(c) $\gcd(a, 1800) = 1$이면 $a^{60} \equiv 1 \pmod{1800}$이다.

#8. $\gcd(m, n) = 1$일 때 $n^{\phi(m)} + m^{\phi(n)} \equiv 1 \pmod{mn}$을 증명하여라.

9. l, m, n이 쌍으로 서로소일 때, $(mn)^{\phi(l)} + (ln)^{\phi(m)} + (lm)^{\phi(n)} \equiv 1 \pmod{lmn}$을 증명하여라.

G. 윌슨의 정리와 몇 가지 결과

임의의 정역에서 $x^2=1$이면 $x^2-1=(x+1)(x-1)=0$이므로 $x=\pm 1$이다. 따라서 $x \neq \pm 1$인 원소는 곱에 대한 역원이 자신일 수 없다. 그 결과 $\mathbb{Z}_p$에서 $\overline{2}, \overline{3}, \cdots, \overline{p-2}$를 각각 자신의 곱에 대한 역원과 짝을 지어 쌍으로 배열할 수 있다.

다음을 증명하여라.

1. $\mathbb{Z}_p$에서 $\overline{2} \cdot \overline{3} \cdots \overline{p-2} = \overline{1}$이다.

2. 임의의 소수 p에 대해 $(p-2)! \equiv 1 \pmod{p}$이다.

3. 임의의 소수 p에 대해 $(p-1)!+1 \equiv 0 \pmod{p}$이다. 이 결과는 '윌슨의 정리'(Wilson's theorem)로 알려져 있다.

4. 임의의 합성수 $n \neq 4$에 대해 $(n-1)! \equiv 0 \pmod{n}$이다. [힌트: p가 n의 소인수이면, p는 $(n-1)!$의 인수이다. 왜 그런가?]

남은 연습문제를 풀기에 앞서 다음 관찰을 하자. $p>2$를 소수라 하자. 그러면 다음이 성립한다.

$$(p-1)! \equiv 1 \cdot 2 \cdots \frac{p-1}{2} \cdot \frac{p+1}{2} \cdots\cdots (p-2)\cdot(p-1)$$

따라서

$$(p-1)! \equiv (-1)^{(p-1)/2}\left(1 \cdot 2 \cdots \frac{p-1}{2}\right)^2 \pmod{p}$$

이유: $p-1 \equiv -1 \pmod{p}$, $p-2 \equiv -2 \pmod{p}$, $\cdots$, $(p+1)/2 \equiv -(p-1)/2 \pmod{p}$ 이다.

이 결과를 써서 다음을 증명하여라.

5. 임의의 소수 $p > 2$에 대해 $[(p-1)/2]!^2 \equiv (-1)^{(p+1)/2} \pmod p$이다. (힌트: 윌슨의 정리를 이용하여라.)

6. $p \equiv 1 \pmod 4$이면 $(p+1)/2$는 홀수이다. (왜일까?) 다음 결론을 내려라.

$$\left(\frac{p-1}{2}\right)!^2 \equiv -1 \pmod p$$

7. $p \equiv 3 \pmod 4$이면 $(p+1)/2$는 짝수이다. (왜일까?) 다음 결론을 내려라.

$$\left(\frac{p-1}{2}\right)!^2 \equiv 1 \pmod p$$

8. $p > 2$가 소수이고 $p \equiv 1 \pmod 4$이면, 합동식 $x^2 + 1 \equiv 0 \pmod p$가 해를 가진다.

9. 임의의 $p > 2$에 대해, $x^2 \equiv -1 \pmod p$가 해를 갖는 것과, $p \not\equiv 3 \pmod 4$인 것은 동치조건이다. (힌트: 8번과 연습문제 E3을 이용하여라.)

H. 이차 잉여

정수 a가 m을 법으로 '이차 잉여'(quadratic residue) 또는 제곱 잉여라는 것은 $x^2 \equiv a \pmod m$인 정수 x가 있을 때를 말한다. 이는 $\bar{a}$가 $\mathbb{Z}_m$에서 제곱수라는 것과 같은 말이다. a가 m을 법으로 이차 잉여가 아니면, a를 이차 비잉여(quadratic nonresidue)라 부른다. 이차 잉여는 이차 합동식을 풀 때나 제곱의 합 등을 연구할 때 중요하다. 여기에서는 임의의 소수 $p > 2$를 법으로 하는 이차 잉여를 탐구할 것이다.

$h: \mathbb{Z}_p^* \to \mathbb{Z}_p^*$를 $h(\bar{a}) = \bar{a}^2$이라 하자.

1. h가 준동형사상임을 증명하여라. 핵은 $\{\pm \bar{1}\}$이다.

 # 2. h의 치역의 원소는 $(p-1)/2$개이다. 만약 h의 치역을 R라 두면, R가 $\mathbb{Z}_p^*$의 부분군이면서 나머지류가 두 개임을 증명하여라. 한 나머지류는 모든 이차 잉여를 포함하며, 다른 나머지류는 모든 이차 비잉여를 포함한다.

'르장드르 기호'(Legendre symbol)를 다음처럼 정의한다.

$$\left(\frac{a}{p}\right) = \begin{cases} +1 & p \nmid a \text{이고 } a\text{는 } p\text{를 법으로 이차 잉여} \\ -1 & p \nmid a \text{이고 } a\text{는 } p\text{를 법으로 이차 비잉여} \\ 0 & p \mid a \end{cases}$$

3. 2번을 참고하여, R의 두 나머지류를 1과 -1이라 부르자. 그러면 $\mathbb{Z}_p^*/R = \{1, -1\}$이다. p의 배수가 아닌 모든 정수 a에 대해 다음 등식을 설명하여라.

$$\left(\frac{a}{p}\right) = h(\bar{a})$$

 # 4. 다음을 계산하여라. $\left(\frac{17}{23}\right)$; $\left(\frac{3}{29}\right)$; $\left(\frac{5}{11}\right)$; $\left(\frac{8}{13}\right)$; $\left(\frac{2}{23}\right)$

5. $a \equiv b \pmod{p}$이면, $\left(\frac{a}{p}\right) = \left(\frac{b}{p}\right)$임을 증명하여라. 특히 $\left(\frac{a+kp}{p}\right) = \left(\frac{a}{p}\right)$이다.

6. 다음을 증명하여라.

(a) $\left(\frac{a}{p}\right)\left(\frac{b}{p}\right) = \left(\frac{ab}{p}\right)$

(b) $p \nmid a$이면 $\left(\frac{a^2}{p}\right) = 1$

7. $\left(\frac{-1}{p}\right) = \begin{cases} 1 & p \equiv 1 \pmod{4} \\ -1 & p \equiv 3 \pmod{4} \end{cases}$ (힌트: 연습문제 G6과 G7을 이용하여라.)

'이차 상호 법칙'(law of quadratic reciprocity)은

$$\left(\frac{a}{p}\right)$$

를 계산하는 가장 중요한 규칙인데, 서로 다른 소수 $p, q > 2$에 대해 다음이 성립한다는 주장을 말한다.

$$\left(\frac{p}{q}\right) = \begin{cases} -\left(\frac{q}{p}\right) & p, q\text{가 4를 법으로} \equiv 3\text{일 때} \\ \left(\frac{q}{p}\right) & \text{그 외} \end{cases}$$

[어떤 정수론 교재에서든 증명을 찾을 수 있는데, 예를 들어 레베크(W. J. Leveque)의 '정수론의 기초'(Fundamentals of Number Theory)를 보라.]

8. 5번과 7번 및 이차 상호 법칙을 이용하여 다음을 구하여라.

$$\left(\frac{30}{101}\right) \quad \left(\frac{10}{151}\right) \quad \left(\frac{15}{41}\right) \quad \left(\frac{14}{59}\right) \quad \left(\frac{379}{401}\right)$$

14는 59를 법으로 이차 잉여인가?

9. 다음 중 풀 수 있는 합동식은 어느 것인가?

(a) $x^2 \equiv 30 \pmod{101}$

(b) $x^2 \equiv 6 \pmod{103}$

(c) $2x^2 \equiv 70 \pmod{106}$

주의: $x^2 \equiv a \pmod{p}$를 풀 수 있다는 것과, a가 p를 법으로 하여 이차 잉여라는 것과,

$$\left(\frac{a}{p}\right) = 1$$

이라는 것이 동치조건이다.

I. 원시근

$\mathbb{Z}_n$에서 가역원 전체가 이루는 곱셈군을 V_n이라 했음을 기억하자. 우연히도 V_n이 순환군이어서 $V_n = \langle m \rangle$이라 둘 수 있는 경우, $a \equiv m \pmod{n}$인 정수 a를 n의 '원시근'(primitive root)이라 부른다.

1. a가 n의 원시근이라는 것과 V_n에서 $\bar{a}$의 위수가 $\phi(n)$인 것이 동치조건임을 증명하여라.

2. 모든 소수 p는 원시근을 가짐을 증명하여라. (힌트: 모든 소수 p에 대해 $\mathbb{Z}_p^*$는 순환군이다. 33장의 정리 1에 이 사실에 대한 간단한 증명을 주었다.)

3. 다음 정수들의 원시근을 찾아라. 만약 원시근이 없으면, 없다고 말하여라. 6, 10, 12, 14, 15.

4. a가 m의 원시근이라 하자. b와 m이 서로소인 정수일 때, $b \equiv a^k \pmod{m}$인 정수 $k \geqslant 1$이 존재함을 증명하여라.

5. m이 원시근을 가지며, n이 $\phi(m)$과 서로소라 하자. ($n > 0$이라 가정하자.) a가 m과 서로소이면, $x^n \equiv a \pmod{m}$이 해를 가짐을 증명하여라.

6. $p > 2$를 소수라 하자. p의 모든 원시근은 p를 법으로 하여 이차 비잉여임을 증명하여라. (힌트: 원시근 a가 이차 잉여라 가정하면, a의 모든 거듭제곱이 이차 잉여이다.)

7. $p = 2^m + 1$ 꼴의 소수 p를 '페르마 소수'(Fermat prime)라 부른다. p가 페르마 소수라 하자. p를 법으로 하는 모든 이차 비잉여는 p의 원시근임을 증명하여라. (힌트: 원시근이 몇 개일까? 이차 잉여는 몇 개인가? 비교하여라.)

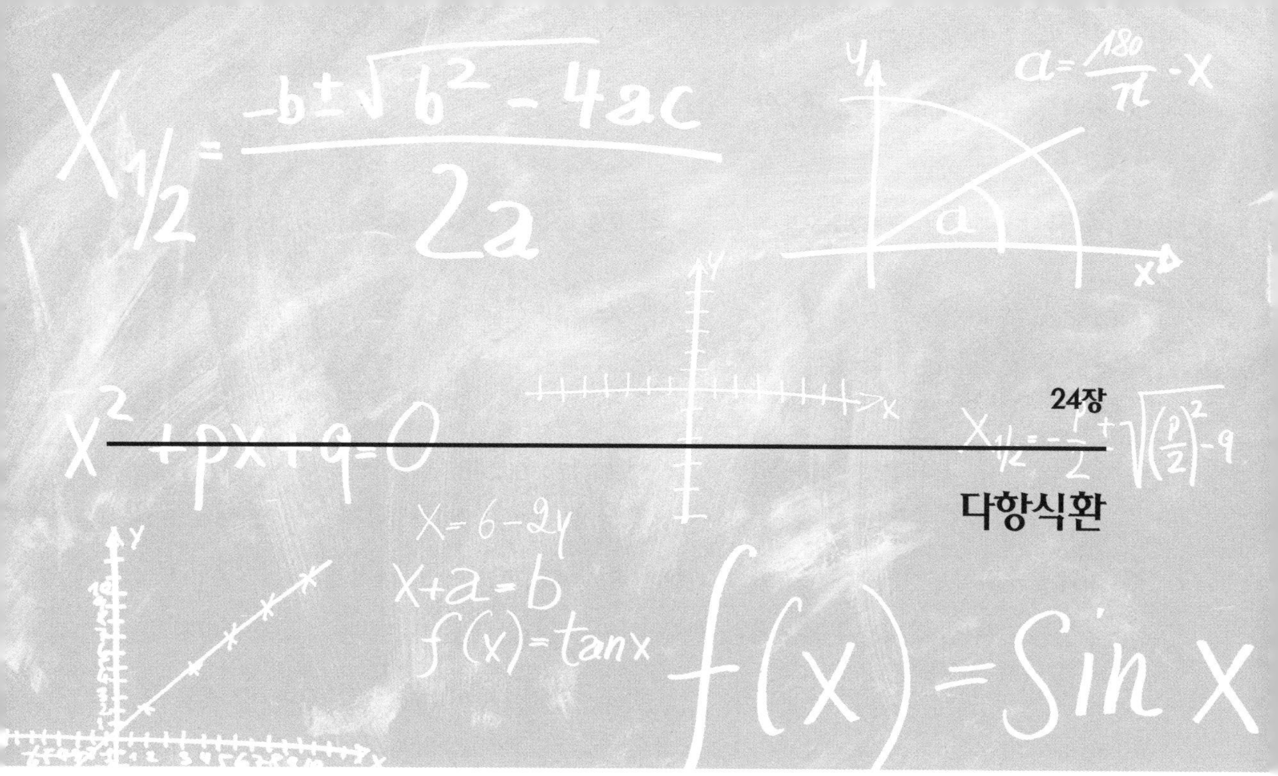

24장

다항식환

초등 대수학에서 미지수 x를 갖는 다항식이 중요한 역할을 했다.

$$2x^3 - \frac{1}{2}x^2 + 3$$

과 같은 식은 x의 거듭제곱을 써서 항별로 묶여 있다. 물론 지수는 음이 아닌 정수들이며, 계수는 실수나 복소수이다.

다항식은 온갖 종류의 무수한 응용에 관련돼 있다. 예를 들어 다항함수는 가장 계산하기 쉬운 함수이므로, 보통은 임의의 함수를 다항함수로 근사하려고 애쓰곤 한다. 이러한 방법을 찾는 데 수학자들의 수많은 노력이 소요되었다.

과학 및 계산에서의 이용은 차치하고, 환에 대한 일반적인 연구에서도 다항식이 매우 자연스럽게 등장하는데, 다음 예에서 그걸 볼 수 있다.

환 $\mathbb{Z}$에 수 π를 첨가해서 확장하고 싶다고 하자. π 이외의 다른 수도 $\mathbb{Z}$에 첨가해야 한다는 건 쉽게 알 수 있다. 왜냐하면 $\mathbb{Z}$에 π를 포함하여 확대한 환은 $-\pi$, $\pi + 7$, $6\pi^2 - 11$ 같은 것들도 포함해야 하기 때문이다.

사실 $\mathbb{Z}$를 부분환으로 포함하고 π 또한 포함하는 환이라면, 정수 a, b, $\cdots$, k, l에 대해

$$a\pi^n + b\pi^{n-1} + \cdots + k\pi + l$$

꼴의 수를 모두 포함해야 한다. 다른 말로 하면 '정수를 계수로 갖는 π에 대한 다항식 전체'를 포함해야 한다.

그런데 정수를 계수로 갖는 π에 대한 다항식 전체의 집합은 환이다. (π에 대한 두 다항식의 합과 곱이 π에 대한 다항식임은 명백하므로, 이 집합은 $\mathbb{R}$의 부분환이다.) 모든 정수 a는 상수항만 갖는 다항식이기 때문에 이 환은 $\mathbb{Z}$를 포함한다. 또한 이 환은 π도 포함한다.

따라서 $\mathbb{Z}$에 새로운 수 π를 첨가해서 확장하고 싶은 경우, 이 환이 $\mathbb{Z}$를 부분환으로 포함하며 π를 포함하는 것으로 $\mathbb{Z}$보다 '다음으로 큰' 환으로 밝혀지는데, 정확히는 계수를 $\mathbb{Z}$에서 가지며 π에 대한 다항식 전체가 이루는 환이다.

이 예가 보여주듯, 실용적인 응용은 둘째 치고 환에 새로운 원소를 첨가해 환을 키우고 싶을 때 반드시 필요하기 때문에 환론의 틀에서 다항식이 중요한 역할을 한다.

초등 대수학에서는 계수가 실수인 것, 가끔은 복소수인 것을 고려한다. 사실 다항식의 성질과 계수의 특성은 상당히 독립적이다. 우리는 계수들이 어떤 환에 포함된다는 사실만 알면 충분하다. 편의상 계수를 포함하는 환을 단위원을 갖는 가환환이라고 가정할 것이다.

A가 단위원을 갖는 가환환이라 하자. 지금까지는 원소나 집합을 사용할 때 문자를 사용했는데, 이제부터는 문자 x를 다른 방식으로 사용할 것이다. a, b, $c \in A$일 때 $ax^2 + bx + c$와 같은 다항식에서 x는 A의 원소로 간주하지 않으며, 완전히 형식적인 방식으로 이용하는 기호일 뿐이다. 나중에는 x 대신 다른 것을 대입하는 것을 허용하겠지만, 현재로서 x는 '단순히 자리표시용'이다.

다항식의 항들을 오름차순 또는 내림차순으로 늘어놓아 표기할 수 있다. 예를 들어 $4x^3 - 3x^2 + x + 1$과 $1 + x - 3x^2 + 4x^3$은 같은 다항식이 그런 예이다. 초등 대수학에서는 내림차순을 선호하지만, 우리의 목적에서는 오름차순이 더 편리하다.

A가 단위원을 갖는 가환환이고, x가 임의의 기호라 하자.

$$a_0 + a_1x + a_2x^2 + \cdots + a_nx^n$$

꼴의 식을 'A에서 계수를 갖는 x에 대한 다항식'(polynomial in x with coefficients in A) 또는 더 간단히 'A 위에서 x에 대한 다항식'이라 부른다. $k \in \{1, \cdots, n\}$에 대해 식 a_kx^k를 이 다항식의 '항'(term)이라 부른다.

x에 대한 다항식을 $a(x)$, $b(x)$, $q(x)$와 같은 기호로 나타낸다. $a(x) = a_0 + a_1x + \cdots + a_nx^n$이 다항식이고 a_kx^k가 항일 때 a_k를 x^k의 '계수'(coefficient)라 부른다. 다항식 $a(x)$의 '차수'(degree)는 'x^n의 계수가 0이 아닌 최대의 n'을 뜻한다. 다른 말로 하면, $a(x)$의 차수가 n이라는 것은 $a_n \neq 0$이지만 $m > n$인 모든 m에 대해 $a_m = 0$이라는 뜻이다. $a(x)$의 차수는 다음처럼 쓴다.

$$\deg a(x)$$

예를 들어, $1 + 2x - 3x^2 + x^3$은 차수가 3인 다항식이다.

모든 계수가 0인 다항식 $0 + 0x + 0x^2 + \cdots$을 '영 다항식'(zero polynomial)이라 부르고 기호 0으로 쓴다. 이 다항식은 0이 아닌 계수를 갖지 않으므로 '차수를 정의할 수 없는' 유일한 다항식이다.■

0이 아닌 다항식 $a(x) = a_0 + a_1x + \cdots + a_nx^n$의 차수가 n일 때, a_n을 '최고차항의 계수'(leading coefficient)라 부른다. 다시 말해 $a(x)$에서 0이 아닌 마지막 계수이다. 항 a_nx^n을 '최고차항'(leading term)이라 부르고, a_0을 '상수항'(constant term)이라 부른다.

다항식 $a(x)$의 차수가 0이라는 것은 0이 아닌 항이 a_0뿐임을 뜻한다. 이때 $a(x)$를 '상수 다항식'(constant polynomial)이라 한다. 차수가 0인 다항식과 0 다항식을 혼동하지 않도록 주의하여라.

두 다항식 $a(x)$와 $b(x)$의 차수가 같고 대응하는 계수들이 같을 때 두 다항식이 '같다'고 말한다. 따라서 $a(x) = a_0 + a_1x + \cdots + a_nx^n$의 차수가 n이고 $b(x) = b_0 + b_1x + \cdots + b_mx^m$의 차수가 m일 때 $a(x) = b(x)$라는 것과, $n = m$이고 0부터 n까지의 모든 k에 대해

■ 어떤 이들은 $-\infty$라고 정의하기도 한다.—옮긴이

$a_k = b_k$인 것이 동치조건이다.

다항식에 대해 합에 대한 익숙한 시그마 표기법이 유용하다. 이는 $x^0 = 1$로 이해했을 때 다음처럼 쓰는 표기법이다.

$$a(x) = a_0 + a_1 x + \cdots + a_n x^n = \sum_{k=0}^{n} a_k x^k$$

다항식의 합이나 곱은 초등 대수학에서 친숙하다. 여기에서는 이 두 연산을 공식적으로 정의할 것이다. 이를 정의하는 동안 $a(x)$와 $b(x)$는 다음 다항식을 나타낸다고 하자.

$$a(x) = a_0 + a_1 x + \cdots + a_n x^n$$
$$b(x) = b_0 + b_1 x + \cdots + b_n x^n$$

이때 $a(x)$와 $b(x)$의 차수가 같다고 가정한 것이 '아니라', 필요한 경우 계수가 0인 항을 추가하는 것을 허용하여 겉보기에 고른 모습을 가지도록 한 것이다.

'다항식을 더할 때는 대응하는 계수를 더한다.' 다시 말해 다음과 같다.

$$a(x) + b(x) = (a_0 + b_0) + (a_1 + b_1)x + \cdots + (a_n + b_n)x^n$$

$a(x) + b(x)$의 차수는 두 차수 deg $a(x)$와 deg $b(x)$ 중 더 '큰 쪽'보다 작거나 같다는 것에 주목하자.

곱은 더 어렵지만, 매우 익숙한 꼴이다.

$$a(x)b(x) = a_0 b_0 + (a_0 b_1 + a_1 b_0)x + (a_0 b_2 + a_1 b_1 + a_2 b_0)x^2 + \cdots + a_n b_n x^n$$

다른 말로 하면 $a(x)$와 $b(x)$의 곱은 다항식

$$c(x) = c_0 + c_1 x + \cdots + c_{2n} x^{2n}$$

인데, (k가 0부터 $2n$까지의 수일 때) k번째 계수는 다음으로 주어진다.

$$c_k = \sum_{i+j=k} a_i b_j$$

이는 $i + j = k$인 모든 $a_i b_j$를 더한 것이다. $\deg[a(x)b(x)] \leq \deg a(x) + \deg b(x)$임에 주

목하여라.

A가 환일 때, 계수가 A에 속하는 x에 대한 다항식 전체의 집합을 기호

$$A[x]$$

로 나타낸다. 여기에서 다항식의 합과 곱은 방금 정의한 것과 같다.

정리 1. A가 단위원을 갖는 가환환이라 하자. 이때 $A[x]$는 단위원을 갖는 가환환이다.

증명: 정리를 증명하기 위해서는 $A[x]$가 단위원을 갖는 가환환의 공리를 모두 만족한다는 것을 체계적으로 보여야 한다. 증명하는 동안 $a(x)$, $b(x)$, $c(x)$는 다음 다항식을 가리킨다고 하자.

$$a(x) = a_0 + a_1x + \cdots + a_nx^n$$
$$b(x) = b_0 + b_1x + \cdots + b_nx^n$$
$$c(x) = c_0 + c_1x + \cdots + c_nx^n$$

덧셈만을 포함하는 공리는 확인하기 쉽다. 예를 들어 덧셈이 가환인 것은 다음 때문이다.

$$\begin{aligned} a(x) + b(x) &= (a_0 + b_0) + (a_1 + b_1)x + \cdots + (a_n + b_n)x^n \\ &= (b_0 + a_0) + (b_1 + a_1)x + \cdots + (b_n + a_n)x^n \\ &= b(x) + a(x) \end{aligned}$$

합에 대한 결합법칙도 유사하게 증명하며, 연습문제로 남긴다. 영 다항식은 이미 기술했으며, $a(x)$의 덧셈에 대한 역원은 다음과 같다.

$$-a(x) = (-a_0) + (-a_1)x + \cdots + (-a_n)x^n$$

곱셈이 결합법칙을 만족한다는 것을 증명하려면 조금 주의가 필요하다. $b(x)c(x) = d(x)$라 하자. 이때 $d(x) = d_0 + d_1x + \cdots + d_{2n}x^{2n}$이다. 다항식의 곱의 정의로부터 $b(x)c(x)$의

k번째 계수는 다음과 같다.

$$d_k = \sum_{i+j=k} b_i c_j$$

이때 $a(x)[b(x)c(x)] = a(x)d(x) = e(x)$를 $e(x) = e_0 + e_1 x + \cdots + e_{3n} x^{3n}$라 두자. $a(x)d(x)$의 l번째 계수는 다음과 같다.

$$e_l = \sum_{h+k=l} a_h d_k = \sum_{h+k=l} a_h \left(\sum_{i+j=k} b_i c_j \right)$$

오른쪽의 합은 $h+i+j=l$인 모든 항 $a_h b_i c_j$로 이루어져 있다는 것은 쉽게 알 수 있다. 따라서 다음을 얻는다.

$$e_l = \sum_{h+i+j=l} a_h b_i c_j$$

0부터 $3n$까지의 l에 대해 e_l이 $a(x)[b(x)c(x)]$의 l번째 계수이다.

이를 $[a(x)b(x)]c(x)$의 l번째 계수에 대해 반복하면, 이 값 역시 e_l임을 발견할 수 있다. 따라서 다음이 성립한다.

$$a(x)[b(x)c(x)] = [a(x)b(x)]c(x)$$

분배법칙을 증명하기 위해, $d(x) = d_0 + d_1 x + \cdots + d_{2n} x^{2n}$에 대해 $a(x)[b(x)+c(x)] = d(x)$라 하자. 다항식의 합과 곱의 정의로부터 $a(x)[b(x)+c(x)]$의 k번째 계수는 다음과 같다.

$$\begin{aligned} d_k &= \sum_{i+j=k} a_i (b_j + c_j) = \sum_{i+j=k} (a_i b_j + a_i c_j) \\ &= \sum_{i+j=k} a_i b_j + \sum_{i+j=k} a_i c_j \end{aligned}$$

그런데 $\sum_{i+j=k} a_i b_j$는 정확히 $a(x)b(x)$의 k번째 계수이고, $\sum_{i+j=k} a_i c_j$는 $a(x)c(x)$의 k번째 계수이므로, d_k는 $a(x)b(x)+a(x)c(x)$의 k번째 계수와 같다. 이로부터 다음이 증명된다.

$$a(x)[b(x)+c(x)] = a(x)b(x) + a(x)c(x)$$

곱의 교환법칙은 확인하기 쉬우므로 학생들에게 남겨둔다. 마지막으로 단위원은 상수 다항식 1이다. ■

정리 2. A가 정역이면, $A[x]$도 정역이다.

증명: $a(x)$와 $b(x)$가 영이 아닌 다항식일 때, 곱 $a(x)b(x)$도 영이 아님을 보여야 한다. a_n을 $a(x)$의 최고차항이라 하고, b_m을 $b(x)$의 최고차항이라 하자. 정의에 의해 $a_n \neq 0$이고 $b_m \neq 0$이다. A가 정역이므로 $a_n b_m \neq 0$이다. 따라서 $a(x)b(x)$는 영이 아닌 계수, 즉 $a_n b_m$을 갖기 때문에 영이 아닌 다항식이다. ■

A가 정역일 때 $A[x]$는 정역이므로 이를 '다항식 정역'이라 부른다. 조금 전의 증명으로부터 a_n과 b_m이 $a(x)$와 $b(x)$의 최고차항이면, $a_n b_m$이 $a(x)b(x)$의 최고차항임에 주목하여라. 따라서 $\deg a(x)b(x) = n + m$이다. A가 정역일 때 다항식 정역 $A[x]$에서 다음이 성립한다.

$$\deg[a(x) \cdot b(x)] = \deg a(x) + \deg b(x)$$

이 장의 후반부에서는 특히 계수가 모두 체에 속할 때 다항식의 흥미로운 성질을 살펴보려고 한다. 다시 말해 이 지점부터는 F가 체일 때 $F[x]$에 속하는 다항식을 고려하겠다.

F가 체이면 $F[x]$ 또한 체라고 믿고 싶은 유혹이 들 것이다. 하지만 이는 성립하지 않는데, 다항식의 곱에 대한 역원이 일반적으로는 다항식이 아님을 쉽게 볼 수 있다. 그렇지만 정리 2로부터 $F[x]$는 '정역'이다.

그렇지만 '체' 위의 다항식 정역은 매우 특별한 성질, 즉 임의의 다항식 $a(x)$를 영이 아닌 다항식 $b(x)$로 나누면 몫 $q(x)$와 나머지 $r(x)$를 준다는 성질을 갖는다. 이때 나머지는 0이거나, 아니면 차수가 나누는 다항식 $b(x)$의 차수보다 작다. 예를 들어 x^2을 $x-2$로 나누면 몫 $x+2$와 나머지 4가 나온다.

$$\underbrace{x^2}_{a(x)} = \underbrace{(x-2)}_{b(x)}\underbrace{(x+2)}_{q(x)} + \underbrace{4}_{r(x)}$$

이런 종류의 다항식 나눗셈은 모든 학생들이 초등 대수학에서 친숙할 것이다. 보통은 다음처럼 계산하는 것이 관례이다.

$$
\begin{array}{lrl}
 & x+2 & \longleftarrow \text{몫 } q(x) \\
\text{나누는 다항식 } b(x) \longrightarrow & x-2 \overline{\big)\, x^2 \qquad} & \longleftarrow \text{나뉘는 다항식 } a(x) \\
 & \underline{x^2-2x} & \\
 & 2x & \\
 & \underline{2x-4} & \\
 & 4 & \longleftarrow \text{나머지 } r(x)
\end{array}
$$

다항식 나눗셈 과정은 다음 정리 속에 형식화되어 있다.

정리 3. [다항식에 대한 나눗셈 알고리즘] $a(x)$와 $b(x)$가 체 F 위의 다항식이고 $b(x) \neq 0$이면, 다음을 만족하는 F 위의 다항식 $q(x)$ 및 $r(x)$가 존재한다.

$$a(x) = b(x)q(x) + r(x)$$

이때 $r(x) = 0$이거나 $\deg r(x) < \deg b(x)$이다.

증명: 앞으로 $b(x)$를 고정할 때, 모든 다항식 $a(x)$가 다음 조건을 만족한다는 것을 보이기로 하자.

> $a(x) = b(x)q(x) + r(x)$를 만족하는 F 위의 다항식 $q(x)$ 및 $r(x)$가 존재한다.
> 단, $r(x) = 0$이거나 $\deg r(x) < \deg b(x)$이다.

이 조건을 만족하지 '않는' 다항식 $a(x)$가 존재한다고 가정하고, 이 가정으로부터 모순을 끌어낼 것이다. 이 조건을 만족하지 않으면서 차수가 '최소'인 다항식을 $a(x)$라 하자. 0을 $0 = b(x) \cdot 0 + 0$으로 쓸 수 있으므로 $a(x)$는 영 다항식일 수 없음에 주목하여라. 더욱이 $\deg a(x) < \deg b(x)$이면 $a(x) = b(x) \cdot 0 + a(x)$라 쓸 수 있어 $a(x)$가 주어진 조건을 만족하므로, $\deg a(x) \geqslant \deg b(x)$여야 한다.

$a(x) = a_0 + a_1x + \cdots + a_nx^n$ 및 $b(x) = b_0 + b_1x + \cdots + b_mx^m$이라 하자. 이제 새로운

다항식을 정의하자.

$$\begin{aligned} A(x) &= a(x) - \frac{a_n}{b_m} x^{n-m} b(x) \\ &= a(x) - \left(b_0 \frac{a_n}{b_m} x^{n-m} + b_1 \frac{a_n}{b_m} x^{n-m+1} + \cdots + \underbrace{b_m \frac{a_n}{b_m} x^{n-m+m}}_{a_n x^n} \right) \end{aligned} \tag{1}$$

이 식은 차수가 n이고 최고차항이 $a_n x^n$으로 일치하는 두 다항식의 차이다. 빼는 동안 $a_n x^n$이 소거되므로, $A(x)$의 차수는 'n보다 작다.'

$a(x)$가 주어진 조건을 만족하지 않는 다항식 중 '차수가 최소'인 것이므로, $A(x)$는 그 조건을 '만족한다.' 이는 다음을 만족하는 다항식 $p(x)$ 및 $r(x)$가 존재한다는 뜻이다.

$$A(x) = b(x)p(x) + r(x)$$

단, $r(x) = 0$이거나 $\deg r(x) < \deg b(x)$이다. 하지만 이럴 경우 다음이 성립한다.

$$\begin{aligned} a(x) &= A(x) + \frac{a_n}{b_m} x^{n-m} b(x) \quad [\text{식 (1)에 의해}] \\ &= b(x)p(x) + r(x) + \frac{a_n}{b_m} x^{n-m} b(x) \\ &= b(x)\left[p(x) + \frac{a_n}{b_m} x^{n-m} \right] + r(x) \end{aligned}$$

$p(x) + (a_n / b_m) x^{n-m}$의 이름을 $q(x)$로 바꾸면 $a(x) = b(x)q(x) + r(x)$이므로 $a(x)$가 주어진 조건을 만족한다. 이는 바라던 대로 모순이다. ■

연습문제

A. 다항식 정역에서의 기본 계산

기호에 대한 주의: 아래 문제 몇 가지에서는 여러 n에 대해 $\mathbb{Z}_n$에서 계수를 갖는 다항식을 고려할 것이다. 기호를 간단하게 하기 위해 $\mathbb{Z}_n$의 원소를 정확한 표기인 $\overline{1}, \overline{2}, \cdots \overline{n-1}$ 대신 $1, 2, \cdots, n-1$로 나타낼 것이다.

 # 1. $a(x)=2x^2+3x+1$ 및 $b(x)=x^3+5x^2+x$라 하자. $\mathbb{Z}[x], \mathbb{Z}_5[x], \mathbb{Z}_6[x], \mathbb{Z}_7[x]$에서 $a(x)+b(x)$, $a(x)-b(x)$, $a(x)b(x)$를 계산하여라.

2. $\mathbb{Z}[x], \mathbb{Z}_5[x]$에서 x^3+x^2+x+1을 x^2+3x+2로 나눈 몫과 나머지를 구하여라.

3. $\mathbb{Z}[x], \mathbb{Z}_3[x], \mathbb{Z}_5[x]$에서 x^3+2를 $2x^2+3x+4$로 나눈 몫과 나머지를 구하여라.

$b(x)$가 $a(x)$의 '인자'(factor)라는 것은 어떤 $q(x)$에 대해 $a(x)=b(x)q(x)$일 때, 즉 $a(x)$를 $b(x)$로 나눈 나머지가 0일 때를 말한다.

4. 임의의 환 A에 대해 $A[x]$에서 다음이 성립함을 보여라. 단, n은 홀수이다.

(a) $x+1$은 x^n+1의 인자이다.

(b) $x+1$은 $x^n+x^{n-1}+\cdots+x+1$의 인자이다.

5. 다음을 증명하여라. $\mathbb{Z}_3[x]$에서 모든 m에 대해 $x+2$는 x^m+2의 인자이다. 모든 m과 n에 대해 $\mathbb{Z}_n[x]$에서 $x+(n-1)$은 $x^m+(n-1)$의 인자이다.

6. $\mathbb{Z}[x]$에서 $3x^2+4x+m$이 $6x^4+50$의 인자인 '정수' m은 존재하지 않음을 증명하여라.

7. 어떤 n 값에 대해 $\mathbb{Z}_n[x]$에서 x^2+1이 x^5+5x+6의 인자일까?

B. 개념과 정의와 관련된 문제들

1. $\mathbb{Z}_5[x]$에서 $x^8+1=x^3+1$인가? 자신의 답을 설명하여라.

2. $A[x]$에서 차수가 2인 다항식이 차수가 4인 다항식과 같아지는 환 A가 존재하는가? 설명하여라.

#3. $\mathbb{Z}_5[x]$에서 이차 다항식을 모두 써라. 몇 개나 있는가? $\mathbb{Z}_5[x]$에 삼차 다항식은 몇 개인가? 더 일반적으로 $\mathbb{Z}_n[x]$에 차수가 m인 다항식은 몇 개인가?

4. A를 정역이라 할 때, 다음을 증명하여라.

$A[x]$에서 $(x+1)^2=x^2+1$이면, A의 표수는 2여야 한다.

$A[x]$에서 $(x+1)^4=x^4+1$이면, A의 표수는 2여야 한다.

$A[x]$에서 $(x+1)^6=x^6+2x^3+1$이면, A의 표수는 3이어야 한다.

5. $\mathbb{Z}_8[x]$에서 각각 영인자, 가역원의 예를 들어라. (상수가 아닌 예를 찾아라.)

6. 어떤 $A[x]$에서도 x는 가역원이 아니므로, 다항식 정역은 체일 수 없음을 설명하여라.

7. P_3처럼 0과 1이 아닌 모든 원소가 영인자인 환이 있다. A가 정역이 '아닌 것을 허용할 때에도' 임의의 다항식환 $A[x]$에서 이런 일이 일어날 수 없는 이유를 설명하여라.

8. 임의의 $A[x]$에서 멱일원(unipotent)이 아니고 $\neq 0, 1$인 원소가 존재하며, 멱영원(nilpotent)이 아니고 $\neq 0, 1$인 원소가 존재함을 보여라.

C. A가 정역이 아닐 때 $A[x]$

1. A가 정역이 아니면, $A[x]$도 정역이 아님을 증명하여라.

2. $\mathbb{Z}_4[x]$에서 차수가 각각 0, 1, 2인 영인자의 예를 들어라.

3. $\mathbb{Z}_{10}[x]$에서 $(2x+2)(2x+2) = (2x+2)(5x^3+2x+2)$이지만 $(2x+2)$를 이 식에서 소거할 수 없다. $\mathbb{Z}_{10}[x]$에서는 소거할 수 없지만, $\mathbb{Z}_5[x]$에서는 소거할 수 있는 이유를 설명하여라.

4. $\mathbb{Z}_4[x]$, $\mathbb{Z}_6[x]$, $\mathbb{Z}_9[x]$에서 $\deg a(x)b(x) < \deg a(x) + \deg b(x)$인 다항식 $a(x)$와 $b(x)$의 예를 들어라.

5. A가 정역이면, $A[x]$에서 다음이 성립함을 본 바 있다.

$$\deg a(x)b(x) = \deg a(x) + \deg b(x)$$

A가 정역이 '아니면' $\deg a(x)b(x) < \deg a(x) + \deg b(x)$인 다항식 $a(x)$와 $b(x)$를 항상 찾을 수 있음을 보여라.

6. A가 정역이면, $A[x]$의 가역원은 A에서 역원을 갖는 상수 다항식뿐임을 보여라. 그런 다음

$\mathbb{Z}_4[x]$에는 모든 차수에 대해 가역 다항식이 존재함을 보여라.

 # 7. $\mathbb{Z}_9[x]$와 $\mathbb{Z}_5[x]$에서 각각 x^2을 차수 1인 다항식으로 인수분해하는 방법을 모두 제시하여라. 두 다항식환에서의 행동이 다름을 설명하여라.

8. $\mathbb{Z}_5[x]$에서 x^2+x+4의 제곱근을 모두 찾아라. $\mathbb{Z}_8[x]$에서 1의 제곱근이 무한히 많음을 보여라.

D. A의 표수가 유한일 때 정역 $A[x]$

다음 각각에서 A를 정역이라 하자.

1. A의 표수가 p이면, $A[x]$의 표수도 p임을 증명하여라.

2. 1번을 이용하여 표수가 유한인 무한 정역의 예를 하나 들어라.

3. A의 표수가 3이면, 모든 m에 대해 $x+2$가 x^m+2의 인자임을 증명하여라. 더 일반적으로 A의 표수가 p이면, 모든 m에 대해 $x+(p-1)$이 $x^m+(p-1)$의 인자이다.

4. A의 표수가 p이면, $A[x]$에서 $(x+c)^p = x^p + c^p$이다. (기본적으로 20장의 정리 3을 증명할 때와 같은 논증을 사용해도 좋다.)

5. 4번을 다음처럼 '증명'하는 것이 타당하지 않은 이유를 설명하여라. 모든 $a,\ c \in A$에 대해 $(a+c)^p = a^p + c^p$이므로 $A[x]$에서 $(x+c)^p = x^p + c^p$이다. (다음 예에 주목하여라. $\mathbb{Z}_2$에서 모든 a에 대해 $a^2+1 = a^4+1$이지만 $\mathbb{Z}_2[x]$에서 $x^2+1 \neq x^4+1$이다.)

 # 6. 4번과 동일한 논증을 사용하여, A의 표수가 p일 때 모든 $a(x), b(x) \in A[x]$에 대해 $[a(x) + b(x)]^p = a(x)^p + b(x)^p$임을 증명하여라. 이를 이용하여 다음을 증명하여라.

$$(a_0 + a_1x + \cdots + a_nx^n)^p = a_0^p + a_1^px^p + \cdots + a_n^px^{np}$$

E. $A[x]$에서 부분환 및 아이디얼

1. B가 A의 부분환이면, $B[x]$가 $A[x]$의 부분환임을 보여라.

2. B가 A의 아이디얼이면, $B[x]$가 $A[x]$의 아이디얼이다.

3. $A[x]$에서 모든 '홀수' i에 대해 계수 a_i가 0인 다항식 $a(x)$ 전체의 집합을 S라 하자. S가 $A[x]$의 부분환임을 보여라. '홀수'를 '짝수'로 바꾸면 성립하지 않는 이유는 무엇인가?

4. $A[x]$에서 상수항의 계수가 0인 다항식 $a(x)$ 전체의 집합을 J라 하자. J가 $A[x]$의 아이디얼임을 보여라.

 # 5. $A[x]$에서 $a_0 + a_1 + \cdots + a_n = 0$인 다항식 $a_0 + a_1x + \cdots + a_nx^n$ 전체의 집합을 J라 하자. J가 $A[x]$의 아이디얼임을 보여라.

6. 4번과 5번의 아이디얼은 모두 '소'아이디얼임을 보여라. (A가 정역이라고 가정하여라.)

F. 다항식 정역의 준동형사상

A를 정역이라 하자.

1. $h: A[x] \to A$가 모든 다항식을 상수항의 계수로 보낸다고 하자. 즉, 다음처럼 정의한다.

$$h(a_0 + a_1x + \cdots + a_nx^n) = a_0$$

h가 $A[x]$에서 A로의 '전사'인 준동형사상임을 증명하고, 핵을 기술하여라.

2. 1번에서 h의 핵이 $a(x) \in A[x]$에 대해 곱 $xa(x)$ 전체로 이루어져 있는 이유를 설명하여라. 이 핵이 $A[x]$에서 주아이디얼 $\langle x \rangle$와 같은 이유는 무엇인가?

3. 1번과 2번을 이용하여 $A[x]/\langle x \rangle \cong A$인 이유를 설명하여라.

4. $g: A[x] \to A$가 모든 다항식을 계수의 합으로 보낸다고 하자. g가 $A[x]$에서 A로의 전사인 준동형사상임을 증명하고, 핵을 묘사하여라.

5. $c \in A$일 때, $h: A[x] \to A[x]$를 $h(a(x)) = a(cx)$로 정의하자. 즉 다음처럼 정의하자.

$$h(a_0 + a_1x + \cdots + a_nx^n) = a_0 + a_1cx + a_2c^2x^2 + \cdots + a_nc^nx^n$$

h가 준동형사상임을 증명하고, 핵을 기술하여라.

6. h가 5번의 준동형사상일 때 h가 $A[x]$에서 자신으로의 동형사상, 즉 자기동형사상인 것과, c가 가역원인 것이 동치조건임을 증명하여라.

G. 계수 환의 준동형사상으로부터 다항식 정역으로 유도되는 준동형사상

A와 B가 환이고 $h: A \to B$가 핵 K를 갖는 준동형사상이라 하자. $\bar{h}: A[x] \to B[x]$를 다음처럼 정의하자.

$$\bar{h}(a_0 + a_1x + \cdots + a_nx^n) = h(a_0) + h(a_1)x + \cdots + h(a_n)x^n$$

[$\bar{h}$가 h로부터 '유도되었다'(induced)고 말한다.]

1. $\bar{h}$가 $A[x]$에서 $B[x]$로의 준동형사상임을 증명하여라.

2. $\bar{h}$의 핵 $\bar{K}$를 기술하여라.

 # 3. $\bar{h}$가 전사인 것과 h가 전사인 것이 동치조건임을 증명하여라.

4. $\bar{h}$가 단사인 것과 h가 단사인 것이 동치조건임을 증명하여라.

5. $a(x)$가 $b(x)$의 인자이면, $\bar{h}(a(x))$가 $\bar{h}(b(x))$의 인자임을 증명하여라.

6. $h: \mathbb{Z} \to \mathbb{Z}_n$이 자연 준동형사상일 때, $\bar{h}: \mathbb{Z}[x] \to \mathbb{Z}_n[x]$를 h로부터 유도된 준동형사상이라 하자. $\bar{h}(a(x)) = 0$인 것과, n이 $a(x)$의 모든 계수를 나누는 것이 동치조건임을 보여라.

7. $\bar{h}$가 6번과 같다고 하고, n이 소수라 하자. $a(x)b(x) \in \ker \bar{h}$이면, $a(x)$ 또는 $b(x)$가 $\ker \bar{h}$에 속함을 증명하여라. (힌트: 19장의 연습문제 F2를 이용하여라.)

H. 다변수 다항식

계수가 A에 속하며 '두 개의 문자' x_1과 x_2에 대한 다항식 전체의 환을 $A[x_1, x_2]$로 나타내자. 예를 들어 $x^2 - 2xy + y^2 + x - 5$는 $\mathbb{Q}[x, y]$에 속하는 2차 다항식이다. 더 일반적으로 'n개의 문자' $x_1, \cdots, x_n$에 대한 다항식의 환이 $A[x_1, \cdots, x_n]$이다. 형식적으로는 다음처럼 정의한다. $A[x_1]$을 A_1로 나타낸다. $A_1[x_2]$가 $A[x_1, x_2]$이다. 이런 식으로 계속하여 한 번에 하나씩 새로운 문자 x_i를 더하여 $A[x_1, \cdots, x_n]$을 얻을 수 있다.

1. A가 정역이면, $A[x_1, \cdots, x_n]$도 정역임을 증명하여라.

2. $A[x, y]$에서 다항식 $p(x, y)$의 '차수'를 합리적으로 정의하고, $\mathbb{Z}_3[x, y]$에서 차수가 3 이하인 다항식을 모두 나열하여라.

$A[x, y]$의 임의의 다항식 $p(x, y)$를 $\sum a_{ij}x^i y^j$로 나타내자. 여기에서 $\sum$는 음이 아닌 정수들의 쌍 i, j 위를 움직인다.

3. $A[x]$에서의 다항식의 합 및 곱의 정의를 흉내내어 $A[x, y]$에서의 다항식의 합과 곱을 정의하여라.

4. A가 정역이면 $\deg a(x, y)b(x, y) = \deg a(x, y) + \deg b(x, y)$임을 증명하여라.

I. 다항식의 분수체

A를 정역이라 하자. 20장의 후반부에서 모든 정역은 '분수체'로 확장할 수 있었다. 따라서 $A[x]$도 분수체로 확장할 수 있는데 이를 $A(x)$로 나타내자. $A(x)$는 $A[x]$에서 $b(x) \neq 0$인 원소 $a(x)$, $b(x)$에 대해 몫 $a(x)/b(x)$ 전체로 이루어져 있음에 주목한다. 또한 이들 몫을 보통의 방법으로 더하고, 빼고, 곱하고, 나눌 수 있다.

1. $A(x)$의 표수가 A의 표수와 같음을 보여라.

2. 1번을 이용하여, 모든 소수 p에 대해 표수가 p인 무한체가 있는 이유를 설명하여라.

3. A와 B가 정역이고 $h: A \to B$가 동형사상이면, h가 동형사상 $\bar{h}: A(x) \to B(x)$를 결정함을 증명하여라.

J. 나눗셈 알고리즘: 몫과 나머지의 유일성

나눗셈 알고리즘에서 $q(x)$와 $r(x)$가 유일하게 결정됨을 증명하여라. [힌트: $a(x)=b(x)q_1(x)+r_1(x)=b(x)q_2(x)+r_2(x)$라 가정하고, $a(x)$와 같은 두 식을 뺀다.]

25장

다항식의 인수분해

모든 정수를 소수로 인수분해할 수 있듯, 모든 다항식도 더는 분해할 수 없는 '기약'(irreducible) 다항식으로 분해할 수 있다. 사실 다항식은 인수분해라는 관점에서는 정수와 거의 똑같이 행동한다. 다항식의 계수가 '체'의 원소일 때 특히 그렇다.

이 장에서 체 F 위에서의 다항식을 생각하려고 한다. $F[x]$와 $\mathbb{Z}$가 공유하는 성질이 상당히 많다는 것을 알게 될 것이다. 우선 $\mathbb{Z}$의 아이디얼이 모두 주아이디얼이었던 것처럼 $F[x]$도 마찬가지다.

$F[x]$에서 어떤 다항식 $a(x)$를 고정한 채 $s(x)$가 $F[x]$의 원소 전체에서 움직일 때 곱 $a(x)s(x)$ 전체로 이루어진 아이디얼을 $a(x)$가 생성하는 주아이디얼이라고 부른다는 것에 주의하기 바란다.

정리 1. $F[x]$의 모든 아이디얼은 주아이디얼이다.

증명: J를 $F[x]$의 아이디얼이라 하자. J가 영 다항식 이외에는 아무것도 포함하지 않는

다면, J는 0이 생성하는 주아이디얼이다. 만약 영 다항식이 아니면서 J에 속하는 것이 있다면, J에 속하는 '최소 차수' 다항식을 아무거나 $b(x)$라 둘 수 있다. $J = \langle b(x) \rangle$임을 보이려고 하는데, 이는 J의 모든 원소가 $b(x)$에 어떤 다항식을 곱한 $b(x)q(x)$ 꼴이라는 얘기이다.

실제로 $a(x)$가 J의 원소라면, 나눗셈 알고리즘을 써서 $a(x) = b(x)q(x) + r(x)$라고 쓸 수 있다. 단, $r(x) = 0$이거나 $\deg r(x) < \deg b(x)$여야 한다. 이때 $r(x) = a(x) - b(x)q(x)$인데 $a(x)$는 J에 속하는 것으로 선택하였으며, $b(x) \in J$이므로 $b(x)q(x) \in J$이다. 따라서 $r(x)$도 J에 속한다는 결과가 나온다.

$r(x) \neq 0$이라면, 이 다항식의 차수는 $b(x)$의 차수보다 작다. 그런데 $b(x)$가 J에 속하는 다항식 중 차수가 최소인 것이라고 하였으므로 이는 불가능하다. 따라서 반드시 $r(x) = 0$이어야 한다.

따라서 $a(x) = b(x)q(x)$이어야 하므로, 주장했던 대로 J의 모든 원소는 $b(x)$의 배수이다. ■

$F[x]$의 모든 아이디얼 J가 주아이디얼이라는 사실이 나왔다. 위의 증명으로부터 J는 소속 다항식 중 차수가 가장 낮은 것이 생성한다는 사실도 알 수 있다.

앞으로의 논의에서는 F가 '체'이며, 정역 $F[x]$에 속하는 다항식을 고려하고 있다는 점을 기억하여라.

$a(x)$와 $b(x)$가 $F[x]$에 속한다고 하자. $b(x)$가 $a(x)$의 '배수'(multiple)라는 것은 $F[x]$의 어떤 다항식 $s(x)$에 대해 다음이 성립할 때를 말한다.

$$b(x) = a(x)s(x)$$

$b(x)$가 $a(x)$의 배수일 때 $a(x)$가 $b(x)$의 인자 또는 '인수'(factor)라고 말하거나, $a(x)$가 $b(x)$를 '나눈다'고 말한다. 기호로는 다음처럼 쓴다.

$$a(x) \mid b(x)$$

0이 아닌 모든 상수 다항식은 모든 다항식을 나눈다. $c \neq 0$이고 $a(x) = a_0 + a_1x + \cdots$

$+ a_n x^n$이라 할 때 다음이 성립하므로 $c \mid a(x)$이다.

$$a_0 + a_1 x + \cdots + a_n x^n = c\left(\frac{a_0}{c} + \frac{a_1}{c}x + \cdots + \frac{a_n}{c}x^n\right)$$

다항식 $a(x)$가 가역원인 것과, 단위 다항식 1의 약수라는 것이 동치조건이다. 그런데 $a(x)b(x) = 1$이면, $a(x)$와 $b(x)$의 차수가 모두 0, 다시 말해 상수 다항식임을 뜻한다. $a(x) = a$, $b(x) = b$일 때 $ab = 1$이므로, 다음을 얻는다.

$F[x]$의 가역원은 0이 아닌 상수 다항식 전체이다.

0이 아닌 두 다항식 $a(x)$와 $b(x)$가 '동반'(associate)이라는 것은 각자 상대방을 나눌 때, 즉 $a(x) \mid b(x)$이고 $b(x) \mid a(x)$일 때를 말한다. 다시 말해 어떤 $c(x)$와 $d(x)$에 대해 다음이 성립한다는 말이다.

$$a(x) = b(x)c(x) \text{이고 } b(x) = a(x)d(x)$$

이 경우 다음이 성립한다.

$$a(x) = b(x)c(x) = a(x)d(x)c(x)$$

그런데 $F[x]$가 정역이므로 $d(x)c(x) = 1$이어야 한다. 그러면 $c(x)$와 $d(x)$는 상수 다항식이므로, $a(x)$와 $b(x)$는 상대방의 상수배여야 한다. 따라서 $F[x]$에서 다음이 성립한다.

$a(x)$와 $b(x)$가 동반인 것과, 각각이 상대방의 상수배라는 것이 동치조건이다.

$a(x) = a_0 + a_1 x + \cdots + a_n x^n$이면, $a(x)$와 동반인 것은 이 다항식의 0이 아닌 상수배 전체이다. 이런 상수배 중에서 $(1/a_n)a(x)$는, 최고차항이 1인 다음 다항식이다.

$$\frac{a_0}{a_n} + \frac{a_1}{a_n}x + \cdots + x^n$$

최고차항이 1인 다항식을 '모닉'(monic) 다항식이라고 부른다. 따라서 '0이 아닌 모든 다항식 $a(x)$에 대해 동반인 모닉 다항식이 유일하게 존재한다.' 예를 들어 $3 + 4x + 2x^3$의 동반 모닉 다항식은 $\frac{3}{2} + 2x + x^3$이다.

다항식 $d(x)$가 $a(x)$와 $b(x)$의 '최대공약원'(greatest common divisor)이라는 것은■ $d(x)$가 $a(x)$와 $b(x)$를 나누며, 또한 $a(x)$와 $b(x)$의 모든 공약수의 배수일 때를 말한다. 다른 말로 하면 다음이 성립할 때를 말한다.

(i) $d(x) \mid a(x)$ 및 $d(x) \mid b(x)$이고,

(ii) $u(x) \mid a(x)$이고 $u(x) \mid b(x)$인 $F[x]$의 임의의 원소 $u(x)$에 대해, $u(x) \mid d(x)$이다.

이 정의에 따르면 $a(x)$와 $b(x)$의 서로 다른 최대공약원은 서로를 나누어야 하므로, 동반이어야 한다. $a(x)$와 $b(x)$의 가능한 최대공약원 중에서 모닉인 것을 골라 이를 $a(x)$와 $b(x)$의 gcd라 부르고, $\gcd[a(x), b(x)]$라 쓴다.

임의의 두 다항식이 최대공약원을 '가진다'는 것은 중요하므로 알 필요가 있다.

정리 2. $F[x]$에서 0이 아닌 임의의 두 다항식 $a(x), b(x)$에 대해 gcd $d(x)$가 존재한다. 더욱이 $d(x)$는 $F[x]$에 속하는 $r(x)$와 $s(x)$의 '다항 결합'으로 표시할 수 있다.

$$d(x) = r(x)a(x) + s(x)b(x)$$

증명: 정수에 대한 유사 정리와 비슷하게 증명한다. $u(x)$와 $v(x)$가 $F[x]$ 위에서 움직일 때 다항 결합

$$u(x)a(x) + v(x)b(x)$$

전체의 집합을 J라고 하면, J는 $F[x]$의 아이디얼이므로 어떤 모닉 다항식 $d(x)$가 생성하는 아이디얼 $\langle d(x) \rangle$여야 한다. 이때 $a(x) = 1a(x) + 0b(x)$ 및 $b(x) = 0a(x) + 1b(x)$이므로 $a(x)$와 $b(x)$도 J에 속한다. 그런데 J의 모든 원소는 $d(x)$의 배수여야 하므로, 다음

■ 전통적으로 이 용어는 '최대공약수'라 번역해 왔지만, 원어 자체에 '수'라는 말이 들어 있지 않을 뿐더러, 다항식을 '수'라고 부르게 되어 어색하다. 대안으로 '최대공약원'이라 옮겼지만, 다항식의 '약수', '배수' 등의 용어까지 모두 바꾸기에는 곤란한 점이 있다.— 옮긴이

이 성립한다.

$$d(x) \mid a(x) \qquad \text{및} \qquad d(x) \mid b(x)$$

$k(x)$가 $a(x)$와 $b(x)$의 공약원이라면, 어떤 다항식 $f(x)$, $g(x)$에 대해 $a(x) = k(x)f(x)$와 $b(x) = k(x)g(x)$를 만족한다. $d(x) \in J$이며 다음처럼 다항 결합으로 쓸 수 있다.

$$\begin{aligned} d(x) &= r(x)a(x) + s(x)b(x) \\ &= r(x)k(x)f(x) + s(x)k(x)g(x) \\ &= k(x)[r(x)f(x) + s(x)g(x)] \end{aligned}$$

따라서 $k(x) \mid d(x)$이다. 그러므로 $d(x)$는 $a(x)$와 $b(x)$의 gcd임이 확실하다. ■

$F[x]$의 다항식 $a(x)$와 $b(x)$가 '서로소'(relatively prime)라는 것은 gcd가 1일 때를 말한다. (이는 두 다항식의 모든 공약수가 F에 속한다는 얘기와 동등하다.)

차수가 양수인 다항식 $a(x)$가 'F 위에서 가약'(reducible over F)이라는 것은 $F[x]$에서 차수가 양수인 어떤 두 다항식 $b(x)$, $c(x)$에 대해 다음이 성립할 때를 말한다.

$$a(x) = b(x)c(x)$$

$b(x)$와 $c(x)$의 차수가 양수이고 차수의 합이 $\deg a(x)$이므로, 두 다항식의 차수는 $\deg a(x)$보다 '작다.'

$F[x]$에서 차수가 양수인 다항식 $p(x)$가 F 위에서 '기약'(irreducible)이라는 것은 $F[x]$에서 차수가 양수인 두 다항식의 곱으로 표현할 수 없을 때를 말한다. 따라서 $p(x)$가 기약이라는 것과, 가약이 아니라는 것은 동치조건이다.

$p(x)$의 기약성을 얘기할 때, '체 F 위에서 기약'이라고 특정하는 것이 중요하다. 다항식이 어떤 체 F 위에서는 기약이지만, 더 큰 체 E에서는 가약일 수도 있기 때문이다. 예를 들어 $p(x) = x^2 + 1$은 $\mathbb{R}$ 위에서는 기약이지만, $\mathbb{C}$ 위에서는 $(x+i)(x-i)$로 인수분해할 수 있다.

다항식에서 유클리드 보조정리 및 이의 따름정리와 유사한 정리들을 진술해 보자. $\mathbb{Z}$에서의 증명과 거의 똑같기 때문에 연습문제로 남긴다.

다항식에 대한 유클리드 보조정리. $p(x)$가 기약이라고 하자. $p(x) \mid a(x)b(x)$이면, $p(x) \mid a(x)$이거나 $p(x) \mid b(x)$이다.

따름정리 1. $p(x)$가 기약이라고 하자. $p(x) \mid a_1(x)a_2(x) \cdots a_n(x)$이면, $a_1(x), \cdots, a_n(x)$ 중의 한 인자 $a_i(x)$에 대해 $p(x) \mid a_i(x)$이다.

따름정리 2. $q_1(x), \cdots, q_r(x)$ 및 $p(x)$가 모닉인 기약다항식이라고 하자. $p(x) \mid q_1(x) \cdots q_r(x)$이면, $p(x)$는 인자 $q_1(x), \cdots, q_r(x)$ 중 어느 하나와 같다.

정리 3. [기약다항식으로의 인수분해] $F[x]$에서 차수가 양수인 모든 다항식 $a(x)$는, F에 속하는 어떤 상수 k와 $F[x]$에 속하는 모닉인 어떤 기약다항식 $p_1(x), \cdots, p_r(x)$의 곱으로 쓸 수 있다.

$$a(x) = kp_1(x)p_2(x) \cdots p_r(x)$$

만약 이 정리가 사실이 아니라면, 기약다항식으로 인수분해할 수 없는 것 중 '가장 차수가 낮은' 다항식 $a(x)$를 고를 수 있다. 그러면 $a(x)$는 가약이어야 하므로, $a(x)$보다 차수가 낮은 어떤 $b(x)$와 $c(x)$에 대해 $a(x) = b(x)c(x)$라 쓸 수 있다. 그러면 $b(x)$와 $c(x)$를 기약다항식의 곱으로 분해할 수 '있다'는 뜻이므로, $a(x)$ 역시 그럴 수 있어 모순이다.

정리 4. [유일 인수분해] $a(x)$를 모닉인 기약다항식의 곱으로 인수분해하는 방법이 두 가지라고 하자. 즉 다음이 성립한다고 하자.

$$a(x) = kp_1(x) \cdots p_r(x) = lq_1(x) \cdots q_s(x)$$

그러면 $k = l$, $r = s$이고, 각 $p_i(x)$는 어떤 $q_j(x)$와 같아야 한다.

이 정리의 증명은 $\mathbb{Z}$에서의 대응하는 증명과 대동소이하므로 연습문제로 남긴다.

다음 장에서는 특별히 $\mathbb{R}[x]$와 $\mathbb{C}[x]$인 경우 마지막 두 정리를 약간 개선할 것이다. 또한 다항식을 기약다항식으로 분해하는 것에 대해 좀 더 배울 것이다.

연습문제

A. 기약 인자로 분해하는 예

1. $\mathbb{Q}$, $\mathbb{R}$, $\mathbb{C}$ 위에서 $x^4 - 4$를 기약다항식으로 분해하여라.

2. $\mathbb{Q}$, $\mathbb{R}$, $\mathbb{C}$ 위에서 $x^6 - 16$을 기약다항식으로 분해하여라.

3. $\mathbb{Z}_2[x]$에서 차수 $\leqslant 4$인 기약다항식을 모두 찾아라.

 # 4. $\mathbb{Z}_5[x]$에서 $x^2 + 2$가 기약다항식임을 보여라. 그런 다음 $\mathbb{Z}_5[x]$에서 $x^4 - 4$를 기약다항식으로 분해하여라. (정리 3에 의해, 모닉인 인자만 찾으면 충분하다.)

5. $\mathbb{Z}_5[x]$에서 $2x^3 + 4x + 1$을 분해하여라. (정리 3에서와 같이 분해하여라.)

6. $\mathbb{Z}_6[x]$에서 $1, x, x + 2, x + 3$을 각각 차수가 1인 두 다항식의 곱으로 분해하여라. 이런 일이 가능한 이유는 무엇인가?

B. 기약다항식과 관련된 짧은 질문들

F를 체라 하자. 다음이 $F[x]$에서 참인 이유를 설명하여라.

1. 차수가 1인 모든 다항식은 기약다항식이다.

2. $a(x)$와 $b(x)$가 서로 다른 모닉 다항식이면, 동반일 수 없다.

3. 서로 다른 모닉 기약다항식은 서로소이다.

4. $a(x)$가 기약다항식이면, $a(x)$의 동반다항식도 기약이다.

5. $a(x) \neq 0$이면, $a(x)$는 0과 동반일 수 없다.

6. $\mathbb{Z}_p[x]$에서 0이 아닌 다항식은 정확히 $p-1$개의 동반다항식을 가진다.

7. $\mathbb{Z}_p[x]$에서 x^2+1이 가약인 것과, $ab \equiv 1 \pmod{p}$이면서 $p=a+b$인 a, b가 존재하는 것과 동치조건이다.

C. 유한체 위에서 기약 2차 다항식의 개수

1. $\mathbb{Z}_5[x]$에 모닉 2차 가약다항식이 몇 개인지 직접 찾지 않고 세어라. [힌트: 가약인 모닉 2차 다항식은 $(x+a)(x+b)$로 유일하게 분해할 수 있다.]

2. $\mathbb{Z}_5[x]$에 2차 가약다항식이 몇 개인가? 2차 '기약'다항식은 몇 개인가?

3. 일반화: 원소가 n개인 유한체 위에서 2차 기약다항식은 몇 개인가?

4. 원소가 n개인 유한체 위에서 3차 기약다항식은 몇 개인가?

D. 다항식 정역의 아이디얼

F를 체라 하고, J를 $F[x]$의 아이디얼이라 하자. 1번부터 4번까지 증명하여라.

1. J의 임의의 두 생성원은 동반이다.

2. J는 '유일한' 모닉 생성원 $m(x)$를 가진다. 이때 임의의 다항식 $a(x) \in F[x]$가 J에 속하는 것과, $m(x) \mid a(x)$는 동치조건이다.

3. J가 소아이디얼인 것과, 기약인 생성원을 갖는 것이 동치조건이다. (단, $J \neq 0$)

#4. $p(x)$가 기약다항식이면, $\langle p(x) \rangle$는 $F[x]$의 '극대'아이디얼이다. (18장의 연습문제 H5를 보시오.)

5. $F[x]$에서 $a_0 + a_1 + \cdots + a_n = 0$을 만족하는 모든 다항식 $a_0 + a_1 x + \cdots + a_n x^n$의 집합을 S라 하자. 24장 연습문제 E5에서 S가 $F[x]$의 아이디얼임을 보였다. $x - 1 \in S$임을 증명하고, $S = \langle x - 1 \rangle$이라는 결론이 나오는 이유를 설명하여라.

6. 5번으로부터 $F[x]/\langle x - 1 \rangle \cong F$임을 결론지어라. (24장 연습문제 F4를 보아라.)

7. F에서 계수를 갖고 문자가 '두 개'인 다항식 $\sum a_{ij} x^i y^j$ 전체의 정역을 $F[x, y]$로 나타내자. 상수항의 계수가 0인 다항식 전체를 포함하는 $F[x, y]$의 아이디얼을 J라 하자. J가 주아이디얼이 아님을 증명하여라. $F[x, y]$에서는 정리 1이 참이 아니라는 결론을 지어라.

E. 유일 소인수분해 정역의 증명

1. 다항식에 대한 유클리드 보조정리를 증명하여라.

2. 유클리드 보조정리의 따름정리 두 개를 증명하여라.

3. 다항식에 대한 유일 소인수분해 정리를 증명하여라.

F. gcd를 계산하는 방법

$a(x)$와 $b(x)$가 차수가 양수인 다항식이라 하자. 나눗셈 알고리즘에 의해, $a(x)$를 $b(x)$로 나누어서 다음을 얻었다고 하자.

$$a(x) = b(x)q_1(x) + r_1(x)$$

1. $a(x)$와 $b(x)$의 공약수는 모두 $b(x)$와 $r_1(x)$의 공약수임을 증명하여라.

1번으로부터 $a(x)$와 $b(x)$의 gcd는 $b(x)$와 $r_1(x)$의 gcd와 같다는 사실이 나온다. 이 과정을 $b(x)$와 $r_1(x)$에 대해 반복할 수 있다. $b(x)$를 $r_1(x)$로 나누자.

$$b(x) = r_1(x)q_2(x) + r_2(x)$$

또한

$$r_1(x) = r_2(x)q_3(x) + r_3(x)$$
$$\vdots$$
$$r_{n-1}(x) = r_n(x)q_{n+1}(x) + 0$$

이라고 하자. 다른 말로 하면, 매번 나머지를 다음 나머지로 나누는 일을 계속한다. 나머지의 차수는 계속 줄기 때문에, 결국에는 나머지가 0이어야 한다. 그런데 이미 다음을 본 바 있다.

$$\gcd[a(x), b(x)] = \gcd[b(x), r_1(x)] = \cdots = \gcd[r_{n-1}(x), r_n(x)]$$

$r_n(x)$가 $r_{n-1}(x)$의 약수이므로, $r_n(x)$와 $r_{n-1}(x)$의 gcd 여야 한다.■ 따라서 다음을 얻는다.

$$r_n(x) = \gcd[a(x), b(x)]$$

이 방법이 gcd를 찾는 '유클리드 알고리즘'이다.

#2. x^3+1과 $x^4+x^3+2x^2+x-1$의 gcd를 구하여라. 이 gcd를 두 다항식의 다항 결합으로 표현하여라.

3. $x^{24}-1$과 $x^{15}-1$에 대해서도 2번처럼 하여라.

4. $\mathbb{Z}_3[x]$에서 x^3+x^2+x+1과 $x^4+x^3+2x^2+2x$의 gcd를 구하여라.

G. *F*[*x*]의 변환

$F[x]$에서 상수항이 0인 다항식 전체의 집합을 G라 하자. $h: G \to G$를 다음처럼 정의하자.

$$h(a_0 + a_1x + \cdots + a_nx^n) = a_n + a_{n-1}x + \cdots + a_0x^n$$

1번부터 3번까지 증명하여라.

1. h는 곱을 보존한다. 즉 $h[a(x)b(x)] = h[a(x)]h[b(x)]$이다.

■ 엄밀하게 말해 이 책에서 gcd는 모닉인 것으로 정했지만, 여기서는 그 부분에 크게 신경 쓰지 않기로 한다.—옮긴이

2. h는 단사이며 전사이다. 또한 $h \circ h = \varepsilon$이다.

3. $a_0 + a_1x + \cdots + a_nx^n$이 기약다항식인 것과, $a_n + a_{n-1}x + \cdots + a_0x^n$이 기약다항식인 것은 동치조건이다.

4. $a_0 + a_1x + \cdots + a_nx^n = (b_0 + \cdots + b_mx^m)(c_0 + \cdots + c_qx^q)$라 하자. 다음을 분해하여라.

$$a_n + a_{n-1}x + \cdots + a_0x^n$$

5. $a(x) = a_0 + a_1x + \cdots + a_nx^n$ 및 $\hat{a}(x) = a_n + a_{n-1}x + \cdots + a_0x^n$이라 하자. $c \in F$일 때, $a(c) = 0$인 것과, $\hat{a}(1/c) = 0$인 것이 동치조건임을 증명하여라.

26장

다항식에 대입하기

지금까지는 다항식을 형식적인 식으로 다루었다. $a(x)$가 F 위의 다항식이라는 것은, 체 F의 원소 a_0, a_1, $\cdots$, a_n을 계수로 하는 다음 식

$$a(x) = a_0 + a_1x + \cdots + a_nx^n$$

을 말하는데, 여기에서 x는 주어진 위치를 점하는 역할 이상의 일은 하지 않는 '자리 표시용'일 뿐이었다.

초등 대수학에서 다항식을 다룰 때는 상당히 달랐다. 문자 x는 '미지수'(unknown)라 불렀으며 숫자를 대입하는 것을 허용했었다. 이 때문에 $a(x)$는 x를 독립변수로 하는 함수로 볼 수 있었다. 이런 함수를 '다항 함수'(polynomial function)라 부른다.

이 장은 다항 함수의 연구에 바칠 것이다. 먼저 약간 조심스러운 정의로부터 시작하자.

$a(x) = a_0 + a_1x + \cdots + a_nx^n$이 F 위의 다항식이라 하자. c가 F의 임의의 원소일 때,

$$a_0 + a_1c + \cdots + a_nc^n$$

도 F의 원소인데, 다항식 $a(x)$에서 x 대신 c를 '대입'(substitute)하여 얻은 원소이다. 이 원소를 $a(c)$라 나타낸다. 즉, 다음처럼 정의한다는 뜻이다.

$$a(c) = a_0 + a_1 c + \cdots + a_n c^n$$

x 대신 F의 임의의 원소를 대입할 수 있으므로, $a(x)$를 'F에서 F로의 함수'로 간주할 수 있다. 이렇게 간주할 때 'F 위의 다항 함수'라 부른다.

다항식이냐 다항 함수냐의 문제는 기본적으로 관점의 차이이다. F에서 계수를 갖는 주어진 $a(x)$에 대해, x를 단순한 자리 표시용으로 간주하면 $a(x)$는 다항식이며, x가 F에서 값을 취하는 것을 허용하면 $a(x)$는 다항 함수이다. 이 차이는 미미한 것이기 때문에 문제 삼지 않을 것이다.

$a(x)$가 F에서 계수를 갖는 다항식이고, F의 원소 c에 대해 다음이 성립한다고 하자.

$$a(c) = 0$$

이때 c를 $a(x)$의 '근'(root)이라 부른다. 예를 들어 $3 \cdot 2^2 + 2 - 14 = 0$이므로 2는 다항식 $3x^2 + x - 14 \in \mathbb{R}[x]$의 근이다.

다항식의 '근'과 다항식의 '인자' 사이에는 절대적이고 기본적인 관련이 있다. 이 관련을 다음 쪽에서 살펴보려고 하는데 먼저 다음 정리부터 시작하자.

$a(x)$를 체 F 위의 다항식이라 하자.

정리 1. c가 $a(x)$의 근인 것과, $x - c$가 $a(x)$의 인자인 것은 동치조건이다.

증명: $x - c$가 $a(x)$의 인자라면, 어떤 $q(x)$에 대해 $a(x) = (x - c)q(x)$여야 한다. 따라서 $a(c) = (c - c)q(c) = 0$이므로 c는 $a(x)$의 근이다.■ 역으로 c가 $a(x)$의 근이라면, 나눗셈 알고리즘을 써서 $a(x)$를 $x - c$로 나누어 $a(x) = (x - c)q(x) + r(x)$ 꼴로 쓸 수 있다. 나머지 $r(x)$는 0이거나 $x - c$보다 차수가 낮은 다항식이어야 한다. 그런데 $x - c$보다 차수가

■ 원칙적으로는 다항식 $a(x) = b(x)q(x)$에서 $a(c) = b(c)q(c)$가 성립한다는 주장부터 증명하여야 한다.—옮긴이

낮은 다항식이라는 것은 $r(x)$가 상수 다항식이라는 뜻이다. 따라서 $r(x)=r$로 쓸 수 있다. 따라서 다음을 얻는다.

$$0=a(c)=(c-c)q(c)+r=0+r=r$$

따라서 $r=0$이어야 하고, $x-c$는 $a(x)$의 인자이다. ■

c가 $a(x)$의 근이면 $x-c$가 $a(x)$의 '인자'이고 역도 성립한다는 것을 정리 1이 말해준다. 이 정리는 쉽게 확장할 수 있다. c_1과 c_2가 $a(x)$의 서로 다른 두 근이면 $x-c_1$과 $x-c_2$는 $a(x)$의 서로 다른 인자이다. 마찬가지로 세 근으로부터 세 개의 인자가 나오며, 네 근으로부터 네 개의 인자가 나오는 식이다. 이를 다음 정리에서 간결하게 진술하였다.

정리 2. $a(x)$가 F에서 서로 다른 근 $c_1, \cdots, c_m$을 가지면, $(x-c_1)(x-c_2)\cdots(x-c_m)$은 $a(x)$의 인자이다.

증명: 이를 증명하기 위해 먼저 다음 간단한 관찰부터 하자. '다항식 $a(x)$를 인수분해할 수 있으면, $a(x)$의 근은 그 인자들 중 하나의 근이다.' 실제로 $a(x)=s(x)t(x)$이고 $a(c)=0$이면 $s(c)t(c)=0$이므로 $s(c)=0$이거나 $t(c)=0$이다.

$c_1, \cdots, c_m$이 $a(x)$의 서로 다른 근이라 하자. 정리 1로부터 다음처럼 쓸 수 있다.

$$a(x)=(x-c_1)q_1(x)$$

앞 문단의 관찰로부터 c_2는 $x-c_1$이나 $q_1(x)$의 근이다. $c_2-c_1\neq 0$이므로 c_2는 $x-c_1$의 근일 수 없으므로 $q_1(x)$의 근이어야 한다. 따라서 $q_1(x)=(x-c_2)q_2(x)$여야 하므로 다음이 성립한다.

$$a(x)=(x-c_1)(x-c_2)q_2(x)$$

남은 근에 대해 이 논법을 반복하면 원하는 결과를 얻는다. ■

다음 중요한 결과가 곧바로 따라 나온다.

정리 3. $a(x)$의 차수가 n이면, 근의 개수는 기껏해야 n개이다.

증명: $a(x)$가 $n+1$개의 근 $c_1, \cdots, c_{n+1}$을 가진다면, 정리 2로부터 $(x-c_1)\cdots(x-c_{n+1})$이 $a(x)$의 인자여야 하며, 따라서 $a(x)$의 차수는 최소한 $n+1$이어야 한다. ■

이 장의 앞부분에서 다항식과 다항 함수의 차이는 기본적으로 관점의 차이라고 진술한 바 있다. '기본적으로'는 맞지만 전부인 건 아니다! 두 다항식 $a(x)$와 $b(x)$가 같다는 것과 대응하는 계수가 같다는 것이 동치조건인 반면, 두 '함수' $a(x)$와 $b(x)$가 같다는 것은 정의역의 모든 원소 x에 대해 $a(x)=b(x)$인 것이 동치조건이었음을 기억하여라. 이 두 가지 '같다'는 개념이 항상 일치하는 것은 아니다!

예를 들어 $\mathbb{Z}_5[x]$에서 다음 두 다항식을 생각하자.

$$a(x)=x^5+1, \qquad b(x)=x-4$$

$a(0)=b(0)$, $a(1)=b(1)$, $\cdots$, $a(4)=b(4)$를 확인할 수 있으므로, $a(x)$와 $b(x)$는 $\mathbb{Z}_5$에서 $\mathbb{Z}_5$로의 함수로서 같다. 하지만 $a(x)$와 $b(x)$는 다항식으로서는 전혀 다르다! (심지어는 차수조차 같지 않다.)

체 F가 무한체일 때 이런 일이 벌어질 수 없다는 것을 알면 다소 안심일 것이다. $a(x)$와 $b(x)$가 무한개의 원소를 갖는 체 F 위의 다항식이라 하자. $a(x)$와 $b(x)$가 함수로 같다면, 모든 $c \in F$에 대해 $a(c)=b(c)$여야 한다. $d(x)$를 $a(x)$와 $b(x)$의 차, 즉 $d(x)=a(x)-b(x)$라 정의하자. 그러면 모든 $c \in F$에 대해 $d(c)=0$이다. 만약 $d(x)$가 영 다항식이 아니라면 유한 차수 n을 가져야 하는데, '근의 개수가 무한'하므로 정리 3에서 불가능한 일이 벌어진다! 따라서 $d(x)$는 영 다항식, 다시 말해 모든 계수가 0이어야 한다. 따라서 $a(x)$와 $b(x)$는 같은 다항식이다. 즉 계수가 모두 같아야 한다.

이는 F가 $\mathbb{Q}$, $\mathbb{R}$, $\mathbb{C}$처럼 무한히 많은 원소를 갖는 체일 때, 다항식과 다항 함수를 구별할 필요가 없다는 것을 말해 준다. 이때는 정말로 그저 관점의 차이일 뿐이다.

$\mathbb{Z}$와 $\mathbb{Q}$ 위에서의 다항식

과학적 계산을 할 때 대단히 많은 수의 함수를 다항식, 특히 정수나 유리수를 계수로 갖는 다항식으로 근사할 수 있다. 따라서 이런 다항식은 실용적으로도 상당한 관심의 대상이다. 이런 다항식의 유리수 근을 찾는 것이나, $\mathbb{Q}$ 위에서의 다항식이 $\mathbb{Q}$ 위에서 기약다항식인지 판별하는 것은 쉬운데 이를 다루어 보자.

먼저 중요한 관찰부터 하자.

$a(x)$가 유리수 계수를 갖는 다항식, 예를 들어 다음과 같다고 해 보자.

$$a(x) = \frac{k_0}{l_0} + \frac{k_1}{l_1}x + \cdots + \frac{k_n}{l_n}x^n$$

분모를 묶어내면 다음을 얻는다.

$$a(x) = \frac{1}{l_0 \cdots l_n}\underbrace{(k_0 l_1 \cdots l_n + \cdots + k_n l_0 \cdots l_{n-1}x^n)}_{b(x)}$$

다항식 $b(x)$는 '정수 계수'를 가지며, $a(x)$와는 상수 인자만큼만 다르므로 $a(x)$와 같은 근을 가진다. 따라서 '유리수 계수를 갖는 모든 다항식에 대해, 같은 근을 갖는 정수 계수 다항식이 존재한다.' 그러니 당분간은 정수 계수를 갖는 다항식에만 이목을 제한하려고 한다. 다음 정리는 이런 다항식의 유리수 근을 모두 찾아내는 것을 쉽게 해 준다.

s/t가 기약분수라고, 다시 말해 정수 s와 t가 1보다 큰 공약수를 갖지 않는다고 하자. $a(x) = a_0 + a_1x + \cdots + a_nx^n$를 정수 계수를 갖는 다항식이라 하자.

정리 4. s/t가 $a(x)$의 근이라면, $s \mid a_0$이고 $t \mid a_n$이다.

증명: s/t가 $a(x)$의 근이라는 것은 다음을 뜻한다.

$$a_0 + a_1(s/t) + \cdots + a_n(s^n/t^n) = 0$$

이 식의 양변에 t^n을 곱하면 다음을 얻는다.

$$a_0t^n + a_1st^{n-1} + \cdots + a_ns^n = 0 \tag{1}$$

첫 번째 항을 제외하고 s로 묶어내면 다음을 얻을 수 있다.

$$-a_0t^n = s(a_1t^{n-1} + \cdots + a_ns^{n-1})$$

따라서 $s \mid a_0t^n$인데, s와 t는 공약수를 갖지 않으므로 $s \mid a_0$이다. 비슷하게 식 (1)에서 마지막 항만 제외하고 t를 묶어내면 다음을 얻는다.

$$t(a_0t^{n-1} + \cdots + a_{n-1}s^{n-1}) = -a_ns^n$$

따라서 $t \mid a_ns^n$인데, s와 t는 공약수를 갖지 않으므로 $t \mid a_n$이다. ■

정리 4를 이용하는 예로, $a(x) = 2x^4 + 7x^3 + 5x^2 + 7x + 3$의 유리수 근을 찾자. 유리수 근은 3의 약수 s와 2의 약수 t에 대해 s/t 꼴이어야 한다. 따라서 가능한 근은 ± 1, ± 3, $\pm \frac{1}{2}$, $\pm \frac{3}{2}$이다. 이들 각각을 방정식 $a(x) = 0$에 직접 대입해서 조사하면 $-\frac{1}{2}$과 -3이 근임을 알 수 있다.

논의의 다음 단계로 들어가기 전에 간단하지만 꽤 놀라운 사실에 주목하자.

보조정리. $a(x)$, $b(x)$, $c(x)$가 정수 계수를 갖고 $a(x) = b(x)c(x)$라 하자. 소수 p가 $a(x)$의 모든 계수를 나누면, p는 $b(x)$의 모든 계수를 나누거나 $c(x)$의 모든 계수를 나눈다.

증명: 그렇지 않다고 할 때, $b(x)$에서 p로 나누어지지 않는 첫 번째 계수를 b_r라 하고, $c(x)$에서 p로 나누어지지 않는 첫 번째 계수를 c_t라 하자. $a(x) = b(x)c(x)$이므로 다음이 성립해야 한다.

$$a_{r+t} = b_0c_{r+t} + \cdots + b_rc_t + \cdots + b_{r+t}c_0$$

$b_r c_t$를 제외하면 오른쪽의 각 항은 $i > r$이거나 $j > t$일 때의 곱 $b_i c_j$이다. b_r과 c_t의 선택 때문에 $i > r$이면 $p \mid b_i$이고 $j > t$이면 $p \mid c_j$이다. 따라서 p는 $b_r c_t$를 제외하면 오른쪽의 모든 항의 약수이다. 그런데 p는 a_{r+t}의 인수이기도 하다. 따라서 p는 '반드시' $b_r c_t$의 약수여야 하고, 따라서 b_r 또는 c_t의 약수여야 하는데 이는 불가능하다. ■

정리 4 바로 전의 논의에서 보았듯이 유리수 계수 다항식 $a(x)$의 배수 $ka(x)$ 중에 '정수 계수'의 다항식이면서 $a(x)$와 같은 근을 갖는 것이 존재한다. 실은 이보다 더 나갈 수 있는데, $a(x) \in \mathbb{Z}[x]$라 하자.

정리 5. $a(x)$를 유리수 계수를 갖는 $b(x)$, $c(x)$에 대해 $a(x) = b(x)c(x)$로 분해할 수 있다고 하자. 그러면 각각 $b(x)$와 $c(x)$의 상수배이면서 정수 계수를 갖는 다항식 중에서 $a(x) = B(x)C(x)$인 $B(x)$, $C(x)$가 존재한다.

증명: 정수 k, l에 대해 $kb(x)$, $lc(x)$가 정수 계수를 가진다고 하자. 그러면 $kla(x) = [kb(x)][lc(x)]$이다. 보조정리로부터, kl의 모든 소인수는 $kb(x)$ 또는 $lc(x)$ 중 어느 한 다항식의 인수와 소거할 수 있다. ■

차수가 양수인 다항식 $a(x)$가 F 위에서 '가약'이라는 것은 $F[x]$에서 $a(x) = b(x)c(x)$이고 차수가 양수인 다항식 $b(x)$, $c(x)$가 존재할 때였음을 기억하여라. 그런 다항식이 '없으면' $a(x)$는 F 위에서 '기약'이다.

이 용어를 사용하기로 하면, 정리 5는 '$\mathbb{Q}$ 위에서 가약인 정수 계수 다항식은 $\mathbb{Z}$ 위에서도 가약이다'는 명제이다.

25장에서 모든 다항식은 기약다항식으로 분해할 수 있음을 본 바 있다. 어떤 다항식을 완전히 기약다항식으로 인수분해하기 위해서는, 어떤 다항식이 기약인지 아닌지 식별할 수 있어야 한다! 이는 항상 쉬운 일만은 아니다. 그렇지만 $\mathbb{Q}$ 위에서 기약다항식을 식별할 때 놀랄 만큼 잘 통하는 방법이 하나 있다.

정리 6. [아이젠슈타인 기약성 판정법] $a(x) = a_0 + a_1x + \cdots + a_nx^n$이 정수 계수 다항식이라 하자. 최고차항 a_n을 제외한 $a(x)$의 모든 계수를 나누는 소수 p가 존재한다고 하자. p가 a_n을 나누지 '않으며', p^2이 a_0을 나누지 '않는다'고 하자. 그러면 $a(x)$는 $\mathbb{Q}$ 위에서 기약다항식이다.

증명: $a(x)$를 $\mathbb{Q}$ 위에서 $a(x) = b(x)c(x)$로 분해할 수 있다면, 정리 5에 의해 $b(x)$와 $c(x)$가 정수 계수를 가진다고 가정해도 좋다. 이를 다음처럼 두자.

$$b(x) = b_0 + \cdots + b_kx^k \quad \text{및} \quad c(x) = c_0 + \cdots + c_mx^m$$

이때 $a_0 = b_0c_0$이고 p는 a_0을 나누지만 p^2은 a_0을 나누지 않는다. 따라서 b_0과 c_0 중 '오직' 하나만이 p를 나눈다. $p \mid c_0$이지만 $p \nmid b_0$이라 해 보자. 다음으로 $a_n = b_kc_m$이고 $p \nmid a_n$이므로 $p \nmid c_m$이다.

$p \nmid c_s$인 가장 작은 정수를 s라 하자. 이때

$$a_s = b_0c_s + b_1c_{s-1} + \cdots + b_sc_0$$

인데, c_s의 선택으로부터 오른쪽에서 b_0c_s를 제외한 모든 항은 p로 나누어진다. 그런데 a_s '또한' p로 나누어지므로 b_0c_s도 p로 나누어져야만 한다. $p \nmid b_0$ 및 $p \nmid c_s$이므로 이는 불가능하다. 따라서 $a(x)$는 인수분해할 수 없다. ■

예를 들어 $x^3 + 2x^2 + 4x + 2$는 $\mathbb{Q}$ 위에서 인수분해할 수 없는데, $p = 2$가 아이젠슈타인 판정법의 조건을 만족하기 때문이다.

$\mathbb{R}$와 $\mathbb{C}$ 위에서의 다항식

고전 수학에서 가장 심오한 정리 중의 하나는 복소수 계수 다항식과 관련돼 있다. 전통적인 대수학의 틀에서 매우 중요하기 때문에 '대수학의 기본 정리'라 부르는데, 다음 명

제를 말한다.

> 상수가 아닌 복소수 계수 다항식은 복소수 근을 가진다.

(이 정리는 미적분학의 방법에 기반하여 증명하며, 대부분의 복소해석학 책에서 찾을 수 있다. 여기서는 생략한다.)

이로부터 '$\mathbb{C}[x]$의 기약다항식은 정확히 차수가 1인 것들이다'라는 사실이 곧바로 나온다. 만약 $\mathbb{C}[x]$에서 $a(x)$가 차수가 1보다 큰 다항식이라면 대수학의 기본 정리에 의해 근 c를 가지므로, $x-c$를 인수로 갖기 때문이다.

$\mathbb{C}[x]$의 모든 다항식은 기약다항식으로 인수분해할 수 있다. 기약다항식이 모두 차수가 1이므로, $a(x)$가 $\mathbb{C}$ 위에서 차수가 n인 다항식이라면 다음처럼 인수분해할 수 있다.

$$a(x) = k(x-c_1)(x-c_2) \cdots (x-c_n)$$

특히 '$a(x)$의 차수가 n이면, $a(x)$는 (꼭 다를 필요는 없는) n개의 복소근 $c_1, \cdots, c_n$을 가진다.'

모든 실수 a는 복소수이므로 ($a=a+0i$) 방금의 명제는 실수 계수 다항식에도 동등하게 적용할 수 있다. 특히 $a(x)$가 실수 계수를 가지며 차수가 n인 다항식이면, 복소수 (이 중 몇 개는 실수일 수도 있다) $c_1, \cdots, c_n$에 대해 $a(x)=k(x-c_1)\cdots(x-c_n)$으로 분해할 수 있다.

이 장을 맺기 전에 다음 보조정리를 언급하기로 하자.

보조정리. $a(x) \in \mathbb{R}[x]$라 하자. $a+bi$가 $a(x)$의 근이면, $a-bi$도 $a(x)$의 근이다.

증명: $a-bi$를 $a+bi$의 켤레복소수라고 부른다는 것을 기억하자. r가 임의의 복소수일 때, r의 켤레복소수는 $\bar{r}$라고 쓴다. $f(r)=\bar{r}$가 $\mathbb{C}$에서 $\mathbb{C}$로의 준동형사상임을 쉽게 보일 수 있다. (실은 동형사상이다.) 임의의 '실수' a에 대해 $f(a)=a$이다. 따라서 만약 $a(x)$의 계수가 실수라면, $f(a_0+a_1r+\cdots+a_nr^n)=a_0+a_1\bar{r}+\cdots+a_n\bar{r}^n$이다. $f(0)=0$이므로

r가 $a(x)$의 근이면, $\bar{r}$도 $a(x)$의 근이라는 사실이 나온다. ■

이제 $a(x)$가 실수 계수를 갖는 다항식이고, $r=a+bi$가 $a(x)$의 복소수 근이라고 하자. 그러면 $\bar{r}$도 $a(x)$의 근이다.

$$(x-r)(x-\bar{r})=x^2-2ax+(a^2+b^2)$$

인데, 이는 '계수가 실수'인 2차 다항식이다! 따라서 '실수 계수의 다항식은 $\mathbb{R}[x]$에서 차수가 1 또는 2인 다항식으로 분해할 수 있다'는 것을 보였다. 특히 $\mathbb{R}[x]$의 기약다항식은 1차 다항식과, 기약인 2차 다항식, 즉 $b^2-4ac<0$인 ax^2+bx+c 꼴들이다.

연습문제

A. 유한체 위의 다항식의 근 찾기

유한체 F 위에서 $a(x)$의 근을 찾는 가장 간단한 방법은 (F가 작은 경우) 방정식 $a(x)=0$에 F의 모든 원소를 대입하여 조사하는 것이다.

1. $\mathbb{Z}_5[x]$에서 다음 다항식의 근을 모두 구하고, 다항식을 분해하여라.

$$x^3+x^2+x+1,\quad 3x^4+x^2+1,\quad x^5+1,\quad x^4+1,\quad x^4+4$$

 # 2. 페르마의 작은 정리를 써서 $\mathbb{Z}_7[x]$에서 다음 다항식의 근을 모두 구하여라.

$$x^{100}-1,\quad 3x^{98}+x^{19}+3,\quad 2x^{74}-x^{55}+2x+6$$

3. 페르마의 작은 정리를 써서, $\mathbb{Z}_7[x]$에서 차수가 $\leqslant 6$이면서 다음 다항식과 함수로서 같은 것을 찾아내어라.

$$3x^{75}-5x^{54}+2x^{13}-x^2,\quad 4x^{108}+6x^{101}-2x^{81},\quad 3x^{103}-x^{73}+3x^{55}-x^{25}$$

4. $\mathbb{Z}_p[x]$의 모든 다항식은 차수가 $< p$인 어떤 다항식과 같은 근을 갖는 이유를 설명하여라.

B. $\mathbb{Q}$ 위에서 다항식의 근 찾기

 # 1. 다음 다항식의 모든 유리수 근을 구하고, $\mathbb{Q}[x]$에서 기약다항식으로 분해하여라.

$$9x^3+18x^2-4x-8, \quad 4x^3-3x^2-8x+6,$$

$$2x^4+3x^3-8x-12, \quad 6x^4-7x^3+8x^2-7x+2$$

2. 1번의 다항식 각각을 $\mathbb{R}[x]$ 및 $\mathbb{C}[x]$에서 분해하여라.

3 다음 다항식 각각과 동반인 정수 계수 다항식을 모두 찾아라.

$$x^3+\frac{3}{2}x^2-\frac{4}{9}x-\frac{2}{3}, \quad \frac{1}{2}x^3-\frac{1}{4}x^2-\frac{1}{2}x+\frac{1}{4},$$

$$\sqrt{3}x^3+\frac{1}{\sqrt{3}}x^2-\sqrt{3}x-\frac{1}{\sqrt{3}}$$

4. 3번의 다항식에서 유리수 근을 모두 찾고, $\mathbb{R}$ 위에서 다항식을 분해하여라.

5. $2x^4+3x^2-2$가 유리수 근을 갖는가? $\mathbb{Q}[x]$에서 더 낮은 차수의 두 다항식으로 분해할 수 있는가? 설명하여라.

C. 근에 관련된 짧은 질문

F가 체라고 하자.

1번부터 3번까지 $F[x]$에서 참임을 증명하여라.

1. $p(x)$를 $x-c$로 나누었을 때 나머지는 $p(c)$이다.

2. $(x-c)\mid(p(x)-p(c))$이다.

3. 모든 다항식은 동반 다항식과 같은 근을 가진다.

4. $a(x)$와 $b(x)$가 F에서 같은 근을 가지면, 항상 동반인가? 설명하여라.

5. $a(x)$가 차수 n인 모닉 다항식이고, n개의 근 $c_1, \cdots, c_n \in F$를 가진다면, $a(x) = (x - c_1) \cdots (x - c_n)$임을 증명하여라.

6. $a(x)$와 $b(x)$의 차수가 $< n$이라고 하자. n개의 c 값에 대해 $a(c) = b(c)$이면, $a(x) = b(x)$임을 증명하여라.

7. $\mathbb{Z}_5[x]$에서 기약다항식은 무한히 많다.

#8. $\mathbb{Z}_{10}$에서 $x^2 - x$는 근을 몇 개 갖는가? $\mathbb{Z}_{11}$에서는? 차이를 설명하여라.

D. 아이젠슈타인 판정법 및 주제 변용을 이용하여 $\mathbb{Q}[x]$에서 기약다항식 판정하기

1. 다음 다항식이 $\mathbb{Q}$ 위에서 기약다항식임을 보여라.

$$3x^4 - 8x^3 + 6x^2 - 4x + 6, \quad \frac{2}{3}x^5 + \frac{1}{2}x^4 - 2x^2 + \frac{1}{2}$$

$$\frac{1}{5}x^4 - \frac{1}{3}x^3 - \frac{2}{3}x + 1, \quad \frac{1}{2}x^4 + \frac{4}{3}x^3 - \frac{2}{3}x^2 + 1$$

2. 다항식 $a(y)$가 그 자체로는 아이젠슈타인 판정법의 조건을 만족하지 않더라도, $y = x + c$로 변수를 변환하면 조건을 만족하는 경우가 종종 있다. 만약 $a(x)$가 $p(x)q(x)$로 분해할 수 있으면, $a(x+c)$를 $p(x+c)q(x+c)$로 분해할 수 있음이 명백하다. 따라서 $a(x+c)$의 기약성이 $a(x)$의 기약성을 뜻한다.

(a) 변수 변환 $y = x + 1$을 이용하여 $x^4 + 4x + 1$이 $\mathbb{Q}[x]$에서 기약다항식임을 보여라. [다른

말로 하면, 아이젠슈타인 판정법을 이용하여 $(x+1)^4+4(x+1)+1$이 기약다항식임을 판정하여라.]

(b) 적절한 변수 변환을 써서 다음이 $\mathbb{Q}[x]$에서 기약다항식임을 증명하여라.

$$x^4+2x^2-1, \quad x^3-3x+1, \quad x^4+1, \quad x^4-10^2+1$$

 # 3. 임의의 소수 p에 대해 $x^{p-1}+x^{p-2}+\cdots+x+1$이 $\mathbb{Q}[x]$에서 기약다항식임을 증명하여라.

[힌트: 초등 대수학에서 다음이 성립한다.

$$(x-1)(x^{p-1}+x^{p-2}+\cdots+x+1)=x^p-1$$

따라서 다음이 성립한다.

$$x^{p-1}+x^{p-2}+\cdots+x+1=\frac{x^p-1}{x-1}$$

변수 변환 $y=x+1$을 이용하고 이항 정리를 이용하여 전개하여라.]

4. 25장의 연습문제 G3을 이용하면 상수항이 0이 아닌 다항식에 제한할 때, 다음 함수

$$h(a_0+a_1x+\cdots+a_nx^n)=a_n+a_{n-1}x+\cdots+a_0x^n$$

는 기약다항식을 기약다항식에 대응한다. 이 사실을 이용하여 아이젠슈타인의 기약성 판정법의 쌍대 버전을 진술하여라.

5. 4번을 이용하여 다음 각각이 $\mathbb{Q}[x]$에서 기약다항식임을 보여라.

$$6x^4+4x^3-6x^2-8x+5, \quad x^4-\frac{1}{2}x^2+\frac{3}{2}x-\frac{4}{3},$$

$$x^3+\frac{1}{2}x^2-\frac{3}{2}x+\frac{6}{5}$$

E. 차수 ≤ 4인 다항식의 기약성

1. F를 임의의 체라고 하자. $a(x)$가 $F[x]$에서 2차 또는 3차 다항식일 때, $a(x)$가 $F[x]$에서 기약다항식인 것과 $a(x)$가 F에서 근을 갖지 않는 것이 동치조건인 이유를 설명하여라.

2. 다음 다항식들이 $\mathbb{Q}[x]$에서 기약임을 증명하여라.

$$\frac{1}{2}x^3 + 2x - \frac{3}{2}, \quad 3x^2 - 2x - 4,$$

$$x^3 + x^2 + \frac{3}{2}x + \frac{1}{2}, \quad x^3 + \frac{1}{2}, \quad x^2 - \frac{5}{2}x + \frac{3}{2}$$

3. $F[x]$에서 차수가 4인 모닉 다항식 $a(x)$가 F에서 근을 갖지 않는다고 하자. 이때 $a(x)$가 가약인 것과, 두 개의 2차식 $x^2 + ax + b$와 $x^2 + cx + d$의 곱인 것, 다시 말해

$$a(x) = x^4 + (a+c)x^3 + (ac+b+d)x^2 + (bc+ad)x + bd$$

꼴인 것이 동치조건이다. 만약 $a(x)$의 계수가 어떤 $a, b, c, d \in F$에 대해서도 이런 꼴이 아니면, $a(x)$는 기약다항식이어야 한다.

예제 $a(x) = x^4 + 2x^3 + x + 1$이라면, $bd = 1$이므로 $b = d = \pm 1$이고, 따라서 $bc + ad = \pm(a+c)$이어야 한다. 그러나 $a + c = 2$이고 $bc + ad = 1$이므로 이는 불가능하다.

다음 다항식들이 $\mathbb{Q}[x]$에서 기약다항식임을 증명하여라. (정리 5를 이용하여, a, b, c, d가 정수인 것만 찾아라.)

$$x^4 - 5x^2 + 1, \quad 3x^4 - x^2 - 2, \quad x^4 + x^3 + 3x + 1$$

4. 다음 다항식들이 $\mathbb{Z}_5[x]$에서 기약임을 증명하여라.

$$2x^3 + x^2 + 4x + 1, \quad x^4 + 2, \quad x^4 + 4x^2 + 2, \quad x^4 + 1$$

F. $\mathbb{Z}_n$ 위로 사상하여 $\mathbb{Q}$ 위에서의 기약성을 판별하기

$h: \mathbb{Z} \to \mathbb{Z}_n$이 자연 준동형사상일 때, $\bar{h} : \mathbb{Z}[x] \to \mathbb{Z}_n[x]$를 다음처럼 정의하자.

$$\bar{h}(a_0 + a_1x + \cdots + a_nx^n) = h(a_0) + h(a_1)x + \cdots + h(a_n)x^n$$

24장 연습문제 G에서 $\bar{h}$가 준동형사상임을 증명하였다. 이 사실을 가정하고 증명하여라.

#1. $\bar{h}(a(x))$가 $\mathbb{Z}_n[x]$에서 기약다항식이고 $a(x)$가 모닉이면, $a(x)$는 $\mathbb{Z}[x]$에서 기약다항식이다.

2. $\mathbb{Z}$에서 $\mathbb{Z}_5$로의 자연 준동형사상을 이용하여 $x^4 + 10x^3 + 7$이 기약다항식임을 보여라.

3. 다음은 $\mathbb{Q}[x]$에서 기약다항식이다. (적당한 n에 대해 $\mathbb{Z}$에서 $\mathbb{Z}_n$으로의 자연 준동형사상을 이용하여라.)

$$x^4 - 10x^2 + 1, \quad x^4 + 7x^3 + 14x^2 + 3, \quad x^5 + 1$$

G. A가 정역일 때 $A[x]$에서의 근과 인자들

A가 체가 아니라 단순히 정역일 때도 $A[x]$에서 정리 1, 2, 3이 여전히 성립한다는 사실은 유용하다. 다만 나눗셈 정리의 사용을 피해야 하므로 정리 1의 증명을 약간 변경해야만 한다. 이를 위해 다음처럼 진행한다.

$a(x) = a_0 + a_1x + \cdots + a_nx^n$이고 c가 $a(x)$의 근일 때, 다음을 생각한다.

$$a(x) - a(c) = a_1(x - c) + a_2(x^2 - c^2) + \cdots + a_n(x^n - c^n)$$

1. $k = 1, \cdots, n$에 대해 다음을 증명하여라.

$$a_k(x^k - c^k) = a_k(x - c)(x^{k-1} + x^{k-2}c + \cdots + c^{k-1})$$

2. 1번으로부터 어떤 $q(x)$에 대해 $a(x)-a(c)=(x-c)q(x)$라는 결론을 내려라.

3. A가 체가 아니더라도 정역이면 이 증명이 타당한 이유를 설명하여, 정리 1의 증명을 완성하여라.

4. A가 정역일 때 $A[x]$에서 정리 2와 정리 3이 맞는지 조사하여라.

H. 보간 다항식

x값(예를 들어 $x=a_0, a_1, \cdots, a_n$)과 대응하는 y값(예를 들어 $y=b_0, b_1, \cdots, b_n$)이 주어져 있고, $f(a_0)=b_0,\ f(a_1)=b_1,\ \cdots,\ f(a_n)=b_n$인 함수 $y=f(x)$를 찾는 문제가 다항식의 가장 중요한 응용 중 하나이다. 이 목적에 맞으면서도 가장 간단하고 가장 유용한 종류의 함수가 차수가 낮은 다항 함수들이다.

주어진 점 $a_0, a_1, \cdots, a_n$에서 주어진 값 $b_0, b_1, \cdots, b_n$을 취하는 차수 n인 다항식, 다시 말해

$$p(a_0)=b_0,\ p(a_1)=b_1,\ \cdots,\ p(a_n)=b_n$$

인 $p(x)$를 구성할 때 흔히 이용하는 기교를 생각하려고 한다. 먼저 각 $i=0, 1, \cdots, n$에 대해 다음처럼 두자.

$$q_i(x)=(x-a_0)\cdots(x-a_{i-1})(x-a_{i+1})\cdots(x-a_n)$$

1. $j\neq i$에 대해 $q_i(a_j)=0$이고, $q_i(a_i)\neq 0$임을 보여라.

$q_i(a_i)=c_i$라 하고, $p(x)$를 다음처럼 정의하자.

$$p(x)=\sum_{i=0}^{n}\frac{b_i}{c_i}q_i(x)=\frac{b_0}{c_0}q_0(x)+\cdots+\frac{b_n}{c_n}q_n(x)$$

[이를 '라그랑주 보간 공식'(Lagrange interpolation formula)이라 부른다.]

2. $p(a_0) = b_0$, $p(a_1) = b_1$, $\cdots$, $p(a_n) = b_n$인 이유를 설명하여라.

 # 3. $p(a_0) = b_0$, $p(a_1) = b_1$, $\cdots$, $p(a_n) = b_n$이고 차수 $\leqslant n$인 다항식 $p(x)$는 '오직' 하나 존재함을 증명하여라.

4. F가 유한체일 때 F에서 F로의 모든 함수는 어떤 다항 함수와 같음을 라그랑주 보간 공식을 이용하여 증명하여라. (실제로 이 다항식의 차수는 F의 원소의 개수보다 작다.)

5. $t(x)$가 $F[x]$의 다항식이고, $a_0, \cdots, a_n \in F$이면, 차수가 $\leqslant n$이면서 $p(a_0) = t(a_0)$, $p(a_1) = t(a_1)$, $\cdots$, $p(a_n) = t(a_n)$인 유일한 다항식 $p(x)$를 $t(x)$와 $a_0, \cdots, a_n$에 대한 '라그랑주 보간자'(Lagrange interpolator)라 부른다. $t(x)$를 $(x - a_0)(x - a_1) \cdots (x - a_n)$으로 나눈 나머지는 라그랑주 보간자임을 증명하여라.

I. 유한체 위의 다항 함수

1. $\mathbb{Z}_5[x]$에서 다음과 함수로서 같은 다항식을 세 개 찾아라.

$$x^2 - x + 1$$

2. 임의의 소수 p에 대해 $\mathbb{Z}_p[x]$에서 $x^p - x$의 근이 p개임을 증명하여라. $\mathbb{Z}_p[x]$에서 $x^p - x$를 다음처럼 분해할 수 있다는 결론을 끌어내어라.

$$x^p - x = x(x-1)(x-2) \cdots [x - (p-1)]$$

3. $a(x)$와 $b(x)$가 $\mathbb{Z}_p[x]$에서 동일한 함수를 결정하면, 다음이 성립함을 증명하여라.

$$(x^p - x) \mid (a(x) - b(x))$$

이어지는 네 문제에서 F는 임의의 유한체이다.

 # 4. $a(x)$와 $b(x)$가 $F[x]$에 속한다고 하자. $a(x)$와 $b(x)$가 함수로서 같고, F의 원소의 개수가 $a(x)$의 차수 및 $b(x)$의 차수보다 많으면, $a(x)=b(x)$임을 증명하여라.

5. 함수로서 0 함수와 같은 모든 $a(x)$의 집합은 $F[x]$의 아이디얼임을 증명하여라. 생성원은 무엇인가?

6. $\mathcal{F}(F)$를 F에서 F로의 모든 함수가 이루는 환으로, $\mathcal{F}(\mathbb{R})$와 같은 방식으로 연산을 정의했다고 하자. $h: F[x] \to \mathcal{F}(F)$가 다항식 $a(x)$를 이 다항식이 결정하는 다항 함수로 보낸다고 하자. h가 $F[x]$에서 $\mathcal{F}(F)$로의 '전사'인 준동형사상임을 보여라. (주의: h가 '전사'임을 보이기 위해 연습문제 H4를 이용하여라.)

7. $F=\{c_1, \cdots, c_n\}$ 및 $p(x)=(x-c_1)\cdots(x-c_n)$이라 하자. 다음을 증명하여라.

$$F[x]/\langle p(x)\rangle \cong \mathcal{F}(F)$$

27장

체의 확장

지금까지 이 책의 26장 동안 배우들을 소개했고, 거대하고 복잡한 무대 위에 상황을 설정했다. 이제는 연기를 시작할 때이다. 세심한 주의를 기울여 모든 개념을 정의했으며, 미묘하고 미세한 차이조차 이제부터 펼칠 얘기 속에서 미리 정해둔 역할을 할 것이기 때문에, 지금까지의 모든 노력이 헛되지 않았다는 걸 알게 되어 놀랄 것이다.

현대 대수학이 뻗어나가며 다른 수학 분야와 합쳐지는 것을 보게 될 것이며, 겉보기에는 현대 대수학과 전혀 관련이 없어 보이는 광범위한 문제를 푸는 데 대수학의 도구를 이용할 수 있다는 것을 보게 될 것이다. 기하학, 수에 대한 수수께끼, 방정식의 해와 관련된 문제들 중 어떤 것은 수학 초창기까지 거슬러 올라간다. 매 시대마다 수학이라는 예술의 위대한 스승들도 이런 문제를 풀 도구가 없었기 때문에 못 푼 채 남겨둔 문제들이다. 이제는 약간의 현대 대수학을 가미하여 해답을 드러낼 것이다.

현대 대수학은 상아탑 위에 세워져 있지 않았으며, 다른 수학과 연계되거나 그로부터 이끌어 내거나 해를 제공하는 등, 핵심적인 부분들을 함께 창조해 왔다. 물론 여기에 제시한 것과 같은 방법론을 써서 발달했던 것은 아니다. 첫 학기 추상 대수학 강좌에서 모든 흐름과 역류들, 모든 성공과 실패들, 잘못된 출발들을 반복하는 것은 무의미하다. 우리는 이를 만들어내기 위해 무시할 수 없는 고통과 노력이 들어간 최종 산물을 내놓을 것이다. 이런 경우 주어진 개념의 근원이나 이를 탄생케 한 구체적인 문제를 모르므로, 학생들이 그 개념이 무엇을 뜻하며 왜 만들어진 것인지 당혹해할 수 있다는 약점이 있긴 하다.

이제부터 우리가 지금까지 해 온 것들에 정당성을 부여하고, 그런 종류의 질문에 빛을 비추어 지금까지 도입한 개념들이 의도한 목적에 맞춰 올바르게 고안한 것임을 설명하려고 한다.

고전적인 수학은 대부분 체, 특히 $\mathbb{Q}$, $\mathbb{R}$, $\mathbb{C}$라는 틀에서 시작한다. 방정식의 이론은 $\mathbb{R}$과 $\mathbb{C}$ 위의 다항식을 다루며, 미적분학은 $\mathbb{R}$ 위에서의 함수와 관련돼 있고, 평면 기하학은 $\mathbb{R}\times\mathbb{R}$에서 시작한다. 따라서 이런 주제들을 일반화하고 통합하기 위한 현대적 노력의 중심에 체에 대한 연구가 있었다는 것은 놀랍지 않다. 기하학부터 실질적인 계산에 이르기까지 광범위한 종류의 문제를 체의 언어로 번역할 수 있으며, 전적으로 체의 이론의 용어를 써서 형식화할 수 있음이 밝혀졌다. 체의 이론을 연구하는 것이 남은 장에서의 중심적인 관심이긴 하지만, 커다란 강물의 지류들이 그러하듯 다른 주제들이 이에 합쳐지고 흘러들어오는 것을 보게 될 것이다.

F가 체일 때 F의 '부분체'(subfield)는 F의 공집합이 아닌 부분집합으로 덧셈, 뺄셈, 곱셈, 나눗셈에 대해 닫혀있을 때를 말한다. (덧셈, 반원, 곱셈, 곱에 대한 역원에 대해 닫혀있다는 말과 동등하다.) K가 F의 부분체일 때 K는 자체로도 체라는 것은 이미 알고 있다.

K가 F의 부분체일 때, F를 K의 '확대체'(extension field)라고도 말한다. 맥락상 F와 K가 체라는 것이 명백할 때에는 그냥 F를 K의 '확장'(extension)이라고도 말한다.

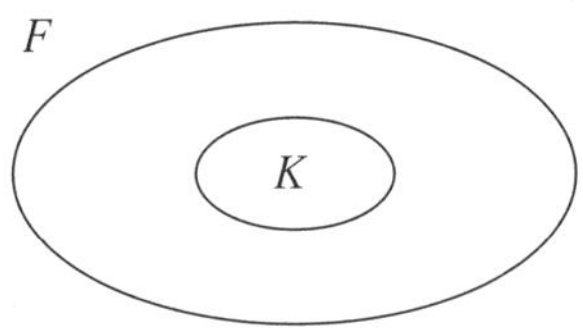

주어진 체 F에 대해, F의 '내부'를 살펴보며 F의 모든 부분체를 찾을 수 있다. 반면 F의 '외부'를 살펴보며 F의 모든 확대체를 찾을 수도 있다. F와 이의 부분체 사이의 관계가 있듯, F와 이의 확대체 사이에도 흥미로운 관련이 있다. 곧 보겠지만 이런 관계 중 하나는 라그랑주 정리를 '안팎으로 뒤집은' 버전을 강하게 연상시킨다.

체의 확장을 관심 있게 살펴야 할 이유가 무엇일까? 여러 가지 이유가 있지만, 특별한 이유가 하나 있다. F가 임의의 체일 때, 대개는 F 위의 다항식 중에 F 내에서 근을 갖지 않는 다항식이 있다. 예를 들어 x^2+1은 $\mathbb{R}$에서 해를 갖지 않는다. 이런 상황이 불운하긴 하지만, 희망은 있는 것으로 드러난다. 곧 보겠지만 임의의 체 F 위의 모든 다항식이 '근을 갖기' 때문이다. 이 근들이 이미 F에 있는 경우가 '아니면', F의 적당한 확장 속에 있다. 예를 들어 $x^2+1=0$은 $\mathbb{C}$에서 해를 가진다.

다항식을 인수분해하고 근을 끄집어낼 때 $\mathbb{C}$는 유토피아다! $\mathbb{C}$에서는 차수가 n인 다항식 $a(x)$는 정확히 n개의 근 $c_1, \cdots, c_n$을 가지며, 따라서 $a(x)=k(x-c_1)(x-c_2)\cdots(x-c_n)$으로 인수분해할 수 있다. 모든 체가 이런 이상적인 상황을 향유하는 것은 아니며, 오히려 그와는 거리가 멀다! 임의의 체 F에서 차수가 n인 다항식은 근이 아예 없는 것부터 근이 n개인 것까지 임의의 개수만큼의 근이 있을 수 있으므로, 어떤 차수든 기약다항식이 있을지도 모른다. 다항 방정식의 해에 대한 우아한 이론을 기대할 수 없게 하는 지저분한 상황이다. 그렇지만 F 위에서 차수가 n인 임의의 다항식 $a(x)$에 대해 'F의 적당한 확대체 E에서는 정확히 n개의 근을 갖게' 할 수 있음이 드러난다. 따라서 $a(x)$는 $E[x]$에서 다음처럼 분해할 수 있다.

$$a(x)=k(x-c_1)(x-c_2)\cdots(x-c_n)$$

따라서 체 F를 키운다는 방편을 써서 낙원을 되찾았다. 확대체에 대해 우리가 관심을 두는 가장 강력한 이유 중 하나가 바로 이것이다. 다항 방정식의 해에 대한 잘 다듬어지고 우아한 이론을 확대체가 제공해 주기 때문이다.

이제 작업에 착수하자! E가 체이고 F가 부분체라고 하고, c를 E의 임의의 원소라 하자.

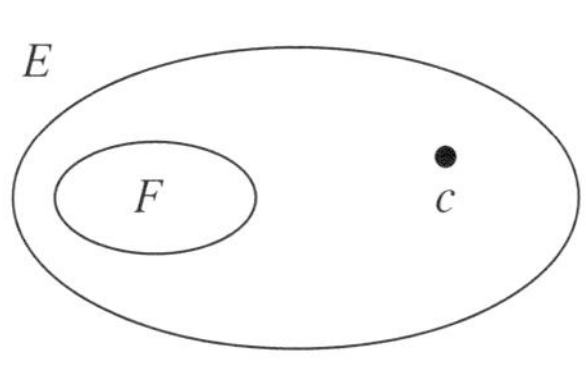

이때 '대입 함수'(substitution function) σ_c를 다음처럼 정의한다.

$F[x]$의 모든 다항식 $a(x)$에 대해

$$\sigma_c(a(x)) = a(c)$$

이다. 따라서 σ_c는 'x 대신 c를 대입'하는 함수이다. 이는 $F[x]$에서 E로의 함수이다. 사실 σ_c는 '준동형사상'인데, 다음 때문임을 알 수 있다.

$$\underbrace{\sigma_c(a(x)+b(x))}_{a(c)+b(c)} = \underbrace{\sigma_c(a(x))}_{a(c)} + \underbrace{\sigma_c(b(x))}_{b(c)}$$

$$\underbrace{\sigma_c(a(x)b(x))}_{a(c)b(c)} = \underbrace{\sigma_c(a(x))}_{a(c)}\underbrace{\sigma_c(b(x))}_{b(c)}$$

준동형사상 σ_c의 핵은 $a(c) = \sigma_c(a(x)) = 0$인 모든 다항식 $a(x)$의 집합이다. 따라서 'c가 $a(x)$의 근인 $F[x]$의 다항식 $a(x)$ 전체가 구성하는 집합이 σ_c의 핵'이다.

σ_c의 핵을 J_c로 나타내자. 임의의 준동형사상의 핵은 아이디얼이므로, J_c는 $F[x]$의 아이디얼이다.

E의 원소 c가 'F 위에서 대수적'(algebraic over F) 또는 대수적 원소라는 것은 $F[x]$의 영이 아닌 어떤 다항식 $a(x)$의 근일 때를 말한다. 그렇지 않으면 c가 'F 위에서 초월적'(transcendental over F)이라고 말한다. c가 F 위에서 대수적인 것과 J_c가 0이 아닌 다항식을 포함하는 것이 동치조건이며, 초월적인 것과 $J_c = \{0\}$인 것이 동치조건이다.

이제 c가 대수적인 경우로 이목을 제한하겠다. 초월적인 경우는 이 장의 끝에 있는 연습문제 G에서 다룰 것이다.

이제 c가 F 위에서 대수적이라고 하고, J_c를 'x 대신 c를 대입'하는 함수 σ_c의 핵이라 하자. $F[x]$에서 모든 아이디얼이 주아이디얼임을 기억하면, 어떤 다항식 $p(x)$에 대해 $J_c = \langle p(x) \rangle =$ '$p(x)$의 배수 전체의 집합'이다. J_c의 모든 다항식이 $p(x)$의 배수이며, $p(x)$는 'J_c에 속하는 영이 아닌 다항식 중 차수가 가장 낮은 다항식'이다. 이때 $p(x)$가 기약다항식임을 보이는 것은 쉽다. 그렇지 않다면 더 낮은 차수의 다항식의 곱, 예를 들어 $p(x) = f(x)g(x)$로 분해할 수 있었을 것이다. 그런데 $0 = p(c) = f(c)g(c)$이므로 $f(c) = 0$이거나 $g(c)=0$이고, 따라서 $f(x)$ 또는 $g(x)$가 J_c에 속해야 한다. 그런데 $p(x)$가 J_c에 속하는 영이 아닌 다항식 중 '차수가 가장 낮은' 다항식인데, $f(x)$와 $g(x)$는 $p(x)$보다 차수가 낮기 때문에 이는 불가능하다.

$p(x)$의 모든 '상수'배는 J_c에 속하므로, $p(x)$를 모닉인 것, 다시 말해 최고차항이 1인 것으로 택할 수 있다. 그러면 $p(x)$는 J_c에 속하고 차수가 가장 낮은 '유일한' 모닉 다항식이다. (또한 J_c에서 모닉이면서 기약인 유일한 다항식이기도 하다.) 이 다항식 $p(x)$를 F 위에서 c의 '최소다항식'(minimum polynomial)이라 부르는데, 앞으로의 논의에서 대단히 중요하다.

예를 들어 보자. $\mathbb{R}$는 $\mathbb{Q}$의 확대체이고, $\mathbb{R}$는 무리수 $\sqrt{2}$를 포함한다. 함수 $\sigma_{\sqrt{2}}$는 'x 대신 $\sqrt{2}$를 대입'하는 함수이므로, 예를 들어 $\sigma_{\sqrt{2}}(x^4-3x^2+1)=\sqrt{2}^4-3\sqrt{2}^2+1=-1$이다. 위의 논의로부터 $\sigma_{\sqrt{2}}: \mathbb{Q}[x]\to\mathbb{R}$는 준동형사상이며 $\sqrt{2}$를 근으로 갖는 $\mathbb{Q}[x]$의 모든 다항식이 구성하는 집합이 핵이다. $\mathbb{Q}[x]$에서 $\sqrt{2}$를 근으로 갖는 가장 낮은 차수의 모닉 다항식은 $p(x)=x^2-2$이다. 따라서 $\mathbb{Q}$ 위에서 $\sqrt{2}$의 최소다항식은 x^2-2이다.

이제 σ_c의 '치역'으로 이목을 돌려 보자. σ_c가 준동형사상이므로, 치역은 덧셈, 곱셈, 반원에 대해 닫혀있음이 분명한데, 곱에 대한 역원에 대해 닫혀있는지는 명백하지 않다. 명백하지는 않지만 실제로 곱에 대한 역원에 닫혀있는데, 전혀 자명하지 않으며 꽤 놀라운 사실이다. 이를 증명하기 위해 σ_c의 치역에서 영이 아닌 원소를 $f(c)$라 하자. $f(c)\neq 0$이므로 $f(x)$는 σ_c의 핵에 포함돼 있지 않다. 따라서 $f(x)$는 $p(x)$의 배수가 아닌데 $p(x)$가 기약다항식이므로 $f(x)$와 $p(x)$가 '서로소'라는 사실이 나온다. 따라서 $s(x)f(x)+t(x)p(x)=1$인 다항식 $s(x)$와 $t(x)$가 존재한다. 하지만 그럴 경우

$$s(c)f(c)+t(c)\underbrace{p(c)}_{=0}=1$$

이므로 $s(c)$는 $f(c)$의 곱에 대한 역원이다.

방금 'σ_c의 치역은 E의 부분체'라는 것을 보였다. 그런데 σ_c의 치역은 $F[x]$의 모든 원소 $a(x)$에 대해 $a(c)$ 전체의 집합이다.

$$\sigma_c\text{의 치역}=\{a(c): a(x)\in F[x]\}$$

방금 σ_c의 치역이 체라는 것을 보았는데, 사실 이 체는 'F와 c를 포함하는 가장 작은 체'

이다. 실제로 F와 c를 포함하는 모든 체는 다음 꼴의 모든 원소를 포함할 수밖에 없다.

$$a_0 + a_1 c + \cdots + a_n c^n \ \ (a_0, \cdots, a_n \in F)$$

다른 말로 하면, σ_c의 치역에 속하는 모든 원소를 포함해야 한다.

'F와 c를 포함하는 가장 작은 체'라는 것은 F와 c를 포함하는 체이면서, F와 c를 포함하는 다른 체에는 항상 포함된다는 것을 뜻한다. 이 체를 'F와 c가 생성하는' 체라고 부르고, 다음처럼 중요한 기호로 나타낸다.

$$F(c)$$

이제 우리가 가진 것을 요약해 보자. 'σ_c는 $F[x]$를 정의역으로 하고 $F(c)$를 치역으로 하며, $J_c = \langle p(x) \rangle$를 핵으로 하는 준동형사상이다.' 따라서 준동형사상의 기본 정리에 의해 다음이 성립한다.

$$\boxed{F(c) \cong F[x]/\langle p(x) \rangle}$$

여기에서 흥미로운 측면이 하나 있다. c와 d가 E의 원소이며 $p(x)$의 근이면, 방금 증명한 것에 의하면 $F(c)$와 $F(d)$는 모두 $F[x]/\langle p(x) \rangle$와 동형이므로, 서로 동형이다.

c와 d가 $F[x]$에서 동일한 기약다항식 $p(x)$의 근이면, $F(c) \cong F(d)$이다.

특히 주어진 F와 c에 대해, 동형인 것을 같다고 치면 $F(c)$는 유일하다는 것을 보여 준다.

이제 우리의 주요 목적을 돌이켜 볼 시간이다. F에서 근을 갖지 않는 $F[x]$의 다항식 $a(x)$에 대해, F를 체 E로 확장하여 $a(x)$의 해를 갖게 하고 싶었다. 어떻게 할 수 있을까?

관찰부터 하자. F의 확대체를 찾는 것은 F의 부분체를 찾는 것만큼 쉽지는 않다. F의 부분체는 '이미 있는' 집합의 부분집합이므로 '거기 있는 것'이다! 하지만 F의 확대체는 '아직 없는 것'이다. 어떻게든 F 주변에 만들어야만 하는 것이다.

$p(x)$가 $F[x]$의 기약다항식이라 하자. 만약 $p(x)$의 근 c를 포함하는 체 E로 F를 확장할 수 있다면, $F(c)$가 F의 확대체이면서 $p(x)$의 근을 포함하므로 우리가 찾던 체임을 이

미 본 바 있다. 더욱이 $F(c)$는 $F[x]/\langle p(x)\rangle$와 동형이었다. 따라서 '우리가 찾는 확대체는 정확히 $F[x]/\langle p(x)\rangle$이다.' 이 결과는 다음 정리에 요약하였다.

확대체의 기초 정리. F가 체이고 $a(x)$가 $F[x]$에서 영이 아닌 다항식이라 하자. F의 확대체 E 중에서, E의 어떤 원소 c가 $a(x)$의 근이 되는 것이 존재한다.

증명: 먼저 $a(x)$를 $F[x]$에서 기약다항식으로 인수분해할 수 있다. $p(x)$가 $a(x)$의 영이 아닌 기약 인자라 할 때, $p(x)$의 근을 포함하는 F의 확대체를 찾으면 충분한데, 그 근은 $a(x)$의 근이기도 하기 때문이다.

25장의 연습문제 D4에서 독자들에게 $p(x)$가 $F[x]$의 기약다항식일 때 $\langle p(x)\rangle$가 $F[x]$의 극대아이디얼이라는 간단한 증명을 채워주길 요청한 바 있다. 더욱이 19장 끝부분의 논증으로부터 $\langle p(x)\rangle$가 $F[x]$의 극대아이디얼이면, 몫환 $F[x]/\langle p(x)\rangle$는 체였다.

따라서 바라던 F의 확대체가 $F[x]/\langle p(x)\rangle$라는 것을 증명하는 일만 남았다. $J=\langle p(x)\rangle$라 쓰기로 할 때, $F[x]/J$의 모든 원소는 J의 나머지류임을 기억하자. F의 각 원소 a를 나머지류 $J+a$와 동일시할 때 $F[x]/J$가 F의 확대체임을 증명할 것이다.

더 정확히 말해 $h: F \to F[x]/J$를 $h(a)=J+a$라 정의하자. h는 F의 모든 원소 a를 $F[x]/J$에서 나머지류 $J+a$를 맺어주는 함수임에 주목하자. 이제 h가 동형사상임을 보일 것이다.

친숙한 나머지류의 덧셈 및 곱셈에 의해 h는 준동형사상이다. 그런데 체 사이의 준동형사상은 모두 단사이다.■ (준동형사상의 핵은 아이디얼인데, 체는 비자명 아이디얼을 갖지 않기 때문이다.) 따라서 h는 정의역과 치역 사이에서 동형사상이다.

h의 치역은 무엇일까? $a \in F$일 때 나머지류 $J+a$ 전체, 다시 말해 상수 다항식의 나머지류 전체가 치역을 이룬다. (a가 F에 속하면, a는 상수 다항식이다.) 따라서 'F는 상수 다항식의 나머지류 전체를 포함하는 $F[x]/J$의 부분체와 동형'이다. 따라서 이 부분체는 F와 동형인 사본이므로 F와 동일시할 수 있고, 따라서 $F[x]/J$는 F의 확대체로 볼 수 있다.

■ 모든 원소를 0으로 보내는 사상은 제외하고 그렇다.— 옮긴이

마지막으로 $p(x)=a_0+a_1x+\cdots+a_nx^n$일 때, 나머지류 $J+x$가 $F[x]/J$에서 $p(x)$의 근임을 보이자. 물론 $F[x]/J$에서는 계수가 a_0, a_1, …, a_n이 아니라, 실은 이들의 나머지류인 $J+a_0$, $J+a_1$, …, $J+a_n$이다. 이제 다음처럼 표기하자.

$$J+a_0=\overline{a_0},\ \cdots,\ J+a_n=\overline{a_n} \text{ 및 } J+x=\overline{x}$$

이때 다음을 증명해야 한다.

$$\overline{a_0}+\overline{a_1}\,\overline{x}+\cdots+\overline{a_n}\,\overline{x}^n=J \quad (J\text{는 0의 나머지류})$$

실제로 계산하면 다음과 같다.

$$\begin{aligned}\overline{a_0}+\overline{a_1}\,\overline{x}+\cdots+\overline{a_n}\,\overline{x}^n &= (J+a_0)+(J+a_1)(J+x)+\cdots+(J+a_n)(J+x)^n\\ &= (J+a_0)+(J+a_1x)+\cdots+(J+a_nx^n)\\ &= J+p(x)\\ &= J \qquad [p(x)\in J\text{이므로}] \quad \blacksquare\end{aligned}$$

이로써 확대체의 기초 정리를 증명했다. 이 정리를 몇차례 잇달아 사용하면 다음을 얻을 수 있음을 관찰하여라.

> $a(x)$가 $F[x]$에서 차수가 n인 다항식이라 하자. F의 확대체 중에서, $a(x)$의 근 n개를 모두 포함하는 확대체 E가 존재한다.

연습문제

A. 대수적 원소 식별하기

예제 $\sqrt{1+\sqrt{2}}$ 가 $\mathbb{Q}$ 위에서 대수적임을 보이기 위해서는 $\sqrt{1+\sqrt{2}}$ 를 근으로 갖는 다항식 $p(x) \in \mathbb{Q}[x]$를 찾아야 한다.

$a = \sqrt{1+\sqrt{2}}$ 라 하면, $a^2 = 1 + \sqrt{2}$, 즉 $a^2 - 1 = \sqrt{2}$ 이다. 따라서 $(a^2-1)^2 = 2$이다.

따라서 a는 $p(x) = x^4 - 2x^2 - 1 = 0$을 만족한다.

1. 다음 수가 $\mathbb{Q}$ 위에서 대수적임을 증명하여라.

(a) i

(b) $\sqrt{2}$

(c) $2+3i$

(d) $\sqrt{1+\sqrt[3]{2}}$

#(e) $\sqrt{i-\sqrt{2}}$

(f) $\sqrt{2} + \sqrt{3}$

(g) $\sqrt[3]{2} + \sqrt[3]{4}$

2. 다음 수가 주어진 체 위에서 대수적임을 증명하여라.

(a) $\mathbb{Q}(\pi)$ 위에서 $\sqrt{\pi}$

(b) $\mathbb{Q}(\pi^2)$ 위에서 $\sqrt{\pi}$

(c) $\mathbb{Q}(\pi^3)$ 위에서 $\pi^2 - 1$

주의 초월적인 수를 식별하는 것은 훨씬 어렵다. 주어진 체 위의 '어떠한' 다항식에 대해서도, 그 원소가 근일 수 없다는 것을 증명해야 하기 때문이다. π와 e가 $\mathbb{Q}$ 위에서 초월적이라는 것이 복잡한 수학적 도구를 이용하여 증명되어 있다.

B. 최소다항식 찾기

1. $\mathbb{Q}$ 위에서 다음 수 각각의 최소다항식을 찾아라. (찾아낸 다항식이 기약다항식임을 보장하기 위해서 필요한 경우 26장의 연습문제 D, E, F의 방법을 이용하여라.)

(a) $1 + 2i$

(b) $1 + \sqrt{2}$

(c) $1 + \sqrt{2}\,i$

#(d) $\sqrt{2 + \sqrt[3]{3}}$

(e) $\sqrt{3} + \sqrt{5}$

(f) $\sqrt{1 + \sqrt{2}}$

2. $\sqrt{2}+i$의 최소다항식이 다음과 같음을 보여라.

(a) $\mathbb{R}$ 위에서 $x^2-2\sqrt{2}\,x+3$

(b) $\mathbb{Q}$ 위에서 x^4-2x^2+9

(c) $\mathbb{Q}(i)$ 위에서 $x^2-2ix-3$

3. 주어진 체 위에서 다음 수의 최소다항식을 구하여라.

$$\mathbb{R},\ \mathbb{Q},\ \mathbb{Q}(i),\ \mathbb{Q}(\sqrt{3})\ \text{위에서}\ \sqrt{3}+i$$

$$\mathbb{R},\ \mathbb{Q}(i),\ \mathbb{Q}(\sqrt{2}),\ \mathbb{Q}\ \text{위에서}\ \sqrt{i+\sqrt{2}}$$

4. 다음 각 다항식 $p(x)$에 대해, $\mathbb{Q}$ 위에서 최소다항식을 $p(x)$로 갖는 a를 찾아라.

(a) x^2+2x-7

(b) x^4+2x^2-1

(c) x^4-10x^2+1

5. $\mathbb{Q}[x]/\langle p(x)\rangle$가 다음과 동형이게 하는 모닉 기약다항식 $p(x)$를 찾아라.

(a) $\mathbb{Q}(\sqrt{2})$

(b) $\mathbb{Q}(1+\sqrt{2})$

(c) $\mathbb{Q}(\sqrt{1+\sqrt{2}})$

C. 체 $F[x]/\langle p(x)\rangle$의 구조

$p(x)$가 F 위에서 차수가 n인 기약다항식이라 하자. F의 어떤 확대체에서 (확대체의 기초 정리에서처럼) $p(x)$의 근을 c라고 나타내자.

1. $F(c)$의 모든 원소는 $F[x]$에서 차수가 $< n$인 어떤 $r(x)$에 대해 $r(c)$ 꼴로 쓸 수 있음을 증명하여라. [힌트: 주어진 원소 $t(c) \in F(c)$에 대해, 나눗셈 알고리즘을 써서 $t(x)$를 $p(x)$로 나누어라.]

2. $s(x)$와 $t(x)$가 차수 $< n$일 때 $F(c)$에서 $s(c) = t(c)$이면, $s(x) = t(x)$임을 증명하여라.

3. 1번과 2번으로부터 $F(c)$의 모든 원소를 $\deg r(x) < n$인 $r(x)$에 대해 $r(c)$ 꼴로 '유일하게' 쓸 수 있다는 결론을 내려라.

 # 4. 3번을 이용하여 $\mathbb{Z}_2[x]/\langle x^2 + x + 1\rangle$에는 왜 원소가 정확히 네 개 있는지 설명하여라. 이 네 원소를 나열하고, 덧셈 및 곱셈표를 계산하여라. (힌트: c가 $x^2 + x + 1$의 한 근일 때 $\mathbb{Z}_2(c)$와 $\mathbb{Z}_2[x]/\langle x^2 + x + 1\rangle$를 동일시하여라. $\mathbb{Z}_2(c)$의 원소를 3번에서처럼 써라. 곱셈표를 계산할 때에는 $c^2 + c + 1 = 0$이라는 사실을 이용하여라.)

5. 4번에서처럼 $\mathbb{Z}_2[x]/\langle x^3 + x + 1\rangle$를 묘사하여라.

6. 4번에서처럼 $\mathbb{Z}_3[x]/\langle x^3 + x^2 + 2\rangle$를 묘사하여라.

D. 확대체와 관련한 짧은 질문들

F를 체라 하자.

1번부터 5번까지 증명하여라.

 # 1. c가 F 위에서 대수적이면, $c+1$과 kc도 ($k \in F$) 대수적이다.

2. $c \neq 0$이고 c가 F 위에서 대수적이면, $1/c$도 대수적이다.

3. cd가 F 위에서 대수적이면, c는 $F(d)$에서 대수적이다. $c+d$가 F 위에서 대수적이면, c는 $F(d)$에서 대수적이다. ($c \neq 0$ 및 $d \neq 0$을 가정하여라.)

4. F 위에서 a의 최소다항식의 차수가 1이면 $a \in F$이며, 역도 성립한다.

5. $F \subseteq K$ 및 $a \in K$라 하자. $p(x)$가 $F[x]$에서 모닉인 기약다항식이고 $p(a)=0$이면, $p(x)$는 F 위에서 a의 최소다항식이다.

6. $x^5+2x^3+4x^2+6$의 근을 포함하며 $\mathbb{R}$이나 $\mathbb{C}$가 아닌 체의 예를 들어라.

 # 7. $\mathbb{Q}(1+i) \cong \mathbb{Q}(1-i)$임을 증명하여라. 그러나 $\mathbb{Q}(\sqrt{2}) \ncong \mathbb{Q}(\sqrt{3})$임을 보여라.

8. $p(x)$가 기약다항식이고 차수가 2이면, $F[x]/\langle p(x)\rangle$는 $p(x)$의 '두 근'을 모두 포함함을 증명하여라.

E. 단순 확대체■

$F(a)$의 정의를 돌이켜 보자. 이 체는 다음을 만족하는 체였다.

■ $F(a)$ 꼴의 확대체를 말한다.—옮긴이

(i) $F \subseteq F(a)$

(ii) $a \in F(a)$

(iii) F와 a를 포함하는 모든 체는 $F(a)$를 포함한다.

이 정의를 이용하여 1번부터 5번까지 증명하여라. 단 $F \subseteq K$, $c \in F$, $a \in K$이다.

1. $F(a)=F(a+c)$ 및 $F(a)=F(ca)$이다. ($c \neq 0$이라고 가정하여라.)

2. $F(a^2) \subseteq F(a)$ 및 $F(a+b) \subseteq F(a, b)$이다. [$F(a, b)$는 F, a, b를 포함하는 체이면서, F, a, b를 포함하는 임의의 체에 포함된다.] 반대 방향의 포함관계가 항상 성립하지는 않는 이유는 무엇인가?

3. $a+c$가 $p(x)$의 근인 것과, a가 $p(x+c)$의 근인 것은 동치조건이다. ca가 $p(x)$의 근인 것과 a가 $p(cx)$의 근인 것은 동치조건이다.

4. $p(x)$가 기약다항식이라 하고, a가 $p(x+c)$의 근이라 하자. 이때 다음이 성립한다.

$$F[x]/\langle p(x+c)\rangle \cong F(a) \text{ 및 } F[x]/\langle p(x)\rangle \cong F(a+c)$$

$F[x]/\langle p(x+c)\rangle \cong F[x]/\langle p(x)\rangle$임을 결론지어라.

5. $p(x)$가 기약다항식이고, a가 $p(cx)$의 근이라 하자. 이때 $F[x]/\langle p(cx)\rangle \cong F(a)$이고 $F[x]/\langle p(x)\rangle \cong F(ca)$이다. $F[x]/\langle p(cx)\rangle \cong F[x]/\langle p(x)\rangle$임을 결론지어라.

6. 4번과 5번을 이용하여 다음을 증명하여라.

(a) $\mathbb{Z}_{11}[x]/\langle x^2+1\rangle \cong \mathbb{Z}_{11}[x]/\langle x^2+x+4\rangle$이다.

(b) a가 x^2-2의 근이고 b가 x^2-4x+2의 근이면, $\mathbb{Q}(a) \cong \mathbb{Q}(b)$이다.

(c) a가 x^2-2의 근이고 b가 $x^2-\frac{1}{2}$의 근이면, $\mathbb{Q}(a)\cong\mathbb{Q}(b)$이다.

†F. 이차 확대체

F 위에서 a의 최소다항식의 차수가 2일 때, $F(a)$를 F의 이차 확대체(quadratic extension)라 부른다.

1. F가 표수 $\neq 2$인 체이면, F의 이차 확대체는 어떤 $a\in F$에 대해 $F(\sqrt{a})$ 꼴임을 증명하여라. (힌트: 완전제곱 및 연습문제 E4를 이용하여라.)

F가 유한체일 때, F의 영이 아닌 원소가 이루는 곱셈군을 F^*라 하자. $H=\{x^2: x\in F^*\}$가 F^*의 부분군임은 명백한데, F^*에서 모든 제곱수 x^2은 오직 두 개의 서로 다른 원소 $\pm x$의 제곱이므로,■ F^*의 원소 중 딱 절반만이 H에 속한다. 따라서 H의 나머지류는 정확히 두 개, 즉 제곱수로 이루어진 자기 자신과, 비제곱수 전체로 이루어진 $Ha\,(a\notin H)$가 존재한다. a와 b가 비제곱수이면, 15장의 정리 5(i)로부터 다음이 성립한다.

$$ab^{-1}=\frac{a}{b}\in H$$

따라서 a와 b가 비제곱수이면, a/b는 제곱수이다. 다음에서 이 사실을 이용하여라.

2. F를 유한체라 하자. $a,b\in F$일 때 $p(x)=x^2-a$와 $q(x)=x^2-b$가 $F[x]$에서 기약다항식이라 하고, $\sqrt{a}$와 $\sqrt{b}$를 각각 F의 어떤 확대체에서 $p(x)$와 $q(x)$의 근이라 하자. a/b가 제곱수, 즉 어떤 $c\in F$에 대해 $a/b=c^2$인 이유를 설명하여라. $\sqrt{b}$가 $p(cx)$의 근임을 증명하여라.

3. 2번을 이용하여 $F[x]/\langle p(cx)\rangle\cong F(\sqrt{b})$를 증명하여라. 연습문제 E5를 이용하여 $F(\sqrt{a})$

■ 이하 F의 표수는 2가 아니어야 한다.—옮긴이

$\cong F(\sqrt{b})$라는 결론을 지어라.

4. 3번을 이용하여, 유한체의 임의의 두 이차 확대체는 동형임을 증명하여라.

5. a와 b가 $\mathbb{R}$에서 비제곱수이면, a/b는 제곱수이다. (왜일까?) 4번과 동일한 논증을 써서 $\mathbb{R}$의 임의의 단순 확대체는 동형임을, 따라서 $\mathbb{C}$와 동형임을 증명하여라.

G. 초월적 원소와 관련된 문제들

F가 체이고, c가 F 위에서 초월적 원소라 하자. 다음을 증명하여라.

1. $\{a(c) : a(x) \in F[x]\}$는 정역 $F[x]$와 동형이다.

#2. $F(c)$는 $\{a(c) : a(x) \in F[x]\}$의 분수체이며, $F[x]$의 분수체인 $F(x)$와 동형이다.

3. c가 F 위에서 초월적이면, $c+1$, $kc(k \in F$이고 $k \neq 0)$, c^2도 초월적이다.

4. c가 F 위에서 초월적이면, $F(c)$의 원소 중 F에 속하지 않는 것은 모두 F 위에서 초월적이다.

†H. F 및 F의 확대체 위에서 두 다항식의 공통인자

F를 체라 하고, $a(x), b(x) \in F[x]$라 하자. 다음을 증명하여라.

1. $a(x)$와 $b(x)$가 F의 어떤 확대체에서 공통근 c를 가지면, $F[x]$에서 공통인자를 가진다. [$a(x), b(x) \in \ker \sigma_c$라는 사실을 이용하여라.]

2. $a(x)$와 $b(x)$가 $F[x]$에서 서로소이면, F의 임의의 확대체 K에 대해 $K[x]$에서도 서로소이다. 역으로 두 다항식이 $K[x]$에서 서로소이면, $F[x]$에서도 서로소이다.

†I. 미분 및 미분의 성질

$a(x) = a_0 + a_1x + \cdots + a_nx^n \in F[x]$라 하자. $a(x)$의 '미분'(derivative)은 다음 다항식 $a'(x) \in F[x]$를 말한다.

$$a'(x) = a_1 + 2a_2x + \cdots + na_nx^{n-1}$$

(미적분학에서 다항식의 미분과 똑같다.) 이제 미적분학에서 익숙한 미분의 형식적인 규칙과 유사한 것을 증명할 것이다.

$a(x), b(x) \in F[x]$ 및 $k \in F$라 하자. 1번부터 4번까지 증명하여라.

1. $[a(x) + b(x)]' = a'(x) + b'(x)$이다.

2. $[a(x)b(x)]' = a'(x)b(x) + a(x)b'(x)$이다.

3. $[ka(x)]' = ka'(x)$이다.

4. F의 표수가 0이고 $a'(x) = 0$이면, $a(x)$는 상수 다항식이다. F의 표수가 $p \neq 0$이면, 이 결론이 성립하지 않는 이유는 무엇인가?

5. $\mathbb{Z}_5[x]$에서 다음 다항식의 미분을 구하여라.

$$x^6 + 2x^3 + x + 1, \qquad x^5 + 3x^2 + 1, \qquad x^{15} + 3x^{10} + 4x^5 + 1$$

6. F의 표수가 $p \neq 0$이고 $a'(x) = 0$이면, $a(x)$에서 0이 아닌 항은 어떤 m에 대해 $a_{mp}x^{mp}$ 꼴임을 증명하여라. [즉, $a(x)$는 x^p의 거듭제곱들로 이루어진 다항식이다.]

†J. 중근

$a(x) \in F[x]$이고 K가 F의 확대체라고 가정하자. 어떤 $m > 1$에 대해 $(x-c)^m \mid a(x)$일 때 $c \in K$가 $a(x)$의 중근이라고 말한다. 다항식의 모든 근이 다른지의 여부가 중요할 때가 종종 있다. 임의의 다항식 $a(x) \in F[x]$가 F의 임의의 확대체에서 중근을 갖는지의 여부를 판별하는 방법을 생각해 보자.

$a(x)$의 모든 근을 포함하는 임의의 체를 K라 하자. $a(x)$가 중근 c를 가진다고 하자.

1. $a(x) = (x-c)^2 q(x) \in K[x]$임을 증명하여라.

2. 1번을 이용하여 $a'(x)$를 계산하여라.

3. $x - c$가 $a(x)$와 $a'(x)$의 공통인자임을 보여라. 연습문제 H1을 이용하여 $a(x)$와 $a'(x)$가 $F[x]$에서 차수 > 1인 공통인자를 가진다는 결론을 지어라.

따라서 $a(x)$가 중근을 가지면, $a(x)$와 $a'(x)$는 $F[x]$에서 공통인자를 가진다. 역을 증명하기 위해 $a(x)$가 중근을 갖지 '않는다'고 가정하자. 이때 $a(x)$는 모두 다른 $c_1, \cdots, c_n$에 대해 $a(x) = (x-c_1) \cdots (x-c_n)$으로 인수분해할 수 있다.

4. $a'(x)$가 다음 꼴의 항들의 합인 이유를 설명하여라.

$$(x-c_1) \cdots (x-c_{i-1})(x-c_{i+1}) \cdots (x-c_n)$$

5. 4번 문제를 이용하여, $a(x)$의 근 $c_1, \cdots, c_n$ 중 어느 것도 $a'(x)$의 근이 아닌 이유를 설명하여라.

6. $a(x)$와 $a'(x)$가 $F[x]$에서 차수 > 1인 공통인자를 갖지 않는다는 결론을 지어라.

이 중요한 결과를 다음처럼 진술할 수 있다. '$F[x]$의 다항식 $a(x)$가 중근을 가진다는 것과, $a(x)$와 $a'(x)$가 $F[x]$에서 차수 > 1인 공통인자를 가진다는 것은 동치조건이다.'

7. 다음 다항식의 계수가 어떤 확대체에 속한다고 보더라도 중근을 갖지 '않는다'는 것을 보여라.

$$x^3 - 7x^2 + 8 \in \mathbb{Q}[x], \quad x^2 + x + 1 \in \mathbb{Z}_5[x], \quad x^{100} - 1 \in \mathbb{Z}_7[x]$$

마지막 예가 가장 흥미롭다. $\mathbb{Z}_7$에는 '서로 다른' 1의 100제곱근이 100개 있음을 보여 준다. (근 ± 1은 $\mathbb{Z}_7$에 있지만, 남은 98개의 근은 $\mathbb{Z}_7$의 확대체에 있다.) 대부분의 다른 체에서도 대응하는 결과가 성립한다.

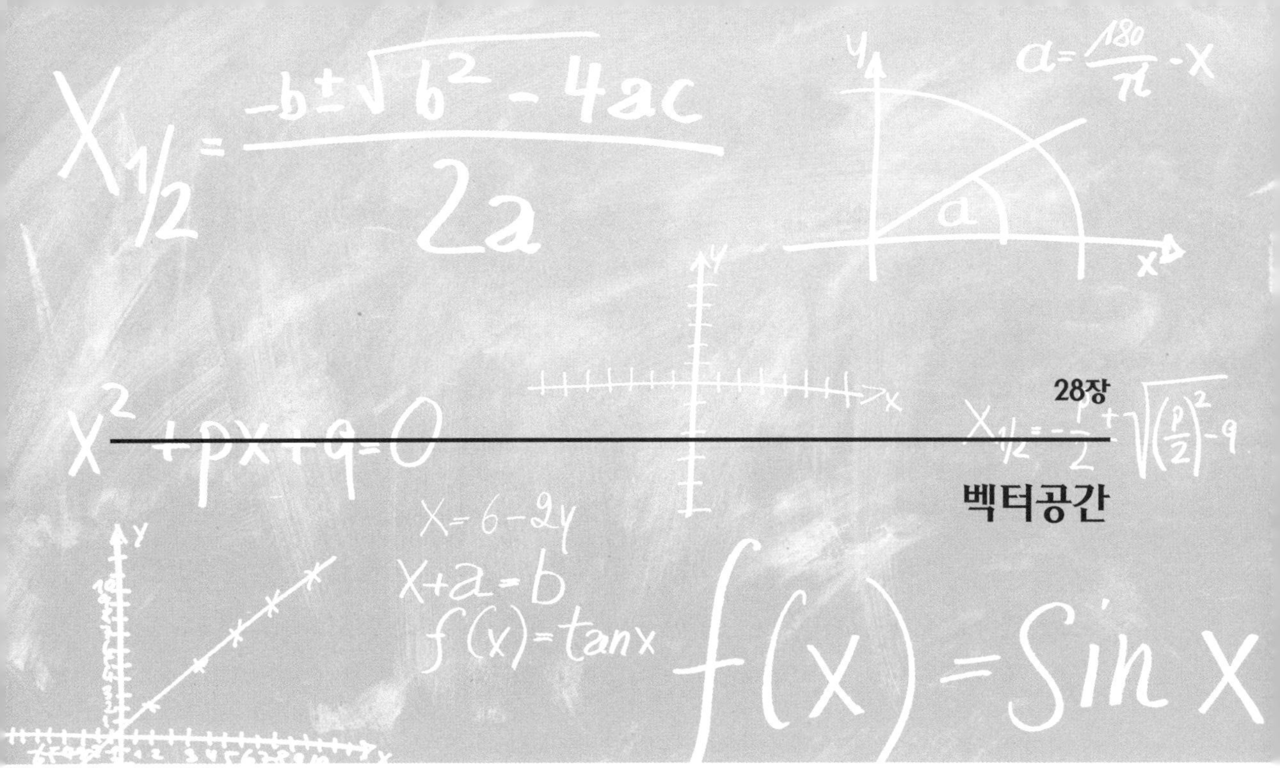

28장

벡터공간

길이, 넓이, 무게, 온도처럼 많은 물리량은 하나의 실수로 완벽히 서술할 수 있다. 이에 반해 과학적 측정이나 일상의 계산에서 발생하는 여러 가지 양은 '여러' 수의 조합으로 서술할 때 가장 적합하다. 예를 들어 공간의 한 점은 xyz 좌표계에 대해 세 개의 좌표를 주어 구체화할 수 있다.

다른 종류의 예가 있다. 어떤 가게에서 100개의 품목을 다룬다고 하자. 현재 보유 중인 100개의 품목 각각의 양을 구체화한 수열 $(a_1, a_2, \cdots, a_{100})$이 월별 재고량이다. 이와 같은 수열을 보통 '벡터'(vector)라고 부른다. 가게에 물품을 더 채우면 현재의 재고 벡터에 어떤 벡터를 '더한다'. 물건이 잘 팔린 월말에는 벡터를 '뺀다'.

이 예가 보여주듯, 대응하는 성분을 더하여 벡터를 더하고, 대응하는 성분을 빼서 벡터를 뺀다. 만약 앞의 예에서 가게 관리인이 재고량을 두 배로 늘리기로 결정했다면, 재고 벡터의 각 성분은 2를 곱해야 할 것이다. 각 재고를 k만큼 곱하는 것이 벡터에 실수 k를 곱하는 자연스러운 방법임을 보여 준다. 이런 종류의 곱을 보통 '상수배'라 부른다.

역사적으로 벡터의 쓸모가 커지고 과학에서 필수불가결한 도구가 되어가면서, 벡터 대수학은 주요 수학 분야의 하나로 성장했다. 오늘날에는 고급 미적분학, 미분방정식, 통계학 및 방대한 응용수학 분야의 이론 및 활용에서 근간을 이루고 있다. 벡터 방법으로 과학적 계산이 엄청나게 간단해졌는데, 예를 들어 개별 과학 도구가 읽어 들인 3개나 300개나 3000개의 수치를 하나의 벡터로 표현할 수 있기 때문이다.

어떠한 수학 분야에서든 '간단한' 공리 목록을 찾아내어 필요한 정리를 모두 증명할 수 있다면 우아하면서도 바람직할 것이다. (이런 일이 항상 가능한 것은 아니다.) 특별히 벡터 대수학의 경우, 벡터의 성질들을 증명하는 데 절대적으로 필요한 벡터의 특정한 성질만을 공리로 선택하고 싶다. 그러면서도 이들만을 이용해서 수학에서 필요한 벡터의 성질을 모두 증명할 수 있을 정도로 충분히 완전한 공리 목록을 택해야 한다.

벡터 대수에 대해서는 꽤 간단한 공리 목록을 고를 수 있다. 비록 우리는 벡터를 유한 수열 $(a_1, a_2, \cdots, a_n)$으로 인식하고 있지만, 바로 이런 특정한 수열이어야 한다는 요구 조건은 이 공리 체계 내에 전혀 없다는 사실은 놀라운 점이다. 그 대신 벡터를 단순히 특정한 조건을 만족하는 집합으로 취급한다. 이제 기본적인 정의를 하자.

체 F 위의 '벡터공간'(vector space)은 다음 성질들을 만족하는 '벡터의 합'(vector addition)과 '상수배'(scalar multiplication)라 부르는 두 연산 $+$와 $\cdot$를 갖는 집합 V를 말한다.

1. 벡터의 합을 연산으로 하는 V는 가환군이다.

2. 임의의 $k \in F$와 $\mathbf{a} \in V$에 대해 상수배 $k\mathbf{a}$는 V의 원소이며, 다음 조건을 만족한다. 모든 $k, l \in F$와 $\mathbf{a}, \mathbf{b} \in V$에 대해

(a) $k(\mathbf{a}+\mathbf{b}) = k\mathbf{a}+k\mathbf{b}$

(b) $(k+l)\mathbf{a} = k\mathbf{a}+l\mathbf{a}$

(c) $k(l\mathbf{a}) = (kl)\mathbf{a}$

(d) $1\mathbf{a} = \mathbf{a}$

V의 원소를 '벡터'(vector)라 부르며, 체 F의 원소를 '상수'(scalar) 또는 스칼라라 부른다.

앞으로의 설명에서는 맥락상 필요한 경우가 아니면 체 F를 구체적으로 언급하지 않겠다. 기호를 명확히 하기 위해 벡터는 **굵게** 쓸 것이며, 상수는 *기울여서* 쓸 것이다.

실수 n개의 순서쌍 $(a_1, a_2, \cdots, a_n)$의 집합 $\mathbb{R}^n$에 다음 연산을 준 것이 전통적인 벡터공간의 예이다.

$$(a_1, a_2, \cdots, a_n) + (b_1, b_2, \cdots, b_n) = (a_1 + b_1, a_2 + b_2, \cdots, a_n + b_n)$$
$$k(a_1, a_2, \cdots, a_n) = (ka_1, ka_2, \cdots, ka_n)$$

예를 들어 $\mathbb{R}^2$은 2차원 벡터 (a, b) 전체의 집합이며, $\mathbb{R}^3$은 유클리드 공간의 모든 벡터 (a, b, c) 전체의 집합이다. (아래의 그림을 보라.)

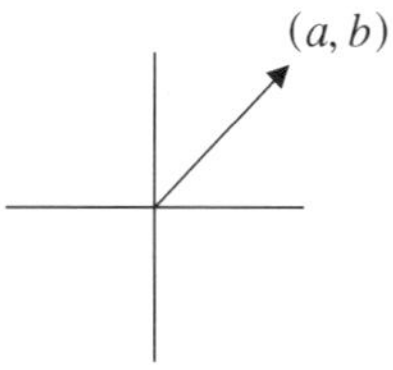

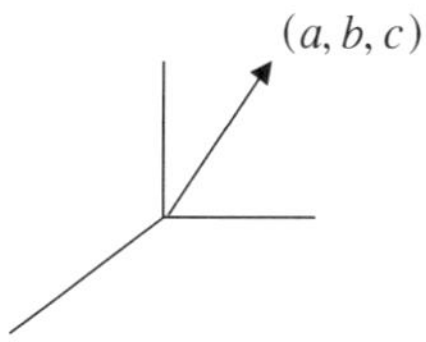

그렇지만 벡터공간은 이런 것만 있는 게 아니다! 벡터공간의 정의가 매우 간단하기 때문에, 전통적인 벡터공간과 겉모습이 사뭇 다른 많은 것들도 벡터공간의 조건을 만족하기 때문에 어엿한 벡터공간이다.

예를 들어 $\mathcal{F}(\mathbb{R})$는 $\mathbb{R}$에서 $\mathbb{R}$로의 함수 전체의 집합이었음을 기억할 것이다. 합 $f+g$를 다음 규칙에 의해 정의한다.

$$[f+g](x) = f(x) + g(x)$$

또한 실수 a와 함수 f에 대해 상수배 af를 다음처럼 정의한다.

$$[af](x) = af(x)$$

이 연산에 의해 $\mathcal{F}(\mathbb{R})$가 체 $\mathbb{R}$ 위에서의 벡터공간이기 위해 필요한 모든 조건을 만족한다는 것을 쉽게 확인할 수 있다.

또 다른 예로 실수 계수를 갖는 다항식 전체의 집합을 $\mathcal{P}l$이라 하자. 다항식은 보통의 규칙대로 더하며, 상수배는 다음처럼 정의한다.

$$k(a_0 + a_1x + \cdots + a_nx^n) = (ka_0) + (ka_1)x + \cdots + (ka_n)x^n$$

역시 $\mathcal{P}l$이 $\mathbb{R}$ 위의 벡터공간임을 보이는 것은 어렵지 않다.

V를 벡터공간이라 하자. 덧셈만을 가진 V는 가환군이므로, '영벡터'(zero vector)라 부르며 $\mathbf{0}$이라 쓰는 영원소가 존재한다. V의 모든 벡터 $\mathbf{a}$는 덧셈에 대한 역원을 갖는데, $-\mathbf{a}$라 쓴다. 마지막으로 벡터 덧셈에 대해 V는 가환군이므로, 가환군에서 성립하는 다음의 모든 조건을 만족한다.

$$\mathbf{a}+\mathbf{b}=\mathbf{a}+\mathbf{c}\text{이면 } \mathbf{b}=\mathbf{c} \tag{1}$$

$$\mathbf{a}+\mathbf{b}=\mathbf{0}\text{이면 } \mathbf{a}=-\mathbf{b} \text{ 및 } \mathbf{b}=-\mathbf{a} \tag{2}$$

$$-(\mathbf{a}+\mathbf{b})=(-\mathbf{a})+(-\mathbf{b}) \text{ 및 } -(-\mathbf{a})=\mathbf{a} \tag{3}$$

0 및 음의 상수를 곱했을 때 성립하는 간단하고 명백한 법칙들이 있다. 이 법칙들은 다음 정리가 포함하고 있다.

정리 1. V가 벡터공간일 때, 다음이 성립한다.

(i) 모든 $\mathbf{a}\in V$에 대해 $0\mathbf{a}=\mathbf{0}$이다.

(ii) 모든 상수 k에 대해 $k\mathbf{0}=\mathbf{0}$이다.

(iii) $k\mathbf{a}=\mathbf{0}$이면, $k=0$이거나 $\mathbf{a}=\mathbf{0}$이다.

(iv) 모든 $\mathbf{a}\in V$에 대해 $(-1)\mathbf{a}=-\mathbf{a}$이다.

규칙 (i)을 증명하기 위해 다음을 관찰하자.

$$0\mathbf{a}=(0+0)\mathbf{a}=0\mathbf{a}+0\mathbf{a}$$

따라서 $\mathbf{0}+0\mathbf{a}=0\mathbf{a}+0\mathbf{a}$이다. 조건 (1)로부터 $\mathbf{0}=0\mathbf{a}$가 나온다.

규칙 (ii)도 비슷하게 증명한다. 규칙 (iii)의 경우 $k=0$이면 증명이 끝난다. $k\neq 0$이면 $k\mathbf{a}=\mathbf{0}$에 $1/k$을 곱해 $\mathbf{a}=\mathbf{0}$을 얻을 수 있다. 마지막으로 규칙 (iv)를 위해 다음을 관찰한다.

$$\mathbf{a}+(-1)\mathbf{a}=1\mathbf{a}+(-1)\mathbf{a}=(1+(-1))\mathbf{a}=0\mathbf{a}=\mathbf{0}$$

조건 (2)에 의해 $(-1)\mathbf{a} = -\mathbf{a}$이다.

V가 벡터공간이라 하고, $U \subseteq V$라 하자. 모든 상수 k와 모든 $\mathbf{a} \in U$에 대해 $k\mathbf{a} \in U$이면, U가 '상수배에 대해 닫혀있다'고 말한다. U가 '벡터의 덧셈 및 상수배에 대해 닫혀있을 때', U를 V의 '부분공간'(subspace)이라고 말한다. V가 체 F 위의 벡터공간이고, U가 V의 부분공간이면 U가 같은 체 F 위에서 벡터공간임은 쉽게 보일 수 있다.

$\mathbf{a}_1, \mathbf{a}_2, \cdots, \mathbf{a}_n$이 V에 속하고 $k_1, k_2, \cdots, k_n$이 상수일 때

$$k_1\mathbf{a}_1 + k_2\mathbf{a}_2 + \cdots + k_n\mathbf{a}_n$$

꼴의 벡터를 $\mathbf{a}_1, \mathbf{a}_2, \cdots, \mathbf{a}_n$의 '일차결합'(linear combination)이라 말한다. $\mathbf{a}_1, \mathbf{a}_2, \cdots, \mathbf{a}_n$의 일차결합 전체가 이루는 집합은 V의 부분공간이다. (이 사실의 확인은 매우 쉽다.)

U가 $\mathbf{a}_1, \mathbf{a}_2, \cdots, \mathbf{a}_n$의 모든 일차결합으로 이루어진 부분공간일 때, $\mathbf{a}_1, \mathbf{a}_2, \cdots, \mathbf{a}_n$이 U를 '생성한다'(span)고 말한다. 똑같은 것을 다르게 표현할 수 있다. $\mathbf{a}_1, \mathbf{a}_2, \cdots, \mathbf{a}_n$이 어떤 (부분)공간 U를 생성한다는 것과, U의 모든 벡터를 $\mathbf{a}_1, \mathbf{a}_2, \cdots, \mathbf{a}_n$의 일차결합으로 표현할 수 있다는 것이 동치조건이다.

$\mathbf{a}_1, \mathbf{a}_2, \cdots, \mathbf{a}_n$이 U를 생성할 때, U가 $\{\mathbf{a}_1, \mathbf{a}_2, \cdots, \mathbf{a}_n\}$에 의해 '생성된다'(spanned)고 말하기도 한다.

벡터공간 V에서 서로 다른 벡터로 이루어진 집합을 $S = \{\mathbf{a}_1, \mathbf{a}_2, \cdots, \mathbf{a}_n\}$이라 하자.

$$k_1\mathbf{a}_1 + k_2\mathbf{a}_2 + \cdots + k_n\mathbf{a}_n = \mathbf{0} \tag{4}$$

이면서 '모두 0인 것은 아닌' 상수 $k_1, \cdots, k_n$이 존재할 때 S가 '일차종속'(linearly dependent)이라고 말한다. S의 벡터 중 적어도 하나가 나머지 벡터들의 일차결합이라는 것과 같은 얘기임은 분명하다. [식 (4)에서 계수가 0이 아닌 임의의 벡터 $\mathbf{a}_i$에 대해 풀어라.]

$S = \{\mathbf{a}_1, \mathbf{a}_2, \cdots, \mathbf{a}_n\}$이 일차종속이 아니면, '일차독립'(linearly independent)이라고 한다. 즉, S가 일차독립이라는 것과,

$$k_1\mathbf{a}_1 + k_2\mathbf{a}_2 + \cdots + k_n\mathbf{a}_n = \mathbf{0}\text{이면 } k_1 = k_2 = \cdots = k_n = 0\text{이다}$$

라는 것은 동치조건이다. 이는 S의 어떤 벡터도, S에 속하는 나머지 벡터들의 일차결합과

같지 않다는 것과 같은 말이다.

이 정의로부터 영벡터를 포함하는 임의의 집합이 일차종속이라는 것은 명백하다. 또한 영이 아닌 벡터를 한 개만 포함하는 집합 $\{\mathbf{a}\}$는 일차독립이다.

다음 두 보조정리는 처음에는 매우 쉬워 보이며 진부해 보이지만, 이 주제에 대한 가장 기본적인 정리를 증명할 때 이용된다.

보조정리 1. $\{\mathbf{a}_1, \mathbf{a}_2, \cdots, \mathbf{a}_n\}$이 일차종속이면, 자신보다 앞의 벡터 $\mathbf{a}_1, \mathbf{a}_2, \cdots, \mathbf{a}_{i-1}$의 일차결합인 $\mathbf{a}_i$가 존재한다.

증명: 실제로 $\{\mathbf{a}_1, \mathbf{a}_2, \cdots, \mathbf{a}_n\}$이 일차종속이면, 모두는 0이 아닌 계수 $k_1, k_2, \cdots, k_n$에 대해 $k_1\mathbf{a}_1 + k_2\mathbf{a}_2 + \cdots + k_n\mathbf{a}_n = \mathbf{0}$이어야 한다. 그중에서 0이 아닌 계수 중에서 마지막 것을 k_i라 하면, $k_1\mathbf{a}_1 + \cdots + k_i\mathbf{a}_i = \mathbf{0}$이다. 이 식을 $\mathbf{a}_i$에 대해 풀어서 $\mathbf{a}_1, \mathbf{a}_2, \cdots, \mathbf{a}_{i-1}$의 식으로 만들 수 있다. ■

$\{\mathbf{a}_1, \mathbf{a}_2, \cdots, \not{\mathbf{a}_i}, \cdots, \mathbf{a}_n\}$은 $\{\mathbf{a}_1, \mathbf{a}_2, \cdots, \mathbf{a}_n\}$에서 $\mathbf{a}_i$를 제거하고 남은 집합을 가리킨다고 하자.

보조정리 2. $\{\mathbf{a}_1, \mathbf{a}_2, \cdots, \mathbf{a}_n\}$이 V를 생성하고, $\mathbf{a}_i$가 자신보다 앞의 벡터들의 일차결합이면, $\{\mathbf{a}_1, \mathbf{a}_2, \cdots, \not{\mathbf{a}_i}, \cdots, \mathbf{a}_n\}$도 여전히 V를 생성한다.

증명: 가정에 의해 $\mathbf{a}_i = k_1\mathbf{a}_1 + \cdots + k_{i-1}\mathbf{a}_{i-1}$인 상수 $k_1, \cdots, k_{i-1}$이 존재한다. 모든 벡터 $\mathbf{b} \in V$가 다음 꼴의 일차결합이므로

$$\mathbf{b} = l_1\mathbf{a}_1 + \cdots + l_i\mathbf{a}_i + \cdots + l_n\mathbf{a}_n$$

다음 꼴의 일차결합으로도 쓸 수 있다.

$$\mathbf{b} = l_1\mathbf{a}_1 + \cdots + l_i(k_1\mathbf{a}_1 + \cdots + k_{i-1}\mathbf{a}_{i-1}) + \cdots + l_n\mathbf{a}_n$$

그런데 여기에는 $\mathbf{a}_i$가 나타나지 않는다. ■

V의 벡터 집합 $\{\mathbf{a}_1, \mathbf{a}_2, \cdots, \mathbf{a}_n\}$이 V의 '기저'(basis)라는 것은 '일차독립이고 V를 생성' 할 때를 말한다.

예를 들어 벡터 $\varepsilon_1 = (1, 0, 0)$, $\varepsilon_2 = (0, 1, 0)$, $\varepsilon_3 = (0, 0, 1)$은 $\mathbb{R}^3$의 기저를 이룬다. $\{\varepsilon_1, \varepsilon_2, \varepsilon_3\}$의 어느 벡터도 자신보다 앞선 것들의 일차결합이 아님이 분명하기 때문에 일차독립이다. [ε_1, ε_2의 일차결합은 $a\varepsilon_1 + b\varepsilon_2 = (a, b, 0)$인 반면 ε_3은 이런 꼴이 아니다. 마찬가지로 ε_1의 일차결합은 $a\varepsilon_1 = (a, 0, 0)$인데 ε_2는 그런 꼴이 아니다.] $\mathbb{R}^3$의 임의의 벡터 (a, b, c)를 $(a, b, c) = a\varepsilon_1 + b\varepsilon_2 + c\varepsilon_3$으로 쓸 수 있으므로 ε_1, ε_2, ε_3은 $\mathbb{R}^3$을 생성한다.

실제로 $\{\varepsilon_1, \varepsilon_2, \varepsilon_3\}$만이 $\mathbb{R}^3$의 기저인 것은 아니다. 벡터 (1, 2, 3), (1, 0, 2), (3, 2, 1)로 이루어진 집합도 $\mathbb{R}^3$의 기저이다. 실제로 $\mathbb{R}^3$에는 서로 다른 기저가 무한히 많다. 그럼에도 불구하고 $\mathbb{R}^3$의 기저는 한 가지 사실을 공유한다. 정확히 세 개의 벡터를 포함한다는 사실이다! 이는 다음 정리로부터 나오는 결과이다.

정리 2. 벡터공간 V의 두 기저는 원소의 개수가 같다.

증명: 결론을 부정하면, $m \neq n$에 대해 V의 기저 $A = \{\mathbf{a}_1, \cdots, \mathbf{a}_n\}$ 및 $B = \{\mathbf{b}_1, \cdots, \mathbf{b}_m\}$이 존재한다. 구체적으로 $n < m$이라고 하자. 이로부터 모순을 끌어내려고 한다.

벡터 $\mathbf{b}_1$을 집합 A에 더해 주면, $\{\mathbf{b}_1, \mathbf{a}_1, \mathbf{a}_2, \cdots, \mathbf{a}_n\}$을 얻는다. $\mathbf{b}_1$이 $\{\mathbf{a}_1, \cdots, \mathbf{a}_n\}$의 일차결합이므로 이 집합은 일차종속이다. 그러면 보조정리 1로부터 어떤 $\mathbf{a}_i$가 자기보다 앞선 벡터의 일차결합이어야 한다. 보조정리 2로부터 이 $\mathbf{a}_i$를 축출할 수 있고, 남는 집합 $\{\mathbf{b}_1, \mathbf{a}_1, \cdots, \not{\mathbf{a}}_i, \cdots, \mathbf{a}_n\}$이 여전히 V를 생성한다.

벡터 $\mathbf{b}_2$를 집합 A에 더해 주고 논증을 반복하면, 이제 A는 $\{\mathbf{b}_2, \mathbf{b}_1, \mathbf{a}_1, \cdots, \not{\mathbf{a}}_i, \cdots, \mathbf{a}_n\}$이 된다. 이 집합이 일차종속임을 알 수 있는데, $\{\mathbf{b}_1, \mathbf{a}_1, \cdots, \not{\mathbf{a}}_i, \cdots, \mathbf{a}_n\}$이 V를 생성했으므로 $\mathbf{b}_2$는 $\{\mathbf{b}_1, \mathbf{a}_1, \cdots, \not{\mathbf{a}}_i, \cdots, \mathbf{a}_n\}$의 일차결합이기 때문이다. 따라서 보조정리 1로부터 어떤 $\mathbf{a}_j$가 자기보다 앞선 벡터의 일차결합이어야 한다. 보조정리 2로부터 이 $\mathbf{a}_j$를 제거할 수 있고, 남는 집합 $\{\mathbf{b}_2, \mathbf{b}_1, \mathbf{a}_1, \cdots, \not{\mathbf{a}}_i, \cdots, \not{\mathbf{a}}_j, \cdots, \mathbf{a}_n\}$이 여전히 V를 생성한다.

이 논증을 n차례 반복한다. 매번 B의 벡터 하나를 A에 더해 주면 벡터 $\mathbf{a}_k$를 제거할 수 있다. n번째 반복이 끝나면 A에는 $\mathbf{b}_1, \cdots, \mathbf{b}_n$만 남으며, $\{\mathbf{b}_1, \cdots, \mathbf{b}_n\}$이 여전히 V를 생성한다. 이 경우 $\mathbf{b}_{n+1}$이 $\mathbf{b}_1, \cdots, \mathbf{b}_n$의 일차결합이어야 하는데, $B=\{\mathbf{b}_1, \cdots, \mathbf{b}_n, \cdots, \mathbf{b}_m\}$이 일차독립이므로 이는 불가능하다!

이런 모순 때문에 V의 두 기저는 반드시 '같은 개수의 원소를 가져야만 한다.' ■

V가 기저 $\{\mathbf{a}_1, \cdots, \mathbf{a}_n\}$을 가질 경우 V를 '유한 차원 벡터공간'이라 부르고, V의 '차원이 n'이라고 말한다. 이 경우 정리 2에 의해 V의 모든 기저는 정확히 n개의 원소를 가져야 한다.

앞으로는 유한 차원 벡터공간만을 고려하겠다. 다음 두 보조정리는 상당히 흥미롭다. 첫 번째 보조정리는 $\{\mathbf{a}_1, \cdots, \mathbf{a}_m\}$이 V를 생성할 경우 이 집합에서 벡터를 하나씩 제거하여 여전히 V를 생성하면서 '일차독립'인 집합만을 남기는 수단을 준다.

보조정리 3. $\{\mathbf{a}_1, \cdots, \mathbf{a}_m\}$이 V를 생성하면, 이 집합에는 V의 기저가 들어 있다.

증명: $\{\mathbf{a}_1, \cdots, \mathbf{a}_m\}$이 일차독립이라면 기저이므로 증명이 끝난다. 그렇지 않다면 어떤 $\mathbf{a}_i$는 자기보다 앞선 것들의 일차결합이고, $\{\mathbf{a}_1, \cdots, \not{\mathbf{a}}_i, \cdots, \mathbf{a}_m\}$이 여전히 V를 생성한다. 이 과정을 반복하면, $\{\mathbf{a}_1, \cdots, \mathbf{a}_m\}$에서 매번 하나씩 벡터를 버릴 수 있고, 남는 벡터들이 여전히 V를 생성할 수 있다. 남는 집합이 일차독립일 때까지 이를 반복한다. (최악의 경우 오직 한 개의 벡터만이 남을 수도 있다.) ■

다음 보조정리는 $\{\mathbf{a}_1, \cdots, \mathbf{a}_s\}$가 V의 일차독립인 집합일 때, 이 집합에 벡터를 더해서 V의 기저를 만드는 방법이 있음을 주장한다.

보조정리 4. 집합 $\{\mathbf{a}_1, \cdots, \mathbf{a}_s\}$가 일차독립이면, V의 기저로 확장할 수 있다.

증명: $\{\mathbf{b}_1, \cdots, \mathbf{b}_n\}$이 V의 임의의 기저일 때, $\{\mathbf{a}_1, \cdots, \mathbf{a}_s, \mathbf{b}_1, \cdots, \mathbf{b}_n\}$이 V를 생성한

다. 보조정리 3의 증명에서 V의 기저를 얻을 때까지 벡터들을 버릴 수 있다. 가정에 의해 $\mathbf{a}_i$는 자기보다 앞선 벡터들의 일차결합이 아니므로, $\mathbf{a}_i$는 절대로 제거되지 않음에 주목한다. ■

보조정리 3과 4로부터 다음 정리가 바로 나온다.

정리 3. V의 차원이 n이라 하자. $\{\mathbf{a}_1, \cdots, \mathbf{a}_n\}$이 일차독립인 집합이면, 자체로 V의 기저이다. $\{\mathbf{b}_1, \cdots, \mathbf{b}_n\}$이 V를 생성하면, 자체로 V의 기저이다.

$\{\mathbf{a}_1, \cdots, \mathbf{a}_n\}$이 V의 기저이면, V의 임의의 벡터 $\mathbf{c}$를 $\mathbf{a}_1, \cdots, \mathbf{a}_n$의 일차결합 $\mathbf{c} = k_1\mathbf{a}_1 + \cdots + k_n\mathbf{a}_n$으로 '유일하게' 표현할 수 있다. 실제로

$$\mathbf{c} = k_1\mathbf{a}_1 + \cdots + k_n\mathbf{a}_n = l_1\mathbf{a}_1 + \cdots + l_n\mathbf{a}_n$$

이라고 하면,

$$(k_1 - l_1)\mathbf{a}_1 + \cdots + (k_n - l_n)\mathbf{a}_n = \mathbf{0}$$

이므로

$$k_1 - l_1 = \cdots = k_n - l_n = 0$$

즉, $k_1 = l_1, \cdots, k_n = l_n$이어야 한다. $\mathbf{c} = k_1\mathbf{a}_1 + \cdots + k_n\mathbf{a}_n$일 때 계수 $k_1, \cdots, k_n$을 기저 $\{\mathbf{a}_1, \cdots, \mathbf{a}_n\}$에 대한 $\mathbf{c}$의 '좌표'(coordinate)라고 부른다. 이때 $\mathbf{c}$를 다음과 같은 n개의 순서쌍으로 나타내면 편리하다.

$$\mathbf{c} = (k_1, k_2, \cdots, k_n)$$

U와 V가 체 F 위의 벡터공간일 때 함수 $h: U \to V$가 다음 두 조건을 만족하는 경우 '준동형사상'이라 부른다.

$$h(\mathbf{a} + \mathbf{b}) = h(\mathbf{a}) + h(\mathbf{b}),\ h(k\mathbf{a}) = kh(\mathbf{a})$$

벡터공간의 준동형사상은 선형변환 또는 '일차변환'(linear transformation)이라 부르기도 한다.

$h: U \to V$가 일차변환일 때 핵(kernel), 다시 말해 $h(\mathbf{a}) = \mathbf{0}$인 $\mathbf{a} \in U$ 전체의 집합은 U의 부분공간인데, h의 '영공간'(null space)이라 부른다. 벡터공간의 일차변환(준동형사상)은 군이나 환의 준동형사상과 매우 비슷하게 행동한다. 일차변환의 성질은 연습문제에 제시하였다.

연습문제

A. 벡터공간의 예

1. 481쪽에서 정의한 $\mathbb{R}^n$이 $\mathbb{R}$ 위의 벡터공간이기 위한 모든 조건을 만족함을 증명하여라.

2. 481쪽에서 정의한 $\mathcal{F}(\mathbb{R})$가 $\mathbb{R}$ 위의 벡터공간임을 증명하여라.

3. 481쪽에서 정의한 $\mathcal{P}\ell$이 $\mathbb{R}$ 위의 벡터공간임을 증명하여라.

4. 실수를 성분으로 하는 2×2 행렬 전체의 집합 $\mathcal{M}_2(\mathbb{R})$에 벡터의 덧셈 및 다음 상수배를 줄 경우 $\mathbb{R}$ 위의 벡터공간임을 증명하여라.

$$k\begin{pmatrix} a & b \\ c & d \end{pmatrix} = \begin{pmatrix} ka & kb \\ kc & kd \end{pmatrix}$$

B. 부분공간의 예

\# 1. $\{(a, b, c) : 2a - 3b + c = 0\}$이 $\mathbb{R}^3$의 부분공간임을 증명하여라.

2. 연립방정식 $ax + by + cz = 0, dx + ey + fz = 0$을 만족하는 $(x, y, z) \in \mathbb{R}^3$ 전체의 집합이 $\mathbb{R}^3$에서 부분공간임을 증명하여라.

3. $\{f : f(1) = 0\}$이 $\mathcal{F}(\mathbb{R})$의 부분공간임을 증명하여라.

4. $\{f : f$는 구간 $[0, 1]$에서 상수$\}$는 $\mathcal{F}(\mathbb{R})$의 부분공간임을 증명하여라.

5. 모든 짝함수, 즉 $f(x) = f(-x)$인 함수 f의 집합이 $\mathcal{F}(\mathbb{R})$의 부분공간임을 증명하여라. 홀함수, 즉 $f(-x) = -f(x)$인 함수 전체의 집합에 대해서도 성립하는가?

6. 차수 $\leq n$인 다항식 전체의 집합은 $\mathcal{P}l$의 부분공간임을 증명하여라.

C. 일차독립이거나 기저인 예

1. $\{(0, 0, 0, 1), (0, 0, 1, 1), (0, 1, 1, 1), (1, 1, 1, 1)\}$이 $\mathbb{R}^4$의 기저임을 증명하여라.

2. $\mathbf{a} = (1, 2, 3, 4)$ 및 $\mathbf{b} = (4, 3, 2, 1)$이라 할 때, $\{\mathbf{a}, \mathbf{b}\}$를 $\mathbb{R}^4$의 기저로 확장할 수 있는 이유를 설명하여라. 그런 다음 $\mathbf{a}$와 $\mathbf{b}$를 포함하는 $\mathbb{R}^4$의 기저를 찾아라.

3. $x, y, z = 1, 2$인 여덟 개의 벡터 (x, y, z)의 집합을 A라 하자. A가 $\mathbb{R}^3$을 생성함을 증명하고, A의 부분집합 중에서 $\mathbb{R}^3$의 기저를 하나 찾아라.

4. 차수 $\leq n$인 다항식 전체로 이루어진 $\mathcal{P}l$의 부분공간을 $\mathcal{P}l_n$이라 할 때, $\{1, x, x^2, \cdots, x^n\}$이 $\mathcal{P}l_n$의 기저임을 증명하여라. $\mathcal{P}l_n$의 다른 기저를 하나 찾아라.

5. 다음에 주어진 $\mathbb{R}^3$의 부분공간에 대해 기저를 하나씩 찾아라.

#(a) $S_1 = \{(x, y, z) : 3x - 2y + z = 0\}$

(b) $S_2 = \{(x, y, z) : x + y - z = 0, 2x - y + z = 0\}$

6. $x^2 + y^2 + z^2 = 1$인 벡터 (x, y, z)들의 집합이 '생성'하는 $\mathbb{R}^3$의 부분공간에 대해 기저를 하나

찾아라.■

7. $\{\cos^2 x, \sin^2 x, \cos 2x\}$가 생성하는 $\mathcal{F}(\mathbb{R})$의 부분공간을 U라 하자. U의 차원을 찾고, U의 기저를 하나 구하여라.

8. 다음이 생성하는 $\mathcal{P}l$의 부분공간의 기저를 하나 찾아라.

$$\{x^3 + x^2 + x + 1, x^2 + 1, x^3 - x^2 + x - 1, x^2 - 1\}$$

D. 부분공간 및 기저의 성질

V가 유한 차원 벡터공간이라 하자. V의 차원을 $\dim V$로 나타내기로 하자. 다음을 증명하여라.

1. U가 V의 부분공간이면, $\dim U \leqslant \dim V$이다.

2. U가 V의 부분공간이고 $\dim U = \dim V$면, $U = V$이다.

3. $\mathbf{0}$을 포함하는 임의의 벡터 집합은 일차종속이다.

4. 영벡터가 아닌 벡터 $\mathbf{a}$ 하나만을 포함하는 집합 $\{\mathbf{a}\}$는 일차독립이다.

5. 일차독립인 집합의 부분집합은 일차독립이다. 일차종속인 집합을 포함하는 집합은 일차종속이다.

\# 6. $\{\mathbf{a}, \mathbf{b}, \mathbf{c}\}$가 일차독립이면, $\{\mathbf{a}+\mathbf{b}, \mathbf{b}+\mathbf{c}, \mathbf{a}+\mathbf{c}\}$도 일차독립이다.

■ $\mathbb{R}^3$와 같은 공간이다.— 옮긴이

7. $\{\mathbf{a}_1, \cdots, \mathbf{a}_n\}$이 V의 기저이면, 영이 아닌 상수 $k_1, \cdots, k_n$에 대해 $\{k_1\mathbf{a}_1, \cdots, k_n\mathbf{a}_n\}$도 V의 기저이다.

8. $\{\mathbf{a}_1, \cdots, \mathbf{a}_n\}$이 생성하는 공간과 $\{\mathbf{b}_1, \cdots, \mathbf{b}_m\}$이 생성하는 공간이 같다는 것과, 각 $\mathbf{a}_i$가 $\{\mathbf{b}_1, \cdots, \mathbf{b}_m\}$의 일차결합이며 각 $\mathbf{b}_j$가 $\{\mathbf{a}_1, \cdots, \mathbf{a}_n\}$의 일차결합이라는 것은 동치조건이다.

E. 일차변환의 성질

U와 V가 체 F 위의 유한 차원 벡터공간이라 하고, $h : U \to V$가 일차변환이라 하자.
1번부터 3번까지 증명하여라.

1. h의 핵은 U의 부분공간이다. [이를 h의 '영공간'(null space)이라 부른다.]

2. h의 치역은 V의 부분공간이다. [이를 h의 '범위공간'(range space)이라 부른다.]

3. h가 단사인 것과 h의 영공간이 $\{\mathbf{0}\}$인 것은 동치조건이다.

$\mathcal{N}$을 h의 영공간이라 하고, $\mathcal{R}$를 h의 범위공간이라 하자. $\{\mathbf{a}_1, \cdots, \mathbf{a}_r\}$가 $\mathcal{N}$의 기저라 하자. 이를 확장하여 U의 기저 $\{\mathbf{a}_1, \cdots, \mathbf{a}_r, \cdots, \mathbf{a}_n\}$을 만들자.
4번부터 6번까지 증명하여라.

4. 모든 벡터 $\mathbf{b} \in \mathcal{R}$는 $h(\mathbf{a}_{r+1}), \cdots, h(\mathbf{a}_n)$의 일차결합이다.

#5. $\{h(\mathbf{a}_{r+1}), \cdots, h(\mathbf{a}_n)\}$는 일차독립이다.

6. $\mathcal{R}$의 차원은 $n-r$이다.

7. 모든 일차변환 h에 대해 dim (h의 정의역) = dim (h의 영공간) + dim (h의 범위공간)이라는 결론을 내려라.

8. U와 V의 차원이 n으로 동일하다고 하자. 7번을 이용하여, h가 단사인 것과 h가 전사인 것이 동치조건임을 증명하여라.

F. 벡터공간의 동형사상

U와 V가 체 F 위의 벡터공간이고, $\dim U = n$ 및 $\dim V = m$이라 하자. $h: U \to V$가 준동형사상이라 하자.

다음을 증명하여라.

1. h가 단사라 하자. $\{\mathbf{a}_1, \cdots, \mathbf{a}_r\}$가 U에서 일차독립인 부분집합이면, $\{h(\mathbf{a}_1), \cdots, h(\mathbf{a}_r)\}$가 V의 일차독립인 부분집합이다.

 # 2. h가 단사인 것과, $\dim U = \dim h(U)$인 것이 동치조건이다.

3. $\dim U = \dim V$라 하자. h가 동형사상, 즉 전단사 준동형사상인 것과 h가 단사인 것, 그리고 h가 전사인 것은 모두 동치조건이다.

4. F 위의 임의의 n차원 벡터공간 V는 F의 n개짜리 순서쌍 전체의 집합 F^n과 동형이다.

†G. 벡터공간의 합

T와 U가 V의 부분공간이라 하자. $\mathbf{a} \in T$, $\mathbf{b} \in U$일 때 벡터 $\mathbf{a} + \mathbf{b}$ 전체의 집합을 T와 U의

'합'(sum)이라 하고, $T+U$로 나타낸다.

1. $T+U$와 $T \cap U$가 V의 부분공간임을 증명하여라.

V가 T와 U의 '직합'(direct sum)이라는 것은 $V=T+U$이고 $T \cap U=\{\mathbf{0}\}$일 때를 말한다. 이 경우 $V=T \oplus U$라고 쓴다.

 # 2. $V=T \oplus U$인 것과, 모든 벡터 $\mathbf{c} \in V$를 $\mathbf{a} \in T$, $\mathbf{b} \in U$에 대해 합 $\mathbf{c}=\mathbf{a}+\mathbf{b}$로 쓰는 방법이 유일하게 존재한다는 것은 동치조건이다.

3. T가 n차원 공간 V의 k차원 부분공간이라 하자. $V=T \oplus U$인 $(n-k)$차원 부분공간 U가 존재함을 증명하여라.

4. T와 U가 V의 임의의 부분공간일 때, 다음을 증명하여라.

$$\dim(T+U)=\dim T+\dim U-\dim(T \cap U)$$

29장

확대체의 차수

이 장에서는 벡터공간이라는 도구를 어떻게 확대체의 연구에 적용할 수 있는지 볼 것이다.

F와 K를 체라고 하자. K가 F의 확대체이면, K를 F 위의 벡터공간으로 간주할 수 있다. K의 원소를 '벡터'로 간주하고, F의 원소는 '스칼라'(상수)로 취급할 수 있다.

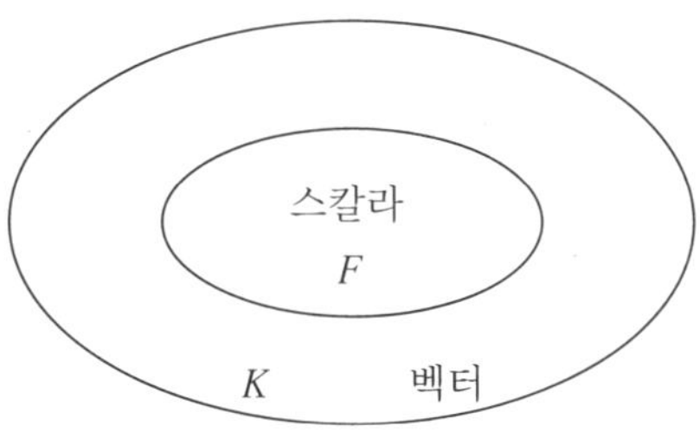

즉, K의 원소를 더하는 것을 벡터의 합으로 생각하며, F의 원소를 더하거나 곱할 때는 상수의 합과 곱으로 생각한다. 마지막으로 F의 원소에 K의 원소를 곱하는 것을 상수배로 생각한다.

특히 이렇게 얻는 벡터공간이 유한 차원일 때 관심을 둘 것이다. 만약 K가 F 위의 벡터공간으로 볼 때 유한 차원이면, K를 F의 '유한 확대체'(finite extension)라 부른다. 이 벡터공간의 차원이 n이면, K를 F 위에서 '차수가 n인 확대체'(extension of degree n)라고 말한다. 이를 다음과 같은 기호로 나타내고,

$$[K : F] = n$$

'F 위에서 K의 차수가 n이다'고 읽는다.

F와 c를 포함하는 가장 작은 체를 $F(c)$로 나타내기로 했음을 기억하자. 이는 $F(c)$가 F와 c를 포함하며, F와 c를 포함하는 모든 체 K가 반드시 $F(c)$를 포함해야 함을 뜻한다. c가 F 위에서 대수적 원소이면, $F(c)$는 $F[x]$에 속하는 $a(x)$에 대해 $a(c)$ 꼴의 원소로 이루어져 있음을 27장에서 본 바 있다. $F(c)$가 F의 확대체이므로, 이를 F 위의 벡터공간으로 볼 수 있다. $F(c)$는 F 위에서 유한 확대체일까?

c가 F 위에서 대수적이라 하고, F 위에서 c의 최소다항식을 $p(x)$라 하자. [다시 말해, $p(x)$는 c를 근으로 가지며 차수가 가장 낮은 모닉 다항식이다.] 다항식 $p(x)$의 차수가 n이라 하자. 이때 다음 n개의 원소는

$$1, c, c^2, \cdots, c^{n-1}$$

'일차독립이며 $F(c)$를 생성'한다. 이 사실은 잠시 후에 증명하겠지만, 먼저 이게 무엇을 뜻하는지 써보자. 이 말은 n개의 '벡터' $\{1, c, c^2, \cdots, c^{n-1}\}$이 $F(c)$의 기저임을 뜻하고, 따라서 $F(c)$가 체 F 위에서 차원이 n인 벡터공간임을 뜻한다. 이를 다음처럼 간결하게 요약할 수 있다.

정리 1. F 위에서 $F(c)$의 차수는 F 위에서 c의 최소다항식의 차수와 같다.

증명: n개의 원소 $1, c, \cdots, c^{n-1}$이 $F(c)$를 생성하며, 일차독립이라는 것을 증명하는 일만 남았다. $a(c)$가 $F(c)$의 임의의 원소일 때, 나눗셈 알고리즘을 이용하여 $a(x)$를 $p(x)$로 나누어 보자.

$$a(x) = p(x)q(x) + r(x), \qquad \deg r(x) \leqslant n - 1$$

따라서 $a(c) = \underbrace{p(c)}_{=0}q(c) + r(c) = 0 + r(c) = r(c)$이다. 이는 $F(c)$의 모든 원소를 $r(c)$ 꼴로 쓸 수 있음을 보여주는데, $r(x)$는 차수가 $n-1$보다 작거나 같았다. 따라서 $F(c)$의 모든 원소는 다음 꼴로 쓸 수 있다.

$$a_0 + a_1 c + \cdots + a_{n-1} c^{n-1}$$

이는 $1, c, c^2, \cdots, c^{n-1}$의 일차결합이다.

마지막으로 $1, c, c^2, \cdots, c^{n-1}$이 일차독립을 증명하기 위해 $a_0 + a_1 c + \cdots + a_{n-1} c^{n-1} = 0$이라 하자. 계수 $a_0, a_1, \cdots, a_{n-1}$ 중에 0이 아닌 것이 있다면, c는 차수가 $n-1$보다 작거나 같으며 0이 아닌 다항식의 근일 텐데, F 위에서 c의 최소다항식의 차수가 n이므로 이는 불가능하다. 따라서 $a_0 = a_1 = \cdots = a_{n-1} = 0$이다. ■

예를 들어 $\mathbb{Q}(\sqrt{2})$를 살펴보자. $\sqrt{2}$는 $\mathbb{Q}$ 위에서 차수가 1인 어떤 모닉 다항식의 근도 아니다. 그런 다항식이 있다면 $x - \sqrt{2}$여야 할 텐데, $\sqrt{2}$가 무리수이므로 이 다항식은 $\mathbb{Q}[x]$에 속하지 않기 때문이다. 그런데 $\sqrt{2}$는 $x^2 - 2$의 근이므로, 이 다항식이 $\mathbb{Q}$ 위에서 $\sqrt{2}$의 최소다항식이다. 따라서 다음이 성립한다.

$$[\mathbb{Q}(\sqrt{2}) : \mathbb{Q}] = 2$$

특히 $\mathbb{Q}(\sqrt{2})$의 모든 원소는 1과 $\sqrt{2}$의 일차결합, 즉 어떤 $a, b \in \mathbb{Q}$에 대해 $a + b\sqrt{2}$ 꼴의 수이다.

또 다른 예를 들면, i는 $\mathbb{R}[x]$에서 기약다항식 $x^2 + 1$의 근이다. 따라서 $\mathbb{R}$ 위에서 i의 최소다항식이 $x^2 + 1$이며, $x^2 + 1$의 차수가 2이므로 $[\mathbb{R}(i) : \mathbb{R}] = 2$이다. 따라서 $\mathbb{R}(i)$는 실수를 계수로 갖는 1과 i의 일차결합, 즉 $a, b \in \mathbb{R}$일 때 $a + bi$ 꼴의 수 전체로 구성된다. 따라서 $\mathbb{R}(i) = \mathbb{C}$임이 분명하므로 $\mathbb{R}$ 위에서 $\mathbb{C}$의 차수는 2이다.

앞으로 E가 K의 유한 확대체이고, K가 F의 유한 확대체인 상황을 종종 만날 것이다.

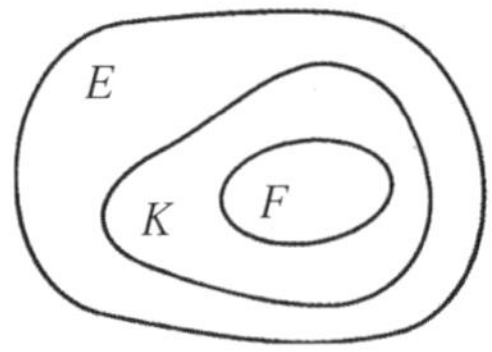

K 위에서 E의 차수와, F 위에서 K의 차수를 알 때, F 위에서 E의 차수를 알 수 있을까? 이는 대단히 중요한 질문이다! 다행히도 답은 쉬운데 다음 보조정리에 근거가 있다.

보조정리. F 위의 벡터공간 K의 기저가 $a_1, a_2, \cdots, a_m$이고, K 위에서 벡터공간 E의 기저가 $b_1, b_2, \cdots, b_n$이라 하자. 이때 mn개의 곱 $\{a_i b_j\}$가 체 F 위의 벡터공간 E의 기저이다.

증명: $\{a_i b_j\}$가 E를 생성함을 증명하기 위해서, E의 각 원소 c를 K에 속하는 계수 k_i에 대해 일차결합 $c = k_1 b_1 + \cdots + k_n b_n$으로 쓸 수 있음에 주목한다. 그런데 k_i는 K에 속하기 때문에 F에 속하는 계수 l_{ij}에 대해 다음 꼴의 일차결합으로 쓸 수 있다.

$$k_i = l_{i1} a_1 + \cdots + l_{im} a_m$$

대입하면 다음이 성립한다.

$$\begin{aligned} c &= (l_{11} a_1 + \cdots + l_{1m} a_m) b_1 + \cdots + (l_{n1} a_1 + \cdots + l_{nm} a_m) b_n \\ &= \sum l_{ij} a_i b_j \end{aligned}$$

이는 F에 속하는 계수 l_{ij}를 써서 $a_i b_j$들의 일차결합으로 쓴 것이다.

$\{a_i b_j\}$가 일차독립임을 증명하기 위해 $\sum l_{ij} a_i b_j = 0$이라 하자. 이를 다음처럼 쓸 수 있다.

$$(l_{11} a_1 + \cdots + l_{1m} a_m) b_1 + \cdots + (l_{n1} a_1 + \cdots + l_{nm} a_m) b_n = 0$$

$b_1, \cdots, b_n$이 일차독립이므로, 각 i에 대해 $l_{i1} a_1 + \cdots + l_{im} a_m = 0$이다. 그런데 $a_1, \cdots, a_m$ 역시 일차독립이므로 모든 $l_{ij} = 0$이다. ■

이 결과를 써서 다음 결론을 내릴 수 있다.

정리 2. $F \subseteq K \subseteq E$이고 E가 K의 유한 확대체이며, K가 F의 유한 확대체라 하자. 그러면 E가 F의 유한 확대체이며 다음이 성립한다.

$$[E : F] = [E : K][K : F]$$

체를 연구할 때 이 정리는 강력한 도구이다. 군론에서 라그랑주 정리가 하는 역할을 체론에서 이 정리가 담당한다. 고정된 '바탕체' F의 두 확대체 K와 E에 대해 이 정리가 무엇을 말해 주는지 보자. K가 E의 부분체이면 (F 위에서) K의 차수는 (F 위에서) E의 차수를 나눈다.

c가 F 위에서 대수적이면, F에 c를 '첨가'(adjoin)해서 $F(c)$를 얻는다고 말한다. c와 d가 F 위에서 대수적일 때 F에 c를 첨가해서 $F(c)$를 얻은 후 $F(c)$에 d를 첨가할 수 있다. 그 결과 나온 체를 $F(c, d)$로 나타내는데, F, c, d를 포함하는 가장 작은 체이다. [실제로 F, c, d를 포함하는 임의의 체는 $F(c)$를 포함해야 하며 따라서 $F(c, d)$도 포함해야 한다.] 먼저 c를 첨가한 후 d를 첨가한 것이나, 순서를 뒤집어 첨가한 것이나 상관은 없다.

$c_1, \cdots, c_n$이 F 위에서 대수적일 때, F와 $c_1, \cdots, c_n$을 포함하는 가장 작은 체를 $F(c_1, \cdots, c_n)$이라 둔다. 이 체를 F에 $c_1, \cdots, c_n$을 '첨가'하여 얻은 체라고 말한다. 한 번에 하나씩 c_i를 첨가하여 $F(c_1, \cdots, c_n)$을 만들 수 있는데, 이때 c_i를 첨가하는 순서는 무관하다.

F에 한 원소만을 첨가한 확대체 $F(c)$를 '단순 확대체'(simple extension)라 부른다. 유한 개의 원소 $c_1, \cdots, c_n$을 첨가하여 만든 확대체 $F(c_1, \cdots, c_n)$을 '반복 확대체'(iterated extension)라 부른다. 한 번에 하나씩 단계별로 '단순' 확대체를 '반복'하여 만들기 때문에 그렇게 부른다.

$$F \subseteq F(c_1) \subseteq F(c_1, c_2) \subseteq F(c_1, c_2, c_3) \subseteq \cdots \subseteq F(c_1, \cdots, c_n) \tag{1}$$

$c_1, \cdots, c_n$이 F 위에서 대수적이면, 정리 1에 의해 조건 (1)에 나오는 각 확대체들은 유한 확대체들이다. 정리 2에 의해 $F(c_1, c_2)$는 F의 유한 확대체이며, 정리 2를 또 이용하

면 $F(c_1, c_2, c_3)$이 유한 확대체이고, 마찬가지로 계속할 수 있기 때문이다. 따라서 최종적으로 '$c_1, \cdots, c_n$이 F 위에서 대수적이면, $F(c_1, \cdots, c_n)$은 F의 유한 확대체'이다.

사실은 역도 성립한다. '모든 유한 확대체는 반복 확대체이다.' 이는 명백하다. K가 F의 유한 확대체, 예를 들어 차수가 n인 확대체라 하면, K는 F 위에서 기저 $\{a_1, \cdots, a_n\}$을 가질 것이다. 특히 K의 모든 원소가 F에서 계수를 갖는 $a_1, \cdots, a_n$의 일차결합이라는 뜻인데, F와 $a_1, \cdots, a_n$을 포함하는 임의의 체는 $a_1, \cdots, a_n$의 모든 일차결합을 포함해야 하므로, K가 F와 $a_1, \cdots, a_n$을 포함하는 가장 작은 체여야 한다. 따라서 $K = F(a_1, \cdots, a_n)$이다.

사실 K가 F의 유한 확대체이고 $K = F(a_1, \cdots, a_n)$이면, $a_1, \cdots, a_n$은 F 위에서 '대수적'(algebraic)이어야 한다. 이는 다음의 간단하지만 중요한 작은 정리의 결과이다.

정리 3. K가 F 위에서 유한 확대체이면, K의 모든 원소는 F 위에서 대수적이다.

증명: K가 F 위에서 차수가 n이라 가정하고, c를 K의 임의의 원소라 하자. 이때 벡터공간 K의 차원이 n이므로, $n+1$ 개의 원소로 이루어진 집합 $\{1, c, c^2, \cdots, c^n\}$은 일차종속이다. 따라서 모두는 0이 아니면서 $a_0 + a_1c + \cdots + a_nc^n = 0$인 상수 $a_0, \cdots, a_n \in F$가 존재한다. 따라서 c는 $F[x]$의 다항식 $p(x) = a_0 + a_1x + \cdots + a_nx^n$의 근이다. ■

요약하자. '$c_1, \cdots, c_n$이 F 위에서 대수적일 때, 반복 확대체 $F(c_1, \cdots, c_n)$은 F의 유한 확대체이다. 역으로 F의 모든 유한 확대체는 F의 어떤 대수적 원소 $c_1, \cdots, c_n$에 대해 반복 확대체 $F(c_1, \cdots, c_n)$이다.'

이 장에서 제시한 개념의 예를 들겠다. 이미 $\mathbb{Q}(\sqrt{2})$가 $\mathbb{Q}$ 위에서 차수 2라는 것과, $\mathbb{Q}(\sqrt{2})$가 a, $b \in \mathbb{Q}$에 대해 $a + b\sqrt{2}$ 꼴의 수로 이루어져 있음을 본 바 있다. $\sqrt{3}$은 $\mathbb{Q}(\sqrt{2})$에 속하지 않음을 관찰하여라. 만약 속한다고 하면, 어떤 유리수 a, b에 대해 $\sqrt{3} = a + b\sqrt{2}$여야 하는데 양변을 제곱하고 $\sqrt{2}$에 대해 풀면 $\sqrt{2}$가 유리수라는 불가능한 사실이 나오기 때문이다.

$\sqrt{3}$이 $\mathbb{Q}(\sqrt{2})$에 속하지 않으므로, $\sqrt{3}$은 $\mathbb{Q}(\sqrt{2})$ 위에서 차수 1인 다항식의 근일 수 없다. (그런 다항식이 있었다면 $x - \sqrt{3}$이었어야 하기 때문이다.) 하지만 $\sqrt{3}$은 $x^2 - 3$의 근이

므로, 이 다항식이 $\mathbb{Q}(\sqrt{2})$에서 $\sqrt{3}$의 최소다항식이다. 그러므로 $\mathbb{Q}(\sqrt{2}, \sqrt{3})$은 $\mathbb{Q}(\sqrt{2})$ 위에서 차수가 2이며, 따라서 정리 2로부터 $\mathbb{Q}(\sqrt{2}, \sqrt{3})$은 $\mathbb{Q}$ 위에서 차수가 4이다.

정리 1의 앞에서 언급한 대로, $\{1, \sqrt{2}\}$가 $\mathbb{Q}$ 위에서 $\mathbb{Q}(\sqrt{2})$의 기저이고, $\{1, \sqrt{3}\}$이 $\mathbb{Q}(\sqrt{2})$ 위에서 $\mathbb{Q}(\sqrt{2}, \sqrt{3})$의 기저이다. 따라서 이 장의 보조정리로부터 $\{1, \sqrt{2}, \sqrt{3}, \sqrt{6}\}$이 $\mathbb{Q}$ 위에서 $\mathbb{Q}(\sqrt{2}, \sqrt{3})$의 기저이다. 이는 $\mathbb{Q}(\sqrt{2}, \sqrt{3})$이 $\mathbb{Q}$의 원소 a, b, c, d에 대해 $a+b\sqrt{2}+c\sqrt{3}+d\sqrt{6}$ 꼴의 수로 이루어져 있음을 뜻한다.

미래를 위한 참고용. 다음의 기교적인 관찰이 나중에 필요할 것이다.

정리 1 바로 앞에 언급한 것처럼 $F(c_1)$의 모든 원소는 F에서의 계수를 써서 c_1의 거듭제곱을 일차결합한 것이다. 다시 말해 $F(c_1)$의 모든 원소는 F의 원소 k_i에 대해 다음 꼴이다.

$$\sum_i k_i c_1^i \tag{2}$$

같은 이유로 $F(c_1, c_2)$의 모든 원소는 l_j가 $F(c_1)$의 원소일 때 다음 꼴이다.

$$\sum_j l_j c_2^j$$

따라서 각 계수 l_j는 (2) 꼴이다. 이때 괄호를 풀어 주면 $F(c_1, c_2)$의 모든 원소는 F의 원소 k_{ij}에 대해 다음 꼴이라는 사실이 나온다.

$$\sum_{i,j} k_{ij} c_1^i c_2^j$$

이 과정을 계속하면, $F(c_1, c_2, \cdots, c_n)$의 모든 원소는 각 항이 F에 속하는 계수 k에 대해 다음 꼴의 항들을 더한 것이다.

$$k c_1^{i_1} c_2^{i_2} \cdots c_n^{i_n}$$

연습문제

A. 유한 확대체의 예

1. $\mathbb{Q}$ 위에서 $\mathbb{Q}(i\sqrt{2})$의 기저를 찾고, $\mathbb{Q}(i\sqrt{2})$의 원소를 서술하여라. (정리 1 바로 뒤에 나오는 두 가지 예를 보아라.)

2. $\mathbb{R}(2+3i)$의 모든 원소를 $a, b \in \mathbb{R}$에 대해 $a+bi$ 꼴로 쓸 수 있음을 보여라. $\mathbb{R}(2+3i)=\mathbb{C}$라는 결론을 내려라.

#3. $a=\sqrt{1+\sqrt[3]{2}}$ 일 때 $\{1, 2^{1/3}, 2^{2/3}, a, 2^{1/3}a, 2^{2/3}a\}$가 $\mathbb{Q}$ 위에서 $\mathbb{Q}(a)$의 기저임을 보여라. $\mathbb{Q}(a)$의 원소를 묘사하여라.

#4. $\mathbb{Q}$ 위에서 $\mathbb{Q}(\sqrt{2}+\sqrt[3]{4})$의 기저를 찾고, $\mathbb{Q}(\sqrt{2}+\sqrt[3]{4})$의 원소를 묘사하여라.

5. $\mathbb{Q}$ 위에서 $\mathbb{Q}(\sqrt{5}, \sqrt{7})$의 기저를 찾고, $\mathbb{Q}(\sqrt{5}, \sqrt{7})$의 원소를 묘사하여라. (이 장의 끝에 나오는 예를 보아라.)

6. $\mathbb{Q}$ 위에서 $\mathbb{Q}(\sqrt{2}, \sqrt{3}, \sqrt{5})$의 기저를 찾고, $\mathbb{Q}(\sqrt{2}, \sqrt{3}, \sqrt{5})$의 원소를 묘사하여라.

7. π가 차수 3인 대수적 원소가 되는 $\mathbb{Q}$의 확대체를 하나 구하여라.

†B. 유한 확대체의 예 몇 가지 더

F를 표수 $\neq 2$인 체라 하자. F에서 $a \neq b$라 하자.

1. $\sqrt{a}+\sqrt{b}$를 포함하는 임의의 체는 $\sqrt{a}$와 $\sqrt{b}$도 포함함을 증명하여라. [힌트: $(\sqrt{a}+\sqrt{b})^2$을 계산하고 $\sqrt{ab} \in F$를 보여라. 그런 다음 역시 F의 원소인 $\sqrt{ab}(\sqrt{a}+\sqrt{b})$를 계산하여라.] $F(\sqrt{a}+\sqrt{b})=F(\sqrt{a}, \sqrt{b})$임을 결론지어라.

2. 임의의 $x \in F(\sqrt{a})$에 대해 $b \neq x^2 a$이면, $\sqrt{b} \notin F(\sqrt{a})$임을 증명하여라. $F(\sqrt{a}, \sqrt{b})$가 F 위에서 차수가 4인 확대체라는 결론을 내려라.

3. $x=\sqrt{a}+\sqrt{b}$가 $x^4-2(a+b)x^2+(a-b)^2=0$을 만족함을 보여라. $x=\sqrt{a+b+2\sqrt{ab}}$ 역시 같은 방정식을 만족함을 보여라. 다음을 결론지어라.

$$F(\sqrt{a+b+2\sqrt{ab}})=F(\sqrt{a}, \sqrt{b})$$

4. 1번부터 3번까지를 이용하여, d가 x^4-14x^2+9의 근일 때 그다지 복잡하지 않은 $\mathbb{Q}(d)$의 기저를 구하여라. 그런 다음 $\mathbb{Q}$ 위에서 $\mathbb{Q}(\sqrt{7+2\sqrt{10}})$의 기저를 하나 구하여라.

C. 유한체의 유한 확대체

유한 확대체의 기초 정리를 증명할 때, $p(x)$가 $F[x]$에서 차수 n인 기약다항식이고 c가 $p(x)$의 근일 때 $F[x]/\langle p(x)\rangle \cong F(c)$였다. 이 장의 정리 1에 의해 $F(c)$는 F 위에서 차수가 n이다. 정리 1 앞의 문단을 이용하여 다음에 답하여라.

1. $F(c)$의 모든 원소는 어떤 $a_0, \cdots, a_{n-1} \in F$에 대해 $a_0+a_1c+\cdots+a_{n-1}c^{n-1}$ 꼴로 '유

일하게' 쓸 수 있음을 증명하여라.

 # 2. 원소가 네 개인 체를 구성하여라. ($\mathbb{Z}_2$의 확대체여야 한다.) 이 체의 원소를 묘사하고, 덧셈표 및 곱셈표를 주어라.

3. 원소가 여덟 개인 체를 구성하여라. ($\mathbb{Z}_2$의 확대체여야 한다.)

4. F가 q개의 원소를 가지며, a가 F 위에서 차수가 n인 대수적 원소이면, $F(a)$의 원소의 개수가 q^n임을 증명하여라.

5. 모든 소수 p에 대해 $\mathbb{Z}_p[x]$에 이차 기약다항식이 존재함을 증명하여라. 모든 소수 p에 대해 원소의 개수가 p^2개인 체가 존재한다는 결론을 내려라.

D. 확대체의 차수 (정리 2의 응용)

F를 체라 하고, K를 F의 확대체라 하자. 다음을 증명하여라.

1. $[K:F]=1$인 것과 $K=F$인 것은 동치조건이다.

 # 2. $[K:F]$가 소수이면, F와 K 사이에 비자명 체, 다시 말해 $F \subsetneq L \subsetneq K$인 체 L이 존재하지 않는다.

3. $[K:F]$가 소수이면, 모든 $a \in K-F$에 대해 $K=F(a)$이다.

4. 서로소인 m, n에 대해 a, $b \in K$가 F 위에서 각각 차수가 m 및 n인 대수적 원소라 하자.

(a) $F(a, b)$는 F 위에서 차수가 mn이다.

(b) $F(a) \cap F(b) = F$이다.

5. F 위에서 $F(a)$의 차수가 소수이면, 모든 n에 대해 ($a^n \notin F$라는 조건 하에) $F(a) = F(a^n)$이다.

6. 기약다항식 $p(x) \in F[x]$가 K에서 근을 가지면, $\deg\ p(x) \mid [K : F]$이다.

E. 확대체의 차수와 관련한 짧은 질문들

F를 체라 하자. 1번부터 3번까지 증명하여라.

1. F 위에서 a의 차수는 F 위에서 $1/a$의 차수와 같다. 또한 임의의 $c \in F$에 대해 $a + c$와 ac의 차수와도 같다.■

2. a가 F 위에서 차수가 1인 것과 $a \in F$인 것은 동치조건이다.

3. 실수 c가 $\mathbb{Q}[x]$에서 차수 > 1인 기약다항식의 근이면, c는 무리수이다.

4. 3번과 아이젠슈타인 판정법을 이용하여, $m, n \in \mathbb{Z}$에 대해 m은 나누지만 n을 나누지 않는 소수가 존재하고 이 소수의 제곱은 m을 나누지 않는 경우, $\sqrt{m/n}$이 무리수임을 증명하여라.

5. $q > 1$일 때 $\sqrt[q]{m/n}$에 대해서도 4번이 여전히 참임을 보여라.

6. a와 b가 F 위에서 대수적이면, $F(a, b)$가 F 위에서 유한 확대체임을 증명하여라.

■ 당연하지만, a와 c는 0이 아니어야 한다.—옮긴이

†F. 확대체의 차수에 대한 성질

F가 체이고 K가 F의 유한 확대체라 하자. 다음을 증명하여라.

1. K 위에서 대수적 원소는 F 위에서 대수적이고, 역도 성립한다.

2. b가 K 위에서 대수적이면, $[F(b):F] \mid [K(b):F]$이다.

3. b가 K 위에서 대수적이면, $[K(b):K] \leqslant [F(b):F]$이다. (힌트: F 위에서 b의 최소다항식은 $K[x]$에서 인수분해될 수 있는데, 그럴 경우 b는 기약 인자 중 하나의 근이다.)

#4. b가 K 위에서 대수적이면, $[K(b):F(b)] \leqslant [K:F]$이다. [힌트: $F \subseteq K \subseteq K(b)$ 및 $F \subseteq F(b) \subseteq K(b)$임에 주목하여라. 3번을 이용하여, 이 문제에 관련된 네 확대체의 차수를 관련지어라.]

#5. $p(x)$가 $F[x]$에서 기약다항식이라 하자. $[K:F]$와 $\deg p(x)$가 서로소이면, $p(x)$는 $K[x]$에서 기약다항식이다.

†G. 대수적 원소의 체: 대수적 수

$F \subseteq K$ 및 $a, b \in K$라 하자. 499쪽에서 a와 b가 F 위에서 대수적이면, $F(a, b)$가 F의 유한 확대체임을 보았다. 이를 이용하여 1번부터 2번까지 증명하여라.

1. a와 b가 F 위에서 대수적이면, $a+b$, $a-b$, ab, a/b가 F 위에서 대수적임을 보여라. (마지막 경우 $b \neq 0$을 가정하여라.)

2. 집합 $\{x \in K : x$는 F 위에서 대수적$\}$는 F를 포함하는 K의 부분체이다.

$\mathbb{Q}$ 위에서 대수적인 복소수를 '대수적 수'(algebraic number)라 부른다. 2번에 의해, 대수적 수 전체의 집합은 체인데 이를 $\mathbb{A}$로 나타내자.

$a(x) = a_0 + a_1x + \cdots + a_nx^n$이 $\mathbb{A}[x]$에 속하고, c가 $a(x)$의 근이라 하자. $c \in \mathbb{A}$를 증명하려고 한다. 먼저 $a(x)$의 모든 계수는 $\mathbb{Q}(a_0, a_1, \cdots, a_n)$에 속한다.

3. $\mathbb{Q}(a_0, a_1, \cdots, a_n)$이 $\mathbb{Q}$의 유한 확대체임을 증명하여라.

$\mathbb{Q}(a_0, \cdots, a_n) = \mathbb{Q}_1$이라 하자. $a(x) \in \mathbb{Q}_1[x]$이므로 c는 $\mathbb{Q}_1$ 위에서 대수적이다. 4번과 5번을 증명하여라.

4. $\mathbb{Q}_1(c)$는 $\mathbb{Q}_1$의 유한 확대체이므로, $\mathbb{Q}$의 유한 확대체이다. (왜일까?)

5. $c \in \mathbb{A}$이다.

결론: 계수가 대수적 수인 임의의 다항식의 근 역시 대수적 수이다.

어떤 체 F가 '대수적으로 닫혀있다'(algebraically closed)는 것은 $F[x]$의 모든 다항식의 근이 F의 원소일 때를 말한다. 따라서 방금 $\mathbb{A}$가 대수적으로 닫혀있음을 증명한 것이다.

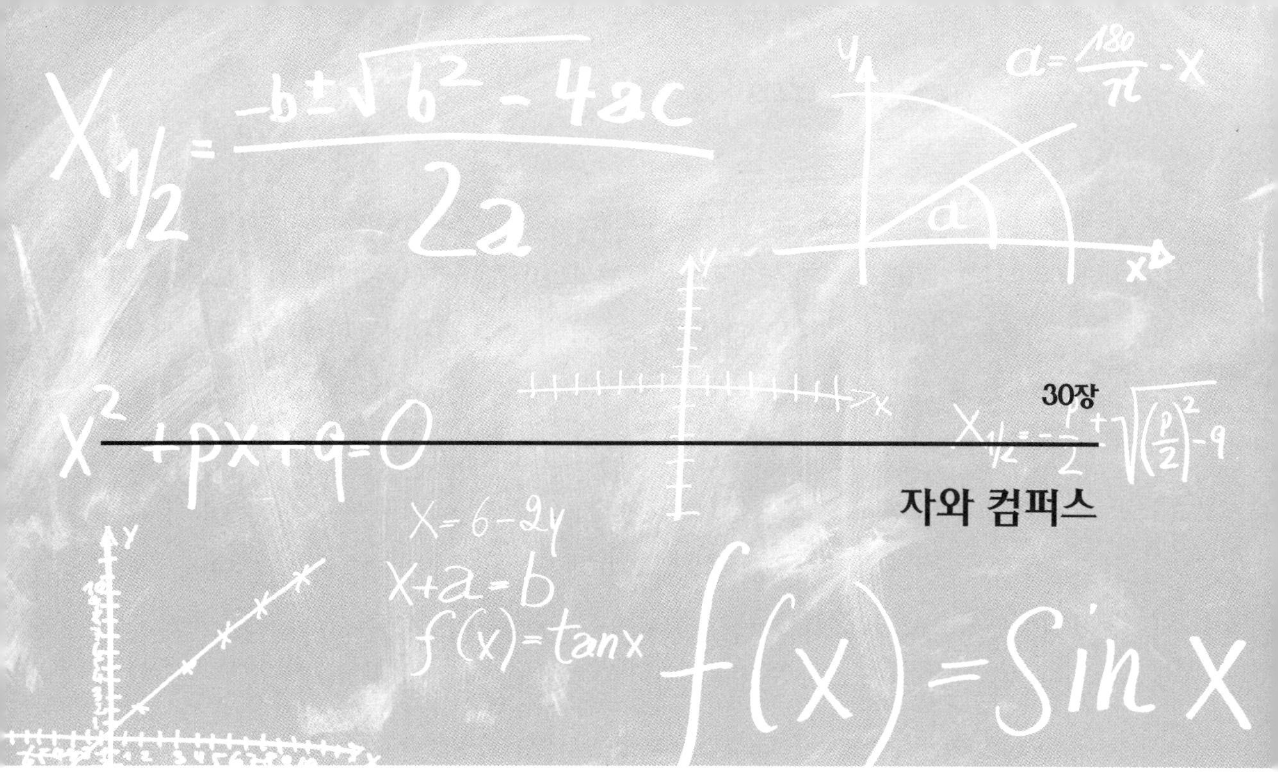

30장

자와 컴퍼스

고대 그리스의 기하학자들은 모든 기하학적 도형 중에서 가장 기본적인 도형은 원과 직선이며, 다른 도형은 이 기본 도형들을 단순히 변형한 것이거나 조합한 것으로 여겼다. 그리스 기하학에서는 작도가 매우 중요한 역할을 했다는 것을 기억해야 이 관점을 이해할 수 있다. 어떤 도형을 정의한다면 그것을 작도하는 방법도 주어져야 했다. 당연히 원과 직선이 작도하기 가장 쉬웠을 텐데, 기하학적 도구 중에서 가장 초보적인 자와 컴퍼스만 필요하기 때문이다. 더욱이 여기에서 자는 간단하고, 눈금이 없는 자였다.

이 도구들이 초보적이긴 하지만, 놀랄 만큼 다양한 기하학적 작도를 수행할 수 있다. 직선은 동등한 선분들로 나눌 수 있으며, 임의의 각을 이등분할 수 있다. 임의의 다각형으로부터 같은 넓이 또는 두 배, 세 배의 넓이를 갖는 정사각형을 작도할 수 있다. 그리스 기하학자들은 놀라운 독창성으로 다른 도구는 전혀 없이, 온갖 종류의 복잡하고 아름다운 작도를 수행하기 위해 자와 컴퍼스를 영리하게 이용하는 방법들을 고안했다. 이 방법들이 너무나 성공적이었기 때문에, 처음 보기에는 매우 간단해 보이는 '배적 문제', '각의 삼등분 문제', '원적 문제'라는 세 가지 문제를 수행할 수 없다는 건 믿기 어려웠다. 첫 번째 문제는 주어진 정육면체보다 부피가 두 배인 정육면체를 작도하길 요구한다. 두 번째는 임의의 각을 크기가 동일하게 셋으로 나누라는 요구다. 세 번째는 주어진 원과 넓이가 같은 정사각형을 작도하라는 요구이다. 오직 자와 컴퍼스만을 이용해야 한다는 것을 기억하라!

고대 그리스로부터 르네상스 시대까지 수학자들은 이런 문제에 상당한 노력을 기울였으며 뛰어난 아이디어도 많이 내놓았다. 하지만 위의 세 가지 작도를 수행하는 방법은 전혀 찾지 못했다. 놀라운 일도 아닌 것이, 이 작도는 불가능하기 때문이다! 물론 이 세 가지 작도가 불가능하다는 것을 증명하는 데 필요한 수학적 도구가 없었던 그리스인들로서는 이 사실을 알 방법이 없었다. 사실은 작도의 불가능성을 증명할 수 있다는 개념 자체가 나오려면 아직 2천 년이 남아 있었던 것이다.

이 문제들이 요구하는 작도가 불가능하다는 것을 증명하여 최종 해결한 것은 거의 그럴 것 같지 않은 원천으로부터 나왔다. 현대 대수학 고급 영역에서의 확대체에 대한 까다로운 연구의 부산물이었던 것이다.

어떻게 이런 일이 가능했는지 이해하기 위해서 자와 컴퍼스로 작도하는 과정이 어떻게 체론의 틀 속에 들어맞는지 보기로 하자. 물론 해석 기하학을 이용할 것이다.

$\mathcal{A}$가 평면의 점들로 이루어진 임의의 집합이라 하고, 다음과 같은 두 종류의 도구 조작을 생각하자.

1. **자 조작**: $\mathcal{A}$의 임의의 두 점을 지나는 직선을 긋는다.
2. **컴퍼스 조작**: $\mathcal{A}$의 임의의 세 점 A, B, C에 대해 C가 중심이고 선분 AB만큼의 길이를 반지름으로 하는 원을 그린다.

이런 도형 두 개의 (직선–직선, 직선–원, 원–원) 교점은 $\mathcal{A}$로부터 '한 단계만에 작도가능'하다고 말한다. 점 P가 $\mathcal{A}$로부터 '작도가능'(constructible)하다는 것은 $\mathcal{A}$로부터 한 단계만에 작도가 가능한 P_1이 존재하고, $\mathcal{A} \cup \{P_1\}$로부터 한 단계만에 작도가 가능한 P_2가 존재하는 등 이런 식으로 $\mathcal{A} \cup \{P_1, \cdots, P_{i-1}\}$로부터 한 단계만에 작도가 가능한 점 P_i가 존재하여 $P_1, P_2, \cdots, P_n = P$일 때를 말한다.

간단한 예로 위의 의미에서 선분 AB의 중점을 작도할 수 있음을 보기로 하자. 주어진

A, B에 대해 직선 AB를 그린다. 그런 다음 중심이 A이고 반지름이 $\overline{AB}$인 원과, 중심이 B이고 반지름이 $\overline{AB}$인 원을 그린다. C와 D를 이 원들의 교점이라고 하자. C와 D는 $\{A, B\}$로부터 한 단계만에 작도할 수 있는 점이다. 마지막으로 C와 D를 잇는 직선을 그리면, 이 직선과 AB의 교점이 구하는 중점이다. 이 점은 $\{A, B\}$로부터 작도가능한 점이다.

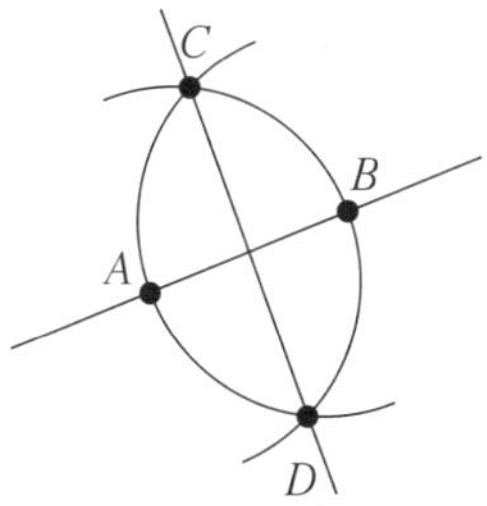

작도가능한 점이라는 개념이 자와 컴퍼스 작도의 직관적인 아이디어를 올바르게 형식화했다는 것을 이 예가 보여준다.

평면의 어떤 점이 '작도가능'하다는 것은 $\mathbb{Q} \times \mathbb{Q}$, 다시 말해 평면에서 유리수를 좌표로 하는 모든 점의 집합으로부터 작도할 수 있을 때를 말한다.

이런 틀의 어디에 체론이 등장하는 걸까? 당연히 각 점에 좌표를 대응시킬 때 나온다. 더 정확히 말하면 모든 작도가능한 점 P마다 아래의 방법을 써서 얻는 $\mathbb{Q}$의 확대체를 대응시킬 것이다.

P의 좌표가 (a, b)이고 $\mathbb{Q} \times \mathbb{Q}$로부터 한 단계만에 작도했다고 하자. $\mathbb{Q}$에 P의 좌표를 첨가한 $\mathbb{Q}(a, b)$를 점 P에 대응하자. 더 일반적으로 점 P를 $\mathbb{Q} \times \mathbb{Q}$로부터 n단계만에 작도했다고 하면, $\mathbb{Q} \times \mathbb{Q} \cup \{P_1, \cdots, P_{i-1}\}$로부터 한 단계만에 작도가능한 점을 P_i라 할 때, n개의 점열 $P_1, P_2, \cdots, P_n = P$을 찾을 수 있다. $P_1, \cdots, P_n$의 좌표를 각각 (a_1, b_1), $\cdots$, (a_n, b_n)이라 하자. $P_1, \cdots, P_n$에 대응하는 체 $K_1, \cdots, K_n$은 다음처럼 정의한다. $K_1 = \mathbb{Q}(a_1, b_1)$이고 각 $i > 1$에 대해 다음처럼 둔다.

$$K_i = K_{i-1}(a_i, b_i)$$

따라서 $K_1 = \mathbb{Q}(a_1, b_1)$ $K_2 = K_1(a_2, b_2)$ 등등이 성립한다. $\mathbb{Q}$에서 시작하여 처음에는

P_1의 좌표를 첨가하고, 다음에는 P_2의 좌표를 첨가하는 식으로 반복하면 다음과 같은 확대체의 열을 얻는다.

$$\mathbb{Q} \subseteq K_1 \subseteq K_2 \subseteq \cdots \subseteq K_n = K$$

이때 K를 '점 P에 대응하는 확대체'라고 부른다.

앞으로 할 얘기는 다음 보조정리로부터 쉽게 나온다.

보조정리. $K_1, \cdots, K_n$을 이렇게 정의하면, $[K_i : K_{i-1}]$은 1이거나 2거나 4이다.

증명: K_{i-1}은 이미 $P_1, \cdots, P_{i-1}$의 좌표들을 포함하며, K_{i-1}에 P_i의 좌표 x_i, y_i를 첨가하여 K_i를 얻는다는 것을 기억하여라. 그런데 P_i는 $\mathbb{Q} \times \mathbb{Q} \cup \{P_1, \cdots, P_{i-1}\}$로부터 한 단계만에 작도할 수 있으므로, P_i를 만들어냈을 세 종류의 교점, 다시 말해 직선이 직선과 만나거나, 직선이 원과 만나거나, 원과 원이 만나는 세 가지 경우를 고려해야 한다.

직선과 직선의 교점: 한 직선이 (a_1, a_2)와 (b_1, b_2)를 지나고, 다른 직선이 (c_1, c_2)와 (d_1, d_2)를 지난다고 하자. 두 직선의 식을 상수 $a_1, a_2, b_1, b_2, c_1, c_2, d_1, d_2$를 써서 (모두 K_{i-1}에 속한다) 나타낼 수 있는데, 연립하여 풀면 교점의 x, y 좌표를 얻을 수 있다. 이 x, y 값은 $a_1, a_2, b_1, b_2, c_1, c_2, d_1, d_2$를 써서 나타낼 수 있으므로 여전히 K_{i-1}에 있다. 따라서 $K_i = K_{i-1}$이다.

선과 원의 교점: 직선 AB와, C가 중심이고 반지름의 길이가 $k = \overline{DE}$인 원을 생각하자. A, B, C의 좌표가 각각 (a_1, a_2), (b_1, b_2), (c_1, c_2)라고 하자. 가정에 의하면, K_{i-1}은 $a_1, a_2, b_1, b_2, c_1, c_2$와 거리 $\overline{DE}$의 제곱인 k^2을 포함한다. (마지막 주장을 이해하기 위해서는, K_{i-1}이 D와 E의 좌표를 포함한다는 것을 기억하여라. 다음 그림을 보고 피타고라스 정리를 이용하여라.)

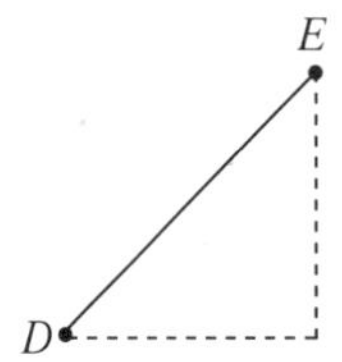

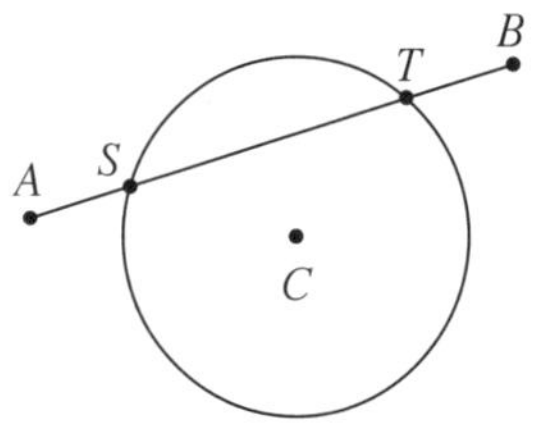

직선 AB의 방정식은 다음과 같다.

$$\frac{y-b_2}{x-b_1} = \frac{b_2-a_2}{b_1-a_1} \tag{1}$$

또한 원의 방정식은 다음과 같다.

$$(x-c_1)^2+(y-c_2)^2=k^2 \tag{2}$$

(1)을 x에 대해 풀고 (2)에 대입하면 다음 식이 나온다.

$$(x-c_1)^2+\left(\frac{b_2-a_2}{b_1-a_1}(x-b_1)+b_2-c_2\right)^2=k^2$$

이는 이차방정식이며 근이 S와 T의 x 좌표이다. 따라서 두 교점의 x 좌표는 K_{i-1}에서 계수를 갖는 이차다항식의 근이다. y 좌표도 마찬가지이다. (x_i, y_i)가 교점 중 하나일 때 $K_i=K_{i-1}(x_i, y_i)$라면 다음을 얻는다.

$$\begin{aligned}[K_{i-1}(x_i, y_i):K_{i-1}] &= [K_{i-1}(x_i, y_i):K_{i-1}(x_i)][K_{i-1}(x_i):K_{i-1}] \\ &= 2\times 2=4\end{aligned}$$

(이는 x_i, $y_i \notin K_{i-1}$임을 가정한 것이다. x_i나 y_i가, 혹은 둘 모두가 K_{i-1}에 있으면, $[K_{i-1}(x_i, y_i):K_{i-1}]$은 1 또는 2이다.)

원과 원의 교점: 두 원의 식이 다음과 같다고 가정하자.

$$x^2+y^2+ax+by+c=0 \tag{3}$$

$$x^2+y^2+dx+ey+f=0 \tag{4}$$

이때 두 교점은 (3)에서 (4)를 빼어 얻은 다음 식을 만족해야 한다.

$$(a-d)x+(b-e)y+(c-f)=0 \tag{5}$$

따라서 x와 y는 (4)와 (5)를 연립해서 구할 수 있는데, 앞의 경우와 똑같다. ■

이제 이 장의 주요 결과를 증명할 때가 됐다.

정리 1. [작도가능한 점에 대한 기초 정리] 좌표가 (a, b)인 점이 작도가능하면, $\mathbb{Q}$ 위에서 $\mathbb{Q}(a)$의 차수는 2의 거듭제곱이어야 하고, $\mathbb{Q}$ 위에서 $\mathbb{Q}(b)$의 차수도 2의 거듭제곱이어야 한다.

증명: P가 작도가능한 점이라고 하자. 그러면 좌표가 $(a_1, b_1), \cdots, (a_n, b_n)$인 점 $P_1, \cdots, P_n$이 존재하여, P_i는 $\mathbb{Q}\times\mathbb{Q}\cup\{P_1, \cdots, P_{i-1}\}$로부터 한 단계만에 작도할 수 있는 점이며 $P_n=P$일 것이다. $P_1, \cdots, P_n$에 대응하는 체를 $K_1, \cdots, K_n$이라 하자. 그러면 다음이 성립한다.

$$[K_n : \mathbb{Q}] = [K_n : K_{n-1}][K_{n-1} : K_{n-2}] \cdots [K_1 : \mathbb{Q}]$$

따라서 앞의 보조정리에 의해 이 값은 2의 거듭제곱인 2^m 꼴이어야 한다. 그런데

$$[K_n : \mathbb{Q}] = [K_n : \mathbb{Q}(a)][\mathbb{Q}(a) : \mathbb{Q}]$$

이므로, $[\mathbb{Q}(a) : \mathbb{Q}]$는 2^m의 약수여야 하고, 따라서 2의 거듭제곱이어야 한다. ■

이 정리를 이용하여 이 장의 서두에 서술하였던 세 가지 고전적 문제에 대한 자와 컴퍼스 작도가 존재할 수 없음을 증명할 것이다.

정리 2. '정육면체 배적 문제'는 자와 컴퍼스로 작도가 불가능하다.

증명: 정육면체의 한 모서리가 x축 위의 단위 구간과 일치하도록 놓자. 다시 말해서 모서리의 끝점이 (0, 0)과 (1, 0)이다.

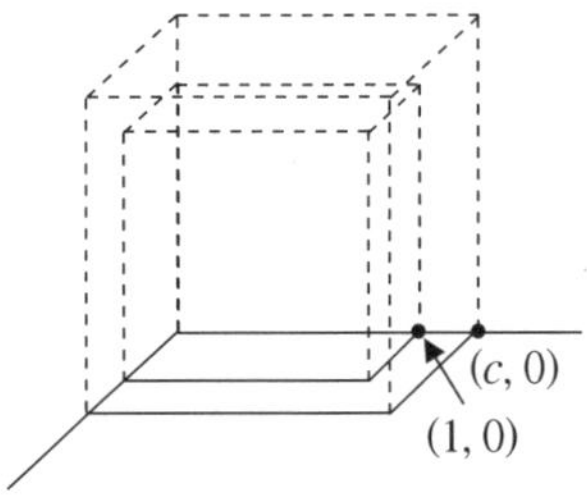

만약 자와 컴퍼스로 정육면체의 부피를 두 배로 만들 수 있다면, $c^3 = 2$인 점 $(c,\ 0)$을 작도할 수 있어야 한다는 뜻이다. 정리 1에 의해 $[\mathbb{Q}(c) : \mathbb{Q}]$는 2의 거듭제곱이어야 할 텐데, 이 값은 명백히 3이다. 이런 모순 때문에 자와 컴퍼스만으로 정육면체의 부피를 두 배한 정육면체를 작도할 수 없다는 것이 입증된다. ■

정리 3. '각의 삼등분 문제'는 자와 컴퍼스로 작도가 불가능하다. 다시 말해, 자와 컴퍼스로 삼등분할 수 없는 각이 존재한다.

증명: 구체적으로 각 $60°$를 삼등분할 수 없음을 보일 것이다. 만약 각 $60°$를 삼등분할 수 '있다'면, $c = \cos 20°$일 때 (그림을 보시오) 점 $(c,\ 0)$을 작도할 수 있어야 한다. 따라서 $b = 2 \cos 20°$일 때 $(b,\ 0)$도 작도할 수 있을 것이다.

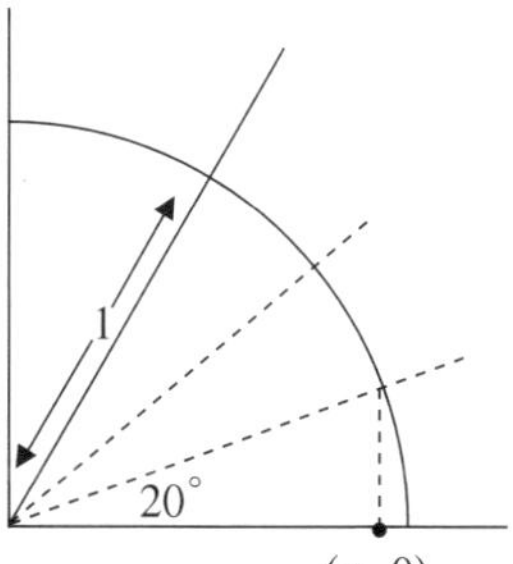

그런데 초등 삼각법에서

$$\cos 3\theta = 4 \cos^3 \theta - 3 \cos \theta$$

이므로 다음이 성립해야 한다.

$$\underbrace{\cos 60°}_{\frac{1}{2}} = 4 \cos^3 20° - 3 \cos 20°$$

따라서 $b = 2 \cos 20°$는 $b^3 - 3b - 1 = 0$을 만족한다. 다음 다항식

$$p(x) = x^3 - 3x - 1$$

은 $\mathbb{Q}$ 위에서 기약다항식인데, 아이젠슈타인 판정법에 의해 $p(x+1) = x^3 + 3x^2 - 3$이 기약다항식이기 때문이다. 따라서 $\mathbb{Q}(b)$는 $\mathbb{Q}$ 위에서 차수가 3이므로, 이 차수가 2의 거듭제곱이어야 한다는 정리 1의 조건에 모순이다. ■

정리 4. '원적 문제'는 자와 컴퍼스로 작도가 불가능하다.

증명: 자와 컴퍼스로 원과 넓이가 같은 정사각형을 작도할 수 있다면, 점 $(0, \sqrt{\pi})$가 작도 가능해야 한다. 따라서 정리 1로부터 $[\mathbb{Q}(\sqrt{\pi}) : \mathbb{Q}]$가 2의 거듭제곱이어야 한다. 그러나 π가 $\mathbb{Q}$ 위에서 초월적이라는 것이 잘 알려져 있다. 29장의 정리 3으로부터 대수적 수의 제곱은 대수적이므로, $\sqrt{\pi}$는 초월적이다. 따라서 $\mathbb{Q}(\sqrt{\pi})$는 차수 2^m인 확대체인 것은 고사하고, $\mathbb{Q}$의 유한 확대체조차 아니다. ■

연습문제

†A. 작도가능한 수

평면의 두 점 O와 I에 대해, 구간 OI가 x축 위의 단위 구간이도록 좌표계를 생각하자.

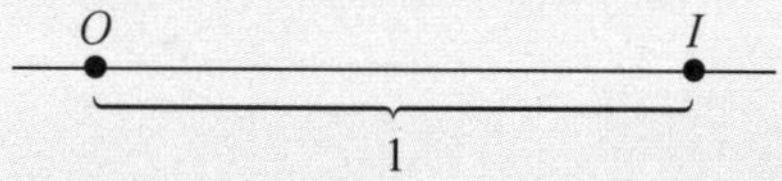

$\{O, I\}$로부터 작도할 수 있는 점 $(a, 0)$에 대해 실수 a를 모은 집합을 $\mathbb{D}$라 하자. 다음을 증명하여라.

1. $a, b \in \mathbb{D}$이면 $a+b \in \mathbb{D}$이고 $a-b \in \mathbb{D}$이다.

2. $a, b \in \mathbb{D}$이면 $ab \in \mathbb{D}$이다. (힌트: 닮은 삼각형을 이용하여라. 다음 그림을 보아라.)

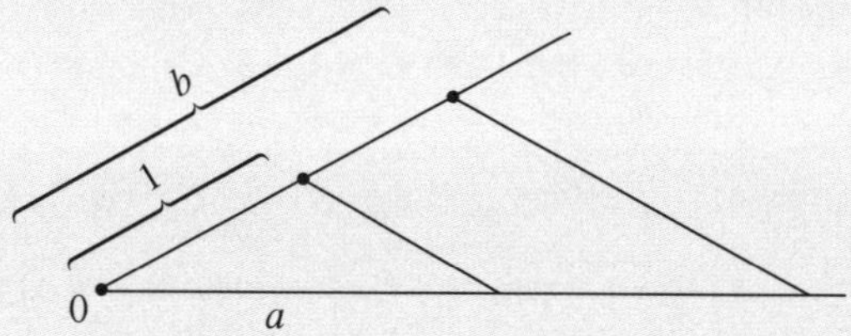

3. $a, b \in \mathbb{D}$이면 $a/b \in \mathbb{D}$이다. (2번과 같은 그림을 이용하여라.)

4. $a > 0$이고 $a \in \mathbb{D}$이면 $\sqrt{a} \in \mathbb{D}$이다. (힌트: 다음 그림에서 AB는 원의 지름이다. 원의 현에 대한 기본 성질을 이용하여 $x = \sqrt{a}$를 보여라.)

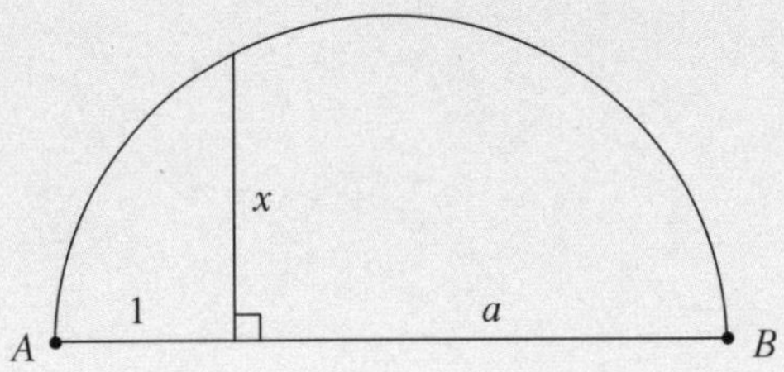

1번부터 4번까지에서 $\mathbb{D}$가 체이며, 양수의 제곱근을 취하는 연산에 대해 닫혀있다는 것이 나온다. $\mathbb{D}$를 '작도가능한 수의 체'(field of constructible numbers)라고 부른다.

5. $\mathbb{Q} \subseteq \mathbb{D}$이다.

6. a가 $\mathbb{D}$에서 계수를 갖는 임의의 이차다항식의 실근이면, $a \in \mathbb{D}$이다. (힌트: 완전제곱식을 만들고 4번을 이용하여라.)

†B. 작도가능한 점과 작도가능한 수

다음 각각을 증명하여라.

1. 평면의 점들로 이루어진 임의의 부분집합을 $\mathcal{A}$라 하자. (a, b)를 $\mathcal{A}$로부터 작도할 수 있다는 것과, $(a, 0)$ 및 $(0, b)$를 $\mathcal{A}$로부터 작도할 수 있다는 것은 동치조건이다.

2. P를 $\{O, I\}$, 즉 $(0, 0)$과 $(1, 0)$으로부터 작도할 수 있으면, P를 $\mathbb{Q} \times \mathbb{Q}$로부터 작도할 수 있다.

 # 3. $\mathbb{Q} \times \mathbb{Q}$의 모든 점은 $\{O, I\}$로부터 작도할 수 있다. (연습문제 A5와 $\mathbb{D}$의 정의를 이용하여라.)

4. 점 P를 $\mathbb{Q} \times \mathbb{Q}$로부터 작도할 수 있으면, $\{O, I\}$로부터도 작도할 수 있다.

2번과 4번을 조합하면, 다음 중요한 사실을 얻는다. 임의의 점 P를 $\mathbb{Q}\times\mathbb{Q}$로부터 작도할 수 있다는 것과, P를 $\{O, I\}$로부터 작도할 수 있다는 것은 동치조건이다. 따라서 어떤 점을 $\{O, I\}$로부터 작도할 수 있는 경우 '작도가능하다'고 정의할 수도 있다.

5. 점 P가 작도가능한 것과, 좌표들이 각각 작도가능한 수라는 것은 동치조건이다.

†C. 작도가능한 각

어떤 각 α가 '작도가능'하다는 것은 $\angle ABC=\alpha$인 작도가능한 점 A, B, C가 존재한다는 것과 동치조건이다. 다음을 증명하여라.

1. 각 α가 작도가능한 것과, $\sin\alpha$ 및 $\cos\alpha$가 작도가능한 수라는 것은 동치조건이다.

2. $\cos\alpha\in\mathbb{D}$인 것과, $\sin\alpha\in\mathbb{D}$인 것은 동치조건이다.

3. $\cos\alpha, \cos\beta\in\mathbb{D}$이면, $\cos(\alpha+\beta), \cos(\alpha-\beta)\in\mathbb{D}$이다.

4. $\cos(2\alpha)\in\mathbb{D}$인 것과, $\cos\alpha\in\mathbb{D}$인 것은 동치조건이다.

5. α와 β가 작도가능한 각이면, $\alpha+\beta$, $\alpha-\beta$, $\frac{1}{2}\alpha$ 및 모든 양의 정수 n에 대해 $n\alpha$도 작도가능한 각이다.

#6. 각 30°, 75°, $22\frac{1}{2}^\circ$는 작도가능한 각이다.

7. 각 20°, 40°, 140°는 작도'불'가능한 각이다. (힌트: 정리 3의 증명을 이용하여라.)

D. 작도가능한 다각형

어떤 다각형이 '작도가능'하다는 것은 모든 꼭짓점이 작도가능한 점이라는 것과 동치조건이다. 다음을 증명하여라.

 # 1. 정n각형이 작도가능하다는 것과, 각 $2\pi/n$이 작도가능한 각이라는 것은 동치조건이다.

2. 정육각형은 작도가능하다.

3. 변의 개수가 아홉 개인 정다각형은 작도가능하지 '않다.'

†E. 작도가능한 다각형

$2\pi/5$가 작도가능한 각이라는 것을 보일 것이다. 그러면 정오각형이 작도가능하다는 것이 나올 것이다.

1. $r = \cos k + i \sin k$가 복소수일 때, $1/r = \cos k - i \sin k$이다. $r + 1/r = 2 \cos k$임을 결론지어라.

드무아브르 정리에 의해 다음 복소수는 1의 5제곱근이다.

$$\omega = \cos \frac{2\pi}{5} + i \sin \frac{2\pi}{5}$$

다음 인수분해로부터 ω는 다항식 $p(x) = x^4 + x^3 + x^2 + x + 1$의 근이다.

$$x^5 - 1 = (x-1)(x^4 + x^3 + x^2 + x + 1)$$

2. $\omega^2 + \omega + 1 + \omega^{-1} + \omega^{-2} = 0$임을 증명하여라.

3. 1번과 2번을 이용하여 다음을 증명하여라.

$$4\cos^2\frac{2\pi}{5} + 2\cos\frac{2\pi}{5} - 1 = 0$$

$\cos(2\pi/5)$가 이차식 $4x^2 + 2x - 1$의 근이라는 결론을 지어라.

4. 3번과 A6을 이용하여 $\cos(2\pi/5)$가 작도가능한 수임을 증명하여라.

5. $2\pi/5$가 작도가능한 각임을 증명하여라.

6. 정오각형이 작도가능한 도형임을 증명하여라.

†F. 작도불가능한 다각형

드무아브르 정리에 의해 다음 복소수는 1의 7제곱근이다.

$$\omega = \cos\frac{2\pi}{7} + i\sin\frac{2\pi}{7}$$

다음 인수분해로부터 ω는 다항식 $p(x) = x^6 + x^5 + x^4 + x^3 + x^2 + x + 1$의 근이다.

$$x^7 - 1 = (x-1)(x^6 + x^5 + x^4 + x^3 + x^2 + x + 1)$$

1. $\omega^3 + \omega^2 + \omega + 1 + \omega^{-1} + \omega^{-2} + \omega^{-3} = 0$임을 증명하여라.

2. 1번과 연습문제 E1을 이용하여 다음을 증명하여라.

$$8\cos^3\frac{2\pi}{7} + 4\cos^2\frac{2\pi}{7} - 4\cos\frac{2\pi}{7} - 1 = 0$$

$\cos(2\pi/7)$가 이차식 $8x^3 + 4x^2 - 4x - 1$의 근이라는 결론을 지어라.

3. $8x^3 + 4x^2 - 4x - 1$이 유리수 근을 갖지 않음을 증명하여라. 이 다항식이 $\mathbb{Q}$ 위에서 기약다항식임을 결론지어라.

4. 3번으로부터 $\cos(2\pi/7)$가 작도불가능한 수임을 결론지어라.

5. $2\pi/7$가 작도불가능한 각임을 증명하여라.

6. 변이 일곱 개인 정다각형이 작도불가능한 도형임을 증명하여라.

G. 작도가능한 수와 도형에 대한 성질 몇 가지 더

다음을 증명하여라.

1. 차수가 2의 거듭제곱이 아닌 기약다항식 $p(x) \in \mathbb{Q}[x]$의 근이 a이면, a는 작도가능한 수가 아니다.

\# 2. 임의의 작도가능한 수는 유리수로부터 시작하여 덧셈, 뺄셈, 곱셈, 나눗셈, 양수의 제곱근을 취하는 일을 반복하여 얻을 수 있다.

3. $\mathbb{Q}$의 확대체 중에서 양수의 제곱근을 취하는 것에 대해 닫혀있는 것 중 가장 작은 것이 $\mathbb{D}$이다. 즉, 양수의 제곱근을 취하는 것에 대해 닫혀있는 $\mathbb{Q}$의 확대체는 $\mathbb{D}$를 포함한다. (2번과 연습문제 A를 이용하여라.)

4. 다항식 $x^4 - 3x^2 + 1$의 모든 근은 작도가능한 수다.

직선이 작도가능하다는 것은, 작도가능한 두 점을 지날 때를 말한다. 원이 작도가능하다는 것은, 중심과 반지름이 작도가능할 때를 말한다.

5. $a, b, c \in \mathbb{D}$이면 직선 $ax + by + c = 0$은 작도가능하다.

6. $a, b, c \in \mathbb{D}$이면 원 $x^2 + y^2 + ax + by + c = 0$은 작도가능하다.

31장

갈루아 이론: 서론

30장에서는 고전 기하학에서 가장 곤혹스러운 문제를 일부 해결하기 위해 확대체를 이용하였다. 이제 그만큼 오래되고 중요한 문제를 풀기 위해 확대체를 이용하려고 하는데, 다항 방정식의 해에 대한 분명하고 우아한 이론을 제공해 줄 것이다.

우리는 계산의 문제인 해를 '찾는' 것보다는 해의 본질과 성질에 더 관심을 둘 것이다. 나중에 알게 되겠지만, 이런 성질은 다항식 자체보다는 다항식의 근들을 포함하는 체에 의존하는 것으로 드러날 것이다. 이 장과 32장의 논의를 명확하게 이해하기 위해서는 이 사실을 염두에 두어야 한다. 우리가 확대체에 대해 얘기하더라도 늘 뒤에서는 다항식이 배회할 것이다. 어떤 다항식의 근들이 생성한 확대체만 생각할 것이고, 이런 확대체에 대한 모든 이론이 실은 다항식에 대해 뭔가를 말해 줄 것이다.

계속 나아가기에 앞서 한두 가지 간극을 메꾸기 위해 확대체에 대해 이미 아는 것을 재빨리 되새겨보자. F가 체일 때 F의 어떤 확대체의 원소 a가 F 위에서 '대수적'이라는 것은, a가 F에서 계수를 갖는 어떤 다항식의 근일 때를 말한다. F 위에서 a의 '최소다항식'은 $F[x]$에서 a를 근으로 갖는 최소 차수의 모닉 다항식을 말한다. $F[x]$에서 a를 근으로 갖는 모든 다항식은 최소다항식을 나눈다.

$F[x]$에서 차수가 n인 임의의 다항식은 F의 적당한 확대체 내에서 정확히 n개의 근을 가진다는 것이 바로 확대체의 기초 정리이다. 그렇지만 이는 이 다항식들이 '서로 다른' 근을 n개 갖는다는 것을 뜻하지는 않는다. 예를 들어 $\mathbb{R}[x]$에서 다항식 $(x-2)^5$은 다섯 개의 근을 갖지만 모두 2이다. 이런 근을 '중근'이라 부른다. $(x-2)^5$처럼 중근을 갖는 다항식을 제시할 수 있다는 것은 분명하지만, '기약다항식' 중에 중근을 갖는 것이 있을 수 있을까? 답은 전혀 명백하지 않은데, 다음 정리에 답이 있다.

정리 1. F의 표수가 0이면, F 위의 기약다항식은 중근을 전혀 가질 수 없다.

증명: 이 정리를 증명하기 위해서는 다항식 $a(x)=a_0+a_1x+\cdots+a_nx^n$의 '미분'(derivative)을 정의해야 한다. 이 다항식의 미분은 $a'(x)=a_1+2a_2x+\cdots+na_nx^{n-1}$이다. 초등 미적분학에서와 마찬가지로 임의의 두 다항식 $f(x)$와 $g(x)$에 대해 다음이 성립함을 쉽게 확인할 수 있다.

$$(f+g)'=f'+g' \qquad \text{및} \qquad (fg)'=fg'+f'g$$

$F[x]$의 기약다항식 $a(x)$가 중근 c를 가지면, 적당한 확대체에서 $a(x)$를 인수분해하여 $a(x)=(x-c)^2q(x)$로 쓸 수 있다. 따라서 $a'(x)=2(x-c)q(x)+(x-c)^2q'(x)$이다. 따라서 $x-c$는 $a'(x)$의 인자이므로 c는 $a'(x)$의 근이다. F 위에서 c의 최소다항식을 $p(x)$라 하자. $a(x)$와 $a'(x)$가 모두 c를 근으로 가지므로, 모두 $p(x)$를 나누어야 한다.

그런데 $a(x)$가 기약다항식이므로, 상수가 아닌 인자는 자신뿐이다. 따라서 $p(x)$는 $a(x)$여야 한다. 그렇지만 $a'(x)$는 $a(x)$보다 '차수가 낮기' 때문에, $a'(x)=0$이 아니면 $a(x)$는 $a'(x)$를 나눌 수 없다. 따라서 $a'(x)=0$이므로 계수 $na_n=0$이어야 한다. 여기서 표수가 0이라는 사실이 필요하다. $na_n=0$이면 $a_n=0$이어야 하는데, a_n은 $a(x)$의 최고차항이므로 이는 불가능하다. ■

남은 세 개의 장에서는 '표수가 0인 체'에 이목을 제한하기로 한다. 따라서 정리 1에 의

해 차수가 n인 기약다항식은 n개의 '서로 다른' 근을 가진다.

계속 기억을 되살려 보자. E를 F의 확대체라 하자. E를 F가 상수체인 벡터공간으로 간주했을 때 유한 차원인 경우, E를 F의 '유한 확대체'라고 부른다. 구체적으로 E의 차원이 n이면, F 위에서 E의 차수가 n이라고 말하고, 기호로는 $[E : F] = n$이라고 나타낸다. c가 F 위에서 대수적이면, F 위에서 $F(c)$의 차수는 F 위에서 c의 최소다항식 $p(x)$의 차수와 같은 것으로 밝혀진다.

F에 대수적 원소 c를 첨가해서 얻는 $F(c)$를 F의 '단순' 확대체라 부른다. F에 n개의 대수적 수를 첨가해서 얻는 $F(c_1, \cdots, c_n)$를 F의 '반복' 확대체라 부른다. F의 모든 반복 확대체는 유한 확대체이며, 반대로 F의 임의의 유한 확대체는 어떤 반복 확대체 $F(c_1, \cdots, c_n)$이다. 사실 더 많은 사실이 성립한다. F가 표수 0인 체라고 하자.

정리 2. F의 유한 확대체는 모두 '단순' 확대체 $F(c)$이다.

증명: 모든 유한 확대체가 반복 확대체라는 것은 이미 안다. 따라서 임의의 확대체 $F(a, b)$가 어떤 c에 대해 $F(c)$와 같다는 것을 보일 것이다. 이 결과를 여러 차례 이용하면 정리가 증명된다. (원하는 확대체를 얻기 위해서는 각 단계에서 F에 첨가할 원소의 개수를 하나씩 줄여 나간다.)

주어진 $F(a, b)$에 대해 F 위에서 a의 최소다항식을 $A(x)$라 하고, b의 최소다항식을 $B(x)$라 하자. $A(x)$의 모든 근 $a_1, \cdots, a_n$과 $B(x)$의 모든 근 $b_1, \cdots, b_m$을 포함하는 임의의 확대체를 K라 하자. a_1을 a라 하고, b_1을 b라 놓자.

다음을 만족하는 F의 영이 아닌 임의의 원소를 t라 하자.

$$\text{모든 } i \neq 1 \text{ 및 } j \neq 1\text{에 대해 } t \neq \frac{a_i - a}{b - b_j}$$

분모를 곱하고 $c = a + tb$라 두면, $c \neq a_i + tb_j$라는 사실이 나온다. 다시 말해 다음이 성립한다.

$$\text{모든 } i \neq 1 \text{ 및 } j \neq 1\text{에 대해 } c - tb_j \neq a_i$$

$h(x)$를 $h(x)=A(c-tx)$라 정의하면, 다음이 성립한다.

$$h(b)=A\underbrace{(c-tb)}_{=a}=0$$

반면 모든 $j \neq 1$에 대해 다음이 성립한다.

$$h(b_j)=A\underbrace{(c-tb_j)}_{\neq \text{ 임의의 } a_i} \neq 0$$

따라서 b가 $h(x)$와 $B(x)$의 '유일한 공통근'이다.

$b \in F(c)$를 증명하면 $a=c-tb \in F(c)$도 성립할 것이므로 $F(a, b) \subseteq F(c)$를 증명할 수 있을 것이다. 그런데 $c \in F(a, b)$이므로 $F(c) \subseteq F(a, b)$이다. 따라서 $F(a, b)=F(c)$임을 증명할 수 있을 것이다.

따라서 $b \in F(c)$를 증명하는 일만 남았다. $F(c)$ 위에서 b의 최소다항식을 $p(x)$라 하자. $p(x)$의 차수가 1이면, $p(x)$는 $x-b$이므로 $b \in F(c)$가 되어 증명이 끝난다. $\deg p(x) \geqslant 2$라 가정하고 모순을 얻어 내자. $h(x)$와 $B(x)$는 모두 b를 근으로 갖는데 $p(x)$가 b의 최소다항식이므로, 두 다항식은 $p(x)$의 배수여야 한다. 만약 $h(x)$와 $B(x)$가 차수 $\geqslant 2$인 공통인자를 가질 경우, 공통근이 두 개 이상이어야 한다. 이는 b만이 유일한 공통근이라는 사실에 모순이다. 따라서 증명이 끝난다. ■

예를 들어 $\mathbb{Q}(\sqrt{2}, \sqrt{3})$에 이 정리를 직접 적용할 수 있다. $t=1$로 택하면 $c=\sqrt{2}+\sqrt{3}$이므로 $\mathbb{Q}(\sqrt{2}, \sqrt{3})=\mathbb{Q}(\sqrt{2}+\sqrt{3})$이다.

$a(x)$가 $F[x]$에서 차수 n인 다항식일 때, 근을 $c_1, c_2, \cdots, c_n$이라고 하자. 따라서 $F(c_1, c_2, \cdots, c_n)$는 'F의 확대체 중에서 $a(x)$의 모든 근을 포함하는 가장 작은 체'임이 명백하다. $F(c_1, c_2, \cdots, c_n)$를 F 위에서 $a(x)$의 '근체'(root field)라 부른다. 이 장과 다음 장에는 근체에 대해 많은 얘기를 하려고 한다.

군을 다룰 때 동형사상이 중요했는데, 체를 다룰 때도 중요하다. F_1과 F_2가 체일 때 F_1로부터 F_2로의 '동형사상'(isomorphism)이라는 것은 다음을 만족하는 전단사 함수 h: $F_1 \to F_2$를 뜻한다는 것을 기억하자.

$$h(a+b)=h(a)+h(b) \qquad \text{및} \qquad h(ab)=h(a)h(b)$$

이 식들로부터 $h(0)=0$, $h(1)=1$, $h(-a)=-h(a)$, $h(a^{-1})=(h(a))^{-1}$이라는 것이 나온다.

F_1과 F_2가 체이고, $h: F_1 \to F_2$가 동형사상이라 하자. K_1과 K_2를 F_1과 F_2의 확대체라 하고, $\bar{h}: K_1 \to K_2$도 동형사상이라고 하자. F_1의 모든 x에 대해 $\bar{h}(x)=h(x)$인 경우, 다시 말해 h와 $\bar{h}$가 F_1 위에서 같으면, $\bar{h}$를 'h의 확장'(extension of h)이라고 부른다. [$\bar{h}$는 h에 '덧붙여'(add on) 만들었다는 평범한 의미에서 h의 확장이다.]

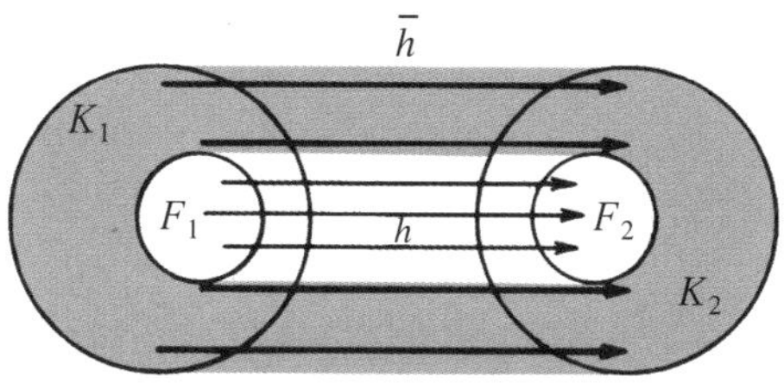

예를 들어 주어진 임의의 동형사상 $h: F_1 \to F_2$를 동형사상 $\bar{h}: F_1[x] \to F_2[x]$로 확장할 수 있다. ($F$의 원소를 상수 다항식으로 생각하면 $F[x]$가 F의 확장이다. 물론 $F[x]$는 체가 아니며 그냥 정역이지만, 지금 예에서 이 사실은 중요하지 않다.) 이제 질문을 해 보자. h를 명백하고 자연스럽게 확장하는 방법이 무엇일까? 계수 $a_0, a_1, \cdots, a_n$을 갖는 다항식을 계수가 $h(a_0), h(a_1), \cdots, h(a_n)$이도록 $\bar{h}$를 정의하는 것이 명백한 답이다.

$$\bar{h}(a_0+a_1x+\cdots+a_nx^n)=h(a_0)+h(a_1)x+\cdots+h(a_n)x^n$$

$\bar{h}$가 $F_1[x]$로부터 $F_2[x]$로의 동형사상이라는 것은 어린이도 형식적으로 확인할 수 있다. 앞으로 이런 식으로 얻는 다항식 $\bar{h}(a(x))$를 간단하게 $ha(x)$로 나타낼 것이다. $\bar{h}$가 동형사상이므로, $a(x)$가 기약다항식인 것과 $ha(x)$가 기약다항식인 것은 동치조건이다.

다음 정리에 이와 매우 유사한 동형사상 확장을 주었다.

정리 3. $h: F_1 \to F_2$를 동형사상이라 하고, $p(x)$가 $F_1[x]$에서 기약다항식이라 하자. a가 $p(x)$의 근이고, b가 $hp(x)$의 근이라 하자. 그러면 h를 $\bar{h}(a)=b$를 만족하는 동형사상

$$\bar{h} : F_1(a) \to F_2(b)$$

으로 확장할 수 있다.

증명: $F_1(a)$의 모든 원소는 F_1의 $c_0, \cdots, c_n$에 대해 다음 꼴이다.

$$c_0 + c_1 a + \cdots + c_n a^n$$

또한 $F_2(b)$의 모든 원소는 F_2의 원소 $d_0, \cdots, d_n$에 대해 $d_0 + d_1 b + \cdots + d_n b^n$ 꼴이다. 앞의 예에서 했던 일을 흉내 내어, $\bar{h}$가 $c_0, \cdots, c_n$을 계수로 하는 식을 $h(c_0), \cdots, h(c_n)$을 계수로 하는 식으로 보낸다고 하자.

$$\bar{h}(c_0 + c_1 a + \cdots + c_n a^n) = h(c_0) + h(c_1)a + \cdots + h(c_n)b^n$$

$\bar{h}$가 동형사상이라는 것 역시 상투적으로 확인할 수 있다. 자세한 것은 이 장의 끝에서 연습문제 H에 배치하였다. ■

F_1과 F_2가 동일한 체인 F이고, h가 항등함수 $\varepsilon : F \to F$인 특별한 경우일 때 정리 3을 가장 자주 이용한다. [항등함수는 $\varepsilon(x) = x$로 정의함을 기억하여라.] 정리 3을 항등함수 $\varepsilon : F \to F$에 적용하면, 다음 정리를 얻는다.

정리 4. a와 b가 $F[x]$에서 같은 기약다항식 $p(x)$의 근이라 하자. 그러면 F의 모든 원소 d에 대해 $g(d) = d$이고, $g(a) = b$인 동형사상 $g : F(a) \to F(b)$가 존재한다.

다음 상황을 고려해 보자. K와 K'이 F의 유한 확대체이고, E가 K와 K'의 확대체라고 하자. $h : K \to K'$이 F의 모든 d에 대해 $h(d) = d$인 동형사상이면, h가 'F를 고정한다'(fixes F)라고 말한다. c가 K의 원소라 하자. h가 F를 고정하고, c가 $F[x]$의 다항식 $a(x) = a_0 + \cdots + a_n x^n$의 근이면 $h(c)$도 '$a(x)$의 근이다.' 이유는 쉽게 알 수 있다. $a(x)$의 계수는 F에 있으므로 h에 의해 변하지 않는다. 따라서 $a(c) = 0$이면 다음이 성립한다.

$$a(h(c)) = a_0 + a_1 h(c) + \cdots + a_n h(c)^n$$
$$= h(a_0 + a_1 c + \cdots + a_n c^n) = h(0) = 0$$

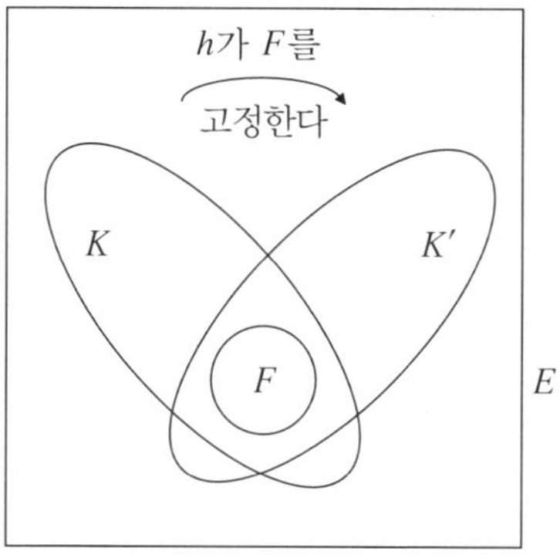

방금 보인 것은 다음처럼 표현할 수도 있다.

(*) $a(x)$가 $F[x]$의 임의의 다항식이라 하자. F를 고정하는 임의의 동형사상은 $a(x)$의 근을 $a(x)$의 근으로 보낸다.

만약 K가 F 위에서 $a(x)$의 근체이면, 상황이 훨씬 흥미로워진다. 예를 들어 $a(x)$의 근이 $c_1, c_2, \cdots, c_n$일 때 $K = F(c_1, c_2, \cdots, c_n)$이라 하자. $h: K \to K'$이 F를 고정하는 임의의 동형사상이면, (*)에 의해 'h는 $c_1, c_2, \cdots, c_n$을 치환한다.' 501쪽에서 '미래를 위한 참고용"으로 부제를 단 간단한 논의로부터, $F(c_1, c_2, \cdots, c_n)$의 모든 원소는 k가 F의 상수일 때 다음 꼴의 항들의 합이어야 한다.

$$kc_1^{i_1}c_2^{i_2} \cdots c_n^{i_n}$$

h가 F를 고정하므로, $h(k) = k$이다. 더욱이 $c_1, c_2, \cdots, c_n$은 $a(x)$의 근이다. 따라서 (*)로부터 곱 $c_1^{i_1}c_2^{i_2} \cdots c_n^{i_n}$은 h에 의해 같은 꼴의 다른 곱으로 변환된다. 따라서 'h는 $F(c_1, c_2, \cdots, c_n)$의 모든 원소를 $K = F(c_1, c_2, \cdots, c_n)$의 원소로 보낸다.'

위의 언급을 다음 정리에 요약하였다.

정리 5. K와 K'이 F의 유한 확대체라 하자. K가 F 위에서 어떤 다항식의 근체라 하자. $h: K \to K'$이 F를 고정하는 동형사상이면 $K = K'$이다.

증명: 정리 2로부터 K와 K'은 F의 단순 확대체이므로, $K = F(a)$ 및 $K' = F(b)$라 둘 수 있다. 그러면 $E = F(a, b)$가 K와 K'의 공통 확대체이다. 이 정리 바로 앞의 언급으로부터, h는 K의 모든 원소를 K'의 원소로 보낸다. 따라서 $K' \subseteq K$이다. 같은 논증을 h^{-1}에 대해서도 할 수 있으므로, $K \subseteq K'$을 얻는다. ■

정리 5는 보통 다음 정리와 나란히 엮여 (아래의 그림을 보라) 사용된다.

정리 6. L과 L'이 F의 유한 확대체라 하자. K가 L의 확대체이면서 F 위에서 근체라 하자. F를 고정하는 임의의 동형사상 $h: L \to L'$은 동형사상 $\bar{h}: K \to K$로 확장할 수 있다.

증명: 정리 2로부터 K는 L의 단순 확대체이므로 $K = L(c)$라 둘 수 있다. 정리 3을 이용하여 동형사상 $h: L \to L'$을 다음 동형사상으로 확장하자.

$$\bar{h}: \underbrace{L(c)}_{K} \to \underbrace{L'(d)}_{K'}$$

정리 5를 $\bar{h}$에 적용하면, $K = K'$을 얻는다. ■

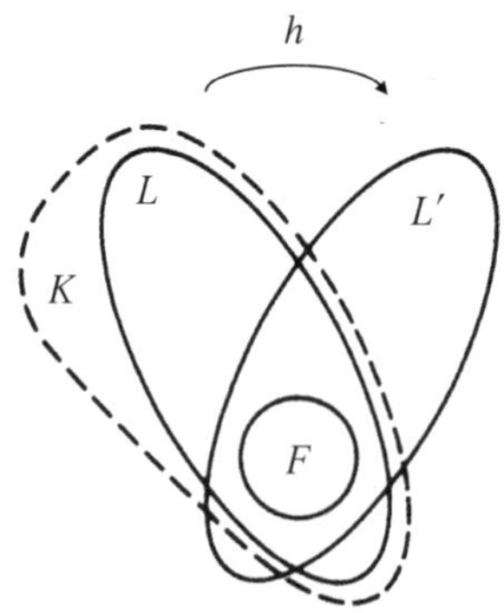

참고: 이 정리로부터 $\mathrm{ran}\, h \subseteq \mathrm{ran}\, \bar{h} = K$이므로, $L' \subseteq K$임이 나온다.

미래를 위한 참고용. 다음 결과들은 다소 기교적인 면이 있지만, 나중에 필요할 것이다. 첫 번째 정리는 근체의 놀랄 만큼 강력한 성질을 보여 준다.

정리 7. K를 F 위의 어떤 다항식의 근체라 하자. $F[x]$의 '모든' 기약다항식 $p(x)$에 대해, $p(x)$가 K에서 근을 하나 가지면 $p(x)$의 '모든' 근은 K에 속해야 한다.

증명: a가 K에서 $p(x)$의 근이고, b가 $p(x)$의 다른 근이라 하자. 정리 4로부터, F를 고정하는 동형사상 $h: F(a) \to F(b)$가 존재한다. 그런데 $F(a) \subseteq K$이므로 정리 6 및 그 뒤의 언급으로부터 $F(b) \subseteq K$가 나온다. 따라서 $b \in K$이다. ■

정리 8. E가 F의 유한 확대체이고, K가 E의 유한 확대체라 하자. K가 F 위에서 어떤 다항식의 근체라면, K는 E 위의 어떤 다항식의 근체이다.

증명: K가 F 위에서 어떤 다항식의 근체라 하자. 그러면 K는 E 위에서 같은 다항식의 근체이다. ■

연습문제

A. $\mathbb{Q}$ 위의 근체의 예

예제 $\mathbb{Q}$ 위에서 $a(x)=(x^2-3)(x^3-1)$의 근체를 구하여라.

풀이 $a(x)$의 복소근은 $\left(\pm\sqrt{3}, 1, \frac{1}{2}(-1\pm\sqrt{3}i)\right)$이다.

따라서 근체는 $\mathbb{Q}\left(\pm\sqrt{3}, 1, \frac{1}{2}(-1\pm\sqrt{3}i)\right)$이다.

이 체는 좀 더 간단하게 $\mathbb{Q}(\sqrt{3}, i)$라 쓸 수 있다.

1. $\mathbb{Q}(\sqrt{3}, i)$가 $\mathbb{Q}$ 위에서 $(x^2-2x-2)(x^2+1)$의 근체임을 보여라.

1번과 예제를 비교하여, 다항식이 다르더라도 근체가 같을 수 있음에 주목하여라. 심지어 두 다항식이 기약일 때도 근체는 같을 수 있다.

2. x^2-3과 x^2-2x-2는 $\mathbb{Q}$ 위에서 기약다항식이다. $\mathbb{Q}$ 위에서 각각의 근체를 찾고, 둘이 동일함을 보여라.

3. $\mathbb{Q}$ 위에서 x^4-2의 근체를 찾아라. 그런 다음 $\mathbb{R}$ 위에서 근체를 찾아라.

4. $\mathbb{Q}(i, \sqrt{2})$가 $\mathbb{Q}$ 위에서 x^4-2x^2+9의 근체이며, $\mathbb{Q}(\sqrt{2})$ 위에서 $x^2-2\sqrt{2}x+3$의 근체임을 설명하여라.

5. $\mathbb{Q}$ 위에서 근체가 $\mathbb{Q}(i, \sqrt{3})$인 $\mathbb{Q}$의 기약다항식 $a(x)$와, $\mathbb{Q}(i)$ 위에서 근체가 $\mathbb{Q}(i, \sqrt{3})$인

$\mathbb{Q}(i)$의 기약다항식 $b(x)$를 찾아라. 근체를 $\mathbb{Q}(\sqrt{-2}, \sqrt{-3})$으로 바꾸어 같은 문제를 풀어라.

 # 6. 다음 중 어떤 확대체가 $\mathbb{Q}$ 위의 근체인가? 자신의 답을 정당화하여라.

$$\mathbb{Q}(i), \mathbb{Q}(\sqrt{2}), \mathbb{Q}(\sqrt[3]{2}), \mathbb{Q}(2+\sqrt{5}), \mathbb{Q}(i+\sqrt{3}), \mathbb{Q}(i, \sqrt{2}, \sqrt{3})$$

단, $\sqrt[3]{2}$는 2의 '실수' 세제곱근이다.

B. $\mathbb{Z}_p$ 위에서의 근체의 예

예제 $\mathbb{Z}_3$ 위에서 x^2+1의 근체를 구하여라.

풀이 확대체의 기초 정리에 의해, u를 x^2+1의 근이라 할 때 다음이 성립한다.

$$\mathbb{Z}_3[x]/\langle x^2+1\rangle \cong \mathbb{Z}_3(u)$$

$\mathbb{Z}_3(u)$에서 $u^2+1=0$이므로 $x^2+1=(x+u)(x-u)$이다. $\mathbb{Z}_3(u)$가 $\pm u$를 포함하므로, 이 체는 $\mathbb{Z}_3$ 위에서 x^2+1의 근체이다. $\mathbb{Z}_3(u)$의 원소가 아홉 개임에 주목하여라. 이 체의 덧셈표와 곱셈표는 쉽게 작성할 수 있다. (27장의 연습문제 C4를 보아라.)

1. 다음 다항식

$$a(x)=x^3+2x+1 \in \mathbb{Z}_3[x]$$

의 근 u를 포함하는 $\mathbb{Z}_3$의 임의의 확대체에서, $a(x)$의 다른 근이 $u+1$과 $u+2$임을 보여라. 이 사실을 이용하여 $\mathbb{Z}_3$ 위에서 x^3+2x+1의 근체를 구하여라. 근체의 원소를 모두 나열하여라.

2. $\mathbb{Z}_3$ 위에서 x^2+x+2의 근체를 구하고, 덧셈표 및 곱셈표를 작성하여라.

3. $\mathbb{Z}_2$ 위에서 $x^3+x^2+1 \in \mathbb{Z}_2[x]$의 근체를 구하여라. 덧셈표 및 곱셈표를 작성하여라.

4. $\mathbb{Z}_2$ 위에서 $x^3+x+1 \in \mathbb{Z}_2[x]$의 근체를 구하여라. (주의: 3번보다는 약간 더 어려울 것이다.)

 # 5. $\mathbb{Z}_3$ 위에서 x^3+x^2+x+2의 근체를 구하여라. $\mathbb{Z}_3$ 위에서 이 근체의 기저를 하나 구하여라.

C. 근체와 관련된 짧은 질문들

다음을 각각 증명하여라.

1. 차수가 2인 임의의 확대체는 근체이다.

2. $F \subseteq I \subseteq K$이고 K가 F 위에서 $a(x)$의 근체이면, K는 I 위에서 $a(x)$의 근체이다.

3. $\mathbb{R}[x]$의 임의의 다항식의 $\mathbb{R}$ 위에서의 근체는 $\mathbb{R}$이거나 $\mathbb{C}$이다.

4. c가 어떤 3차 다항식 $a(x) \in \mathbb{Q}[x]$의 근이면, $\mathbb{Q}(c)$는 $\mathbb{Q}$ 위에서 $a(x)$의 근체이다.

 # 5. $p(x)=x^4+ax^2+b$가 $F[x]$에서 기약다항식이면, $F[x]/\langle p(x)\rangle$는 F 위에서 $p(x)$의 근체이다.

6. $K=F(a)$이고 K가 F 위의 어떤 다항식의 근체이면, K는 F 위에서 a의 최소다항식의 근체이다.

7. F 위의 모든 근체는 F 위의 어떤 '기약'다항식의 근체이다. (힌트: 6번과 정리 2를 이용하여라.)

8. F 위의 근체 K에 대해 $[K:F]=n$이라 하자. 이때 K에서 근을 갖는 $F[x]$의 차수 n인 '모든' 기약다항식의 F 위에서의 근체가 K이다.

9. $a(x)$가 $F[x]$에서 차수 n인 다항식이고, K가 F 위에서 $a(x)$의 근체이면, $[K:F]$는 $n!$을 나눈다.

D. 반복 확대체를 단순 확대체로 줄여나가기

1. $\mathbb{Q}(\sqrt{2}, \sqrt{-3}) = \mathbb{Q}(c)$인 c를 구하여라. $\mathbb{Q}(\sqrt{2}, \sqrt[3]{2})$에 대해서도 구하여라.

2. a가 $x^3 - x + 1$의 근이고, b가 $x^2 - 2x - 1$의 근이라 하자. $\mathbb{Q}(a, b) = \mathbb{Q}(c)$인 c를 구하여라. (힌트: 미분을 이용하여 $x^3 - x + 1$이 실근 하나와 복소근 두 개를 가진다는 것을 보이고, 어느 두 근도 실수만큼 차이가 날 수는 없는 이유를 설명하여라.)

#3. $\mathbb{Q}(\sqrt{2}, \sqrt{3}, \sqrt{-5}) = \mathbb{Q}(c)$인 c를 구하여라.

4. $\mathbb{Q}(\sqrt{2}, \sqrt{3})$이 $\mathbb{Q}$ 위에서 $p(x)$의 근체가 되는 '기약다항식' $p(x)$를 하나 찾아라. (힌트: 연습문제 C6을 이용하여라.)

5. $\mathbb{Q}(\sqrt{2}, \sqrt{3}, \sqrt{-5})$에 대해 4번을 풀어라.

†E. 단위근과 거듭제곱근 확대체

드무아브르 정리는 1의 n제곱근 n개를 구체적으로 구하는 공식을 제공한다. (16장 연습문제 H를 보아라.) 드무아브르 공식을 쓰면, 1의 n제곱근은 $\omega = \cos(2\pi/n) + i\sin(2\pi/n)$ 및 이의 거듭제곱 n개, 즉 $1, \omega, \omega^2, \cdots, \omega^{n-1}$로 구성되어 있음을 알 수 있다. 1의 모든 n제곱근이 ω의 거듭제곱이므로 ω를 1의 '원시'(primitive) n제곱근이라 부른다. 1의 n제곱근은 1을 제외하면 모두 다음 다항식의 근임이 명백하다.

$$\frac{x^n - 1}{x - 1} = x^{n-1} + x^{n-2} + \cdots + x + 1$$

n이 소수이면 이 다항식은 기약다항식이다. (26장의 연습문제 D3을 보아라.) ω가 1의 원시 n제곱근일 때 1번부터 3번까지 증명하여라.

1. $\mathbb{Q}$ 위에서 $x^n - 1$의 근체는 $\mathbb{Q}(\omega)$이다.

2. n이 소수이면, $[\mathbb{Q}(\omega) : \mathbb{Q}] = n - 1$이다.

3. n이 소수이면, ω^{n-1}은 유리수를 계수로 하여 $1, \omega, \cdots, \omega^{n-2}$을 일차결합한 것과 같다.

4. $n = 6, 7, 8$에 대해 ω가 1의 원시 n제곱근일 때 $[\mathbb{Q}(\omega) : \mathbb{Q}]$를 구하여라.

5. 임의의 $r \in \{1, 2, \cdots, n-1\}$에 대해 $\sqrt[n]{a}\,\omega^r$이 a의 n제곱근임을 증명하여라. n개의 수 $\sqrt[n]{a}$, $\sqrt[n]{a}\,\omega, \cdots, \sqrt[n]{a}\,\omega^{n-1}$이 a의 n제곱근이라는 결론을 내려라.

6. $\mathbb{Q}(\omega, \sqrt[n]{a})$가 $\mathbb{Q}$ 위에서 $x^n - a$의 근체임을 증명하여라.

7. ω가 1의 원시 3제곱근일 때, $\mathbb{Q}$ 위에서 $\mathbb{Q}(\omega, \sqrt[3]{2})$의 차수를 구하여라. 또한 $\mathbb{Q}(\omega, \sqrt[3]{2}) = \mathbb{Q}(\sqrt[3]{2}, i\sqrt{3})$임을 보여라. (힌트: ω를 계산하여라.)

8. K가 $\mathbb{Q}$ 위의 임의의 다항식의 근체이고, K가 0이 아닌 '아무' 수 a의 n제곱근을 포함하면, 1의 n제곱근을 모두 포함함을 증명하여라.

†F. 분리 다항식과 비분리 다항식

F를 체라 하자. $F[x]$의 기약다항식 $p(x)$가 F 위에서 '분리 다항식'(separable polynomial)이라는 것은 F의 임의의 확대체에서 중근을 갖지 않을 때를 말한다. $p(x)$가 어떤 확대체에서 중근을 가지면, F 위에서 '비분리 다항식'(inseparable polynomial)이라 부른다.

1. F의 표수가 0이면, $F[x]$의 모든 기약다항식이 분리 다항식임을 증명하여라.

따라서 표수가 0인 경우, 기약다항식이 분리 다항식인지 아닌지에 대한 의문은 없다. 하지만 표수가 $p \neq 0$이면 상황이 다르다. 이런 경우를 다루어 보자. 다음 문제들에서 F는 표수가 $p \neq 0$인 체라고 하자.

2. $a'(x) = 0$이면, $a(x)$에서 0이 아닌 항은 어떤 m에 대해 $a_{mp}x^{mp}$꼴임을 증명하여라. [다른 말로 하면, $a(x)$는 x^p의 거듭제곱으로 주어진 다항식이다.]

3. 기약다항식 $a(x)$가 F 위에서 비분리 다항식이면, $a(x)$가 x^p의 거듭제곱으로 주어진 다항식임을 증명하여라. (힌트: 2번을 이용하고, 정리 1의 증명과 유사하게 논증하여라.)

4. 27장의 연습문제 J를 이용하여 (특히 J6 뒤에 나오는 결론을 이용하여라) 문제 3의 역을 증명하여라.

따라서 F가 표수 $p \neq 0$인 체라면, 기약다항식 $a(x) \in F[x]$가 비분리 다항식인 것과, $a(x)$가 x^p의 거듭제곱으로 주어진 다항식인 것은 동치조건이다. 유한체의 경우에는 더 많은 얘기를 할 수 있다.

5. F가 표수 $p \neq 0$인 임의의 체일 때, $F[x]$에서 다음이 성립함을 증명하여라.

$$(a_0 + a_1x + \cdots + a_nx^n)^p = a_0^p + a_1^p x^p + \cdots + a_n^p x^{np}$$

(힌트: 24장 연습문제 D6을 보아라.)

6. F가 표수 $p \neq 0$인 유한체일 때, $F[x]$에서 임의의 다항식 $a(x^p)$는 어떤 $b(x)$에 대해 $[b(x)]^p$ 꼴임을 증명하여라. [힌트: 5번을 이용하고, 표수가 p인 유한체에서는 모든 원소가 p 제곱근을 가진다는 사실을 이용하여라. (20장 연습문제 F를 보아라.)]

7. 3번과 6번을 이용하여 다음을 증명하여라. 유한체에서 모든 기약다항식은 분리 다항식이다.

따라서 표수가 0인 체와 유한체는 '기약다항식이 중근을 갖지 않는다'는 성질을 공유한다. 표수가 유한한 무한체인 경우만 남는다. 다음 연습문제 묶음에서 다루었다.

†G. 표수가 0이 아닌 무한체 위에서의 중근

$\mathbb{Z}_p$ 위에서 문자 y에 대한 다항식 정역을 $\mathbb{Z}_p[y]$라 할 때 $E = \mathbb{Z}_p(y)$를 $\mathbb{Z}_p[y]$의 분수체라 하자. $\mathbb{Z}_p(y)$의 부분체 $\mathbb{Z}_p(y^p)$를 K라고 나타내기로 하자.

1. $\mathbb{Z}_p(y)$와 $\mathbb{Z}_p(y^p)$가 표수 p인 무한체인 이유를 설명하여라.

2. $E[x]$에서 $a(x) = x^p - y^p$를 $x^p - y^p = (x-y)^p$로 인수분해할 수 있지만, $K[x]$에서 기약다항식임을 증명하여라. $K[x]$에는 중복도가 p인 근을 갖는 기약다항식 $a(x)$가 존재한다는 결론을 내려라.

따라서 표수가 0이 아닌 무한체 위에서는 기약다항식도 중근을 가질 수 있다. 그러나 이런 체에서도 놀라운 성질이 성립한다. '기약다항식의 모든 근은 중복도가 같다.'는 성질이다. 자세한 것은 다음과 같다. F를 임의의 체라 하고, $p(x)$가 $F[x]$에서 기약다항식이라 하고 a, b가 $p(x)$의 서로 다른 두 근이라 할 때, K를 F 위에서 $p(x)$의 근체라 하자. 정리 4의 동형사상을 $i: K \to i(K) = K'$이라 하고, 정리 3 바로 앞에서 묘사한 동형사상을 $\bar{i}: K[x] \to K'[x]$라 하자.

3. $\bar{i}$가 $p(x)$를 고정함을 증명하여라.

4. $\bar{i}((x-a)^m)=(x-b)^m$임을 증명하여라.

5. a와 b의 중복도가 같음을 증명하여라.

†H. 동형사상 확장 정리 (정리 3의 증명)

$F_1, F_2, h, p(x), a, b, \bar{h}$가 정리 3에서와 같다고 하자. $\bar{h}$가 동형사상임을 증명하기 위해서는 이 함수가 적절히 정의되었음을, 다시 말해 $F_1(a)$에서 $c(a)=d(a)$이면 $\bar{h}(c(a))=\bar{h}(d(a))$임을 먼저 보여야 한다.

1. $c(a)=d(a)$이면, $c(x)-d(x)$가 $p(x)$의 배수임을 보여라. 이로부터 $hc(x)-hd(x)$가 $hp(x)$의 배수임을 끌어내어라.

#2. 1번을 이용하여 $\bar{h}(c(a))=\bar{h}(d(a))$임을 증명하여라.

3. 이전 논증의 단계를 거꾸로 밟아서, $\bar{h}$가 단사임을 보여라.

4. $\bar{h}$가 전사임을 보여라.

5. $\bar{h}$가 준동형사상임을 보여라.

†I. 근체의 유일성

$h : F_1 \to F_2$를 동형사상이라 하자. $a(x) \in F_1[x]$일 때, F_1 위에서 $a(x)$의 근체를 K_1이라 하고, F_2 위에서 $ha(x)$의 근체를 K_2라 하자.

1. $p(x)$가 $a(x)$의 기약인 인자일 때 $u \in K_1$이 $p(x)$의 근이고 $v \in K_2$가 $hp(x)$의 근이면, $F_1(u) \cong F_2(v)$이다.

2. $F_1(u) = K_1$인 것과 $F_2(v) = K_2$인 것은 동치조건이다.

 # 3. 1번과 2번을 이용하여 귀납적으로 $K_1 \cong K_2$임을 증명하여라.

4. 체 F 위에서 다항식 $a(x)$의 근체는 동형인 것은 같다고 할 때 유일하다는 결론을 끌어내어라.

†J. 동형사상의 확장

아래에서 F는 $\mathbb{C}$의 부분체이다. 단사 준동형사상 $h : F \to \mathbb{C}$를 '단사 사상'(monomorphism)이라 부르는데, 이때 $F \to h(F)$는 동형사상임이 명백하다.

1. p가 소수일 때 ω를 1의 복소 p제곱근이라 하고, $h : \mathbb{Q}(\omega) \to \mathbb{C}$를 $\mathbb{Q}$를 고정하는 단사 사상이라 하자. $h(\omega)$가 h를 완전히 결정하는 이유를 설명하여라. 그런 다음 $\mathbb{Q}$를 고정하는 단사 사상 $\mathbb{Q}(\omega) \to \mathbb{C}$가 정확히 $p-1$개 있음을 증명하여라.

 # 2. $p(x)$가 $F[x]$에서 기약다항식이고, c가 $p(x)$의 복소수 근이라 하자. $h : F \to \mathbb{C}$가 단사 사상이라 하자. $\deg p(x) = n$일 때, h를 확장한 단사 사상 $F(c) \to \mathbb{C}$가 정확히 n개 있음을 증명하여라.

3. $F \subseteq K \subseteq \mathbb{C}$이고 $[K:F]=n$이라 하자. $h: F \to \mathbb{C}$가 단사 사상이면, h를 확장한 단사 사상 $K \to \mathbb{C}$가 정확히 n개 있음을 증명하여라.

#4. 가능한 단사 사상 $h: \mathbb{Q} \to \mathbb{C}$는 $h(x)=x$ 뿐임을 증명하여라. 따라서 임의의 단사 사상 $h: \mathbb{Q}(a) \to \mathbb{C}$는 반드시 $\mathbb{Q}$를 고정해야 한다.

5. 1의 원시 세제곱근을 ω라 할 때 단사 사상 $\mathbb{Q}(\sqrt[3]{2}) \to \mathbb{C}$는 정확히 세 개 존재함을 증명하고, 이 단사 사상은 각각 다음 조건 $\sqrt[3]{2} \to \sqrt[3]{2}$, $\sqrt[3]{2} \to \sqrt[3]{2}\,\omega$, $\sqrt[3]{2} \to \sqrt[3]{2}\,\omega^2$이 결정함을 증명하여라.

K. 정규확대체

K가 F 위에서 어떤 다항식 $a(x)$의 근체일 때, K를 F의 '정규확대체'(normal extension)라 부르기도 한다. 위와 동등하게 정규확대체를 정의하는 방법이 몇 가지 더 있다. 여기서는 가장 일반적인 것 두 개를 생각하는데, 바로 정리 6과 정리 7에서 표현한 성질들이다. K를 F의 유한 확대체라 하자.

1. $F[x]$의 모든 기약다항식 $p(x)$에 대해, $p(x)$가 K에서 근을 가지면 $p(x)$의 모든 근은 K에 존재해야 한다고 하자. K가 F의 정규확대체임을 증명하여라.

2. F를 고정하고 정의역이 K인 임의의 동형사상 h에 대해 $h(K) \subseteq K$라고 가정하자. K가 F의 정규확대체임을 증명하여라.

32장

갈루아 이론: 문제의 핵심

K가 체이고 h가 K에서 K로의 동형사상일 때, h를 K의 '자기동형사상'(automorphism)이라 부른다.

31장의 정리 5와 6을 재진술하면서 이 장을 시작하기로 한다.

K가 F 위에서 어떤 다항식의 근체라 하고, $a \in K$라 하자.

(i) 정의역이 K이고 F를 고정하는 동형사상은 K의 자기동형사상이다.

(ii) a와 b가 $F[x]$의 기약다항식 $p(x)$의 근이면, F를 고정하며 a를 b로 보내는 K의 자기동형사상이 존재한다.

법칙 (i)은 자기동형사상의 개념을 써서 31장의 정리 5를 재진술한 것이다. 법칙 (ii)는 31장의 (F를 고정하며 $L = F(a)$로부터 $L' = F(b)$로 가는 동형사상이 존재한다는 주장인) 정리 4와 정리 6을 조합한 결과이다.

K가 $F[x]$에서 다항식 $a(x)$의 근체라 하자. $c_1, c_2, \cdots, c_n$이 $a(x)$의 근이면 $K = F(c_1,$

$c_2, \cdots, c_n$)이며, 531쪽의 (*)에 의해 F를 고정하는 K의 자기동형사상 h는 $c_1, c_2, \cdots, c_n$을 '치환'한다. 반면 $F(c_1, c_2, \cdots, c_n)$의 모든 원소 a는 각 항의 계수 k가 F의 원소일 때 다음 꼴임을 기억하자.

$$kc_1^{i_1}c_2^{i_2} \cdots c_n^{i_n}$$

h가 F를 고정하는 자기동형사상이면, h가 계수를 바꾸지 않으므로 일단 $h(c_1), \cdots, h(c_n)$을 알면 $h(a)$를 완전히 결정할 수 있다. 따라서 'F를 고정하는 K의 자기동형사상은 $a(x)$의 근들의 치환이 완전히 결정한다.'

이 사실은 '대단히' 중요하다!

이는 F를 고정하는 K의 자기동형사상을 $a(x)$의 근들 사이의 어떤 치환과 동일시할 수 있음을 뜻한다.

기하학적 도형의 대칭성이 기하학적 성질을 결정하듯, 방정식의 대칭성(즉, 근들의 치환)이 이 근들을 분석하는 데 필수적인 정보를 준다는 것을 꼭 짚고 넘어가고 싶다. 따라서 K가 F 위의 어떤 다항식 $a(x)$의 근체라면, 이제부터는 F를 고정하는 K의 자기동형사상에 면밀한 주의를 기울일 것이다.

먼저 그런 자기동형사상은 얼마나 많을까? 이 질문의 답은 수학적 우아함과 단순함을 보여주는 고전적 예이다.

정리 1. K가 F 위의 어떤 다항식의 근체라 하자. F를 고정하는 K의 자기동형사상의 개수는 F 위에서 K의 차수와 같다.

증명: $[K : F] = n$이라 할 때, F를 고정하는 K의 자기동형사상이 정확히 n개임을 보이자. 31장의 정리 2로부터 어떤 $a \in K$에 대해 $K = F(a)$임을 안다. F 위에서 a의 최소다항식을 $p(x)$라 하고, b를 $p(x)$의 임의의 근이라 하면, 앞 페이지의 (ii)로부터 F를 고정하며 a를 b로 보내는 K의 자기동형사상이 존재한다. $p(x)$가 n개의 근을 갖기 때문에, b를 고르는 방법은 정확히 n가지이며, 따라서 F를 고정하는 K의 자기동형사상은 n개가 존재한다.

[F를 고정하는 모든 자기동형사상 h는 $p(x)$의 근을 고정하므로 a를 $p(x)$의 '어떤' 근으로 보내야 하며, 일단 $h(a)$를 고르면 h를 완전히 결정할 수 있음을 기억하여라.] ■

예를 들어 $\mathbb{Q}(\sqrt{2})$가 $\mathbb{Q}$ 위에서 차수가 2라는 것은 이미 본 바 있다. $\mathbb{Q}(\sqrt{2})$는 $\mathbb{Q}$ 위에서 x^2-2의 근체인데, $\mathbb{Q}(\sqrt{2})$가 x^2-2의 두 근, 즉 $\pm\sqrt{2}$를 모두 포함하기 때문이다. 정리 1로부터 $\mathbb{Q}$를 고정하는 $\mathbb{Q}(\sqrt{2})$의 자기동형사상은 정확히 두 개 있다. 하나는 $\sqrt{2}$를 $\sqrt{2}$로 보내는 항등함수이고, 다른 하나는 $\sqrt{2}$를 $-\sqrt{2}$로 보내는 함수 $a+b\sqrt{2} \to a-b\sqrt{2}$이다.

마찬가지로 $\mathbb{C}=\mathbb{R}(i)$이며 $\mathbb{C}$가 $\mathbb{R}$ 위에서 차수가 2임을 보았다. $\mathbb{R}$를 고정하는 $\mathbb{C}$의 자기동형사상은 두 개인데, 항등함수와, 모든 복소수를 켤레 복소수로 보내는 함수 $a+bi \to a-bi$이다.

마지막 예로 $\mathbb{Q}(\sqrt{2}, \sqrt{3})$이 $\mathbb{Q}$ 위에서 차수가 4인 확대체임을 보았으므로, $\mathbb{Q}$를 고정하는 $\mathbb{Q}(\sqrt{2}, \sqrt{3})$의 자기동형사상은 네 개이다. $\mathbb{Q}(\sqrt{2}, \sqrt{3})$은 $\mathbb{Q}$ 위에서 $(x^2-2)(x^2-3)$의 근체인데, 이 체가 이 다항식의 근들을 포함하는 데다 $\mathbb{Q}$의 확대체가 $(x^2-2)(x^2-3)$의 근을 포함하면 $\sqrt{2}$와 $\sqrt{3}$을 포함해야 하기 때문이다. 따라서 531쪽의 (*)로부터, $\mathbb{Q}$를 고정하는 네 개의 자기동형사상은 x^2-2의 근을 x^2-2의 근으로 보내고, x^2-3의 근을 x^2-3의 근으로 보낸다. 그런데 그런 방법은 다음 네 가지밖에 없다.

$$\begin{Bmatrix} \sqrt{2} \to \sqrt{2} \\ \sqrt{3} \to \sqrt{3} \end{Bmatrix} \qquad \begin{Bmatrix} \sqrt{2} \to -\sqrt{2} \\ \sqrt{3} \to \sqrt{3} \end{Bmatrix}$$

$$\begin{Bmatrix} \sqrt{2} \to \sqrt{2} \\ \sqrt{3} \to -\sqrt{3} \end{Bmatrix} \qquad \begin{Bmatrix} \sqrt{2} \to -\sqrt{2} \\ \sqrt{3} \to -\sqrt{3} \end{Bmatrix}$$

$\mathbb{Q}(\sqrt{2}, \sqrt{3})$의 모든 원소는 $a+b\sqrt{2}+c\sqrt{3}+d\sqrt{6}$ 꼴이므로, 이 자기동형사상 네 개는 (각각 ε, α, β, γ라 부르자) 다음처럼 주어진다.

$$a+b\sqrt{2}+c\sqrt{3}+d\sqrt{6} \xrightarrow{\varepsilon} a+b\sqrt{2}+c\sqrt{3}+d\sqrt{6}$$

$$a+b\sqrt{2}+c\sqrt{3}+d\sqrt{6} \xrightarrow{\alpha} a-b\sqrt{2}+c\sqrt{3}-d\sqrt{6}$$

$$a+b\sqrt{2}+c\sqrt{3}+d\sqrt{6} \xrightarrow{\beta} a+b\sqrt{2}-c\sqrt{3}-d\sqrt{6}$$

$$a+b\sqrt{2}+c\sqrt{3}+d\sqrt{6} \xrightarrow{\gamma} a-b\sqrt{2}-c\sqrt{3}+d\sqrt{6}$$

K가 F의 확대체일 때, F를 고정하는 K의 자기동형사상은 '군을 이룬다.' 물론 이때의 연산은 합성이다. 이 사실은 명백한데, g와 h가 F를 고정하면 F의 모든 원소 x에 대해

$$x \overset{h}{\to} x \text{ 및 } x \overset{g}{\to} x\text{이므로 } x \overset{h}{\to} x \overset{g}{\to} x$$

즉, $g \circ h$는 F를 고정하며, 더욱이

$$x \overset{h}{\to} x\text{이면 } x \overset{h^{-1}}{\to} x$$

즉, h가 F를 고정하면 h^{-1}도 마찬가지이기 때문이다.

대단히 명백하지만 그럼에도 매우 중요한 사실인데, 군에 대해 축적한 지식을 총동원하여 다항 방정식의 해를 분석할 수 있다는 것을 의미하기 때문이다. 바로 이것이 갈루아 이론이라는 것이다.

K가 $F[x]$에서 다항식 $a(x)$의 근체이면, 'F를 고정하는 K의 자기동형사상 전체의 군을 $a(x)$의 갈루아 군(Galois group)이라 부른다.' 이를 'F 위에서 K의 갈루아 군'이라 부르기도 하며, 다음과 같은 기호로 나타낸다.

$$Gal(K : F)$$

가장 마지막 예에서 $\mathbb{Q}$를 고정하는 $\mathbb{Q}(\sqrt{2}, \sqrt{3})$의 자기동형사상 네 개를 보았다. 이들을 ε, α, β, γ라 불렀다. 따라서 $\mathbb{Q}$ 위에서 $\mathbb{Q}(\sqrt{2}, \sqrt{3})$의 갈루아 군은 $Gal(\mathbb{Q}(\sqrt{2}, \sqrt{3}) : \mathbb{Q}) = \{\varepsilon, \alpha, \beta, \gamma\}$이다. 연산은 합성인데 다음 표를 얻는다.

$\circ$	ε	α	β	γ
ε	ε	α	β	γ
α	α	ε	γ	β
β	β	γ	ε	α
γ	γ	β	α	ε

보다시피 이 군은 모든 원소가 자신의 역원인 가환군이다. 흘낏 쳐다보기만 해도 이 군이 $\mathbb{Z}_2 \times \mathbb{Z}_2$와 동형임을 확인할 수 있다.

$a(x)$가 $F[x]$에 속할 때 K를 $a(x)$의 근체라 하자. 앞선 논의로부터 F를 고정하는 K의 모든 자기동형사상, 즉 $a(x)$의 갈루아 군의 원소를 $a(x)$의 근들 사이의 어떤 치환과 동일시할 수 있다. 하지만 $a(x)$가 기약다항식일 때조차도 '$a(x)$의 근들 사이의 모든 치환이 $a(x)$의 갈루아 군에 속할 필요는 없다'는 것에 주목해야 한다. 예를 들어 $\mathbb{Q}(\sqrt{2}, \sqrt{3}) = \mathbb{Q}(\sqrt{2} + \sqrt{3})$임을 본 바 있는데, $\sqrt{2} + \sqrt{3}$은 $\mathbb{Q}$ 위에서 기약다항식 $x^4 - 10x^2 + 1$의 근이다. $x^4 - 10x^2 + 1$의 근은 네 개이므로 근들 사이의 치환은 $4! = 24$개인데 그 중 네 개만이 갈루아 군에 속한다. 이는 $x^4 - 10x^2 + 1$의 근체의 자기동형사상을 결정한다는 의미에서의 진짜 대칭을 주는 것이 오직 네 개뿐이기 때문이다.

이 장의 후반부의 논의에서 F와 K는 계속 고정해 두자. F는 임의의 체이며 K는 $F[x]$의 어떤 다항식 $a(x)$의 근체이다. 논리의 실타래를 따르다 보면 $F \subseteq I \subseteq K$인 체 I, 즉 F와 K '사이의' 체에 대해 얘기하게 된다.

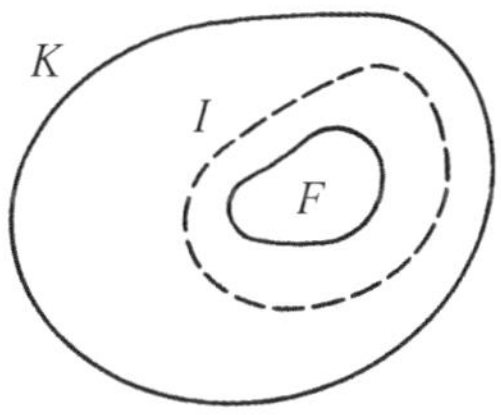

이런 체를 '사이체'(intermediate fields)라 부를 것이다. K가 F 위에서 $a(x)$의 근체이므로, 임의의 사이체 I에 대해 K는 I 위에서 $a(x)$의 근체이기도 하다.

F 위에서 K의 갈루아 군을 문자 $\mathbf{G}$로 나타내겠다. 각 사이체 I에 대해 다음 군

$$I^* = Gal(K : I)$$

즉, I를 고정하는 K의 자기동형사상 전체의 군을 대응하자. 이는 $\mathbf{G}$의 부분군임이 분명하다. I^*를 I의 '고정군'(fixer)이라 부를 것이다.

역으로 $\mathbf{G}$의 각 부분군 H에 대해, 어떤 $\pi \in H$에 대해서도 변하지 않는 K의 모든 원소 a로 이루어진 K의 부분체를 대응하자. 즉, 다음 체를 대응하자.

$$\{a \in K : \text{모든 } \pi \in H\text{에 대해 } \pi(a) = a\}$$

이 집합이 K의 부분체라는 것은 순식간에 확인할 수 있다. 이 체가 F를 포함하는 것은 명백하므로 사이체이다. 이 체를 H의 '고정체'(fixed field)라 부른다.■

요약해 보자. G의 모든 부분군 H는, H의 고정체라 부르는 어떤 사이체 I를 고정한다. 모든 사이체 I는, I의 고정군이라 부르는 G의 어떤 부분군 H가 고정한다. 이는 G의 부분군과, F와 K 사이의 사이체 사이에 일대일 대응이 있음을 강력히 시사한다. 실제로도 그렇다. 이 일대일 대응이 바로 갈루아 이론의 핵심인데, 확대체와 부분군의 성질 사이에 관련성을 주기 때문이다.

벡터 대수학을 써서 확대체에 대한 새로운 사실들을 증명할 수 있었던 29장에서와 마찬가지로, 군론을 이용하여 확대체를 탐구할 수 있다. 벡터공간과의 연관성은 다소 헐거웠다. 그에 반해 군론과의 연관성은 확대체를 연구할 때 막강한 힘을 주는 도구이다.

아직은 G의 부분군과, F와 K의 사이체 사이의 연관성이 일대일 대응이라는 것을 증명하지 않았다. 다음 두 정리가 그 얘기를 해 줄 것이다.

정리 2. H가 I의 고정군이면, I는 H의 고정체이다.

증명: H가 I의 고정군일 때, I'을 H의 고정체라고 하자. 고정군과 고정체의 정의로부터 $I \subseteq I'$이라는 사실이 나오므로, $I' \subseteq I$를 보여야 한다. 이를 보이기 위해 $a \notin I$이면 $a \notin I'$임을 증명하겠다. K의 원소 a가 I에 속하지 않으면, I 위에서 a의 최소다항식 $p(x)$는 차수가 2 이상이어야 한다. (그렇지 않으면 $a \in I$이어야 하므로) 따라서 $p(x)$는 다른 근 b를 가진다. 이 장 서두의 법칙 (ii)에 의해 a를 b로 보내면서 I를 고정하는 K의 자기동형사상이 존재한다. 이 자기동형사상은 a를 고정하지 않으므로 $a \notin I'$이다. ■

보조정리. H를 G의 부분군이라 하고, I를 H의 고정체라 하자. H의 원소의 개수는 $[K : I]$와

■ 원문에는 이 뒤에, '간단하고 발음하기 부드럽도록 이 체를 H의 fixfield라 부른다'는 구절이 있고 뒤에서 이 단어를 사용하고 있으나 우리나라 독자들에게는 불필요하므로 생략한다.—옮긴이

같다.

증명: H가 r개의 원소 $h_1, \cdots, h_r$를 가진다고 하자. $K=I(a)$라 놓자. 앞으로의 증명은 다음 다항식 주변을 맴돌게 될 것이다.

$$b(x)=[x-h_1(a)][x-h_2(a)]\cdots[x-h_r(a)]$$

h_i 중 하나가 항등함수이므로, $(x-a)$는 $b(x)$의 인자이며 따라서 'a는 $b(x)$의 근'이다. 다음 단락에서는 $b(x)$의 계수들이 I에 속한다는 것, 즉 $b(x)\in I[x]$를 보일 것이다. 그러면 $b(x)$가 I 위에서 a의 최소다항식을 나눈다는 것이 나오는데, 이 다항식의 차수는 정확히 $[K:I]$이다. $b(x)$의 차수가 r이므로 $r\geqslant[K:I]$를 뜻하고, 이 정리의 절반을 증명할 수 있다.

$b(x)$의 모든 계수가 I에 속하다는 것을 보이자. 529쪽에서 모든 동형사상 $h_i: K\to K$를 동형사상 $\overline{h_i}: K[x]\to K[x]$로 확장할 수 있음을 보았다. $\overline{h_i}$가 다항식의 동형사상이므로 다음을 얻는다.

$$\begin{aligned}\overline{h_i}(b(x))&=\overline{h_i}(x-h_1(a))\overline{h_i}(x-h_2(a))\cdots\overline{h_i}(x-h_r(a))\\&=(x-h_i\circ h_1(a))\cdots(x-h_i\circ h_r(a))\end{aligned}$$

그런데 $h_i\circ h_1, h_i\circ h_2, \cdots, h_i\circ h_r$는 H의 '서로 다른' r개의 원소이며 H는 정확히 r개의 원소를 가지므로, 이들이 H의 원소 전체여야 한다. 즉, 순서는 다를지라도 $h_1, \cdots, h_r$와 같아야 한다. 따라서 $\overline{h_i}(b(x))$의 인자는 $b(x)$의 인자와 순서만 다를 뿐 동일해야 하고, 따라서 $\overline{h_i}(b(x))=b(x)$이다. 동일한 다항식의 계수는 동일하므로, $b(x)$의 계수들은 h_i에 의해 불변이다. 따라서 $b(x)$의 모든 계수는 H의 고정체, 즉 I에 속한다.

방금 $[K:I]\leqslant r$를 보였다. 반대 방향 부등식을 위해서는, 정리 1에 의해 $[K:I]$가 I를 고정하는 K의 자기동형사상의 개수와 같음을 기억하여라. 그런데 그런 자기동형사상은 적어도 r개, 즉 $h_1, \cdots, h_r$이 존재한다. 따라서 $[K:I]\geqslant r$이고, 증명이 끝난다. ■

정리 3. I가 H의 고정체이면, H는 I의 고정군이다.

증명: I를 H의 고정체라 두고, I의 고정군을 I^*라 두자. 고정군 및 고정체에 대한 정의로부터 $H \subseteq I^*$임이 나온다. H의 원소가 I^*의 원소의 개수만큼 있다는 것을 보임으로써 등호를 증명하려고 한다. 보조정리에 의해 H의 위수는 $[K:I]$와 같다. 정리 2로부터 I는 I^*의 고정체이므로, 다시 보조정리로부터 I^*의 위수는 $[K:I]$와 같다. ■

정리 2와 정리 3으로부터 '$Gal(K:F)$의 부분군들과, K와 F의 사이체들 사이에 일대일 대응이 있다'는 사실이 곧장 나온다. 모든 부분군을 고정체에 대응하는, 혹은 모든 사이체를 고정군에 대응하는 관계를 '갈루아 대응'(Galois correspondence)이라 부른다. 부분체가 클수록 부분군이 작다는 것은 관찰할 가치가 있다. 즉, 다음이 성립한다.

$$I_1 \subseteq I_2 \Leftrightarrow I_2^* \subseteq I_1^*$$

예를 들어 $\mathbb{Q}$ 위에서 $\mathbb{Q}(\sqrt{2}, \sqrt{3})$의 갈루아 군은 548쪽에 주어진 연산표를 갖는 군으로 $Gal(\mathbb{Q}(\sqrt{2}, \sqrt{3}):\mathbb{Q}) = \{\varepsilon, \alpha, \beta, \gamma\}$임을 본 바 있다. 이 군은 정확히 다섯 개의 부분군, 즉 $\{\varepsilon\}$, $\{\varepsilon, \alpha\}$, $\{\varepsilon, \beta\}$, $\{\varepsilon, \gamma\}$, G를 가진다. 이를 다음의 '포함관계 도표'로 나타낼 수 있다.

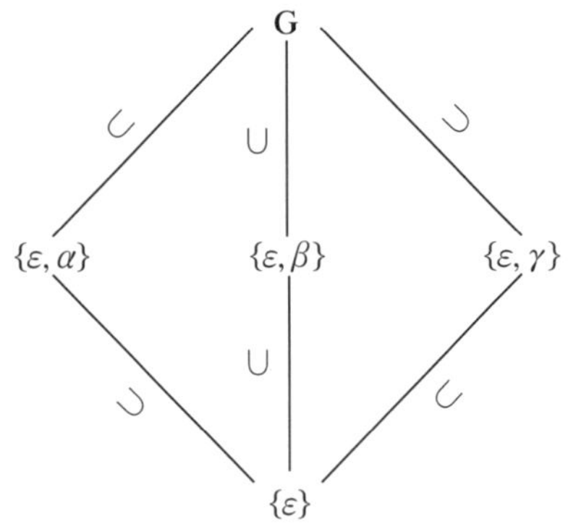

반대로 $\mathbb{Q}$와 $\mathbb{Q}(\sqrt{2}, \sqrt{3})$의 사이체는 정확히 다섯 개인데, 다음의 포함관계 도표로 나타낼 수 있다.

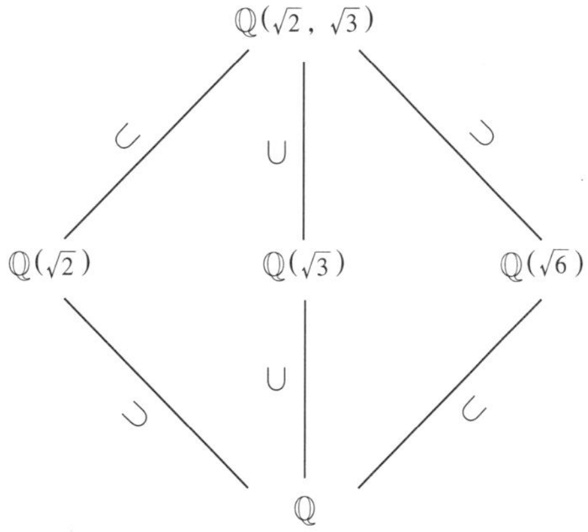

H가 임의의 갈루아 군의 부분군일 때 H의 고정체를 H°로 나타내기로 하자. 우리의 예에서 G의 부분군은 다음과 같은 고정체를 가진다.

$$\{\varepsilon\}^\circ = \mathbb{Q}(\sqrt{2}, \sqrt{3}) \quad \{\varepsilon, \alpha\}^\circ = \mathbb{Q}(\sqrt{3}) \quad \{\varepsilon, \beta\}^\circ = \mathbb{Q}(\sqrt{2})$$
$$\{\varepsilon, \gamma\}^\circ = \mathbb{Q}(\sqrt{6}) \quad \mathrm{G}^\circ = \mathbb{Q}$$

(548쪽에서 ε, α, β, γ를 정의했던 방식을 살펴보면 명백하다.) 이 예에서 갈루아 대응은 다음처럼 나타낼 수 있다.

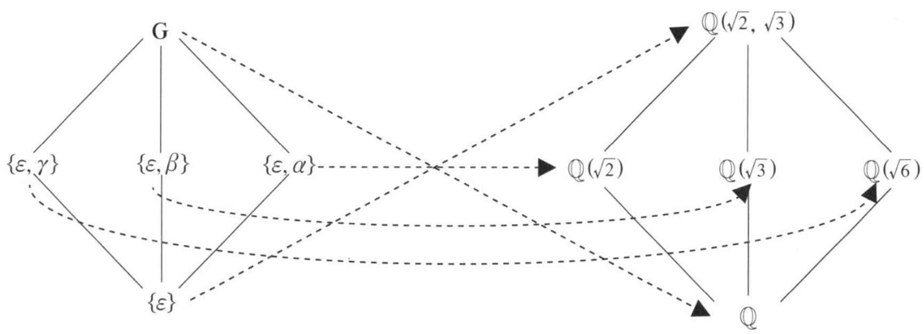

G의 부분군과 F의 확대체를 효과적으로 연결하기 위해서는 다음에 제시할 사실 한 가지가 더 필요하다.

K가 E 위의 근체이고 I가 E 위의 근체이며 $E \subseteq I \subseteq K$라고 하자. (따라서 31장의 정리 8로부터 K는 I 위에서 근체이다.) $h \in Gal(K : E)$이면, h는 E를 고정하는 K의 자기동형사상이다. 'h를 I 위로 제한한 사상', 즉 h를 더 작은 정의역 I로 제한한 함수를 생각하자. 이

사상은 정의역이 I이며 E를 고정하는 동형사상이므로, 이 장의 서두에 있는 법칙 (i)에 의해 I의 자기동형사상이면서 여전히 E를 고정한다. 따라서 방금 보인 것은 $h \in Gal(K:E)$일 때, h를 I로 제한한 사상이 $Gal(I:E)$에 속한다는 것이다. 이로부터 다음과 같은 함수 $\mu : Gal(K:E) \to Gal(I:E)$를 정의할 수 있다.

$$\mu(h) = h\text{를 } I\text{로 제한한 사상}$$

μ가 준동형사상임은 아주 쉽게 확인할 수 있다. I의 자기동형사상이 E를 고정하면, 31장의 정리 6으로부터 E를 고정하는 K의 자기동형사상으로 확장할 수 있기 때문에 μ는 전사이다.

마지막으로 $h \in Gal(K:E)$이면, h를 I로 제한한 사상이 항등함수인 것과, 모든 $x \in I$에 대해 $h(x) = x$인 것, 즉 h가 I를 고정하는 것이 동치이다. 이는 μ의 핵이 $Gal(K:I)$임을 입증해 준다.

요약하자. μ는 $Gal(K:E)$로부터 $Gal(I:E)$로의 '전사'인 준동형사상으로 핵은 $Gal(K:I)$이다. 준동형사상의 기본 정리로부터 다음과 같은 결론을 즉각 끌어낼 수 있다.

정리 4. $E \subseteq I \subseteq K$이며 I가 E 위에서 근체이고 K가 E 위에서 근체라 하면, 다음이 성립한다.

$$Gal(I:E) \cong Gal(K:E)/Gal(K:I)$$

특히 $Gal(K:I)$가 $Gal(K:E)$의 정규부분군이라는 사실이 성립한다.

연습문제

†A. 갈루아 군 계산하기

1. $\mathbb{Q}(i, \sqrt{2})$가 $\mathbb{Q}$ 위에서 $(x^2+1)(x^2-2)$의 근체임을 보여라.

#2. $\mathbb{Q}$ 위에서 $\mathbb{Q}(i, \sqrt{2})$의 차수를 구하여라.

3. $Gal(\mathbb{Q}(i, \sqrt{2}) : \mathbb{Q})$의 원소를 나열하고 연산표를 제시하여라.

4. $Gal(\mathbb{Q}(i, \sqrt{2}) : \mathbb{Q})$의 부분군에 대한 포함관계 도표를 작성하고, $\mathbb{Q}$와 $\mathbb{Q}(i, \sqrt{2})$의 사이체에 대한 포함관계 도표를 작성하여라. 갈루아 대응을 나타내어라.

†B. 원소가 여덟 개인 갈루아 군 계산하기

1. $\mathbb{Q}(\sqrt{2}, \sqrt{3}, \sqrt{5})$가 $\mathbb{Q}$ 위에서 $(x^2-2)(x^2-3)(x^2-5)$의 근체임을 보여라.

2. $\mathbb{Q}$ 위에서 $\mathbb{Q}(\sqrt{2}, \sqrt{3}, \sqrt{5})$의 차수가 8임을 보여라.

3. $G = Gal(\mathbb{Q}(\sqrt{2}, \sqrt{3}, \sqrt{5}) : \mathbb{Q})$의 원소를 나열하고 연산표를 작성하여라.

4. G의 부분군을 나열하여라. (라그랑주 정리에 의해, G의 모든 비자명 부분군의 원소의 개수는

두 개 또는 네 개이다.)

5. G의 각 부분군에 대해 고정체를 구하여라.

6. 552쪽과 같은 도표를 써서 갈루아 대응을 나타내어라.

†C. S_3과 동일한 갈루아 군

1. $\mathbb{Q}(\sqrt[3]{2}, i\sqrt{3})$이 $\mathbb{Q}$ 위에서 $x^3 - 2$의 근체임을 보여라. 여기에서 $\sqrt[3]{2}$ 는 2의 '실수' 세제곱근을 나타낸다. (힌트: 1의 복소 세제곱근을 계산하여라.)

2. $[\mathbb{Q}(\sqrt[3]{2}) : \mathbb{Q}] = 3$을 보여라.

3. $x^2 + 3$이 $\mathbb{Q}(\sqrt[3]{2})$ 위에서 기약다항식인 이유를 설명하고, $[\mathbb{Q}(\sqrt[3]{2}, i\sqrt{3}) : \mathbb{Q}(\sqrt[3]{2})] = 2$임을 보여라. $[\mathbb{Q}(\sqrt[3]{2}, i\sqrt{3}) : \mathbb{Q}] = 6$이라는 결론을 내려라.

4. 3번을 이용하여 $Gal(\mathbb{Q}(\sqrt[3]{2}, i\sqrt{3}) : \mathbb{Q})$의 원소가 여섯 개인 이유를 설명하여라. 그런 다음 545쪽의 법칙 (ii)에 따르는 논증을 써서 $Gal(\mathbb{Q}(\sqrt[3]{2}, i\sqrt{3}) : \mathbb{Q})$의 원소를 2의 세제곱근 세 개 사이의 치환과 동일시할 수 있는 이유를 설명하여라.

5. 4번을 이용하여 $Gal(\mathbb{Q}(\sqrt[3]{2}, i\sqrt{3}) : \mathbb{Q}) \cong S_3$임을 증명하여라.

†D. D_4와 동일한 갈루아 군

$\alpha = \sqrt[4]{2}$가 2의 양의 실수 네제곱근이면, 2의 네제곱근은 $\pm\alpha$와 $\pm i\alpha$이다. 1번과 6번까지 간

단하면서도 차근차근 설명하여라.

#1. $\mathbb{Q}(\alpha, i)$는 $\mathbb{Q}$ 위에서 $x^4 - 2$의 근체이다.

2. $[\mathbb{Q}(\alpha) : \mathbb{Q}] = 4$이다.

3. $i \notin \mathbb{Q}(\alpha)$이다. 따라서 $[\mathbb{Q}(\alpha, i) : \mathbb{Q}(\alpha)] = 2$이다.

4. $[\mathbb{Q}(\alpha, i) : \mathbb{Q}] = 8$이다.

5. $\{1, \alpha, \alpha^2, \alpha^3, i, i\alpha, i\alpha^2, i\alpha^3\}$이 $\mathbb{Q}$ 위에서 $\mathbb{Q}(\alpha, i)$의 기저이다.

6. $\mathbb{Q}$를 고정하는 $\mathbb{Q}(\alpha, i)$의 자기동형사상 h는 5번의 기저에서의 값이 결정한다. 이 값들은 $h(\alpha)$와 $h(i)$가 결정한다.

7. $h(\alpha)$는 2의 네제곱근이어야 하고, $h(i)$는 $\pm i$여야만 함을 설명하여라. $h(\alpha)$의 가능성 네 개와 $h(i)$의 가능성 두 개를 조합하면 가능한 자기동형사상이 여덟 개 나온다. 이들을 다음과 같은 형태로 나열하여라.

$$\begin{Bmatrix} \alpha \to \alpha \\ i \to i \end{Bmatrix}, \begin{Bmatrix} \alpha \to -\alpha \\ i \to i \end{Bmatrix}, \cdots$$

8. 갈루아 군 $Gal(\mathbb{Q}(\alpha, i) : \mathbb{Q})$의 연산표를 계산하고, 이 군이 정사각형의 대칭군 D_4와 동형임을 보여라.

†E. 순환 갈루아 군

 # 1. $\mathbb{Q}$ 위에서 $x^7 - 1$의 근체 K를 묘사하여라. $[K : \mathbb{Q}] = 6$인 이유를 설명하여라.

2. α가 1의 원시 7제곱근일 때, 임의의 $h \in Gal(K : \mathbb{Q})$는 α를 1의 어떤 7제곱근으로 보내야 한다는 것을 설명하여라. 사실 $h(\alpha)$가 h를 결정함을 설명하여라.

3. 2번을 이용하여 $Gal(K : \mathbb{Q})$의 여섯 원소를 구체적으로 나열하여라. 그런 다음 $Gal(K : \mathbb{Q})$의 연산표를 작성하고 순환군임을 보여라.

4. $Gal(K : \mathbb{Q})$의 모든 부분군 및 대응하는 고정체를 나열하여라. 갈루아 대응을 제시하여라.

5. $\mathbb{Q}$ 위에서 $x^6 - 1$의 근체 L을 서술하고 $[L : \mathbb{Q}] = 2$임을 보여라. $\mathbb{Q}$와 L 사이에는 $\mathbb{Q}$와 L을 제외한 사이체가 없다는 결론이 나오는 이유를 설명하여라.

 # 6. $\mathbb{Q}$ 위에서 $x^6 - 2$의 근체를 L이라 하자. $Gal(L : \mathbb{Q})$의 원소를 나열하고 연산표를 작성하여라.

†F. S_5와 동형인 갈루아 군

$a(x) = x^5 - 4x^4 + 2x + 2 \in \mathbb{Q}[x]$라 하고, $\mathbb{C}$에서 $a(x)$의 근을 $r_1, \cdots, r_5$라 하자. $\mathbb{Q}$ 위에서 $a(x)$의 근체를 $K = \mathbb{Q}(r_1, \cdots, r_5)$라 하자.

1번부터 3번까지 증명하여라.

1. $a(x)$는 $\mathbb{Q}[x]$에서 기약다항식이다.

2. $a(x)$는 세 개의 실근과 두 개의 복소근을 가진다. [힌트: 미분을 이용하여 $y = a(x)$의 그래프

를 그리고, x축과 세 차례 만난다는 것을 보여라.]

3. r_1을 $a(x)$의 한 실근이라 할 때, $[\mathbb{Q}(r_1) : \mathbb{Q}] = 5$이다. 이를 이용하여 $[K : \mathbb{Q}]$가 5의 배수임을 증명하여라.

4. 3번과 13장 연습문제 E의 코시 정리를 이용하여 $Gal(K : \mathbb{Q})$에 위수 5인 원소 α가 존재함을 증명하여라. α를 $\{r_1, \cdots, r_5\}$의 어떤 치환과 동일시할 수 있으므로, 길이가 5인 순환(cycle)이어야만 하는 이유를 설명하여라. (힌트: $\{r_1, \cdots, r_5\}$ 위에서의 임의의 서로소인 순환의 곱의 위수는 5가 아니다.)

5. $Gal(K : \mathbb{Q})$에 속하는 호환(transposition)이 있어야 하는 이유를 설명하여라. [$a(x)$의 켤레 복소근을 바꿔주는 치환이다.]

6. 길이가 5인 순환과, 호환을 포함하는 S_5의 부분군은 S_5의 모든 호환을 포함해야만 함을, 따라서 S_5 전체를 포함해야 함을 증명하여라. 따라서 $Gal(K : \mathbb{Q}) = S_5$이다.

G. 자기동형사상과 갈루아 군에 관련한 짧은 질문들

F를 체라 하고, K를 F의 유한 확대체라 하자. $a, b \in K$라 하자.
1번부터 3번까지 증명하여라.

1. K의 자기동형사상 h가 F와 a를 고정하면, h는 $F(a)$를 고정한다.

2. $F(a, b)^* = F(a)^* \cap F(b)^*$이다.

3. 항등함수를 제외하면, $\mathbb{Q}(\sqrt[3]{2})$의 자기동형사상 중 $\mathbb{Q}$를 고정하는 것은 없다. [힌트: $\mathbb{Q}(\sqrt[3]{2})$

는 오직 실수만을 포함한다.]

4. 3번의 결론이 정리 1과 모순이 아닌 이유를 설명하여라.

다음 세 문제에서는 p가 소수이고 ω가 1의 원시 p제곱근이라고 하자.

5. $h \in Gal(\mathbb{Q}(\omega) : \mathbb{Q})$이면, 어떤 $1 \leqslant k \leqslant p-1$에 대해 $h(\omega) = \omega^k$임을 증명하여라.

6. 5번을 이용하여 $Gal(\mathbb{Q}(\omega) : \mathbb{Q})$가 가환군임을 증명하여라.

7. 5번을 이용하여 $Gal(\mathbb{Q}(\omega) : \mathbb{Q})$가 순환군임을 증명하여라.

†H. $\mathbb{C}$의 자기동형군

1. $\mathbb{Q}$의 자기동형사상은 항등함수뿐임을 증명하여라. [힌트: h가 자기동형사상이면, $h(1) = 1$이므로 $h(2) = 2$ 등등이 성립한다.]

2. $\mathbb{R}$의 자기동형사상은 어떤 수의 제곱을 어떤 수의 제곱으로 보내므로, 양수를 양수로 보낸다는 것을 증명하여라.

3. 2번을 이용하여 h가 $\mathbb{R}$의 자기동형사상일 때, $a < b$이면 $h(a) < h(b)$임을 증명하여라.

#4. 1번과 3번을 이용하여 $\mathbb{R}$의 자기동형사상은 항등함수뿐임을 증명하여라.

5. $Gal(\mathbb{C} : \mathbb{R})$의 원소를 나열하여라.

6. $\mathbb{R}$를 고정하는 $\mathbb{C}$의 자기동형사상은 항등함수와, 함수 $a+bi \to a-bi$뿐임을 증명하여라.

I. 갈루아 군과 관련된 질문 몇 개 더

이 연습문제 묶음에서 K는 F 위의 근체이며, $\mathrm{G}=Gal(K:F)$라 하고, I를 임의의 사이체라고 하자. 다음을 증명하여라.

1. $I^* = Gal(K:I)$는 G의 부분군이다.

2. H가 G의 부분군일 때 $H^\circ = \{a \in K :$ 모든 $\pi \in H$에 대하여 $\pi(a)=a\}$라면, H°는 K의 부분체이고 $F \subseteq H^\circ$이다.

3. H를 I의 고정군이라 하고, I'을 H의 고정체라 하자. 그러면 $I \subseteq I'$이다. I를 H의 고정체라 하고, I^*를 I의 고정군이라 하자. 그러면 $H \subseteq I^*$이다.

 # 4. I를 F의 정규확대체, 즉 F 위의 어떤 다항식의 근체라 하자. G가 가환군이면, $Gal(K:I)$와 $Gal(I:F)$도 가환이다. (힌트: 정리 4를 이용하여라.)

5. I를 F의 정규확대체라 하자. G가 순환군이면, $Gal(K:I)$와 $Gal(I:F)$도 순환군이다.

6. G가 순환군이면, $[K:F]$를 나누는 임의의 정수 k에 대해, 차수가 k인 사이체 I가 정확히 하나 존재한다.

†J. 정규확대체와 정규부분군

$F \subseteq K$이고 K가 F의 정규확대체라 하자. (이는 K가 $F[x]$의 어떤 다항식의 근체임을 뜻한다. 31장의 연습문제 K를 보아라.) $I_1 \subseteq I_2$를 사이체라 하자.

1. 정리 4로부터 I_2가 I_1의 정규확대체일 때, I_2^*가 I_1^*의 정규부분군임을 끌어내어라.

2. 임의의 사이체 I에 대해 $h \in Gal(K:F)$, $g \in I^*$, $a \in I$, $b = h(a)$라 하자. 그러면 $[h \circ g \circ h^{-1}](b) = b$임을 증명하여라. 다음 결론을 내려라.

$$hI^*h^{-1} \subseteq h(I)^*$$

3. 2번을 이용하여 $hI^*h^{-1} = h(I)^*$임을 증명하여라.

두 사이체 I_1과 I_2가 '켤레'(conjugate)라는 것은 $i(I_1) = I_2$인 자기동형사상, 즉 $i \in Gal(K:F)$가 존재할 때를 말한다.

4. 3번을 이용하여 I_1과 I_2가 켤레인 것과, I_1^*와 I_2^*가 갈루아 군에서 켤레 부분군인 것이 동치조건임을 증명하여라.

5. 4번을 이용하여 임의의 사이체 I_1과 I_2에 대해 I_2^*가 I_1^*의 정규부분군이면, I_2가 I_1의 정규확대체임을 증명하여라.

1번부터 5번까지 조합하면 다음을 얻는다. I_2가 I_1의 정규확대체인 것과 I_2^*가 I_1^*의 정규부분군인 것은 동치조건이다. (역사적으로는 이 결과로부터 '정규부분군'의 '정규'라는 단어가 기원했다.)

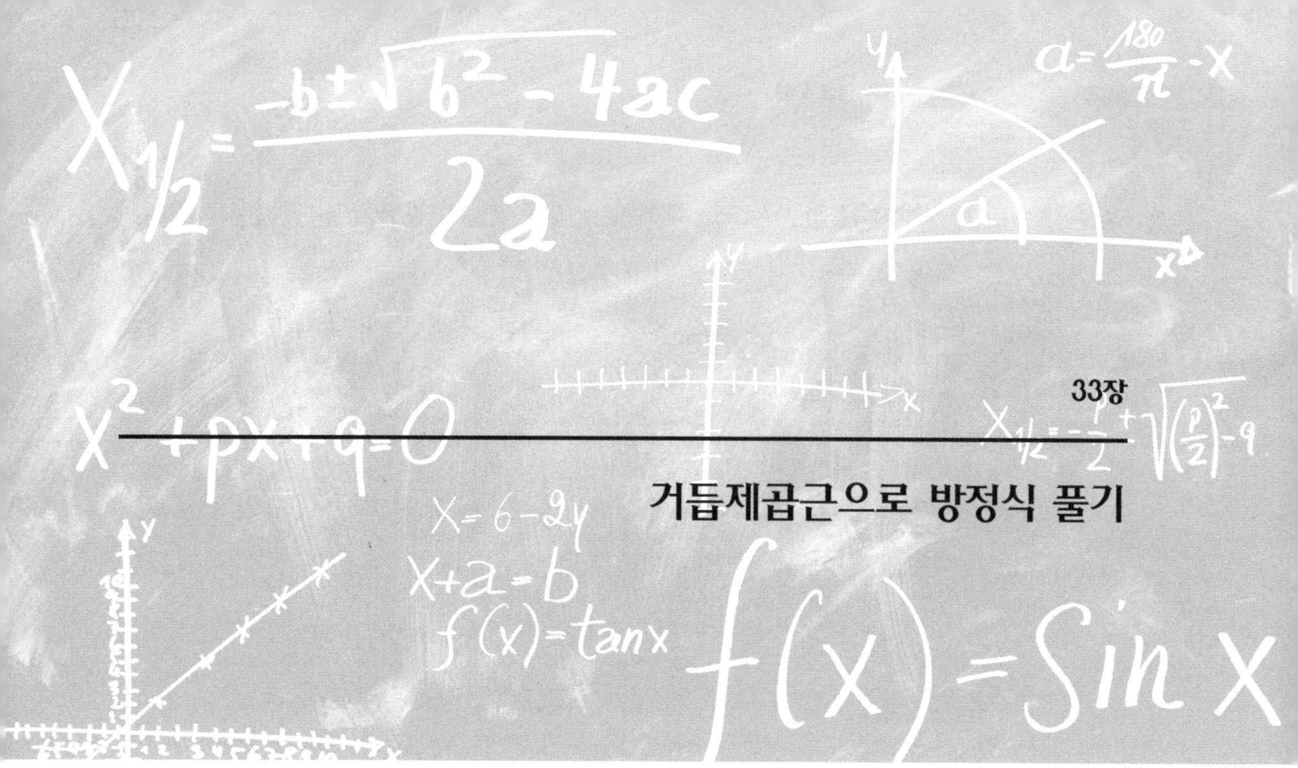

33장

거듭제곱근으로 방정식 풀기

이 마지막 장에서는 갈루아 이론을 이용하여 방정식의 풀이에 관한 실질적인 질문에 대해 구체적인 해답을 주려고 한다.

이 책의 서문에서 고전적 대수학은 대체로 다항 방정식을 푸는 방법을 찾는 데 투자되었음을 보았다. 이차식의 근의 공식이 차수가 2인 모든 방정식의 해를 주며, 3차와 4차에 대해서도 유사한 공식이 발견되었다. 하지만 차수가 5이거나 그보다 큰 일반적인 방정식을 풀기 위해, 근의 공식과 비슷한 종류의 구체적인 공식을 찾으려는 모든 시도는 무위에 그쳤다. 마침내 그 이유를 젊은 갈루아가 발견하였는데, 어떤 방정식을 구체적인 공식으로 풀 수 있다는 것은 이 식의 대칭군이 특정한 성질을 가질 때뿐임을 보인 것이다. 물론 대칭군은 앞서 정의한 갈루아 군을 말하는 것으로, 어떤 특정한 성질을 만족해야 하는지 다음 몇 쪽에 걸쳐 형식화할 것이다.

갈루아는 차수가 4 이하인 모든 방정식의 대칭군이 가해성(solvability)에 필요한 성질을 가진 반면, 차수가 5 또는 이상인 방정식은 항상 그런 성질을 갖지는 않음을 보였다. 따라서 차수가 > 4인 모든 방정식을 풀어줄 근의 공식을 찾는 고전적인 탐구가 무의미할 뿐만 아니라, 어떤 방정식이 근의 공식으로 주어지는 해를 갖는지 판단할 수 있는 판정법임을 보였다. 앞으로의 몇 쪽 동안 이 모든 것이 분명해질 것이다.

모든 2차 방정식 $ax^2+bx+c=0$은 다음 공식으로 주어지는 해를 가진다.

$$\frac{-b \pm \sqrt{b^2-4ac}}{2a}$$

차수가 3이거나 4인 방정식도 비슷한 공식을 써서 풀 수 있다. 예를 들어 3차 방정식 $x^3+ax+b=0$은 다음으로 주어지는 해를 가진다.

$$D = \frac{a^3}{27} + \frac{b^2}{4}\text{이라 할 때 } \sqrt[3]{\frac{-b}{2}+\sqrt{D}} + \sqrt[3]{\frac{-b}{2}-\sqrt{D}} \tag{1}$$

이와 같은 공식은 주어진 다항식의 계수로부터 덧셈, 뺄셈, 곱셈, 나눗셈과 '거듭제곱근을 취하기'를 반복하여 얻는다. 거듭제곱근을 이용하기 때문에 이를 '거듭제곱근 공식'(radical expression, radical formula)이라 부른다. 어떤 다항식 $a(x)$를 '거듭제곱근으로 풀 수 있다'(solvable by radicals)는 것은 이 다항식의 계수들로 나타나는 거듭제곱근 공식이 존재할 때를 말한다.

a와 b가 유리수일 때 $x^3+ax+b=0$의 예로 돌아가서 공식 (1)을 다시 보자. 이 식은 계수의 체 $\mathbb{Q}$에서 출발하여 제곱근 $\sqrt{D}$를 첨가한 뒤, 세제곱근 $\sqrt[3]{-b/2 \pm \sqrt{D}}$을 첨가하여 $x^3+ax+b=0$이 근을 가지는 체에 도달한 것으로 이해할 수 있다.

일반적으로 $a(x)$의 근이 거듭제곱근 공식으로 주어진다는 얘기와, $a(x)$의 계수가 속한 체에 다양한 n에 대해 n제곱근을 차례로 첨가하여 $a(x)$의 근을 포함하는 체를 얻는다는 얘기는 같은 얘기다. 이제 이 개념을 체론의 언어를 써서 표현하려고 한다.

$F(c_1, \cdots, c_m)$이 F의 '거듭제곱근 확대체'(radical extension)라는 것은 각 i에 대해 c_i의 어떤 거듭제곱이 $F(c_1, \cdots, c_{i-1})$에 속할 때를 말한다. 다른 말로 하면 $F(c_1, \cdots, c_m)$은 F로부터 다양한 n에 대해 n제곱근을 차례로 첨가하여 얻는 반복 확대체이다. $a(x)$의 모든 근을 포함하는, 즉 $a(x)$의 근체를 포함하는 F의 거듭제곱근 확대체가 존재할 때 $F[x]$의 다항식 $a(x)$를 '거듭제곱근으로 풀 수 있다'(solvable by radicals)라고 말한다.

n제곱근을 효과적으로 다루기 위해서는 이들에 대해 약간 알아야 한다. 먼저 1의 n제곱근은 '단위 n제곱근'(nth roots of unity)이라 부르는데, 물론 $x^n-1=0$의 해를 말한다. 따

라서 각 n에 대해 단위 n제곱근은 정확히 n개 있다. 곧 보겠지만 근에 대해 우리가 필요로 하는 모든 것은 단위 거듭제곱근의 성질로부터 나올 것이다.

$\mathbb{C}$에서 단위 n제곱근은 드무아브르 정리를 써서 얻는다. 이 근들은 어떤 수 ω와 이 수의 첫 거듭제곱 n개, 즉 $1=\omega^0, \omega, \omega^2, \cdots, \omega^{n-1}$로 이루어져 있다. 여기에서 드무아브르 정리를 다시 살펴보려고 하는데, 놀랍게도 단위 거듭제곱근에 대한 중요한 사실이 표수가 0인 '모든' 체에서 성립하기 때문이다. 우리가 알아야 할 것은 모두 다음 정리로부터 나온다.

정리 1. 체에서 0이 아닌 원소로 이루어진 유한군은 순환군이다. (체에서의 곱셈이 이 군의 연산이다.)

증명: F^*를 F의 0이 아닌 원소의 집합이라 하고, $G \subseteq F^*$라고 가정하자. 이때 G는 체의 '곱하기' 연산에 대해 n개의 원소를 갖는 군이라 가정하자. 이 군 G를 $\mathbb{Z}_n$과 비교하여, $\mathbb{Z}_n$과 마찬가지로 위수가 n인 원소를 가지며 따라서 순환군임을 보일 것이다.

임의의 정수 k에 대해 $g(k)$를 G에서 위수가 k인 원소의 개수라 하고, $z(k)$를 $\mathbb{Z}_n$에서 위수가 k인 원소의 개수라 하자. n의 약수인 임의의 양의 정수 k에 대해, 방정식 $x^k=1$은 F에서 '기껏해야' k개의 해를 가지므로 다음이 성립한다.

(*) G는 위수가 k의 약수인 원소를 기껏해야 k개 가진다.

G가 위수 k인 원소 a를 가지면, $\langle a\rangle = \{e, a, a^2, \cdots, a^{k-1}\}$는 위수가 k의 약수인 G의 서로 다른 원소 '전체'이다. [(*)에 의해 다른 것은 존재할 수 없다.] $\mathbb{Z}_n$에서 다음 부분군은 위수가 k의 약수인 $\mathbb{Z}_n$의 원소 전체를 포함한다.

$$\langle n/k\rangle = \left\{0, \frac{n}{k}, 2\frac{n}{k}, \cdots, (k-1)\frac{n}{k}\right\}$$

$\langle a\rangle$와 $\langle n/k\rangle$는 원소의 개수가 같은 순환군이므로 동형이며, 따라서 $\langle a\rangle$에서 위수가 k인 원소의 개수는 $\langle n/k\rangle$에서 위수가 k인 원소의 개수와 같다. 즉 $g(k)=z(k)$이다.

요약하자. G가 위수 k인 원소를 '가지면' $g(k)=z(k)$이다. 만약 G가 그런 원소를 '갖지 않으면' $g(k)=0$이다. 따라서 n의 약수인 양의 정수 k에 대해, G에서 위수가 k인 원소의 개수는 $\mathbb{Z}_n$에서 위수가 k인 원소들의 개수보다 작거나 같다.

이때 G의 모든 원소에 대해 $\mathbb{Z}_n$의 모든 원소와 마찬가지로 위수가 잘 정의되며, 이 위수는 n의 약수여야 한다. 두 군의 원소를 위수에 따라 집단으로 분할하고, G에서의 집단과 대응하는 $\mathbb{Z}_n$에서의 집단을 비교하자. 각 k에 대해 G가 갖는 위수 k인 원소의 수는 $\mathbb{Z}_n$이 갖는 위수 k인 원소의 수보다 '작거나 같다.' 따라서 G가 위수가 n인 원소를 갖지 않는다면, ($\mathbb{Z}_n$은 그런 원소를 하나 갖고 있으므로) G의 원소의 개수가 $\mathbb{Z}_n$보다 적어야 하는데 이는 거짓이다. 따라서 G는 '반드시' 위수 n인 원소를 가져야 하고, 따라서 G는 순환군이다. ■

단위 n제곱근들은 (F 또는 F의 적당한 확대체에 속해 있다) 곱셈에 대해 군을 이룬다는 것이 분명하다. 정리 1에 의해 이 군은 순환군이다. 이 군의 생성원을 '원시'(primitive) n제곱근이라 부른다. 따라서 ω가 원시 n제곱근이면, 단위 n제곱근 전체의 집합은 다음과 같다.

$$1, \omega, \omega^2, \cdots, \omega^{n-1}$$

ω가 원시 n제곱근이면, F를 고정하는 $F(\omega)$의 자기동형사상 g와 h에 대해 $g \circ h = h \circ g$가 성립한다는 의미에서 $F(\omega)$는 F의 '아벨 확대체'(abelian extension), 즉 가환 확대체이다. 실제로 임의의 자기동형사상이 단위 n제곱근을 단위 n제곱근으로 보내야 하는 건 명백하다. 따라서 $g(\omega)=\omega^r$이고 $h(\omega)=\omega^s$이면 $g \circ h(\omega)=g(\omega^s)=\omega^{rs}$이며 마찬가지로 $h \circ g(\omega)=\omega^{rs}$이다. 따라서 $g \circ h(\omega)=h \circ g(\omega)$이다. g와 h가 F를 고정하고, $F(\omega)$의 모든 원소가 ω의 거듭제곱들의 F를 계수로 하는 일차결합이므로 $g \circ h = h \circ g$이다.

이제 F가 원시 n제곱근을 포함한다고, 따라서 모든 n제곱근을 포함한다고 하자. $a \in F$이고 a가 F에서 n제곱근 b를 가진다고 하자. 그러면 'a의 n제곱근은 b, $b\omega$, $b\omega^2$, $\cdots$, $b\omega^{n-1}$이므로 모두 F에 속한다.' 실제로 c가 a의 n제곱근이면 c/b는 단위 n제곱근이므로 ω^r 꼴이고, 따라서 $c=b\omega^r$이기 때문이다. 위의 논증으로부터 'F가 원시 n제곱근을 포함하고, b가 a의 n제곱근이면, $F(b)$는 F 위에서 x^n-a의 근체이다'는 것을 끌어낼 수 있다.

특히 $F(b)$는 'F의 아벨 확대체'이다. 실제로 F를 고정하는 $F(b)$의 자기동형사상은 a의 n제곱근을 a의 n제곱근으로 보내야 한다. c가 a의 n제곱근이고 g가 F를 고정하는 자기동형사상일 때 $g(c)^n = g(c^n) = g(a) = a$에서 $g(c)$가 a의 n제곱근이기 때문이다. 따라서 $g(b) = b\omega^r$이고 $h(b) = b\omega^s$라 하면 다음이 성립한다.

$$g \circ h(b) = g(b\omega^s) = b\omega^r\omega^s = b\omega^{r+s}$$
$$h \circ g(b) = h(b\omega^r) = b\omega^s\omega^r = b\omega^{r+s}$$

따라서 $g \circ h(b) = h \circ g(b)$이다. g와 h가 F를 고정하며, $F(b)$의 모든 원소는 b의 거듭제곱들의 F−일차결합이므로, $g \circ h = h \circ g$임을 알 수 있다.

$a(x)$가 $F[x]$에 속할 때 $a(x)$의 근들을 포함하는 F의 '어떤' [$a(x)$의 근을 포함하는 '임의의' F의 거듭제곱근 확대체면 충분하다.] 거듭제곱근 확대체가 존재하는 한, $a(x)$를 거듭제곱근으로 풀 수 있음을 기억하여라. 따라서 여기서 사용하는 임의의 거듭제곱근 확대체는 F에서 시작하여 적절한 1의 거듭제곱근을 첨가하는 것으로 가정해도 좋기 때문에 '우리도 그렇게 가정하겠다.' 따라서 $K = F(c_1, \cdots, c_m)$이 F의 거듭제곱근 확대체이면, 다음 열은 단순 '아벨' 확대체들이다.

$$\underbrace{F}_{I_0} \subseteq \underbrace{F(c_1)}_{I_1} \subseteq \underbrace{F(c_1, c_2)}_{I_2} \subseteq \cdots \subseteq \underbrace{F(c_1, \cdots, c_m)}_{I_m = K} \tag{2}$$

(세 문단 전의 언급에서 보듯 확대체가 모두 '아벨' 확대체이다.)

아직도 우리의 목적에는 상당히 불충분하다. 이전 장에서 마련한 도구를 이용하기 위해서는, (2)의 모든 체가 'F 위에서 근체'라고 말할 수 있어야 한다. 이 목적은 다음처럼 달성할 수 있다. 먼저 (2)에서 I_q가 F 위에서 근체이도록 확대체 $I_0 \subseteq I_1 \subseteq \cdots \subseteq I_q$를 구성했다고 가정하자. I_{q+1}이 F 위에서 근체이도록 I_q를 확장해야 한다. 또한 I_{q+1}은 어떤 원소 $a \in I_q$의 n제곱근인 원소 c_{q+1}을 포함해야 한다.

F를 고정하는 I_q의 자기동형사상의 군을 $H = \{h_1, \cdots, h_r\}$라 하고, 다음 다항식을 생각하자.

$$b(x) = [x^n - h_1(a)][x^n - h_2(a)] \cdots [x^n - h_r(a)]$$

551쪽의 보조정리의 증명에서와 마찬가지로 $b(x)$의 인자 중 하나가 $x^n - a$이므로, c_{q+1}은 $b(x)$의 근이다. 더욱이 같은 보조정리에서 $b(x)$의 모든 계수는 H의 고정체, 즉 F 속에 있다. 이제 F 위에서 $b(x)$의 근체를 I_{q+1}이라고 정의하자. $b(x)$의 모든 근은 I_q에 속하는 어떤 원소의 n제곱근이므로, I_{q+1}이 I_q의 거듭제곱근 확대체라는 사실이 나온다. 근을 하나씩 첨가하여 앞서 논의한 대로 '아벨' 확대체의 열을 만들 수 있다. 결론적으로 (2)에서 K를 F 위의 근체라고 가정해도 좋다.

F 위에서 K의 갈루아 군을 $\mathbf{G}$로 나타내면, 체 I_k의 고정군은 $\mathbf{G}$의 부분군이다. 이 고정군들은 다음과 같은 열을 이룬다.

$$\underbrace{K^*}_{=\{\varepsilon\}} \subseteq I^*_{m-1} \cdots \subseteq I^*_1 \subseteq \underbrace{F^*}_{=\mathrm{G}}$$

32장의 정리 4로부터 각 k에 대해 I^*_k는 I^*_{k+1}의 정규부분군이며, I_{k+1}이 I_k의 아벨 확대체이므로 $I^*_{k+1}/I^*_k \cong Gal(I_{k+1} : I_k)$는 가환군이다. 정확히 이 상황을 반영하기 위해 다음과 같은 정의가 만들어졌다.

> 군 G가 '가해군'(solvable group) 또는 '풀 수 있는 군'이라는 것은 각 k에 대해 H_k가 H_{k+1}의 정규부분군이며 H_{k+1}/H_k가 가환군인 부분군의 열 $\{e\} = H_0 \subseteq H_1 \subseteq \cdots \subseteq H_m = G$을 가질 때를 말한다.

우리는 'K가 F의 거듭제곱근 확대체이면, $Gal(K : F)$가 가해군이다'는 것을 방금 보였다. 더 나아가서 $a(x)$가 거듭제곱근으로 풀 수 있는 다항식이면, 갈루아 군이 가해군임을 증명하고 싶다. 이를 위해서는 먼저 가해군의 준동형상이 가해군이라는 것부터 증명해야 한다. 252쪽에서 설명한 다음 간단한 사실이 우리의 증명에서 핵심 요소이다. 'G/H가 가환인 것과 모든 G의 원소 x, y에 대해 H가 $xyx^{-1}y^{-1}$을 포함하는 것이 동치조건이다.' [곱 $xyx^{-1}y^{-1}$를 G의 '교환자'(commutator)라 부른다.]

정리 2. 가해군의 준동형상은 가해군이다.

증명: G가 가해군일 때, 다음처럼 정의를 만족하는 부분군의 열을 가진다고 하자.

$$\{e\} = H_0 \subseteq H_1 \subseteq \cdots \subseteq H_m = G$$

$f: G \to X$를 G에서 군 X로의 전사인 준동형사상이라 하자. 그러면 $f(H_0)$, $f(H_1)$, $\cdots$, $f(H_m)$은 X의 부분군이며, $\{e\} = f(H_0) \subseteq f(H_1) \subseteq \cdots \subseteq f(H_m) = X$임이 분명하다. 각 i에 대해 다음을 얻을 수 있다. $f(a) \in f(H_i)$이고 $f(x) \in f(H_{i+1})$인 $a \in H_i$ 및 $x \in H_{i+1}$에 대해 $xax^{-1} \in H_i$이므로 $f(x)f(a)f(x)^{-1} \in f(H_i)$이다. 따라서 $f(H_i)$는 $f(H_{i+1})$의 정규부분군이다. 마지막으로 H_{i+1}/H_i가 가환군이므로, H_{i+1}에 속하는 모든 x, y에 대해 교환자 $xyx^{-1}y^{-1}$이 H_i에 존재하며, 따라서 모든 $f(x)f(y)f(x)^{-1}f(y)^{-1}$은 $f(H_i)$에 존재한다. 따라서 $f(H_{i+1})/f(H_i)$는 가환군이다. ■

이제 이 장의 주요 결과를 증명할 수 있다.

정리 3. $a(x)$를 체 F 위의 다항식이라 하자. $a(x)$를 거듭제곱근으로 풀 수 있으면, 대응하는 갈루아 군은 가해군이다.

증명: 정의에 의해 K가 $a(x)$의 근체이면, $F \subseteq K \subseteq F(c_1, \cdots, c_n)$인 거듭제곱근 확대체 $F(c_1, \cdots, c_n)$이 존재한다. 32장의 정리 4로부터 $Gal(F(c_1, \cdots, c_n) : F)/Gal(F(c_1, \cdots, c_n) : K) \cong Gal(K : F)$이 나오고, 그 정리로부터 $Gal(K : F)$는 이미 가해군임을 알고 있는 군 $Gal(F(c_1, \cdots, c_n) : F)$의 준동형상이다. 따라서 정리 2로부터 $Gal(K : F)$는 가해군이다. ■

사실 정리 3의 역도 성립한다. K가 F의 확대체이고 갈루아 군이 가해군이면, K를 더 확장하여 F의 거듭제곱근 확대체를 얻을 수 있다는 것만 보이면 된다. 자세한 것은 그다지 어렵지 않으므로 이 장의 끝에 연습문제 E에 배정해 두었다.

정리 3과 역은 '다항식 $a(x)$를 거듭제곱근으로 풀 수 있다는 것과, 대응하는 갈루아 군이 가해군이라는 것은 동치조건'임을 말해 준다.

비가해군이 존재하며, 그런 군을 갈루아 군으로 갖는 다항식이 존재한다는 것을 보이면서 이 장을 닫을까 한다. 다른 말로 하면 '풀 수 없는 다항식이 존재한다.' 먼저 비가해군이 있다는 것을 보이자.

정리 4. 대칭군 S_5는 비가해군이다.

증명: S_5가 가해군의 정의에서와 같은 부분군의 열

$$\{e\} = H_0 \subseteq H_1 \subseteq \cdots \subseteq H_m = S_5$$

를 가진다고 가정하자. 길이가 3인 순환 (ijk) 모두를 포함하는 S_5의 부분집합을 생각하자. 만약 H_i가 길이가 3인 순환을 모두 포함하면, 그보다 작은 군 H_{i-1}도 그렇다는 것을 보이겠다. 이를 m 단계 따라가면, $H_0 = \{e\}$가 길이가 3인 순환을 모두 포함한다는 황당한 결론이 나올 것이다.

이제 H_i가 길이가 3인 순환을 모두 포함한다고 하자. α와 β가 H_i에 있으면, 교환자 $\alpha\beta\alpha^{-1}\beta^{-1}$는 H_{i-1}에 있음을 기억하여라. 그런데 임의의 순환 (ijk)는 다음 교환자와 일치한다는 것을 관찰할 수 있다.

$$(ilk)(kjm)(ilk)^{-1}(kjm)^{-1} = (ilk)(kjm)(kli)(mjk) = (ijk)$$

따라서 주장한 대로 H_{i-1}는 모든 (ijk)를 포함한다. ■

결론으로 치닫기 전에 군에 대한 사실을 한 가지 더 알 필요가 있는데, 군론에 대한 다음 고전적인 결과에 담겨 있다.

코시 정리. G가 n개의 원소를 갖는 유한군이라 하자. p가 n을 나누는 소수이면, G는 위수가 p인 원소를 가진다.

예를 들어 G가 30개의 원소를 갖는 군이면, 위수가 2, 3, 5인 원소를 가진다. 깔끔해 보이는 증명을 위해 특히 $p=5$인 경우 (어차피 이 경우만 사용할 것이다) 코시 정리를 증명하겠다. 하지만 임의의 p에 대해서도 똑같은 논증이 통한다.

증명: G의 원소 중에서 곱이 $abcdk=e$인 것들의 순서쌍 (a, b, c, d, k) 전체를 생각하자. 이런 종류의 5조 순서쌍은 몇 가지나 있을까? a, b, c, d를 무작위로 선택하면 G에는 $abcdk=e$를 만족하는 유일한 원소 $k=d^{-1}c^{-1}b^{-1}a^{-1}$가 존재한다. 따라서 그런 순서쌍은 n^4개 있다.

두 개의 5조 중 어느 하나가 다른 것의 순환일 때 '동등하다'(equivalent)고 하자. 따라서 (a, b, c, d, k)는 정확히 다섯 개의 서로 다른 5조, 즉 (a, b, c, d, k), (b, c, d, k, a), (c, d, k, a, b), (d, k, a, b, c), (k, a, b, c, d)와 동등하다. 5조의 모든 성분이 동일한 (a, a, a, a, a) 꼴일 때는 예외인데 이때는 자신과만 동등하다. 따라서 (a, a, a, a, a) 꼴의 5조의 동치류는 원소가 한 개씩이고, 다른 것들의 동치류는 원소가 다섯 개씩이다.

$\{(e, e, e, e, e)\}$ 이외에 원소가 하나뿐인 동치류가 있을까? 그런 동치류가 '없다면' 5조 순서쌍이 모두 n^4개이므로 $5 \mid (n^4-1)$이어야 하고, 따라서 $n^4 \equiv 1 \pmod 5$이다. 그런데 $5 \mid n$임을 가정하고 있으므로 $n^4 \equiv 0 \pmod 5$임에 모순이다.

이 모순으로부터 $(a, a, a, a, a) \neq (e, e, e, e, e)$이면서 $aaaaa=a^5=e$인 5조가 있어야 한다는 것을 보였다. 따라서 위수가 5인 원소 $a \in G$가 존재한다. ■

이제 $\mathbb{Q}[x]$의 다항식 중에서 갈루아 군이 S_5인 것을 제시하겠다. (S_5는 비가해군임을 기억하여라.)

$a(x)=x^5-5x-2$라 하자. 아이젠슈타인 판정법에 의해 $a(x+2)$는 $\mathbb{Q}$ 위에서 기약다항식이므로, $a(x)$도 $\mathbb{Q}$ 위에서 기약다항식이다. 초등 미적분에서 $a(x)$는 점 $(-1, 2)$에서 유일한 극댓값을 가지며, $(1, -6)$에서 유일한 극솟값을 갖고, $(0, -2)$에서 유일한 변곡점을 갖는다. 따라서 (그림을 보라) 이 함수의 그래프는 x축과 정확히 세 번 만난다. 이는 $a(x)$가 세 개의 실근 r_1, r_2, r_3을 가지며, 두 개의 켤레 복소근 r_4, r_5를 가짐을 의미한다.

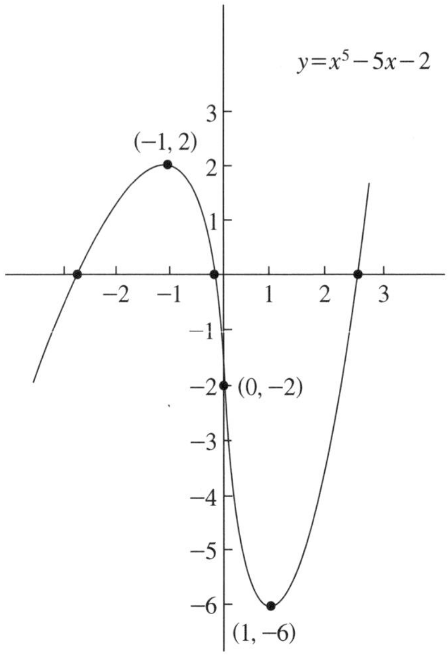

$\mathbb{Q}$ 위에서 $a(x)$의 근체를 K라 하고, $a(x)$의 갈루아 군을 G라 하자. 이미 얘기한 대로 G의 모든 원소는 $a(x)$의 근 r_1, r_2, r_3, r_4, r_5의 치환과 동일시할 수 있으므로 G를 S_5의 부분군으로 볼 수 있다. G가 S_5 전체임을 보이려고 한다.

이제 r_1이 $\mathbb{Q}$ 위에서 차수가 5인 기약다항식의 근이므로 $[\mathbb{Q}(r_1) : \mathbb{Q}] = 5$이다. $[K : \mathbb{Q}] = [K : \mathbb{Q}(r_1)][\mathbb{Q}(r_1) : \mathbb{Q}]$이므로 5는 $[K : \mathbb{Q}]$의 약수여야 한다. 따라서 코시 정리에 의해, G는 위수가 5인 원소를 포함해야 한다. 이 원소는 길이가 5인 순환일 수밖에 없다. 8장에 의해 S_5에서 그 외의 원소는 길이가 < 5이고 서로소인 둘 이상의 순환의 곱이어야 하는데, 그런 곱의 위수는 5일 수 없기 때문이다. (전형적인 경우 확인해 보아라.) 따라서 G는 '길이가 5인 순환을 포함한다.'

더욱이 복소 켤레 함수 $a+bi \to a-bi$가 $\mathbb{Q}$를 고정하는 K의 자기동형사상임이 명백하므로 G는 '호환을 포함한다.' (이 사상은 복소근 r_4와 r_5를 바꾸며, r_1, r_2, r_3은 고정한다.)

호환 τ와 길이가 5인 순환 σ를 포함하는 임의의 부분군 $\mathrm{G} \subseteq S_5$는 반드시 호환을 모두 포함해야 한다. ($\sigma\tau\sigma^{-1}$, $\sigma^2\tau\sigma^{-2}$, $\sigma^3\tau\sigma^{-3}$, $\sigma^4\tau\sigma^{-4}$ 및 이들의 곱이기 때문인데, 직접 계산하여 확인하여라!) 마지막으로, G가 모든 호환을 포함하고 S_5의 모든 원소는 호환의 곱이므로, 나머지 원소도 모두 포함해야 한다. 따라서 $\mathrm{G} = S_5$이다.

방금 $\mathbb{Q}$ 위에서 차수가 5이며 갈루아 군 S_5가 비가해군인 다항식 $a(x)$의 예를 제시했다. 따라서 $a(x)$는 차수가 5인 다항식이며, 거듭제곱근으로 풀 수 없는 예이다. 특히 모든 5차 다항 방정식을 풀 수 있는 (2차 방정식의 근의 공식을 본뜬) 근의 공식은 존재할 수 없다. 만약 존재한다면 차수가 5인 모든 다항 방정식이 거듭제곱근 해를 가져야 하는데, 방금 제시한 다항식은 그런 해를 가질 수 없기 때문이다.

연습문제 B에서 S_3, S_4 및 이의 부분군들은 모두 가해군임을 보일 것이므로, 차수가 $\leqslant 4$인 모든 다항식은 거듭제곱근으로 풀 수 있다.

연습문제

A. 거듭제곱근 확대체를 찾기

1. 다음 복소수를 포함하는 $\mathbb{Q}$의 거듭제곱근 확대체를 찾아라.

(a) $(\sqrt{5} - \sqrt[5]{2})/(\sqrt[4]{3} + \sqrt[3]{4})$

(b) $\sqrt{(1 - \sqrt[9]{2})/\sqrt[3]{1 - \sqrt{5}}}$

(c) $\sqrt[5]{(\sqrt{3} - 2i)^3/(i - \sqrt{11})}$

2. $\mathbb{Q}[x]$의 다음 다항식은 거듭제곱근으로 풀 수 없음을 보여라.

#(a) $2x^5 - 5x^4 + 5$

(b) $x^5 - 4x^2 + 2$

(c) $x^5 - 4x^4 + 2x + 2$

3. $a(x) = x^5 - 10x^4 + 40x^3 - 80x^2 + 79x - 30$을 $\mathbb{Q}$ 위에서 거듭제곱근으로 풀 수 있음을 보이고, 근체를 구하여라. [힌트: $(x-2)^5 - (x-2)$를 계산하여라.]

4. $ax^8 + bx^6 + cx^4 + dx^2 + e$는 임의의 체 위에서 거듭제곱근으로 풀 수 있음을 보여라. (힌트: $y = x^2$이라 두고, 모든 4차 다항식은 거듭제곱근으로 풀 수 있다는 사실을 이용하여라.)

5. 3번과 4번이 이 장의 중요한 발견, 즉 차수 $\geqslant 5$인 다항 방정식은 거듭제곱근에 의한 일반해를 갖지 않는다는 것과 모순이 아닌 이유를 설명하여라.

†B. 가해군

G를 군이라 하자. "H가 G의 '정규'부분군이다"는 말을 줄일 때 흔히 기호 $H \lhd G$를 사용한다. G의 '정규열'(normal series)이라는 것은 다음을 만족하는 G의 부분군의 열 $H_0, H_1, \cdots, H_n$을 말한다.

$$\{e\} = H_0 \lhd H_1 \lhd \cdots \lhd H_n = G$$

만약 각 몫군 H_{i+1}/H_i가 가환군이면 이 열을 '가해열'(solvable series), 즉 '풀 수 있는 열'이라 부른다. G가 풀 수 있는 열을 가지면 '가해군'(solvable group)이라 부른다.

1. 모든 가환군은 자명하게 가해군인 이유를 설명하여라.

2. G가 풀 수 있는 열 $H_0, \cdots, H_n$을 갖는 가해군이라 하자. K가 G의 부분군이라고 하자. $J_0 = K \cap H_0, \cdots, J_n = K \cap H_n$이 K의 정규열임을 보여라.

 # 3. 정리 2 바로 앞을 참고하여 $J_0, \cdots, J_n$이 K의 풀 수 있는 열임을 보여라.

4. 2번과 3번을 이용하여, 가해군의 모든 부분군은 가해군임을 증명하여라.

5. $\{\varepsilon\} \subseteq \{\varepsilon, \beta, \delta\} \subseteq S_3$이 S_3의 풀 수 있는 열임을 확인하여라. S_3 및 이의 부분군이 모두 가해군이라는 결론을 내려라.

6. S_4에서 모든 짝치환이 이루는 군을 A_4라 두고, 다음과 같이 두자.

$$B = \{\varepsilon, (12)(34), (13)(24), (14)(23)\}$$

$\{\varepsilon\} \subseteq B \subseteq A_4 \subseteq S_4$가 S_4의 풀 수 있는 열임을 보여라. S_4 및 이의 부분군이 모두 가해군이라는 결론을 내려라.

다음 세 개의 연습문제 묶음은 정리 3의 역, 즉 $a(x)$의 갈루아 군이 가해군이면, $a(x)$는 거듭제곱근으로 풀 수 있다는 것을 증명하는 데 쓰인다.

†C. 체에 속하는 원소의 p제곱근

p를 소수라 하고, 체 F에서 1의 원시 p제곱근을 ω라 하자.

1. d가 $x^p - a \in F[x]$의 근이면, $F(\omega, d)$가 $x^p - a$의 근체임을 보여라.

$x^p - a$가 $F[x]$에서 기약다항식이 '아니'라고 가정하자.

2. $x^p - a$를 $F[x]$에서 곱 $x^p - a = p(x)f(x)$로 분해할 수 있으며, 두 인자가 차수 $\geqslant 2$인 이유를 설명하여라.

#3. $\deg\, p(x) = m$일 때, $p(x)$의 상수항 b가 a의 어떤 p제곱근 m개의 곱과 같은 이유를 설명하여라. 어떤 k에 대해 $b = \omega^k d^m$이라는 결론을 지어라.

4. 3번을 이용하여 $b^p = a^m$임을 증명하여라.

5. m과 p가 서로소인 이유를 설명하여라. $sm + tp = 1$인 정수 s와 t가 존재한다는 사실을 끌어낼 수 있는 이유를 설명하여라.

6. $b^{sp} = a^{sm}$인 이유를 설명하여라. 이를 이용하여 $(b^s a^t)^p = a$임을 보여라.

7. $x^p - a$가 $F[x]$에서 기약다항식이 '아니면', F에서 근 $b^s a^t$를 가진다는 결론을 지어라.

따라서 '$x^p - a$는 F에서 근을 가지거나, 아니면 F에서 기약다항식'임을 증명하였다.

†D. 가해군을 정의하는 다른 방법

G를 군이라 하자. 기호 $H \lhd G$는 'H가 G의 정규부분군이다'로 읽는다. H가 G의 '극대' 정규부분군이라는 것은 $H \lhd G$이고, $H \lhd J \lhd G$이면 $J = H$ 또는 $J = G$라는 성질을 가질 때를 말한다. 다음을 증명하여라.

1. G가 '유한'군이면, G의 모든 정규부분군은 어떤 극대 정규부분군에 포함된다.

2. $f : G \to H$가 준동형사상이라 하자. $J \lhd H$이면 $f^{-1}(J) \lhd G$이다.

#3. $K \lhd G$라 하자. $\mathcal{I}$를 G/K의 부분군이라 하고, $\mathcal{I}$에 나머지류가 속하는 G의 원소들의 합집합을 $\hat{\mathcal{I}}$라고 하자. $\mathcal{I} \lhd G/K$이면 $\hat{\mathcal{I}} \lhd G$이다. (2번을 이용하여라.)

4. K가 G의 극대 정규부분군이면, G/K는 비자명 정규부분군을 갖지 않는다. (3번을 이용하여라.)

5. 가환군 G가 비자명 부분군을 갖지 않으면, G는 위수가 소수인 순환군이어야 한다. (그렇지 않다면, $\langle a \rangle$가 G의 진부분군인 원소 $a \in G$를 고를 수 있다.)

6. $H \lhd K \lhd G$이면, G/K가 G/H의 준동형상이다.

#7. $H \lhd G$이고 G/H가 가환이라 하자. 그러면 $H = H_0 \lhd H_1 \lhd \cdots \lhd H_q = G$이고 몫군 H_{i+1}/H_i가 소수 위수를 갖는 순환군인 G의 부분군 $H_0, \cdots, H_q$가 존재한다.

G가 가해군이면, '빈곳을 채움'으로써 몫군이 소수 위수의 순환군이게 하는 정규열을 가진다는 것이 7번으로부터 나온다. 종종 '가해군'을 이런 식으로 정의하기도 한다.

E. $Gal(K : F)$가 가해군이면, K는 F의 거듭제곱근 확대체이다

K가 F의 유한 확대체이고, K가 F 위에서 가해군 $G = Gal(K : F)$를 갖는 근체라 하자. 본문에서 언급한 대로 F가 필요한 단위 거듭제곱근을 포함한다고 가정하자. 연습문제 D에 의해 $H_0, \cdots, H_n$이 G의 풀 수 있는 열이며 모든 몫군 H_{i+1}/H_i가 위수가 소수인 순환군이라 하자. 임의의 $i = 1, \cdots, n$에 대해 F_i와 F_{i+1}이 각각 H_i와 H_{i+1}의 고정체라고 하자.

1. F_i가 F_{i+1}의 정규확대체이며, $[F_i : F_{i+1}]$이 소수 p임을 증명하여라.

2. π가 $Gal(F_i : F_{i+1})$의 생성원이고, ω가 F_{i+1}에서 단위 p제곱근이고, $b \in F_i$라 하자.

$$c = b + \omega\pi^{-1}(b) + \omega^2\pi^{-2}(b) + \cdots + \omega^{p-1}\pi^{-(p-1)}(b)$$

이라 둘 때 $\pi(c) = \omega c$임을 보여라.

3. 2번을 이용하여 $\pi^k(c^p) = c^p$가 모든 k에 대해 성립함을 증명하고, 이로부터 $c^p \in F_{i+1}$임을 끌어내어라.

4. F_i가 F_{i+1} 위에서 $x^p - c^p$의 근체임을 증명하여라.

5. K가 F의 거듭제곱근 확대체라는 결론을 내려라.

부록 A

집합론 다시 보기

'집합'(set)은 대상의 모임이다. 집합 내의 대상을 그 집합의 '원소'(element)라 부른다. x가 집합 A의 원소일 때, 이 사실을 $x \in A$라 써서 나타내고, 'x가 A의 원소'라고 읽는다. 반면 x가 A의 원소가 '아니면' $x \notin A$라 쓰며, 'x는 A의 원소가 아니다'고 읽는다.

A와 B가 집합이고 A가 B의 일부라 하자. 다른 말로, A의 모든 원소가 B의 원소라 하자. 이럴 경우 A를 B의 '부분집합'(subset)이라 하고, $A \subseteq B$라 쓴다. A와 B가 같은 원소를 가지면, A와 B가 상등이라고 말하며, '$A = B$'라고 쓴다. $A \subseteq B$이고 $B \subseteq A$이면 $A = B$임을 보이는 것은 쉽다. 역으로 $A = B$이면, $A \subseteq B$이고 $B \subseteq A$이다.

집합을 종종 둥근 모양이나 타원 모양의 그림으로 나타내곤 한다. $A \subseteq B$라는 사실은 다음 그림처럼 나타낸다.

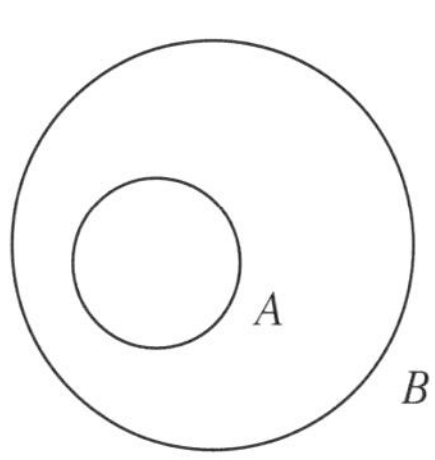

말로 서술할 수 있는 집합이 많이 있다. 예를 들어 '양의 실수 전체의 집합', '정수 전체의 집합' 또는 '1과 2 사이의 유리수 전체의 집합'이 그렇다. 그러나 보통은 집합을 기호로 나타내는 것이 편리하다. 이럴 때 다음처럼 표기한다.

$$\{x : \underline{\qquad\qquad\qquad}\}$$

콜론 기호 : 뒤에는 집합에 속하는 원소 전체가 공유하며 다른 원소는 공유하지 않는 성질을 적는다. 예를 들어 다음 집합

$$\{x : x \in \mathbb{R}\text{이고 } x \leqslant 2\}$$

는 2보다 작거나 같은 실수 ($\mathbb{R}$의 원소) 전체의 집합이다. 또한 이 집합을 다음처럼 쓰기도 한다.

$$\{x \in \mathbb{R} : x \leqslant 2\}$$

이 집합은 '$x \leqslant 2$를 만족하며 $\mathbb{R}$에 속하는 x 전체의 집합'이라고 읽는다.

A와 B가 집합일 때 A와 B로부터 새로운 집합을 얻는 방법이 몇 가지 있다.

1. A와 B의 '합집합'(union)은 $A \cup B$로 나타내는데, A의 원소'이거나' B의 원소인 것 전체의 집합이다. 여기에서 '이거나'는 '포괄적'(inclusive) 의미로 사용하였다. 어떤 원소 x가 A에 속하거나, B에 속하거나, 혹은 A와 B 모두에 속하면 $A \cup B$에 속한다. 따라서 $A \cup B$는 다음 그림에서 색칠한 영역이다.

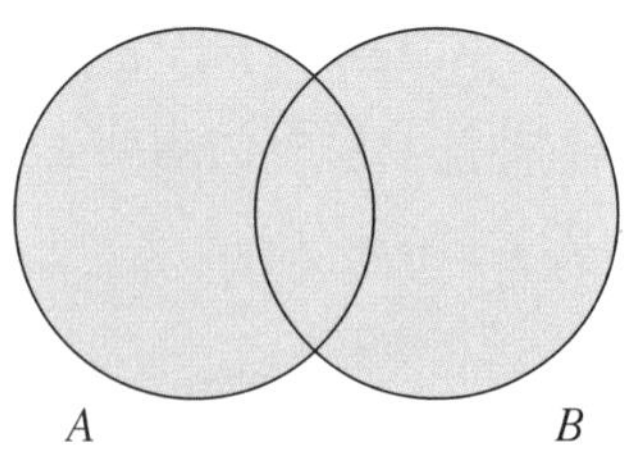

2. A와 B의 '교집합'(intersection)은 $A \cap B$로 나타내는데, A의 원소'이고' B의 원소인 것 전체의 집합이다. 따라서 $x \in A$이고 $x \in B$이면 x는 $A \cap B$에 속한다. 따라서

$A \cap B$는 다음 그림에서 색칠한 영역이다.

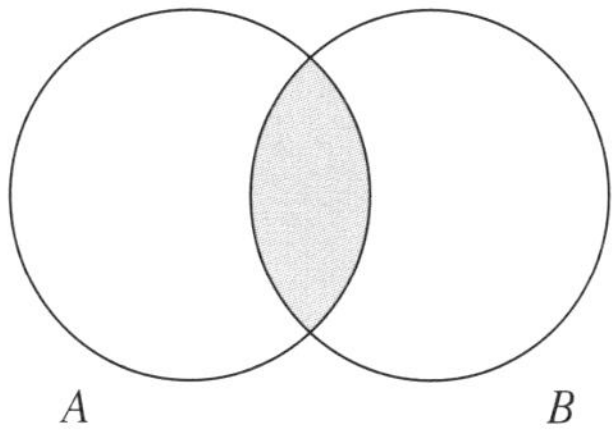

3. A와 B의 '차집합'(difference)은 다음처럼 정의한다. $A-B$는 A에는 속하지만 B에는 속하지 않는 원소 전체의 집합이다. 따라서 $x \in A$이고 $x \notin B$이면 x는 $A-B$에 속한다. 따라서 $A-B$는 다음 그림에서 색칠한 영역이다.

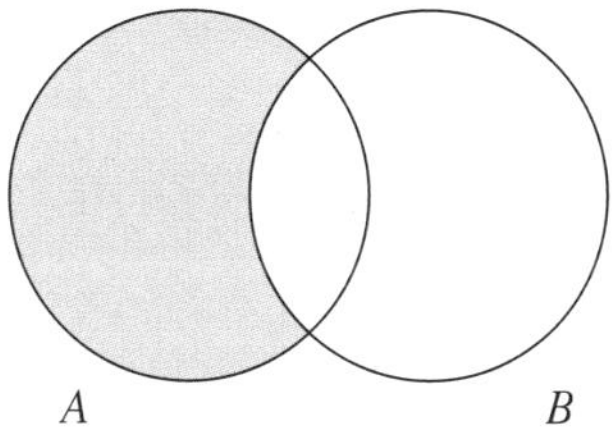

요약하자면 다음과 같다.

$$A \cup B = \{x : x \in A \text{ 또는 } x \in B\}$$

$$A \cap B = \{x : x \in A\text{이고 } x \in B\}$$

$$A - B = \{x : x \in A\text{이고 } x \notin B\}$$

원소를 전혀 갖지 않는 집합을 공집합이라고 정의한다. 공집합은 기호 $\varnothing$으로 나타낸다.

방금 도입한 집합의 연산과 관련된 기본 등식이 몇 가지 있다. 이런 등식을 증명하는 방식을 보여주는 예로, 다음 등식을 증명하겠다.

$$A \cup B = B \cup A$$

증명: $A \cup B$에 속하는 모든 원소가 $B \cup A$에 속한다는 것과, 역으로 $B \cup A$에 속하는 모든 원소가 $A \cup B$에 속하는 것을 보여야 한다. $x \in A \cup B$라 가정해 보자. 이는 $x \in A$

이거나 $x \in B$임을 뜻한다. 그런데 이는 $x \in B$이거나 $x \in A$라는 말과 똑같다. 따라서 $x \in B \cup A$이다.

같은 이유로 $x \in B \cup A$이면 $x \in A \cup B$이다. ■

다음으로 다음 등식을 증명하자.

$$A \cap (B \cup C) = (A \cap B) \cup (A \cap C)$$

증명: 먼저 $A \cap (B \cup C)$의 모든 원소가 $(A \cap B) \cup (A \cap C)$의 원소임을 보이겠다. $x \in A \cap (B \cup C)$라 가정하자. 이는 다음을 뜻한다.

(i) $x \in A$이고

(ii) $x \in B \cup C$

(ii)에서 $x \in B$이거나 $x \in C$이다. $x \in B$라면 (i)로부터 $x \in A \cap B$이다. $x \in C$라면 (i)로부터 $x \in A \cap C$이다. 어느 경우든 x는 $(A \cap B) \cup (A \cap C)$에 속한다.

역으로, x가 $(A \cap B) \cup (A \cap C)$에 속한다고 하자. 그러면 다음이 성립한다.

(i) $x \in A \cap B$ 또는

(ii) $x \in A \cap C$

어느 경우든 $x \in B$이거나 $x \in C$이므로 $x \in B \cup C$이다. 또한 각각의 경우 $x \in A$이다. 따라서 $x \in A \cap (B \cup C)$이다. 이로써 증명이 끝난다. ■

정의를 하나 더 하고 이 절을 맺기로 하자. A와 B가 집합일 때 $A \times B$는 $a \in A$이고 $b \in B$일 때 순서쌍 (a, b) 전체의 집합을 나타낸다. 다시 말해 다음과 같다.

$$A \times B = \{(a, b) : a \in A\text{이고 } b \in B\}$$

$A \times B$를 A와 B의 '데카르트 곱'(cartesian product) 또는 곱집합이라 부른다. 그건 그렇고 (a, b)가 (b, a)와 같지 '않음'에 주목하라. 또한 $(a, b) = (c, d)$인 것과, $a = c$이고 $b = d$인 것이 동치조건이다. 즉, 첫 번째 성분이 같고 두 번째 성분도 같을 때 두 순서쌍이 같다.

연습문제

다음을 증명하여라.

1. $A \subseteq B$이고 $B \subseteq C$이면 $A \subseteq C$이다.

2. $A = B$이고 $B = C$이면 $A = C$이다.

3. $A \subseteq A \cup B$이고 $B \subseteq A \cup B$이다.

4. $A \cap B \subseteq A$이고 $A \cap B \subseteq B$이다.

5. $A \cap B = B \cap A$이다.

6. $A \cup A = A$이고 $A \cap A = A$이다.

7. $A \cup (B \cap C) = (A \cup B) \cap (A \cup C)$

8. $A \cup \varnothing = A$이고 $A \cap \varnothing = \varnothing$이다.

9. $A \cup (A \cap B) = A$이다.

10. $A \cap (A \cup B) = A$이다.

11. $A \cap (B - C) = (A \cap B) - C$이다.

12. $(A \cup B) - C = (A - C) \cup (B - C)$이다.

13. $A \subseteq B$이면, $A \cup B = B$이다. 역으로 $A \cup B = B$이면, $A \subseteq B$이다.

14. $A \subseteq B$이면, $A \cap B = A$이다. 역으로 $A \cap B = A$이면, $A \subseteq B$이다.

S가 집합이고, A가 S의 부분집합이라 하자. 이때 S에서 A의 '여집합'(complement)은 S의 원소 중에서 A에 속하지 않는 것 전체의 집합이다. A의 여집합은 A'으로 나타낸다.

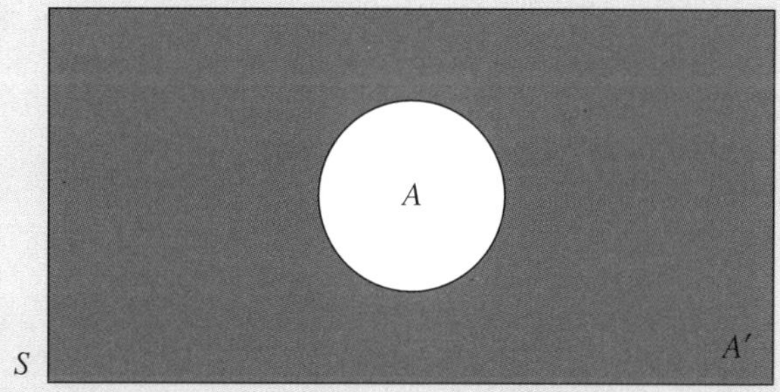

$$A' = \{x \in S : x \notin A\}$$

다음을 증명하여라.

15. $(A \cup B)' = A' \cap B'$이다.

16. $(A \cap B)' = A' \cup B'$이다.

17. $(A')' = A$이다.

18. $A \cap A' = \varnothing$이다.

19. $A \subseteq B$이면 $A \cap B' = \varnothing$이고, 역도 성립한다.

20. $A \subseteq B$이고 $C = B - A$이면, $A = B - C$이다.

곱집합과 관련된 다음 등식을 증명하여라.

21. $A \times (B \cap C) = (A \times B) \cap (A \times C)$이다.

22. $A \times (B \cup C) = (A \times B) \cup (A \times C)$이다.

23. $(A \times B) \cap (C \times D) = (A \cap C) \times (B \cap D)$이다.

24. $A \times (B - D) = (A \times B) - (A \times D)$이다.

부록 B

정수 다시 보기

임의의 정수 m을 임의의 양의 정수 n으로 나누어 몫 q와 양의 나머지 r를 (나누는 수 n 보다는 나머지가 작다) 얻을 수 있다는 것이 정수에 대해 가장 중요한 사실이다. 예를 들어 25를 8로 나누면 몫이 3이고 나머지가 1이다.

$$\underbrace{25}_{m} = \underbrace{8}_{n} \times \underbrace{3}_{q} + \underbrace{1}_{r}$$

이 절차를 '나눗셈 알고리즘'(division algorithm)이라 부른다. 정확하게는 다음처럼 진술할 수 있다.

정리 1. [나눗셈 알고리즘] m, n이 정수이고 n이 양수이면, 다음을 만족하는 정수 q, r가 유일하게 존재한다.

$$m = nq + r,\ 0 \leqslant r < n$$

q를 m을 n으로 나눈 '몫'(quotient)이라 부르고, r를 '나머지'(remainder)라 부른다.

여기에서는 나눗셈 알고리즘을 정수 체계의 공준(postulate)으로 받아들이려고 한다. (21장에서 더 간단한 전제에서 시작하여 나눗셈 알고리즘을 증명하였다.)

r와 s가 정수일 때,

$$s = rk$$

인 정수 k가 존재하면 s가 r의 '배수'(multiple)라고 말한다. 이 경우 r가 s의 '인수'(factor) 또는 'r가 s를 나눈다'고도 말하며 이를 다음 기호로 나타낸다.

$$r \mid s$$

예를 들어 3은 12의 인수이므로 $3 \mid 12$라고 쓴다. 나눗셈에 대한 기본 성질을 몇 가지 다음 정리에 진술하였다.

정리 2. 모든 정수 a, b, c에 대해 다음이 성립한다.

(i) $a \mid b$이고 $b \mid c$이면, $a \mid c$이다.

(ii) $1 \mid a$.

(iii) $a \mid 0$.

(iv) $c \mid a$이고 $c \mid b$이면, 모든 정수 x, y에 대해 $c \mid (ax + by)$이다.

(v) $a \mid b$이고 $c \mid d$이면, $ac \mid bd$이다.

이 성질의 증명은 나눗셈에 대한 정의로부터 나온다. 예를 들어 여기에서는 (iv)를 증명하자. $c \mid a$이고 $c \mid b$라는 것은 $a = kc$이고 $b = lc$인 k와 l이 존재한다는 뜻이다. 이때 다음이 성립한다.

$$ax + by = kcx + lcy = c(kx + ly)$$

c가 $c(kx + ly)$의 인수이므로, $ax + by$의 인수라는 것을 볼 수 있다. 기호로는 $c \mid (ax + by)$이므로 증명이 끝난다.

정수 t가 정수 r와 s의 '공약수'(common divisor)라는 것은 $t \mid r$와 $t \mid s$가 성립할 때를 말한

다. r와 s의 '최대공약수'(greatest common divisor)는 다음을 만족하는 정수 t를 말한다.

(i) $t|r$ 및 $t|s$이고

(ii) 임의의 정수 u에 대해 $u|r$ 및 $u|s$이면, $u|t$이다.

다른 말로 하면 t가 r와 s의 공약수이면서 r와 s의 다른 공약수는 t를 나눌 때, t를 r와 s의 최대공약수라고 한다.

영이 아닌 임의의 정수쌍 r, s는 항상 양의 최대공약수를 가진다는 사실은 중요하다.

정리 3. 영이 아닌 임의의 정수 r, s는 유일한 양의 최대공약수 t를 가진다. 더욱이 t는 r와 s의 '정수결합'(linear combination)이다. 다시 말해 어떤 정수 k와 l에 대해 다음 꼴로 쓸 수 있다.

$$t = kr + ls$$

r와 s의 유일한 양의 최대공약수를 기호 $\gcd(r, s)$로 나타낸다.

두 정수 r와 s가 '서로소'(relatively prime)라는 것은 둘이 ± 1을 제외한 공약수를 갖지 않을 때를 말한다. 예를 들어 4와 15는 서로소이다. r와 s가 서로소이면, 둘의 gcd는 1이다. 따라서 정리 3에 의해

$$kr + ls = 1$$

인 정수 k와 l이 존재한다. 실은 역명제도 참인데, 다음 정리에 진술하였다.

정리 4. 두 정수 r와 s가 서로소인 것과, $kr + ls = 1$인 정수 k와 l이 존재한다는 것은 동치조건이다.

이 정리의 증명은 연습문제로 남긴다. 정리 4로부터 다음을 연역할 수 있다.

정리 5. r와 s가 서로소이고 $r|st$이면, $r|t$이다.

증명: 정리 4로부터 $kr+ls=1$인 정수 k와 l이 존재한다는 것을 안다. t를 곱하면 다음을 얻는다.

$$krt+lst=t \tag{1}$$

그런데 우리에겐 $r|st$라는 사실, 즉 st가 r의 배수라는 사실이 주어져 있다. $st=mr$라 두자. 이를 식 (1)에 대입하면 $krt+lmr=t$, 즉 $r(kt+lm)=t$가 나온다. 이는 바라던 대로 r가 t의 인수라는 것을 보여 준다. ■

정수 m이 ±1이나 $\pm m$이 아닌 인수를 가지면, m을 '합성수'(composite)라 부른다. 어떤 양의 정수 $m\neq1$이 합성수가 '아니'면 '소수'(prime)라 부른다. 예를 들어 6은 ±2와 ±3을 인수로 가지므로 합성수인 반면, 7은 소수이다.

p가 소수이면, p의 배수가 아닌 임의의 정수 n에 대해 p와 n은 서로소이다. 따라서 정리 5로부터 다음 따름정리가 나온다.

따름정리. m, n을 정수라 하고, p를 소수라 하자. $p|(mn)$이면 $p|m$이거나 $p|n$이다.

임의의 양의 정수 $m>1$을 소수의 곱으로 유일하게 쓸 수 있다는 것은 정수에서 중요한 사실이다. (증명은 22장에 있다.)

두 정수 r, s의 '최소공배수'(least common multiple)는 다음 두 조건을 만족하는 양의 정수 m을 말한다.

(i) $r|m$ 및 $s|m$이다.

(ii) $r|x$이고 $s|x$이면, $m|x$이다.

다른 말로 하면, m이 r와 s의 공배수이며, m이 r와 s의 모든 공배수의 인수라는 뜻이다.

22장에서 0이 아닌 모든 정수쌍 r와 s에 대해 유일한 최소공배수가 있음을 보였다.

r와 s의 최소공배수를 $\mathrm{lcm}(r, s)$라고 나타낸다. 최소공배수는 다음 성질을 가진다.

정리 6. 정수 a, b, c에 대해 다음이 성립한다.

(i) $\gcd(a, b) = 1$이면, $\mathrm{lcm}(a, b) = ab$이다.

(ii) 역으로 $\mathrm{lcm}(a, b) = ab$이면, $\gcd(a, b) = 1$이다.

(iii) $\gcd(a, b) = c$이면 $\mathrm{lcm}(a, b) = ab/c$이다.

(iv) $\mathrm{lcm}(a, ab) = ab$이다.

증명은 연습문제로 남긴다.

연습문제

정수 a, b, c에 대해 다음이 성립함을 증명하여라.

1. $a \mid b$이고 $b \mid c$이면, $a \mid c$이다.

2. $a \mid b$이면, $a \mid (-b)$이고 $(-a) \mid b$이다.

3. $1 \mid a$ 및 $(-1) \mid a$이다.

4. $a \mid 0$이다.

5. $a \mid b$이면 $ac \mid bc$이다.

6. $a > 0$이면, $\gcd(a,\ 0) = a$이다.

7. $\gcd(ab,\ c) = 1$이면, $\gcd(a,\ c) = 1$이고 $\gcd(b,\ c) = 1$이다.

8. $ka + lb = 1$인 정수 k와 l이 존재하면, a와 b는 서로소이다.

9. $a \mid d$, $c \mid d$이고 $\gcd(a,\ c) = 1$이면, $ac \mid d$이다.

10. $\gcd(a,\ c) = 1$일 때 $d \mid ab$, $d \mid cb$이면, $d \mid b$이다.

11. $\gcd(a, b) = 1$이면 $\text{lcm}(a, b) = ab$이다.

12. $\text{lcm}(a, b) = ab$이면 $\gcd(a, b) = 1$이다.

13. $\gcd(a, b) = c$이면, $\text{lcm}(a, b) = ab/c$이다.

14. $\text{lcm}(a, ab) = ab$이다.

15. $a \cdot \text{lcm}(b, c) = \text{lcm}(ab, ac)$이다.

부록 C

수학적 귀납법 다시 보기

정수의 순서에 대한 기본 가정은 다음과 같다.

정렬성(well-ordering principle). 양의 정수의 공집합이 아닌 임의의 부분집합은 최소원을 가진다.

이 가정으로부터 귀납법에 의한 증명의 바탕을 이루는 다음 정리를 쉽게 증명할 수 있다.

정리 1. [수학적 귀납법의 원리] 양의 정수의 부분집합을 A로 나타내자. 다음 두 조건을 생각하자.

(i) 1이 A에 속한다.

(ii) 임의의 양의 정수 k에 대해, k가 A에 속하면 $k+1$도 A에 속한다.

만약 A가 이 두 조건을 만족하는 양의 정수의 부분집합이면, A는 양의 정수 전체로 이루어져 있다.

증명: 만약 A가 양의 정수를 모두 포함하지 않는다면, 정렬성에 의해 A에 속하지 '않는' 양의 정수 전체의 집합은 최소 원소를 포함한다. 이를 b라 하자. 즉, b는 K에 속하지 '않는' 최소의 양의 정수이다. 조건 (i)에 의해 $b \neq 1$이므로 $b > 1$이다.

따라서 $b-1>0$인데, b가 A에 속하지 '않는' 양의 정수 중 '최소'이므로 $b-1 \in A$이다. 하지만 그럴 경우 조건 (ii)에 의해 $b \in A$여야 하는데 이는 불가능하다. ■

수학적 귀납법의 원리가 어떻게 적용되는지 간단한 예가 있다. 다음 항등식을 증명하려고 한다.

$$1+2+\cdots+n=\frac{n(n+1)}{2} \tag{1}$$

다시 말해 처음 n개의 양의 정수의 합이 $n(n+1)/2$라는 명제를 말한다.

식 (1)이 성립하는 양의 정수 n의 전체집합을 A라 하자. 그러면

$$1 = \frac{1 \cdot 2}{2}$$

이므로 1은 A에 속한다. 이제 k가 A에 속하는 임의의 양의 정수라 하자. 이때 $k+1$도 A에 속하는 것을 증명해야 한다. k가 A에 속한다는 것은 다음이 성립한다는 뜻이다.

$$1+2+\cdots+k=\frac{k(k+1)}{2}$$

이때 이 식의 양변에 $k+1$을 더하면, 다음을 얻는다.

$$1+2+\cdots+k+(k+1)=\frac{k(k+1)}{2}+(k+1)$$

즉, 다음을 얻는다.

$$1+2+\cdots+(k+1)=\frac{(k+1)(k+2)}{2}$$

이 마지막 식으로부터 $k+1 \in A$이다.

$1 \in A$를 보였으며, 더욱이 $k \in A$이면 $k+1 \in A$라는 것도 보였다. 따라서 수학적 귀납법의 원리로부터 모든 양의 정수가 A에 속한다. 이는 주장한 대로 모든 양의 정수에 대

해 식 (1)이 성립한다는 것을 의미한다.

연습문제

수학적 귀납법의 원리를 이용하여 다음을 증명하여라.

1. $1+3+5+\cdots+(2n-1)=n^2$ (즉, 처음 n개의 홀수의 합은 n^2이다.)

2. $1^3+2^3+\cdots+n^3=(1+2+\cdots+n)^2$

3. $1^2+2^2+\cdots+n^2=\frac{1}{6}n(n+1)(2n+1)$

4. $1^3+2^3+\cdots+n^3=\frac{1}{4}n^2(n+1)^2$

5. $\frac{1}{2!}+\frac{2}{3!}+\cdots+\frac{n}{(n+1)!}=\frac{(n+1)!-1}{(n+1)!}$

6. $1^2+2^2+\cdots+(n-1)^2<\frac{n^3}{3}<1^2+2^2+\cdots+n^2$

선택된 연습문제에 대한 해답

2장

A3. $\mathbb{R}$ 위의 연산이 아니다. $a \neq 0$이고 $b \neq 0$인 임의의 a, $b \in \mathbb{R}$에 대해 $a * b$가 유일하게 결정되지 않기 때문이다. $a \neq 0$이고 $b \neq 0$이면, 방정식 $x^2 - a^2b^2 = 0$은 해를 두 개 가진다. 다시 말해 $x = a * b = \pm ab$이다.

B7.

가환	결합적	항등원	역원
예 ☑ 아니오 □	예 ☑ 아니오 □	예 □ 아니오 ☑	예 □ 아니오 ☑

(ii) 결합법칙:

$$x * (y * z) = x * \left(\frac{yz}{y + z + 1}\right) = \frac{xyz}{x + y + z + xy + yz + xz + 1}$$

$$(x * y) * z = \left(\frac{xy}{x + y + 1}\right) * z = \frac{xyz}{x + y + z + xy + yz + xz + 1}$$

(iii) 항등원: 항등원을 찾으려면 (만약 존재한다면) e에 대한 방정식 $x * e = x$를 풀어야 한다.

$$x * e = \frac{xe}{x + e + 1} = x$$

분모를 곱해 주면 $xe = x^2 + xe + x$가 나오므로 $0 = x(x + 1)$을 얻는다. 결과적으로 이 방정식은 $x = 0$과 $x = -1$일 때만 풀 수 있다. 양의 x 값에 대해서는 해가 없다.

C3. 여러 연산 중에서 다음 연산표로 주어지는 것 하나만 살펴보려고 한다.

(a, a)	b
(a, b)	a
(b, a)	a
(b, b)	a

또는 이와 동등한

$a*a$	b
$a*b$	a
$b*a$	a
$b*b$	a

이 연산이 결합적이라고 말하는 것은 가능한 모든 x, y, z에 대해 다음 식이 성립한다는 말과 같다.

$$x*(y*z)=(x*y)*z$$

각 변수는 a이거나 b이므로 다음 여덟 가지 경우를 확인하면 된다.

1. $a*(a*a)=a*b=a,\quad (a*a)*a=b*a=a$
2. $a*(a*b)=a*a=b,\quad (a*a)*b=b*b=a$
3. $a*(b*a)=a*a=b,\quad (a*b)*a=a*a=b$
4. $a*(b*b)=a*a=b,\quad (a*b)*b=a*b=a$
5. $b*(a*a)=b*b=a,\quad (b*a)*a=a*a=b$
6. $b*(a*b)=b*a=a,\quad (b*a)*b=a*b=a$
7. $b*(b*a)=b*a=a,\quad (b*b)*a=a*a=b$
8. $b*(b*b)=b*a=a,\quad (b*b)*b=a*b=a$

$a*(a*b)\neq(a*a)*b$이므로 $*$는 결합적이지 '않다.'

그건 그렇고 $a*b=a=b*a$이므로 이 연산은 교환법칙을 만족한다. 교환법칙을 이용하면, 위에서 여덟 가지 경우를 모두 조사할 필요는 없다. 실은 1, 3, 6, 8의 등식은 교환법칙을 이용하면 바로 나온다. 예를 들어 경우 3에서 교환법칙을 쓰면, $a*(b*a)=(b*a)*a=(a*b)*a$가 나온다. 따라서 가환인 연산에서는 여덟 가지 경우 중 네 가지만 조사하면 된다. 가환인 연산에 대해서는 2와 4만 조사하면 충분하다는 것을 보일 수 있다면, 작업은 한결 덜어질 것이다.

16개의 연산 중 딱 하나만 확인했다. 남은 열다섯 가지를 확인하여라.

3장

A4. (ii) 결합법칙:

$$x*(y*z)=x*\left(\frac{y+z}{yz+1}\right)=\frac{x+\left(\frac{y+z}{yz+1}\right)}{x\left(\frac{y+z}{yz+1}\right)+1}=\frac{xyz+x+y+z}{xy+xz+yz+1}$$

$$(x*y)*z=\left(\frac{x+y}{xy+1}\right)*z=\frac{\left(\frac{x+y}{xy+1}\right)+z}{\left(\frac{x+y}{xy+1}\right)z+1}=\frac{x+y+z+xyz}{xy+yz+xz+1}$$

(iii) 항등원: $x*e=x$를 e에 대해 푼다.

$$x*e=\frac{x+e}{xe+1}=x$$

라면, $e(1-x^2)=0$이므로 $e=0$이다. 이제 $x*0=0*x=x$임을 확인할 수 있다.

(iv) 역원: $x*x'=0$을 x'에 대해 푼다. $x'=-x$를 얻을 것이다. 그런 뒤 $x*(-x)=0=(-x)*x$임을 확인한다.

B2. (ii) 결합법칙:

$$(a,b)*[(c,d)*(e,f)]=(a,b)*(ce,de+f)=(ace,bce+de+f)$$
$$[(a,b)*(c,d)]*(e,f)=(ac,bc+d)*(e,f)=(ace,bce+de+f)$$

(iii) 항등원: $(a,b)*(e_1,e_2)=(a,b)$를 (e_1,e_2)에 대해 푼다.

$$(a,b)*(e_1,e_2)=(ae_1,be_1+e_2)=(a,b)$$

라 하자. 이는 $ae_1=a$ 및 $be_1+e_2=b$를 뜻한다. 따라서 $e_1=1$ 및 $e_2=0$이다. 따라서 $(e_1,e_2)=(1,0)$이다. 이제 $(a,b)*(1,0)=(1,0)*(a,b)=(a,b)$를 확인하여라.

(iv) 역원: $(a,b)*(a',b')=(1,0)$을 (a',b')에 대해 푼다. $a'=1/a$ 및 $b'=-b/a$

를 얻을 것이다. 그런 다음 확인하여라.

G1. 방정식 $a_4 = a_1 + a_3$은 모든 부호어의 네 번째 자리가 첫 번째 및 세 번째 자리의 합과 같다는 것을 뜻한다. 이 사실을 C_1의 여덟 개의 부호어에 대해 차례로 확인한다. $0=0+0$, $1=0+1$, $0=0+0$, $1=0+1$, $1=1+0$, $0=1+1$, $1=1+0$, $0=1+1$이 성립한다.

G2. (a) 진술한 대로 처음 세 자리는 정보 자리이다. 따라서 마지막 세 자리의 (여분 자리) 숫자를 빼면 여덟 개의 부호어가 있다. 이 부호어는 000, 001, 010, 011, 100, 101, 110, 111이다. 여분의 자리에 있는 수는 연습문제에 주어진 짝홀값 검사식을 써서 구체화한다. 따라서 완전한 부호어는 000000, 001001, …이다. (목록을 완성하여라.)

G6. a_k, b_k, x_k가 각각 **a**, **b**, **x**의 k번째 자리를 가리킨다고 하자. $x_k \neq a_k$ 및 $x_k \neq b_k$이면, $a_k = b_k$이다. 그렇지만 $x_k \neq a_k$이고 $x_k = b_k$이면, $a_k \neq b_k$이다. $x_k = a_k$이고 $x_k \neq b_k$이면, $a_k \neq b_k$이다. 마지막으로 $x_k = a_k$이고 $x_k = b_k$이면, $a_k = b_k$이다. 따라서 **a**가 **x**와 다르거나, **b**가 **x**와 다른 자리에서만 **a**와 **b**가 다를 수 있다. **a**가 **x**와는 t개 또는 그 이하의 자리만 다르고, **b**가 **x**와 t개 또는 그 이하의 자리만 다르므로, **a**는 **b**와 $2t$개를 넘는 자리에서 다를 수는 없다.

4장

A3. 첫 번째 식 $x^2a = bxc^{-1}$을 택해 오른쪽에 c를 곱하면 다음과 같다.

$$x^2ac = (bxc^{-1})c = bx(c^{-1}c) = bxe = bx$$

두 번째 식에서 $x^2ac = x(xac) = xacx$이다. 따라서 다음이 성립한다.

$$xacx = bx$$

소거법칙에 의해 오른쪽의 x를 소거하면, 다음을 얻는다.

$$xac = b$$

이제 $(ac)^{-1}$을 오른쪽에 곱하여 풀이를 완성하여라.■

C1. 정리 3으로부터 $a^{-1}b^{-1} = (ba)^{-1}$이고 $b^{-1}a^{-1} = (ab)^{-1}$이다.

D2. 정리 2로부터 $(ab)c = e$이면 c는 ab의 역원이다.

G3. G와 H가 가환군이라 하자. $G \times H$가 가환군임을 증명하기 위해 (a, b)와 (c, d)를 $G \times H$의 임의의 두 원소라 하고 (즉, $a \in G$, $c \in G$, $b \in H$, $d \in H$이다) $(a, b) \cdot (c, d) = (c, d) \cdot (a, b)$를 보인다.

증명: $(a, b) \cdot (c, d) = (ac, bd)$

$= (ca, db)$ (G, H가 가환이므로)

$= (c, d) \cdot (a, b)$ ■

5장

B5. $f, g \in H$라 하자. 그러면 어떤 상수 a, b에 대해 $df/dx = a$이고 $dg/dx = b$이다. 미적분학으로부터 $d(f+g)/dx = df/dx + dg/dx = a + b$는 상수이다. 따라서 $f + g \in H$이다.

C5. 증명: (i) K는 곱에 대해 닫혀있다. x, $y \in K$라 하자. 그러면 $x^n \in H$ 및 $y^m \in H$인

■ 단 $acb = bac$가 성립해야 한다. 따라서 $c^{-1}a^{-1}b$도 답일 수 있다.—옮긴이

정수 n, $m>0$이 존재한다. H가 G의 부분군이므로 곱에 대해 닫혀있어야 하고, 따라서 어떤 원소를 자신과 여러 번 곱하는 연산인 지수에 대해서도 닫혀있다. 따라서 $(x^n)^m \in H$ 및 $(y^m)^n \in H$이다. $q=mn$이라 하자. 'G가 가환이고' $(x^n)^m$과 $(y^m)^n$이 H에 속하므로, $(xy)^q = x^q y^q = x^{mn} y^{mn} = (x^n)^m (y^m)^n \in H$이다. 이제 풀이를 완성하여라.

D5. $S=\{a_1, \cdots, a_n\}$이 n개의 원소를 가진다. n개의 곱 a_1a_1, a_1a_2, $\cdots$, a_1a_n은 S의 원소인데 (왜일까?) 어느 둘도 같을 수 없다. (왜일까?) 따라서 S의 원소는 이들 중 어느 하나의 곱과 같아야 한다. 특히 어떤 k에 대해 $a_1=a_1a_k$여야 한다. 따라서 $a_1e=a_1a_k$이므로 $e=a_k$이다. 이는 $e\in S$임을 보여 준다. 이제 풀이를 완성하여라.

D7. (a) $x\in K$라 가정하자. 이때

(i) $a\in H$이면 $xax^{-1}\in H$이고

(ii) $xbx^{-1}\in H$이면 $b\in H$이다.

$x^{-1}\in K$임을 증명하자. 먼저 $a\in H$이면 $x^{-1}a(x^{-1})^{-1}=x^{-1}ax\in H$임을 보여야 한다. $a=x(x^{-1}ax)x^{-1}$이므로, (ii)에 의해 $x(x^{-1}ax)x^{-1}\in H$라면 $x^{-1}ax\in H$이다. [(ii)에서 b 대신 $x^{-1}ax$를 이용하여라.] 역으로 $x^{-1}ax\in H$이면 $a\in H$를 보여야 한다. $x^{-1}ax\in H$이면, (i)에 의해 $x(x^{-1}ax)x^{-1}=a\in H$이다.

E7. 먼저 (1, 1)을 자신에 반복적으로 더해 얻는 $\mathbb{Z}_2\times\mathbb{Z}_4$의 모든 원소를 나열하면서 시작하자. (1, 1)과, (1, 1) + (1, 1) = (0, 2)와, (1, 1) + (1, 1) + (1, 1) = (1, 3)과, (1, 1) + (1, 1) + (1, 1) + (1, 1) = (0, 0)이 있다. (1, 1)을 자신의 배수에 계속 더하면 위의 네 개의 쌍만 계속 반복해서 얻을 뿐이다. 따라서 (1, 1)은 $\mathbb{Z}_2\times\mathbb{Z}_4$ '전체'의 생성원은 아니다.

$\mathbb{Z}_2\times\mathbb{Z}_4$의 모든 원소에 대해 이 과정을 반복할 수 있다. 어느 것도 $\mathbb{Z}_2\times\mathbb{Z}_4$의 생성원은 아니므로, $\mathbb{Z}_2\times\mathbb{Z}_4$는 순환군이 아니다.

F1. G의 연산표는 다음과 같다.

	e	a	b	b^2	ab	ab^2
e	e	a	b	b^2	ab	ab^2
a	a	e	ab	ab^2	b	b^2
b	b	ab^2	b^2	e	a	ab
b^2	b^2	ab	e	b	ab^2	a
ab	ab	b^2	ab^2	a	e	b
ab^2	ab^2	b	a	ab	b^2	e

정의식 $a^2=e$, $b^3=e$, $ba=ab^2$을 이용하여 ab와 ab^2의 곱을 다음 방식으로 계산할 수 있다.

$$(ab)(ab^2)=a(ba)b^2=a(ab^2)b^2=a^2b^3b=eeb=b$$

연산표 전체에 대해 계산을 보여줌으로써 풀이를 완성하여라.

H3. 3장의 연습문제 F의 연산 +의 정의를 기억하여라. $\mathbf{x}+\mathbf{y}$의 자리 중에서 $\mathbf{x}$와 $\mathbf{y}$가 다른 자리에서는 값이 1이며, 그렇지 않으면 0이다.

6장

A4. 미적분으로부터 함수 $f(x)=x^3-3x$는 연속이며 유계가 아니다. 그래프는 다음 쪽에 나타냈다. [$f(x)=x(x^3-3)$은 x가 충분히 큰 양숫값에 대해 임의의 큰 양수이며, 충분히 작은 음숫값에 대해서는 임의로 (절댓값이) 큰 음수이기 때문에 f는 유계가 아니다.] f가 연속이고 유계가 아니므로 f의 치역은 $\mathbb{R}$이다. 따라서 'f는 전사 함수'이다. 이제 f가 단사 함수인지 판별하고 자신의 답을 증명하여라.

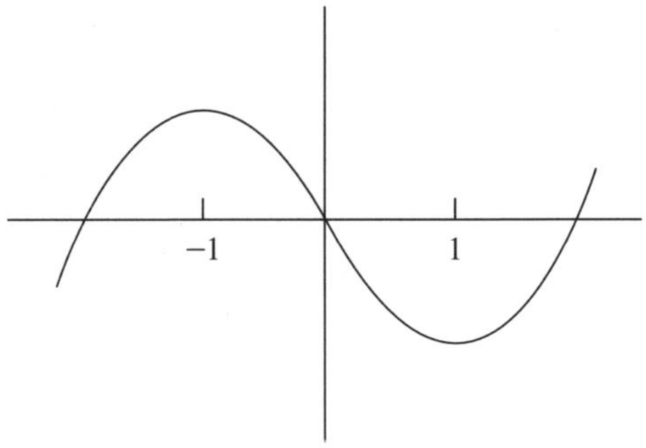

$f(x)=x^3-3x$의 그래프

A6. f는 단사 함수: 이를 증명하기 위해, 먼저 x가 정수이면 $f(x)$가 정수이고, x가 정수가 아니면 $f(x)$는 정수가 아님에 주목하자. 따라서 $f(x)=f(y)$이면 x와 y는 동시에 정수이거나 동시에 정수가 아니다.

경우 1, 둘 다 정수인 경우: $f(x)=2x$, $f(y)=2y$이므로 $2x=2y$에서 $x=y$이다.

경우 2, 둘 다 정수가 아닌 경우: ⋯ (풀이를 완성하여라. f가 전사 함수인지 판별하여라.)

F5. $A=\{a_1, a_2, \cdots, a_n\}$이라 하자. f가 A에서 A로의 임의의 함수이면, $f(a_1)$로 가능한 값은 $a_1, a_2, \cdots, a_n$의 n개가 있다. 마찬가지로 $f(a_2)$의 값으로 가능한 것도 n개 있다. 따라서 $f(a_1)$과 $f(a_2)$의 값으로 이루어진 쌍으로 가능한 것은 n^2쌍이 있다. 마찬가지로, $f(a_1)$과 $f(a_2)$와 $f(a_3)$의 값으로 이루어진 세 쌍은 n^3개가 가능하다. 이런 식으로 계속하면 f는 $f(a_1)$의 값, $f(a_2)$의 값 등등 $f(a_n)$까지의 값을 주어 구체화할 수 있으므로, A에서 A로의 함수는 n^n개라는 결론을 내릴 수 있다. 유사한 형태의 추론으로 전단사 함수는 몇 개나 있을지 알 수 있을까?

H1. 다음은 미리 지정된 작업을 수행할 수 있는 기계의 (비록 유일한 것은 아니지만) 한 가지 예다.

$$A = \{a, b, c, d\},\ S = \{s_0, s_1, s_2, s_3, s_4\}$$

'다음 상태 함수'는 다음 표로 서술할 수 있다.

	a	b	c	d
s_0	s_1	s_0	s_0	s_0
s_1	s_2	s_1	s_1	s_1
s_2	s_3	s_2	s_2	s_2
s_3	s_4	s_3	s_3	s_3
s_4	s_4	s_4	s_4	s_4

이 기계가 왜 지정된 기능을 수행하는지 설명하기 위해 먼저 문자 b, c, d는 기계의 상태를 바꾸지 않으며 오직 a만이 바꾼다는 점에 주목한다. 만약 기계가 상태 s_0인 문자열을 읽기 시작하면, 정확히 세 개의 a를 읽은 후에는 상태 s_3일 것이다. 뒤에 a가 또 나오면 기계는 상태 s_4일 것이다. 따라서 기계가 상태 s_3으로 끝난다면, 이 문자열에는 정확히 세 개의 a가 읽혀야 한다. 이 기계의 상태 도표는 아래의 그림에 나타내었다.

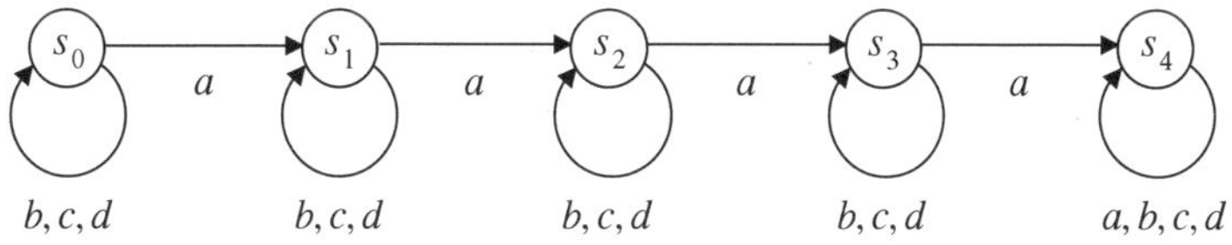

I4. M_1은 '서로 다른' 전이 함수를 두 개만 갖는데 $T_{\mathbf{o}}$ 및 $T_{\mathbf{e}}$로 나타낼 것이다. [여기서 **o**는 1이 '홀수'(odd) 개인 임의의 문자열이고, **e**는 1이 '짝수'(even) 개인 임의의 문자열이다.] $T_{\mathbf{o}}$와 $T_{\mathbf{e}}$는 다음처럼 기술할 수 있다.

$$T_{\mathbf{o}}(s_0) = s_1 \qquad T_{\mathbf{o}}(s_1) = s_0$$
$$T_{\mathbf{e}}(s_0) = s_0 \qquad T_{\mathbf{e}}(s_1) = s_1$$

3번에 의해 $T_{\mathbf{e}} \circ T_{\mathbf{o}} = T_{\mathbf{oe}}$이다. **e**는 1이 짝수 개인 문자열이고 **o**는 1이 홀수 개인 문자열이므로 **oe**는 1의 개수가 홀수 개인 문자열이다. 따라서 $T_{\mathbf{oe}} = T_{\mathbf{o}}$이다. 즉,

$T_e \circ T_o = T_o$이다. 비슷하게 하면 다음을 얻는다.

$$T_e \circ T_e = T_e \qquad T_o \circ T_e = T_o \qquad T_o \circ T_o = T_e$$

요약하면 $\mathcal{S}(M_1)$의 연산표는 다음과 같다.

	T_e	T_o
T_e	T_e	T_o
T_o	T_o	T_e

이 표는 $\mathcal{S}(M_1)$이 원소가 둘인 군임을 보여 준다. 항등원은 T_e이며, T_o는 자신의 역원이다.

7장

D2. f_{n+m}은 다음 식으로 주어지는 함수이다.

$$f_{n+m}(x) = x + n + m$$

이 사실을 이용하여 $f_n \circ f_m = f_{n+m}$임을 보여라.

f_{-n}이 f_n의 역함수임을 보이기 위해서는 $f_n \circ f_{-n} = \varepsilon$ 및 $f_{-n} \circ f_n = \varepsilon$을 확인해야 한다. 첫 번째 식은 다음처럼 보일 수 있다. $f_{-n}(x) = x + (-n)$이다. 따라서 다음이 성립한다.

$$[f_n \circ f_{-n}](x) = f_n(f_{-n}(x)) = f_n(x-n) = x - n + n = x = \varepsilon(x)$$

$\mathbb{R}$의 모든 x에 대해 $[f_n \circ f_{-n}](x) = \varepsilon(x)$이므로 $f_n \circ f_{-n} = \varepsilon$이다.

E3. $f_{1/a,-b/a}$가 $f_{a,b}$의 역함수임을 보이기 위해서는 다음을 확인해야 한다.

$$f_{a,b} \circ f_{1/a,-b/a} = \varepsilon \text{ 및 } f_{1/a,-b/a} \circ f_{a,b} = \varepsilon$$

첫 번째 식을 확인하기 위해서는 $f_{1/a,-b/a}(x)=x/a-b/a$라는 사실부터 시작한다. 이제 풀이를 완성하여라.

H2. f, $g \in G$이면, f는 A의 원소 중 유한개, 예를 들어 a_1, $\cdots$, a_n을 이동하고, g도 A의 원소 중 유한개, 예를 들어 b_1, $\cdots$, b_m을 이동한다. x가 A의 원소 중에서 a_1, $\cdots$, a_n, b_1, $\cdots$, b_m 중 어느 하나가 아니라면, 다음이 성립한다.

$$[f \circ g](x) = f(g(x)) = f(x) = x$$

따라서 $f \circ g$는 '기껏해야' 유한개의 원소 집합 $\{a_1, \cdots, a_n, b_1, \cdots, b_m\}$의 원소만을 이동한다.

8장

A1. (e) $\begin{pmatrix} 1 & 2 & 3 & 4 & 5 & 6 & 7 & 8 \\ 3 & 8 & 2 & 6 & 5 & 1 & 7 & 4 \end{pmatrix}$

A4. (f) $\gamma^3=\gamma \circ \gamma \circ \gamma=(1\ 2\ 3\ 4\ 5)$, $\alpha^{-1}=(4\ 1\ 7\ 3)$이므로 $\gamma^3\alpha^{-1}=\gamma^3 \circ \alpha^{-1}=(1\ 2\ 3\ 4\ 5)\circ(4\ 1\ 7\ 3)=(1\ 7\ 4\ 2\ 3\ 5)$이다.

B2. $\alpha = \begin{pmatrix} a_1 & a_2 & \cdots & a_s \\ a_2 & a_3 & \cdots & a_1 \end{pmatrix}$, $\alpha^2 = \begin{pmatrix} a_1 & a_2 & \cdots & a_s \\ a_3 & a_4 & \cdots & a_2 \end{pmatrix}$, $\alpha^3 = \begin{pmatrix} a_1 & a_2 & \cdots & a_s \\ a_4 & a_5 & \cdots & a_3 \end{pmatrix}$

등등이다. $\alpha^2(a_1)=a_3$, $\alpha^2(a_2)=a_4$, $\cdots$, $\alpha^2(a_{s-2})=a_s$임에 주목한다. 마지막으로 $\alpha^2(a_{s-1})=a_1$, $\alpha^2(a_s)=a_2$이다. 따라서 $\alpha^2(a_i)=a_?$이다. 45쪽의 s를 법으로 하는 덧셈을 이용하여 풀이를 완성하여라.

B4. s가 홀수일 때 $\alpha=(a_1\ a_2\ \cdots\ a_s)$라 하자. 그러면 $\alpha^2=(a_1\ a_3\ a_5\ \cdots\ a_s\ a_2\ a_4\ \cdots\ a_{s-1})$이다. s가 짝수이면 $\alpha^2=?$ 풀이를 완성하여라.

E2. α와 β가 길이가 같은 순환, 예컨대 $\alpha=(a_1 \cdots a_s)$ 및 $\beta=(b_1 \cdots b_s)$라고 하자. $i=1, \cdots, s$에 대해 $\pi(a_i)=b_i$이고 $k \neq a_1, \cdots, a_s, b_1, \cdots, b_s$인 k에 대해서는 $\pi(k)=k$로 정의한 치환을 생각하자. π가 $\{b_1, \cdots, b_s\}-\{a_1, \cdots, a_s\}$의 서로 다른 원소는 $\{a_1, \cdots, a_s\}-\{b_1, \cdots, b_s\}$의 서로 다른 원소로 보낸다고 하자. 자세한 것을 채워 넣어서 풀이를 완성하여라.

F1. k가 양의 정수이고 $k<s$이면

$$\alpha^k = \begin{pmatrix} a_1 & a_2 & \cdots & a_s \\ a_{1+k} & a_{2+k} & \cdots & a_k \end{pmatrix}$$

이다. 어떤 k 값에 대해 $\alpha^k=\varepsilon$일까?

H2. 연습문제 H1과 $(ij)=(1i)(1j)(1i)$라는 사실을 이용하여라.

9장

C1. 군 G와 H의 연산표는 다음처럼 주어진다.

G의 연산표

	I	V	H	D
I	I	V	H	D
V	V	I	D	H
H	H	D	I	V
D	D	H	V	I

H의 연산표

	1	-1	i	$-i$
1	1	-1	i	$-i$
-1	-1	1	$-i$	i
i	i	$-i$	-1	1
$-i$	$-i$	i	1	-1

G에서는 모든 원소가 자신의 역원이지만($VV=I$, $HH=I$, $DD=I$), 반면 H에서는 역원과 자신이 다른 원소, 예를 들어 $(-i)(-i)=-1 \neq 1$인 것이 존재하므로 G와 H는 동형이 아니다. $G \not\cong H$를 보여주는 차이점을 적어도 하나 더 찾아보아라.

C4. 군 G와 H의 연산표는 다음처럼 주어진다.

G의 연산표

	ε	α	β	γ	δ	κ
ε	ε	α	β	γ	δ	κ
α	α	ε	γ	β	κ	δ
β	β	κ	δ	α	ε	γ
γ	γ	δ	κ	ε	α	β
δ	δ	γ	ε	κ	β	α
κ	κ	β	α	δ	γ	ε

H의 연산표

	I	A	B	C	D	K
I	I	A	B	C	D	K
A	A	I	C	B	K	D
B	B	K	D	A	I	C
C	C	D	K	I	A	B
D	D	C	I	K	B	A
K	K	B	A	D	C	I

G와 H는 동형이다. 실제로 다음처럼 정의한 함수를 $f : G \to H$라 놓자.

$$f = \begin{pmatrix} \varepsilon & \alpha & \beta & \gamma & \delta & \kappa \\ \mathbf{I} & \mathbf{A} & \mathbf{B} & \mathbf{C} & \mathbf{D} & \mathbf{K} \end{pmatrix}$$

f가 G의 연산표를 H의 연산표로 변환한다는 것을 조사할 수 있다. 따라서 f가 G에서 H로의 동형사상이다.

E1. $f(n) = 2n$으로 주는 함수 $f : \mathbb{Z} \to E$가 $f(n+m) = f(n) + f(m)$인 전단사 함수임을 보여라.

F1. $(2\ 4)^2 = \varepsilon$, $(1\ 2\ 3\ 4)^4 = \varepsilon$, $(1\ 2\ 3\ 4)(2\ 4) = (2\ 4)(1\ 2\ 3\ 4)^3$임을 확인하여라. $G \cong G'$인 이유를 설명하여라.

H2. $f_G : G_1 \to G_2$와 $f_H : H_1 \to H_2$가 동형사상이라고 할 때, 동형사상 $f : G_1 \times H_1 \to G_2 \times H_2$를 하나 찾아라.

10장

A1. (c) $m < 0$이고 $n < 0$일 때 $m = -k$, $n = -l$이라 두면 $k, l > 0$이다. 그러면 $m + n = -(k + l)$이다. 이때 다음이 성립한다.

$$a^m = a^{-k} = (a^{-1})^k$$
$$a^n = a^{-l} = (a^{-1})^l$$

따라서 $a^m a^n = (a^{-1})^k (a^{-1})^l = (a^{-1})^{k+l} = a^{-(k+l)} = a^{m+n}$이다.

B3. f의 위수는 4이다. 이유를 설명하여라.

C4. 임의의 양의 정수 k에 대해 $a^k = e$이면 다음이 성립한다.

$$\begin{aligned}(bab^{-1})^k &= ba^k b^{-1} \qquad \text{(왜 그럴까?)}\\ &= bb^{-1}\\ &= e\end{aligned}$$

역으로 $(bab^{-1})^k = ba^k b^{-1} = e$이면 $a^k = e$이다. (왜일까?) 따라서 임의의 양의 정수 k에 대해 $a^k = e$인 것과 $(bab^{-1})^k = e$인 것은 동치조건이다. 이제 풀이를 완성하여라.

D2. a의 위수를 n이라 하자. 그러면 $(a^k)^n = a^{nk} = (a^n)^k = e^k = e$이다. 이제 정리 5를 이용하여라.

F2. a^8의 위수는 3이다. 이유를 설명하여라.

H2. 위수는 24이다. 이유를 설명하여라.

11장

A6. k가 $\mathbb{Z}$의 생성원이라는 것은 $\mathbb{Z}$가 k의 배수, 즉 k, $2k$, $3k$ 등등과 0과 $-k$, $-2k$, $-3k$ 등등 전체로 구성돼 있다는 뜻이다.

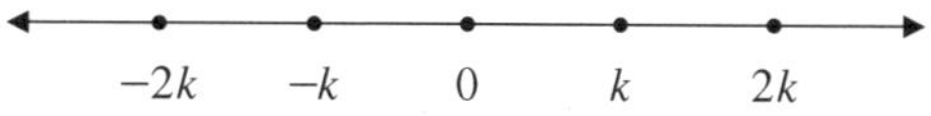

B1. G를 위수가 n인 군이라 하고, G가 순환군, 예컨대 $G=\langle a\rangle$라 하자. 그러면 G의 생성원 a는 위수가 n인 원소이다. (이 장의 처음 두 페이지의 논의로부터 이 사실이 나온다.) 역으로 G가 위수 n인 군, 다시 말해 원소의 개수가 n개이고, G가 위수 n인 원소 a를 가진다고 하자. G가 순환군임을 증명하여라.

C4. 연습문제 B4에 의해, $\langle a\rangle$에는 위수가 m이고 $b \in C_m$인 b가 존재한다. C_m이 순환군 $\langle a\rangle$의 부분군이므로, 정리 2로부터 C_m이 순환군이라는 것을 안다. C_m의 모든 원소 x가 $x^m=e$를 만족하므로, C_m의 어떤 원소도 위수가 m보다 큰 위수를 가질 수 없다. 이제 논의를 완성하여라.

C7. 먼저 $\text{ord}(a^r)=m$이라고 가정하자. 그러면 $(a^r)^m=a^{rm}=e$이다. 10장의 정리 5를 이용하면 어떤 정수 l에 대해 $r=kl$임을 보일 수 있다. l과 m이 서로소임을 보이기 위해서, 반대로 l과 m이 공약수 q를 가진다고, 다시 말해 다음이 성립한다고 가정하자.

$$l=jq, \qquad m=hq, \qquad h<m$$

이제 a^r를 h제곱하여 모순을 이끌어 내어라. 역으로 $r=lk$이고 l과 m이 서로소라고 가정하자. 풀이를 완성하여라.

D6. $\langle a\rangle$를 위수 mn인 순환군이라 하자. $\langle a\rangle$가 위수 n인 부분군을 가지면 이 부분군은

순환군이어야 하며 $\langle a \rangle$의 어떤 원소가 생성해야 한다. $\langle a^k \rangle$이 위수 n인 부분군이라 하자. 그러면 a^k은 위수가 n이므로 $(a^k)^n = a^{kn} = e$이다. 10장의 정리 5로부터 어떤 정수 q에 대해 $kn = mnq$여야 한다. (이유를 설명하여라.) 따라서 $k = mq$이고 $a^k = (a^m)^q \in \langle a^m \rangle$이다.

이 정보를 이용하여 다음을 보여라.

(i) $\langle a \rangle$는 위수 n인 부분군을 가진다.

(ii) $\langle a \rangle$는 위수 n인 부분군을 '오직 하나' 가진다.

F3. $a^m = (a^j)^k = a^{jk}$인 j가 존재하면, $e = a^m (a^{jk})^{-1} = a^{m-jk}$이므로 10장의 정리 5에 의해 $m - jk = nq$인 정수 q가 존재한다. (이유를 설명하여라.) 따라서 $m = jk + nq$이다. 이제 세세한 부분을 채워 풀이를 완성하여라.

12장

A2. x를 임의의 유리수, 즉 $\mathbb{Q}$의 원소라 하고, i, j가 정수일 때 $x \in A_i$ 및 $x \in A_j$라 하자. 그러면 $i \leqslant x < i+1$ 및 $j \leqslant x < j+1$이다. 만약 $i < j$라면 $i+1 \leqslant j$이므로, $x < i+1$로부터 $x < j$가 나와 모순이다. 따라서 $i < j$일 수 없는데, 마찬가지로 $j < i$일 수도 없으므로 $i = j$이다. A_i와 A_j가 공통 원소 x를 가지면 $A_i = A_j$임을 보였다. 이것이 '분할'의 정의에서 첫 번째 조건이었다. 두 번째 조건을 위해 모든 유리수는 정수이거나 두 정수 사이에 놓인다는 것에 주목한다. $i \leqslant x < i+1$이면 x는 A_i에 속한다.

C1. A_r는 $y = 2x + r$를 만족하는 모든 점 (x, y)로 이루어져 있다. 즉, A_r는 기울기가 2이고 y절편이 r인 직선이다. 따라서 이 분할의 분할류는 기울기가 2인 직선들이다.

대응하는 동치관계에서 두 점 (x, y)와 (u, v)가 기울기가 2인 동일한 직선 위에 있을 때 '동등하다'고 말하고, 다음처럼 표기한다.

$$(x, y) \sim (u, v)$$

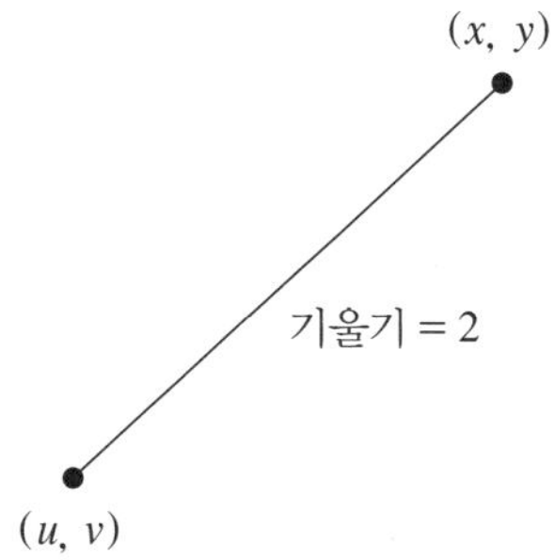

자세한 부분을 채워 풀이를 완성하여라.

D5. ab^{-1}이 G의 모든 원소 x와 가환이면, ba^{-1}도 G의 모든 원소 x와 가환임을 보일 수 있다.

$$ba^{-1}x = (x^{-1}ab^{-1})^{-1} = (ab^{-1}x^{-1})^{-1} \qquad \text{(왜 그럴까?)}$$

13장

B1. 먼저 군 $\mathbb{Z}$에서 연산은 덧셈이라는 것에 주목한다. 이때 부분군 $\langle 3 \rangle$은 3의 배수 전체로 이루어져 있다. 다시 말해 다음과 같다.

$$\langle 3 \rangle = \{\cdots, -9, -6, -3, 0, 3, 6, 9, \cdots\}$$

$\langle 3 \rangle$의 나머지류는 $\langle 3 \rangle + 0 = \langle 3 \rangle$ 및 다음과 같은 것들이 있다.

$$\langle 3 \rangle + 1 = \{\cdots, -8, -5, -2, 1, 4, 7, 10, \cdots\}$$
$$\langle 3 \rangle + 2 = \{\cdots, -7, -4, -1, 2, 5, 8, 11, \cdots\}$$

$\langle 3 \rangle + 3 = \langle 3 \rangle$, $\langle 3 \rangle + 4 = \langle 3 \rangle + 1$ 등등이 성립함에 주목하라. 따라서 $\langle 3 \rangle$의 나머지

류는 다음 셋뿐이다.

$$\langle 3\rangle = \langle 3\rangle + 0, \quad \langle 3\rangle + 1, \quad \langle 3\rangle + 2$$

C6. 위수가 p인 모든 원소 a는 부분군 $\langle a\rangle$에 속한다. 부분군 $\langle a\rangle$에는 위수가 p인 원소가 $p-1$개 있다. (왜일까?) 풀이를 완성하여라.

D6. 문제의 한쪽 방향은 라그랑주 정리를 이용하여라. 다른 쪽 방향은 11장의 연습문제 F4의 결과를 이용하여라.

E4. $aH = Ha$라는 것은, aH의 모든 원소가 Ha에 속하며 역도 성립한다는 것과 같다. 즉, 임의의 $h \in H$에 대해 $ah = ka$인 $k \in H$가 존재하고 $ha = al$인 원소 $l \in H$가 존재한다. (이것이 $aH = Ha$와 동치인 이유를 설명하여라.) 이제 $a^{-1}H$의 임의의 원소는 $a^{-1}h = (h^{-1}a)^{-1}$ 꼴이다. 풀이를 완성하여라.

J3. $O(1) = O(2) = \{1, 2, 3, 4\}$이고 $G_1 = \{\varepsilon, \beta\}$, $G_2 = \{\varepsilon, \alpha\beta\alpha\}$이다. 자세한 부분을 채워서 풀이를 완성하여라.

14장

A6. 집합에 대한 다음 성질들을 이용한다. 임의의 세 집합 X, Y, Z에 대해 다음이 성립한다.

(i) $(X \cup Y) \cap Z = (X \cap Z) \cup (Y \cap Z)$

(ii) $(X - Y) \cap Z = (X \cap Z) - (Y \cap Z)$

이제 h가 준동형사상이라는 것을 증명하자. C와 D가 A의 임의의 부분집합이면 다음이 성립한다.

$$h(C+D) = h[(C-D) \cup (D-C)] \qquad \text{연산 +의 정의로부터}$$
$$= [(C-D) \cup (D-C)] \cap B \qquad h\text{의 정의로부터}$$

이제 (i)과 (ii)를 이용하여 풀이를 완성하여라.

C2. f가 단사 함수라 하자. $K = \{e\}$임을 보이기 위해, 임의의 원소 $x \in K$를 택하고 반드시 $x = e$여야 함을 보이자. $x \in K$이므로 $f(x) = e = f(e)$이다. 이제 풀이를 완성하고, 역을 증명하여라. $K = \{e\}$라 하자.

D6. G의 부분집합으로 각 H_i는 G의 정규부분군인 집합족 $\{H_i : i \in I\}$을 생각하자. $H = \bigcap_{i \in I} H_i$가 G의 정규부분군임을 보여야 한다. 먼저 H가 군의 연산에 대해 닫혀 있음을 보인다. $a, b \in H$이면 모든 $i \in I$에 대해 $a \in H_i$이고 $b \in H_i$이다. 각 H_i가 G의 부분군이므로, 각 $i \in I$에 대해 $ab \in H_i$이다. 따라서 $ab \in H = \bigcap_{i \in I} H_i$이다. 이제 풀이를 완성하여라.

E1. H의 지수가 2이면, G는 H의 오른쪽 나머지류 딱 두 개로 분할되며 마찬가지로 왼쪽 나머지류 딱 두 개로 분할된다. 각 경우 이들 나머지류 중 하나가 H이다.

E6. $x \in S$이고 $y \in S$이면 $xy \in S$임을 보이자. $x \in S$이면 어떤 $a \in G$에 대해 $x \in Ha = aH$이다. 또한 $y \in S$이면 어떤 $b \in G$에 대해 $y \in Hb = bH$이다. $xy \in H(ab)$와 $H(ab) = (ab)H$임을 보이고 풀이를 완성하여라.

I4. $aHa^{-1} \subseteq H$임을 보이는 것은 쉽다. 연습문제 I2가 aHa^{-1}의 원소의 개수에 대해 무엇을 말해 주는가?

I8. $X = \{aHa^{-1} : a \in G\}$를 H의 모든 켤레 부분군들의 집합이라 하고, $Y = \{aN : a \in G\}$를 N의 모든 나머지류의 집합이라 하자. 함수 $f : X \to Y$를 찾고 f가 전단사 함수임을 보여라.

15장

C4. G/H의 모든 원소는 나머지류 Hx이다. G/H의 모든 원소가 제곱근을 가진다고 하자. 이는 모든 $x \in G$에 대해 다음을 만족하는 $y \in G$가 존재함을 뜻한다.

$$Hx = (Hy)^2$$

이 장의 정리 5를 이용하여라.

D4. $\{h_1, \cdots, h_n\}$이 H를 생성하고, $\{Ha_1, \cdots, Ha_m\}$이 G/H를 생성한다고 하자. 이때

$$\{a_1, \cdots, a_m, h_1, \cdots, h_n\}$$

이 G를 생성함을, 즉 G의 모든 x가 위의 원소 및 그의 역원들의 곱임을 보여라.

E6. $\mathbb{Q}/\mathbb{Z}$의 모든 원소는 나머지류 $\mathbb{Z} + (m/n)$이다.

G6. G가 순환군이면, $G \cong \mathbb{Z}_{p^2}$이어야 한다. (왜일까?) G가 순환군이 아니면, G에서 $x \neq e$인 모든 원소의 위수는 p이다. (왜일까?) G에서 $a \neq e$이고 $b \neq e$이면서 b가 a의 거듭제곱이 아닌 임의의 두 원소를 고르자. 풀이를 완성하여라.

16장

D1. $f \in \mathrm{Aut}(G)$, 즉 f가 G에서 G로의 전사인 동형사상이라 하자. $f^{-1} \in \mathrm{Aut}(G)$, 즉 f^{-1}가 G에서 G로의 전사인 동형사상임을 증명하려고 한다. 먼저 6장의 마지막 문단으로부터 f^{-1}가 G에서 G로의 전단사 함수임이 나온다. f^{-1}가 준동형사상임을 보이는 일만 남았다. $f^{-1}(c)=a$ 및 $f^{-1}(d)=b$, 다시 말해 $c=f(a)$ 및 $d=f(b)$라 하자. 그러면 $cd=f(a)f(b)=f(ab)$이므로 $f^{-1}(cd)=ab$이다. 따라서 다음을 얻었다.

$$f^{-1}(cd)=ab=f^{-1}(c)f^{-1}(d)$$

이는 f^{-1}가 준동형사상임을 보여 준다.

F2. a, $b \in HK$라 하면 어떤 h_1, $h_2 \in H$와 k_1, $k_2 \in K$에 대해 $a=h_1k_1$ 및 $b=h_2k_2$이다. 그러면 $ab=h_1k_1h_2k_2=h_1(k_1h_2k_1^{-1})k_1k_2$이다.

G3. h의 치역이 함수의 군임에 주목하여라. 항등원은 무엇인가?

H1. 미적분에서 $\cos(x+y)=\cos x \cos y-\sin x \sin y$ 및 $\sin(x+y)=\sin x \cos y+\cos x \sin y$이다.

L4. 자연 준동형사상은 (15장의 정리 4) 핵이 $\langle a\rangle$인 준동형사상 $f: G \to G/\langle a\rangle$이다. 위수가 p^{m-1}인 $G/\langle a\rangle$의 정규부분군을 S라 하자. (이 연습문제 묶음의 3번이 S의 존재성을 보증한다.) 연습문제 J를 참조하여 S^*가 G의 정규부분군이고 S^*의 위수가 p^m임을 보여라.

17장

A3. $\odot$가 결합적 연산임을 증명한다.

$$(a, b) \odot [(c, d) \odot (p, q)] = (a, b) \odot (cp - dq, cq + dp)$$
$$= (acp - adq - bcq - bdp, acq + adp + bcp - bdq)$$
$$[(a, b) \odot (c, d)] \odot (p, q) = (ac - bd, ad + bc) \odot (p, q)$$
$$= (acp - bdp - adq - bca, acq - bdq + adp + bcp)$$

따라서 $(a, b) \odot [(c, d) \odot (p, q)] = [(a, b) \odot (c, d)] \odot (p, q)$이다.

B2. 영함수를 0이라 할 때 영함수가 아닌 f에 대해 $fg = 0$이고 영함수가 아닌 g가 존재할 때 영인자이다. $fg = 0$이라는 것은 모든 $x \in \mathbb{R}$에 대해 $f(x)g(x) = 0(x)$를 뜻한다. 어떤 함수 f들이 이런 성질을 만족하는지 아주 정확히 말하여라.

D1. 분배법칙에 대해서는 46쪽의 도표를 참고하고, $A \cap (B + C) = (A \cap B) + (A \cap C)$를 보여라.
$B + C$는 영역 2, 3, 4, 7로 이루어져 있고, $A \cap (B + C)$는 영역 2, 4로 이루어져 있다. 이제 풀이를 완성하여라.

E3. $\mathbf{i}^2 = \begin{pmatrix} i & 0 \\ 0 & -i \end{pmatrix}\begin{pmatrix} i & 0 \\ 0 & -i \end{pmatrix} = \begin{pmatrix} -1 & 0 \\ 0 & -1 \end{pmatrix} = -\begin{pmatrix} 1 & 0 \\ 0 & 1 \end{pmatrix} = -\mathbf{1}$

G4. (a, b)가 $A \times B$의 가역원인 것과, $A \times B$에서 $(a, b) \cdot (c, d) = (1, 1)$을 만족하는 순서쌍 (c, d)가 존재하는 것이 동치조건이다. 이제 완성하여라.

H6. A가 환이면, 덧셈만을 연산으로 갖는 A는 가환군임을 본 바 있다. 이 군을 환 A의 '덧셈군'이라 부른다. 이제 A의 덧셈군이 순환군이라고 가정하고 생성원을 c라고 하

자. a와 b가 A의 두 원소라면 어떤 자연수 m과 n에 대해 다음이 성립한다.[■]

$$a = c + c + \cdots + c \qquad (\text{항이 } m\text{개})$$
$$b = c + c + \cdots + c \qquad (\text{항이 } n\text{개})$$

J2. ab가 영인자라는 것은, $ab \neq 0$이며 $abx = 0$인 $x \neq 0$이 존재함을 뜻한다. 더욱이 $a \neq 0$ 및 $b \neq 0$인데, 그렇지 않다면 $ab = 0$이기 때문이다.

M3. $a^m = 0$ 및 $b^n = 0$이라 하자. $(a+b)^{m+n} = 0$을 보여라. $(a+b)^{m+n}$을 이항전개한 각 항에서, a의 거듭제곱이 m번 이상이거나 b의 거듭제곱이 n번 이상인 이유를 설명하여라.

18장

A4. 미적분으로부터 연속함수의 합과 곱은 연속함수이다.

B3. k와 a가 $\mathbb{Z}_n$의 임의의 원소일 때, 다음 사실의 도움을 받아 증명한다.

$$ka = a + a + \cdots + a \qquad (\text{항이 } k\text{개})$$

C4. A에서 소거법칙이 성립하면, B에서도 성립해야 한다. (왜일까?) B가 1을 포함한다는 조건은 왜 포함해야 했을까?

C5. B가 체 F의 부분환이라 하자. b가 B의 임의의 0이 아닌 원소라면, b^{-1}은 B에는 속하지 않더라도 F에는 속한다. (왜일까?) 논증을 완성하여라.

■ 예를 들어 $a = -(c + c + \cdots + c)$ 꼴일 수도 있다.—옮긴이

E5. $f(x, y)f(u, v) = \begin{pmatrix} x & 0 \\ y & 0 \end{pmatrix}\begin{pmatrix} u & 0 \\ v & 0 \end{pmatrix} =$

$f[(x, y) \odot (u, v)] =$

풀이를 완성하여라.

H3. $a^n \in J$이고 $b^m \in J$일 때 $(a+b)^{m+n} \in J$를 보여라. (17장의 연습문제 M3의 풀이를 보아라.) 풀이를 완성하여라.

19장

E1. 나머지류 $J+x$가 제곱근을 가진다는 말은 A의 어떤 원소 y에 대해 $J+x=(J+y)(J+y)=J+y^2$이라는 말과 같다.

E6. A/J의 단위원은 모든 $x \in A$에 대해 다음을 만족하는 나머지류 $J+a$이다.

$$(J+a)(J+x)=J+x \quad \text{및} \quad (J+x)(J+a)=J+x$$

G1. $a \notin J$라는 말은 $J+a \neq J$, 즉 $J+a$가 A/J에서 영원소가 아니라는 말과 동등하다. 설명하고 완성하여라.

20장

E5. 덧셈만을 연산으로 갖는 A에 이목을 제한하고, 13장 정리 4를 보아라.

E6. $n=2$에 대해 다음이 성립한다.

$$(a+b)^{p^2} = [(a+b)^p]^p = [a^p + b^p]^p \qquad \text{정리 3에 의해}$$
$$= (a^p)^p + (b^p)^p \qquad \text{정리 3에 의해}$$
$$= a^{p^2} + b^{p^2}$$

유사한 추론 및 귀납법을 이용하여 필요한 식을 증명하여라. $n = k$일 때 식이 성립한다고 가정하고 $n = k + 1$에 대해 증명하여라.

21장

B5. 곱 $(a-1)(b-1)$을 이용하여라.

C8. 귀납법 단계에서 $n = k$일 때 식이 성립한다고 가정한 뒤, $n = k + 1$일 때도 식이 성립한다는 것을 증명하여라. 다시 말해

$$F_{k+1}F_{k+2} - F_k F_{k+3} = (-1)^k$$

을 가정하고

$$F_{k+2}F_{k+3} - F_{k+1}F_{k+4} = (-1)^{k+1}$$

을 증명하여라.

모든 $n > 0$에 대해 피보나치 수열의 정의 $F_{n+2} = F_{n+1} + F_n$을 상기하여라. 따라서 $F_{k+2} = F_{k+1} + F_k$와 $F_{k+4} = F_{k+3} + F_{k+2}$이어야 한다. 이를 위 식 중 두 번째 것에 대입하여라.

E5. 4번에서 a 자리에 $a+b$를, b 자리에 $|a| + |b|$를 넣어 이용하면 우아한 방법으로 증명할 수 있다.

E8. 5번을 이용하여 쉽게 증명할 수 있다.

F2. $0 \leq r < n$과 $0 \leq r_1 < k$에 대해 $m = nq + r$와 $q = kq_1 + r_1$이 주어져 있다. (설명하여라.) 따라서 다음이 성립한다.

$$m = n(kq_1 + r_1) + r = (nk)q_1 + (nr_1 + r)$$

$nr_1 + r < nk$를 보여야 한다. (왜일까?) 먼저 $k - r_1 > 0$에 주목하면 $k - r_1 \geq 1$이므로 $n(k - r_1) \geq n$이다.

G5. 귀납법 단계를 위해 $k \cdot a = (k \cdot 1)a$를 가정하고 $(k+1) \cdot a = [(k+1) \cdot 1]a$를 증명한다. 이 연습문제의 (ii)로부터 $(k+1) \cdot 1 = k \cdot 1 + 1$이다.

22장

B1. $a > 0$ 및 $a | b$를 가정하자. 문제를 풀기 위해 a와 b의 최대공약수가 a임을 보여라. 먼저 a는 a와 b의 공약수이다. $a | a$이고 $a | b$이기 때문이다. 다음으로 t가 a와 b의 공약수, 즉 $t | a$ 및 $t | b$라 가정하자. 이제 증명이 끝난 이유를 설명하여라.

D3. 정리 3의 증명으로부터, a와 b의 모든 정수결합으로 구성된 아이디얼의 생성원이 d이다.

E1. a가 홀수이고 b가 짝수라 가정하자. 그러면 $a + b$는 홀수이고 $a - b$는 홀수이다. 더욱이 t가 $a - b$와 $a + b$의 공약수이면 t는 홀수이다. (왜일까?) 또한 t가 $a - b$와 $a + b$의 공약수이면, t는 $a + b$와 $a - b$의 합과 차를 나눈다는 것에도 주목하여라.

F3. $l = \mathrm{lcm}(ab, ac)$이면 어떤 정수 x, y에 대해 $l = abx = acy$이다. 이 식으로부터 a가

l의 인수임을 알 수 있으므로 $l = am$이라 하자. 따라서 식은 $am = abx = acy$로 바뀐다. a를 소거한 뒤 $m = \mathrm{lcm}(b, c)$를 보여라.

G8. 정리 3의 증명을 살펴보아라.

23장

A4. (f) $3x^2 - 6x + 6 = 3(x^2 - 2x + 1) + 3 = 3(x-1)^2 + 3$이다. 따라서 합동식 $3(x-1)^2 \equiv -3 \pmod{15}$를 풀어야 한다. 먼저 $3y \equiv -3 \pmod{15}$부터 풀고, 그런 다음 $y = (x-1)^2$이라 둘 것이다.

먼저 조건 (6)에 의해 합동식 $ax \equiv b \pmod{n}$에서 세 수 a, b, n이 공약수 d를 가지면

$$ax \equiv b \pmod{n}\text{는 } \frac{a}{d}x \equiv \frac{b}{d} \left(\mathrm{mod}\, \frac{n}{d}\right)\text{와 동치이다}$$

(즉, 세 수 a, b, n을 공약수 d로 나눌 수 있다.) 이 관찰을 합동식 $3y \equiv -3 \pmod{15}$에 적용하면

$$3y \equiv -3 \pmod{15}\text{는 } y \equiv -1 \pmod{5}\text{와 동치이다}$$

$\mathbb{Z}_5$에서 -1은 4이므로 이는 $y \equiv 4 \pmod{5}$와 같다.

따라서 우리의 이차 합동식은 다음과 동치이다.

$$(x-1)^2 \equiv 4 \pmod{5}$$

$\mathbb{Z}_5$에서 $2^2 = 4$, $3^2 = 4$이므로 $x - 1 \equiv 2 \pmod{5}$와 $x - 1 \equiv 3 \pmod{5}$가 해이며, 최종적으로 해는 다음과 같다.

$$x \equiv 3 \pmod{5}\text{와 } x \equiv 4 \pmod{5}$$

A6. (d) $30z+24y=18$의 해를 모두 찾은 후 $z=x^2$이라 둔다. 이때 다음이 성립한다.

$$30z+24y=18 \Leftrightarrow 24y=18-30z \Leftrightarrow 30z \equiv 18 \pmod{24}$$

방금 전의 풀이에서 언급한 것처럼 이는 $5z \equiv 3 \pmod 4$와 동치이다. 그런데 $\mathbb{Z}_4$에서 $\overline{5}=\overline{1}$이므로 $5z \equiv 3 \pmod 4$는 $z \equiv 3 \pmod 4$와 같다.

이제 $z=x^2$이라 두자. 그러면 $x^2 \equiv 3 \pmod 4$를 풀어야 한다. 그런데 이 합동식은 해를 갖지 않는다. $\mathbb{Z}_4$에서 $\overline{3}$은 어떤 수의 제곱도 아니기 때문이다. 따라서 이 디오판토스 방정식은 해를 갖지 않는다.

B3. 아이디어는 이렇다. 정리 3에 의해 처음 두 연립합동식은 공통해를 가진다. 정리 4에 의해 이 해는 $t=\text{lcm}(m_1,\ m_2)$이라 둘 때 $x \equiv c \pmod t$ 꼴이다. 이를 $x \equiv c_3 \pmod{m_3}$과 연립해서 풀기 위해서는 $c_3 \equiv c\ [\text{mod } \gcd(t,\ m_3)]$인지 알아야 한다. 그런데 $\gcd(t,\ m_3)=\text{lcm}(d_{13},d_{23})$이다. (22장의 연습문제 H4의 결과를 이용하여 주의 깊게 설명하여라.) 정리 4로부터 (특히 증명의 마지막 단락으로부터) $c_3 \equiv c_1 \pmod{d_{13}}$ 및 $c_3 \equiv c_2 \pmod{d_{23}}$이기 때문에 $c_3 \equiv c\ [\text{mod lcm}(d_{13},d_{23})]$임이 명백하다.

따라서 $c_3 \equiv c\ [\text{mod } \gcd(t,\ m_3)]$이고 정리 3으로부터 $x \equiv c \pmod t$와 $x \equiv c_3 \pmod{m_3}$의 공통해가 존재한다. 이는 $x \equiv c_1 \pmod{m_1}$, $x \equiv c_2 \pmod{m_2}$, $x \equiv c_3 \pmod{m_3}$의 공통해이다. 이 과정을 k번 반복하여라.

합동식의 개수를 k라 할 때 k에 대한 귀납법을 쓰면, 우아하면서도 수학적으로 올바른 형태로 증명할 수 있다.

B5. (a) 이 디오판토스 연립방정식을 푸는 것은 연립 1차 합동식 $4x \equiv 2 \pmod 6$, $9x \equiv 3 \pmod{12}$를 푸는 것과 동등하다. 연습문제 B 시작부의 예제를 보아라.

D6. 정의를 이용하고, 곱 $(ab-1)(ac-1)(bc-1)$을 만들어라.

E4. 곱 $(p^{q-1}-1)(q^{p-1}-1)$을 이용하여라.

E6. 연습문제 D5를 이용하여라.

E8. (a) 다음에 주목한다.

(i) $133 = 7 \times 19$.

(ii) 18은 $7 - 1$과 $19 - 1$의 공배수이다.

이제 6(b)번을 이용하여라.

F8. $(n^{\phi(m)} - 1)(m^{\phi(n)} - 1)$을 생각하여라.

H2. 임의의 가환 정역에서, $a^2 = b^2$이면 $(a+b)(a-b) = 0$이므로 $a = \pm b$이다. 따라서 임의의 $a \neq 0$에 대해 두 원소 a와 $-a$는 제곱이 같으며, $x \neq \pm a$인 어떤 것도 $\pm a$와 제곱이 같을 수 없다.

H4. 17이 mod 23으로 이차 잉여가 아니므로 $\left(\frac{17}{23}\right) = -1$이다.

24장

A1. $\mathbb{Z}_6[x]$에서 $a(x)b(x)$를 계산한다.

$$a(x)b(x) = (2x^2 + 3x + 1)(x^3 + 5x^2 + x) = 2x^5 + 13x^4 + 18x^3 + 8x^2 + x$$

그런데 계수는 $\mathbb{Z}_6$에 속하고, $\mathbb{Z}_6$에서는 다음이 성립한다.

$$13 = 1, \qquad 18 = 0, \qquad 8 = 2$$

따라서 $\mathbb{Z}_6[x]$에서 $a(x)b(x) = 2x^5 + x^4 + 2x^2 + x$이다.

계수는 $\mathbb{Z}_6$에 속하지만, 지수는 양의 정수이며 $\mathbb{Z}_6$에 속하지 '않음'에 주의하여라. 그러므로 예를 들어 $\mathbb{Z}_6[x]$에서 x^8과 x^2은 같지 '않다.'

B3. $\mathbb{Z}_5[x]$에는 차수가 2 또는 그 이하인 서로 다른 다항식이 $5 \times 5 \times 5 = 125$개 있다. 이유를 설명하여라. 차수가 1 또는 0인 다항식은 $5 \times 5 = 25$개이다. 따라서 차수가 2인 서로 다른 다항식은 $125 - 25 = 100$개 있다. 이를 설명하고, 풀이를 완성하여라.

C7. $\mathbb{Z}_9[x]$에서 $x^2 = (x+3)(x+6) = (2x+3)(5x+6) =$ 등등이다. x^2을 차수가 1인 인자들의 곱으로 분해하는 모든 방법을 조직적으로 나열하고, 풀이를 완성하여라.

D6. 문제의 전반부를 증명한 후, 다항식의 항의 개수 n에 대한 귀납법을 써서 후반부를 증명할 수 있다. $n = 2$인 경우는 문제의 전반부로부터 성립한다. 그런 뒤, 다음처럼 k개의 항에 대해 식이 성립한다고 가정하자.

$$(a_0 + a_1x + \cdots + a_kx^k)^p = a_0^p + a_1^px^p + \cdots + a_k^px^{kp}$$

그런 뒤 $k+1$개의 항에 대해 증명한다.

$$[(a_0 + a_1x + \cdots + a_kx^k) + a_{k+1}x^{k+1}]^p = \qquad \text{(완성하여라.)}$$

E5. $a(x) = a_0 + a_1x + \cdots + a_nx^n \in J$이면 $a_0 + a_1 + \cdots + a_n = 0$이다. $b(x)$가 $A[x]$의 임의의 원소, 예를 들어 $b(x) = b_0 + b_1x + \cdots + b_mx^m$이라 하고, $B = b_0 + b_1 + \cdots + b_m$이라 하자. $a(x)b(x)$의 계수를 모두 더한 것이 $(a_0 + a_1 + \cdots + a_n)B$와 같은 이유를 설명하여라. 남은 세세한 부분을 채워 넣어라.

G3. h가 전사 함수이면, B의 모든 원소는 A의 어떤 원소 a에 대해 $h(a)$ 꼴이다. 따라서 B에서 계수를 갖는 임의의 다항식은 $h(a_0) + h(a_1)x + \cdots + h(a_n)x^n$ 꼴이다.

25장

A4. $(x+a)(x+b)=x^2+2$를 만족하는 a, $b \in \mathbb{Z}_5$가 존재한다고 가정하자. $\mathbb{Z}_5$에서는 1과 4만이 제곱수임에 주목하여라.

D4. J가 $F[x]$의 아이디얼일 때 $\langle p(x) \rangle \subset J$라 하고, $a(x) \in J$이지만 $a(x) \notin \langle p(x) \rangle$인 다항식이 존재한다고 가정하자. 그러면 $a(x)$와 $p(x)$는 서로소이다. (왜일까?) 풀이를 완성하여라.

F2. 주어진 다항식의 gcd는 $x+1$이다.

26장

A2. $\mathbb{Z}_7[x]$에서 $x^{100}-1$의 근을 찾기 위해 다음처럼 논증한다. 페르마의 작은 정리로부터 $a \in \mathbb{Z}_7$이면, 임의의 정수 q에 대해 $\mathbb{Z}_7$에서 $a^{6q}=1$이다. 특히 $a^{96}=1$이므로 $a^{100}=a^{96}a^4=a^4$이다. 따라서 $\mathbb{Z}_7$에서 $x^{100}-1$의 임의의 근은 x^4-1의 근이다.

B1. $9x^3+18x^2-4x-8$의 임의의 유리근 s/t에 대해 s, t는 다음 꼴이다.

$$s=\pm 1,\ \pm 8,\ \pm 2,\ \pm 4$$
$$t=\pm 1,\ \pm 9,\ \pm 3$$

따라서 가능한 근은 ± 1, ± 2, ± 4, ± 8, $\pm 1/9$, $\pm 1/3$, $\pm 8/9$, $\pm 8/3$, $\pm 2/9$, $\pm 2/3$, $\pm 4/9$, $\pm 4/3$이다. 다항식에 대입했을 때 근을 하나라도 발견하면 문제를 단순화할 수 있다. 예를 들어 위에서 -2는 근이다. 이제 주어진 다항식을 $x+2$로 나눌 수 있다. 이렇게 얻은 2차식의 근이 남은 근들이다.

C5. 귀납법으로 증명한다. $n=1$에 대해서는 $a(x)$가 차수가 1인 모닉 다항식, 예를 들어 $a(x)=x-c$일 때 $a(x)$가 근 c_1을 가진다면 $a(x)=x-c_1$임을 보일 필요가 있다. c_1이 $a(x)=x-c$의 근이면 $a(c_1)=c_1-c=0$이므로 $c=c_1$이고, 따라서 $a(x)=x-c_1$이다.

귀납법 단계를 위해서는 이 정리가 차수가 k이고 k개의 근을 가질 때 참이라고 가정하고, 차수가 $k+1$이고 $k+1$개의 근을 가질 때 성립함을 증명하여라.

C8. $x^2-x=x(x-1)=0$이면 $x=0$ 또는 $x-1=0$이다. 이런 규칙이 $\mathbb{Z}_{10}$과 $\mathbb{Z}_{11}$에서 모두 성립할까? 왜일까?

D3. p가 소수이고 $0<k<p$이면, 이항계수 $\binom{p}{k}$는 p의 배수임에 주목하여라. (339쪽을 보아라.)

F1. $a(x)$가 모닉인 것은 필수이다. $\bar{h}(a(x))$가 $a(x)$와 차수가 같은 이유를 설명하여라.

H3. 차수가 n 이하인 두 다항식 $p(x)$와 $q(x)$가 주어진 조건을 만족한다고 하자. $p(x)=q(x)$임을 보여라.

I4. $a(x)$와 $b(x)$가 같은 함수를 결정하면, $a(x)-b(x)$는 영함수, 즉 모든 $c\in F$에 대해 $a(c)-b(c)=0$이다.

27장

A1. (e) $a=\sqrt{i-\sqrt{2}}$라 하면 $a^2=i-\sqrt{2}$이고 $a^4=-1-2\sqrt{2}\,i+2=1-2\sqrt{2}\,i$이다. 따라서 $a^4-1=-2\sqrt{2}\,i$이므로 $(a^4-1)^2=-8$이다. 따라서 a는 다항식 $(x^4-1)^2+8$, 즉

$$x^8 - 2x^4 + 9$$

의 근이다.

B1. (d) 여섯 연습문제 (a)–(f) 중에서 (d)만이 차수가 4보다 큰 다항식에 관련돼 있어서 가장 힘들다. $a = \sqrt{2 + 3^{1/3}}$ 이라 하면 $a^2 = 2 + 3^{1/3}$이므로 $a^2 - 2 = 3^{1/3}$이다. 따라서 $(a^2 - 2)^3 = 3$이므로 a는 다음 다항식의 근이다.

$$p(x) = (x^2 - 2)^3 - 3 = x^6 - 6x^4 + 12x^2 - 11$$

이 다항식이 기약다항식임을 보장하는 것이 할 일의 대부분을 차지한다. ± 1, ± 11 중 어느 것도 이 다항식의 근이 아니므로, 이 다항식은 차수 1인 인자를 갖지 않는다. 따라서 상수가 아닌 다항식으로 분해할 수 있는 방법은 다음 중 하나이다.

$$p(x) = (x^3 + ax^2 + bx + c)(x^3 + dx^2 + ex + f)$$

또는

$$p(x) = (x^4 + ax^3 + bx^2 + cx + d)(x^2 + ex + f)$$

26장의 연습문제 F와 E의 방법을 이용할 것이다. 이 방법 중에서 첫 번째는 $p(x)$를 다음처럼 $\mathbb{Z}_3[x]$의 다항식으로 변환하는 것이다.

$$x^6 - 2 = x^6 + 1$$

첫 번째 식에서 대응하는 계수들이 같아야 하므로 다음 식들을 얻는다.

상수항:	$cf = 1$	(1)
x의 계수:	$bf + ce = 0$	(2)
x^2의 계수:	$af + cd + eb = 0$	(3)
x^3의 계수:	$c + f + bd + ae = 0$	(4)
x^5의 계수:	$a + d = 0$	(5)

(1)로부터 $c = f = \pm 1$이고 (5)로부터 $a + d = 0$이다. 따라서 $af + cd = c(a + d)$이므로 (3)에 의해 $eb = 0$이다. 그런데 $c = f$이므로 (2)로부터 $b + e = 0$이다. 따라서 $b = e = 0$이다. (4)로부터 $c + f = 0$임이 나오는데 $c = f = \pm 1$이므로 불가능하다. 우리는 방금 $x^6 + 1$을 차수가 각각 3인 두 다항식으로 인수분해할 수 없음을 보였다. 풀이를 완성하여라.■

C4. 3번으로부터 $\mathbb{Z}_2(c)$의 원소는 0, 1, c, $c+1$이다. (설명하여라.) $\mathbb{Z}_2(c)$가 $\mathbb{Z}_2$의 확대체이므로 원소를 더할 때는 0과 1을 $\mathbb{Z}_2$에서처럼 더한다는 것에 주의하여라. 더욱이 $c + c = c(1 + 1) = c0 = 0$이다. 원소를 곱할 때는 다음 예에 주목하라. $c^2 + c + 1 = 0$이므로 $(c+1)^2 = c^2 + c + c + 1 = c$이다.

D1. 이 장의 연습문제 E3를 보아라.

D7. $\mathbb{Q}(\sqrt{2})$에서 $1 + 1$은 제곱이다. 따라서 $\mathbb{Q}(\sqrt{3}) \cong \mathbb{Q}(\sqrt{2})$이라면 $1 + 1$은 $\mathbb{Q}(\sqrt{3})$에서 제곱이어야 하므로 $\sqrt{2} \in \mathbb{Q}(\sqrt{3})$이다. 하지만 $\mathbb{Q}(\sqrt{3})$의 모든 원소는 a, $b \in \mathbb{Q}$에 대해 $a\sqrt{3} + b$ 꼴이다. (이유를 설명하여라.) 따라서 $\sqrt{2} = a\sqrt{3} + b$여야 한다. 양변을 제곱하고 $\sqrt{3}$에 대해 풀면 (자세한 부분을 채워라) $\sqrt{3}$이 유리수임을 보일 수 있다. 그러나 $\sqrt{3}$이 무리수라는 것은 알려져 있다.

G2. $\{a(c) : a(x) \in F[x]\}$의 분수체를 Q로 나타내기로 하자. $F(c)$가 F 및 c를 포함하는 체이므로, $F(c)$는 $a_0, \cdots, a_n \in F$에 대해 $a(c) = a_0 + a_1 c + \cdots + a_n c^n$을 모두 포함한다는 것이 나온다. 따라서 $Q \subseteq F(c)$이다. 역으로 정의에 의해 $F(c)$는 F와 c를 포함하는 임의의 체에 포함돼 있다. 따라서 $F(c) \subseteq Q$이다. 풀이를 완성하여라.

■ 4차식과 2차식의 곱으로 인수분해할 수 없다는 것을 보이기 위해서는 $\mathbb{Z}_3[x]$가 아닌 다른 것을 이용하여야 한다.—옮긴이

28장

B1. $U=\{(a, b, c): 2a-3b+c=0\}$이라 하자. U가 덧셈에 대해 닫혀있음을 보이기 위해, $\mathbf{u}, \mathbf{v} \in U$라 하자. 그러면 $\mathbf{u}=(a_1, b_1, c_1)$, $\mathbf{v}=(a_2, b_2, c_2)$에 대해 $2a_1-3b_1+c_1=0$과 $2a_2-3b_2+c_2=0$이다. 둘을 더하면

$$\mathbf{u}+\mathbf{v}=(a_1+a_2, b_1+b_2, c_1+c_2)$$

인데 다음이 성립한다.

$$2(a_1+a_2)-3(b_1+b_2)+(c_1+c_2)=0$$

C5. (a) $S_1=\{(x, y, z): z=2y-3x\}$. S_1의 기저로 제안할 만한 것은 두 벡터 (1, 0, ?)와 (0, 1, ?)인데 $z=2y-3x$를 만족해야 하므로 세 번째 성분을 구하면

$$(1, 0, -3)\text{과 } (0, 1, 2)$$

이다. 이제 이 두 벡터가 일차독립이고 S_1을 생성함을 보여라.

D6. 다음을 만족하는 상수 k, l, m이 존재한다고 하자.

$$k(\mathbf{a}+\mathbf{b})+l(\mathbf{b}+\mathbf{c})+m(\mathbf{a}+\mathbf{c})=\mathbf{0}$$

$\{\mathbf{a}, \mathbf{b}, \mathbf{c}\}$가 일차독립이라는 사실을 이용하여 $k=l=m=0$을 보여라.

E5. $k_{r+1}, k_{r+2}, \cdots, k_n$이 다음을 만족하는 상수라 하자.

$$k_{r+1}h(\mathbf{a}_{r+1})+k_{r+2}h(\mathbf{a}_{r+2})+\cdots+k_nh(\mathbf{a}_n)=\mathbf{0}$$

따라서 다음이 성립한다.

$$h(k_{r+1}\mathbf{a}_{r+1}+\cdots+k_n\mathbf{a}_n)=\mathbf{0}$$

그러므로 $k_{r+1}\mathbf{a}_{r+1}+\cdots+k_n\mathbf{a}_n \in N$이다. $\{\mathbf{a}_1, \cdots, \mathbf{a}_r\}$가 N의 기저임에 주목하여 증명을 완성하여라.

F2. 연습문제 E7의 결과를 이용하여라.

G2. 모든 $\mathbf{c} \in V$를 $\mathbf{a} \in T$와 $\mathbf{b} \in U$에 대해 $\mathbf{c}=\mathbf{a}+\mathbf{b}$ 꼴로 유일하게 쓸 수 있다고 가정하자. 따라서 V의 모든 벡터는 $T+U$의 원소이다. 역으로 T와 U가 V의 부분공간이므로 $T+U$의 모든 벡터는 V의 원소이다. 따라서 다음이 성립한다.

$$V=T+U$$

$V=T\oplus U$임을 보이기 위해 $T\cap U=\{\mathbf{0}\}$, 즉 $\mathbf{c}\in T\cap U$이면 $\mathbf{c}=\mathbf{0}$을 보이는 일이 남았다. 풀이를 완성하여라.

29장

A3. 먼저 $a^2-1=\sqrt[3]{2}$에 주목하면 $\sqrt[3]{2} \in \mathbb{Q}(a)$이고 따라서 $\mathbb{Q}(a)=\mathbb{Q}(\sqrt[3]{2}, a)$이다. (설명하여라.) 이때 아이젠슈타인 판정법에 의해 $\mathbb{Q}$ 위에서 기약다항식인 x^3-2가 $\sqrt[3]{2}$의 최소다항식이므로, $[\mathbb{Q}(\sqrt[3]{2}):\mathbb{Q}]=3$이다. 다음으로 $\mathbb{Q}(\sqrt[3]{2})$에서 a는 $a^2-1-\sqrt[3]{2}=0$을 만족하므로, a는 다항식 $x^2-(1+\sqrt[3]{2})$의 근이다. 이 이차다항식은 $\mathbb{Q}(\sqrt[3]{2})[x]$ 위에서 기약다항식이다. (이유를 설명하여라.) 따라서 $x^2-(1+\sqrt[3]{2})$은 $\mathbb{Q}(\sqrt[3]{2})[x]$ 위에서 a의 최소다항식이다. 그러므로 $[\mathbb{Q}(\sqrt[3]{2}, a):\mathbb{Q}(\sqrt[3]{2})]=2$이다. 정리 2를 이용하여 완성하여라.

A4. 3번과 비슷하다. 먼저 $\sqrt[3]{4}$를 첨가하고 다음으로 a를 첨가하여라.

C2. x^2+x+1이 $\mathbb{Z}_2[x]$에서 기약다항식임에 유의하여라.

D2. F와 K의 사이체 L이 비자명 사이체, 즉 $F \subsetneq L \subsetneq K$라 하자. 체 F 위의 벡터공간으로 볼 때 L은 K의 부분공간이다. (왜일까?) 28장 연습문제 D1을 이용하여라.

F4. 체 사이의 관계는 다음처럼 나타낼 수 있다.

$$\begin{array}{ccccc} & \subseteq & F(b) & \subseteq & \\ F & & & & K(b) \\ & \subseteq & K & \subseteq & \end{array}$$

$$[K(b):F]=[K(b):F(b)]\cdot[F(b):F]=[K(b):K]\cdot[K:F]$$

F5. 4번과 같은 도표와 논증 및 비슷한 그림을 써서 $[K(b):K]=[F(b):F]$를 보여라. 여기에서 b는 $p(x)$의 근이다.

30장

B3. $(a, b) \in \mathbb{Q}\times\mathbb{Q}$라면 a와 b는 유리수이다. 연습문제 A5와 $\mathbb{D}$의 정의에 의해 $(a, 0)$과 $(b, 0)$은 $\{O, I\}$로부터 작도할 수 있다. 컴퍼스의 도움을 받아 (y축을 따라서 원점으로부터 b까지의 거리를 재면) 점 $(0, b)$를 작도할 수 있다. 초등 기하학으로부터 직선 위의 정점을 지나며 주어진 직선에 수직인 직선을 자와 컴퍼스로 작도할 수 있다. $(a, 0)$을 지나며 x축에 수직인 직선을 작도하고, $(0, b)$를 지나고 y축에 수직인 직선을 작도하자. 이 직선들은 (a, b)에서 만난다. 따라서 (a, b)는 $\{O, I\}$로부터 작도할 수 있다.

C6. $30-60-90^\circ$ 삼각형을 자와 컴퍼스로 작도하는 법을 서술하여라.

D1. 기하학으로부터 정n각형의 각 꼭짓점의 내각은 $2\pi/n$의 보각, 즉 $\pi-(2\pi/n)$이다.

G2. 어떤 수가 작도가능하다는 것은 작도가능한 점의 좌표라는 것과 동치조건이다. (연습문제 A를 이용하여 설명하여라.) P가 작도가능한 점이라는 것은 어떤 점 P_1, P_2, $\cdots$, $P_n = P$가 존재하여 P_i를 $\mathbb{Q} \times \mathbb{Q} \cup \{P_1, \cdots, P_{i-1}\}$로부터 한 단계만에 작도할 수 있음을 뜻한다. 이 장의 보조정리를 증명할 때 P_i의 좌표들을 P_1, $\cdots$, P_{i-1}의 좌표들의 덧셈, 뺄셈, 곱셈, 나눗셈, 제곱근 취하기를 써서 표현할 수 있음을 보였다. 따라서 유리수에서 출발하여 이 연산들을 반복 적용하여 P의 좌표를 얻을 수 있다.

이 아이디어를 이용하여 이 연습문제의 명제를 귀납적으로 증명하여라.

31장

A6. $\sqrt[3]{2}$ 를 2의 실수 세제곱근이라 하자. $\mathbb{Q}(\sqrt[3]{2})$는 2의 복소 세제곱근을 포함하지 않으므로 $\mathbb{Q}$ 위의 근체가 아니다.

B5. 우선 $p(x) = x^3 + x^2 + x + 2$는 $\mathbb{Z}_3$ 위에서 기약다항식인데, $x = 0, 1, 2$를 차례로 대입하여 $p(x)$가 $\mathbb{Z}_3$에서 근을 갖지 않음을 확인할 수 있기 때문이다. [이 사실이 왜 $p(x)$가 $\mathbb{Z}_3$ 위에서 기약다항식임을 증명해 주는지 이유를 설명하여라.] $\mathbb{Z}_3$의 어떤 확대체에서 $p(x)$의 근을 u라 하면, $\mathbb{Z}_3(u)$는 차수가 3인 $\mathbb{Z}_3$의 확대체이다. (왜일까?) 따라서 $\mathbb{Z}_3(u)$는 $a, b, c \in \mathbb{Z}_3$에 대해 $au^2 + bu + c$ 꼴의 모든 원소로 이루어져 있다. 따라서 $\mathbb{Z}_3(u)$의 원소는 27개이다. $p(x) = x^3 + x^2 + x + 2$를 $x - u$로 나누면 다음과 같다.

$$p(x) = (x-u)[x^2 + (u+1)x + (u^2 + u + 1)]$$

이때 $q(x) = x^2 + (u+1)x + (u^2 + u + 1)$은 $\mathbb{Z}_3(u)[x]$에 속한다. (왜일까?)

$\mathbb{Z}_3(u)[x]$에서 $q(x)$는 기약다항식이다. 이는 $\mathbb{Z}_3(u)$의 원소 27개를 차례대로 직접 $q(x)$에 대입해서 보일 수 있다. 따라서 $\mathbb{Z}_3(u)$의 어떤 확대체에서 $q(x)$의 근을 w로 나타내면, $\mathbb{Z}_3(u, w)$는 u와 $q(x)$의 두 근을 포함한다. (설명하여라.) 따라서

$\mathbb{Z}_3(u, w)$는 $\mathbb{Z}_3$ 위에서 $p(x)$의 근체이다. 이 체는 $\mathbb{Z}_3$ 위에서 차수가 6이다. (왜일까?)

C5. c가 $p(x)$의 근일 때 $F[x]/\langle p(x)\rangle$를 $F(c)$와 동일시할 수 있다. 그러면 $F(c)$는 F 위에서 차수가 4인 확대체이다. (왜일까?) 이제 완전제곱을 만들어 보자.

$$p(x) = x^4 + ax^2 + \frac{a^2}{4} + \left(b - \frac{a^2}{4}\right) = \left(x^2 + \frac{a}{2}\right)^2 - \left(\frac{a^2}{4} - b\right)$$

d_1이 $x^2 - [(a^2/4) - b]$의 근이고 d_2가 $x^2 + [(a/2) - d_1]$의 근일 때, 반복 확대체 $F(d_1, d_2)$를 만들어라. 다음이 성립하는 이유를 설명하여라.

(a) $F(d_1, d_2) = F(c)$

(b) $F(d_1, d_2)$는 $p(x)$의 모든 근을 포함한다.

D3. 528쪽으로부터 $\mathbb{Q}(\sqrt{2}, \sqrt{3}) = \mathbb{Q}(\sqrt{2} + \sqrt{3})$이므로 $\mathbb{Q}(\sqrt{2}, \sqrt{3}, \sqrt{-5}) = \mathbb{Q}(\sqrt{2} + \sqrt{3}, \sqrt{-5})$이다. 정리 2에서 설명한 대로 $t = 1$을 택하면 $c = \sqrt{2} + \sqrt{3} + \sqrt{-5}$가 나온다. (세세한 부분을 채워라.)

D5. 3번의 결과를 이용하여라. $\mathbb{Q}$ 위에서 $\mathbb{Q}(\sqrt{2}, \sqrt{3}, \sqrt{-5})$의 차수는 8이다. (이유를 설명하여라.) 이제 $\sqrt{2} + \sqrt{3} + \sqrt{-5}$를 근으로 갖는 8차 다항식 $p(x)$를 하나 찾아라. 만약 $p(x)$가 모닉이고 차수가 8이면, $p(x)$는 $\mathbb{Q}$ 위에서 $\sqrt{2} + \sqrt{3} + \sqrt{-5}$의 최소다항식일 수밖에 없다. (왜일까?) 따라서 $p(x)$는 기약다항식이어야 한다. $\mathbb{Q}(\sqrt{2}, \sqrt{3}, \sqrt{-5})$의 원소인 $\pm\sqrt{2} \pm \sqrt{3} \pm \sqrt{-5}$가 $p(x)$의 근들인 이유를 설명하여라.

E4. $n = 6$에 대해 $x^6 - 1 = (x-1)(x+1)(x^2 - x + 1)(x^2 + x + 1)$을 얻는다. 근의 공식으로부터 마지막 두 인자의 근은 $\mathbb{Q}(\sqrt{-3})$에 속한다.

H2. $c(x) = c_0 + c_1x + \cdots + c_nx^n$일 때 다음이 성립함에 주목하여라.

$$hc(x) = h(c_0) + h(c_1)x + \cdots + h(c_n)x^n$$

$$c(a) = c_0 + c_1 a + \cdots + c_n a^n$$
$$h(c(a)) = h(c_0) + h(c_1)b + \cdots + h(c_n)b^n$$

비슷한 식이 $d(x) = d_0 + d_1 x + \cdots + d_n x^n$에 대해서도 성립한다. $h(c(a)) = h(d(a))$인 것과, b가 $hc(x) - hd(x)$의 근인 것이 동치조건임을 보여라.

I4. $a(x)$의 차수에 대한 귀납법을 써서 증명한다. deg $a(x) = 1$이면, $K_1 = F_1$이고 $K_2 = F_2$이므로(이유를 설명하여라), $K_1 \cong K_2$이다. 이제 deg $a(x) = n$이라 하고 차수가 $n - 1$ 이하인 임의의 다항식에 대해 결과가 성립한다고 가정하자.

$p(x)$를 $a(x)$의 기약 인자라 하고, u를 $p(x)$의 근, v를 $hp(x)$의 근이라 하자. $F_1(u) = K_1$이면 1번과 2번에 의해 증명이 끝난다. 그렇지 않다면 $F_1' = F_1(u)$ 및 $F_2' = F_2(v)$라 두면 h를 $h(u) = v$인 동형사상 $h: F_1' \to F_2'$으로 확장할 수 있다. $a(x) = (x - u)a_1(x)$ 및 $ha(x) = \bar{h}a(x) = (x - v)ha_1(x)$이고 deg $a_1(x) =$ deg $ha_1(x) = n - 1$인 $F_1'[x]$와 $F_2'[x]$의 다항식이 각각 존재한다. 풀이를 완성하여라.

J2. h를 확장한 임의의 단사 사상 $\bar{h}: F(c) \to \mathbb{C}$를 $hp(x)$의 근인 $\bar{h}(c)$의 값이 완전히 결정할 수 있는 이유를 설명하여라.

J4. $h(1) = 1$이므로, 임의의 양의 정수 n에 대해 $h(n) = n$임을 귀납법으로 증명하면서 시작한다. 그런 후 풀이를 완성하여라.

32장

A2. 우선 $\mathbb{Q}(\sqrt{2})$는 $\mathbb{Q}$ 위에서 차수가 2이다. 다음으로 $x^2 + 1$은 $\mathbb{Q}(\sqrt{2})$ 위에서 기약다항식이다. (이유를 설명하여라.) 풀이를 완성하여라.

D1. 1의 복소 네제곱근은 ± 1과 $\pm i$이다. 따라서 2의 복소 네제곱근은 $\sqrt[4]{2}(1)$, $\sqrt[4]{2}(-1)$, $\sqrt[4]{2}(i)$, $\sqrt[4]{2}(-i)$, 즉 다음과 같다.

$$\sqrt[4]{2},\ -\sqrt[4]{2},\ \sqrt[4]{2}\,i,\ -\sqrt[4]{2}\,i$$

2의 네제곱근들을 포함하는 임의의 체는 α와 i를 포함하며, 역도 성립하는 이유를 설명하여라.

E1. 31장 연습문제 E를 보아라.

E6. $\alpha = \sqrt[6]{2}$를 2의 실수 6제곱근이라 하자. 그러면 $[\mathbb{Q}(\alpha):\mathbb{Q}] = 6$이다. x^2+3이 $\mathbb{Q}(\alpha)$ 위에서 기약다항식인 이유와 $[\mathbb{Q}(\alpha,\ \sqrt{3}\,i):\mathbb{Q}(\alpha)] = 2$인 이유를 설명하여라. 1의 원시 6제곱근 $\omega = (1/2) + (\sqrt{3}/2)i$에 대해 2의 복소 6제곱근은 α, $\alpha\omega$, $\alpha\omega^2$, $\alpha\omega^3$, $\alpha\omega^4$, $\alpha\omega^5$이다. $\mathbb{Q}$를 고정하는 $\mathbb{Q}(\alpha,\ \sqrt{3}\,i)$의 임의의 자기동형사상은 2의 6제곱근을 2의 6제곱근으로 보내며, 동시에 $\sqrt{3}\,i$를 $\pm\sqrt{3}\,i$로 보낸다. (따라서 ω를 ω^5로 보낸다.) 자세한 부분을 채우고 풀이를 완성하여라.

H4. $a \neq h(a)$, 예를 들어 $a < h(a)$라 가정하자. r를 $a < r < h(a)$인 유리수라 두어라.

I4. 가환군의 모든 부분군은 가환군이며, 가환군의 모든 준동형상은 가환군이다.

33장

A2. (a) 이 다항식은 아이젠슈타인 판정법에 의해 $\mathbb{Q}$ 위에서 기약다항식이며, 세 개의 실근과 두 개의 복소근을 가진다. (이유를 설명하여라.) 571쪽의 예와 같이 논증하여 갈루아 군이 S_5임을 보여라.

B3. $i=0, 1, \cdots, n-1$인 각 i에 대해 몫군 J_{i+1}/J_i가 가환군임을 보여야 한다. J_{i+1}의 모든 원소 x, y에 대해 J_i가 $xyx^{-1}y^{-1}$을 포함함을 보여야 한다. 자세한 부분을 채우고 완성하여라.

C3. x^p-a의 모든 근 $d_1, d_2, \cdots, d_p$를 포함하는 F의 확대체 K가 존재한다. K에서 x^p-a는 일차 인수로 분해할 수 있다.

$$x^p-a=(x-d_1)(x-d_2)\cdots(x-d_p)$$

인수분해의 유일성으로부터 $p(x)$는 이들 중 m개의 곱과 같으며, $f(x)$는 남은 인수들의 곱이어야 한다.

D3. $f: G \to G/K$가 자연 준동형사상이면, $\hat{\mathcal{I}}=f^{-1}(\mathcal{I})=\{x\in G: f(x)\in\mathcal{I}\}$이다.

D7. G/H의 위수에 대한 귀납법을 써서 명제를 증명하여라. $|G/H|=n$이라 하고, 명제가 $|G'/H'|<n$인 모든 군 $H' \lhd G'$에 대해 성립한다고 가정하여라. G가 $H \subsetneqq J \subsetneqq G$인 정규부분군 J를 갖지 않는다면, H는 G의 '극대' 정규부분군이므로 4번과 5번에 의해 증명이 끝난다. 그렇지 않으면 $|G/J|<n$ 및 $|J/H|<n$이다. 풀이를 완성하여라.

찾아보기

도서출판 승산에서 만든 책들

19세기 산업은 전기 기술 시대, 20세기는 전자 기술(반도체) 시대, 21세기는 **양자 기술** 시대입니다. 도서출판 승산은 미래의 주역인 청소년들을 위해 양자 기술(양자 암호, 양자 컴퓨터, 양자 통신과 같은 양자 정보 과학 분야, 양자 철학 등) 시대를 대비한 수학 및 양자 물리학 양서를 꾸준히 출간하고 있습니다.

● 대칭 ●

아름다움은 왜 진리인가

이언 스튜어트 지음 | 안재권, 안기연 옮김

현대 수학과 과학의 위대한 성취를 이끌어낸 힘, '대칭(symmetry)의 아름다움'에 관한 책. 대칭이 현대 과학의 핵심 개념으로 부상하는 과정을 천재들의 기묘한 일화와 함께 다루었다.

대칭: 자연의 패턴 속으로 떠나는 여행

마커스 드 사토이 지음 | 안기연 옮김

수학자의 주기율표이자 대칭의 지도책, 『유한군의 아틀라스』가 완성되는 과정을 담았다. 자연의 패턴에 숨겨진 대칭을 전부 목록화하겠다는 수학자들의 야심찬 모험을 그렸다.

갈루아 이론의 정상을 딛다

이시이 도시아키 지음 | 조윤동 옮김

"〈일반 5차방정식은 근호로 풀 수 없다〉는 명제의 제대로 된 증명을 가장 쉬운 절차로 이해"하는 것을 목표로 한 책이다. 독자가 고등학교 수준의 수학적 지식만을 갖추었다고 가정하고, 그 밖의 내용은 처음 접한다는 생각으로 갈루아 이론의 증명에 이르는 과정을 처음부터 끝까지 친절하게 설명한다.

– 2018 대한민국학술원 '우수학술도서' 선정

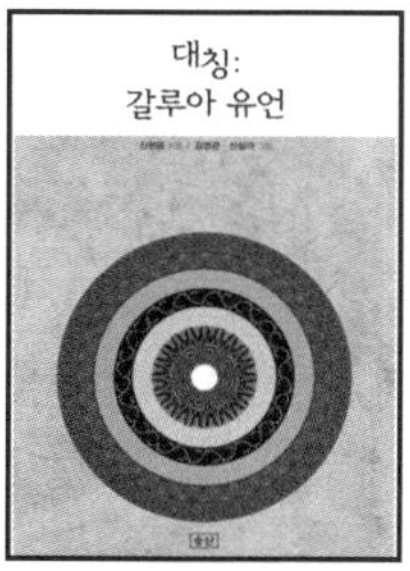

대칭: 갈루아 유언

신현용 지음 | 김영관, 신실라 그림

삼차, 사차방정식이 해결된 후 300년 이상 미해결 상태였던 오차방정식. 에바리스트 갈루아는 아벨이 방정식의 새로운 해법으로 암시한 "군"이라는 대수적 구조를 통해 대칭의 언어인 "군론"을 완성함으로써 오차방정식의 풀이 문제를 해결한다. 유클리드부터 카르다노를 거쳐 갈루아에 이르는 오차방정식의 풀이 여정을 수학자들의 가상 대화를 통해 풀어 나가며, 다항식 풀이의 핵심인 "대칭"이 언어, 건축, 회화, 음악에서 어떻게 드러나고 적용되는지 설명하는 부분이 흥미롭다. 대수적 구조를 탐구하는 모든 과정에 자세한 풀이 과정을 적어 두었기에 독자는 대칭의 강력한 힘인 "아름다움"을 수학적으로 체감해 볼 수 있다.

열세 살 딸에게 가르치는 갈루아 이론

김중명 지음 | 김슬기, 신기철 옮김

재일교포 역사소설가 김중명이 이제 막 중학교에 입학한 딸에게 갈루아 이론을 가르쳐 본다. 수학역사상 가장 비극적인 삶을 살았던 갈루아가 죽음 직전에 휘갈겨 쓴 유서를 이해하는 것을 목표로 한 책이다. 사다리타기나 루빅스 큐브, 15 퍼즐 등을 활용하여 치환을 설명하는 등 중학생 딸아이의 눈높이에 맞춰 몇 번이고 친절하게 설명하는 배려가 돋보인다.

대칭과 아름다운 우주

리언 레더먼, 크리스토퍼 힐 공저 | 안기연 옮김

자연이 대칭성을 가진다고 가정하면 필연적으로 특정한 형태의 힘만이 존재할 수밖에 없다고 설명된다. 이 관점에서 자연은 더욱 우아하고 아름다운 존재로 보인다. 물리학자는 보편성과 필연성에서 특히 경이를 느끼기 때문이다. 노벨상 수상자이자 『신의 입자』의 저자인 리언 레더먼이 페르미 연구소의 크리스토퍼 힐과 함께 대칭과 같은 단순하고 우아한 개념이 우주의 구성에서 어떤 의미를 갖는지 궁금해 하는 독자의 호기심을 채워 준다.

미지수, 상상의 역사

존 더비셔 지음 | 고중숙 옮김

이 책은 3부로 나눠 점진적으로 대수의 개념을 이해할 수 있도록 구성되어 있다. 1부에서는 대수의 탄생과 문자 기호의 도입, 2부에서는 문자 기호의 도입 이후 여러 수학자들이 발견한 새로운 수학적 대상들을 서술하고 있으며, 3부에서는 문자 기호를 넘어 더욱 높은 추상화의 단계들로 나아가는 군(group), 환(ring), 체(field) 등과 같은 현대 대수에 대해 다루고 있다. 독자들은 이 책을 통해 수학에서 가장 중요한 개념이자, 고등 수학에서 미적분을 제외한 거의 모든 분야라고 할 만큼 그 범위가 넓은 대수의 역사적 발전과정을 배울 수 있다.

무한 공간의 왕

시오반 로버츠 지음 | 안재권 옮김

도널드 콕세터는 20세기 최고의 기하학자로, 반시각적 부르바키 운동에 대응하여 기하학을 지키기 위해 애써왔으며, 고전기하학과 현대기하학을 결합시킨 선구자이자 개혁자였다. 그는 콕세터 군, 콕세터 도식, 정규초다면체 등 혁신적인 이론을 만들어 내며 수학과 과학에 있어 대칭에 관한 연구를 심화시켰다. 저널리스트인 저자가 예술적이며 과학적인 콕세터의 연구를 감동적인 인생사와 결합해 낸 이 책은 매혹적이고, 마법과도 같은 기하학의 세계로 들어가는 매력적인 입구가 되어 줄 것이다.

아주 특별한 수학 멘토링

데비 딜러 지음 | 고은주 옮김

『아주 특별한 수학 멘토링』은 35년간 교육에 몸담고 있는 데비 딜러가 아이들의 개념적인 이해와 능력을 발달시키고, 수학적인 생각을 이야기할 때 수학 어휘를 사용하게 하며, 추상적인 생각들을 독자적으로 탐구하고 연습하게 해 줄 수 있는 아이디어들을 안내한다. 이 책은 수학 학습마당을 준비하고, 관리하고, 1년 동안 지속적으로 진행하는 법을 상세하게 열거한다.

● 프린스턴 수학 & 응용수학 안내서 ●

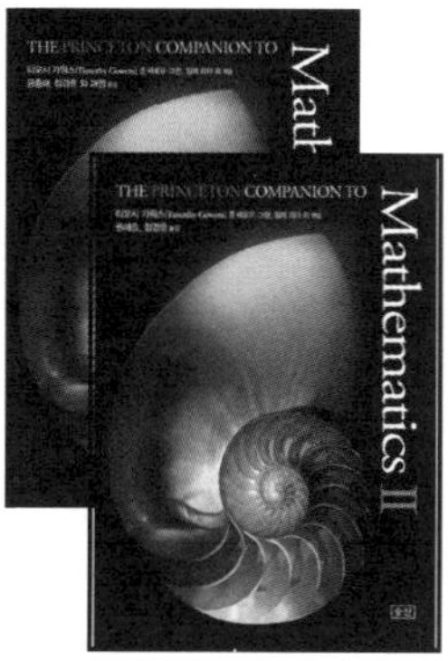

프린스턴 수학 안내서 I, II

티모시 가워스, 준 배로우 – 그린, 임레 리더 외 엮음 |

금종해, 정경훈, 권혜승 외 28명 옮김

1988년 필즈 메달 수상자 티모시 가워스를 필두로 5명의 필즈상 수상자를 포함한 현재 수학계 각 분야에서 활발히 활동하는 세계적 수학자 135명의 글을 엮은 책. 1,700여 페이지(I권 1,116페이지, II권 598페이지)에 달하는 방대한 분량으로, 기본적인 수학 개념을 비롯하여 위대한 수학자들의 삶과 현대 수학의 발달 및 수학이 다른 학문에 미치는 영향을 매우 상세히 다룬다. 다루는 내용의 깊이에 관해서는 전대미문인 이 책은 필수적인 배경지식과 폭넓은 관점을 제공하여 순수수학의 가장 활동적이고 흥미로운 분야들, 그리고 그 분야의 늘고 있는 전문성을 조사한다. 수학을 전공하는 학부생이나 대학원생들뿐 아니라 수학에 관심 있는 사람이라면 이 책을 통해 수학 전반에 대한 깊은 이해를 얻을 수 있을 것이다.

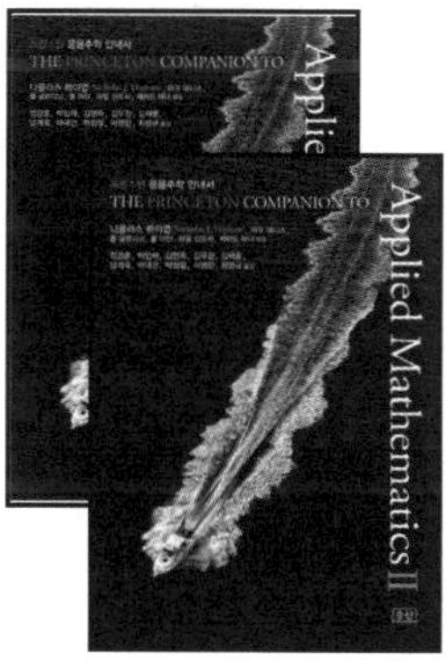

프린스턴 응용수학 안내서 I, II

니콜라스 하이엄 외 엮음 |

정경훈, 박민재 외 7명 옮김

'응용수학'이란 무엇인가? 순수수학과는 어떤 관련을 가지며, 좀 더 범위를 확장해 '수학'이라는 오래된 학문 그 자체에서 어떤 의미를 지니는가? 각 분야의 선도적인 전문가 165명이 니콜라스 하이엄 외 9명의 편집위원의 지휘 아래 『프린스턴 응용수학 안내서 I, II』를 선보였고, 우리는 위의 질문을 탐구해 볼 1,592페이지 분량의 중요한 데이터를 갖게 되었다. 맨체스터 대학의 리차드슨 교수인 니콜라스 하이엄은 그의 연구 분야인 수치해석뿐만 아니라 MATLAB가이드, 수리과학을 위한 글쓰기, SIAM(Society for Inderstrial and Applied Mathematics) 저널의 편집위원으로도 명성이 높다. 광범위한 수학적 영감을 지녔으면서, 동시에 세부적인 내용을 해설하는 데 능수능란한 하이엄은 편집위원들과 함께 현재에도 중요하며 미래에도 그 중요성이 지속될 응용수학의 200여 개의 항목을 선별하고, 분량과 난이도를 적절하게 조절하여 『프린스턴 응용수학 안내서 I, II』 안에 응축하였다.

라이트 형제

데이비드 매컬로 지음 | 박중서 옮김

고등 퓰리처상을 2회 수상한 저자 데이비드 매컬로는 미국사의 주요 사건과 인물을 다루는 데 탁월한 능력을 보유한 작가이다. 그가 라이트 형제의 삶을 다룬 전기를 내놓았다. 저자는 라이트 형제가 비행기를 성공적으로 만들어내기까지의 과정을 묘사하는 데 라이트 형제 관련 문서에 소장된 일기, 노트북, 그리고 가족 간에 오간 1천 통 이상의 편지 같은 풍부한 자료를 활용했다. 시대를 초월한 중요성을 지녔고, 인류의 성취 중 가장 놀라운 성취의 하나인 비행기의 발명을 '단어로 그림을 그린다'고 평가받는 유창한 글솜씨로 매끄럽게 풀어낸다. 그의 글을 읽어 나가면 라이트 형제의 생각과 고민, 아이디어를 이끌어내는 방식, 토론하는 방식 등을 자연스럽게 배울 수 있다.

— 2015년 5월~2016년 2월 《뉴욕 타임스》 베스트셀러, 2015년 5월~7월 논픽션 부분 베스트셀러 1위

수학자가 아닌 사람들을 위한 수학

모리스 클라인 지음 | 노태복 옮김

수학이 현실적으로 공부할 가치가 있는 학문인지 묻는 독자들을 위해, 수학의 대중화에 힘쓴 저자 모리스 클라인은 어떻게 수학이 인류 문명에 나타났고 인간이 시대에 따라 수학과 어떤 식으로 관계 맺었는지 소개한다. 그리스부터 현대에 이르는 주요한 수학사적 발전을 망라하여, 각 시기마다 해당 주제가 등장하게 된 역사적 맥락을 깊이 들여다본다. 더 나아가 미술과 음악 등 예술 분야에 수학이 어떤 영향을 끼쳤는지 살펴본다. 저자는 다음과 같은 말로 독자의 마음을 사로잡는다. "수학을 배우는 데 어떤 특별한 재능이나 마음의 자질이 필요하지는 않다고 확신할 수 있다. (…) 마치 예술을 감상하는 데 '예술적 마음'이 필요하지 않듯이."

— 2017 대한민국학술원 '우수학술도서' 선정

무리수

줄리언 해빌 지음 | 권혜승 옮김

무리수와 그에 관련된 문제 해결에 도전한 수학자들의 이야기를 담았다. 무리수에 대한 이해가 심화되는 과정을 살펴보기 위해서는 반드시 유클리드의 『원론』을 참조해야 한다. 그중 몇 가지 중요한 정의와 명제가 이 책에 소개되어 있다. 이 책의 목적은 유클리드가 '같은 단위로 잴 수 없음'이라는 개념에 대한 에우독소스의 방법을 어떻게 증명하고 그것에 의해 생겨난 문제들을 효과적으로 다루었는지를 보여주는 데 있다. 저자가 소개하는 아이디어들을 따라가다 보면 무리수의 역사를 이루는 여러 결과들 가운데 몇 가지 중요한 내용을 상세히 이해하게 될 것이며, 순수수학 발전 과정에서 무리수가 얼마나 중요한 부분을 담당하는지 파악할 수 있을 것이다.

소수와 리만 가설

베리 메이저, 윌리엄 스타인 공저 | 권혜승 옮김

이 책은 '어떻게 소수의 개수를 셀 것인가'라는 간단한 물음으로 출발하지만, 점차 소수의 심오한 구조로 안내하며 마침내 그 안에 깃든 놀랍도록 신비한 규칙을 독자들에게 보여준다. 저자는 소수의 구조를 이해하는 데 필수적인 '수치적 실험'들을 단계별로 제시하며 이를 다양한 그림과 그래프, 스펙트럼으로 표현하였다. 이 책은 얇고 간결하지만, 소수에 보다 진지한 관심을 가진 이들을 겨냥했다. 다양한 동치적 표현을 통해 리만 제타함수가 소수의 위치와 그 스펙트럼을 어떻게 매개하는지 수학적으로 감상하는 것을 목표로 한다. 131개의 컬러로 인쇄된 그림과 다이어그램이 수록되었다.

— 2018 대한민국학술원 '우수학술도서' 선정

리만 가설

존 더비셔 지음 | 박병철 옮김

수학자의 전유물이던 리만 가설을 대중에게 소개하는 데 성공한 존 더비셔는 '이보다 더 간단한 수학으로 리만 가설을 설명할 수는 없다'고 선언한다. 홀수 번호가 붙은 장에서는 리만 가설을 수학적으로 인식할 수 있도록 돕는 데 주안점을 두었고, 짝수 번호가 붙은 장에는 주로 역사적인 배경과 인물에 관한 내용을 담았다.

소수의 음악

마커스 드 사토이 지음 | 고중숙 옮김

'다음 등장할 소수는 어떤 수인가?'라는 간단한 물음으로 시작한 인간의 지적 탐험이, 점차 복잡하고 정교한 이론으로 성숙하는 과정을 그린다. 전반부는 유클리드에서 오일러, 가우스를 거쳐 리만에 이르는 소수 연구사를 다루며, 후반부는 리만이 남긴 과제를 극복하려는 19세기 이후의 시도와 성과를 두루 살핀다.

— 2007 과학기술부 인증 '우수과학도서' 선정

오일러 상수 감마

줄리언 해빌 지음 | 고중숙 옮김

고등 수학의 아이디어와 기법들이 당대의 실제적 문제들로부터 자연스럽게 이끌려 나온 18세기. 스위스의 수학자 레온하르트 오일러는 이후 전개될 수학을 위해 새로운 언어와 방식을 창조해 냈다. 줄리언 해빌은 오일러의 인간적 면모를 역사적인 맥락에서 소개하고, 후대의 수학자들이 깊이 숙고하게 된 그의 아이디어들을 바탕으로 신비에 싸인 상수 감마를 살핀다.

불완전성: 쿠르트 괴델의 증명과 역설 레베카 골드스타인 지음 | 고중숙 옮김

괴델은 독자적인 증명을 통해 충분히 복잡한 체계, 요컨대 수학자들이 사용하고자 하는 체계라면 어떤 것이든 참이면서도 증명 불가능한 명제가 반드시 존재한다는 사실을 밝혀냈다. 레베카 골드스타인은 괴델의 정리와 그 현란한 귀결들을 이해하기 쉽도록 펼쳐 보임은 물론 괴팍스럽고 처절한 천재의 삶을 생생히 그려 나간다.

괴델의 증명 어니스트 네이글, 제임스 뉴먼 공저 | 곽강제, 고중숙 옮김

《타임》지가 선정한 '20세기 가장 영향력 있는 인물 100명'에 든 단 2명의 수학자 중 한 명인 괴델의 불완전성 정리를 군더더기 없이 간결하게 조명한 책. 괴델은 '무모순성'과 '완전성'을 동시에 갖춘 수학 체계를 만들 수 없다는, 즉 '애초부터 증명 불가능한 진술이 있다'는 것을 증명하였다. 『괴델, 에셔, 바흐』의 호프스테터가 서문을 붙였다.

유추를 통한 수학탐구 P. M. 에르든예프, 한인기 공저

수학은 단순한 숫자 계산과 수리적 문제에 국한되는 것이 아니라 사건을 논리적인 흐름에 의해 풀어나가는 방식을 부르는 이름이기도 하다. '수학이 어렵다'는 통념을 '수학은 재미있다!'로 바꿔주기 위한 목적으로 러시아, 한국 두 나라의 수학자가 공동저술한 수학의 즐거움을 일깨워주는 실습서이다. 여러 가지 수학적 방법론 중 이 책은 특히 '유추'를 중심으로 하여 풀어내는 수학적 창의력과 자발성의 개발에 목적을 두었다.

우리 수학자 모두는 약간 미친 겁니다 폴 호프만 지음 | 신현용 옮김

지속적인 아름다움과 지속적인 진리의 추구. 폴 에어디쉬는 이것이 수학의 목표라고 보았으며 평생 수학이라는 매력적인 학문에 대한 탐구를 멈추지 않았다. 이 책은 83년간 하루 19시간씩 수학 문제만 풀고, 485명의 수학자들과 함께 1,475편의 수학 논문을 써낸 20세기 최고의 전설적인 수학자 폴 에어디쉬의 전기이다. 호프만은 에어디쉬의 생애와 업적을 풍부한 일화를 중심으로 생생히 소개한다.

–한국출판인회의 선정 '이 달의 책', 론–폴랑 과학도서 저술상 수상

아이작 뉴턴 제임스 글릭 지음 | 김동광 옮김

'엄선된 자서전, 인간 뉴턴이 그늘에서 모습을 드러내다.' 『천재』와 『카오스』의 저자 제임스 글릭이 쓴 아이작 뉴턴의 삶과 업적! 과학에서 가장 난해한 뉴턴의 인생을 진지한 시선으로 풀어낸다.

뷰티풀 마인드 실비아 네이사 지음 | 신현용, 승영조, 이종인 옮김

존 내쉬는 경제학의 패러다임을 바꾼 수학자로서 이미 20대에 업적을 남기고 명성을 날렸지만, 그 후 반평생을 정신분열증에 시달리며, 주변 사람들을 괴롭히고 스스로를 파괴하며 살았던 광인이자 기인이었다. 이 책은 천재의 광기와 회복에 이르는 과정을 통해 인간 정신의 신비를 그렸다. 영화 〈뷰티풀 마인드〉의 원작 논픽션이다.

–간행물 윤리위원회 선정 '우수도서', 영화 〈뷰티풀 마인드〉 오스카상 4개 부문 수상

너무 많이 알았던 사람 데이비드 리비트 지음 | 고중숙 옮김

오늘날 앨런 튜링은 정보과학과 인공지능의 창시자로 간주된다. 튜링은 '결정가능성 문제'를 해결하고자 '튜링 기계'를 고안하여 순수수학의 머나먼 영토와 산업계를 멋들어지게 연결하는 다리를 놓았다. 데이비드 리비트는 소설가다운 필치로 2차 세계대전 참가와 동성애 재판 등으로 곡절 많았던 튜링의 삶을 우아한 문장을 통해 그려낸다.

넘버 미스터리 마커스 드 사토이 지음 | 안기연 옮김

수학을 널리 알리고 발전시키는 활동을 펼치는 클레이 수학 연구소가 백만 달러의 상금을 걸고 제시한 '7대 밀레니엄 문제' 중 5개를 주제로 삼고 있다. 위상학, 암호학, 계산학, 그리고 항공기 설계까지 가장 흥미로운 순수 응용수학의 많은 영역을 포괄하는 7대 밀레니엄 문제를 통해 '리만 가설', '푸앵카레 추측', 그리고 '나비에 – 스토크스 방정식' 등 인류가 발견한 위대한 수학을 이해하기 쉽게 소개한다.

경시대회 문제, 어떻게 풀까 테렌스 타오 지음 | 안기연 옮김

필즈상 수상자이자 세계에서 아이큐가 가장 높다고 알려진 수학자 테렌스 타오가 전하는 경시대회 문제 풀이 전략! 정수론, 대수, 해석학, 유클리드 기하, 해석 기하 등 다양한 분야의 문제들을 다룬다. 문제를 어떻게 해석할 것인가를 두고 고민하는 수학자의 관점을 엿볼 수 있는 새로운 책이다.

초등학교 수학 이렇게 가르쳐라 리핑 마 지음 | 신현용, 승영조 옮김

우리나라의 수학 교육은 내신 위주의 점수 따기, 혹은 문제 풀이 과정의 암기 수준을 벗어나지 못하고 있다. 이 책은 수학 교육이 가지고 있는 현재의 문제점들을 인식하고 문제의 원인과 해결 방안을 제시한다. 수학 교사뿐만 아니라 학부모들도 이 책을 통해 기초수학에 대한 깊은 이해와 올바른 수학 교육 방안을 얻을 수 있을 것이다.

● 리처드 파인만 ●

파인만의 물리학 강의 Ⅰ~Ⅲ

리처드 파인만 강의 | 로버트 레이턴, 매슈 샌즈 엮음 | 박병철, 김충구, 정재승, 김인보 외 옮김

50년 동안 한 번도 절판되지 않았으며, 전 세계 물리학도들에게 이미 전설이 된 이공계 필독서, 파인만의 빨간책. 파인만의 진면목은 바로 이 강의록에서 나온다고 해도 과언이 아니다. 사물의 이치를 꿰뚫는 견고한 사유의 힘과 어느 누구도 흉내 낼 수 없는 독창적인 문제 해결 방식이 『파인만의 물리학 강의』 세 권에서 빛을 발한다. 자신이 물리학계에 남긴 가장 큰 업적이라고 파인만이 스스로 밝힌 붉은 표지의 전설적인 강의록.

파인만의 물리학 길라잡이

리처드 파인만, 마이클 고틀리브, 랠프 레이턴 공저 | 박병철 옮김

50년 『파인만의 물리학 길라잡이』가 드디어 국내에 출간됨으로써, 독자들은 파인만의 전설적인 물리학 강의를 온전하고 완성된 모습으로 누릴 수 있게 되었다. 파인만 특유의 위트 넘치는 언변과 영감 어린 설명은 이 책에서도 그 진가를 유감없이 발휘하고 있다. 마치 파인만의 육성을 듣는 듯한 기분으로 한 문장 한 문장 읽어가다 보면 어느새 물리가 얼마나 재미있는 학문인지 깨닫게 될 것이다. 특히 이 책은 칼텍의 열등생을 위한 파인만의 흥미로운 충고를 담고 있고, 물리학의 기본 법칙과 물리학 팁(tip)을 더욱 쉽고 명쾌하게 짚어 내는가 하면 실제로 시행착오를 거치며 문제를 해결해 나가는 과정이 자세히 나와 있어, 청소년과 일반 독자들이 파인만의 강의를 보다 쉽게 만날 수 있는 기회가 될 것이다.

파인만의 여섯 가지 물리 이야기

리처드 파인만 강의 | 박병철 옮김

입학하자마자 맞닥뜨리는 어려운 고전물리학에 흥미를 잃어가는 학부생들을 위해 칼텍이 기획하고, 리처드 파인만이 출연하여 만든 강의록이다. 『파인만의 물리학 강의 Ⅰ~Ⅲ』의 내용 중, 일반인도 이해할 만한 '쉬운' 여섯 개 장을 선별하여 묶었다. 미국 랜덤하우스 선정 20세기 100대 비소설에 선정된 유일한 물리학 책으로 현대물리학의 고전이다.

–간행물 윤리위원회 선정 '청소년 권장도서'

일반인을 위한 파인만의 QED 강의

리처드 파인만 강의 | 박병철 옮김

가장 복잡한 물리학 이론인 양자전기역학을, 일반 사람들을 대상으로 기초부터 상세하고 완전하게 설명한 나흘간의 기록. 파인만의 오랜 친구였던 머트너가, 양자전기역학에 대해 나흘간 강연한 파인만의 UCLA 강의를 기록하여 수학의 철옹성에 둘러싸여 상아탑 깊숙이에서만 논의되던 이 주제를 처음으로 일반 독자에게 가져왔다.

발견하는 즐거움 리처드 파인만 지음 | 승영조, 김희봉 옮김

파인만의 강연과 인터뷰를 엮었다. 베스트셀러 『파인만씨, 농담도 잘하시네!』가 한 천재의 기행과 다양한 에피소드를 주로 다루었다면, 이 책은 재미난 일화뿐만 아니라, 과학 교육과 과학의 가치에 관한 그의 생각도 함께 담고 있다. 나노테크놀로지의 미래를 예견한 1959년의 강연이나, 우주왕복선 챌린저 호의 조사 보고서, 물리 법칙을 이용한 양자 컴퓨터에 대한 그의 주장들은 한 시대를 풍미한 이론물리학자의 진면목을 보여준다. '권위'를 부정하고, 모든 사물을 '의심'하는 것을 삶의 지표로 삼았던 파인만의 자유로운 정신을 엿볼 수 있다.

—문화관광부 선정 '우수학술도서', 간행물 윤리위원회 선정 '청소년을 위한 좋은 책'

파인만의 과학이란 무엇인가 리처드 파인만 강의 | 정무광, 정재승 옮김

과학이란 무엇이며, 과학은 우리 사회의 다른 분야에 어떤 영향을 미칠 수 있을까? 파인만이 사회와 종교 등 일상적인 주제에 대해 자신의 생각을 직접 밝힌 글은, 우리가 알기로는 이 강연록 외에는 없다. 리처드 파인만이 1963년 워싱턴대학교에서 강연한 내용을 책으로 엮었다.

천재 제임스 글릭 지음 | 황혁기 옮김

『카오스』, 『인포메이션』의 저자 제임스 글릭이 쓴 리처드 파인만의 전기. 글릭이 그리는 파인만은 우리가 아는 시종일관 유쾌한 파인만이 아니다. 원자폭탄의 여파로 우울감에 빠지기도 하고, 너무도 사랑한 여자인 알린의 죽음으로 괴로워하는 파인만의 모습도 담담히 담아냈다. 20세기 중반 이후 파인만이 기여한 이론물리학의 여러 가지 진보, 곧 파인만 다이어그램, 재규격화, 액체 헬륨의 초유동성 규명, 파톤과 쿼크, 표준 모형 등에 대해서도 일반 독자가 받아들이기 쉽도록 명쾌하게 설명한다. 아울러 줄리언 슈윙거, 프리먼 다이슨, 머리 겔만 등을 중심으로 파인만과 시대를 같이한 물리학계의 거장들을 등장시켜 이들의 사고방식과 활약상은 물론 인간적인 동료애나 경쟁심이 드러나는 이야기도 전하고 있다. 글릭의 이 모든 작업에는 방대한 자료 조사와 인터뷰가 뒷받침되었다.

—2007 과학기술부 인증 '우수과학도서' 선정, 아 · 태 이론물리센터 선정 '2006년 올해의 과학도서 10권

퀀텀맨: 양자역학의 영웅, 파인만 로렌스 크라우스 지음 | 김성훈 옮김

파인만의 일화를 담은 전기들이 많은 독자에게 사랑받고 있지만, 파인만의 물리학은 어렵고 생소하기만 하다. 세계적인 우주론 학자이자 베스트셀러 작가인 로렌스 크라우스는 서문에서 파인만이 많은 물리학자들에게 영웅으로 남게 된 이유를 물리학자가 아닌 대중에게도 보여주고 싶었다고 말한다. 크라우스의 친절하고 깔끔한 설명이 돋보이는 『퀀텀맨』은 독자가 파인만의 물리학으로 건너갈 수 있도록 도와주는 디딤돌이 될 것이다.

● 물리 ●

과학의 새로운 언어, 정보 한스 크리스천 폰 베이어 지음 | 전대호 옮김

눈에 보이는 것이 세상의 전부가 아님을 입증해 주는 '양자역학'의 세계와 현대 생활에서 점점 더 중요시하는 '정보'에 대해 친근하게 설명해 준다. IT 산업에 밑바탕이 되는 개념들도 다룬다. 전 세계 과학자들에게 영감을 주는 휠러와 그가 던지는 물리학과 철학의 경계에 있는 심오한 질문들에 대해서도 볼 수 있다.

아인슈타인의 베일 안톤 차일링거 지음 | 전대호 옮김

양자물리학의 전체적인 흐름을 심오한 질문들을 통해 설명하는 책. 세계의 비밀을 감추고 있는 거대한 '베일'을 양자이론으로 점차 들춰낸다. 고전물리학에서부터 최첨단의 실험 결과에 이르기까지, 일반 독자를 위해 쉽게 설명하고 있어 과학 논술을 준비하는 학생들에게 도움을 준다.

초끈이론의 진실 피터 보이트 지음 | 박병철 옮김

물리학계에서 초끈이론이 가지는 위상과 그 실체를 명확히 하기 위해 먼저, 표준 모형 완성에까지 이르는 100년간의 입자 물리학 발전사를 꼼꼼하게 설명한다. 초끈이론을 옹호하는 목소리만이 대중에게 전해지는 상황에서, 저자는 초끈이론이 이론물리학의 중앙 무대에 진출하게 된 내막을 당시 시대 상황, 물리학계의 권력 구조 등과 함께 낱낱이 밝힌다. 이 목소리는 초끈이론 학자들이 자신의 현주소를 냉철하게 돌아보고 최선의 해결책을 모색하도록 요구하기에 충분하다.

–2009 대한민국학술원 기초학문육성 '우수학술도서' 선정

무로부터의 우주 로렌스 크라우스 지음 | 박병철 옮김

우주는 왜 비어 있지 않고 물질의 존재를 허용하는가? 우주의 시작인 빅뱅에서 우주의 머나먼 미래까지 모두 다루는 이 책은 지난 세기 물리학에서 이루어진 가장 위대한 발견도 함께 소개한다. 우주의 과거와 미래를 살펴보면 텅 빈 공간, 즉 '무(無)'가 무엇으로 이루어져 있는지, 그리고 우주가 얼마나 놀랍고도 흥미로운 존재인지를 다시금 깨닫게 될 것이다.

시인을 위한 양자 물리학

리언 레더먼, 크리스토퍼 힐 공저 | 전대호 옮김

많은 대중 과학서 저자들이 독자에게 전자의 야릇한 행동에 대해 이야기하려 한다. 하지만 인간의 경험과 직관을 벗어나는 입자 세계를 설명하려면 조금 차별화된 전략이 필요하다. 『신의 입자』의 저자인 리언 레더먼과 페르미 연구소의 크리스토퍼 힐은 야구장 밖으로 날아가는 야구공과 뱃전에 부딪히는 파도를 이야기한다. 블랙홀과 끈 이론을 논하고, 트랜지스터를 언급하며, 화학도 약간 다룬다. 식탁보에 그림을 그리고 심지어 (책의 제목이 예고하듯) 시를 읊기까지 한다. 디저트가 나올 무렵에 등장하는 양자 암호 이야기는 상당히 매혹적이다.

퀀텀 유니버스

브라이언 콕스, 제프 포셔 공저 | 박병철 옮김

일반 대중에게 양자역학을 소개하는 책은 많이 있지만, 이 책은 몇 가지 면에서 매우 독특하다. 우선 저자가 영국에서 활발한 TV 출연과 강연 활동을 하는 브라이언 콕스 교수와 그의 맨체스터 대학교의 동료 교수인 제프 포셔이고, 문제 접근 방식이 매우 독특하며, 책의 말미에는 물리학과 대학원생이 아니면 접할 기회가 없을 약간의 수학적 과정까지 다루고 있다. 상상 속의 작은 시계만으로 입자의 거동 방식을 설명하고, 전자가 특정 시간 특정 위치에서 발견될 확률을 이용하여 백색왜성의 최소 크기를 계산하는 과정을 설명하는 대목은 압권이라 할 만하다.

양자 우연성

니콜라스 지생 지음 | 이해웅, 이순칠 옮김 | 김재완 감수

양자 얽힘이 갖는 비국소적 상관관계, 양자 무작위성, 양자 공간 이동과 같은 20세기 양자역학의 신개념들은 인간의 지성으로 이해하고 받아들이기 매우 어려운 혁신적인 개념들이다. 그렇지만 이처럼 난해한 신개념들이 21세기에 이르러 이론, 철학의 범주에서 현실의 기술로 변모하고 있는 것 또한 사실이며, ICT 분야에 새로운 패러다임을 제공할 것으로 기대되는 매우 중요한 분야이기도 하다. 스위스 제네바대학의 지생 교수는 이를 다양한 일상의 예제들에 대한 문답 형식을 통해 쉽고 명쾌하게 풀어내고 있다. 수학이나 물리학에 대한 전문지식이 없는 독자들이 받아들일 수 있을 정도이다.

퀀트: 물리와 금융에 관한 회고

이매뉴얼 더만 지음 | 권루시안 옮김

'금융가의 리처드 파인만'으로 손꼽히는 금융가의 전설적인 더만! 그가 말하는 이공계생들의 금융계 진출과 성공을 향한 도전을 책으로 읽는다. 금융공학과 퀀트의 세계에 대한 다채롭고 흥미로운 회고. 수학자 제임스 시몬스는 70세의 나이에도 1조 5천억 원의 연봉을 받고 있다. 이공계생들이여, 금융공학에 도전하라!

● 로저 펜로즈 ●

유행, 신조 그리고 공상 로저 펜로즈 지음 | 노태복 옮김

세계 정상급의 수학자이자 물리학자인 로저 펜로즈는 2003년에 프린스턴 대학교 출판부의 초청을 받아 세 번의 강의를 하였다. 펜로즈가 제시하는 끈 이론에 대한 비판적 견해가 그 강의의 내용이자 이 책의 주제이다. 독자들은 이 책을 읽음으로써 양자역학에 대한 깊은 통찰을 얻을 수 있을 것이다.

실체에 이르는 길 1, 2 로저 펜로즈 지음 | 박병철 옮김

현대 과학은 물리적 실체가 작동하는 방식을 묻는 물음에는 옳은 답을 주지만, "공간은 왜 3차원인가?"처럼 실체의 '정체'에는 답을 주지 못하고 있다. 『황제의 새 마음』으로 물리적 구조에 '정신'이 깃들 가능성을 탐구했던 수리 물리학자 로저 펜로즈가, 이 무모해 보이기까지 하는 물음에 천착하여 8년이라는 세월 끝에 『실체에 이르는 길』이라는 보고서를 내놓았다. 이 책의 주제를 한마디로 정의하자면 '물리계의 양태와 수학 개념 간의 관계'이다. 설명에는 필연적으로 수많은 공식이 수반되지만, 그 대가로 이 책은 수정 같은 명징함을 얻었다. 공식들을 따라가다 보면 독자들은 물리학의 정수를 명쾌하게 얻을 수 있다.

실체에 이르는 길 1, 2 로저 펜로즈 지음 | 박병철 옮김

현대 과학은 물리적 실체가 작동하는 방식을 묻는 물음에는 옳은 답을 주지만, "공간은 왜 3차원인가?"처럼 실체의 '정체'에는 답을 주지 못하고 있다. 『황제의 새 마음』으로 물리적 구조에 '정신'이 깃들 가능성을 탐구했던 수리 물리학자 로저 펜로즈가, 이 무모해 보이기까지 하는 물음에 천착하여 8년이라는 세월 끝에 『실체에 이르는 길』이라는 보고서를 내놓았다. 이 책의 주제를 한마디로 정의하자면 '물리계의 양태와 수학 개념 간의 관계'이다. 설명에는 필연적으로 수많은 공식이 수반되지만, 그 대가로 이 책은 수정 같은 명징함을 얻었다. 공식들을 따라가다 보면 독자들은 물리학의 정수를 명쾌하게 얻을 수 있다.

–2011 아 · 태 이론물리센터 선정 '올해의 과학도서 10권

마음의 그림자 로저 펜로즈 지음 | 노태복 옮김

로저 펜로즈가 자신의 전작인 『황제의 새 마음』을 보충하고 발전시켜 내놓은 후속작 『마음의 그림자』는 오늘날 마음과 두뇌를 다루는 가장 흥미로운 책으로 꼽을 만하다. 의식과 현대 물리학 사이의 관계를 논하는 여러 관점들을 점검하고, 특히 저자가 의식의 바탕이라 생각하는 비컴퓨팅적 과정이 실제 생물체에서 어떻게 발현되는지 구체적으로 소개한다. 논의를 전개하며 철학과 종교 등 여러 학문을 학제적으로 아우르는 과정은 다소의 배경지식을 요구하지만, 그 보상으로 이 책은 '과학으로 기술된 의식'을 가장 높은 곳에서 조망하는 경험을 선사할 것이다.

시간의 순환 로저 펜로즈 지음 | 이종필 옮김

빅뱅 이전에는 무엇이 있었을까? '우리 우주' 질서의 기원은 무엇일까? '어떤 우주'의 미래가 우리를 기다리고 있을까? 우주론의 핵심적인 이 세 가지 질문을 기준으로, 로저 펜로즈는 고전적인 물리 이론에서 첨단 이론까지 아우르며 우주의 기원에 대한 새로운 의견을 제시한다. 저자는 다소 '이단적인 접근'으로 보일 수 있는 주장을 펼치지만, 그는 이 가설이 기초가 아주 굳건한 기하학적, 물리학적 발상에 기반을 두고 있었음을 설명한다. 펜로즈는 무엇보다도 특히, 열역학 제2법칙과 빅뱅 바로 그 자체의 특성 밑바닥에 근본적으로 기묘함이 깔려 있다는 관점을 가지고 우리가 아는 우주의 여러 양상들에 대한 가닥을 하나로 묶어 나가며 영원히 가속 팽창하는 우리 우주의 예상된 운명이 어떻게 실제로 새로운 빅뱅을 시작하게 될 조건으로 재해석될 수 있는지 보여 준다.

MEMO

MEMO